中国内陆鱼类物种与分布

Species Diversity and Distribution of Inland Fishes in China

张春光　赵亚辉 等 编著

Chun-guang Zhang　Ya-hui Zhao *et al.*

科 学 出 版 社

北 京

内 容 简 介

本书较全面系统地收集和整理了我国用现代科学方法研究鱼类系统分类学的中外文献资料，在此基础上，回顾了我国近、现代内陆鱼类系统分类研究的发展历史；同时，整理出截至2014年上半年，我国记录的内陆鱼类有效种1384种（包括亚种），剔除21引入种，原产于我国内陆的鱼类1362种（包括亚种），隶属于17目47科303属，包括37单型属，84特有属，878特有种（包括亚种），250濒危种。绪论部分结合内陆鱼类物种多样性统计，对不同分类阶元的物种多样性进行了分析；利用GIS技术，分析探讨了我国内陆鱼类物种多样性，以及特有种和濒危种的分布格局；探讨了我国内陆鱼类物种多样性分布格局与气温、降水等环境因素的关系，特别是与人口密度的关系；分析了中国内陆鱼类物种多样性、特有种和濒危种的热点地区。名录部分按分类系统分种记述了我国内陆鱼类，记述内容包括物种拉丁名、中文名、主要同物异名、中文别名、特有性、濒危性、分布水系等信息。

本书适合从事鱼类学研究、教学、从事渔政管理等的人员及相关专业的研究生等参考使用。

图书在版编目（CIP）数据

中国内陆鱼类物种与分布 / 张春光等编著. —北京：科学出版社，2016

ISBN 978-7-03-047210-6

Ⅰ. ①中… Ⅱ. ①张… Ⅲ. ①鱼类–品种–研究–中国 ②鱼类–分布–研究–中国 Ⅳ. ①Q959.4

中国版本图书馆CIP数据核字(2016)第007859号

责任编辑：马　俊 / 责任校对：何艳萍

责任印制：赵　博 / 封面设计：刘新新

科学出版社 出版

北京东黄城根北街16号

邮政编码：100717

http://www. sciencep. com

北京华宇信诺印刷有限公司印刷

科学出版社发行　各地新华书店经销

*

2016年1月第　一　版　开本：889×1094　1/16

2025年1月第六次印刷　印张：18 1/2

字数：621 000

定价：128.00 元

（如有印装质量问题，我社负责调换）

本 书 作 者

张春光　邢迎春　赵亚辉

周　伟　唐文乔

本书资助项目

中国科学院重点部署项目	KSZD-EW-TZ-007-2(特支项目)
国家科技基础性工作专项	2012FY111200
国家科技基础性工作专项	2013FY110300
国家自然科学基金项目	31160419，31471961
中国长江三峡集团公司	—

前　言

复杂的自然地理条件和丰富的内陆水域生态环境，使得我国与其他面积相近、气候带相似的国家或地区相比，拥有更为丰富的内陆鱼类资源，也是世界上内陆鱼类最为丰富的国家或地区之一。

近三四十年来，随着我国社会、经济迅猛发展，国家对科学研究的投入越来越大。在国家相关部门的支持下，就鱼类资源调查来说，除了对一些空白地区陆续开展了调查以外，还对以往资源调查薄弱地区开展了更加深入的补充调查，几乎全部适合鱼类生存的内陆水体，包括一些极端环境下的水体，如青藏高原、地下水或洞穴环境等，都开展了进一步调查。在此基础上，大部分省、区、直辖市等都出版了能反映本地区鱼类资源状况的专志；还有一些区域性研究专著，如涉及长江、珠江、秦岭、横断山、青藏高原、东北地区等的专项研究（专著）等，以及大量相关研究专论，如《中国鲤科鱼类志》（上下卷）、已正式出版的《中国动物志》各相关卷册、《中国条鳅志》、《中国特有金线鲃属鱼类》等；每年还有不少论文和研究报告发表，多个新分类单元（如新种、属等）被报道。可以说，近三四十年来，我国进入了一个鱼类资源调查的全新时期，新分类单元大量增加，人们对我国鱼类资源的认识有了新的提高。以对广西淡水鱼类物种多样性的认识为例，原《广西淡水鱼类志》（1981 年）记录的种类为 200 种（包括亚种），《广西淡水鱼类志》（第二版）（2006 年）中，新种和新纪录种增加至 290 种（包括亚种），20 多年的时间物种数增加了近 1/3；另如，鲤科鲃亚科金线鲃属的种类，在《中国鱼类系统检索》（1987）中记录该类群为 1 种（包括 3 亚种），在《中国淡水鱼类检索》（1995）中增加到 10 种（包括亚种），在《中国特有金线鲃属鱼类》（2009）中增加到 49 种。

《中国鱼类系统检索》（1987）和《中国淡水鱼类检索》（1995）是到目前为止所能查到较新并较全面记录中国内陆鱼类物种多样性的较完整的资料，迄今出版也已分别近 30 年和 20 年了。近年来，各种涉及综合性评论中国内陆鱼类物种多样性的资料多以此为依据，显然已经不能完全反映目前中国内陆鱼类物种多样性的实际情况。另外，随着社会经济的迅猛发展，我国人口激增，城镇化水平和生活水平均迅速提高，人们的物质需求迅速增加；与此同时，人们给自身的周边自然环境带来了明显的改变，造成了巨大的生态压力，特别是内陆天然水域中多数江河湖泊受到明显污染甚至是严重污染，捕捞压力过大，鱼类资源量和物种多样性水平均急剧下降，一些水体甚至已完全见不到鱼，经济和社会的发展越来越受制于不断恶化的环境。以我们最近完成的《北京及其邻近地区的鱼类》（2013）为例，根据研究结果，北京及其邻近区域自然水体中曾经有过的和目前仍可见到的鱼类总计 85 种，而多年实地调查所得仅 48 种，已有 37 种很难见到或见不到了；目前在区域内很多自然-半自然水体中比较常见的多为一些分布广泛、耐污染能力强的种类，如鲫、麦穗鱼、棒花鱼、泥鳅、鳑鲏、宽鳍鱲、鲂、鳘等。京畿之地鱼类资源衰退的情况尚且如此，其他地区的情况可想而知。

鱼类是生态系统特别是水生生态系统中主要组成部分，在经济快速发展、自然环境持续遭到破坏的大背景下，中国内陆鱼类多样性的保护面临着严峻考验。在经济、社会发展的同时，保护好自然环境具有十分重要的社会和经济意义。

本项工作是在作者团队多年努力下完成的，初稿完成后由张春光研究员负责最后汇总、补充、修改、定稿等。工作过程中，上海海洋大学伍汉霖教授、中国海洋大学武云飞教授、台湾中研院邵广昭研究员、台湾清华大学曾晴贤教授、中国水产科学研究院黑龙江水产研究所姜作发研究员、中国科学院昆明动物研究所杨君兴研究员、中国科学院水生生物研究所张鹗研究员、中国科学院动物研究所张洁副研究员等对书稿提出了富有建设性的修改意见和建议，中国水产科学研究院樊恩源研究员及中国科学院动物研究所纪力强研究员、伍玉明老师、刘海波先生、李浩林同学、牛诚祎同学等协助做了不少技术性工作，在此一并致以衷心感谢，本项工作的完成也同时有他们的贡献。

张春光

2015 年 5 月于北京

Abstract

This book contains our taxonomic validations and catalogue of the inland fish of China. We used several sources of data, including fish collecting information from historical literature (1758–2014), specimens from the major fish collections of China and our field surveys carried out over the past 30 years. Our general review included:

(1) A taxonomic and systematics research history, divided into five stages: ①initial studies by foreign scholars (1758–1927); ②early studies by Chinese scientists (1927–1937); ③effects of the Anti-Japanese War and Civil War (1937–1949); ④recovery stage (1949–1980); ⑤period of rapid development (1980–). There were representative studies and innovations in all of these periods. This section also indicates the characteristics of each period on the basis of literature analysis.

(2) An analysis of species richness. In June 2014 there was a total of 1384 valid species and subspecies, including over 21 introduced species, belonging to 54 families and 18 orders. These figures included 1362 native inland species and subspecies belonging to 303 genera, 47 families and 17 orders; and among these were almost 900 endemic species, belonging to over 180 genera, 21 families and 7 orders, accounting for about 65% of the total number of inland fishes. About 250 species were threatened based on a series of evaluations such as the *China Red Data Book*, *China Species Red List* and *the IUCN Red List of Threatened Species*. These threatened species belong to over 100 genera, 28 families and 10 orders, and account for about 18% of total inland fishes.

In addition, we also analyzed species compositions at different taxonomic levels. A total of over 1000 species (including subspecies) were in Cypriniformes, accounting for about 75% of the total, followed by Siluriformes and Perciformes. At family level, Cyprinidae was the most abundant with 660 species (including subspecies), totalling about 49%. At the genus level, about 100 *Triplophysa* species were found, accounting for over 7%. Three families—Cranoglanididae, Polyodontidae and Amblycipitidae—had the highest level of endemism. Acipenseriformes was the most endangered.

(3) GIS-based analysis of patterns of species diversity showed high species diversity south of the Qinling Mountains–Huaihe River, east of the Hengduanshan Mountain Regions. Four regions: the Sichuan Basin, the middle and lower reaches of the Yangtze River and their adjacent waters, the Pearl River, and Hainan Island had the greatest species diversity. The regions, including the intersection of the upper Yangtze River (including the Jinshajiang River and Yalongjiang River), Dongting Lake and the nearby section of the river, and Hongshuihe tributaries (Nanpanjiang, Hongshuihe and Liujiang) of the Xijiang River Basin had the greatest endemism. The upper stream of the Yellow River; the Yangtze River, the Lancangjiang River, the Nujiang River and the Pearl River, The Tarim River, The Yarlung Zangbo River River (upper Brahmaputra River), and Taiwan Island showed a high percentage of endemic species. The areas with the highest level of endangered species were the upper Yangtze River and Hongshuihe tributaries. There was a high proportion of endangered species in the upper reaches of the Yellow River, the Yangtze River, the Lancangjiang River, the Nujiang River and the Pearl River, Irtysh River, the Tarim River, the Yarlung Zangbo River, downstream of the Heilongjiang River, and east of Taiwan. The pattern of endemic species is basically consistent with that of species richness. A place with more endemic species often has a high level of species richness.

(4) The relationship between the distribution patterns of species diversity and environmental factors such as temperature and precipitation, and (especially) human population density; the latter represents some of the environmental pressures coming from people.

(5) Identification of hotspots on the basis of distribution patterns of species richness, endemic and endangered fishes. The overlap of hotspots suggested four main regions: the Minjiang River; the intersection of the

Minjiang River and the Yangtze River; the junction of the Jialingjiang River and the Yangtze River and the section between the Yichang and Dongting Lake on the middle Yangtze River; and the Hongshuihe River tributaries (Nanpanjiang River, Hongshuihe River, Liujiang River and Xunjiang River) of the Xijiang River Basin.

(6) Analysis of the status of 338 nature reserves with rare and endangered fish. The status of nature reserves varies between east and west China; there is a certain amount of poor planning, the quality of some aquatic wildlife nature reserves needs to be enhanced and there are still insufficient nature reserves. The aquatic wildlife nature reserves of inland fishes have covered the hotspots except Hainan Island. However, there are already two forest ecosystem nature reserves in Hainan, so some protective measures are in place. The aquatic wildlife nature reserves have not yet taken into account relatively specific and endangered status of the region further upstream. This includes the upper streams of the Yellow River, the Lancangjiang River and the Nujiang River; the middle and lower reaches of the Yarlung Zangbo River; relatively specific status of the region including the upper stream of the Tarim River; and the relatively endangered status of the region further upstream including Irtysh River and middle and south Taiwan. However, these regions have established national or provincial nature reserves including forest ecological, wildlife or inland wetland nature reserves. It has been suggested that priority areas for nature conservation should be planned in the appropriate sections of the upper streams of the Jinshajiang and Yarlung Zangbo River, as well as in the middle reaches of the Tarim River.

The catalogue (species list) has two parts, one for all native inland fish and one for introduced species. Each entry contains the scientific (Latin) name, authorities, year, Chinese name, synonyms, local names and distribution.

目　录

绪　论

名　录

绪　　论

一、材料和方法

1. 本书所用资料数据来源

1.1 物种组成及分布信息来源

(1) 作者长期野外工作采集获得的大量标本信息(工作范围涉及我国各主要江河)。

(2) 国内外正式出版的涉及中国内陆鱼类分类、区系、分布格局等研究的著作，如《中国动物志·硬骨鱼纲》相关卷册、主要地方专志等。

(3) 发表新分类单元的相关期刊。

(4) FishBase、Catalog of Fishes、台湾鱼类资料库等数据库。

(5) 国内主要鱼类标本保存机构(如中国科学院动物研究所、中国科学院水生生物研究所和中国科学院昆明动物研究所等鱼类标本馆)馆藏标本信息。

文献类型和各类文献数量统计见表 1。

表 1　中国内陆鱼类物种及分布信息来源

Tab. 1　Origin of distribution information of inland fishes of China

文献类型 Type of documents	类别 Category	数目 Number	总数 Total
中文文献 Chinese documents	著作 Book	91	804
	期刊文献 Literature	713	
外文文献 Foreign documents	著作 Book	9	532
	期刊文献 Literature	524	
鱼类资源数据库 Fish resources database			3
总数 Total			1339
时间跨度 Time span			1758—2014 年

1.2 物种濒危信息的收集

濒危种信息参照《中国濒危动物红皮书-鱼类》、《IUCN 国际物种红色名录》、《中国物种红色名录(第二卷)》、CITES 公约附录、《中国国家重点保护水生野生动物名录》、《台湾淡水鱼类红皮书》、各相关省区市濒危物种名录等。

1.3 本书所用分类单元中文名称

(1) 发表时所用中文名称。

(2) 发表时无中文名称的，主要依伍汉霖等(2012)。

(3)伍汉霖等(2012)未收录的，依西文文献原文词源翻译名称或联系原文作者确定名称。

2. 研究方法

2.1 物种多样性组成的研究方法

2.1.1 与本研究相关的文献数据库的建立

建立与中国内陆鱼类多样性研究相关的文献数据库是本项研究的基础，能够为后续物种多样性和地理分布格局的研究提供基础分析数据。本项研究利用 Endnote X4 软件建立了中国内陆鱼类分类学、生态学、区系组成等方面相关著作及期刊文献信息数据库。数据库中包括了每本著作和每篇文献的作者、出版年代、题目、出版社或期刊名、参考卷、册及页码等信息。

2.1.2 内陆鱼类物种数据库的建立

基于中国内陆水域鱼类文献数据库中收录的正式发表的著作和新分类单元文献，对每一物种的有效性进行考证，利用文献中提到的物种的分布范围确定其特有性。建立中国内陆鱼类名录，名录中包括每个物种的分类信息、生态信息及特有性。其中，分类信息包括每个物种的学名、中文名、分类地位、定名时间、定名人等；生态信息包括每个物种的生态习性，即纯淡水性或洄游性(分为溯河洄游和降海洄游)；特有性信息记录了每个物种是否为中国特有。

2.2 物种分布格局

利用 GIS 地理信息系统软件，对我国内陆鱼类各阶元多样性数据进行了处理。

3. 分类系统

高级阶元主要依 *Fishes of the World*(Nelson，2006)。该书未包括的，参考新近研究成果，包括已正式出版的《中国动物志·硬骨鱼类》相关卷册及其他相关志书，以及 Kottelat(2012，2006，2001)等。

4. 本书涉及的一些重要概念

4.1 内陆鱼类

(1)终生生活在内陆水域(包括内陆含盐量较高的咸水湖)的种类。

(2)或生活史的某一阶段需在内陆水域完成的种类(包括溯河洄游种类和降海洄游种类)。

溯河洄游种类：在海洋中生长，性成熟后由海洋进入内陆水域繁殖的种类

降海洄游种类：在内陆水域生长，性成熟后由内陆水域降海繁殖的种类

(3)陆封种：起源于海洋，因自然或人为因素滞留在内陆水域完成生活史的种类。

(4)引入种：由国外引进(非原产于中国)并已在我国内陆水域形成自然繁衍种群的种类。

4.2 特有种

已知仅在我国内陆水域分布；或也出现在周边国家，并在我国内陆水域繁殖的种类。

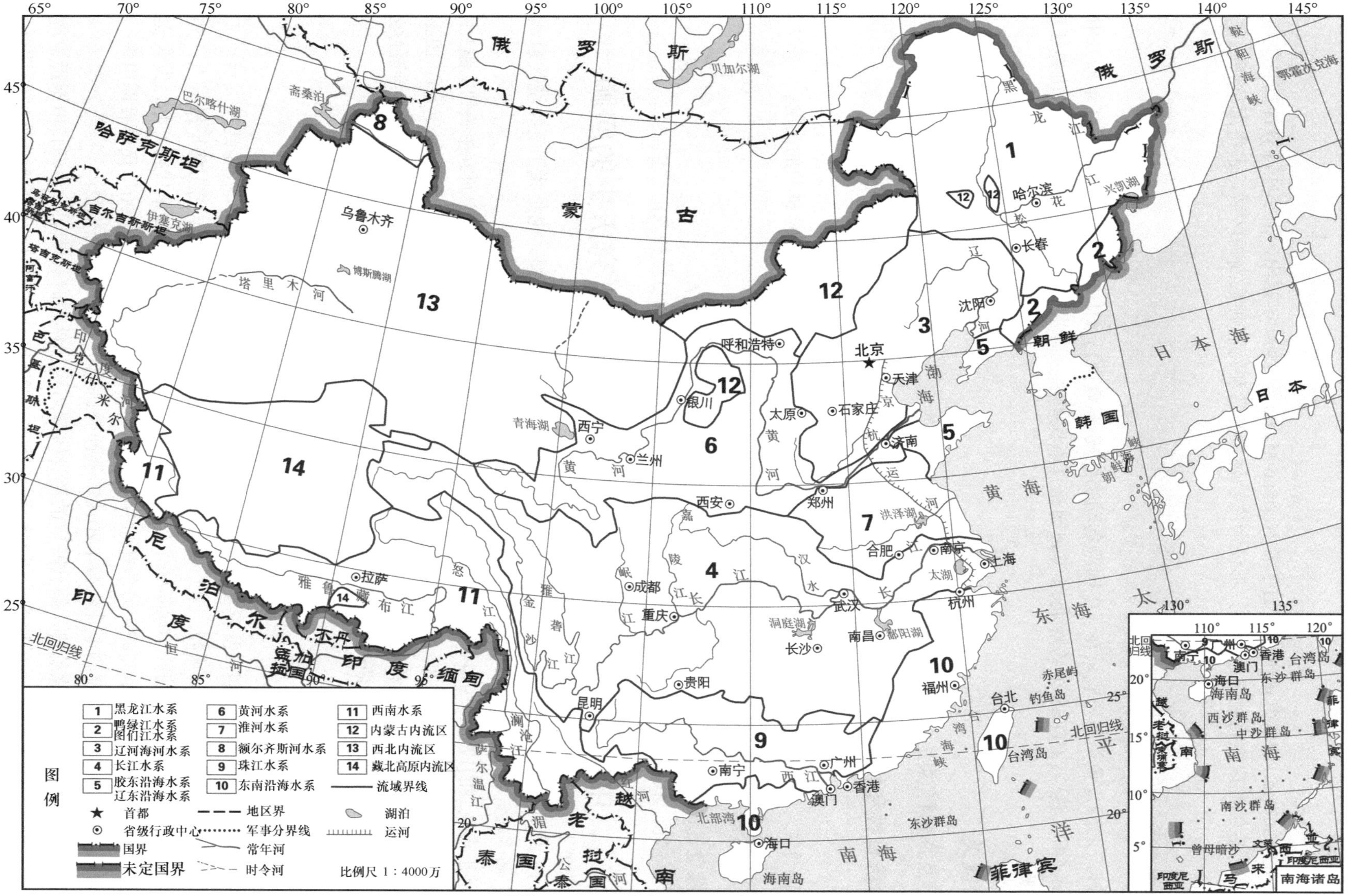

图1 中国内陆水系图

Fig. 1 Map of inland river basins of China

4.3 热点地区

热点地区(hotspot)的概念最早由英国学者 Norman Myers 于 1990 年提出，指那些特有性高且生境面临破坏的地区。后续的研究将此概念引申，不仅考虑物种多样性和特有种数高的区域，也将濒危种数高的区域纳入。

4.4 濒危鱼类

本书涉及的濒危鱼类是指收录在《中国濒危动物红皮书-鱼类》、《IUCN 国际物种红色名录》、《中国物种红色名录(第二卷)》、CITES 公约附录、《中国国家重点保护水生野生动物名录》、《台湾淡水鱼类红皮书》等中的种类。

4.5 珍稀鱼类

本书涉及的珍稀鱼类是指分布区域相对狭窄的特有种和具有重要经济价值但种群数量又相对较小的鱼类。

4.6 绝对特有性和相对特有性

绝对特有性：特有性分布格局分析时，每个地理单元中的特有种(属)数量。

相对特有性：特有性分布格局分析时，每个地理单元中的特有种(属)数与总种数的比例。

4.7 绝对濒危性和相对濒危性

绝对濒危性：濒危种分布格局分析时，每个地理单元中的濒危种数量。

相对濒危性：濒危种分布格局分析时，每个地理单元中的濒危种数与总种数的比例。

二、中国近、现代内陆鱼类系统分类学研究历史的回顾

中国近、现代内陆鱼类研究历史，既可反映我国鱼类学研究的发展历程，也是我国近、现代自然科学发展史的一个缩影，整个过程无处不留下深刻的时代烙印。

本文基于查找到的1758－2014年发表的近1400篇(部)与中国内陆鱼类系统分类学研究相关的文献(主要检索自Zoological Record、中国知网、维普科学、万方数据库、ISI、Weily、Springer、ScienceDirect、Blackwell等文献数据库，以及我们收集的相关文献)，以5年为一时间段，根据不同时间段文献数量变化趋势进行分析；划分的中国内陆鱼类系统分类学研究的各个时期，可显示出其特有的时代背景和研究特点。

1. 发展阶段的划分

1758年至20世纪20年代中期，发表文献数量较少，相关研究有限；20世纪20年代中后期以后，文献数量增加较快，至30年代中期达到顶峰；之后文献数量急剧减少，至40年代末50年代初降至最低点；50年代初至80年代初，文献数量曲折回升，期间60年代中期略后出现过一个小高峰；80年代初开始，发表文献数量急剧增加，至90年初达到一个高峰，峰值超过30年代中期，复又急剧减少，至90年代中后期出现一个低谷；2000年至今，文献数量又急剧上升，截至2010年统计时达到历史最高水平(图2)。

基于文献数量随时间的变化趋势，结合特定的鱼类研究历史事件和时代特征，我们将中国近、现代内陆鱼类研究历程划分为5个时期：外国学者研究时期(1758－1927年)、中国学者开始自主研究时期(1927－1937年)、抗日战争和国内战争影响时期(1937－1949年)、恢复时期(1949－1980年)和加速发展时期(1980年至今)。

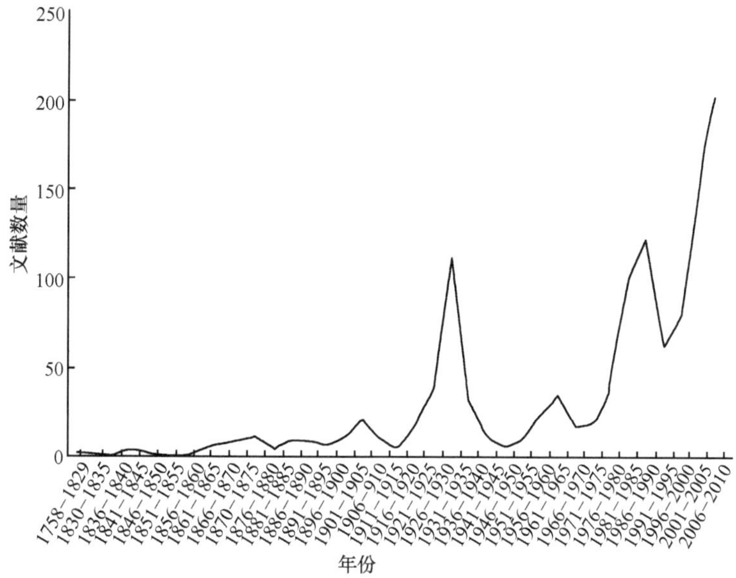

图 2　1758－2010 年发表文献数量变化趋势

Fig. 2　The number of literatures published from 1758 to 2010

2. 各历史时期研究特点分析

2.1 外国学者研究时期(1758－1927 年)

1927 年以前，仅见外国学者对中国内陆水域区域性鱼类区系或新种的报道。根据我们收集到的关于该时期的 133 篇文献分析(表 2)，曾有来自 12 个国家或地区的学者对我国内陆鱼类进行过研究。其中，以英国、德国和美国学者的研究为最多，其次为俄国和法国学者，荷兰、日本、匈牙利、奥地利、比利时、瑞典和苏格兰学者也对我国内陆鱼类分类学研究做出过重要贡献。

表 2　“外国学者研究时期”各国研究成果统计

Tab. 2　The number of literatures published by scholars from different countries during the period from 1758-1927

国家或地区 Countrie or Region	文献数量 Number of literatures	比例 Proportion/%
英格兰 England	35	26.32
德国 Germany	34	25.56
美国 America	23	17.29
俄国 Russia	13	9.77
法国 France	10	7.52
荷兰 Holland	5	3.76
匈牙利 Hungary	3	2.26
日本 Japan	3	2.26
奥地利 Austria	2	1.50
比利时 Belgium	2	1.50
瑞典 Sweden	2	1.50
苏格兰 Scotland	1	0.75
合计 Total	133	100

在我们能够找到的文献资料中，对我国淡水鱼类的研究始见于瑞典著名生物学家 Carolus Linnaeus(1758)编著的《自然系统》(*Systema Natura*)第十版，在这部著作中，记录了产于中国的鲫 *Cyprinus auratus*(=*Carassius auratus*)、花鳅 *Cobitis taenia*、高体雅罗鱼 *Leuciscus idus*、真鲅*Phoxinus phoxinus* 等 26 种鱼类。19 世纪初，法国学者 Lacépède(1798－1803 年)描述了一些中国鱼类，尽管其依据仅为一些图片，但经后人重新订正，许多种类已被作为有效种予以记录。最早对我国区域性淡水鱼类区系进行研究的学者应推 Cantor(1842)，他对分布于我国舟山群岛的植物和动物区系进行了较为深入的研究，其中涉及不少鱼类的记载。McClelland(1838，1839)、Heckel(1838，1843)等分别在他们的研究中记录有产自中国的鱼类。

19世纪40年代前后，对中国内陆鱼类分类和区系组成的研究开始增多，20世纪初达到顶峰。19世纪中下叶，主要为区域性鱼类区系研究，此阶段最有代表性的研究包括俄国著名鱼类学家Basilewsky(1855)编著的"*Ichthyographia Chinae Borealies*"(《中国北方鱼类志》)，书中记述了很多我国东北和华北地区的鱼类。荷兰著名鱼类学家Bleeker在1870－1873年对我国内陆鱼类区系进行了研究和整理(Bleeker，1870，1871，1873)。俄国学者Dybowski(1872)发表了"Zur Kenntniss der Fischfauna des Amurgebietes"(《黑龙江鱼类志》)，对黑龙江水系的鱼类区系进行了比较系统的报道。俄国学者Kessler(1876)对从内蒙古、青海等地收集的鱼类标本进行了整理，并发表过一些关于中亚鱼类的论文。德裔英籍著名鱼类学家Günther(1868，1873，1889，1892，1896，1898等)首先在其《鱼类目录》(1868)中首次记录了采自我国西藏的条鳅类；之后又对保存在英国自然历史博物馆采自我国东北、西北、长江流域及台湾的鱼类进行了研究，发表了若干相关研究论著。比利时学者Boulenger(1899，1901)对采自海南的淡水鱼类进行了研究。

进入 20 世纪，有了更多关于我国内陆鱼类分类学研究的报道。英国著名鱼类学家 Regan(1904，1905a，1905b，1906，1907，1908a，1908b)对我国内陆鱼类的研究做出了重要贡献，1904－1908 年共发表了 7 篇有关中国内陆鱼类分类学的文章，发表新种超过 15 个，这些种大都采自我国的云南和西藏。俄国学者 Berg(1909)发表了"*Ichthyologia Amurensis*"(《黑龙江流域的鱼类》)，对黑龙江及其支流松花江、乌苏里江等水系的鱼类作了较详细的叙述。美国学者 Fowler(1910)报道了鲤科 Cyprinidae 鳑鲏属 *Rhodeus* 的新种。

有关台湾淡水鱼类的研究，可追溯自 1857 年英国人 R. Swinhoe 来台湾的采集旅行，他为大英博物馆采集各种不同生物，然后分送给不同的研究学者。其中，淡水鱼类送给了英国自然历史博物馆鱼类学家 Günther，后者在其著名的英国自然历史博物馆鱼类目录(Günther，1850—1870)中散记有台湾鱼类 16 种，包括台湾石宝、台湾石鲋、大眼华鳊、短吻镰柄鱼、粗首鱲等。之后，Boulenger(1894)年发表了 1 新种——台湾间爬岩鳅。Jordan 和 Evermann(1902)报道了兰屿石鲋、鲶等。1908 年，同时有 Regan 发表的日月潭鱼类 包括有台湾白鱼、尖头银鱼、石宝、鳘、台湾马口鱼等；Pellegrin 报道了台湾铲颌鱼、石宝等；Steindachner 发表了台湾缨口鳅。

此阶段真正比较深入研究台湾鱼类的应为日本人大岛正满(Oshima Masamitsu)。他于 1919 年发表的关于台湾淡水鱼类的研究中，记述了台湾鱼类 76 种，15 种为新种，如何氏棘鲃、史尼氏红目鲌、饭岛氏麻鱼、菊池氏细鲫等。同年，和 Jordan 一起发表了台湾鳟(=樱花沟吻鲑)。1920 年又发表了 2 篇相关论文，共计台湾鱼类 60 种，包括 10 新种，如高身铲颌鱼(=高身白甲鱼)、中台鲮等。其研究奠定了台湾淡水鱼类研究的基础。与此同时，其助手青木赳雄除首先发现了台湾鳟外，还发表了日月潭鱼类及渔业，以及数篇短文介绍台湾的淡水鱼类。除了对台湾淡水鱼类分类上有很大贡献外，大岛正满还对台湾淡水鱼类的分布、台湾鳟生态习性等研究均有极大贡献。大岛正满也对海南岛淡水鱼类进行过研究(Oshima，1926)。

美国学者 Nichols(1925a－1925f，1926a，1926b，1927)整理了保存在美国自然历史博物馆的采自中国的内陆鱼类标本，同时对花鳅科 Cobitidae 鱼类及海南岛的鱼类区系进行了专项研究，先后报道了 35 新种。

这一时期，外国学者主要对由传教士带到国外或直接参与入侵我国的活动所采集的鱼类标本进行了整理鉴定。这些工作对中国内陆鱼类研究具有开创性，客观上为认识我国内陆鱼类的组成打下了基础，保留下来的很多文字和图片资料为以后的学者了解中国内陆鱼类的分类、分布及区系组成等提供了依据，也为后来学者了解当时内陆鱼类的本底组成提供了资料。

2.2 中国学者开始自主研究时期(1927－1937年)

1927年，我国著名动物学家寿振黄教授和美国鱼类学家Evermann合作(Evermann and Shaw，1927)，对采自我国上海、松江、南京、杭州、宁波、温州及梧州等地的128尾鱼类标本进行了研究，发表了“Fishes from eastern China，with descriptions of new species”（《中国东部鱼类及新种描述》），整理出55种，其中包括7新种。这是第一篇由我国动物学家为主的专门针对中国内陆鱼类研究的论文。

较全面对我国内陆鱼类组成进行系统研究的学者应首推朱元鼎教授，他在“*Index Piscium Sinensium*”（《中国鱼类索引》）(Chu，1931)一书中，总结了1930年以前中国鱼类的研究成果，整理出中国鱼类40目213科584属1533种，其中内陆鱼类12目27科151属525种。此外，Tchang(张春霖)(1928，1930a，1930b，1932a－1932c，1933a，1933b，1934，1935a，1935b，1936)、Wu(伍献文)(1930a，1930b，1931，1934)、Fang(方炳文)(1930a，1930b，1931，1933a－1933c，1934a，1934b，1935a，1935b，1936a－1936c)及Lin(林书颜)(1931a，1931b，1932a－1932c，1933，1934，1935)等也分别对中国内陆鱼类进行了深入研究，发表了大量新种和区域性区系研究论著，为我国内陆鱼类的研究做出了巨大贡献。这些研究成果大多被发表在中央研究院的SINENSIA系列期刊上，该期刊在我国鱼类系统分类学研究历史上曾起到重要作用。

值得提出的是林书颜(1931)编写的《南中国之鲤鱼及似鲤鱼类之研究》一书，书中根据中山博物馆馆藏标本及从西江、广州附近采集的标本，编写了广东及其邻省的鲤科及似鲤类分类检索表，并对每种进行了形态描述，共记述鱼类9亚科138种；Tchang(张春霖)(1933b)出版了《中国鲤科志》，记述我国鲤科鱼类50属99种；Chu(朱元鼎)(1935)发表了“Comparative study on the scales and on the pharyngeals and their teeth in Chinese cyprinids，with particular reference to taxonomy and evolution”（《中国鲤科鱼类鳞片、咽骨和牙齿的比较研究》），对中国鲤科鱼类鳞片、咽骨和牙齿构造进行了深入研究，探讨了这些构造在系统分类中的意义，以及它们形态结构上的变化与鱼类系统演化之间的关系，并描述了7个新属，拓展了利用比较解剖学研究鱼类系统分类的新途径。这些研究分别以各自实际掌握的材料，对整个鲤科乃至整个中国内陆鱼类的研究都起到很大的推动作用，特别是林书颜先生的著作，更是第一部以中文形式报道中国内陆鱼类的著作。

这一时期，也见一些外国学者，尤其是日本学者的研究。代表性的包括Mori(1928，1929，1934，1936)对似鮈属*Pseudogobio*、小鳔鮈属*Microphysogobio*等的研究，以及Kimura(1934，1935)对1927－1929年采自长江的鱼类和上海崇明岛淡水鱼类的描述。

这一时期出现了中国自己的鱼类学家开展的对本土鱼类的研究。回顾这段历史，20 世纪 20—30 年代正值我国“五四运动”之后，大批青年学生出国留学，掀起了继 20 世纪初以来的第二次留学热潮。我国第一代鱼类学家借助国外留学的机会，多以外文形式针对 20 世纪 20—30 年代前所得的中国鱼类材料，发表了有关中国淡水鱼类的研究论著。之后，很多学者相继学成回国，投入到对本土鱼类的研究中。

与“外国学者研究时期”相比，这一时期我国鱼类学家开始崭露头角。根据作者的统计，中国学者的研究成果约占该时期全部研究成果总数的 60%，明显多于外国学者。统计到的该时期发表的全部 209 个新种中，71 个为中国学者所报道，占新种总数的 1/3 以上。反映出此时期中国学者在中国内陆鱼类研究上已开始逐渐发挥重要作用。该时期的工作除新种报道和区域性鱼类物种多样性调查外，出现了已知内陆鱼类的分类检索系统，与第一时期仅编写物种名录相比是重要的进步。

2.3 抗日战争和国内战争影响时期(1937－1949年)

受日本侵华战争和内战的影响，此期百业凋敝，有关我国内陆鱼类的研究凤毛麟角。此期可查到的最重要的研究成果应是美国学者Nichols(1943)发表的“The fresh-water fishes of China”（《中国淡水鱼类》）。作者根据美国自然历史博物馆保存的中亚考察队采自中国内陆的鱼类标本，整理出25科143属近600种，同时，还概要介绍了中国内陆鱼类区系特点。

尽管当时的研究条件、研究环境等极为艰辛，中国学者仍努力开展了一些相关工作。代表性的研究包括方炳文(Fang，1938b，1940，1942)对低线鱲属*Barilius*、胡鮈属*Huigobio*和白甲鱼属*Onychostoma*的研究；Lin(林书颜)(1939)描述了两个采自香港的鲤科鱼类新种；Tchang(张春霖)(1941)整理发表了湖南鱼类名录；Liang(1942)对采自福建的拟腹吸鳅类*Pseudogastromyzon*进行了研究报道；Chen和Liang(1949)描述了新种——东坡拟腹吸鳅*Pseudogastromyzon tungpeiensis*等。

这一时期受战争影响，中国内陆鱼类研究成果很少，且其中大部分是对战前工作的整理和总结。研究领域仍集中在鱼类的新种描述和区域性区系研究上，发表新种超过 40 个。

2.4 恢复时期(1949—1980 年)

1949 年新中国成立，连年战乱结束，国家得以安宁，生产建设迅速恢复和发展，我国鱼类学研究也重现生机。

20 世纪 50 年代初开始，我国学者陆续对全国范围内的内陆鱼类开展了系统的自主性调查研究，研究成果明显增多。统计 1950－1980 年，发表的中文文献达 108 篇，与 1949 年前三个时期约 200 年统计到的总共 6 篇中文文献相比，增加了 17 倍。从中、外文文献数量之间的差距分析，中文文献数量较外文文献多 2.5 倍。

外文文献中也有不少是由我国学者独立完成的。统计由中国鱼类学家完成的工作，文献数量约达到80%，外国学者的贡献明显减少。该时期共发表新种139个，其中126种为我国学者所报道，占该时期新种总数的90%以上。

从上述分析可以看出，此期大量工作属于自主性研究，真正进入了中国人研究自己国家鱼类资源的时代。

这一时期仍以鱼类分类学、区系研究等为主。在鱼类分类学方面，截至1980年，编辑出版了《中国系统鲤类志》(张春霖，1959)、《中国鲇类志》(张春霖，1960)、《新疆鱼类志》(中国科学院动物研究所等，1979)《湖南鱼类志》(湖南省水产科学研究所，1980)等涉及中国内陆鱼类的区域性或地方性鱼类志；翻译出版了《黑龙江流域鱼类》(Nikolski，1960)；还出版了《中国经济动物志(淡水鱼类)》(伍献文等，1979)、《中国鲤科鱼类志》(伍献文等，1964，1977)等专志。此外，还发表了大量相关研究论文，如陈湘粦(1977)对我国鲇形目Siluriformes、陈宜瑜(1978，1980)对我国平鳍鳅科Homalopteridae(=爬鳅科Balitoridae)及陈景星(1980)对我国沙鳅亚科Botiinae进行了系统整理。褚新洛和陈银瑞(1979)报道的个旧盲条鳅(*Triplophysa gejiuensis*)是我国基于现代鱼类分类学描述的第一种典型洞穴鱼类新种。上述工作中最具代表性的当推《中国鲤科鱼类志》，该书系统整理了截至20世纪70年代我国鲤科鱼类物种多样性，共记录我国产鲤科鱼类416种(包括亚种)，隶属于10亚科113属，其中描述新属5个，新种43个，并对物种的分类地位、形态特征、分布及生活习性等进行了详细描述，其研究成果得到国内外同行的广泛关注和认可。

鱼类区系研究方面，最具代表性的工作包括张春霖(1954)提出将中国淡水鱼类分为黑龙江、西北高原、江河平原、东洋区和怒澜区5区，对各区特有鱼类或优势种的特点进行了分析；褚新洛(1955)对长江宜昌段分布的鱼类进行了研究，共整理出鱼类11目22科72种，其中44种是以往未曾在该江段采集到的，结合对这些鱼类在长江不同江段分布情况的分析，提出了宜昌是长江上游和中游鱼类区系的界限；张春霖和刘成汉(1957)整理了岷江水系8目18科92种鱼类采集记录，并探讨了其在该流域的分布特点；成庆泰(1958)对云南鱼类研究历史、分类系统和分布特点进行了综述；曹文宣和邓中粦(1962)、曹文宣和伍献文(1962)、张春霖和王文滨(1962)、曹文宣(1974)、朱松泉和武云飞(1975)及武云飞和朱松泉(1979)等，分别对中亚高原特有的裂腹鱼类Schizothoracinae进行了深入研究，这应该也是中国人最早深入高原腹地对高原特有鱼类开展的研究。其间，朱元鼎和伍汉霖(1965)对中国虾虎鱼类Gobioidei动物地理学进行了研究；李思忠等(1966)通过对新疆北部鱼类资源的调查，整理出区域内鱼类40种和1亚种，包括1新种、1新亚种、5我国新纪录种(亚种)和4新疆新纪录种(亚种)；湖北省水生生物研究所鱼类研究室(1976)编写了《长江鱼类》一书，记录长江鱼类17目36科200种。此期，研究区域已呈现全国性的或由中东部人口较密集的发达或比较发达地区向我国中西部青藏高原、西北干旱荒漠等地区的扩展。

台湾鱼类学家陈兼善、梁润生、于名振、钟以衡、沈世杰等也对我国台湾地区淡水鱼类的物种多样性进行了研究，如编写了《台湾脊椎动物志》(陈兼善，1969)、《台湾鲇目鱼类报告》(钟以衡，1973)等重要文献资料。

这一时期，在社会大环境渐趋稳定后，国家陆续培养了大批从事鱼类学研究的专门人才，并在老一辈鱼类学家的带领下，积极投入到本土鱼类学研究中，组织开展了大量区域性或全国范围的资源调查工作，研究区域进一步深入，扩展至青藏高原、西北干旱地区，甚至开始了特殊生境如洞穴鱼类的研究，取得了大量研究成果。相关研究工作不仅局限在分类、新种报道和区系特点等方面，还开始关注生物学、动物地理学及资源保护等更深入的研究领域。

2.5 加速发展时期(1980 年至今)

由这一时期的研究特点(图2，图3)可见，1980年至今，中国鱼类系统分类学研究呈现三个明显发展阶段：第一阶段(1980－1990年)，随着我国全面实行改革开放，经济快速增长，有更多的人力和物力资源投入到科学研究中，更新的研究理念、方法和技术被使用，使得中国内陆鱼类的研究有了进一步的发展，文献数量明显增多；第二阶段(1990－2000年)，正值国家提出“以经济建设为中心”，科研投入更侧重于支持与经济发展直接相关的实用型研究，对于基础性研究投入不足，使得这一阶段鱼类系统分类学研究成果显著减少；第三阶段自2000年第二次全国基础研究工作会议的召开，用于基础性研究的投入大幅增长，我国基础研究得到快速发展，鱼类分类学研究成果呈现出又一次明显快速增长的趋势。

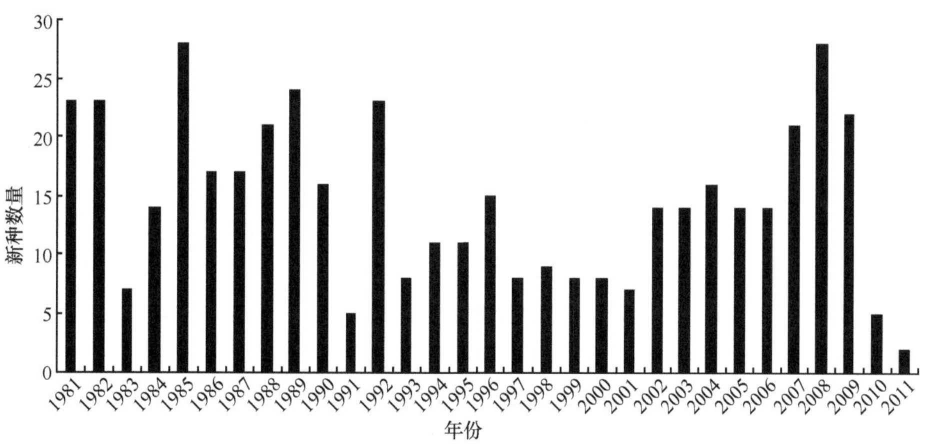

图 3　1980－2011 年每年新种发表数统计

Fig. 3　Described species per year from 1980 to 2011

这一时期的研究成果主要表现出以下几方面特点：

(1) 多部涉及内陆鱼类的著作出版，大量新种被描述

截至2011年，已有涉及内陆鱼类的8卷《中国动物志》付梓(陈宜瑜等，1998；褚新洛等，1999；乐佩琦等，2000；张世义，2001；金鑫波，2006；伍汉霖和钟俊生，2008；张春光等，2010；李思忠和张春光，2011)；超过40部地方性鱼类专志出版(郑葆珊等，1980；郑葆珊，1981；朱元鼎，1984；王鸿媛，1984；江苏水产研究所和南京大学生物系，1986；中国水产科学研究院珠江水产研究所，1986；曾晴贤，1986；刘蝉馨和秦克静，1987；陈景星等，1987；杨干荣，1987；潘炯华，1987；李仲辉，1988；伍律，1989；武云飞，1989；郑慈英等，1989；褚新洛和陈银瑞等，1989，1990；天津水产学会，1990；陈马康等，1990；毛节荣和徐寿山，1991；中国水产科学研究院东海水产研究所和上海市水产研究所，1990；中国水产科学研究院珠江水产研究所等，1991；武云飞和吴翠珍，1992；陕西省水产研究所，1992；沈世杰，1993；汪静明，1993；丁瑞华，1994；张春光等，1995；杨君兴和陈银瑞，1995；张觉民，1995；方力行等，1996；成庆泰和周才武，1997；韩侨权和方力行，1997；陈宜瑜，1998；陈义雄和方力行，1999，2001；陈义雄

等，2002；任慕莲等，2002；倪勇和朱成德，2005；周解和张春光，2006；倪勇和伍汉霖，2006）；超过450个新种被描述，发表的新种数约占我国已知内陆鱼类总数35%。

在这些地方性鱼类专志中，陈景星等(1987)在对秦岭地区鱼类进行较全面科学考察的基础上，编写了《秦岭鱼类志》，记录鱼类161种和亚种，为后人研究我国动物地理分区提供了参考；褚新洛、陈银瑞等(1989，1990)在多年对西南地区实地调查研究的基础上，结合大量文献，编写了《云南鱼类志》（上、下册)，记录云南鱼类399种，其中包括3个国内新纪录属、8新种、12新纪录种和17引入种，统计云南的鱼类约占当时中国已知淡水鱼类总数的50%；郑慈英等(1989)对珠江水系淡水鱼类进行了整理，编写了《珠江鱼类志》，记录珠江水系淡水鱼类296种和亚种，为探讨珠江流域的地质历史变化提供了依据；丁瑞华等(1994)编写的《四川鱼类志》记录了四川产鱼类241种和亚种；杨君兴和陈银瑞(1995)基于1988－1994年对云南抚仙湖鱼类分类学、生物学特性、物种起源和进化、渔业问题与发展对策的研究，整理编写了《抚仙湖鱼类生物学和资源利用》一书，对7目10科39种鱼类的分类和生物学特性进行了记述。

对1980－2011年发表内陆鱼类新种数量进行的统计显示(图3)，过去30年间每年至少有5新种被描述，最高年份为1985年，描述新种28个，有8个年份发表新种在20个以上，21个年份发表新种10个以上。

这一时期，国内学者的分类学研究结果纷纷向国外刊物投稿，提高了国际同行对我国学者研究工作的了解和认同，这也成为该期十分明显的特征之一。但在大量新种被发现和被描述的同时，也隐藏着某些类群分类过分细化的问题。物种以种群(population)的形式存在，这是公认的概念和事实，但在分类实践中却存在着过分重视形态差异的倾向，而忽略了一些类群随地理分布产生的形态变异的问题，出现了一个采集地一个新种的现象，甚至出现了一些仅凭单一标本描记新种的极端事例。

多变量形态度量学(multivariate mophomemetrics)的兴起克服了传统形态度量的局限。它采用框架分析方法(truess network analysis)，从多维度空间去度量鱼体外部形态，包括纵向、横向和斜向的测量距离，选取一定数量的解剖学坐标点(anatomical landmarks)，将鱼体分成若干功能单元区(function units)，能较好地反映鱼体差异，在众多的形态变量中筛选出存在显著差异的形态变量，从而分辨出那些采用传统形态度量学方法难以辨别的物种。此方法已成功地用于许多类群，而且研究情况变化多样，有的用来检验同1属多个物种的形态差异，如鲂属*Megalobrama*、中华纹胸鮡*Glyptosternum sinensis*、福建纹胸鮡*G . fokiensis*、似鮈属*Pseudogobio*、蛇鮈属*Saurogobio*、大眼华鳊*Sinibrama macrops*和伍氏华鳊*S. wui*等，以确定种的有效性，或者是否存在未知种（蔡鸣俊等，2001；谢仲桂等，2003；杨秀平，2002，2003；张鹗等，2004）；有的则是对分布于不同水系原鉴定为黄斑褶鮡*Pseudecheneis sulcatus*的标本分析后，确认系多个不同的物种混杂在一起(李旭等，2008)，或者对云南盘鮈*Discogobio yunnanensis*、无须墨头鱼*Garra imberba*和东方墨头鱼*G. orientalis*等分析证实它们各自仍为同一物种，不存在分化(杨琴等，2011；杨熙等，2013；何茜等，2013)；也有的在研究了滇池流域滇池金线鲃*Sinocyclocheilus grahami*的不同居群后，确认不同居群未产生形态分化，属同1物种(闵锐等，2009)。

近几年，国外一些学者在研究某些类群后或对分类体系整理后，使得一些类群的分类地位发生了较大改变，如原隶属于四须鲃属*Barbodes*的种类被分别划归于吻孔鲃属*Poropuntius*、高须鱼属*Hypsibarbus*、小盘齿鲃属*Discherodontus*和新光唇鱼属*Neolissochilus*等，中国的华鲮属*Sinilabeo*和副鳅属*Paracobities*被划归孟加拉鲮属*Bangana*和副鳅属*Homatula*等(Rainboth，1985，1996；Kottelat，2001，2012)。国内一些对应类群的研究分别紧随这种变化(Chen and Yang，2003；Zhang and Chen，2006；Min *et al.*，2012)。除此之外，还因分子生物学研究结果也造成原有系统的变化，如野鲮亚科、原鲃亚科、原平鳍鳅科Homalopteridae、鳅类等的大量属种分类系统的变动，这里不再一一赘述。大类群的划分及分类体系调整，中国学者不占优势，甚至呈一种被动的跟随势态，这主要与历史原因有着直接的关系。首先，现代分类学起源于西方；其次，中国早期的分类研究多为外国学者所做，模式标本散落在世界各大博物馆，国内学者不易接触到这些模式标本；再次，受经济条件的限制，很难在世界范围核对标本和走出国门采集标本。

(2)广泛开展了与内陆鱼类分类、系统演化及动物地理学等相关的研究

李思忠(1981)编写了《中国淡水鱼类分布区划》，书中对中国全境淡水鱼类的地理分布格局进行

了系统研究，提出原产自我国的淡水鱼类约13目33科209属709种及58亚种，并根据分布信息，将中国淡水鱼类划分为北方区、华西区、宁蒙区、华东区和华南区等5个区和21个亚区，分析比较了区和亚区鱼类组成和分布特点。此项工作是迄今最为详尽分析中国淡水鱼类区系组成及分布特点的专著。

鲤形目Cypriniformes是世界内陆鱼类中最重要的类群，中国是鲤形目鱼类最为丰富的区域，鲤形目也是中国内陆鱼类最主要的成分（邢迎春，2011），有关该类群分类、分布及动物地理学等方面的研究一直受到世界范围内鱼类学家的重视。伍献文等（1981b）引用国外20世纪70年代发展起来的分支系统学原理和方法，发表了《鲤亚目鱼类分科的系统和科间系统发育的相互关系》，就鲤亚目鱼类分科及科间系统发育关系进行了深入分析和探讨，提出了鲤亚目鱼类新的分类系统，受到国际鱼类学界的关注。Nelson（2006）将此研究结果引入其《世界鱼类》（第二版）中。陈湘粦等（1984）以分支系统学理论和方法，对鲤科的科下阶元宗系发生进行了研究，相关研究结果受到国内外同行的重视。这是我国最早应用分支系统学的理论和方法开展鱼类系统演化研究的代表性成果。近年来，随着分子生物学研究理论和方法的发展，我国鱼类学家相继就鲤形目甚至骨鳔类的系统分类学开展了一系列相关研究。何舜平等（2004）和He等（2008）、Wang等（2006）等用多个基因序列数据重建了鲤科鱼类的系统发育过程，提出了该类群系统发育的新模式。

裂腹鱼Schizothoracinae是一类仅生活在青藏高原及其周边地区的高原性鱼类，根据最新统计，我国已记录有89种（邢迎春，2011），对其起源、演化及与青藏高原隆起关系的研究是人们关注的重点。曹文宣等（1981）的研究表明裂腹鱼类严格局限于亚洲中部的青藏高原及其周围地区，是唯一适应青藏高原自然条件的类群。从裂腹鱼类起源看，其祖先是由鲃亚科Barbinae某一类群随第三纪末青藏高原隆升、气候环境改变而逐渐演化而来的。裂腹鱼的演化具有阶段性，其体鳞覆盖程度、下咽齿行数和触须数目的变化与青藏高原隆升过程中环境条件的改变密切相关，可依照其性状特化程度将其分为原始等级、特化等级和高度特化等级，对应的是3个主干类群：裂腹鱼属、重唇鱼属、裂尻鱼属和裸鲤属。每一环境条件的显著改变，导致一次主干属的形成，继而在环境条件相对稳定时，逐步出现旁枝属的分化。随着高原隆升越来越高，裂腹鱼对高原环境条件的适应性状也越来越特化，从而相继产生了不同特化等级的主干属和旁枝属。裂腹鱼演化过程的三个发展阶段，可以反映出青藏高原的隆起在第三纪晚期以后可能经历了三次急剧上升和相对稳定交替的阶段，而每次急剧隆起后高原达到的高度，与裂腹鱼类3个特化等级的主干属目前聚居的海拔可能大体是一致的。武云飞（1984）通过比较现生裂腹鱼类和化石种类大头近裂腹鱼*Plesioschizothorax macrocephalus*的外部形态，选择45种裂腹鱼和5种鲃亚科鱼类进行主要骨骼结构的比较，提出裂腹鱼与鲃亚科鱼类具有5项共同特征，是来自共同祖先的一个单源群。何舜平等（2004）采用线粒体细胞色素b基因序列分析了特化等级裂腹鱼类3属9种（亚种）的分子系统发育关系，探讨了特化等级裂腹鱼类的主要分支及其与青藏高原阶段性隆起的关系，提出特化等级主要分支发生时间与晚新生代青藏高原在8百万年、3.6百万年、2.5百万年和1.7百万年发生的地质构造事件及气候重大转型时期基本吻合。He和Chen（2007）分析了分布于青藏高原及其邻近地区23种（亚种）的36群体高度特化等级裂腹鱼类线粒体DNA细胞色素b序列，重建了系统发育关系并估计了主要分支发生时间，结果表明高度特化等级不是单系群，其系统发育关系总体上反映了水系之间和地质历史的联系，其起源演化可能与晚新生代青藏高原阶段性抬升导致的环境变化相关。

野鲮亚科Labeoninae是一类对流水环境具有特殊适应性的鲤科鱼类，截至2011年，我国已记录了至少88种（邢迎春，2011）。Zhang（1994）基于外部形态和内部骨骼，采用外类群比较法对野鲮亚科泉水鱼属*Pseudogyrinocheilus*及其相关类群间的系统发育关系进行了分析，结果表明泉水鱼属、唇鲮属*Semilabeo*和盘鲮属*Discolabeo*构成一个单系类群，其中唇鲮属和盘鲮属是姊妹群，且两者共同组成泉水鱼属的姊妹群，确定泉水鱼属仍是一个有效属，并认为野鲮亚科中某些类群鱼类颏部具有吸盘或下咽齿2行的特征可能不具有系统发育学重要性的特征。Zhang（2005）利用29个性状，研究了野鲮亚科23种的系统发育关系，提出带口吸盘的属聚为一个单系群，其中墨头鱼属*Garra*最原始，盆唇鱼属*Placocheilus*包括一个亚类群并与盘口鲮属*Discocheilus*和盘鮈属*Discogobio*形成姐妹群。这样的系统发育关系说明，盆唇鱼属、盘口鲮属和盘鮈属均为有效属，而墨头鱼属的有效性仍需进一步研究。Yuan等（2008）对野鲮亚科华缨鱼属

*Sinocrossocheilus*重新进行了整理，认为可根据下唇形态将该属与同科的其他属明显区分，依据这一分类特征，该属仅包括华缨鱼*S. guizhouensis*和穗唇华缨鱼*S. labiatus*两个有效种。Zheng等(2010a)基于2个核基因和3个线粒体基因研究了中国野鲮亚科的系统发生关系，结果支持野鲮亚科是一个单系群，但不支持其下颌形态上的分化。王伟营(2012)基于线粒体细胞色素b和*COI*、核基因*RAG1*和*IRBP*，并结合口吸盘特征研究了墨头鱼属鱼类的系统发育关系，探讨其演化历史，结果表明，墨头鱼属可进一步被划分成3个分支，起源地可能在中新世早期的澜沧江下游，中新世中期可能扩散到非洲，目前非洲现生的种类则是在晚中新世扩散进入的。

鰋鮡鱼类是主要生活在青藏高原低温急流生境的一个类群，我国已记录有64种(邢迎春，2011)，对该类群的系统分类学方面有过一系列研究工作。伍献文等(1981a)根据1973－1976年青藏高原综合考察队采集到的鮡科鱼类标本，整理出西藏地区鮡科鱼类7属10种，其中1新属1新种。褚新洛(1982)在之前对鰋鮡鱼类系统分类和演化谱系的研究基础上(褚新洛，1979)，进一步分析了褶鮡属*Pseudecheneis*性状演化序列和演化趋势，探讨了该属及属内各种间的系统发育关系，并命名描述2新种。周伟等(2005)综述了我国鮡科鰋鮡群系统发育与地理分布格局的研究进展，基于形态学和分子学证据，回顾了该类群的系统分类历史，探讨了其系统演化历程，并分析了该类群演化与青藏高原抬升的关系。李旭(2006)通过分布特点和外形特征，分析了21种鰋鮡鱼类的系统发育关系，提出鰋鮡鱼类为一自然类群，其中原鮡属为最原始的类群。根据鲀化石纪录和鰋鮡鱼类分布类型，推测鰋鮡鱼类起源于上新世中期，其演化历程与喜马拉雅运动和青藏高原隆升有着密切关系。杨颖(2006)研究了我国鮡科鰋鮡群的系统分类，报道了我国鰋鮡鱼类8属30种，其中6个为新种。Zhou等(2011)经对中国鮡属的系统分类研究，依据下唇两侧与颌须基膜间有明沟隔开，形成半游离的唇片，上颌齿带分为左右两块，以及部分肌肉的分化特点，将贡山鮡*Pareuchiloglanis gongshanensis*，扁头鮡*P. kamengensis*和长脂鮡*P. macropterus*等3种移出鮡属，指定为一新属——异鮡属*Creteuchiloglanis*；同时描记2新种，小鳍异鮡*Creteuchiloglanis brachypterus*和长鳍异鮡*C. longipectoralis*。在与模式标本比对的基础上，提出短鳍鮡*Pareuchiloglanis feae*仅分布在缅甸的萨尔温江，在中国没有该种分布，原先记录于中国怒江(萨尔温江上游)和伊洛瓦底江水系的短鳍鮡全部为异鮡中其他物种的误定，而记录于长江和珠江的短鳍鮡应是鮡属中其他物种的误定。

(3)重点地区鱼类区系组成和系统演化方面的研究

我国专门针对湖泊鱼类开展过一些研究，其中对高原湖泊鱼类研究有我国特色。陈宜瑜等(1982，1983)分别对程海的形成历史进行了深入研究，提出了可用于解释特定湖泊区系起源的同域成种进化模式及边(邻)域快速成种的实例，丰富了有关生物进化的理论。杨君兴等(1994)研究了滇中6个湖泊的鱼类多样性，并探讨了多样性与环境因子之间的关系，揭示了滇中高原湖泊鱼类多样性的演化实质上是由湖泊发育阶段所控制的。袁刚等(2010)研究了2007—2008年云南高原湖泊鱼类多样性与资源现状，共有鱼类39种，隶属于7目13科33属，鲤形目鱼类最多；其中土著鱼类14种，外来鱼类25种，在种数上外来种已经成为各湖泊鱼类种类的主体。

上一历史时期，我国仅见有1种洞穴鱼类报道(褚新洛和陈银瑞，1979)。进入本时期以来，随着我国社会经济迅速发展，我国洞穴鱼类研究也有了很大进展。到目前为止，我国已报道洞穴鱼类种数超过100种，成为世界上洞穴鱼类物种多样性最丰富的国家，而且种数远超其他国家和地区(赵亚辉和张春光，2011)。金线鲃属*Sinocyclocheilus*是我国最具代表性的洞穴鱼类群，作为我国特有的营洞穴生活的鱼类，该类群的物种分化、适应性演化等受到国内外鱼类学家的广泛关注。武云飞和吕克强(1983)在《贵州省几种裂腹鱼的分类讨论》中，提出Pellegrin(1931)报道的贵州裂腹鱼新种*Schizothorax multipunctatus*实为金线鲃属鱼类，并将其订正为贵州波罗鱼(=多斑金线鲃)*Sinocyclocheilus multipunctatus* (Pellegrin)。1985年以前，该属仅包括4个有效种，之后新种数急剧增加。李维贤(1985)在以往多年采集的基础上，发表了《云南金线鲃属*Sinocyclocheilus*鱼类四新种》。此后，褚新洛和崔桂华(1985)、陈景星等(1988)、陈银瑞等(1988，1994，1997)、陈景星和蓝家湖(1992)、李维贤(1992)、李维贤等(1998)、单乡红和乐佩琦(1994)、王大忠(1996)、王大忠和陈宜瑜(2000)、肖蘅和昝瑞光(2001)等均对该属新种或系统演化等进行过研究。赵亚辉和张春光(2009)在前人研究的基础上，出版了《中国特有金线鲃属鱼类——物种多样性、洞穴适应、系统演化和动物地理》，整理记录了49个有效种。至此，该属鱼类种数较1985年以前增加了10倍以上，并系统描述了每个种的形态特征、地理分布及生活习性等，还对这一类群的适应性进化、系统关系和动物地理等进行了深入探讨。该书也是世界范围内对洞穴鱼类进行比较深入、系统研究的专著。

(4) 新方法和新技术的引入

随着形态学、分支系统学和分子系统学方面的理论与方法的不断发展，不断有新的研究方法和技术被引入到对中国内陆鱼类的系统分类学研究中来。

余先觉(1989)编著了《中国淡水鱼类染色体》，详细总结了我国鱼类(主要是内陆鱼类)在细胞水平(染色体核型)的研究进展，并尝试用细胞分类学(cytotaxonomy)或核型分类学(karyotaxonomy)的方法研究鲤科的亚科划分和系统发育关系，是我国有关染色体组型在内陆鱼类研究方面最重要的代表性著作。Tzeng等(1990)首先利用线粒体DNA限制性内切核酸酶分析，对台湾缨口鳅同物异名进行了验证，并于1992年在世界上首次发表了台湾缨口鳅*Crossostoma lacustre*(=缨口台鳅*Formosania lacustre*)线粒体基因组全序列报告。He(1991)利用分支系统学原理对鳅鮀鱼类Gobiobotinae的鳔囊、鳔及相关结构进行了特征分析，提出鳅鮀类是一个单源群，作为一亚科可分为异鳔鳅鮀属*Xenophysogobio*和鳅鮀属*Gobiobotia*，后者又分为两个亚属，即原鳅鮀亚属和鳅鮀亚属。唐琼英等(2005)利用线粒体DNA控制区序列比较了沙鳅亚科Botiinae 3个属14个代表种的序列结构，识别出沙鳅亚科中一系列的保守序列，并构建了沙鳅亚科、花鳅亚科Cobitinae和爬鳅科Balitoridae间的系统发育树。Johansson(2006)对分布于中国珠江水系西江流域的宽鳍鱲*Zacco platypus*和马口鱼*Opsariichthys bidens*的形态特征进行了比较，这一结果与遗传上将这两种分为不同种群的结果一致。Qi等(2006)基于青藏高原黄河裸裂尻鱼*Schizopygopsis pylzovi* 133个标本的细胞色素b基因，分析了种群的核型并构建了系统发育树，表明黄河裸裂尻鱼的不同种群都应该分别被保护和管理，避免种群间基因的混杂。Chen等(2009)利用线粒体D-loop基因研究了马口鱼属*Opsariichthys*和鱲属*Zacco*间的系统发育关系，表明粗首鱲*Z. pachycephalus*与马口鱼属的亲缘关系要近于鱲属，因此将其更名为粗首马口鱼*O. pachycephalus*；粗首马口鱼和新种高平马口鱼*O. kaopingensis*的线粒体基因遗传差异达3.3%，推测这两个种的分化要早于末次冰期。

虽然分子生物学研究为一些类群的划分、亲缘关系的明确提供了线索，但也产生了新的困惑。如中国科学院水生生物研究所何舜平团队长期研究鮡科Sisoridae鰋鮡类群的分类和进化，分支分类学的研究结果(He，1996)与分子生物学研究结果不一致，且因不同作者使用的DNA序列的不同，类群内各属在分子树中的相互关系并不完全一致(Guo *et al.*，2005，2007；Peng *et al.*，2004，2006；于美玲和何舜平，2012)。分支分类学和分子生物学研究结果均显示，拥有相似宏观形态结构的类群并未能聚合在一块，而是离得较远。这一结果明显地表明，相似的宏观形态结构可能是平行进化的结果，而非亲缘关系的标志。

对中国野鲮亚科21属38种的*RAG*1、*RH*、*cyt b*、*COI*、*16Sr*基因序列构树，支持野鲮亚科构成一个单系；不支持将野鲮亚科划分为2个类群和3个类群的分类系统，中国的野鲮亚科可以划分成6个特点鲜明的类群；其中现在认为的墨头鱼属和孟加拉鲮属均不为单系类群，分别与其他一些类群合在一起才能构成单系群；而盘鲮属与盘鮈属构成一单系群，前者不是一有效属，应归并入盘鮈属；野鲮亚科内部共发生3次吸盘形成事件；原华缨鱼属的种类只有一部分保留于该属，另一部分则需要分别划入拟缨鱼属和红水鱼属*Hongshuia*(郑兰平，2010)。

相对于经典形态学研究，分子生物学研究结果得到的信息更为丰富，但由于使用的DNA序列不同，研究结果差异也很大。所以，现在的趋势是增加分子数量，采用联合数据集构树，甚至是全基因序列测序，以获取更为全面的遗传信息，提高构树结果的可信度和可靠度。但在同一研究中将分子生物学研究结果与经典形态分类相结合的范例却极为少见。这似乎主要与目前国内研究机构及高校对研究人员的考核机制有关，也反映了国内正面临经典分类学研究后继乏人的局面。

凭借宏观形态特征识别和鉴定物种是最简便和最直接的方法，如果分类鉴定要依赖分子证据，无疑会很不方便，很不实用。将分子生物学与形态分类学相结合，优势互补，这应该是今后系统分类学发展的方向。

在现代鱼类系统分类学(systematics)研究过程中，大量相关研究不仅仅关注单纯的物种鉴定这样的分类学本身的问题，还往往同时对鱼类物种间或更高级分类阶元间的系统发育关系、个体和种群生物学、物种多样性的时空变化、形态性状的统计学分析、生物地理学和资源保护等多领域开展研究。根据我们对已有文献的统计，1980年以前仅以形态性状作为分类手段的传统分类学文献约占全部文献总数的98%，结合生物学特性、种群生态学、动物地理学等其他研究领域的文献仅占2%；进入20世纪80年代，单纯传统分类学研究下降至文献总数的58%，结合系统发育、个体或种群生物学、物种多样性、形态测量学、动物地理学、保护生物学等其他领域的研究文献达到42%，比1980年以前增加了40%。由此可见，现代系统分类学研究不只局限于传统分类学，已经向更广泛、更深入的研究领域发展。

三、中国内陆鱼类物种多样性及其分布格局

1. 研究结果

1.1 物种多样性组成

经对相关文献数据的整理研究，并结合作者长年的实际研究积累，统计出我国现有内陆鱼类 1384 种(包括亚种)，含引入种 21 种，隶属于 18 目 54 科 316 属。去除引入种，原产于我国的内陆鱼类共 1363 种(包括亚种)，隶属于 17 目 47 科 303 属。

土著种中，以鲤形目 Cypriniformes 为主(图 4)，1032 种，占总数的 75%。其次是鲇形目 Siluriformes145 种，占总数的 11%；鲈形目 Perciformes 第三，包括 107 种，约占总数的 8%。此外，鲑形目 Salmoniformes 18 种，约占总数的 1.5%；胡瓜鱼目 Osmeriformes 9 种，占总数的 0.6%；鲟形目 Acipenseriformes、合鳃鱼目 Synbranchiformes 和鲉形目 Scorpaeniformes 各 7 种，各约占总数的 0.5%；鳗鲡目 Anguilliformes 4 种，约占总数的 0.3%；鳉形目 Cyprinodontiformes 和七鳃鳗目 Petromyzontiformes 各 3 种，各约占总数的 0.2%；鲱形目 Clupeiformes、狗鱼目 Esociformes 和刺鱼目 Gasterosteiformes 各包括 2 种，各约占总数的 0.2%；鳕形目 Gadiformes 和鲼形目 Myliobatiformes 各包括 1 种，分别约占总数的 0.07%。

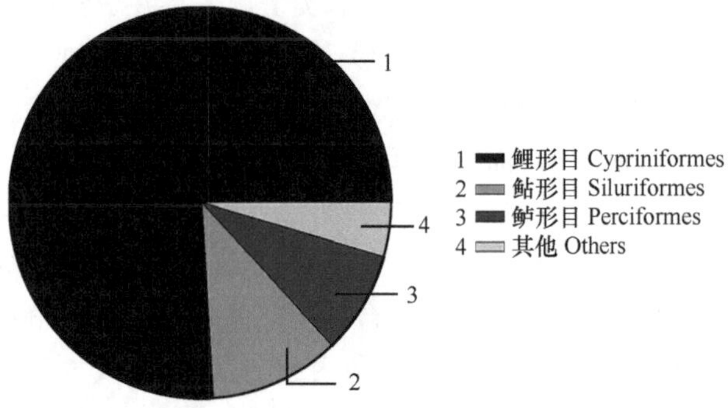

图 4 中国内陆鱼类目级水平物种组成

Fig. 4 Species composition of inland fishes at order level

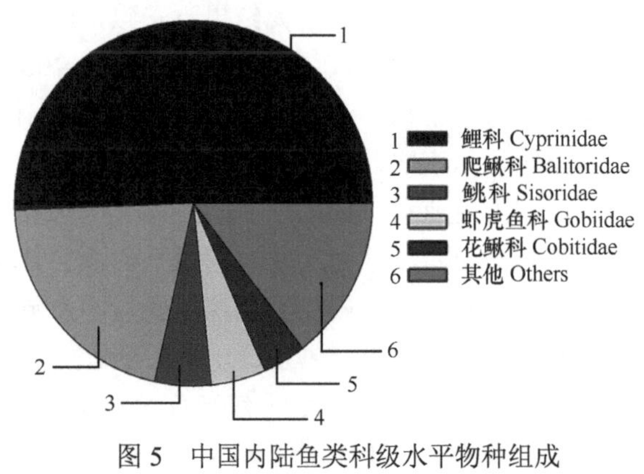

图 5 中国内陆鱼类科级水平物种组成

Fig. 5 Species composition of inland fishes at family level

科级水平分析(图 5)：以鲤科 Cyprinidae 为主，包含 664 种(包括亚种)，占总数的 49.4%；条鳅科 Nemacheilidae 次之，217 种，占总种数的 16.1%；爬鳅科 Balitoridae 第三，91 种，占总数的 5.7%；鮡科 Sisoridae 69 种，占总数的 5.4%；虾虎鱼科 Gobiidae 62 种，占总数的 4.7%；花鳅科 Cobitidae 56 种，占总数的 4.1%。以上 6 个科包括的物种总数超过我国内陆鱼类土著种总数的 85%。

鲤科共包括 12 个亚科，其中以鲃亚科 Barbinae 种类为最多，158 种，占该科物种总数的 24.2%。各亚科物种数见图 6。

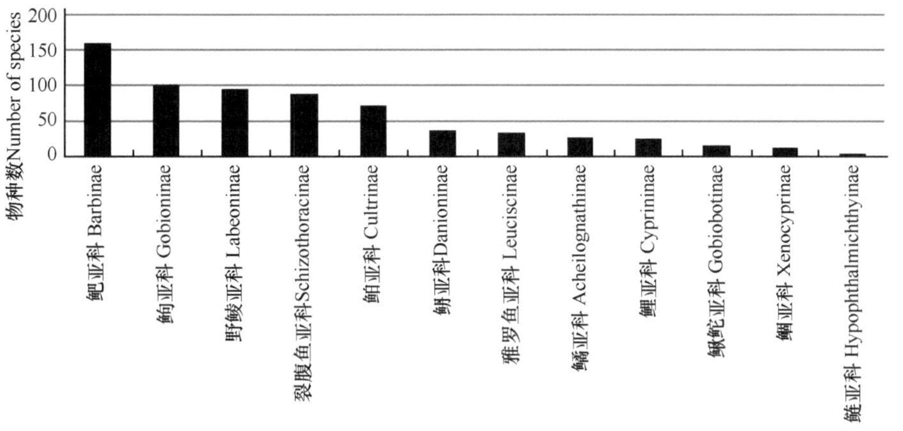

图 6 鲤科中各亚科物种数目

Fig. 6 Species number of different subfamily in Cyprinidae

属级水平，种数排列在前 10 位的分别是高原鳅属 *Triplophysa*、金线鲃属 *Sinocyclocheilus*、裂腹鱼属 *Schizothorax*、吻虾虎鱼属 *Rhinogobius*、云南鳅属 *Yunnanilus*、南鳅属 *Schistura*、纹胸鮡属 *Glyptothorax*、光唇鱼属 *Acrossocheilus*、白鱼属 *Anabarilius*、拟鲿属 *Pseudobagrus* 和四须鲃属 *Barbodes*。前 10 位属的种数见图 7。

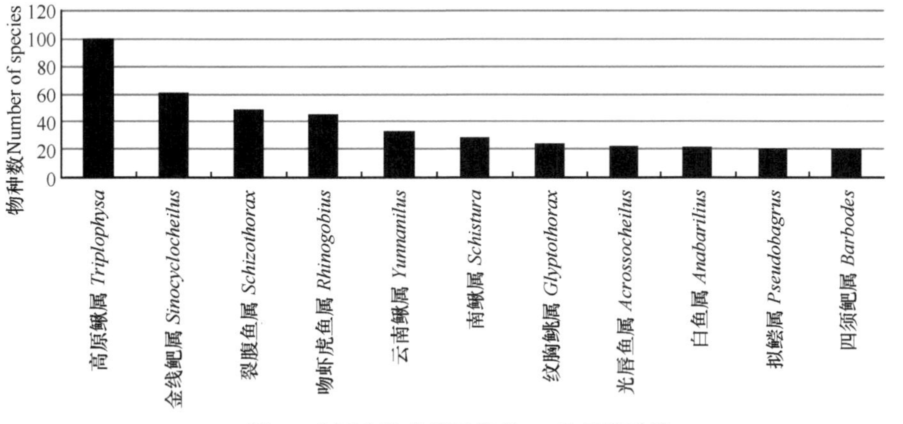

图 7 中国内陆鱼类种数前 10 位属的种数

Fig. 7 Number of species of top 10 genera of China's inland fish

1.2 基于 GIS 分析的各阶元多样性格局

1.2.1 种上分类阶元的多样性格局

利用 GIS 软件分析得到了我国内陆鱼类目级、科级及鲤科中各亚科和属级水平物种多样性的分布格局(图 8)。无论在哪个层级上都可看出，中国内陆鱼类的分布很不平均，多样性丰富的地区主要集中在中国的东部和南部各省区。我们将我国内陆范围划分成 1108 个 100km×100km 的栅格，图 9 描述了目级、科级及鲤科中各亚科和属的数目在各栅格内的分配情况，横坐标表示目、科及鲤科中各亚科或属数，纵坐标表示包含对应数目的目、科及鲤科中各亚科或属的栅格数。

将图 8 划分的地理栅格行由南向北编号，记为 1−42；列由西向东编号，记为 1−50。计算了每行包含的种上分类阶元数分别与该行栅格数的比例(图 10a，图 10c，图 10e，图 10g)和每列包含种上分类阶元数分别与该列栅格数的比例(图 10b，图 10d，图 10f，图 10h)，以此反映每行和每列种上分类阶元丰富度的高低。图 10 中横坐标表示行号或列号，纵坐标表示目数、科数及鲤科中各亚科数或属数与栅格数的比例。图 10 反映出每行种上分类阶元数与栅格数的比例表现出由南向北逐渐降低的趋势，每列种上分类阶元数与栅格数比例表现为由西向东逐渐升高的趋势。

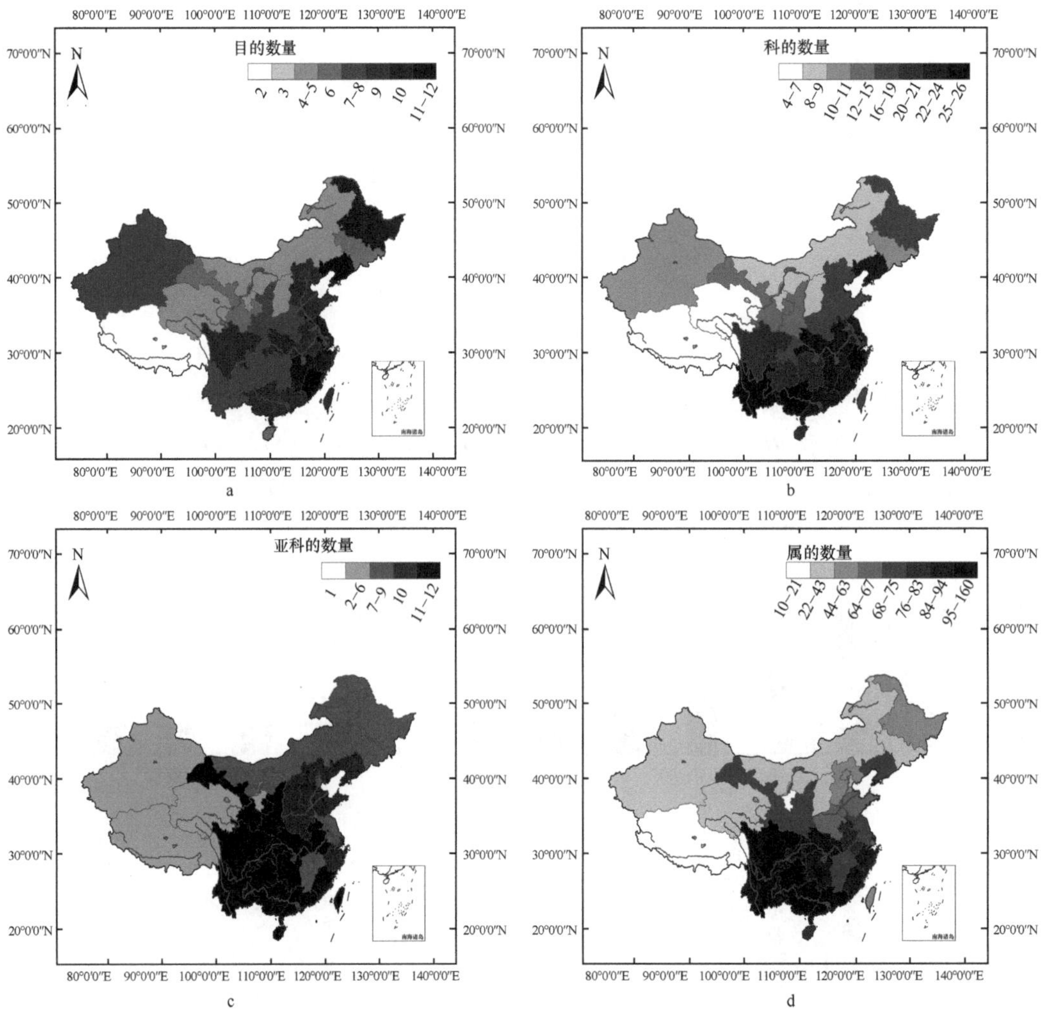

图 8　内陆鱼类目级(a)、科级(b)、鲤科中各亚科(c)和属级(d)水平多样性分布格局

Fig. 8　Distribution pattern of inland fish diversity at order(a), family(b), subfamily(c) of Cyprinidae and genera(d) of Cyprinidae

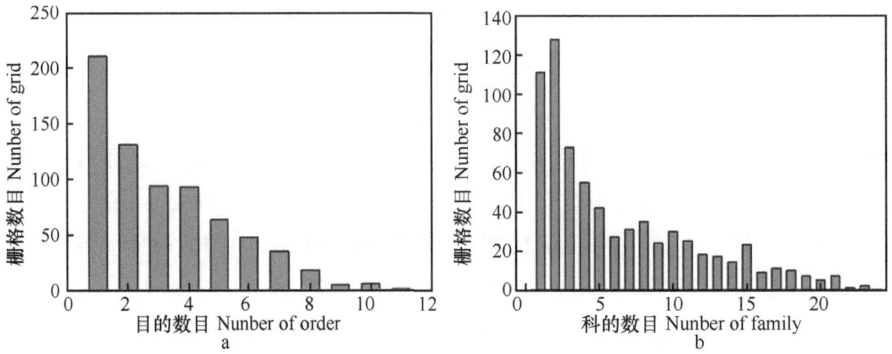

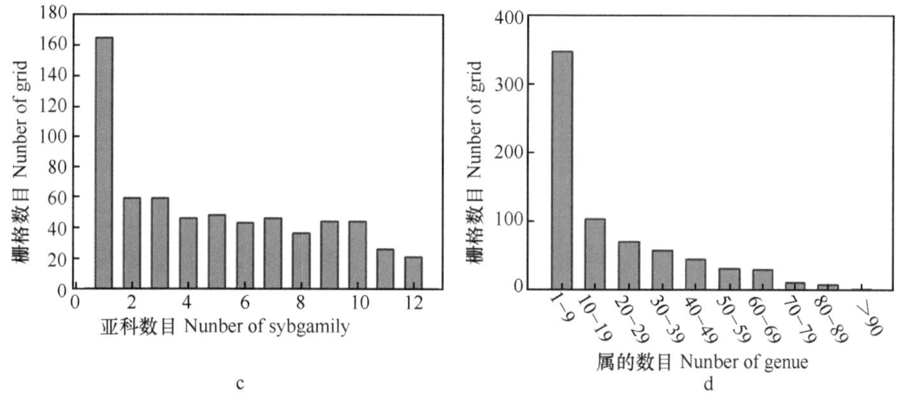

图 9　内陆鱼类目级 (a)、科级 (b) 及鲤科中各亚科 (c) 和属级 (d) 多样性在地理栅格间分配情况

Fig. 9　Order (a)，family (b) Cyprinidae subfamily(c)and Cyprinidae genera(d)richness among geographic units

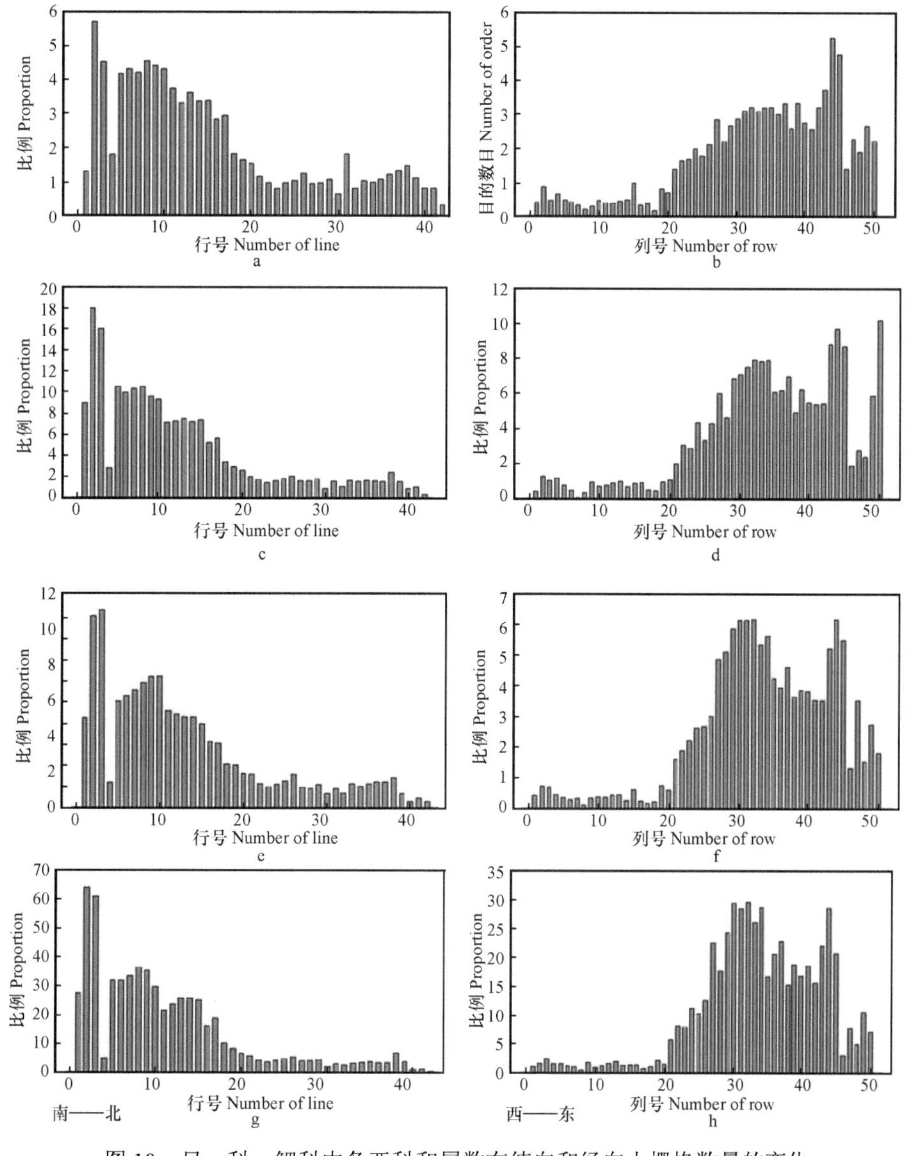

图 10　目、科、鲤科中各亚科和属数在纬向和经向上栅格数量的变化

Fig. 10　Trend of number of order，family，subfamily of Cyprinidae or genus proportion of number of grids in different lines (a，c，e and g) or rows (b，d，f and h)

同时，分析了种上分类阶元数随经纬度变化趋势(图 11)，图中横坐标表示经度或纬度区间，纵坐标表示种上阶元数。从图 11 中可以看出，目和科数随经纬度变化趋势较相似：随经度变化均表现为 73°E－120°E 逐渐增多，120°E－135°E 减少；目和科数随纬度变化趋势不明显。鲤科中各亚科数随经度变化表现为 73°E－105°E 逐渐增多，105°E－135°E 范围内逐渐减少；亚科数随纬度变化趋势也不明显。属数随经度变化趋势表现为 73°E－100°E 逐渐增多，105°E－135°E 逐渐减少；属数随纬度变化趋势表现为 15°N－20°N 急剧增多；20°N－55°N 逐渐减少。

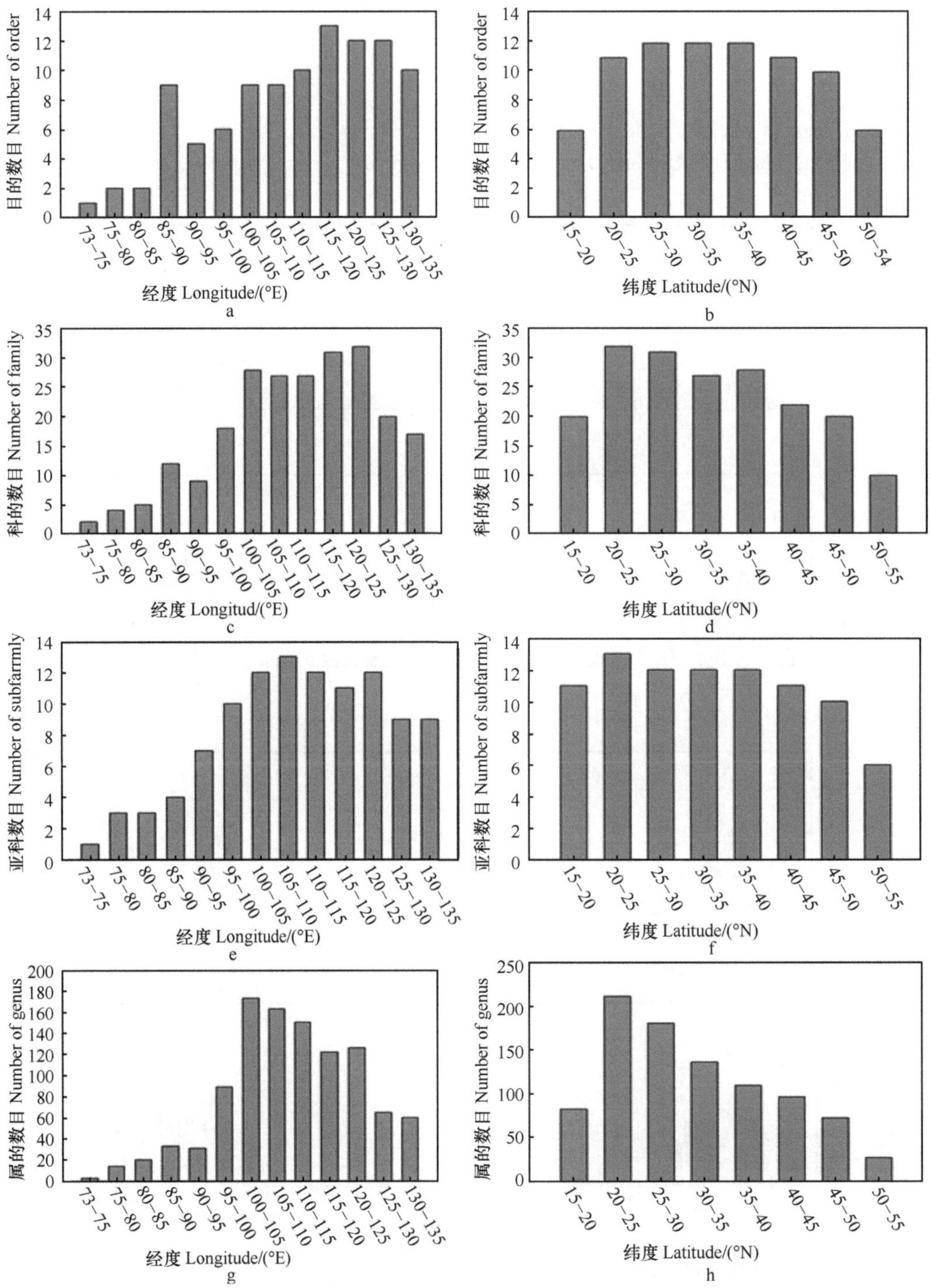

图 11　内陆鱼类目级(a 和 b)、科级(c 和 d)、鲤科中亚科(e 和 f)和属级(g 和 h)丰富度随经纬度变化趋势

Fig. 11　Trend of order richness (a and b), family richness (c and d), subfamily richness of Cyprinidae (e and f) and genus richness (g and h) of inland fishes following longitude and latitude

1.2.2 种级多样性格局

基于 ArcGis 9.2 软件分析得到中国内陆鱼类物种多样性格局(图 12)。种数在栅格间分配情况见图 13。图中横坐标表示种数，纵坐标表示包含对应种数的栅格数。

计算了图 12 上地理栅格每行和每列种数与栅格数的比例，显示每行种数与栅格数比例从南到北呈现减少趋势，每列种数与栅格数比例呈现东部比西部高的趋势。

统计分析了种数随经纬度和海拔的变化趋势(图 14)。依图 14，种数随经度变化表现为 73°E－100°E 急剧增多，100°E－135°E 明显减少；随纬度变化表现为 18°N－20°N 急剧升高，20°N－30°N 变化不大，30°N－55°N 明显下降。

图 15 表现出种数随海拔升高而明显减少的趋势，1000m 及以下种数最多。

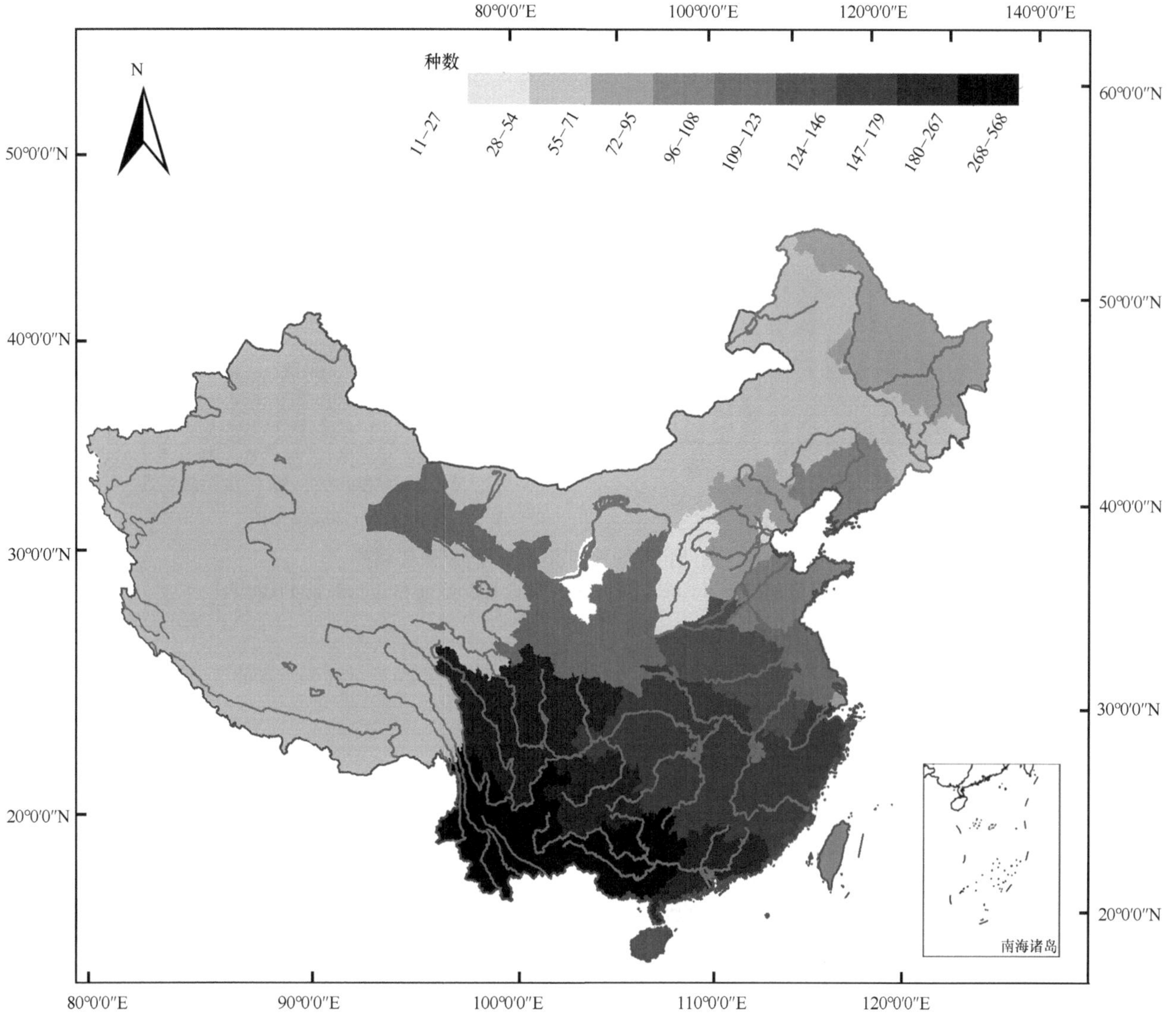

图 12　内陆鱼类物种多样性格局

Fig. 12　Species diversity pattern of inland fishes

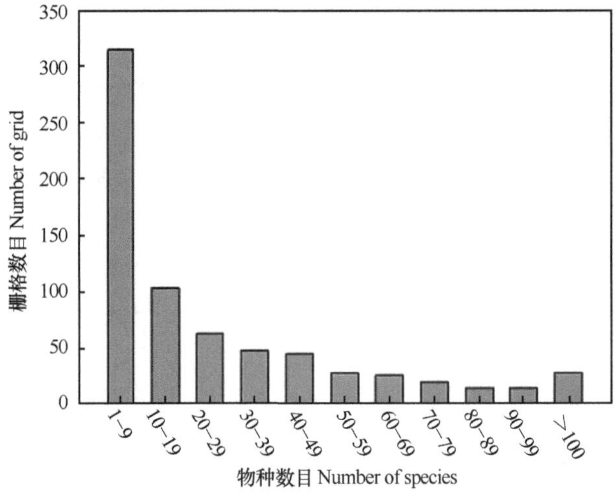

图 13　内陆鱼类物种丰富度在栅格间的分配情况

Fig. 13　Distribution situation of species richness of inland fishes among grids

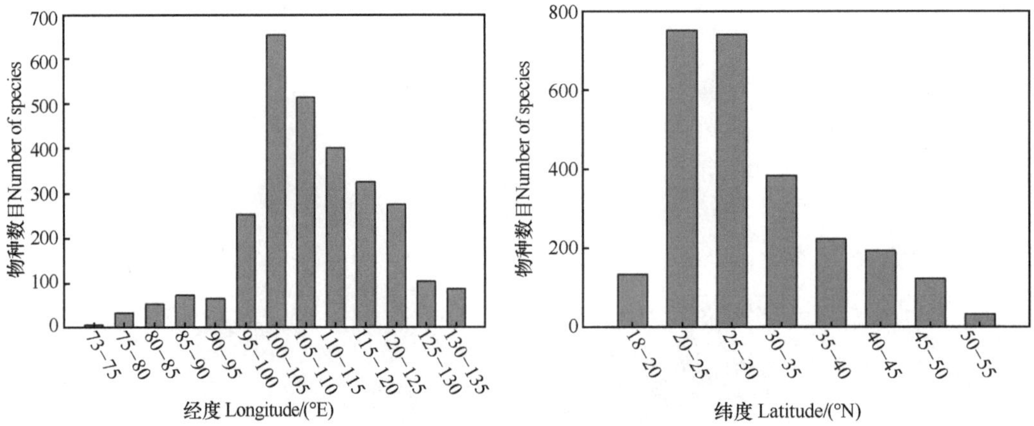

图 14　内陆鱼类物种丰富度随经纬度变化趋势

Fig. 14　Trend of species richness of inland fishes following longitude and latitude

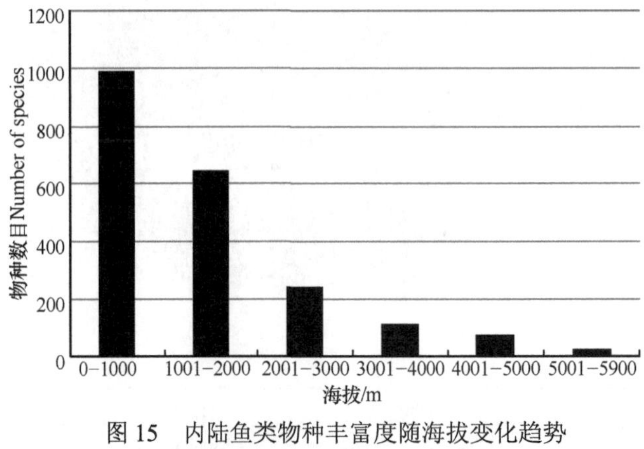

图 15　内陆鱼类物种丰富度随海拔变化趋势

Fig. 15　Trend of species richness of inland fishes following elevation

2. 物种多样性与环境因子相关性分析

2.1 与气温分布变化的相关性

将物种多样性格局分别与>0℃、>10℃积温和年均气温分布进行了比对(图 16)。物种多样性格局与气温变化格局表现基本一致，气温较高的地区物种多样性水平就高，气温较低的地区物种多样性水平也较低。依据每 100km×100km 栅格中的积温、年均气温值和种数，利用统计软件分析了种数与积温和年均温度的变化关系，得到种数随>0℃、>10℃积温和年均温度升高的变化散点图(图 17)，显示出种数随积温和年均温度升高而升高的变化趋势。

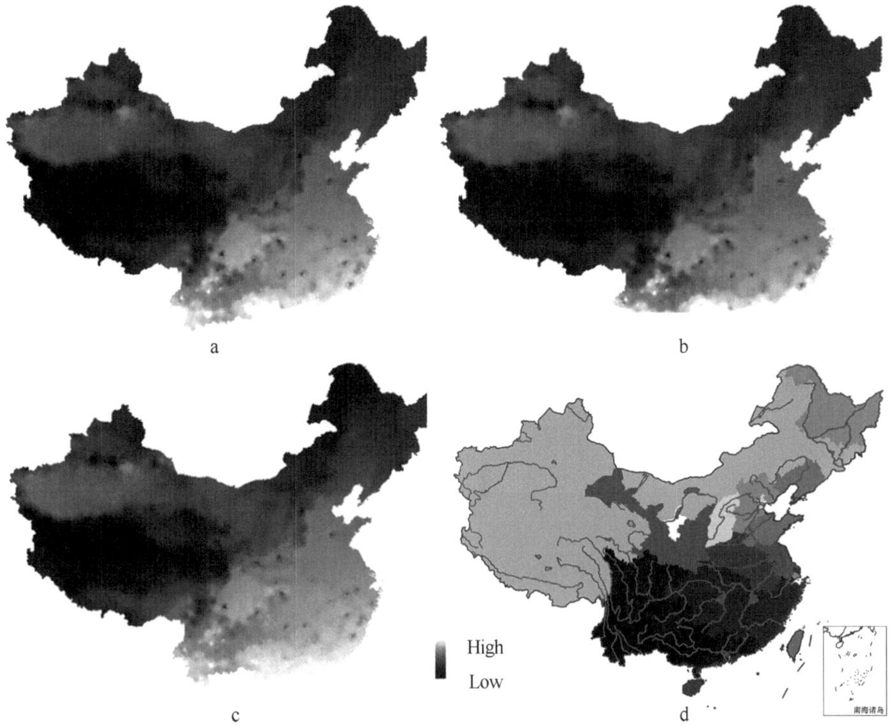

图 16　内陆鱼类物种多样性格局(d)与>0℃(a)、>10℃积温(b)和年均气温(c)分布格局的比较

Fig. 16　Comparison between distribution pattern of species diversity of inland fishes (d) and distribution pattern of>0℃ (a)，>10℃ (b) accumulated temperature or annual average temperature (c)

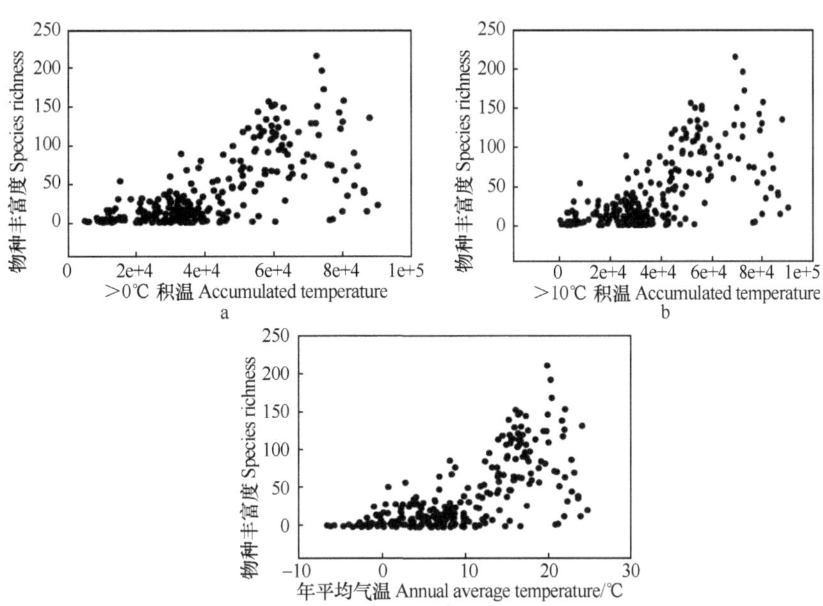

图 17　内陆鱼类物种丰富度随>0℃(a)、>10℃积温(b)和年均气温(c)升高的变化散点图

Fig. 17　Scatter of species richness of inland fishes following increasing of >0℃ (a)，>10℃ (b) accumulated temperature or annual average temperature (c)

2.2 与降水量变化格局的相关性

统计分析得到物种多样性格局与年均降水量分布格局的比较图(图 18)，表现出物种多样性格局与年均降水量的分布格局基本一致。年均降水量高的地区物种多样性水平高，年均降水量低的地区物种多样性水平也较低。同时，基于每 100km×100km 栅格年均降水量和种数，分析得到种数随年均降水量升高的变化散点图(图 19)，表现出种数随降水量的升高而升高的趋势。

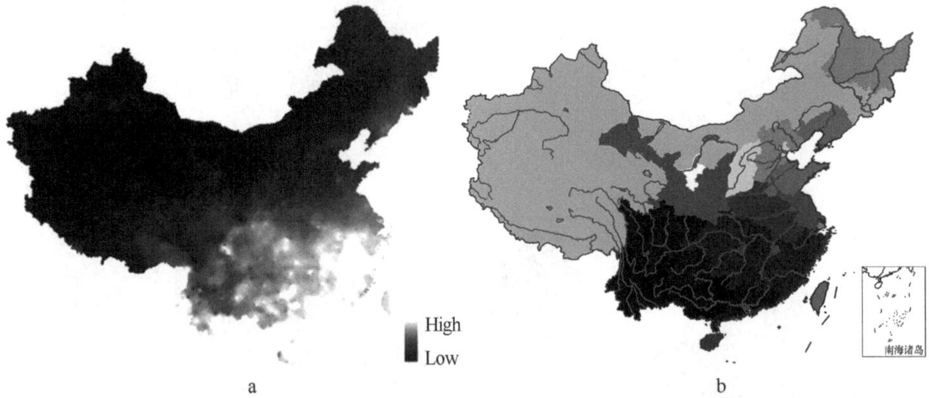

图 18　年均降水量分布格局(a)与内陆鱼类物种多样性格局(b)的比较

Fig. 18　Comparison between annual average temperature (a) and species richness of inland fishes (b)

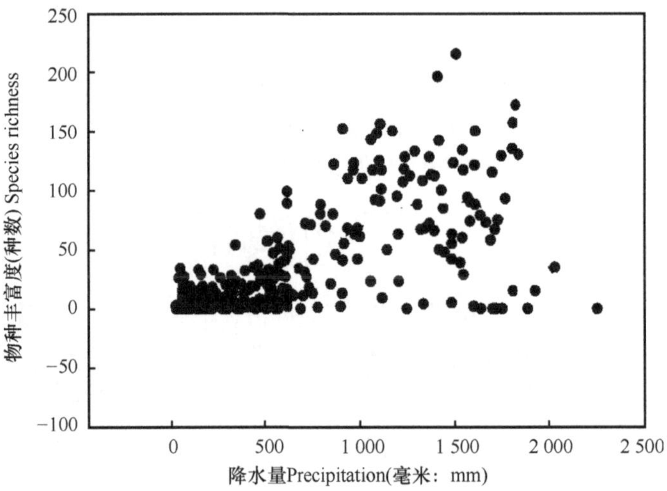

图 19　内陆鱼类物种丰富度随年均降水量升高的变化散点图

Fig. 19　Scatter of species richness of inland fishes following increasing of annual average precipitation

2.3 与人口密度变化的相关性

利用栅格中种数和人口密度值，通过统计软件分析得到种数随人口密度升高的变化散点图(图 20)，可以看出，种数随人口密度增加表现出先增加后减少的变化趋势。

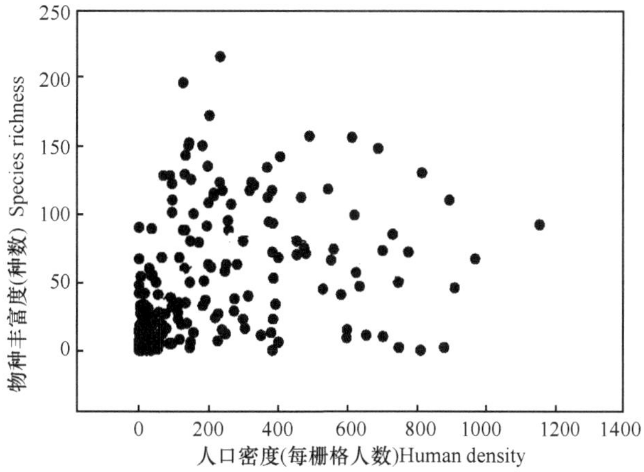

图 20　内陆鱼类物种丰富度随人口密度增加的变化散点图

Fig. 20　Scatter of species richness of inland fishes following increasing of population density

3. 讨论

3.1 物种多样性组成特点

3.1.1 物种多样性水平高

依 Nelson(2006)的统计，全世界共有 11 952 种内陆鱼类，我国内陆鱼类种数约占世界总数的 11.32%。作者比较了与我国所处纬度相近或高于我国，但国土面积均比我国大的俄罗斯、美国、加拿大和欧洲整体的内陆鱼类种数(Froese and Pauly，2014)，结果显示，我国内陆鱼类种数明显多于这些国家和地区(图 21)。从每百万平方千米分布的内陆鱼类种数看，我国 141 种，美国 99 种，欧洲 51 种，俄罗斯和加拿大分别有 25 种和 24 种。由此也可看出，我国每百万平方千米内陆鱼类种数明显高于相比较的其他区域，反映出我国内陆鱼类有较高的物种多样性。

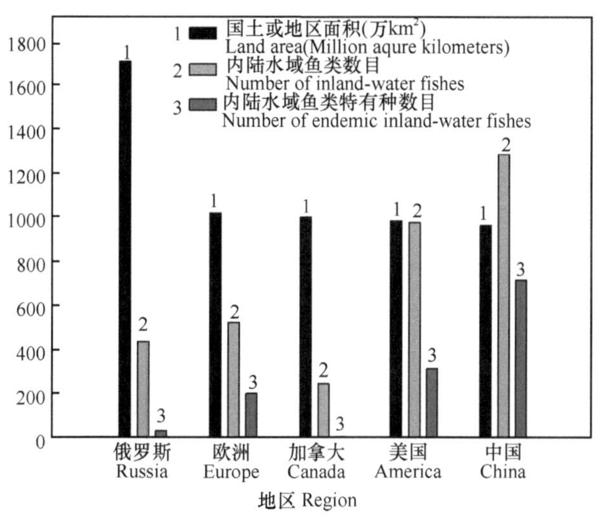

图 21　我国内陆鱼类种数和特有种数与纬度相近或高于我国、面积较大的几个地区比较

Fig. 21　Comparison between number of inland fish species and endemic species of China and several regions whose latitude near or higher，land area larger than China

3.1.2 物种多样性组成以鲤形目和鲤科为主

在内陆鱼类中，鲤形目鱼类 1030 种(包括亚种)，占内陆鱼类总数的 74.43%。鲤形目中，鲤科鱼类

最多，660种(亚种)，占鲤形目总数的64.07%，种数远超过其他各科。其他科包括条鳅科218种，占鲤形目总数的21.16%；爬鳅科290种，占8.73%；花鳅科54种，占5.36%；胭脂鱼科、裸吻鱼科和双孔鱼科各1种，分别占0.10%。说明鲤科鱼类是我国内陆鱼类的主要成分，表现出东亚内陆鱼类组成的共同特点(Zakaria-Ismail，1994)。

3.2 物种多样性分布特点

3.2.1 物种多样性与纬度变化的关系

研究结果显示，亚科及以上分类阶元的多样性水平随纬度变化不明显，但物种多样性表现出随纬度升高而下降的趋势(图14)。Begon等(1990)在*Ecology: Individuals, Populations and Communities*(《生态学：个体、种群和系统》)一书中提出物种多样性具有梯度特征，指物种多样性水平随某一方向有规律的变化，这种变化可以表现为经度、纬度、海拔、深度，也可以表现为时间上的梯度，如演替。Collins(1989)对白蚁分布的研究、Rosenzweig(1992)对中美地区蝙蝠分布的研究和Rohde(1992)对海岸边鱼类分布研究的结果，都遵循物种多样性水平随纬度升高而降低的规律。王寿昆(1997)研究了我国主要河流鱼类分布及其物种多样性与流域特征的关系，结果也表明我国各主要水系都表现出随纬度升高，鱼类多样性水平下降的趋势。

3.2.2 物种多样性与海拔变化的关系

根据分析结果(图15)，物种多样性水平随海拔升高而表现出下降的趋势。我国的地形由西向东呈三级阶梯形状，依图15，“一级阶梯”海拔最高，在4000m以上，为青藏高原地区，仅分布着数量有限的高原鱼类，物种数在100种以下；“二级阶梯”海拔1000－2000m或以上，主要由一些高原和盆地组成，物种数600种以上，多样性水平较“一级阶梯”明显升高；“三级阶梯”海拔在1000m以下，由平原和丘陵组成，物种数达900种以上，高于前两“阶梯”的种数总和。Stevens(1992)提出海拔高的地区生态环境相对极端，海拔高、空气稀薄、气候寒冷等严酷的生境导致物种多样性水平较低。

3.2.3 物种多样性的自然地理格局

根据图12，我国内陆鱼类物种多样性表现出东南部高于其他地区的趋势。对我国各主要水系鱼类种数(图22)进一步统计显示，长江和珠江两水系明显高于其他水系。

内陆鱼类种数最多的鲤科鱼类广泛分布在我国东南部地区(图8c)，呈现东南部亚科数明显高于西北部地区的趋势。通过对各主要水系鲤科鱼类所占比例的粗略统计(图23)，鲤科鱼类在各主要水系中都占有很高的比例，接近或超过该水系鱼类总数的50%。

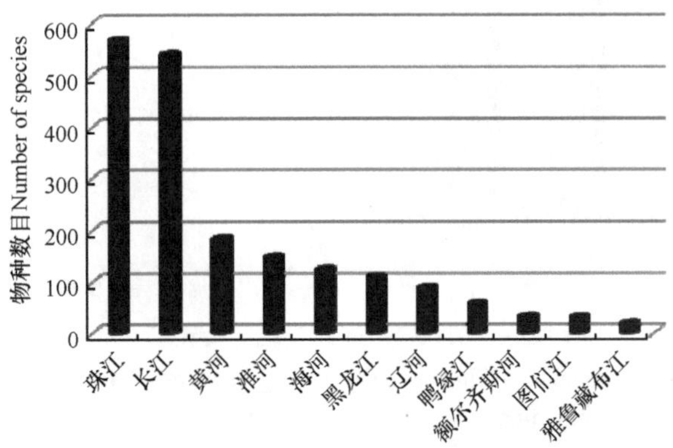

图22 各主要水系鱼类种数比较

Fig. 22 Comparison of species richness of main river

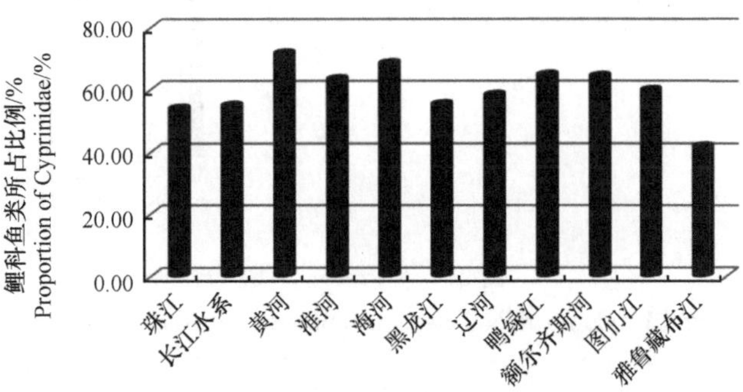

图23 鲤科鱼类占不同水系鱼类总数的比例

Fig. 23 Proportion of number of cyprinid species of the total number of fish species in different main river basins

根据每行和每列种数与栅格数的比例变化，第 17 行以南的比例明显高于第 17 行以北各行的比例，第 21 列以东的比例明显高于第 21 列以西各列的比例。从地理分布上看，第 17 行以南和第 21 列以东的区域处于秦岭－淮河以南和横断山以东地区。根据我们的统计，物种数最多的栅格包含了 153 个种。通过比较，作者将物种数高于最高种数的一半，即 77 种的栅格定义为物种多样性高的区域，分析其分布格局(图 24)。从图 24 中可以明显看出，高于 77 种的栅格共 61 个，这些种数高的栅格基本都分布在秦岭－淮河以南和横断山以东地区，这一分析也印证了行和列比例变化的结果。由此，作者推断出秦岭－淮河以南和横断山以东地区的物种多样性水平明显高于其他地区。作者将得到的物种多样性格局与解焱等(2009)分析得到的水生爬行动物物种多样性格局(图 25)进行了比较，发现水生爬行动物物种多样性格局与内陆鱼类物种多样性格局相似，也基本是以秦岭－淮河以南和横断山以东地区物种多样性水平高。

作者进一步分析了物种多样性在秦岭－淮河以南和横断山以东地区的分布格局。依据图 25，物种多样性在这一地区呈现出 4 个多样性水平最高的区域，分别是长江上游的四川盆地，这一区域包括了 12 个大于 77 种的栅格，约占该区域总数的 63.16%；长江中下游及其邻近水系，包括了 22 个高于 77 种的栅格，约占该区域栅格总数的 50.0%；珠江水系包含大于 77 种的栅格 22 个，约占该区域总数的 46.81%；海南岛包括了 3 个大于 77 种的栅格，约占该区域总数 42.86%。这 4 个区域物种多样性高的栅格占到该区域栅格总数的近 50%或以上。

图 24　包含种数高于 77 种的栅格分布格局

Fig. 24　Distribution pattern of grids including more than 77 species

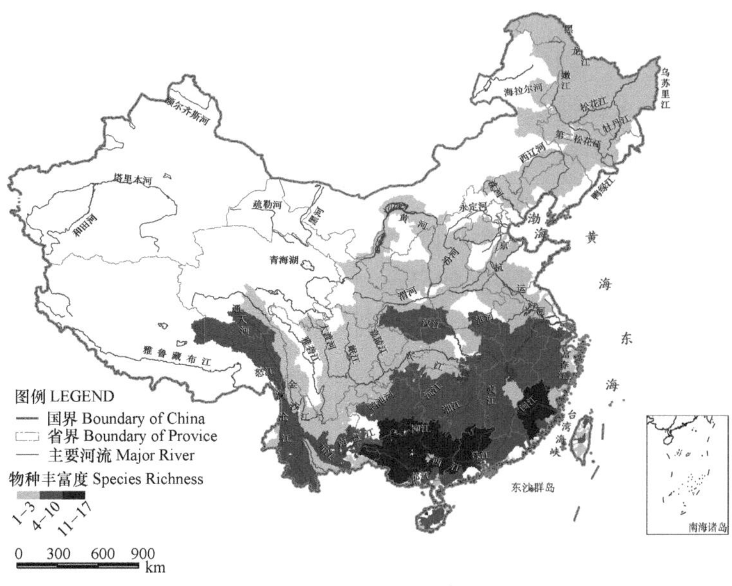

图 25　中国内陆水生爬行动物物种多样性格局(引自解焱等，2009)

Fig. 25　Distribution pattern of species richness of inland aquatic reptiles of China (Cited from Xie *et al.*，2009)

3.3 物种多样性格局与环境因子的关系

3.3.1 地形

从我国地形看，秦岭—淮河以南+横断山以东地区广泛分布着不同类型的山地、丘陵、盆地和高原，还有海南和台湾两个岛屿生态系统，生境类型多样(中国科学院《中国自然地理》编辑委员会，1981)。根据生境异质性假说(Shmida and Wilson，1985)，生境类型越多、越复杂，生态位就越丰富，物种多样性水平也就越高。秦岭—淮河以南+横断山以东地区复杂的地形地貌，能够为内陆鱼类的生存提供更多的生态位，使得物种多样性水平高于其他地区。Kerr 和 Packer(1997)分析影响北美哺乳动物多样性格局的因素时发现，北美南部哺乳类物种多样性较北部高，并提示这一现象可能和生境异质性相关。Coblentz 和 Riitters(2004)研究提出落基山脉南段处于北美西南部地区，这一地区具有复杂的地形地貌，丰富的生境类型极可能导致较高的物种多样性水平。可见，生境异质性导致物种多样性水平升高的现象在其他生物类群中也有表现。相比之下，秦岭—淮河以北+横断山以西地区存在着大面积的高原，根据图 15，物种多样性水平随向北、向西海拔的升高而明显降低。

四川盆地和珠江水系的物种多样性水平最高，也与其复杂的地形特点有关。四川盆地内发育有长江上游的岷江—嘉陵江，属于我国阶梯形地势的“一级阶梯”与“二级阶梯”的过渡带，地貌上表现为底部海拔 300—700m 的丘陵与平原及周围海拔 1000—3000m 的山地。珠江水系是我国南方的第一大河，由西江、北江和东江组成。珠江水系的鱼类物种多样性以西江为最高。西江水系主源为南盘江，源头在云南省，与来自黔西南的北盘江会合后称为红水河，至石龙附近北岸纳柳江，改称黔江，到桂平与郁江相会，其上游为右江和左江。黔江与郁江汇口以下又称浔江，至广西梧州与桂江会合后始称西江，东流进入珠江三角洲范围。西江江水较深，沿途峡谷和广谷地段多，生态环境多样。

3.3.2 水系

秦岭—淮河以南+横断山以东地区与其他地区相比，发育着更为丰富的水系，拥有长江、珠江两条流域面积较大的河流。两条大河发源于高原，流经高山峡谷和丘陵盆地，穿过冲积平原到达宽阔的河口，上、中、下游流经地区生境变化较大，急流、缓流相间，为形成较高的物种多样性创造了不同类型的生态条件。东部地区还有众多湖泊—洞庭湖、鄱阳湖、太湖、洪泽湖等，沿海地区分布着许多自流入海的河流，如钱塘江、灵江、瓯江、闽江等。海南和台湾也分布着岛屿淡水河系。根据区域面积假说(Terborgh，1973；Rosenzweig，1992)，物种可以占有的生存面积越大，种群数量越多，灭绝率降低，且提高了异域成种的概率，该区域的物种丰富度也就越高。秦岭—淮河以南+横断山以东地区分布着丰富的水系，尤其在物种多样性水平最高的长江中下游及其邻近地区分布着丰富的河流和湖泊，为内陆鱼类的生存提供了更大面积的生活场所。

除了水系的数量多，秦岭—淮河以南+横断山以东地区水域的流量也较其他地区充沛，能容纳更多的物种生存。相比，秦岭—淮河以北+横断山以西地区，随着气候越来越干旱，降水量的减少，河流断流现象严重。根据作者多年的实地调查及相关文献记录，秦岭—淮河以北+横断山区以西的海河水系众多支流、黄河中下游、塔里木河等内流水系等均会出现季节性断流现象(王玲等，1997；费宇红和张光辉，2001；陈亚宁等，2004)。依据相关文献(张文娟和高吉喜，2001；李家勇，2007 等)，我国西部河流在气候干旱条件下断流现象严重，导致物种多样性水平降低。

3.3.3 气候特点

根据图 16a、图 16b、图 16c 和图 18a，秦岭—淮河以南+横断山以东地区属于温度和降水量高或相对较高的地区。依据郭志华等(2007)基于 GIS 得到的我国气候分区(图 26)，秦岭—淮河以南和横断山以东地区属于第 I 分区，即热带-亚热带季风气候，夏季高温多雨，冬季干燥，年均气温在 10℃以上，最冷月均温高于0℃，年降水大于800mm，干燥度小于1，年降水变率小于20%，气候条件比较好且稳定。依据能量－生产力假说，认为一个较大空间的地区，水热条件越优越，生产力越高，可以支持越多的生物个体，则拥有更高的物种多样性(Brown，1981；Wright，1983)。秦岭－淮河以南+横断山以东地区较其他区域具备更好的水热条件，因此物种多样性水平更高。

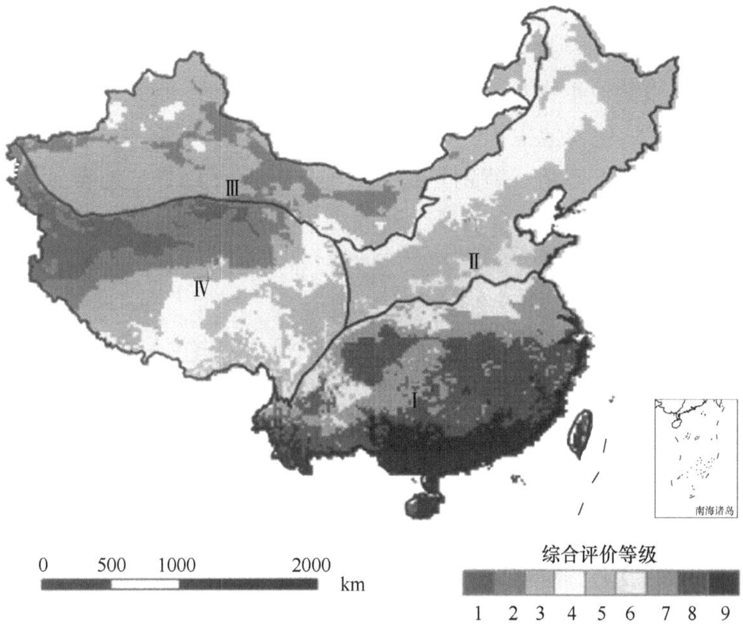

图 26 我国气候分区图(引自郭志华等，2007)

Fig. 26 Climate division of China (Cited from Guo *et al.*，2007)

此外，秦岭－淮河以南+横断山以东地区处于亚热带和热带地区，气候条件较稳定，动荡频率相对较小(郭志华等，2007)。依据气候稳定假说，不稳定的环境因素对物种扩散和分化具有影响，反之气候稳定的地区多样性越高。动荡的气候迫使有的物种发展较强的扩散能力以寻找适宜的生境，但同时也增加了物种间的交流，限制了新种的形成(McGlone，1996；Dynesius and Jansson，2000；Wiens and Donoghue，2004)，导致物种多样性水平低；而气候稳定的区域，如热带，物种特化使其生态位变得狭窄(Stevens，1989)，并且物种分化速度大于温带，物种多样性水平高。物种多样性最高的珠江水系和海南岛分别位于亚热带和热带地区，良好的气候条件使得该地区具有较高的内陆鱼类物种多样性。

3.3.4 气温

根据图 17，我国内陆鱼类物种多样性水平随积温或年均温升高表现出升高的趋势。Guégan 等(1998)对全球内陆鱼类多样性的分析表明，内陆鱼类的多样性与环境能量有着很高的相关性，环境能量越高内陆鱼类物种多样性越丰富，一些对其他生物类群多样性与温度变化关系的研究也证实了这一结果。Turner 等(1988)研究了英国鸟类多样性和温度间的关系，表明鸟类物种多样性的高低与温度高低呈正相关；Owen(1989)研究了两栖爬行动物物种多样性与温度的关系，表明两者呈正相关，温度越高，物种多样性水平越高。

3.3.5 降水

依据图 19，我国内陆鱼类物种多样性水平随降水量的增加而升高。一些对其他生物类群物种多样性随降水量变化的研究结果也证实了物种多样性和降水量之间的正相关性。Pearson 和 Carroll(1998)研究了澳大利亚的鸟类、蝴蝶、虎甲的物种多样性与年均降水量的关系，结果显示，各类群的物种多样性随降水量的升高而升高，特别是蝴蝶表现得更明显；Rensburg 等(2002)研究了南非鸟类物种多样性与环境的相关性，结果表明，该地区鸟类物种多样性的高低与年降水量的高低呈正相关。

3.3.6 人口密度

从图 21 可以看出，人口密度低时，内陆鱼类物种多样性水平也较低。随着人口密度升高，物种多样性水平升高。但当人口密度升高到约 600 人/km^2 后，物种多样性水平随人口密度的增加而逐渐减少。根据物种多样性水平随人口密度的变化趋势，作者推测人口密度和物种多样性均较低的区域，往往是气候条件较恶劣的地区，不适宜生物生存，因此人和其他生物的数量均少。种数随人口密度增加，反映了人口密度处在一个合适的范围内，人和其他生物数表现出一种正相关的趋势。但当人口密度继续增加，超过环境的容纳量，导致环境条件改变，致使其他生物的物种数下降。以北京为例，统计资料显示，1978－2009 年北京市城市人口一直呈现迅速上升的趋势，特别是最近 10 年间上升趋势尤为明显，根据作者对北京及其周边野生鱼类资源的调查，近 20－30 年野生鱼类物种数减少了近 50%，而且呈加速减少的趋势。可以在某种程度上反映人口数量过度增加，加大了对环境的压力，导致鱼类物种多样性水平下降。

四、中国内陆鱼类特有性及其分布格局

1. 内陆鱼类特有种组成

根据相关数据统计分析，中国内陆鱼类共包含 84 个特有属，其中 37 个为单型属；特有种(包括亚种)878 个，隶属于 7 目 21 科 180 属，约占我国内陆鱼类总数 65%。

特有种组成以鲤形目为主，共 737 种，占已知特有种总数的 83.94%；鲇形目 75 种，占 8.54%；鲈形目 57 种，占 6.49%。以下依次为胡瓜鱼目和鲑形目各 3 种，分别占已知特有种总数的 0.34%；鲟形目 2 种，分别占 0.23%；鳉形目 1 种，分别占 0.11%(图 27)。

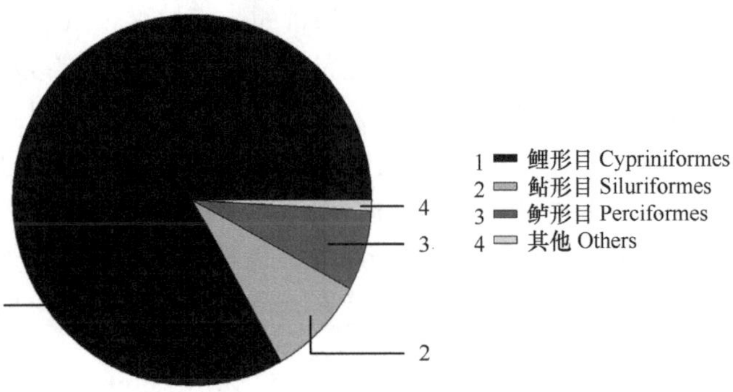

图 27　中国内陆特有鱼类目级水平组成

Fig. 27　Composition of endemic species of inland fishes in China at order level

科级水平分析，以鲤科为主，包括 440 个特有种，占特有种总数的 50.11%。

属级水平，高原鳅属 *Triplophysa* 的特有种数最多，包括 92 个特有种，占我国内陆鱼类特有种总数的 10.48%；金线鲃属 *Sinocyclocheilus* 61 种，占 6.95%；裂腹鱼属 *Schizothorax* 41 种，占 4.67%。其他属特有种数相对较少。

2. 基于 GIS 分析的内陆特有鱼类分布格局

2.1 特有属分布格局

基于 GIS 地理信息系统软件，分析了我国内陆鱼类特有属的绝对特有性(图 28a)和相对特有性格局(图 28b)。将我国陆域范围分成 1108 个 100km×100km 的栅格，全部 1108 个格栅中，有 290 个至少包含 1 个特有属，占栅格总数 26.17%。栅格中特有属数分配情况见图 29，图中横坐标表示特有属数，纵坐标表示包含对应数目特有属的栅格数。从图 29 中可以看出，栅格数表现出随特有属数增多而减少的趋势。

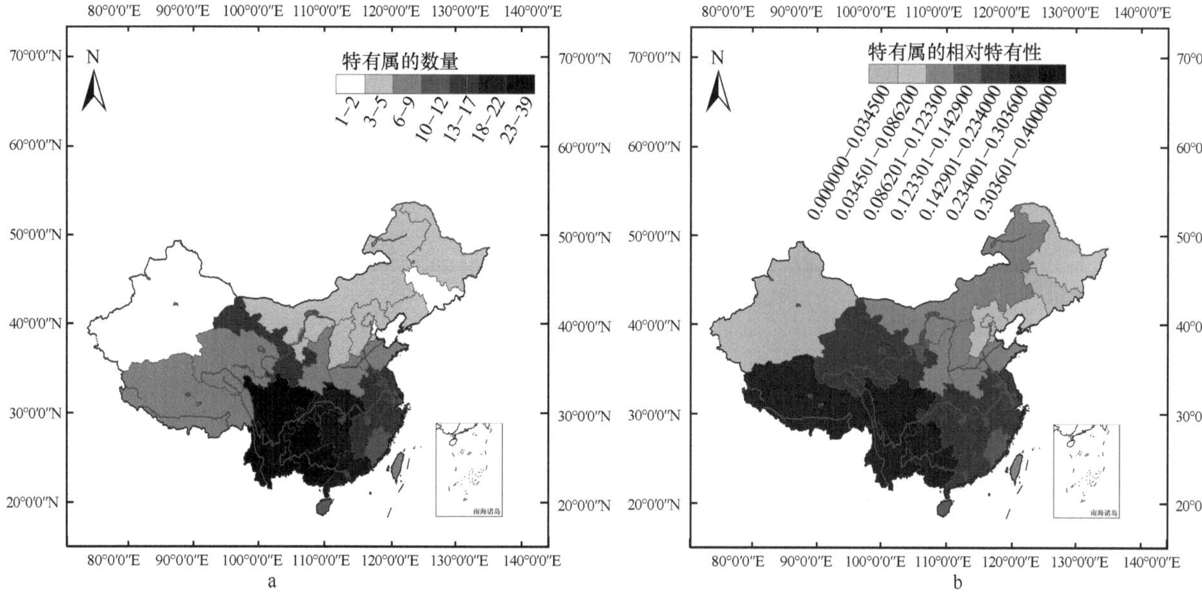

图 28 中国内陆鱼类特有属绝对特有性(a)和相对特有性(b)格局

Fig. 28 Distribution pattern of absolute endemism (a) and relative endemism (b) of endemic genera of inland fishes in China

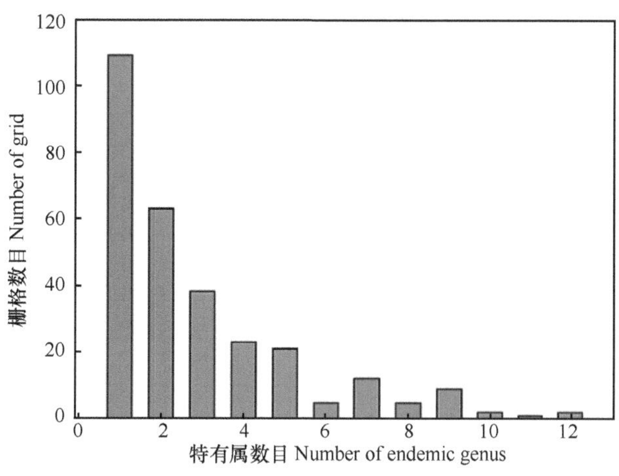

图 29 内陆鱼类特有属数在栅格间的分配情况

Fig. 29 Distribution situation of endemic genera richness of inland fishes among grids

图 28a 中地理栅格每行和每列特有属数与栅格数的比例变化趋势见图 30。图中横坐标表示由南到北行号或由西到东列号，纵坐标表示特有属数与栅格数比例。图 30 反映出特有属数与栅格数比例有由南向北逐渐减少的趋势，由西到东表现出先增加再减少的趋势。

特有属数随经纬度的变化见图 31，横坐标表示经度或纬度区间，纵坐标表示特有属数。从图 31 中可以看出，特有属数随经度变化表现为 73°E－105°E 急剧增多，105°E－130°E 明显减少。特有属数随纬度变化表现为 18°N－25°N 急剧增多，25°N－45°N 范围内逐渐减少。

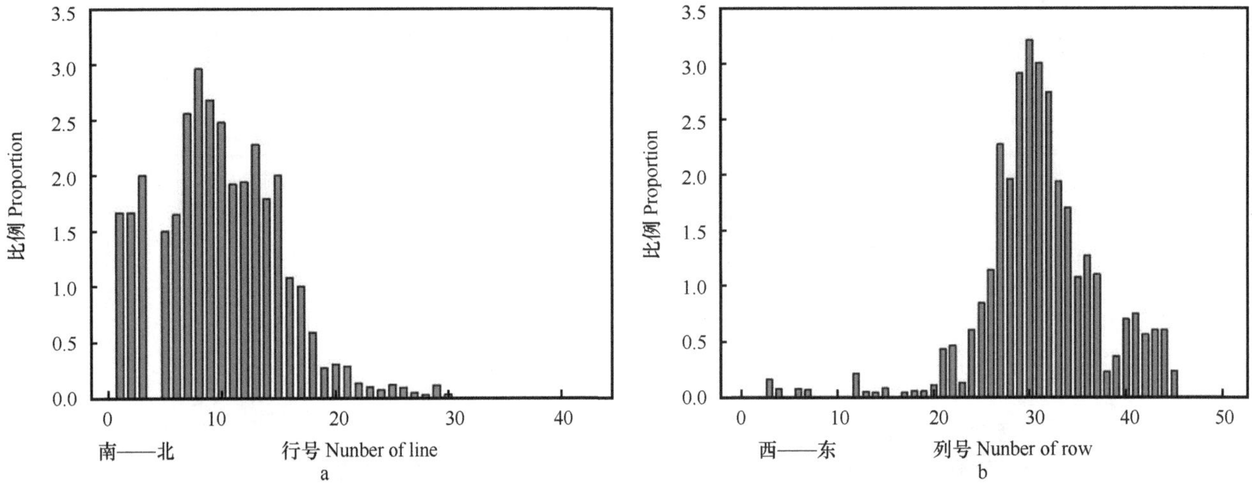

图 30　每行(a)和每列(b)特有属数与栅格数比例变化趋势

Fig. 30　Trend of number of endemic generas proportion of the number of grids in the lines(a) or rows(b)

特有属数随经纬度的变化见图 31，横坐标表示经度或纬度区间，纵坐标表示特有属数。从图 31 中可以看出，特有属数随经度变化表现为 73°E－105°E 急剧增多，105°E－130°E 明显减少。特有属数随纬度变化表现为 18°N－25°N 急剧增多，25°N－45°N 范围内逐渐减少。

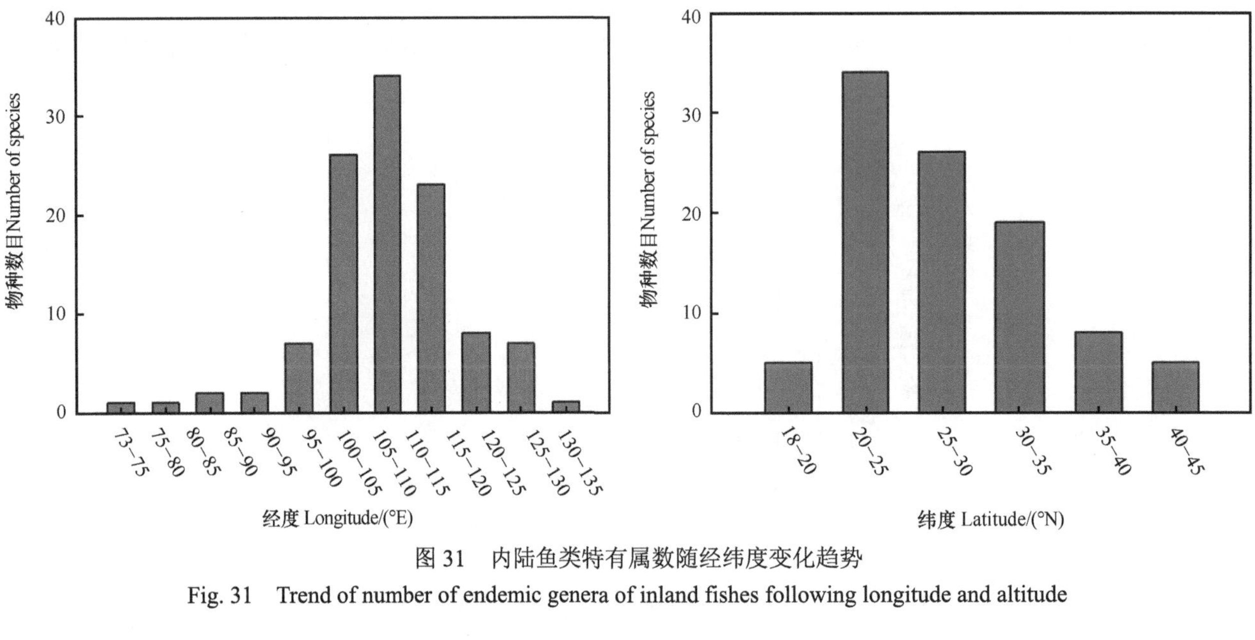

图 31　内陆鱼类特有属数随经纬度变化趋势

Fig. 31　Trend of number of endemic genera of inland fishes following longitude and altitude

2.2 特有种分布格局

基于 GIS 分析得到中国内陆鱼类特有种的绝对特有性和相对特有性格局(图 32)。全部 1108 个格栅中有 588 个包含至少 1 个特有种，占栅格总数的 53.07%。特有种数在栅格间分配情况见图 33，图中横坐标表示特有种数，纵坐标表示包含对应数目特有种的栅格数。图 33 反映出栅格数随包含特有种数的增多而减少。

对特有种绝对特有性格局（图 32a）中每行和每列特有种数与栅格数比例变化趋势进行了分析，亦表现出特有种数与栅格数比例由南向北逐渐降低和由西向东逐渐升高的趋势。

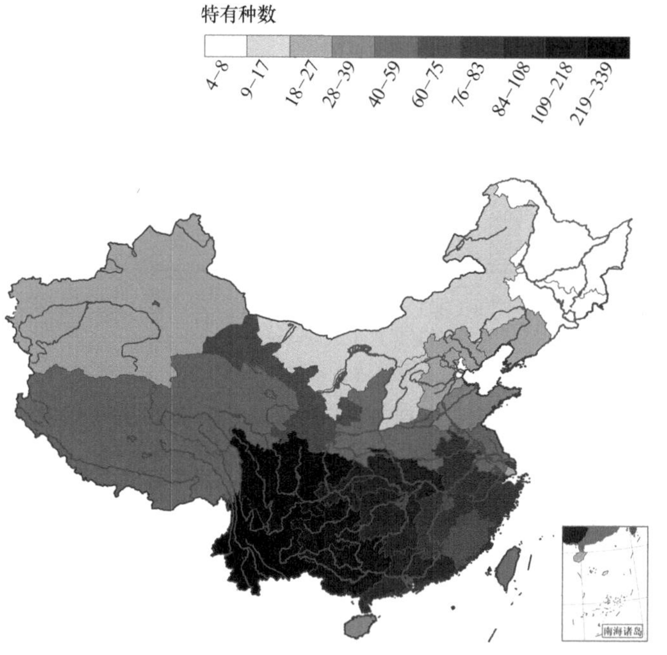

a

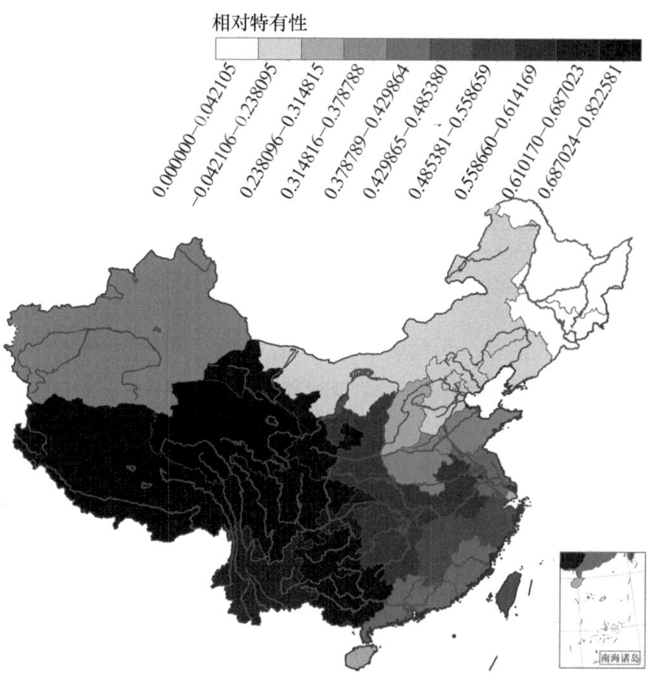

b

图 32　中国内陆鱼类特有种绝对特有性（a）和相对特有性（b）格局

Fig. 32　Distribution pattern of absolute endemism (a) and relative endemism (b) of endemic species of inland fishes in China

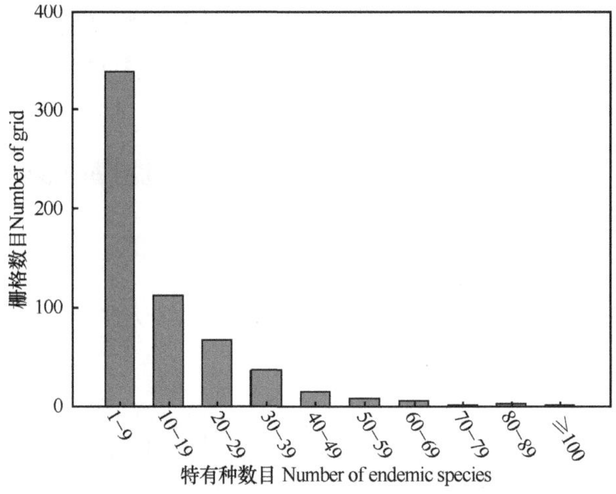

图 33 内陆鱼类特有种数在栅格间的分配情况

Fig. 33 Distribution situation of endemic species richness of inland fishes among grids

还分析了内陆鱼类特有种数随经纬度的变化趋势(图 34)。特有种数随经度变化表现为 73°E－105°E 急剧升高，105°E－135°E 明显下降。特有种数随纬度变化表现为 18°N－25°N 急剧升高，25°N－55°N 明显下降。

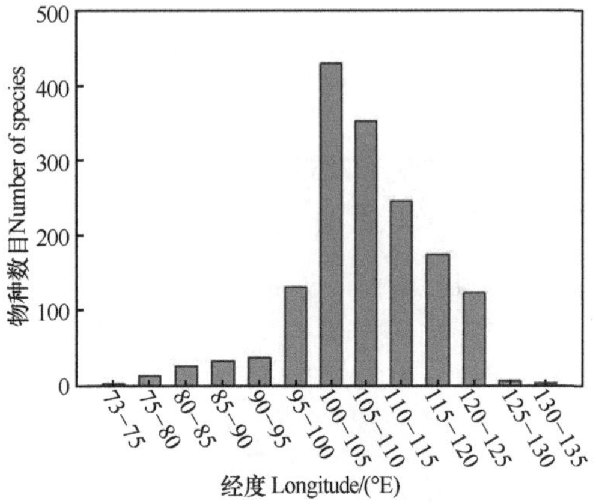

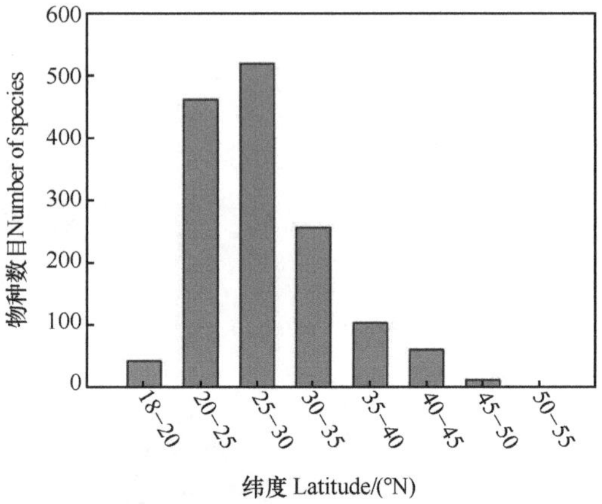

图 34 内陆鱼类特有种数随经纬度变化趋势

Fig. 34 Trend of number of endemic species of inland fishes following longitude and latitude

3. 讨论

3.1 内陆鱼类特有性特点

我国缺少科及以上特有分类阶元。

3.1.1 特有种多

依研究结果，我国内陆鱼类中一半以上为特有种，特有种数多。根据图 21，我国内陆鱼类特有种数远远多于纬度相近或高于我国、面积大于我国的俄罗斯、美国、加拿大和欧洲，特有种数几为美国的 2.5 倍，欧洲的 3 倍以上，俄罗斯的近 30 倍，加拿大的 275 倍。依 Froese 和 Pauly(2014)，巴西内陆鱼类共 2798 种，其中特有种 382 种，特有种所占比例为 13.65%，也远低于我国内陆鱼类中特有种比例。

3.1.2 分布区狭窄

将仅在 1 个地理单元栅格有分布的特有种视为狭域特有种。通过统计，狭域特有种 242 个，约占特有种总数的 28%。由此可见，狭域特有种在特有种组成中占有较高比例，说明特有种的分布区往往较狭窄。图 35 呈现了包含 5 个及以上狭域特有种的栅格位置，可以看出，全部 13 个格栅中有 9 个分布在云南和广西两地，可见云南和广西是狭域特有种分布的重要区域。这一区域内生活着我国特有的金线鲃属、岭鳅属 *Oreonectes* 等洞穴鱼类，其数量占我国特有种数的近 10%。这些洞穴鱼的分布区相对狭窄，有的甚至只局限分布于单一洞穴内，如瓦状角金线鲃 *Sinocyclocheilus tileihornes* 仅见于云南罗平县阿岗乡老鸦洞，无眼金线鲃 *S. anophthalmus* 仅分布于云南宜良九乡麦田河畔的溶洞中，无眼岭鳅 *O. anophthalmus* 只分布在广西武鸣县起凤山的太极洞，叉尾岭鳅 *O. furcocaudalis* 只分布在广西融水县城郊地下河中等。

图 35 包含 5 个及以上狭域特有种的格栅分布图

Fig.35 Distribution pattern of grids including 5 and more than 5 endemic species with narrow domain

3.1.3 绝对特有性和相对特有性在分布格局上存在明显差异

根据图 32，可以看出绝对特有性表现出南高北低、东高西低的趋势，但相对特有性格局却与绝对特有性格局表现出明显的差异，相对特有性表现出明显的西高东低的趋势，说明西部地区虽然特有种的数目少，但特有种所占的比例却很高。

图 34 显示，特有种数与栅格数的比例表现为以第 18 行为界，南边高于北边；以第 21 列为界，东边高于西边。从地理位置上看，第 18 行以南、第 21 列以东的区域位于秦岭－淮河以南+横断山以东地区，此区域内的特有种数高于其他地区。种数最多的栅格中有 100 个特有种，通过比较，作者将多于最多特有种数的一半，即多于 50 个特有种的栅格定义为特有种数高的区域，分析这些特有种数高的栅格的分布格局。从图 36 上能反映出特有种数高的栅格主要分布在金沙江与雅砻江交汇处、长江上游、长江中游洞庭湖及其附近河流，以及西江水系的红水河流域(南盘江、红水河和柳江段)。

根据图 28，我国内陆鱼类相对特有性表现为黄河、长江、澜沧江、怒江和珠江等水系的上游，以及塔里木河和雅鲁藏布江流域等高。这些区域位于我国中西部地区，生态环境较特殊——高、寒、旱，特殊的环境孕育了一些特有类群。如只分布在塔里木河的塔里木裂腹鱼 *Schizothorax biddulphi*。只分布于伊犁河的银色裂腹鱼 *S. argentatus*。只分布在雅鲁藏布江的巨须裂腹鱼 *Schizothorax macropogon*、异齿裂腹鱼 *S. o'connori*、双须叶须鱼 *Ptychobarbus dipogon*、拉孜裸鲤 *Gymnocypris scleracanthus*、尖裸鲤 *Oxygymnocypris stewartii* 等。只分布在黄河上游的花斑裸鲤 *Gymnocypris eckloni eckloni* 和斜口裸鲤 *G. eckloni scolistomus*。只分布在长江上游的嘉陵裸裂尻鱼 *Schizopygopsis kialingensis*、中华裂腹鱼 *Schizothorax sinensis*、云南鲴 *Xenocypris yunnanensis* 等。这些特有类群是该区域重要的鱼类成分。

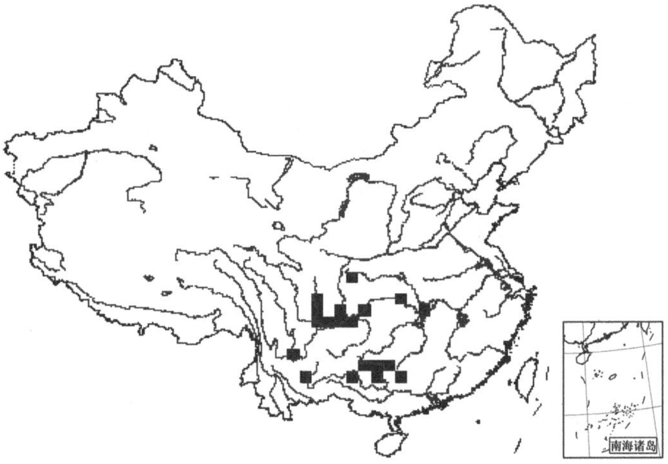

图 36　内陆鱼类特有种数高于 50 种的栅格分布情况

Fig.36　Distribution situation of grids including more than 50 endemic species of inland fishes

3.1.4 台湾岛的特有性高于海南岛

台湾岛和海南岛为我国的两个最大的岛屿生态系统，但由于两岛地质历史、岛屿面积和地理环境的不同，使得两者特有种数存在明显差异。根据统计，台湾岛有 34 个特有种，海南岛为 19 种，仅为台湾岛特有种数的 56%。从相对特有性格局看(图 32b)，也能明显表现出台湾岛的相对特有性高于海南岛，特有种在其内陆鱼类组成中占有较高的比例。产生这种差异的原因可能有两个方面。

(1) 地质历史

台湾海峡在第三纪后下沉，即开始与亚洲大陆分离(吴鹏程和汪楣芝，2001)，而海南岛则是在第四纪才与大陆分离的(蒋有绪，1988)，台湾岛与大陆分离的时间远长于海南岛。

(2) 地理环境

台湾岛是我国第一大岛屿，面积 35 788km^2。地貌环境以山地为主，占总面积的 2/3，山脉集中分布在台湾的中东部，以中央山脉为骨干，向四周蔓延，地貌环境十分复杂和特殊。相比之下，海南岛面积要小很多，大部分地区多为低山丘陵，地貌结构比较简单。台湾岛的地貌环境更容易演化出特有类群。

3.2 特有种分布格局与物种多样性格局的关系

比较了内陆鱼类物种多样性和特有种分布格局(图 12，图 32)。从整体趋势上看，特有种和物种多样性呈现出较一致的分布格局，特有种数高的地区物种多样性水平往往也高，两者的变化趋势较一致。但相对特有性和物种多样性格局表现不一致，物种多样性高的地区相对特有性并不高，甚至较低。

但在一些河段特有种分布格局与物种多样性格局也表现出差异，这种差异表现在长江下游及其邻近水域和海南岛的物种多样性水平是最高的，但特有种数却不是最高。推测可能由于长江下游及其邻近地区多为平原和丘陵地貌，地势较低且地貌环境多样性相对较低，因此特有种数相对中、上游要少。于晓东等(2005)对长江特有鱼类分布格局的研究也显示长江下游的特有种数不如中、上游高。海南岛特有鱼类种数不高的原因可能是其与大陆分离时间较短，还不足以使海南演化出更多的特有种。特有种数在黑龙江、鸭绿江和澜沧江下游较低，但这几个河段的物种多样性水平并不低。东北地区与蒙古、俄罗斯和朝鲜半岛接壤，该地区的主要水系黑龙江和乌苏里江是我国与俄罗斯的界河；鸭绿江是我国与朝鲜半岛的界河；澜沧江作为湄公河的上游流入老挝境内。这些区域内鱼类物种多与周边国家共有，使得这些区域的鱼类特有性程度相对较低。

五、中国内陆鱼类濒危性分析

1. 濒危类群成分分析

根据对《中国濒危动物红皮书-鱼类》、《IUCN 国际物种红色名录》、《中国物种红色名录(第二卷)》、CITES 公约附录和《中国国家重点保护水生野生动物名录》等文献资料整理，目前我国内陆鱼类濒危物种包括濒危鱼类 252 种，隶属于 10 目 27 科 106 属，约占已知内陆鱼类的 18.50%。按类群分析，目级水平统计了各目的濒危程度(图 37)，以鲤形目为最多，包括 175 种，占濒危种总数的 69.44%；鲟形目 100%为濒危种，濒危程度是 10 个目中最高的；鲑形目及生活在内陆水域的鳗鲡目和鲱形目濒危程度也很高，50%为濒危物种。每个目的濒危程度见图 38。

科级水平分析，以鲤科为主，包括 158 种，占濒危种总数的 62.70%。从各科的濒危程度分析，鲟科 Acipenseridae、匙吻鲟科 Polyodontidae、胭脂鱼科 Catostomidae、双孔鱼科 Gyrinocheilidae、裸吻鱼科 Psilorhynchidae、溪鳢科 Rhyacichthyidae、香鱼科 Plecoglossidae 和鲱科 Clupeidae 的全部种均属濒危，濒危程度最高。鲑科 Salmonidae 中 60.00%为濒危种，濒危程度次之。粒鲇科 Akysidae、鳗鲡科 Anguillidae、长臀鮠科 Cranoglanididae 和沙塘鳢科 Odontobutidae 中均有 50.00%的濒危种，濒危程度并列第三。各科濒危程度见图 39。

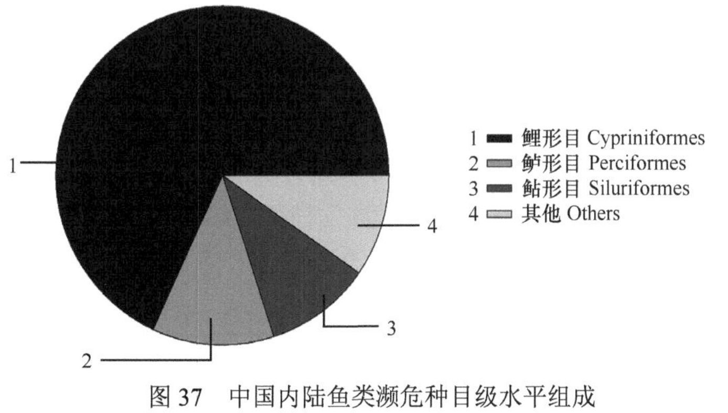

图 37 中国内陆鱼类濒危种目级水平组成

Fig. 37 Composition of endangered species of inland fishes in China at order level

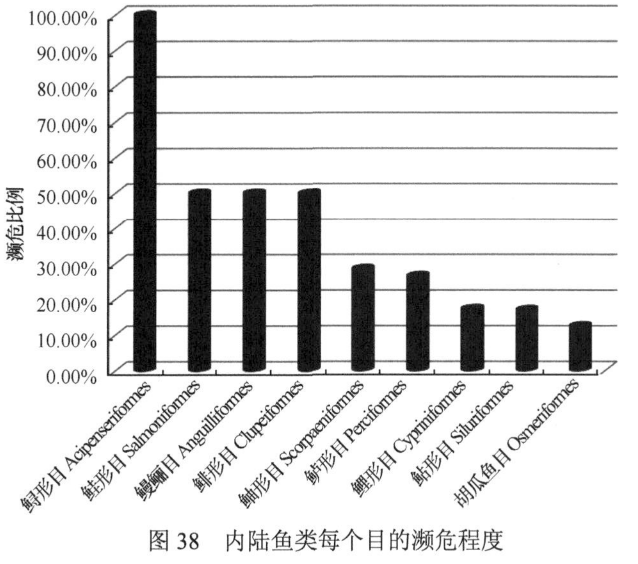

图 38 内陆鱼类每个目的濒危程度

Fig. 38 Endangered degree of different order in inland fishes

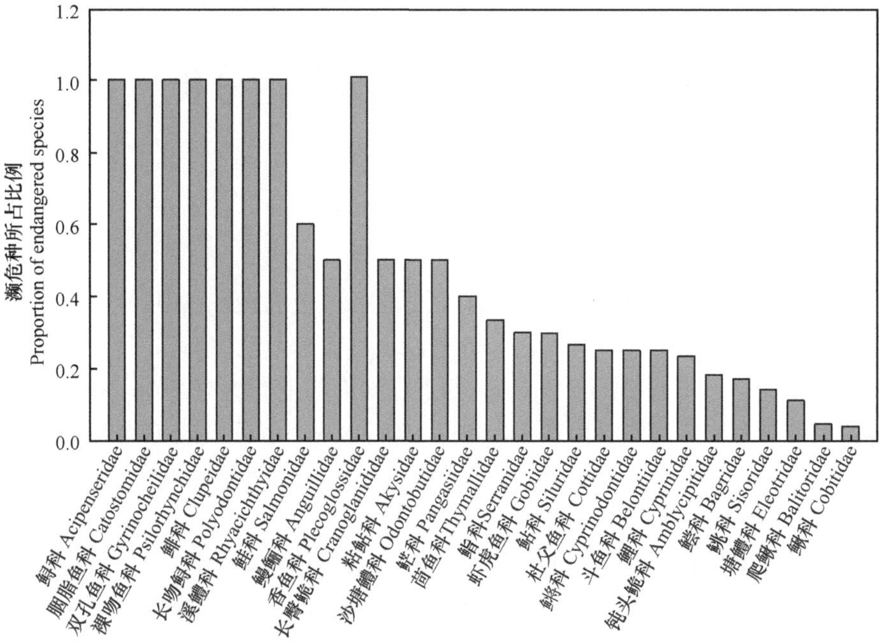

图 39　内陆鱼类各科濒危程度

Fig. 39　Endangered degree of different families in inland fishes

2. 基于 GIS 的内陆濒危鱼类分布格局

基于 GIS 分析了我国内陆鱼类绝对濒危性格局和相对濒危性格局(图 40)。通过将我国陆域范围分成 1108 个 100km×100km 的栅格，全部 1108 个栅格中 438 个至少包含 1 个濒危种，约占栅格总数 40%。濒危种在栅格间的分配情况见图 41，图中横坐标表示濒危种数，纵坐标表示包含对应数目濒危种的栅格数。图 41 反映出栅格数随所包含的濒危种数增多而减少的趋势。

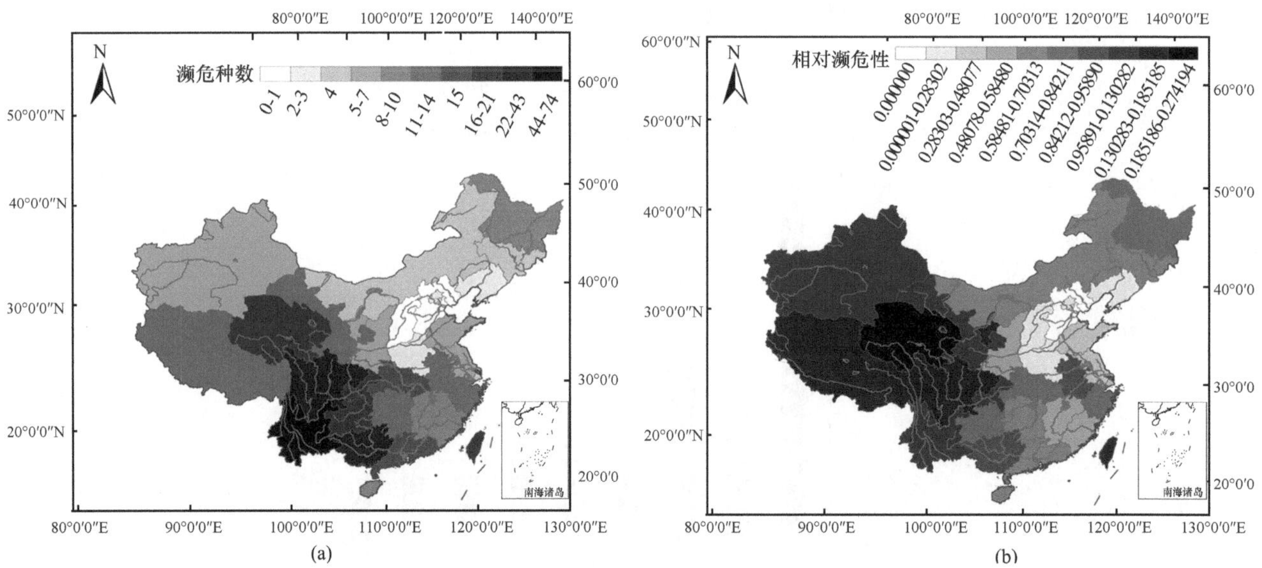

图 40　内陆鱼类濒危种绝对濒危性(a)和相对濒危性(b)格局

Fig. 40　Distribution pattern of absolute endangered(a) and relative endangered(b) of threaten species of inland fishes in China

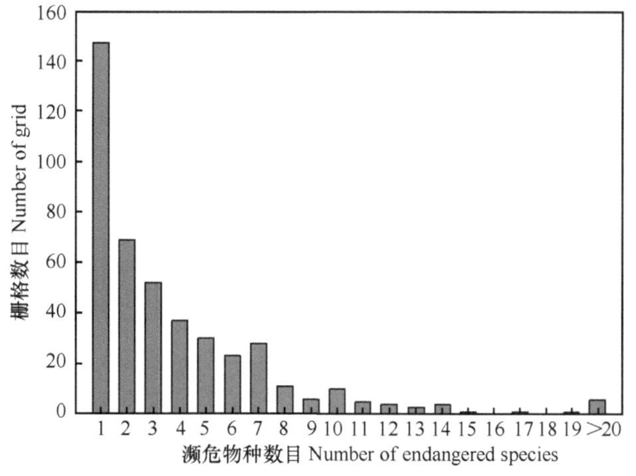

图 41　内陆鱼类濒危种数在栅格间的分配情况

Fig. 41　Distribution situations of endangered species of inland fishes among grids

依据图 40a 显示的绝对濒危性格局，每行和每列濒危种数与栅格数比例变化趋势反映出，濒危种数与栅格数比例表现出由南向北明显减少、西部低于东部的趋势。

图 42 中表现出濒危种数随经度变化趋势为 75°E－100°E 明显增加，105°E－135°E 明显减少的趋势。濒危种数随纬度变化表现为 18°N－20°N 急剧增多，20°N－30°N 减少但不明显，30°N－55°N 明显减少。

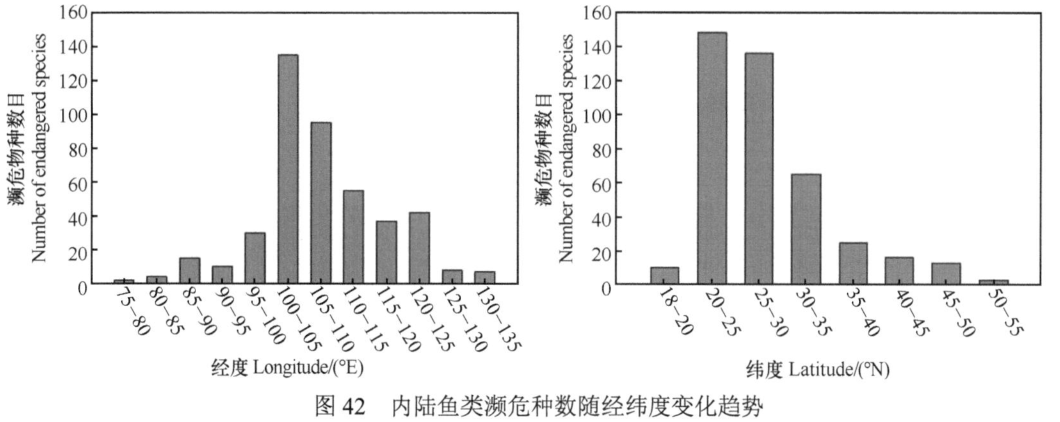

图 42　内陆鱼类濒危种数随经纬度变化趋势

Fig. 42　Trend of endangered species richness of inland fishes following longitude and latitude

用统计软件分析了每 100km×100km 栅格中濒危种数和人口密度的关系，图 43 是濒危种数随人口密度增高变化的散点图。反映出 0－900 人/km^2，濒危物种数随人口密度增高呈现增多的趋势。

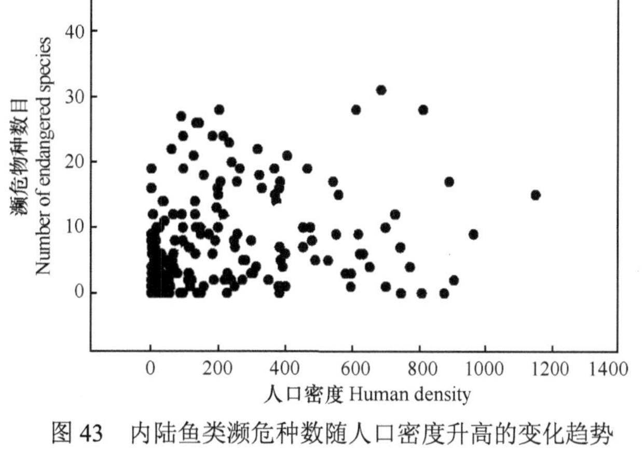

图 43　内陆鱼类濒危种数随人口密度升高的变化趋势

Fig. 43　Trend of number of endangered species of inland fishes following increasing of population density

3. 讨论

3.1 内陆鱼类濒危性特点

3.1.1 特有种比例高

特有种在濒危种中所占比例高是濒危鱼类组成的显著特点。研究结果显示，我国 252 种濒危鱼类中有 211 个特有种，占濒危种总数的 83.73%，这可能与我国特有种一般分布区都很狭窄有关。例如，金线鲃属 *Sinocyclocheilus* 是我国濒危类群之一，该属鱼类现知仅分布在云贵高原东部岩溶地貌发育地区，其中的很多种又仅分布于某一单一洞穴(赵亚辉和张春光，2009)。有研究表明，生境狭窄鱼类比那些分布广泛或相对广泛种类对于环境的改变和恶化更为敏感，更依赖于生存环境的稳定(Leprieur *et al.*，2008)。因此，特有种在生境发生变化的情况下生存更容易受到威胁。

3.1.2 涉及类群多

根据图 38，我国内陆鱼类全部 18 目中 10 目包含有濒危种，占目级总数的 55.56%；全部 49 科中，27 科包含濒危种，占科级总数的 55.10%。鲟形目是濒危程度最高的目，全部 7 种中 3 种为国家一级保护种，4 种为国家二级保护种。依濒危种的分布格局(图 40)，我国各主要河流中均有濒危种，显示出我国内陆鱼类濒危情况具有一定的普遍性。

3.1.3 绝对濒危性和相对濒危性格局间的相关性

濒危种最多的栅格中有 34 个濒危种。将高于栅格中最多濒危种数一半，即高于 17 个濒危种的栅格定义为濒危程度最高的区域，对其分布格局进行了分析(图 44)，可以看出濒危种数最多的区域包括长江上游和珠江水系西江的红水河流域(南盘江、红水河和柳江段)。

图 44　内陆鱼类濒危种数多于 17 个的栅格分布格局

Fig. 44　Distribution pattern of grids including over 17 endangered species of inland fishes

相对濒危性格局的结果显示(图 40b)，黄河、长江、珠江、澜沧江和怒江等水系的上游，额尔齐斯河、塔里木河、雅鲁藏布江、黑龙江下游和台湾东部地区濒危种所占比例高，即相对濒危性高。陈阳等(2002)对我国濒危鱼类地理分布格局的研究表明，濒危鱼类主要集中于云贵高原湖泊及其地下溶洞，长江、珠江水系的西江和黑龙江等流域，以及海南岛和台湾岛等。他们的大部分研究结果与我们的不完全一致。

绝对濒危性较高的长江上游和西江的红水河流域的相对濒危性也较高，在这一区域相对和绝对濒危性表现出一定程度的一致性。

3.2 致危原因分析

依研究结果，我国内陆鱼类近 20%处于濒危状态。比较收录于《中国濒危动物红皮书》、《IUCN 国际物种红色名录》、《中国物种红色名录(第二卷)》、CITES 和《中国国家重点保护水生野生动物名录》的濒危种组成(表 3)，1989—2009 年 20 年间，濒危种数从 12 种增加到了 186 种，增加了近 15 倍。仅以我们近年对北京及其邻近地区野生鱼类的调查为例，区域内可采集到的原生野生鱼类已由 1984 年前记录的 85 种减少到 49 种，各阶元的消失率均接近 50%(张春光和赵亚辉，2013)。京畿之地尚且如此，可见我国其他地区内陆鱼类濒危状况绝不容乐观。

表 3　内陆濒危鱼类统计信息

Tab. 3　Statistic information of endangered fishes in inland waters

名录 Directories	濒危等级 Threat ranks	濒危物种数量 Number of endangered species
中国水生野生保护动物名录(1989) List of state aquatic conserved wildlife in China	一级保护(I)	4
	二级保护(II)	8
	全部	12
中国濒危动物红皮书(1998) China red data book of endangered animals-fishes	灭绝(Ex)	3
	国内灭绝(Et)	1
	濒危(E)	28
	易危(V)	35
	稀少(R)	23
	全部	90
IUCN 国际物种红色名录(2003、2004) International species red list of IUCN-fishes	灭绝(Ex)	1
	野外灭绝(EW)	1
	极危(CR)	2
	濒危(EN)	12
	易危(VU)	14
	全部	30
中国水生野生保护动物名录(2007 年修订，待公布) List of state aquatic conserved wildlife in China(New Edition，unpublished)	一级保护(I)	8
	二级保护(II)	95
	全部	103
中国物种红色名录(第二卷)(2009) China species red list-Fishes(II)	灭绝(Ex)	4
	野外灭绝(EW)	3
	极危(CR)	8
	濒危(EN)	85
	易危(VU)	86
	全部	186

根据图 43 的分析，濒危种数随人口密度增加呈现出增多的趋势。由此，我们认为，各项人类活动的影响是造成我国内陆鱼类濒危种数逐年升高的重要原因。人类活动可能会从以下几个方面给我国内陆鱼类的生存带来危害。

(1)水工设施引起河流环境的改变

近二三十年来，随着我国国民经济的迅速发展，越来越多的水利设施已建、在建或规划建设。据资料，仅长江上游就规划有 417 座大、中型水电站。另据我们多年来的野外工作所见，目前我国水利水电工程开发建设如火如荼，多数大江大河干流和主要支流已建在建有大量水利水电工程，各大江河的支流也已被大量开发建设，更小一级的支流多也已在更早的时期就已被充分开发建设。这么多的各级水利水电设施的修建，层层阻隔了洄游鱼类的通道，以致洄游鱼类不能完成或很难完成正常的生活史，大量洄游鱼类在建有水利水电设施的上游江(河)段消失。柯福恩等(1984)研究了葛洲坝修建对中华鲟 *Acipenser sinensis* 种群的影响，显示水坝阻隔了中华鲟的洄游路线，使其不能完成繁殖活动，以致种群数量下降。石振广等(2002)统计了长江中华鲟捕捞量，也反映由于长江葛洲坝截流，阻隔中华鲟洄游路线，使得长江中华鲟性比失调，雄性补充群体严重不足，繁殖种群退化。

(2)水体污染

根据水利部门统计，我国 2008 年废水排放量 758 亿 t，比 2007 年增加 8 亿 t；河流中劣 V 类(最低标准)水河长占 20.6%，比 2001 年上升了 4%；监测的 44 个湖泊，劣 V 类水面积占 23.3%，比 2001 年增加 15.1%，包括太湖、滇池、巢湖等在内的中度富营养化湖泊 11 个，占 25%。七大水系总体为中度污染，流经城市的河段普遍受到污染。2010 年《中国环境状况公报》(中国环境保护部，2010)数据显示，相当多的城市环境污染较严重，环境恶化趋势尚未得到有效遏制，部分地区生态破坏程度还在加剧；主要河流有机污染普遍，污染日益突出。辽河、海河污染严重，淮河水质较差，黄河水质状况不容乐观，松花江水质尚可，珠江、长江水质总体良好。此外，我国的地下水污染现象也不容忽视。已知的金线鲃属内全部物种均为我国的濒危物种，该属鱼类集中分布在红水河流域。郭芳等(2002)比较了近 20 年红水河流域 32 条地下河的水体质量，发现地下河中的氮和重金属含量都表现出上升的趋势。地下水污染已经成为了导致金线鲃属鱼类生存受威胁的最重要原因(赵亚辉和张春光，2009)。

(3)过度捕捞

对《中国渔业统计年鉴》(中华人民共和国农业部渔业局，1991，1996，2000，2002)提供的数据进行了分析，1950－2002 年内陆鱼类天然捕捞量的年度变化见图 45。可以看出，1950－2000 年，内陆鱼类天然捕捞量急剧上升，从 3.7 万 t 增加到 228 万 t，增长了 100 倍。2000 年后捕捞量不再增加，趋于平稳，说明捕捞量已经达到了环境容纳量上限或极限，没有了继续增加的空间。近 10 年来，我们对北京及周边野生鱼类资源调查过程中发现，随着北京旅游业发展，人们对生活于山区较洁净水体中的野生鱼类需求加大，有些地区甚至出现过度利用野生鱼类的趋势。生活在北京周边山区溪流中的宽鳍鱲*Zacco platypus*、马口鱼 *Opsariichthys bidens*、一些小型鳅类等野生鱼类已表现出较明显的生存压力。在野外调查过程中，我们发现我国各地利用密网眼挂网、地笼、电鱼机捕鱼的现象非常普遍，对野生鱼类造成较大的捕捞压力(张春光和赵亚辉，2013)。张春光和赵亚辉(2001)研究表明，葛洲坝水利枢纽合拢前，长江上游胭脂鱼的资源量即已呈十分明显的下降趋势，过度捕捞繁殖期亲鱼可能是造成胭脂鱼渔获量在宜宾地区明显下降的原因之一。根据四川宜宾市渔业社 1958 年对渔获物的统计，胭脂鱼在岷江占当时渔获总量的 13%以上，20 世纪 60 年代在宜宾偏窗子库区占渔获总量的 13%，但从 20 世纪 70 年代开始，资源量明显减少，70 年代中期(1973－1974 年)在宜宾已降到 2%。

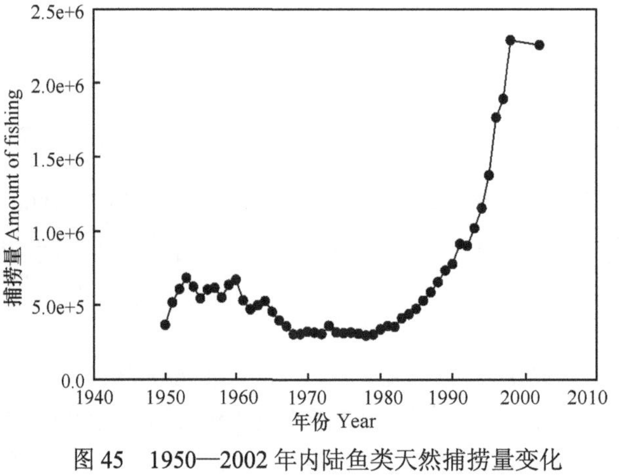

图 45 1950—2002 年内陆鱼类天然捕捞量变化

Fig. 45 Annual changes of amount of natural fishing of inland fishes from 1950 to 2002

3.3 濒危物种分布格局与物种多样性、特有种分布格局的关系

通过比较我国内陆水域濒危物种分布格局和物种多样性格局(图 40，图 44)，发现濒危种数高的长江上游和西江红水河流域均为物种多样性水平高的地区，反映出物种多样性高濒危种数也会随之升高，表现出一定程度上的一致性。

但相对濒危性与物种多样性呈现出不一致的格局，相对濒危性高的黄河、澜沧江、怒江等水系的上游、额尔齐斯河和雅鲁藏布江等江段的物种多样性水平并不高，甚至是多样性水平较低的区域。这一现象可以利用气候假说很好的解释，这些地区多分布在我国中西部地区，气候趋于极端，不稳定，会限制物种在此区域中生存和发展(Fischer，1960)。

我们也比较了濒危种与特有种的分布格局(图 40，图 42)，反映出濒危物种数高的地区也是特有种数高的地区，濒危种和特有种的分布格局也表现出一定的相关性。

六、中国内陆鱼类物种多样性研究的热点地区

1. 物种多样性热点地区

物种多样性热点地区包括了 34 个地理栅格(图 46)，占全部 1108 个栅格的 3.07%；每个栅格种数在 95 种以上。热点地区主要集中在长江上游、洞庭湖以下的长江中下游、闽江、珠江水系的西江、十万大山南侧河流、澜沧江下游以及海南岛等地。共 674 个种在这些热点地区分布，占全部内陆鱼类总数的 53.75%。

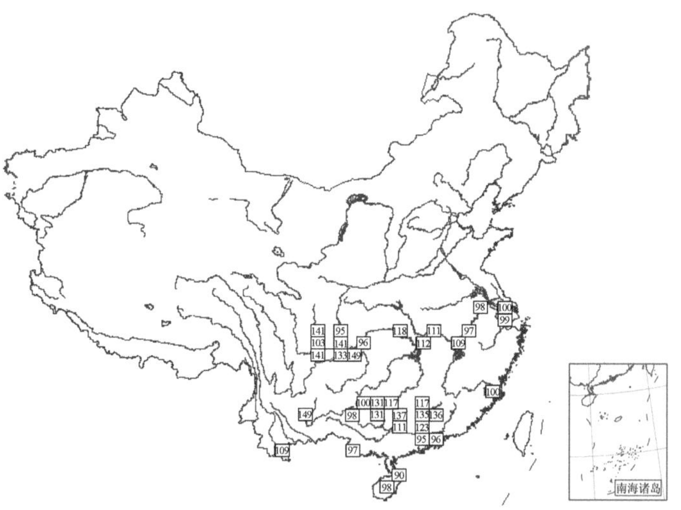

图 46　内陆鱼类物种多样性热点地区(图中数字表示栅格中的种数)

Fig. 46　Hotspots of species richness of inland fishes in China (Figures are number of species in the grid)

2. 特有种热点地区

内陆鱼类特有种热点地区包括 30 个地理栅格(图 47)，占栅格总数的 2.71%；栅格内特有种数均高于 42 种。特有种热点地区分布在长江上游和珠江水系的西江。这些热点地区共分布着 388 个特有种，占特有种种数的 46.92%。

图 47　内陆鱼类特有种热点地区（图中数字表示栅格中的特有种数目）

Fig. 47　Hotspots of endemic species of inland fishes in China (Figures are number of endemic species in the grid)

3. 濒危种热点地区

濒危种热点地区包括 21 个地理栅格（图 48），占栅格总数的 1.90%；栅格内濒危种数均高于 11 种。濒危种热点地区主要包括长江上游、西江水系红水河流域（包括南盘江、红水河、柳江等）、澜沧江下游及台湾。这些热点地区共分布着 144 个濒危种，占濒危种总数的 58.78%。

图 48　内陆鱼类濒危种热点地区（图中数字表示栅格中的濒危物种数目）

Fig. 48　Hotspots of endangered species of inland fishes in China (Figures are number of endangered species in the grid)

4. 物种多样性、特有种和濒危种热点地区的重叠区分析

基于物种多样性、特有种和濒危种热点地区相关数据，分析了三者重叠区域（图 49，图 50）。统计分析表明，物种多样性、特有种和濒危种热点地区有 11 个栅格重叠，三者的重叠区位于长江上游的岷江及其和长江干流交汇处、嘉陵江与长江干流交汇处，长江中游的宜昌与洞庭湖之间江段，以及西江水系红水河流域（包括南盘江、红水河、柳江和浔江段）。物种多样性与特有种热点地区有 20 个栅格重叠（P=0.236>0.05），除三者的重叠区外，物种多样性热点地区与特有种热点地区的地理重叠区域还位于长江上游的嘉陵江、长江中游的洞庭湖和长江下游鄱阳湖。物种多样性热点地区与濒危种热点地区仅有 12 个格栅重叠（P=0.0441<0.05），差异显著。濒危种热点地区与特有种热点地区有 14 个栅格重叠(P=0.022<0.05)，存在显著差异。

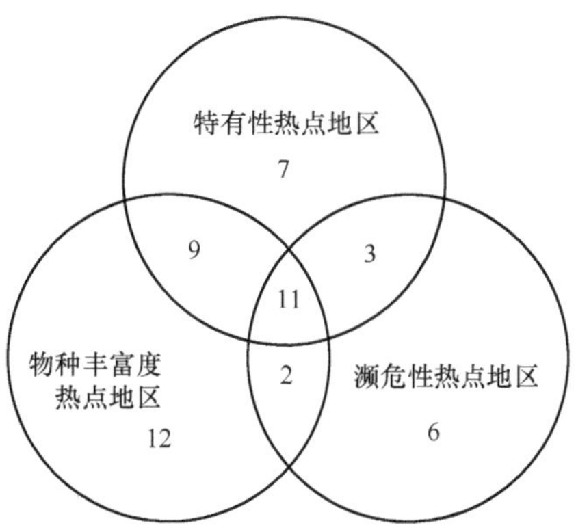

图 49　内陆鱼类物种多样性、特有种和濒危种热点地区比较（图中数字表示栅格数目）

Fig. 49　Comparison of hotspots of species richness，endemic species and endangered species of inland fishes (Numbers in the picture are number of grids)

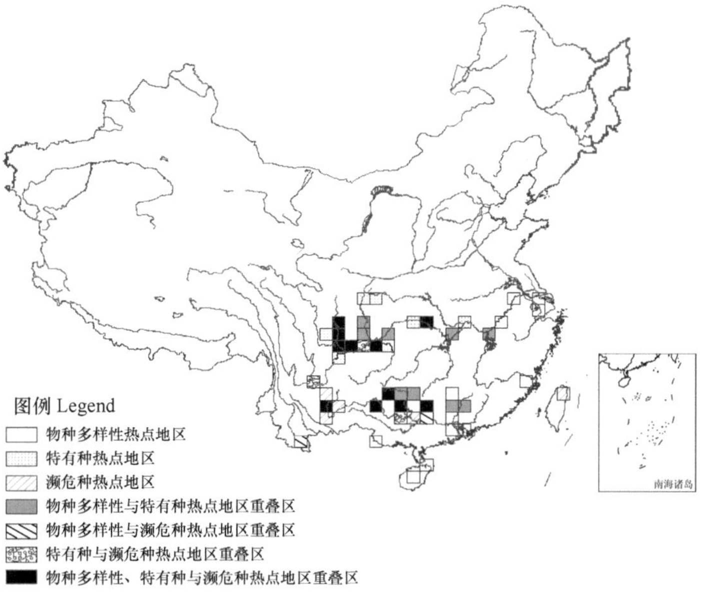

图 50　内陆鱼类物种多样性、特有种和濒危种热点地区地理重叠区

Fig. 50　Geographic overlay of hotspots of species richness，endemic species and endangered species of inland fishes

东部沿海地区分布的热点地区均为物种多样性热点地区，说明东部沿海地区的物种多样性水平明显高于特有性和濒危性水平。

名 录

土 著 种

一、Petromyzontiformes 七鳃鳗目

（一）Petromyzontidae 七鳃鳗科

1. *Lampetra* Gray，1851 七鳃鳗属

Lampetra Gray，1851，235。

Lethenteron Creaser *et* Hubbs，1922。

(1) *Lampetra japonica*（Martens，1868）日本七鳃鳗

Petromyzon japonicas Martens，1868，3。

Lampetra japonica：Hatta，1901，25；朱元鼎和王文滨，1973，1981；任慕莲，1981，1；朱元鼎和孟庆文等，2001，22。

Lethenteron japonica：伍汉霖等，2012，2。

保护等级：省级（黑龙江）。

分布：洄游性鱼类，我国黑龙江、图们江等水系有分布。国外分布于太平洋北部阿纳德尔和阿拉斯加，向南至日本和朝鲜半岛沿岸及通海河流。

(2) *Lampetra morii*（Berg，1931）东北七鳃鳗

Lampetra morii Berg，1931，97；任慕莲，1981，3；朱元鼎和孟庆文等，2001，23；伍汉霖等，2012，2。

分布：鸭绿江。国外分布于朝鲜等。

(3) *Lampetra reissneri*（Dybowski，1869）雷氏七鳃鳗

Petromyzon reissneri Dybowski，1869，958。

Lampetra reissneri：任慕莲，1981，3；朱元鼎和孟庆文等，2001，25。

Lethenteron reissneri：Kottelat，2012，13；伍汉霖等，2012，2。

保护等级：省级（黑龙江）。

分布：陆封性种类，主要分布于黑龙江水系干支流上游山区溪流、辽宁太子河等。国外分布于朝鲜、日本九州、俄罗斯阿纳德尔河等太平洋水系一些河流。

二、Myliobatiformes 鲼形目

（二）Dasyatidae 魟科

2. *Dasyatis* Rafinesque，1810 魟属

Dasyatis Rafinesque，1810，16。

(4) *Dasyatis bennettii*（Müller *et* Henle，1841）黄魟

Trygon bennettii Müller *et* Henle，1841，160。

Dasyatis akajei：朱元鼎，1960（non Müller *et* Henle），174；郑葆珊，1981，10；陈素芝（见郑慈英），1989，16；周解（见周解和张春光），2006，56。

Dasyatis bennetti：成庆泰和郑葆珊，1987，40；刘明玉等，2000，29；朱元鼎等，2001，416。

Dasyatis bennettii：Zhang *et al.*，2010，939；伍汉霖等，2012，15。

别名：赤魟。

分布：陆封性种类，见于珠江流域西江的下游，以及南海、东海。国外分布于印度洋、太平洋。

(5) *Dasyatis laosensis* Roberts *et* Karnasuta，1987 老挝魟

Dasyatis laosensis Roberts *et* Karnasuta，1987，161；陈小勇，2013，290。

分布：西双版纳澜沧江下游。国外分布于湄南河和湄公河。

三、Acipenseriformes 鲟形目

（三）Acipenseridae 鲟科

3. *Acipenser* Linnaeus，1758 鲟属

Acipenser Linnaeus，1758，237。

(6) *Acipenser baeri* Brandt，1869 西伯利亚鲟

Acipenser baeri Brandt，1869，115；中国科学院动物

研究所等，1979，7；张世义，2001，36；伍汉霖等，2012，17。

别名：贝氏鲟、尖吻鲟。

保护等级：省 I 级(新疆)。

分布：我国仅自然分布于新疆额尔齐斯河流域，目前在南盘江有发现云南人工养殖逃逸。国外分布于俄罗斯鄂毕河至科累马河。

(7) *Acipenser dabryanus* Duméril，1868 达氏鲟

Acipenser dabryanus Duméril，1869，98；伍献文，1963；湖北省水生所鱼类研究室，1976，16；贾敬德，1981，12；成庆泰和郑葆珊，1987，51；四川省长江水产资源调查组，1987，176；杨干荣，1987，26；周伟(见褚新洛和陈银瑞)，1990，2；丁瑞华，1994，29；朱松泉，1995，6；张世义，2001，30。

别名：长江鲟、鲟鱼。

保护等级：国家I级，CTIES II级。

分布：长江中、上游干流及支流，如乌江、嘉陵江、渠江、沱江、岷江等支流下游。

(8) *Acipenser nudiventris* Lovetsky，1828 裸腹鲟

Acipenser nudiventris Lovetsky，1828，78；中国科学院动物研究所等，1979，7；成庆泰和郑葆珊，1987，52；朱松泉，1995，6；刘明玉等，2000，35；张世义，2001，37；任慕莲等，2002，55；伍汉霖等，2012，17。

别名：鲟鳇鱼。

保护等级：省 I 级(新疆)。

分布：新疆伊犁河。原产黑海、里海及咸海等流域。

(9) *Acipenser ruthenus* Linnaeus，1758 小体鲟

Acipenser ruthenus Linnaeus，1758，237；Берг，1916，13；李思忠等，1966，52；Усыним，1978，624；Закора，1978，1065；Сайфулии，1980，842；成庆泰和郑葆珊，1987，52；朱松泉，1995，6；张世义，2001，29；任慕莲等，2002，55。

别名：小种鲟。

保护等级：CITES I 级，省 I 级(新疆)。

分布：新疆额尔齐斯河水系(如哈巴河、布尔津、阿勒泰盐池渔场等)。国外分布于里海、波罗的海、黑海等周边河流及鄂毕河、叶尼塞河等。

(10) *Acipenser schrenckii* Brandt，1869 史氏鲟

Acipenser schrenckii Brandt，1869，115；Fowler，1941，513；尼科尔斯基，1960，30；伍献文等，1963，14；任慕莲，1981，7；贾敬德，1984，32；成庆泰和郑葆珊，1987，51；35；朱松泉，1995，5；罗相忠，1996，25；张世义，2001，32；解玉浩，2007，8。

别名：鲟鱼、施氏鲟、黑龙江鲟。

保护等级：《中国濒危动物红皮书-鱼类》(易危)，CITES II级，省级(黑龙江)。

分布：黑龙江中游干流、松花江、乌苏里江等。国外分布于俄罗斯阿穆尔河流域。

(11) *Acipenser sinensis* Gray，1834 中华鲟

Acipenser sinensis Gray，1834，122；Evermann *et* Shaw，1927，97；Tchang，1928，2；Wu，1929，15；Kimura，1934，14；伍献文等，1963，13；袁大林，1975，9；湖北省水生生物研究所，1976，18；贾敬德等，1981，12；余志堂等，1981，18；郑葆珊，1981，12；朱元鼎和金鑫波(见朱元鼎)，1984，106；傅朝君等，1985，1；柯福恩，1985，38；成庆泰和郑葆珊，1987，51；江苏省淡水水产研究所和南京大学生物系，1987，48；李思忠，1987，35；杨干荣，1987，28；张世光，1987，50；四川省长江水产资源调查组，1988，32；张玉玲(见郑慈英)，1989，19；匡庸德，1990，26；倪勇，1990，86；徐寿山，1991，22；丁瑞华，1994，30；赵云芳等，1997，41；张世义，2001，34。

Acipenser dabryanus：Nichols，1943，16。

别名：鲟鱼、黄鲟。

保护等级：国家I级，CITES II级。

分布：洄游性种类，北起黄海北部，南至珠江、海南省万宁县等地的近海；历史上，沿长江上溯可到金沙江下游、闽江、沿珠江达广西浔江等都有分布，现因长江流域葛洲坝水电工程建设，已不能洄游到葛洲坝以上，在葛洲坝下形成了新的产卵场。国外分布于朝鲜半岛和日本。

4. *Huso* Brandt *et* Ratzeburg，1833 鳇属

Huso Brandt *et* Ratzeburg，1833，3。

(12) *Huso dauricus* (Georgi，1775) 鳇

Acipenser dauricus Georgi，1775，352。

Huso dauricus：Shaw，1934，108；尼科尔斯基，1960，21；伍献文等，1963，12；任慕莲，1981，5；成庆泰和郑葆珊，1987，52；李思忠，1987，36；朱松泉，1995，6；罗相中，1996，25；张世义，2001，38。

别名：黑龙江鳇。

保护等级：《中国濒危动物红皮书-鱼类》（易危），CITES Ⅱ级。

分布：黑龙江水系。国外分布于日本、俄罗斯（远东地区）等。

（四）Polyodontidae 长（匙）吻鲟科

5. *Psephurus* Günther，1873 白鲟属

Psephurus Günther，1873，250。

（13）*Psephurus gladius*（Martens，1862）白鲟

Polyodon gladius Martens，1862，476；Duméril，1870，187；Martens，1875，159。

Psephurus gladius：Günther，1873，250；Tchang，1928，1；Kimura，1934，17；Nichols，1943，17；伍献文等，1963，16；湖北省水生生物研究所，1976，20；刘成汉，1979，13；湖南省水产研究所，1980，14；成庆泰和郑葆珊，1987，52；李思忠，1987，35；杨干荣，1987，29；朱成德，1987，289；四川省长江水产资源调查组，1988，249；倪勇，1990，89；毛节荣和徐寿山，1991，24；Mims *et al.*，1993，46；丁瑞华，1994，34；马骏等，1996，150；乐佩琦和陈宜瑜，1998，21；张世义，2001，40。

保护等级：国家Ⅰ级，CITES Ⅱ级。

分布：洄游性种类，黄渤海和东海及其所属的黄河、长江、钱塘江等内陆河流，沿长江上溯可达乌江、嘉陵江、渠江、沱江、岷江、金沙江等。

四、Anguilliformes 鳗鲡目

（五）Anguillidae 鳗鲡科

6. *Anguilla* Schrank，1798 鳗鲡属

Anguilla Paula von Schrank，1798，304，307。

（14）*Anguilla bicolor* McClelland，1844 双色鳗鲡

Anguilla bicolor McClelland，1844，178；朱松泉，1995，18；Teng *et al.*，2009，817；张春光，2010，180。

Anguilla foochowensis Chu *et* Jin，1984，187。

Anguilla bicolor pacifica：伍汉霖等，2012，20。

别名：福州鳗。

分布：洄游性鱼类，见于福州（闽江口）、澜沧江、瑞丽江等。国外分布于印度洋和西太平洋地区、澳大利亚和非洲等地热带地区。

（15）*Anguilla japonica* Temminck *et* Schlegel，1846 鳗鲡

Anguilla japonica Temminck *et* Schlegel，1846，258；Wang，1984，10；Kuang *et al.*，1986，27；成庆泰和郑葆珊，1987，100；张世义（见郑慈英），1989，34；Pan *et al.*，1991，53；丁瑞华，1994，41；朱松泉，1995，18；成庆泰和周才武，1997，96；40；刘明玉等，2000，82；Huang *et al.*，2001，42；12；Wang *et al.*，2001，187；Teng *et al.*，2009，817；张春光，2010，178；Ho *et* Shao，2011，21；伍汉霖等，2012，21。

Anguilla breviceps Chu *et* Jin，1984，183。

Anguilla nigricans Chu *et* Wu，1984，185。

别名：日本鳗鲡。

保护等级：省（直辖市）级（天津、江西）。

分布：洄游性鱼类，中国沿海地区都有分布，从黑龙江到珠江的各大通海河流及其支流均有捕获记录。国外分布于朝鲜、日本等地。

（16）*Anguilla luzonensis* Watanabe，Aoyama *et* Tsukamoto，2009 吕宋鳗鲡

Anguilla luzonensis Watanabe，Aoyama *et* Tsukamoto，2009，387。

Anguilla huangi Teng，Li *et* Tzeng，2009，48。

保护等级：《台湾淡水鱼类红皮书》（近危）。

分布：洄游性鱼类，分布于台湾。国外分布于日本。

（17）*Anguilla marmorata* Quoy *et* Gaimard，1824 花鳗鲡

Anguilla marmorata Quoy *et* Gaimard，1824，241；Kuang *et al.*，1986，28；成庆泰和郑葆珊，1987，100；张世义（见郑慈英），1989，33；Pan *et al.*，1991，55；朱松泉，1995，18；Yue *et al.*，1998，51；刘明玉等，2000，83；Huang *et al.*，2001，42；Teng *et al.*，2009，817；张春光，2010，181；伍汉霖等，2012，21。

保护等级：国家Ⅱ级。

分布：洄游性鱼类，分布于浙江以南包括台湾沿海及通海江河的干支流。国外分布于东非到波利尼西亚，向北可分布到日本南部。

（18）*Anguilla nebulosa* McClelland，1844 云纹鳗鲡

Anguilla nebulosa McClelland，1844，179；周伟（见褚新洛和陈银瑞），1990，7；朱松泉，1995，18；Huang *et al.*，2001，42；张春光，2010，182；伍汉霖等，2012，21。

分布：洄游性鱼类，分布于云南怒江、南汀河和伊洛

瓦底江等。国外印度洋的东非至印度尼西亚的苏门答腊岛之间有分布。

五、Clupeiformes 鲱形目

（六）Clupeidae 鲱科

7. *Tenualosa* Fowler，1934 鲥属

Tenualosa Fowler，1934b，246。

（19）*Tenualosa reevesii*（Richardson，1846）鲥

Alosa reevesii Richardson，1846，305。

Macrura reevesi：成庆泰和郑葆珊，1987，58；陈素芝（见郑慈英），1989，22；Pan *et al.*，1991，36；朱松泉，1995，7；刘明玉等，2000，41。

Macrura reevesii：成庆泰和周才武，1997，70。

Tenualosa reevesii：张世义，2001，93；伍汉霖等，2012，35。

别名：李氏鲥鱼、中华鲥鱼、黎氏鲥。

保护等级：《中国濒危动物红皮书-鱼类》（濒危）；省（直辖市）级（天津、广东、湖南等，安徽 I 级）。

分布：洄游性种类，黄、渤海到南海及其所属通江河流的中下游。国外分布西起印度-西太平洋的安达曼，东至菲律宾，北至日本南部等海域。

（七）Engraulidae 鳀科

8. *Coilia* Gray，1830 鲚属

Coilia Gray，1830，85。

（20）*Coilia ectenes* Jordan *et* Seale，1905 刀鲚

Coilia ectenes Jordan *et* Seale，1905，517；Wang，1933，10；王以康，1958，89；王文滨，1963，116；伍献文等，1963，18；袁传宓，1976，8；袁传宓，1978，285；湖南省水产所，1980，18；成庆泰和郑葆珊，1987，61；江苏省淡水水产研究所和南京大学生物系，1987，61；秦玉江，1987，74；杨干荣，1987，32；张国祥和倪勇，1990，111；成庆泰和周才武，1997，82；刘明玉等，2000，46；Wang *et al.*，2001，61；张世义，2001，154。

Coilia nasus Temminck *et* Schlegel，1846，243；Tchang，1928，3；1938，325；Wang，1933，10；伍汉霖等，2012，32。

Coilia ectenes taihuensis Yuan，Lin，Liu *et* Qin，1977，135。

别名：鲚、短颌鲚、长颌鲚、湖鲚。

保护等级：省级（湖南）。

分布：北起辽河，南至广东沿海及所属通海河流、湖泊都有其分布。国外分布于朝鲜半岛和日本。

六、Cypriniformes 鲤形目

（八）Cyprinidae 鲤科

（1）Danioninae 鿕亚科

9. *Aphyocypris* Günther，1868 细鲫属

Aphyocypris Günther，1868，201。

Aphyocyprioides Tang，1942，162。

Yaoshanicus Lin，1931，50。

Nicholsicypris Chu，1935，10。

（21）*Aphyocypris arcus*（Lin，1931）瑶山细鲫

Yaoshanicus arcus Lin，1931，50；Lin，1934a，454；Wu，1939，120；杨干荣和黄宏金（见伍献文等），1964，43；龚光启，1981，32；朱松泉，1995，26；陈宜瑜（见郑慈英），1989，70；陈宜瑜和褚新洛（见陈宜瑜等），1998，54；温以才（见周解和张春光），2006，130。

Aphyocypris arcus：Liao，Kullander *et* Lin，2011，657-664。

别名：瑶山鲤。

分布：广西大瑶山山区珠江水系各支流。

（22）*Aphyocypris chinensis* Günther，1868 中华细鲫

Aphyocypris chinensis Günther，1868，201；Tchang，1933b，187；杨干荣和黄宏金（见伍献文等），1964，15；匡溥人（见褚新洛和陈银瑞），1989，35；丁瑞华，1994，131；朱松泉，1995，27；成庆泰和周才武，1997，105；陈宜瑜和褚新洛（见陈宜瑜等），1998，59。

Aphyocyprioides typus Tang，1942，152。

别名：似细鲫。

保护等级：省（直辖市）级（北京）。

分布：中国东部黑龙江至珠江间各水系。国外分布于日本、朝鲜半岛和俄罗斯。

（23）*Aphyocypris kikuchii*（Oshima，1919）台湾细鲫

Phoxiscus kikuchii Oshima，1919，226。

Aphyocypris kikuchii：Nichols，1943，129；杨干荣和黄宏金（见伍献文等），1964，16。

别名：菊池氏细鲫。
保护等级：《台湾淡水鱼类红皮书》（易危）。
分布：台湾。

(24) *Aphyocypris lini*(Weitzman *et* Chan，1966) 林氏细鲫

Hemigrammocypris lini Weitzman *et* Chan，1966，290。
Aphyocypris pooni Lin，1939，129；杨干荣和黄宏金(见伍献文等)，1964，17；陈宜瑜和褚新洛(见陈宜瑜等)，1998，57-58。
别名：林氏锦波鱼。
保护等级：《中国濒危动物红皮书-鱼类》(野外灭绝)。
分布：中国南部。

(25) *Aphyocypris normalis* Nichols *et* Pope，1927 拟细鲫

Aphyocypris normalis Nichols *et* Pope，1927，376。
Nicholsicypris normalis：Chu，1935，118；杨干荣和黄宏金(见伍献文等)，1964，19；中国水产科学研究院珠江水产研究所等，1986，49-50；陈宜瑜(见郑慈英)，1989，72-73；温以才(见周解和张春光)，2006，132；Liao *et al.*，2011，657-664。
分布：海南岛南渡河和万泉河、广东南部的珠江支流、广西南流江和钦江等水系。国外分布于越南。

(26) *Aphyocypris pulchrilineata* Zhu，Zhao *et* Huang，2013 丽纹细鲫

Aphyocypris pulchrilineata Zhu *et al.*，2013，233。
分布：广西都安澄江县，属珠江水系红水河支流。

10. *Aspidoparia* Heckel，1843 异鳊属

Aspidoparia Heckel，1843，288。

(27) *Aspidoparia morar*(Hamilton，1822) 异鳊

Cyprinus morar Hamilton，1822，264。
Aspidoparia sardine Heckel，1843，288。
Aspidoparia morar：匡溥人(见褚新洛和陈银瑞)，1989，33；朱松泉，1995，26；陈宜瑜和褚新洛(见陈宜瑜等)，1998，52-53。
分布：怒江支流南定河、枯柯河、南滚河等。国外分布于孟加拉国、印度、伊朗、缅甸、尼泊尔、巴基斯坦和泰国。

11. *Barilius* Hamilton，1822 低线鱲属

Barilius Hamilton，1822，266，384。

(28) *Barilius barila*(Hamilton，1822) 滇西低线鱲

Cyprinus barila Hamilton，1822，267，384。
Barilius barila：Günther，1868，291；褚新洛，1984，96；匡溥人(见褚新洛和陈银瑞)，1989，21；陈宜瑜和褚新洛(见陈宜瑜等)，1998，29。
Danio monshiensis Yang *et* Huang(杨干荣和黄宏金，见伍献文等)，1964，56。
分布：云南龙川江和大盈江。国外分布于孟加拉国、印度、缅甸和尼泊尔。

(29) *Barilius caudiocellatus* Chu，1984 斑尾低线鱲

Barilius caudiocellatus Chu，1984，98；匡溥人(见褚新洛和陈银瑞)，1989，22；朱松泉，1995，24；陈宜瑜和褚新洛(见陈宜瑜等)，1998，30。
别名：尾点低线鱲。
分布：云南怒江和澜沧江水系。

(30) *Barilius pulchellus* Smith，1931a 丽色低线鱲

Barilius pulchellus Smith，1931a，17；李思忠，1976，118；匡溥人(见褚新洛和陈银瑞)，1989，19；陈宜瑜和褚新洛(见陈宜瑜等)，1998，28；陈小勇，2013，299。
Barilius pellegrini：Fang，1938，587-589。
Barilius barna：张春霖，1962，97。
Opsarius pulchellus：伍汉霖等，2012，54；Kottelat，2013，132。
别名：美丽真马口波鱼。
分布：云南澜沧江和元江水系。国外分布于柬埔寨、老挝、泰国和越南。

12. *Candidia* Jordan *et* Richardson，1909 须鱲属

Candidia Jordan *et* Richardson，1909，169。

(31) *Candidia barbata*(Regan，1908) 须鱲

Opsariichthys barbatus Regan，1908a，359。
Candidia barbatus：Jordan *et* Richardson，1909，169；陈宜瑜，1982，293；陈宜瑜和褚新洛(见陈宜瑜等)，1998，36；陈义雄和方力行，1999，64。
别名：台湾须鱲、台湾马口鱼。
保护等级：《中国濒危动物红皮书-鱼类》(易危)，《台湾淡水鱼类红皮书》(近危)。
分布：我国台湾西部各河川中、上游及恒春半岛西侧小溪流中。

(32) *Candidia pingtungensis* Chen，Wu *et* Hsu，2008 屏东须鱲

Candidia pingtungensis Chen *et al.*，2008，203。

保护等级：《台湾淡水鱼类红皮书》（近危）。

分布：台湾。

13. *Danio* Hamilton，1822 鿴属

Danio Hamilton，1822，390。

(33) *Danio albolineatus* (Blyth，1860) 珍珠鿴

Nuria albolineata Blyth，1860，163；Fang *et* Kottelat，1999，292；Fang，2000，25；Fang，2003，717。

Danio albolineatus：Fang，2000，219。

别名：长须鿴、闪电斑马鱼。

分布：伊洛瓦底江水系。国外分布于缅甸、老挝、柬埔寨、马来西亚、泰国、越南和印度尼西亚的苏门答腊岛。

(34) *Danio browni* Regan，1907 布朗鿴

Danio browni Regan，1907b，149。

Danio aequipinnatus：褚新洛，1981b，148；匡溥人（见褚新洛和陈银瑞），1989，12（部分）；陈宜瑜和褚新洛（见陈宜瑜等），1998，21。

Devario browni：Kottelat，2013，98。

别名：波条鿴。

分布：怒江、南汀河、南滚河、清水河。国外分布于缅甸萨尔温江。

14. *Devario* Heckel，1843 神鿴属

Devario Heckel，1843，990。

Danioides Chu，1935，10。

Daniops Smith，1945，91。

(35) *Devario apogon* (Chu，1981) 缺须神鿴

Danio apogon Chu，1981，150；匡溥人（见褚新洛和陈银瑞），1989，16；朱松泉，1995，24；Fang，1997，42；陈宜瑜和褚新洛（见陈宜瑜等），1998，25；Fang *et* Kottelat，1999，294。

Devario apogon：Kottelat，2013，98；伍汉霖等，2012，44。

别名：缺须鿴。

分布：云南大盈江。

(36) *Devario chrysotaeniatus* (Chu，1981) 金线神鿴

Danio chrysotaeniatus Chu，1981，151；朱松泉，1995，24；匡溥人（见褚新洛和陈银瑞），1989，17；陈宜瑜和褚新洛（见陈宜瑜等），1998，26；Fang *et* Kottelat，1999，292；Fang，2000，224。

Devario chrysotaeniatus：Kottelat，2013，98；伍汉霖等，2012，44。

别名：金线神鿴。

分布：云南澜沧江。国外分布于老挝。

(37) *Devario interruptus* (Day，1870) 半线神鿴

Barilius interrupta Day，1870，511。

Danio shanensis Hora，1928，38；杨干荣和黄宏金（见伍献文等），1964，55；褚新洛，1981b，149；匡溥人（见褚新洛和陈银瑞），1989，15。

Brachydanio interrupta：Chu，1935，123。

Danio interrupta：褚新洛，1981b，149；匡溥人（见褚新洛和陈银瑞），1989，15；陈宜瑜和褚新洛（见陈宜瑜等），1998，23；陈小勇，2013，298。

Devario interruptus：伍汉霖等，2012，44。

分布：云南伊洛瓦底江水系的大盈江、龙川江和怒江。

(38) *Devario kakhienensis* (Anderson，1879) 红蚌神鿴

Danio kakhienensis Anderson，1879，868；褚新洛，1981b，148；匡溥人（见褚新洛和陈银瑞），1989，14；朱松泉，1995，23；Fang，1997，289；陈宜瑜和褚新洛（见陈宜瑜等），1998，22；Fang，2000，221；陈小勇，2013，298。

Devario kakhienensis：伍汉霖等，2012，44。

分布：伊洛瓦底江水系。国外分布于缅甸。

(39) *Devario laoensis* (Pellegrin *et* Fang，1940) 老挝神鿴

Parabarilius laoensis Pellegrin *et* Fang，1940，118-119。

Daniops myersi：Smith，1945，92-95。

Danio myersi：褚新洛，1981b，145；匡溥人（见褚新洛和陈银瑞），1989，14；陈宜瑜和褚新洛（见陈宜瑜等），1998，22。

Devario laoensis：伍汉霖等，2012，44。

别名：老挝鿴。

分布：澜沧江下游。国外分布于老挝、泰国和柬埔寨。

15. *Gobiocypris* Ye *et* Fu，1983 鮈鲫属

Gobiocypris Ye *et* Fu（叶妙荣和傅天佑），1983，434。

(40) *Gobiocypris rarus* Ye *et* Fu，1983 稀有鮈鲫

Gobiocypris rarus Ye *et* Fu，1983，434；丁瑞华，1994，133；陈宜瑜和褚新洛（见陈宜瑜等），1998，51-52。

分布：四川西部大渡河支流流沙河和成都附近岷江柏条河。

16. *Gymnodanio* Chen *et* He，1992 裸鿴属

Gymnodanio Chen *et* He（陈毅峰和何舜平），1992，238。

(41) ***Gymnodanio strigatus* Chen *et* He，1992 条纹裸鲥**

Gymnodanio strigatus Chen *et* He（陈毅峰和何舜平），1992，238。

分布：云南澜沧江水系景谷河。

17. *Microrasbora* Annandale，1918 小波鱼属

Microrasbora Annandale，1918，50。

(42) ***Microrasbora microphthalmus* Jiang，Chen *et* Yang(江艳娥，陈小勇和杨君兴)，2008 小眼小波鱼**

Microrasbora microphthalmus Jiang，Chen *et* Yang(江艳娥、陈小勇和杨君兴)，2008，299。

分布：瑞丽江。

18. *Opsariichthys* Bleeker，1863 马口鱼属

Opsariichthys Bleeker，1863c，203。

(43) ***Opsariichthys bidens* Günther，1873 马口鱼**

Opsariichthys bidens Günther，1873，249；Tchang，1930c，91；林书颜，1931，139；Wu，1931，7；陈宜瑜，1982，298；匡溥人（见褚新洛和陈银瑞），1989，31；陈宜瑜和褚新洛（见陈宜瑜等），1998，47-48。

Opsariichthys morrisonii：Günther，1898，262；Tchang，1930c，91。

Opsariichthys uncirostris：Temminck *et* Schlegel，1846；Fowler，1924，390；Tchang，1933b，126。

Opsariichthys hainanensis Nichols *et* Pope，1927，367。

Opsariichthys chekianensis Shaw，1930b，113。

Opsariichthys uncirostris amurensis：杨干荣和黄宏金（见伍献文等），1964，42。

Opsariichthys uncirostris bidens：杨干荣和黄宏金（见伍献文等），1964，40。

别名：南方马口鱼、海南马口鱼、海南马口鱲。

保护等级：省（直辖市）级（北京、黑龙江）。

分布：我国中东部、西南部很多江河特别是山区河流广泛分布。国外分布于朝鲜、老挝、俄罗斯、越南等。

(44) ***Opsariichthys evolans* (Jordan *et* Evermann，1902) 长鳍马口鱼**

Zacco evolans Jordan *et* Evermann，1902，322。

分布：台湾淡水河流域。

(45) ***Opsariichthys kaopingensis* Chen, Wu *et* Huang，2009 高平马口鱼**

Opsariichthys kaopingensis Chen，Wu *et* Huamg，2009，165。

分布：台湾南部。

(46) ***Opsariichthys pachycephalus* Günther，1868 粗首马口鱼**

Opsariichthys pachycephalus Günther，1868，296；陈义雄和张咏青，2005，26。

Zacco taiwanensis Chen，1982，296。

别名：台湾鱲、粗首鱲。

分布：台湾浊水溪等溪流。

19. *Opsarius* McClelland，1838 真马口鱼属

Opsarius McClelland，1838，944。

(47) ***Opsarius koratensis* (Smith，1931a) 泰国真马口鱼**

Barilius koratensis Smith，1931a，16。

Danio menglaensis：He *et* Chen（何舜平和陈毅峰），1994，375。

Opsarius koratensis：Kottelat，2001，1-198；Kottelat，2013，131。

别名：勐腊鲥。

分布：云南澜沧江。

20. *Pararasbora* Regan，1908 副细鲫属

Pararasbora Regan，1908a，360。

(48) ***Pararasbora moltrechti* Regan，1908a 台湾副细鲫**

Pararasbora moltrechti Regan，1908a，360；沈世杰，1993，140；陈义雄和方力行，1999，82。

Aphyocyprius amnis：Liao，Kullander *et* Lin，2012，658。

别名：台湾白鱼。

保护等级：台湾 II 级保护，《台湾淡水鱼类红皮书》（濒危）。

分布：台湾中部大甲溪、大肚溪和濁水溪中游的一些支流。

21. *Parazacco* Chen，1982 异鱲属

Parazacco Chen（陈宜瑜），1982b，293。

Carinozacco Zhu，Wang *et* Ni（朱元鼎、王幼槐和倪勇），1982，267。

(49) ***Parazacco spilurus fasciatus* (Koller，1927) 海南异鱲**

Aspius spilurus fasciatus Koller，1927，46。

Zacco asperus：Nichols *et* Pope，1927，366；杨干荣和黄宏金（见伍献文等），1964，47。

Parazacco spilurus fasciatus：陈宜瑜，1982，294；陈宜瑜和褚新洛（见陈宜瑜等），1998，39-40。

Carinozacco spilurus：朱元鼎等，1982，268。

分布：海南岛。

(50) *Parazacco spilurus spilurus* (Günther，1868) 异鱲

Aspius spilurus Günther，1868，311；Lin，1935，310；杨干荣和黄宏金(见伍献文等)，1964，19。

Parazacco spilurus spilurus：陈宜瑜，1982，294；匡溥人(见褚新洛和陈银瑞)，1989，28；陈宜瑜和褚新洛(见陈宜瑜等)，1998，38-39。

Carinozacco spilurus：朱元鼎等，1982，268。

保护等级：《中国濒危动物红皮书-鱼类》(易危)。

分布：珠江水系、福建南部和广东东部的小溪流。国外分布于越南。

22. *Raiamas* Jordan，1919 长嘴鱲属

Bola Günther，1868，293。

Raiamas Jordan，1919，344。

(51) *Raiamas guttatus* (Day，1870) 长嘴鱲

Opsarius guttatus Day，1870，620。

Luciosoma fasciata：杨干荣和黄宏金(见伍献文等)，1964，53；匡溥人(见褚新洛和陈银瑞)，1989，23。

Raiamas guttatus：Howes，1980，194。

分布：云南南定河(怒江)及澜沧江水系。国外分布于印度、缅甸(伊洛瓦底江)、湄公河、泰国(湄南河)、萨尔温江、马来西亚半岛北部等。

23. *Rasbora* Bleeker，1859 波鱼属

Rasbora Bleeker，1859a，361，371。

(52) *Rasbora atridorsalis* Kottelat *et* Chu，1987 黑背波鱼

Rasbora atridorsalis Kottelat *et* Chu，1987，313；朱松泉，1995，25。

Rasbora sp. 匡溥人(见褚新洛和陈银瑞)，1989，27；

分布：澜沧江水系。国外分布于老挝。

(53) *Rasbora dusonensis* (Bleeker，1850) 黄尾波鱼

Leuciscus dusonensis Bleeker，1850，14。

Rasbora dusonensis：Kottelat，2013，152；陈小勇，2013，298。

分布：澜沧江下游。国外分布于湄公河、湄南河、马来半岛、婆罗洲、苏门答腊岛等。

(54) *Rasbora myersi* Brittan，1954 麦氏波鱼

Rasbora myersi Brittan，1954，117；匡溥人(见褚新洛和陈银瑞)，1989，25；朱松泉，1995，25；陈宜瑜和褚新洛(见陈宜瑜等)，1998，35。

Rashora vaillanti：杨干荣和黄宏金(见伍献文等)，1964，38。

别名：黄尾波鱼。

分布：澜沧江水系。国外分布于印度尼西亚、加里曼丹等。

(55) *Rasbora septentrionalis* Kottelat，2000 北方波鱼

Rasbora septentrionalis Kottelat，2000，51；陈小勇，2013，298。

分布：澜沧江水系。国外分布于老挝北部湄公河。

(56) *Rasbora steineri* Nichols *et* Pope，1927 南方波鱼

Rasbora cephalotaenia steineri Nichols *et* Pope，1927，364；杨干荣和黄宏金(见伍献文等)，1964，36；朱松泉，1995，25。

Rasbora lateristriata allos：林书颜，1931，67；杨干荣和黄宏金(见伍献文等)，1964，37。

Rasbora volzi pallopinna：Lin，1932a，382；杨干荣和黄宏金(见伍献文等)，1964，36。

Rasbora lateristriata：龚启光，1981，30。

别名：斯氏波鱼、异侧条波鱼。

分布：广西明江、龙江，广东连江、滃江，海南南渡江、万泉河。国外分布于老挝和越南。

24. *Tanichthys* Lin，1932 唐鱼属

Tanichthys Lin，1932a，379。

(57) *Tanichthys albonubes* Lin，1932 唐鱼

Tanichthys albonubes Lin，1932a，379；陈宜瑜(见郑慈英)，1989，69；朱松泉，1995，26；陈宜瑜和褚新洛(见陈宜瑜等)，1998，49；Chan *et* Chen，1989，209。

Aphyocypris poosi：Herre，1939，176。

别名：广东细鲫、潘氏细鲫。

保护等级：国家 II 级。

分布：我国珠江三角洲、广西、海南等一些山涧溪流中。国外分布于越南。原认为已野外灭绝，近年在产地偶可见到。

25. *Zacco* Jordan *et* Evermann，1902 鱲属

Zacco Jordan *et* Evermann，1902，322。

(58) *Zacco chengtui* Kimura，1934 成都鱲

Zacco chengtui Kimura，1934，44；杨干荣和黄宏金(见伍献文等)，1964，46；丁瑞华，1994，127；朱松泉，1995，26；陈宜瑜和褚新洛(见陈宜瑜等)，1998，43-44。

保护等级：《中国濒危动物红皮书-鱼类》(易危)。

分布：长江上游沱江的支流湔江。

(59) *Zacco platypus* (Temminck *et* Schlegel，1846) 宽鳍鱲

Leuciscus platypus Temminck *et* Schlegel，1846，207。

Opsariichthys platypus：Günther，1868，296。

Zacco platypus：Jordan *et* Fowler，1903，851；杨干荣和黄宏金(见伍献文等)，1964，49；陈宜瑜，1982，295；武云飞和吴翠珍，1990，63；匡溥人(见褚新洛和陈银瑞)，1989，30；陈宜瑜和褚新洛(见陈宜瑜等)，1998，41。

Squaliobarbus panwingi：Lin，1932a，381。

Zacco temminckii：Tchang，1933b，133；杨干荣和黄宏金(见伍献文等)，1964，48。

Zacco macrophthalmus：Kimura，1934，46；杨干荣和黄宏金(见伍献文等)，1964，49。

Zacco macrolepis：杨干荣和黄宏金(见伍献文等)，1964，46。

别名：平颌鱲。

保护等级：省(直辖市)级(北京)。

分布：我国东部、南部包括台湾山区河流广泛分布。国外分布于日本、朝鲜和越南。

(2) Leuciscinae 雅罗鱼亚科

26. *Aspius* Agassiz，1835 赤梢鱼属

Aspius Agassiz，1835，38。

(60) *Aspius aspius* (Linnaeus，1758) 赤梢鱼

Cyprinus aspius Linnaeus，1758，325。

Aspius aspius：罗云林(见陈宜瑜等)，1998，90-91。

Leuciscus aspius：Kottelat *et* Freyhof，2007，646。

分布：新疆伊犁河。国外分布于欧洲到哈萨克斯坦。

27. *Atrilinea* Chu，1935 黑线鳘属

Atrilinea Chu(朱元鼎)，1935，10。

(61) *Atrilinea macrolepis* Song *et* Fang，1987 大鳞黑线鳘

Atrilinea macrolepis Song *et* Fang，1987，59；罗云林(见陈宜瑜等)，1998，99-100。

保护等级：省级(陕西)。

分布：长江流域中游支流汉水的堵河上游。

(62) *Atrilinea macrops* (Lin，1931) 大眼黑线鳘

Barilius macrops 林书颜，1931，144。

Atrilinea macrops：罗云林(见陈宜瑜等)，1998，98-99。

分布：广西大瑶山。

(63) *Atrilinea roulei* (Wu，1931) 黑线鳘

Barilius roulei Wu，1931，433；Wang，1935，22。

Barilius chenchiwei Chu，1931，33。

Atrilinea chenchiwei Chu，1935，122。

Atrilinea roulei：杨干荣和黄宏金(见伍献文等)，1964，51；罗云林(见陈宜瑜等)，1998，97-98。

别名：罗氏黑线鳘。

保护等级：《中国濒危动物红皮书-鱼类》(极危)。

分布：钱塘江及长江水系的秋浦河。

28. *Ctenopharyngodon* Steindachner，1866 草鱼属

Ctenopharyngodon Steindachner，1866，782。

(64) *Ctenopharyngodon idella* (Valenciennes，1844) 草鱼

Leuciscus idella Valenciennes，1844，270。

Leuciscus tschiliensis：Basilewsky，1855，233。

Ctenopharyngodon laticeps：Steindachner，1866，782。

Ctenopharyngodon idellus：Günther，1868，261；Chu，1930，142；林书颜，1931，135；朱元鼎，1932，9；Tchang，1933b，141； Wu，1939，120；杨干荣和黄宏金(见伍献文等)，1964，13；罗云林(见陈宜瑜等)，1998，102-104。

Ctenopharyngodon idella：Berg，1912，288；宫地传三郎，1940，44。

别名：鲩。

保护等级：省级(黑龙江)。

分布：我国东部黑龙江至珠江各大江河广泛分布。国外分布于俄罗斯阿穆尔河流域，已被广泛引入世界很多地区。

29. *Elopichthys* Bleeker，1860 鳡属

Elopichthys Bleeker，1860，436。

Scombrocypris Günther，1889，226。

(65) *Elopichthys bambusa* (Richardson，1845) 鳡

Leuciscus bambusa Richardson，1845，141。

Nasus dahuricus：Basilewsky，1855，234。

Elopichthys bambusa：Bleeker，1865，19；Evermann *et* Shaw，1927，109；Chu，1930，145；林书颜，1931，143；Tchang *et* Shaw，1931a，289；Tchang，1933b，135；Wang，1935，21；杨干荣和黄宏金(见伍献文等)，1964，39；罗云林(见陈宜瑜等)，1998，111-112。

保护等级：省级(黑龙江、陕西)。

分布：我国东部黑龙江至珠江沿海各水系。国外分布于俄罗斯和越南。

30. *Leuciscus* Cuvier，1816 雅罗鱼属

Leuciscus Cuvier，1816，194。

(66) *Leuciscus baicalensis* (Dybowski，1874) 贝加尔雅罗鱼

Squalidus baicalensis Dybowski，1874，388。

Leuciscus leuciscus baicalensis：Berg，1949，546；杨干荣和黄宏金（见伍献文等），1964，31；李思忠等，1966，44；戴定远，1979，25；罗云林（见陈宜瑜等），1998，69-71。

分布：新疆额尔齐斯河水系。国外分布于俄罗斯、哈萨克斯坦和蒙古。

(67) *Leuciscus chuanchicus* (Kessler，1876) 黄河雅罗鱼

Squalius chuanchicus Kessler，1876，23。

Leuciscus chuanchicus：武云飞和吴翠珍，1992，270；罗云林（见陈宜瑜等），1998，68。

Genhis mongolicus：Howes，1984，290；赵铁桥和张春光，1993，139。

别名：黄河成吉思鱼。

保护等级：省级（甘肃、青海）。

分布：黄河上游。

(68) *Leuciscus idus* (Linnaeus，1758) 高体雅罗鱼

Cyprinus idus Linnaeus，1758，324。

Leuciscus idus：Berg，1949，564；杨干荣和黄宏金（见伍献文等），1964，32；李思忠等，1966，45；戴定远，1979，26；朱松泉，1995，30；罗云林（见陈宜瑜等），1998，64。

别名：圆腹雅罗鱼、红鳍雅罗鱼。

保护等级：省 II 级（新疆）。

分布：新疆额尔齐斯河水系。国外分布于北欧、哈萨克斯坦、蒙古、俄罗斯的西伯利亚地区等。

(69) *Leuciscus merzbacheri* (Zugmayer，1912) 新疆雅罗鱼

Aspiopsis merzbacheri Zugmayer，1912，682；Tchang，1933a，431；张春霖，1959，3。

Leuciscus merzbacheri：杨干荣和黄宏金（见伍献文等），1964，30；李思忠等，1966，44；中国科学院动物研究所等，1979，26；罗云林（见陈宜瑜等），1998，71-72。

保护等级：《中国濒危动物红皮书-鱼类》（易危），省 II 级（新疆）。

分布：主要分布于新疆博尔塔拉河、玛纳斯河、乌鲁木齐河等。

(70) *Leuciscus waleckii tumensis* Mori，1930 图们雅罗鱼

Leuciscus waleckii tumensis Mori，1930，6；罗云林（见陈宜瑜等），1998，67-68。

Leuciscus waleckii：郑葆珊，1980，57；刘蝉馨等，1987，113。

分布：图们江水系。国外分布于俄罗斯和朝鲜。

(71) *Leuciscus waleckii waleckii* (Dybowski，1869) 瓦氏雅罗鱼

Idus waleckii Dybowski，1869，953。

Leuciscus waleckii：Mori，1934，23；宫地传三郎，1940，40；杨干荣和黄宏金（见伍献文等），1964，33。

Leuciscus waleckii waleckii：Nichols，1943，85；罗云林（见陈宜瑜等），1998，65。

别名：雅罗鱼。

保护等级：省（直辖市）级（北京、黑龙江）。

分布：黑龙江、绥芬河、达里诺尔湖、岱海、滦河、海河和黄河下游。国外分布于俄罗斯、蒙古和朝鲜。

31. *Luciobrama* Bleeker，1870 鯮属

Luciobrama Bleeker，1870，253。

(72) *Luciobrama macrocephalus* (Lacépède，1803) 鯮

Synodus macrocephalus Lacépède，1803，322。

Luciobrama typus：Bleeker，1870，251；Nichols，1928，20。

Luciobrama macrocephalus：Bleeker，1873，89；Chu，1932，131；Tchang，1933b，120；杨干荣和黄宏金（见伍献文等），1964，21；罗云林（见陈宜瑜等），1998，109-110。

保护等级：《中国濒危动物红皮书-鱼类》（易危），省级（湖南、陕西、重庆）。

分布：长江、闽江和珠江。国外分布于越南。

32. *Mylopharyngodon* Peters，1881 青鱼属

Mylopharyngodon Peters，1881，925。

Myloleuciscus Garman，1912，116。

(73) *Mylopharyngodon piceus* (Richardson，1846) 青鱼

Leuciscus piceus Richardson，1846，298。

Leuciscus aethiops：Basilewsky，1855，233。

Leuciscus dubius：Bleeker，1865，19。

Myloleucus aethiops：Günther，1873，247；Tchang，1930a，107。

Mylopharyngodon aethiops：Peters，1881a，926；Rendahl，1928，54；Wu，1930，46；Chu，1930，

141；林书颜，1931，134；朱元鼎，1932，8；Tchang，1933b，140；宫地传三郎，1940，39。

Myloleuciscus atripinnis：Garman，1912，116；Fowler *et* Bean，1920，313。

Myloleuciscus aetriops：Evermann *et* Shaw，1927，104；Shaw，1930a，173。

Mylopharyngodon piceus：杨干荣和黄宏金（见伍献文等），1964，9；龚启光，1981，23；任慕莲，1981，57；罗云林（见陈宜瑜等），1998，100-102。

保护等级：省级（黑龙江）。

分布：我国东部黑龙江至珠江各大水系均有分布。国外自然分布于俄罗斯阿穆尔河流域等，已被引入欧洲等地。

33. *Ochetobius* Günther，1868 鳤属

Ochetobius Günther，1868，297。

Agenigobio Sauvage，1878，87。

(74) *Ochetobius elongatus*（Kner，1867）鳤

Opsarius elongatus Kner，1867，358。

Ochetobius elongatus：Günther，1868，297；Tchang，1930a，123；林书颜，1931，149；Tchang，1933b，143；Miao，1934，134； Wu，1939，119；杨干荣和黄宏金（见伍献文等），1964，44；罗云林（见陈宜瑜等），1998，107-108。

Barilius（*Ochetobius*）*elongates*：Rendahl，1928，63；Wu，1930，47。

保护等级：省级（湖南、陕西、重庆）。

分布：长江及其以南各大水系。国外分布于越南。

34. *Phoxinus* Agassiz，1835 鲅属

Phoxinus Agassiz，1835，37。

(75) *Phoxinus brachyurus* Berg，1912 短尾鲅

Phoxinus brachyurus Berg，1912，241；杨干荣和黄宏金（见伍献文等），1964，24；李思忠等，1966，45；李思忠等，1979，28；罗云林（见陈宜瑜等），1998，81-82。

分布：新疆伊犁河、乌鲁木齐河。国外分布于哈萨克斯坦。

(76) *Phoxinus grumi* Berg，1907 吐鲁番鲅

Phoxinus grumi Berg，1907，211；李思忠等，1966，45；李思忠等，1979，28；罗云林（见陈宜瑜等），1998，82-83。

保护等级：省（自治区）II 级（新疆）。

分布：新疆吐鲁番盆地。

(77) *Phoxinus kumkang*（Chyung，1977）斑鳍鲅

Moroco keumkang Chyung，1977，184。

Phoxinus kumkang：罗云林（见陈宜瑜等），1998，83-84。

分布：鸭绿江。国外见于朝鲜。

(78) *Phoxinus phoxinus phoxinus*（Linnaeus，1758）真鲅

Cyprinus phoxinus Linnaeus，1758，322。

Phoxinus phoxinus：杨干荣和黄宏金（见伍献文等），1964，23；任慕莲，1981，47；罗云林（见陈宜瑜等），1998，77-78。

保护等级：省级（黑龙江）。

分布：黑龙江和鸭绿江。国外见于欧洲和朝鲜。

(79) *Phoxinus phoxinus tumensis* Luo，1996 图们鲅

Phoxinus phoxinus tumensis Luo，1996，291；罗云林（见陈宜瑜等），1998，79-80。

Phoxinus phoxinus：郑葆珊，1980，50。

分布：图们江。国外分布于朝鲜。

(80) *Phoxinus phoxinus ujmonensis* Kaschtschenko，1899 阿勒泰鲅

Phoxinus phoxinus ujmonensis Kaschtschenko，1899，144；李思忠等，1966，45；中国科学院动物研究所等，1979，27；罗云林（见陈宜瑜等），1998，78-79。

分布：新疆额尔齐斯河。国外分布于哈萨克斯坦、蒙古和俄罗斯。

35. *Pseudaspius* Dybowski，1869 拟赤梢鱼属

Pseudaspius Dybowski，1869，953。

(81) *Pseudaspius leptocephalus*（Pallas，1776）拟赤梢鱼

Cyprinus leptocephalus Pallas，1776，207，703。

Leuciscus leptocephalus：Günther，1868，242。

Pseudaspius leptocephalus：杨干荣和黄宏金（见伍献文等），1964，34；任慕莲，1981，58；罗云林（见陈宜瑜等），1998，92-93。

保护等级：省级（黑龙江）。

分布：黑龙江水系。国外分布于蒙古和俄罗斯萨哈林岛。

36. *Rhynchocypris* Günther, 1889 大吻鲅属

Rhynchocypris Günther，1889，225。

Lagowskiella Dybowski，1916，101，106。

Czekanowskiella Dybowski，1916，102，109。

Moroco Jordan *et* Hubbs，1925，180。

(82) *Rhynchocypris czekanowskii* Dybowski，1869 花江大吻鲅

Phoxinus czekanowskii Dybowski，1869，953；Berg，1949，579；杨干荣和黄宏金(见伍献文等)，1964，25；解玉浩，1987，112；罗云林(见陈宜瑜等)，1998，87。

Rhynchocypris czekanowskii：Kottelat，2006，47-48。

别名：花江鲅。

保护等级：省级(黑龙江)。

分布：黑龙江水系、鸭绿江和小凌河等。国外分布于哈萨克斯坦、蒙古和俄罗斯。

(83) *Rhynchocypris lagowskii* (Dybowski，1869) 拉氏大吻鲅

Phoxinus lagowskii Dybowski，1869，952；宫地传三郎，1940，42；杨干荣和黄宏金(见伍献文等)，1964，26；郑葆珊等，1980，53；任慕莲，1981，50；丁瑞华，1994，142；罗云林(见陈宜瑜等)，1998，85。

Phoxinus lagowskii chorensis：Rendahl，1928，58；杨干荣和黄宏金(见伍献文等)，1964，27；瞿薇芬，1984，26。

Phoxinus lagowskii lagowskii：杨干荣和黄宏金(见伍献文等)，1964，26。

Rhynchocypris czekanowskii：Kottelat，2006，48-49。

别名：长尾鲅、拉氏鲅。

保护等级：省(直辖市)级(北京、黑龙江)。

分布：黑龙江、图们江、辽河、海河和黄河。国外分布于俄罗斯和蒙古。

(84) *Rhynchocypris oxycephalus* (Sauvage *et* Dabry，1874) 尖头大吻鲅

Pseudophoxius oxycephalus Sauvage *et* Dabry，1874，11。

Rhynchocypris variegatta：Günther，1889，225。

Leuciscus brandti：Fowler，1924，388。

Phoxinus lagowskii variegatus：Rendahl，1928，58；朱元鼎，1932，13。

Phoxinus variegatus：刘基，1984，234。

Phoxinus oxycephalus：罗云林(见陈宜瑜等)，1998，86-87。

别名：尖头鲅。

保护等级：省(直辖市)级(北京)。

分布：辽宁大凌河和赤子河、海河、黄河、长江、闽江、钱塘江等均有分布。

(85) *Rhynchocypris percnurus* (Pallas，1814) 湖大吻鲅

Cyprinus percnurus Pallas，1814，299。

Phoxinus mantschuricus percnurus：Berg，1907，204；宫地传三郎，1940，43；杨干荣和黄宏金(见伍献文等)，1964，24；任慕莲，1981，49。

Phoxinus percnurus：Berg，1949，574；郑葆珊等，1980，52；罗云林(见陈宜瑜等)，1998，80。

Rhynchocypris percnurus：Kottelat *et* Freyhof，2007，646。

别名：湖鲅。

保护等级：省级(黑龙江)。

分布：图们江、黑龙江水系。国外分布于俄罗斯、朝鲜半岛、日本等。

37. *Rutilus* Rafinesque，1820 拟鲤属

Rutilus Rafinesque，1820，50。

(86) *Rutilus rutilus lacustris* (Pallas，1814) 湖拟鲤

Cyprinus lacustris Pallas，1814，314。

Rutilus rutilus lacustris：Berg，1949，499；李思忠等，1966，45；李思忠等，1979，23；罗云林(见陈宜瑜等)，1998，88-89。

Rutilus rutilus aralensis：杨干荣和黄宏金(见伍献文等)，1964，12。

分布：新疆额尔齐斯河及博斯腾湖。国外分布于蒙古、俄罗斯等。

38. *Squaliobarbus* Günther，1868 赤眼鳟属

Squaliobarbus Günther，1868，297。

(87) *Squaliobarbus curriculus* (Richardson，1846) 赤眼鳟

Leuciscus curriculus Richardson，1846，299。

Leuciscus teretiusculus：Basilewsky，1855，232。

Squaliobarbus curriculus：Günther，1868，297；Tchang，1928，7；Chu，1930，144；林书颜，1931，146；Wu，1931，7；Tchang，1933b，137；宫地传三郎，1940，46；杨干荣和黄宏金(见伍献文等)，1964，52；匡溥人(见褚新洛和陈银瑞)，1989，42；罗云林(见郑慈英)，1989，79；丁瑞华，1994，145；朱松泉，1995，31；罗云林(见陈宜瑜等)，1998，105-106。

Squaliobarbus jordani：Evermann *et* Shaw，1927，107。

Squaliobarbus caudalis：刘基，1984，241。

保护等级：省(直辖市)级(北京、甘肃、黑龙江)。

分布：中国东部黑龙江至珠江各大水系均有分布。国

外分布于俄罗斯、朝鲜半岛、越南等。

39. *Tinca* Cuvier，1816 丁鲅属

Tinca Cuvier，1816，193。

(88) *Tinca tinca* (Linnaeus，1758) 丁鲅

Cyprinus tinca Linnaeus，1758，321。

Tinca tinca：Berg，1949，614；杨干荣和黄宏金(见伍献文等)，1964，11；马桂珍(中国科学院动物研究所等)，1979，22；罗云林(见陈宜瑜等)，1998，93-95。

分布：新疆额尔齐斯河及乌伦古河；国内多地已有养殖。国外分布于欧洲。

40. *Tribolodon* Sauvage，1883 三块鱼属

Tribolodon Sauvage，1883，149。

(89) *Tribolodon brandti* (Dybowski，1872) 三块鱼

Telestes brandti Dybowski，1872，215。

Leuciscus brandti：宫地传三郎，1940，41；杨干荣和黄宏金 (见伍献文等)，1964，29；郑葆珊等，1980，60。

Tribolodon brandti：Chu，1935，120；罗云林(见陈宜瑜等)，1998，74-75。

别名：滩头雅罗鱼、滩头鱼。

分布：洄游性种类，由河口咸淡水区进入河流繁殖；图们江和黑龙江水系。国外分布于俄罗斯阿穆尔河及图们江等流域、日本和朝鲜。

(90) *Tribolodon hakonensis* (Günther，1877) 珠星三块鱼

Leuciscus hakonensis Günther，1877，442。

Tribolodon hakonensis：Okada，1961，482；郑葆珊等，1980，63；罗云林(见陈宜瑜等)，1998，73-74；董崇智等，2001，98。

别名：珠星雅罗鱼。

分布：洄游性种类，由河口咸淡水区进入河流繁殖；图们江和绥芬河。国外分布于日本、朝鲜和俄罗斯。

(3) Cultrinae 鲌亚科

41. *Anabarilius* Cockerell，1923 白鱼属

Anabarilius Cockerell，1923，531。

Nicholsiculter Rendahl，1928，118。

Rohanus Chu，1935，40。

(91) *Anabarilius alburnops* (Regan，1914) 银白鱼

Barilius alburnops Regan，1914，260。

Ischikauia grahami：Nichols，1943，140。

Anabarilius alburnops：Chu，1935，4；易伯鲁和吴清江(见伍献文等)，1964，73；陈银瑞，1986，434；陈银瑞(见褚新洛和陈银瑞)，1989，74；罗云林和陈银瑞(见陈宜瑜等)，1998，140-141。

保护等级：《中国濒危动物红皮书-鱼类》(濒危)。

分布：云南滇池。

(92) *Anabarilius andersoni* (Regan，1904) 星云白鱼

Barilius andersoni Regan，1904a，416。

Ischikauia andersoni：张春霖，1959，101。

Anabarilius andersoni：Chu，1935，4；易伯鲁和吴清江(见伍献文等)，1964，74；陈银瑞，1986，433；陈银瑞(见褚新洛和陈银瑞)，1989，69；罗云林和陈银瑞(见陈宜瑜等)，1998，135-136。

Anabarilius andersoni andersoni：陈银瑞和褚新洛，1980，418。

分布：云南星云湖。

(93) *Anabarilius brevianalis* Zhou *et* Cui，1992 短臀白鱼

Anabarilius brevianalis Zhou *et* Cui(周伟和崔桂华)，1992，49。

分布：四川省会东县金沙江支流鲹鱼河。

(94) *Anabarilius duoyiheensis* Li，Mao *et* Lu，2002 多衣河白鱼

Anabarilius duoyiheensis Li，Mao *et* Lu(李维贤，卯卫宁，卢宗民)，2002，1。

分布：南盘江支流。

(95) *Anabarilius goldenlineus* Li *et* Chen，1995 路南金线白鱼

Anabarilius goldenlineus Li *et* Chen(李维贤和陈爱玲)，1995，80。

分布：云南南盘江支流的巴江、黑龙潭水库。

(96) *Anabarilius grahami* (Regan，1908) 鱇鲌白鱼

Barilius grahami Regan，1908a，357。

Ischikauia grahami：Nichols，1943，140。

Anabarilius grahami：Chu，1935，4；易伯鲁和吴清江(见伍献文等)，1964，74；陈银瑞，1986，433；陈银瑞(见褚新洛和陈银瑞)，1989，67；罗云林和陈银瑞(见陈宜瑜等)，1998，134-135。

分布：云南抚仙湖。

(97) *Anabarilius liui chenghaiensis* He，1984 程海白鱼

Anabarilius liui chenghaiensis He(何纪昌)，1984，105。

Anabarilius liui：陈银瑞和褚新洛，1980，418；陈银瑞(见褚新洛和陈银瑞)，1989，62。

分布：云南程海。

(98) *Anabarilius liui liui* (Chang，1944) 西昌白鱼

Hemiculter liui Chang，1944，39。

Pseudohemiculter liui：易伯鲁和吴清江（见伍献文等），1964，80。

Anabarilius liui：陈银瑞和褚新洛，1980，418；陈银瑞，1986，432；陈银瑞（见褚新洛和陈银瑞），1989，59；罗云林和陈银瑞（见陈宜瑜等），1998，125-126。

Anabarilius liui luquanensis 刘振华和何纪昌，1983，102。

Anabarilius liui liui：何纪昌和王重光，1984，101。

别名：西昌拟餐。

分布：金沙江下游支游。

(99) *Anabarilius liui yalongensis* Li *et* Chen，2003 雅砻江白鱼

Anabarilius liui yalongensis Li *et* Chen（李操和陈自明），2003，362。

分布：长江上游雅砻江下游。

(100) *Anabarilius liui yiliangensis* He *et* Liu，1983 宜良白鱼

Anabarilius liui yiliangensis He *et* Liu（何纪昌和刘振华），1983，102；陈银瑞，1986，432；陈银瑞（见褚新洛和陈银瑞），1989，60。

Anabarilius liui：陈银瑞和褚新洛，1980，418。

Anabarilius qujingensis He（何纪昌），1984，105。

分布：南盘江及其附属水体。

(101) *Anabarilius longicaudatus* Chen，1986 长尾白鱼

Anabarilius longicaudatus Chen（陈银瑞），1986，435；陈银瑞（见褚新洛和陈银瑞），1989，59。

分布：南盘江支流。

(102) *Anabarilius macrolepis* Yih *et* Woo，1964 大鳞白鱼

Anabarilius macrolepis Yih *et* Woo（易伯鲁和吴清江，见伍献文等），1964，75；陈银瑞，1986，433；陈银瑞（见褚新洛和陈银瑞），1989，65。

分布：云南的异龙湖及南盘江其他附属水体。

(103) *Anabarilius maculatus* Chen *et* Chu，1980 斑白鱼

Anabarilius maculatus Chen *et* Chu（陈银瑞和褚新洛），1980，418；陈银瑞（见褚新洛和陈银瑞），1989，64。

分布：南盘江支流及其附属水体。

(104) *Anabarilius paucirastellus* Yue *et* He，1988 少耙白鱼

Anabarilius paucirastellus Yue *et* He（乐佩琦和何纪昌），1988，233。

分布：元江水系。

(105) *Anabarilius polylepis* (Regan，1904) 多鳞白鱼

Barilius polylepis Regan，1904b，191。

Anabarilius polylepis：Chu，1935，4；易伯鲁和吴清江（见伍献文等），1964，73；陈银瑞，1986，434；陈银瑞（见褚新洛和陈银瑞），1989，73；罗云林和陈银瑞（见陈宜瑜等），1998，139-140。

分布：云南滇池。

(106) *Anabarilius qiluensis* Chen *et* Chu，1980 杞麓白鱼

Anabarilius andersoni qiluensis Chen *et* Chu（陈银瑞和褚新洛），180，420。

Anabarilius qiluensis：何纪昌和王重光，1984，104；陈银瑞，1986，434；陈银瑞（见褚新洛和陈银瑞），1989，70；杨君兴和陈银瑞，1995，42；朱松泉，1995，37；罗云林和陈银瑞（见陈宜瑜等），1998，137-138。

分布：云南杞麓湖。

(107) *Anabarilius qionghaiensis* Chen，1986 邛海白鱼

Anabarilius qionghaiensis Chen（陈银瑞），1986，436；丁瑞华，1994，209；杨君兴和陈银瑞，1995，147；朱松泉，1995，37；罗云林和陈银瑞（见陈宜瑜等），1998，133。

分布：四川邛海。

(108) *Anabarilius songmingensis* Chen *et* Chu，1980 嵩明白鱼

Anabarilius songmingensis Chen *et* Chu（陈银瑞和褚新洛），1980，419；陈银瑞，1986，433；陈银瑞（见褚新洛和陈银瑞），1989，66；杨君兴和陈银瑞，1995，147；朱松泉，1995，37；罗云林和陈银瑞（见陈宜瑜等），1998，132-133。

分布：云南牛栏江上游，为金沙江水系下游支流。

(109) *Anabarilius transmontanus* (Nichols，1925) 山白鱼

Ischikauia transmontana Nichols，1925g，7。

Rohanus transmontana：Chu，1935，40；易伯鲁和吴清江（见伍献文等），1964，71。

Anabarilius transmontanus：陈银瑞和褚新洛，1980，418；陈银瑞，1986，431；陈银瑞（见褚新洛和陈银瑞），1989，57；陈银瑞（见郑慈英），1989，91；朱松泉，1995，36；罗云林和陈银瑞（见陈宜瑜等），1998，122-124。

分布：云南大屯湖及注入元江的文山盘龙河局部河段。

(110) *Anabarilius xundianensis* He，1984 寻甸白鱼

Anabarilius xundianensis He(何纪昌)，1984，106；陈银瑞，1986，434；陈银瑞(见褚新洛和陈银瑞)，1989，71；杨君兴和陈银瑞，1995，147；朱松泉，1995，37；罗云林和陈银瑞(见陈宜瑜等)，1998，138。

分布：金沙江水系的寻甸清水海。

(111) *Anabarilius yangzonensis* Chen *et* Chu，1980 阳宗白鱼

Anabarilius yangzonensis Chen *et* Chu(陈银瑞和褚新洛)，1980，418；陈银瑞(见褚新洛和陈银瑞)，1989，63。

分布：云南阳宗海。

42. *Ancherythroculter* Yih *et* Woo，1964 近红鲌属

Ancherythroculter Yih *et* Woo(易伯鲁和吴清江，见伍献文等)，1964，106。

(112) *Ancherythroculter kurematsui* (Kimura，1934) 高体近红鲌

Chanodichthys kurematsui Kimura，1934，88。

Sinibrama wui：Chang，1944，38。

Sinibrama kurematsui：张春霖和刘成汉，1957，229。

Ancherythroculter kurematsui：易伯鲁和吴清江(见伍献文等)，1964，109。

分布：长江上游四川境内。

(113) *Ancherythroculter lini* Luo，1994 大眼近红鲌

Ancherythroculter lini Luo(罗云林)，1994，40。

Culter hypselonotus：Lin，1934，621。

Erythroculter hypselonotus：易伯鲁和吴清江(见伍献文等)，1964，105；庄桂香，1981，35。

Ancherythroculter lini：罗云林和陈银瑞(见陈宜瑜等)，1998，153。

别名：林氏近红鲌。

分布：珠江水系。

(114) *Ancherythroculter nigrocauda* Yih *et* Woo，1964 黑尾近红鲌

Ancherythroculter nigrocauda Yih *et* Woo(易伯鲁和吴清江，见伍献文等)，1964，107。

分布：长江宜昌以上至四川境内。

(115) *Ancherythroculter wangi* (Tchang，1932) 汪氏近红鲌

Erythroculter wangi Tchang(张春霖)，1932c，122。

Ancherythroculter wangi：易伯鲁和吴清江(见伍献文等)，1964，107；罗云林和陈银瑞(见陈宜瑜等)，1998，151。

分布：长江上游四川境内。

43. *Chanodichthys* Bleeker，1860 红鳍鲌属

Chanodichthys Bleeker，1860，432。

Pseudoculter Bleeker，1860，432。

Erythroculter Berg，1909，138。

(116) *Chanodichthys dabryi dabryi* (Bleeker，1871) 达氏鲌

Culter dabryi Bleeker，1871，70；Wu，1930，73；Miao，1934，163；Wang，1935，44。

Erythroculter dabryi：Nichols，1943，144；易伯鲁和吴清江(见伍献文等)，1964，101；吴秀鸿，1984，291。

Culter dabryi dabryi：罗云林，1994，47；罗云林和陈银瑞(见陈宜瑜等)，1998，194。

Chanodichthys dabryi dabryi：伍汉霖等，2012，42。

别名：大眼红鲌、青梢红鲌。

分布：黑龙江到珠江的各水系均有分布。国外分布于俄罗斯。

(117) *Chanodichthys dabryi shinkainensis* (Yih *et* Chu，1959) 兴凯鲌

Erythroculter dabryi shinkainensis Yih *et* Chu(易伯鲁和朱志荣)，1959，177；易伯鲁和吴清江(见伍献文等)，1964，102。

Culter dabryi shinkainensis：罗云林，1994，47；罗云林和陈银瑞(见陈宜瑜等)，1998，195。

Chanodichthys dabryi shinkainensis：伍汉霖等，2012，42。

分布：黑龙江兴凯湖。

(118) *Chanodichthys mongolicus elongates* (He *et* Liu，1980) 程海鲌

Erythroculter mongolicus elongates He *et* Liu(何纪昌和刘振华)，1980，483；陈银瑞(见褚新洛和陈银瑞)，1989，89。

Culter mongolicus elongates：罗云林，1994，47；罗云林和陈银瑞(见陈宜瑜等)，1998，191-192。

Chanodichthys mongolicus：Kottelat，2006，29。

分布：云南程海。

(119) *Chanodichthys mongolicus mongolicus* (Basilewsky，1855) 蒙古鲌

Leptocephalus mongolicus Basilewsky，1855，234。

Culter rutilus：Wu，1930，72；林书颜，1931，58。

Culter mongolicus：Chu，1931，88；Tchang，1933b，171；Wang，1935，44。

Erythroculter mongolicus：易伯鲁和朱志荣，1959，184；易伯鲁和吴清江见伍献文等)，1964，100；庄桂香，1981，36。

Culter mongolicus mongolicus：罗云林，1994，47；罗云林和陈银瑞(见陈宜瑜等)，1998，189-191。

别名：蒙古红鲌。

保护等级：省(直辖市)级(黑龙江、天津)。

分布：黑龙江到珠江间各大水系均有分布。国外分布于蒙古、俄罗斯和越南。

(120) *Chanodichthys mongolicus qionghaiensis* (Ding，1990) 邛海鲌

Erythroculter mongolicus qionghaiensis Ding(丁瑞华)，1990，246。

Culter mongolicus qionghaiensis：罗云林，1994，47；罗云林和陈银瑞(见陈宜瑜等)，1998，192。

分布：四川邛海。

44. *Culter* Basilewsky，1855 鲌属

Culter Basilewsky，1855，236。

Erythroculter Berg，1909，236。

(121) *Culter alburnus* Basilewsky，1855 翘嘴鲌

Culter alburnus Basilewsky，1855，236；罗云林，1994，46；罗云林和陈银瑞(见陈宜瑜等)，1998，186。

Culter erythropterus：Tchang，1933b，169。

Culter tientsinensis：Abbott，1901，489。

Erythroculter ilishaeformis：易伯鲁和朱志荣，1959，187；易伯鲁和吴清江(见伍献文等)，1964，98；陈银瑞(见褚新洛和陈银瑞)，1989，92。

Erythroculter ilishaeformis sungariensis：Yih *et* Chu(易伯鲁和朱志荣)，1959，189。

别名：翘嘴红鲌。

保护等级：省(直辖市)级(黑龙江、陕西、天津)，《台湾淡水鱼类红皮书》(近危)。

分布：黑龙江至珠江各大水系及台湾均有分布。国外分布于蒙古和俄罗斯。

(122) *Culter oxycephaloides* Kreyenberg *et* Pappenheim，1908 拟尖头鲌

Culter oxycephaloides Kreyenberg *et* Pappenheim，1908，104；罗云林，1994，47；罗云林和陈银瑞(见陈宜瑜等)，1998，196-197。

Erythroculter oxycephaloides：易伯鲁和朱志荣，1959，87；易伯鲁和吴清江(见伍献文等)，1964，103；丁瑞华，1994，234；朱松泉，1995，41。

别名：拟尖头红鲌。

分布：长江中上游及其附属水体。

(123) *Chanodichthys oxycephalus* Bleeker，1871 尖头鲌

Culter oxycephalus Bleeker，1871，74；罗云林和陈银瑞(见陈宜瑜等)，1998，192-194。

Erythroculter oxycephalus：易伯鲁和朱志荣，1959，187；易伯鲁和吴清江(见伍献文等)，1964，103。

别名：尖头红鲌。

保护等级：省级(陕西)。

分布：黑龙江及长江。

(124) *Culter recurviceps* (Richardson，1846) 海南鲌

Leuciscus recurviceps Richardson，1846，295。

Erythroculter pseudobrevicauda：易伯鲁和吴清江(见伍献文等)，1964，104；陈银瑞(见郑慈英)，1989，108；朱松泉，1995，40。

Culter recurviceps：Wu，1939，116；罗云林，1994，47；罗云林和陈银瑞(见陈宜瑜等)，1998，188-189。

分布：珠江及海南岛。

45. *Cultrichthys* Smith，1938 原鲌属

Cultrichthys Smith，1938，410。

(125) *Cultrichthys compressocorpus* (Yih *et* Chu，1959) 扁体原鲌

Culter compressocorpus 易伯鲁和朱志荣，1959，182；易伯鲁和吴清江(见伍献文等)，1964，114。

Cultrichthys compressocorpus：罗云林，1994，47；罗云林和陈银瑞(见陈宜瑜等)，1998，183-184。

别名：扁体鲌。

分布：黑龙江的兴凯湖和镜泊湖。

(126) *Cultrichthys erythropterus* (Basilewsky，1855) 红鳍原鲌

Culter erythropterus Basilewsky，1855，236；易伯鲁和朱志荣，1959，180；易伯鲁和吴清江(见伍献文等)，1964，113；吴秀鸿，1984，280。

Culter alburnus：Lin，1934，616。

Cultrichthys erythropterus：罗云林，1994，47；罗云林和陈银瑞(见陈宜瑜等)，1998，182-183。

别名：红鳍鲌、翘嘴鲌、翘嘴红鲌。

分布：我国东部黑龙江至海南岛间各水系及台湾和香港等均有分布。国外分布于俄罗斯、朝鲜半岛、越南等。

46. *Hainania* Koller，1927 海南䱗属

Hainania Koller，1927，45。

(127) *Hainania serrata* Koller，1927 锯齿海南䱗

Hainania serrata Koller，1927，45；罗云林和陈银瑞(见陈宜瑜等)，1998，180。

Hemiculter serracanthus：Nichols *et* Pope，1927，373；Tchang，1937，104。

保护等级：《中国濒危动物红皮书-鱼类》(极危)。

分布：海南岛。

47. *Hemiculter* Bleeker，1860 䱗属

Hemiculter Bleeker，1860，432。

Cultriculus Oshima，1919，252。

Kendallia Evermann *et* Shaw(寿振黄)，1927，108。

Siniichthys Bănărescu，1970，161。

(128) *Hemiculter bleekeri* Warpachowsky，1887 贝氏䱗

Hemiculter bleekeri Warpachowsky，1887，20；Wu，1930，47；Miao，1934，174；吴清江和易伯鲁，1959，163；罗云林和陈银瑞(见陈宜瑜等)，1998，167-168。

Toxabrami argentifer：Abbott，1901，484。

Hemiculter leucisculus：Tchang，1928，11；Tchang *et* Shaw，1931a，294。

Hemiculter bleekeri bleekeri：易伯鲁和吴清江(见伍献文等)，1964，87。

别名：油䱗、华鱼。

保护等级：省级(黑龙江)。

分布：我国东部黑龙江、辽河、黄河、长江、闽江等均有分布。

(129) *Hemiculter leucisculus* (Basilewsky，1855) 䱗

Culter leucisculus Basilewsky，1855，238。

Hemiculter leucisculus：Shaw，1930b，115；Wu，1931，14；林书颜，1931，62；易伯鲁和吴清江(见伍献文等)，1964，90；庄桂香，1981，52；陈银瑞(见褚新洛和陈银瑞)，1989，80；罗云林(见郑慈英)，1989，103；丁瑞华，1994，215；朱松泉，1995，39；罗云林和陈银瑞(见陈宜瑜等)，1998，164-166。

Cultriculus kneri：Chu，1930，331。

Kendallia goldsboroughi：Evermann *et* Shaw，1927，108。

Hemiculter clupeoides：Tchang，1930a，133。

Hemiculter serracanthus：Tchang，1931，239。

Hemiculter varpachovskii：Tchang，1931，289。

别名：白鲦、朝鲜䱗。

分布：我国内陆除青藏高原、西北地区无自然分布外，中东部、东南部、西南部等广泛分布。国外分布于越南、朝鲜半岛、日本、蒙古和俄罗斯。

(130) *Hemiculter lucidus lucidus* (Dybowski，1872) 兴凯䱗

Culter lucidus Dybowski，1872，214。

Hemiculter bleekeri lucidus：易伯鲁和吴清江(见伍献文等)，1964，88。

Hemiculter lucidus lucidus：Bănărescu，1968，526；罗云林和陈银瑞(见陈宜瑜等)，1998，169。

分布：分布于兴凯湖。

(131) *Hemiculter tchangi* Fang，1942 张氏䱗

Hemiculter tchangi Fang，1942，110；罗云林和陈银瑞(见陈宜瑜等)，1998，166-167。

Hemiculter leucisculus：Wu，1930，75。

Hemiculter nigromarginis：易伯鲁和吴清江(见伍献文等)，1964，91。

别名：黑尾䱗。

分布：长江上游。

(132) *Hemiculter warpachovskii* Nikolsky，1903 蒙古䱗

Hemiculter warpachovskii Nikolsky，1903，359。

Hemiculter bleeker warpachovskii：易伯鲁和吴清江(见伍献文等)，1964，89。

Hemiculter lucidus warpachovskii：罗云林和陈银瑞(见陈宜瑜等)，1998，170。

分布：呼伦湖。国外分布于蒙古的贝尔湖。

48. *Hemiculterella* Warpachowsk，1887 半䱗属

Hemiculterella Warpachowsky，1887，23。

Semiculter Chu，1935，4。

(133) *Hemiculterella macrolepis* Chen，1989 大鳞半䱗

Hemiculterella macrolepis Chen(陈银瑞)(见褚新洛和陈银瑞)，1989，75；罗云林和陈银瑞(见陈宜瑜等)，1998，174-175。

分布：澜沧江支流南腊河。国外分布于老挝。

(134) *Hemiculterella sauvagei* Warpachowsky，1887 半䱗

Hemiculterella sauvagei Warpachowsky，1887，23；易

伯鲁和吴清江（见伍献文等），1964，77；罗云林和陈银瑞（见陈宜瑜等），1998，172-173。

Nicholsiculter rendahli：Wu，1930，74。

别名：四川半鳘。

分布：长江上游。

(135) ***Hemiculterella wui*** **(Wang，1935)伍氏半鳘**

Nicholsiculter wui Wang（王以康），1935，46。

Anabarilius rendahli：Wu，1939，116。

Anabarilius wui：易伯鲁和吴清江（见伍献文等），1964，72。

Pseudohemiculter kinghwaensis：易伯鲁和吴清江（见伍献文等），1964，81。

Hemiculterella sauvagei：庄桂香，1981，47；罗云林和陈银瑞（见陈宜瑜等），1998，173-174。

分布：钱塘江和珠江等水系。

49. *Macrochirichthy* Bleeker，1860 大鳍鱼属

Macrochirichthy Bleeker，1860，475。

(136) ***Macrochirichthys macrochirus*** **(Valenciennes，1844)大鳍鱼**

Leuciscus macrochirus Valenciennes，1844，348。

Leuciscus uranoscopus：Bleeker，1851，14。

Macrochirichthys macrochirus：Weber *et* Beaufort，1916，54；易伯鲁和吴清江（见伍献文等），1964，92；陈银瑞（见褚新洛和陈银瑞），1989，82；罗云林和陈银瑞（见陈宜瑜等），1998，115-116。

保护等级：《中国濒危动物红皮书-鱼类》（濒危）。

分布：云南澜沧江水系。国外分布于柬埔寨、印度尼西亚、老挝、马来西亚、泰国和越南。

50. *Megalobrama* Dybowski，1872 鲂属

Megalobrama Dybowski，1872，212。

Parosteobrama Tchang，1930，50。

(137) ***Megalobrama amblycephala*** **Yih，1955 团头鲂**

Megalobrama amblycephala Yih（易伯鲁），1955，115；易伯鲁和吴清江（见伍献文等），1964，96；罗云林和陈银瑞（见陈宜瑜等），1998，205-206。

分布：长江中下游湖泊，现区域外广泛移植。

(138) ***Megalobrama elongata*** **Huang *et* Zhang，1986 长体鲂**

Megalobrama elongata Huang *et* Zhang（黄宏金和张卫），1986，99。

保护等级：省（直辖市）级（重庆）。

分布：长江上游四川境内。

(139) ***Megalobrama pellegrini*** **(Tchang，1930)厚颌鲂**

Parosteobrama pellegrini Tchang，1930，50。

Megalobrama terminalis：易伯鲁和吴清江（见伍献文等），1964，94。

Megalobrama pellegrini：罗云林，1990，164；罗云林和陈银瑞（见陈宜瑜等），1998，204。

分布：长江上游。

(140) ***Megalobrama skolkovii*** **Dybowski，1872 鲂**

Megalobrama skolkovii Dybowski，1872，231；罗云林，1990，163；罗云林和陈银瑞（见陈宜瑜等），1998，202-204。

Megalobrama terminalis：Chu，1930，330；易伯鲁和吴清江（见伍献文等），1964，93。

Parosteobrama pellegrini：Wu，1931，12。

Parabramis terminalis：朱元鼎，1932，23；Lin，1934a，452；Miao，1934，161。

保护等级：省级（黑龙江）。

分布：黑龙江至闽江间各水系均有分布。国外分布于俄罗斯。

(141) ***Megalobrama terminalis*** **(Richardson，1846)三角鲂**

Abramis terminalis Richardson，1846，294。

Megalobrama hoffmanni：易伯鲁和吴清江（见伍献文等），1964，95。

Parabramis bramula：Lin，1934a，451。

Megalobrama terminalis：易伯鲁和吴清江（见伍献文等），1964，93；庄桂香，1981，41；罗云林，1990，162；罗云林和陈银瑞（见陈宜瑜等），1998，200。

别名：广东鲂。

分布：珠江及海南岛。国外分布于越南。

51. *Metzia* Jordan *et* Thompson，1914 梅氏鳊属

Metzia Jordan *et* Thompson，1914，227。

Rasborinus Oshima，1920a，130。

别名：细鳊属。

(142) ***Metzia formosae*** **(Oshima，1920)台湾梅氏鳊**

Rasborinus formosae Oshima，1920a，131；庄桂香，1981，45；罗云林（见郑慈英），1989，87；朱松泉，1995，35；罗云林和陈银瑞（见陈宜瑜等），1998，120。

Ischikauia hainanensis：Nichols *et* Pope，1927，374。

Metzia formosae：Gan *et al.*，2009，55；Ho *et* Shao，2011，30。

别名：小细鳊、台湾细鳊、台湾黄鲴鱼、海南石川鱼。

保护等级：《中国濒危动物红皮书-鱼类》（易危）、台湾 III 级保护、《台湾淡水鱼类红皮书》（易危）。

分布：钦江、西江、海南岛及台湾。国外分布于越南。

(143) *Metzia lineata* (Pellegrin，1907) 线纹梅氏鳊

Ischikauia lineata Pellegrin，1907，502。

Rasborinus lineatus：易伯鲁和吴清江（见伍献文等，1964，69）；陈银瑞（见褚新洛和陈银瑞），1989，54；罗云林（见郑慈英），1989，86；庄桂香，1981，46；吴秀鸿，1984，294；罗云林和陈银瑞（见陈宜瑜等），1998，118-119。

Metzia lineatus：Chen *et* Fang，2002，74；Gan *et al.*，2009，55；Ho *et* Shao，2011，30。

别名：线细鳊。

分布：闽江、珠江、海南岛和台湾。国外分布于老挝和越南。

(144) *Metzia longinasus* Gan，Lan *et* Zhang，2009 长鼻梅氏鳊

Metzia longinasus Gan，Lab *et* Zhang（甘西，蓝家湖和张鹗）2009，56。

别名：长鼻细鳊。

分布：广西珠江水系红水河支流。

(145) *Metzia mesembrinum* (Jordan *et* Evermann，1902) 大鳞梅氏鳊

Acheilognathus mesembrinum Jordan *et* Evermann，1902，323。

Metzia mesembrinum：Gan *et al.*，2009，55。

别名：大鳞细鳊。

保护等级：《台湾淡水鱼类红皮书》（易危）。

分布：台湾。

52. *Parabramis* Bleeker，1864 鳊属

Parabramis Bleeker，1864b，21。

(146) *Parabramis pekinensis* (Basilewsky，1855) 鳊

? *Leuciscus bramula* Valenciennes，1844，357。

Abramis pekinensis Basilewsky，1855，239。

Parabramis pekinensis：Bleeker，1865，22；Evermann *et* Shaw，1927，103；林书颜，1931，47；Tchang *et* Shaw，1931a，293；Lin，1934a，449；易伯鲁和吴清江（见伍献文等），1964，116；庄桂香，1981，50；罗云林和陈银瑞（见陈宜瑜等），1998，198-200。

Parabramis bramula：Chu，1931，84；Miao，1934，158；Wang，1935，41。

Parabramis pekinensis strenosomus：Yiu，She *et* Yih（余志堂、谢洪高和易伯鲁），1959，224。

Parabramis liaohonensis：Yih *et* Wu（易伯鲁和吴清江，见伍献文等），1964，117。

别名：辽河鳊。

保护等级：省（直辖市）级（北京、黑龙江）。

分布：黑龙江至珠江间各水系均有分布。国外分布于俄罗斯和越南。

53. *Paralaubuca* Bleeker，1864 罗碧鱼属

Paralaubuca Bleeker，1864d，15。

Cultrops Smith，1938，410。

(147) *Paralaubuca barroni* (Fowler，1934) 罗碧鱼

Chela barroni Fowler，1934a，109。

Paralaubuca barroni：易伯鲁和吴清江（见伍献文等），1964，76；陈银瑞（见褚新洛和陈银瑞），1989，51；朱松泉，1995，34；罗云林和陈银瑞（见陈宜瑜等），1998，116-117。

别名：巴氏罗碧鱼。

分布：云南澜沧江水系。国外分布于柬埔寨、老挝和泰国。

54. *Pogobrama* Luo，1995 须鳊属

Pogobrama Luo（罗云林），1995，封 3。

(148) *Pogobrama barbatula* (Luo *et* Huang，1985) 须鳊

Sinibrama barbatula Luo *et* Hang（罗云林和黄宏金），1985，280。

Pogobrama barbatula：罗云林和陈银瑞（见陈宜瑜等），1998，148。

别名：须华鳊。

保护等级：《中国濒危动物红皮书-鱼类》（极危）。

分布：广西钦江。

55. *Pseudohemiculter* Nichols *et* Pope，1927 拟餐属

Pseudohemiculter Nichols *et* Pope，1927，372。

(149) *Pseudohemiculter dispar* (Peters)，1880 南方拟餐

Hemiculter dispar Peters，1880，1035；Wu，1939，116。

Pseudohemiculter dispar：易伯鲁和吴清江(见伍献文等)，1964，79；庄桂香，1981，39；陈银瑞(见褚新洛和陈银瑞)，1989，77；陈银瑞(见郑慈英)，1989，99；朱松泉，1995，38；罗云林和陈银瑞(见陈宜瑜等)，1998，176。

分布：珠江水系。国外分布于老挝和越南。

(150) *Pseudohemiculter hainanensis* (Boulenger，1899) 海南拟䱗

Barilius hainanensis Boulenger，1899，961。

Hemiculter (*Pseudohemiculter*) *hainanensis*：Nichols *et* Pope，1927，372。

Hemiculter hunanensis：Tchang，1930a，134。

Hemiculter kinghwaensis：Wang，1935，48。

Pseudohemiculter kinghwaensis：庄桂香，1981，40；罗云林和陈银瑞(见陈宜瑜等)，1998，177-178。

分布：长江中游及长江以南至元江各水系。国外分布于越南。

(151) *Pseudohemiculter kweichowensis* (Tang，1942) 贵州拟䱗

Hemiculter kweichowensis Tang，1942，161。

Pseudohemiculter kweichowensis：罗云林和陈银瑞(见陈宜瑜等)，1998，179。

分布：仅记录于贵阳。

56. *Pseudolaubuca* Bleeker，1865 飘鱼属

Pseudolaubuca Bleeker，1865，28。

(152) *Pseudolaubuca engraulis* (Nichols，1925) 寡鳞飘鱼

Hemiculterella engraulis Nichols，1925f，7。

Pseudolaubuca shawi Tchang，1930a，147。

Pseudolaubuca setchuanensis：Tchang，1930a，147；陈银瑞(见褚新洛和陈银瑞)，1989，50。

Parapelecus oligolepis：Wu *et* Wang，1931，222。

Pseudolaubuca engraulis：庄桂香，1981，50；吴秀鸿，1984，283。

Hemiculterella kaifenensis Tchang，1932，212。

Parapelecus engraulis：Chang，1944，40；易伯鲁和吴清江(见伍献文等)，1964，83；罗云林和陈银瑞(见陈宜瑜等)，1998，157-158。

别名：开封半䱗。

分布：黄河、长江、九龙江和珠江。

(153) *Pseudolaubuca sinensis* Bleeker，1864 飘鱼

Pseudolaubuca sinensis Bleeker，1864b，29；庄桂香，1981，49；吴秀鸿，1984，282；陈银瑞(见褚新洛和陈银瑞)，1989，48；罗云林和陈银瑞(见陈宜瑜等)，1998，156。

Parapelecus argenteus：Günther，1889，227；Chu，1930，333；Tchang，1930a，144；Lin，1934，630；易伯鲁和吴清江(见伍献文等)，1964，82。

Parapelecus machaerius：Abbott，1901，488；Tchang，1930a，144；Miao，1934，168。

Parapelecus fukiensis：Tchang，1930a，148；Wu，1931，436；Wang，1935，45。

Parapelecus nicholsi：Tchang，1930a，145。

Parapelecus tungchowensis Tchang，1932c，121。

别名：银飘鱼。

分布：辽河、海河、长江、钱塘江、韩江、珠江、闽江和元江等水系。国外分布于越南。

57. *Sinibrama* Wu，1939 华鳊属

Sinibrama Wu(伍献文)，1939，115。

(154) *Sinibrama longianalis* Xie，Xie *et* Zhang，2003 长臀华鳊

Sinibrama longianalis Xie *et al.*，2003，403。

别名：长鳍华鳊。

分布：长江上游贵州境内。

(155) *Sinibrama macrops* (Günther，1868) 大眼华鳊

Chanodichthys macrops Günther，1868，326。

Chanodichthys wui：Lin，1932c，516。

Sinibrama wui：Wu，1939，114。

Sinibrama wui typus：易伯鲁和吴清江(见伍献文等)，1964，109。

Sinibrama wui polylepis：易伯鲁和吴清江(见伍献文等)，1964，110。

Sinibrama macrops：庄桂香，1981，44；罗云林和陈银瑞(见陈宜瑜等)，1998，144。

别名：大眼鲂。

保护等级：《台湾淡水鱼类红皮书》(近危)。

分布：西江水系及台湾。

(156) *Sinibrama melrosei* (Nichols *et* Pope，1927) 海南华鳊

Megalobrama melrosei Nichols *et* Pope，1927，369。

Sinibrama melrosei：易伯鲁和吴清江(见伍献文等)，1964，111；陈银瑞(见褚新洛和陈银瑞)，1989，53；罗云林(见郑慈英)，1989，88；朱松泉，1995，35；罗云林和陈银瑞(见陈宜瑜等)，1998，145。

分布：珠江、韩江及海南岛各水系。国外分布于老挝和越南。

(157) *Sinibrama taeniatus* (Nichols，1941) 四川华鳊

Rasborinus taeniatus Nichols，1941，2。

Sinibrama changi：Chang (张孝威)，1944，39；易伯鲁和吴清江(见伍献文等)，1964，110；丁瑞华，1994，199；朱松泉，1995，35；罗云林和陈银瑞(见陈宜瑜等)，1998，146-148。

分布：长江上游四川境内。

(158) *Sinibrama wui* (Rendahl，1932) 伍氏华鳊

Chanodichthys wui Rendahl，1932，105。

Megalobrama macrops：Wu，1931，13。

Parabramis macrops：Wang，1935，42。

Sinibrama macrops：易伯鲁和吴清江(见伍献文等)，1964，111。

Sinibrama wui：罗云林和陈银瑞(见陈宜瑜等)，1998，142。

分布：长江、钱塘江、灵江、瓯江和闽江。

58. *Toxabramis* Günther，1873 似鲚属

Toxabramis Günther，1873，249。

(159) *Toxabramis hoffmanni* Lin，1934 小似鲚

Toxabramis hoffmanni Lin，1934a，440；罗云林和陈银瑞(见陈宜瑜等)，1998，162-163。

分布：广西梧州。

(160) *Toxabramis houdemeri* Pellegrin，1932 海南似鲚

Toxabramis houdemeri Pellegrin，1932，156；易伯鲁和吴清江(见伍献文等)，1964，85；庄桂香，1981，54；陈银瑞(见褚新洛和陈银瑞)，1989，85；罗云林(见郑慈英)，1989，101；朱松泉，1995，39；罗云林和陈银瑞(见陈宜瑜等)，1998，161。

分布：珠江水系及海南岛。国外分布于越南。

(161) *Toxabramis swinhonis* Günther，1873 似鲚

Toxabramis swinhonis Günther，1873，250；Chu，1930，334；Wang，1935，49；易伯鲁和吴清江(见伍献文等)，1964，84；吴秀鸿，1984，276；王鸿媛，1984，47；陈银瑞(见褚新洛和陈银瑞)，1989，84；朱松泉，1995，39；罗云林和陈银瑞(见陈宜瑜等)，1998，159。

Toxabramis paiyangtieni：Mori，1941，182。

分布：黄河、长江、钱塘江及东南沿海水系等。

(4) Xenocyprinae 鲴亚科

59. *Distoechodon* Peters，1880 圆吻鲴属

Distoechodon Peters，1880，921。

(162) *Distoechodon compressus* (Nichols，1925) 扁圆吻鲴

Xenocypris compressus Nichols，1925，6。

Xenocypris (*Distoechodon*) *compressus*：Nichols，1928，24；Nichols，1943，124。

Distoechodon compressus：杨干荣(见伍献文等)，1964，131；连珍水，1984，254；Zhao *et al.* (赵亚辉等)，2009a，31。

Xenocypris (*Distoechodon*) *tumirostris compressus*：Bănărescu，1970，400。

Distoechodon tumirostris：连珍水，1984，253；Shen *et* Tzeng，1993，141。

保护等级：《台湾淡水鱼类红皮书》(近危)。

分布：浙江、福建、江苏、台湾等。

(163) *Distoechodon macrophthalmus* Zhao，Kullander，Kullander *et* Zhang，2009 大眼圆吻鲴

Distoechodon macrophthalmus Zhao *et al.* (赵亚辉、方芳、Kullander 和张春光)，2009，31。

分布：云南程海。

(164) *Distoechodon tumirostris* Peters，1880 圆吻鲴

Distoechodon tumirostris Peters，1880，926；Wu *et* Wang，1931，225；Tchang，1933b，109；Liang，1946，10；杨干荣(见伍献文等)，1964，13；湖北省水生生物研究所鱼类研究室，1976，128；黄桂轩，1981，56；陈银瑞(见褚新洛和陈银瑞)，1989，96；许涛清(见陈景星)，1987，65；丁瑞华，1994，163；刘焕章和何名巨(见陈宜瑜等)，1998，221；陈义雄和方力行，1999，72。

Xenocypris tumirostris：Nichols，1928，24；Wang，1935，24。

Distoechodon compressus：杨干荣(见伍献文等)，1964，13；连珍水，1984，254。

Xenocypris (*Distoechodon*) *tumirostris multispinnis*：Bănărescu，1970，401。

分布：我国中东部黄河至珠江间及东南沿海各溪流，包括云南程海，台湾。

60. *Pseudobrama* Bleeker，1871 似鳊属

Pseudobrama Bleeker，1871，60。

(165) ***Pseudobrama simoni* (Bleeker，1864) 似鳊**

Acanthobrama simoni Bleeker，1864b，25；Tchang，1933b，106；Nichols，1943，125；杨干荣(见伍献文等)，1964，123；湖北省水生生物研究所鱼类研究室，1976，129。

Culticula emmelas：Abbott，1901，485；Evermann *et* Shaw，1927，107；Shaw，1930a，176；Tchang，1930a，106；Tchang *et* Shaw，1931a，293。

Pseudobrama simoni：许涛清(见陈景星)，1987，66；刘焕章和何名巨(见陈宜瑜等)，1998，223。

别名：刺鳊。

分布：海河、黄河、长江等。

61. *Xenocyprioides* Chen，1982 似鲴属

Xenocyprioides Chen(陈宜瑜)，1982a，425。

(166) ***Xenocyprioides carinatus* Chen *et* Huang，1985 棱似鲴**

Xenocyprioides carinatus Chen *et* Huang(陈宜瑜和黄宏金)，1985，281；朱松泉，1995，43；刘焕章和何名巨(见陈宜瑜等)，1998，210。

分布：广西龙州附近的小水体，属珠江水系。

(167) ***Xenocyprioides parvulus* Chen，1982 小似鲴**

Xenocyprioides parvulus Chen(陈宜瑜)，1982a，425；朱松泉，1995，43；刘焕章和何名巨(见陈宜瑜等)，1998，209。

保护等级：《中国濒危动物红皮书-鱼类》(极危)。

分布：广西钦州附近的小水体。

62. *Xenocypris* Günther，1868 鲴属

Xenocypris Günther，1868，205。

(168) ***Xenocypris argentea* Günther，1868 银鲴**

? *Leuciscus argenteus* Basilewsky，1855，232。

Xenocypris argentea Günther，1868，205；Tchang，1930a，101；Wu，1931b，23；Wu *et* Wang，1931，224；林书颜，1931，9；Wu，1939，114；杨干荣(见伍献文等)，1964，122；湖北省水生生物研究所鱼类研究室，1976，133；黄桂轩，1981，58；任慕莲，1981，60；王鸿媛，1984，58；陈敬平，1986，54；许涛清(见陈景星)，1987，61；解玉浩，1987，133；陈银瑞和李再云(见褚新洛和陈银瑞)，1989，93；何名巨(见郑慈英)，1989，112；丁瑞华，1994，153；刘焕章和何名巨(见陈宜瑜等)，1998，211；Zhao *et al.*，2009a，32。

Xenocypris macrolepis：Bleeker，1871，53；Tchang，1928，15；Tchang *et* Shaw，1931a，292。

Xenocypris sungariensis：Berg，1907，418；Tchang，1930a，103。

Xenocypris nitidus：Garman，1912，117；Tchang *et* Shaw，1931a，294；Fu，1934，68。

Xenocypris nankinensis：Tchang，1930a，102。

Xenocypris katinensis：Tchang，1930a，104。

Xenocypris argentea fani：Tchang *et* Shaw，1931a，291。

别名：大鳞鲴。

保护等级：省级(黑龙江)。

分布：黑龙江至珠江间及海南岛均有分布。国外分布于俄罗斯和越南。

(169) ***Xenocypris davidi* Bleeker，1871 黄尾鲴**

Xenocypris davidi Bleeker，1871，56；杨干荣(见伍献文等)，1964，124；湖北省水生生物研究所鱼类研究室，1976，131；黄桂轩，1981，59；王鸿媛(见罗云林，陈宜瑜和黄宏金)，1984，60；陈敬平，1986，53；何名巨(见郑慈英)，1989，113；丁瑞华，1994，155；陈宜瑜等，214；Zhao *et al.*，2009a，43。

Xenocypris insularis Nichols *et* Pope，1927，363。

分布：长江、珠江、海南岛及东南沿海各支流。国外分布于越南等。

(170) ***Xenocypris fangi* Tchang，1930 方氏鲴**

Xenocypris fangi Tchang，1930c，92；杨干荣(见伍献文等)，1964，126；湖北省水生生物研究所鱼类研究室，1976，131；许涛清(见陈景星)，1987，63；刘焕章和何名巨(见陈宜瑜等)，1998，216。

Xenocypris setchuanensis：Tchang，1930a，105；杨干荣(见伍献文等)，1964，125；丁瑞华，1994，159-161。

别名：四川鲴、宜宾鲴。

分布：长江上游。

(171) ***Xenocypris hupeinensis* (Yih，1964) 湖北圆吻鲴**

Distoechodon hupeinensis Yih(易伯鲁)，杨干荣(见伍献文等)，1964，129；湖北省水生生物研究所鱼类研究室，1976，128；杨干荣，1987，70；丁瑞华，1994，163-165；成庆泰和周才武，1997，136；刘焕章和何名巨(见陈宜瑜等)，1998，220。

Xenocypris hupeinensis：赵亚辉等，2009，31；伍汉霖等，2012，64。

分布：长江中游湖泊。

(172) ***Xenocypris microlepis*** **Bleeker，1871 细鳞鲴**

Xenocypris microlepis Bleeker，1871，58；Wang，1935，25；许涛清（见陈景星），1987，64；何名巨（见郑慈英），1989，114；丁瑞华，1994，161-163；成庆泰和周才武，1997，134；刘焕章和何名巨（见陈宜瑜等），1998，218。

Plagiognathops microlepis：Berg，1914，416；杨干荣（见伍献文等），1964，127；湖北省水生生物研究所鱼类研究室，1976，130；黄桂轩，1981，57；任慕莲，1981，62；杨干荣，1987，69。

别名：细鳞斜颌鲴。

保护等级：省级（黑龙江）。

分布：我国中东部黑龙江至珠江间各水系。国外分布于俄罗斯。

(173) ***Xenocypris yunnanensis*** **Nichols，1925 云南鲴**

Xenocypris yunnanensis Nichols，1925g，6；成庆泰，1958，158；杨干荣（见伍献文等），1964，126；陈银瑞和李再云（见褚新洛和陈银瑞），1989，95；丁瑞华，1994，158；刘焕章和何名巨（见陈宜瑜等），1998，217。

保护等级：《中国濒危动物红皮书-鱼类》（濒危）。

分布：长江上游及云南滇池。

(5) Hypophthalmichthyinae 鲢亚科

63. *Aristichthys* Oshima，1919 鳙属

Aristichthys Oshima，1919，246。

(174) ***Aristichthys nobilis*** **(Richardson，1845) 鳙**

Leuciscus nobilis Richardson，1845，140。

Hypophthalmichthys nobilis：Tchang，1928，12；张春霖，1959，111。

Aristichthys nobilis：Oshima，1919，246；Lin，1931，65； Lin，1934，232；张春霖，1959，110；杨干荣（见伍献文等），1964，223；龚启光，1981，148；任慕莲，1981，137；方树淼（见陈景星），1987，68；曹文宣（见郑慈英），1989，116；陈银瑞和李再云（见褚新洛和陈银瑞），1989，98；陈宜瑜等，1998，226-228。

别名：花鲢。

保护等级：省级（黑龙江）。

分布：我国中东部海河至珠江间及海南岛江河、湖泊中广泛分布，黄河以北数量较少，东北和西北地区为人工养殖迁入的种群。

64. *Hypophthalmichthys* Bleeker，1860 鲢属

Hypophthalmichthys Bleeker，1860，405。

(175) ***Hypophthalmichthys harmandi*** **Sauvage，1884 大鳞鲢**

Hypophthalmichthys harmandi Sauvage，1884，212；杨干荣（见伍献文等），1964，226；陈敬平，1986，59；朱松泉，1995，101；陈炜（见陈宜瑜等），1998，231。

分布：海南岛南渡江。国外分布于越南。

(176) ***Hypophthalmichthys molitrix*** **(Valenciennes，1844) 鲢**

Leuciscus molitrix Valenciennes，1844，360。

Leuciscus hypophthalmus：Richardson，1845，139。

Cephalus mantschuricus：Basilewsky，1855，235。

Hypophthalmichthys molitrix：Bleeker，1860，283；Wu，1929，46；Tchang *et* Shaw，1931a，291；Lin，1932b，65；Lin，1934，231；Tchang，1941，82；Nichols，1943，130；张春霖，1959，109；杨干荣（见伍献文等），1964，225；龚启光，1981，149；任慕莲，1981，134；王鸿媛，1984，72；连珍水，1984，258；杨干荣，1987，132；方树淼（见陈景星），1987，69；颜春娟，1987，185；曹文宣（见郑慈英），1989， 117；赵执桴（见伍律等），1989，80；陈敬平，1991，58；毛节荣和徐寿山，1991，85；丁瑞华，1994，170；朱松泉，1995，101；陈炜（见陈宜瑜等），1998，228-231。

别名：白鲢。

保护等级：省级（黑龙江）。

分布：我国东部黑龙江至珠江间及海南岛江河、湖泊均有分布。国外自然分布于东亚东部，现广泛移植到世界其他地区。

(6) Acheilognathinae 鱊亚科

65. *Acheilognathus* Bleeker，1860 鱊属

Acheilognathus Bleeker，1860，251。

(177) ***Acheilognathus barbatulus*** **Günther，1873 短须鱊**

Acheilognathus barbatulus Günther，1873，248；林书颜，1931，158；Wu，1930，78；陈银瑞和李再云（见褚新洛和陈银瑞），1989，131；林人端（见陈宜瑜等），1998，425。

Acheilognathus argenteus：Wu，1939，118。

Acanthorhodeus barbatulus：吴清江（见伍献文等），1964，214。

Acheilognathus peihoensis：吴清江（见伍献文等），

1964，215。

分布：黄河、长江、珠江和澜沧江等水系。国外分布于老挝和越南。

(178) *Acheilognathus barbatus* Nichols，1926 须鱊

Acheilognathus barbatus Nichols，1926a，5；Tchang，1930a，116；Nichols，1943，157；吴清江(见伍献文等)，1964，208；林人端(见陈宜瑜等)，1998，423。

Acanthorhodeus barbatus：林书颜，1931，164。

分布：长江和闽江等水系。

(179) *Acheilognathus changtingensis* Yang，Zhu，Xiong *et* Liu，2011 长汀鱊

Acheilognathus changtingensis Yang *et al.*，2011，158。

分布：福建长汀的韩江。

(180) *Acheilognathus chankaensis* (Dybowski，1872) 兴凯鱊

Devario chankaensis Dybowski，1872，212。

Acanthorhodeus atranalis：Günther，1873，248；Berg，1907，162；Rendahl，1928，147；Mori，1928，67；Nichols，1928，32；Tchang，1930a，114；朱元鼎，1932，30；Tchang，1933b，150；Miao，1934，185；Herre *et* Lin，1936，17；Nichols，1943，160；张春霖，1959，24。

Acanthorhodeus wangi：Tchang，1930a，115。

Acanthorhodeus chankaensis：吴清江(见伍献文等)，1964，215。

Acheilognathus chankaensis：林人端(见陈宜瑜等)，1998，434。

保护等级：省级(黑龙江)。

分布：黑龙江至珠江间广泛分布。国外分布于朝鲜半岛和俄罗斯。

(181) *Acheilognathus elongatus* (Regan，1908) 长身鱊

Acanthorhodeus elongatus Regan，1908a，356；吴清江(见伍献文等)，1964，217。

Acheilognathus elongatus brevicaudatus：陈银瑞和李再云，1987，62。

Acheilognathus elongatus：陈银瑞和李再云(见褚新洛和陈银瑞)，1989，134。

Acheilognathus elongatus elongatus：林人端(见陈宜瑜等)，1998，435。

分布：长江上游金沙江(包括滇池)。

(182) *Acheilognathus gracilis* Nichols，1926 无须鱊

Acheilognathus gracilis Nichols，1926a，5；Nichols，1928，31；吴清江(见伍献文等)，1964，207；杨干荣，1987，76；丁瑞华，1994，185；林人端(见陈宜瑜等)，1998，417。

Acheilognathus gracilis luchowensis：Wu，1930，79。

分布：长江水系。

(183) *Acheilognathus hypselonotus* (Bleeker，1871) 寡鳞鱊

Acanthorhodeus hypselonotus Bleeker，1871，43；Berg，1907，163；Rendahl，1928，148；吴清江(见伍献文等)，1964，218。

Acheilognathus hypselonotus：丁瑞华，1994，184；林人端(见陈宜瑜等)，1998，432-433。

分布：长江中下游。

(184) *Acheilognathus imberbis* Günther，1868 缺须鱊

Acheilognathus imberbis Günther，1868，278；倪勇和伍汉霖，2006，360；伍汉霖等，2012，36。

Paracheilognathus imberbis：Berg，1907，162；Nichols，1928，31；Shaw，1930a，165；Tchang，1930a，111；林书颜，1931，159；Nichols，1943，154；吴清江(见伍献文等)，1964，209；杨干荣，1987，76；成庆泰和周才武，1997，150；林人端(见陈宜瑜等)，1998，442-444。

别名：采副鱊。

分布：黄河和长江各水系。

(185) *Acheilognathus macropterus* (Bleeker，1871) 大鳍鱊

Acanthorhodeus macropterus Bleeker，1871，39；Tchang，1932b，109；Tchang，1933b，149；张春霖，1959，25；吴清江(见伍献文等)，1964，212；湖北水生生物研究所鱼类研究室，1976，136；黄桂轩，1981，61；伍汉霖和沈根媛(见朱元鼎)，1984，269；杨干荣，1987，77；潘炯华等，1991，133。

Acanthorhodeus taenianalis：Günther，1873，247；Berg，1907，162；Rendahl，1928，147；Nichols，1928，32；Tchang，1928，21；Shaw，1930a，165；林书颜，1931，165；Tchang，1933b，152；Nichols，1943，160；张春霖，1959，25；吴清江(见伍献文等)，1964，217；湖北水生生物研究所鱼类研究室，1976，138；黄桂轩，1981，62；伍汉霖和沈根媛(见朱元鼎)，1984，272；杨干荣，1987，79；陕西动物研究所等，1987，79；倪勇，1990，191；成庆泰和周才武，1997，147。

Acanthorhodeus ngowyangi：Tchang，1930a，115。

Acanthorhodeus tonkiennsis：Fang，1942，167。

Acheilognathus macropterus：林人端（见郑慈英），1989，159-160；林人端（见陈宜瑜等），1998，420；朱瑜（见周解和张春光），2006，243。

保护等级：省级（黑龙江）。

分布：黑龙江至珠江间及海南岛各水系广泛分布。国外分布于朝鲜、俄罗斯、越南等。

(186) *Acheilognathus meridianus* (Wu，1939) 广西鱊

Paracheilognathus meridianus Wu，1939，177；吴清江（见伍献文等），1964，210；黄桂轩，1981，64；赵执桴（见伍律等），1989，125；林人端（见郑慈英），1989，164；朱瑜（见周解和张春光），2006，248。

别名：广西副鱊。

分布：珠江水系。

(187) *Acheilognathus nanchongensis* (Deng，1996) 南充鱊

Paracheilognathus nanchongensis Deng（邓其祥），1996，19。

别名：南充副鱊。

分布：四川合川南充河。

(188) *Acheilognathus omeiensis* (Shih *et* Tchang，1934) 峨眉鱊

Acanthorhodeus omeiensis Shih *et* Tchang[施怀仁（施白南）和张春霖]，1934，8；吴清江（见伍献文等），1964，216。

Acheilognathus omeiensis：丁瑞华，1994，181；林人端（见陈宜瑜等），1998，422。

分布：长江上游。

(189) *Acheilognathus polylepis* (Woo，1964) 多鳞鱊

Acanthorhodeus polylepis Woo（吴清江，见伍献文等），1964，219。

Acheilognathus polylepis：林人端（见陈宜瑜等），1998，427。

分布：长江中下游及韩江。

(190) *Acheilognathus striatus* Yang，Xiong，Tang *et* Liu，2010 条纹鱊

Acheilognathus striatus Yang *et al.*，2010，333。

分布：江西婺源长江下游。

(191) *Acheilognathus tabira* Jordan *et* Thompson，1914 巨口鱊

Acheilognathus tabira Jordan *et* Thompson，1914，220；林人端（见陈宜瑜等），1998，430。

Acanthorhodeus tabiro：吴清江（见伍献文等），1964，218。

分布：长江水系。

(192) *Acheilognathus tonkinensis* (Vaillant，1892) 越南鱊

Acanthorhodeus tonkinensis Vaillant，1892，127；Berg，1907，163；Nichols *et* Pope，1927，378；Nichols，1928，32；Tchang，1930a，113；Wu，1939，118；吴清江（见伍献文等），1964，213；陈银瑞和李再云（见褚新洛和陈银瑞），1989，130。

Acanthorhodeus robustus：Holcik，1972，181。

Acheilognathus tonkinensis：林人端（见陈宜瑜等），1998，428。

Acanthorhodeus tonkinensislamensis：Nguyen，in Nguyen *et* Ngo，2001，249。

分布：黄河、淮河、长江、瓯江、闽江、珠江、元江及海南岛等。国外分布于老挝和越南。

66. *Rhodeus* Agassiz，1835 鳑鲏属

Rhodeus Agassiz，1835， 37。

(193) *Rhodeus albomarginatus* Li *et* Arai，2014 白边鳑鲏

Rhodeus albomarginatus Li *et* Arai，2014，165。

分布：安徽阊江，流入鄱阳湖的一条支流，属长江水系。

(194) *Rhodeus atremius* (Jordan *et* Thompson，1914) 暗色鳑鲏

Acanthorhodeus atremius Jordan *et* Thompson，1914，227。

分布：浙江奉化附近河川。

(195) *Rhodeus fangi* (Miao，1934) 方氏鳑鲏

Pararhodeus fangi Miao，1934，180；吴清江（见伍献文等），1964，205。

Rhodeus fangi：林人端（见陈宜瑜等），1998，451；朱瑜（见周解和张春光），2006，253；倪勇和伍汉霖，2006，367。

分布：黑龙江、黄河、长江和珠江等水系。国外分布于俄罗斯、越南等。

(196) *Rhodeus haradai* Arai，Suzuki *et* Shen，1990 原田鳑鲏

Rhodeus haradai Arai *et al.*，1990，141。

分布：海南。

(197) *Rhodeus ocellatus* (Kner，1867) 高体鳑鲏

Pseudoperilampus ocellatus Kner，1866，548；Rendahl，1928，146；Nichols，1928，31；Tchang，1930a，

108；林书颜，1931，157；Nichols，1943，153；张春霖，1959，22；黄桂轩，1981，66；伍汉霖和沈根媛(见朱元鼎)，1984，262。

Rhodeus ocellatus：Günther，1868，280；Bleeker，1871，34；Oshima，1919，233；吴清江(见伍献文等)，1964，203；曾晴贤，1986，51；刘蝉馨等，1987，138；陕西动物研究所等，1987，74；谢家骅(见伍律等)，1989，121；倪勇，1990，187；成庆泰和周才武，1997，140；林人端(见陈宜瑜等)，1998，445-448。

Rhodeus sericues sinensis：Rendahl，1928，145；林书颜，1931，153。

Rhodeus kurumeus：Tchang，1930a，110。

Rhodeus wankinfui：Wu，1930，77；Wu，1931，24；Miao，1934，178。

Rhodeus pingi：Miao，1934，176。

分布：黄河、长江、韩江、珠江、澜沧江及海南岛等水系。

(198) *Rhodeus sericeus*(Pallas，1776)黑龙江鳑鲏

Cyprinus sericeus Pallas，1776，208。

Rhodeus sericeus：Berg，1907，160；吴清江(见伍献文等)，1964，201；林人端(见陈宜瑜等)，1998，453。

保护等级：省级(黑龙江)。

分布：黑龙江、图们江和额尔齐斯河等水系。国外分布于朝鲜半岛、蒙古和俄罗斯。

(199) *Rhodeus shitaiensis* Li *et* Arai，2010 石台鳑鲏

Rhodeus shitaiensis Li *et* Arai，2010，303。

分布：安徽石台秋浦河，属长江水系。

(200) *Rhodeus sinensis* Günther，1868 中华鳑鲏

Rhodeus sinensis Günther，1868，280。

Pseudoperilampus lighti：Wu(伍献文)，1931，25；吴清江(见伍献文等)，1964，205；伍汉霖和沈根媛(见朱元鼎)，1984，263；杨干荣，1987，75；陕西动物研究所等，1987，75。

Rhodeus lighti：林人端(见郑慈英)，1989，263；倪勇，1990，187；丁瑞华，1994，176；成庆泰和周才武，1997，143；林人端(见陈宜瑜等)，1998，449。

分布：黄河、长江、闽江和珠江等水系。

(201) *Rhodeus spinalis* Oshima，1926 刺鳍鳑鲏

Rhodeus spinalis Oshima，1926a，16；Nichols *et* Pope，1927，379； Nichols，1943，152；金鑫波(见中国水产科学院珠江水产研究所)，1986，64；林人端(见郑慈英)，1989，158；陈银瑞和李再云(见褚新洛和陈银瑞)，1989，127；林人端(见陈宜瑜等)，1998，448；朱瑜(见周解和张春光)，2006，251。

Pseudoperilampus hainanensis：Nichols *et* Pope，1927，379；吴清江(见伍献文等)，1964，206。

分布：珠江、海南岛、元江等水系。国外分布于越南。

67. *Tanakia* Jordan *et* Thompson，1914 田中鳑鲏属

Tanakia Jordan *et* Thompson，1914，231。

(202) *Tanakia chii*(Miao，1934)齐氏田中鳑鲏

Acheilognathus chii Miao，1934，182。

Tanakia chii：陈义雄和张咏青，2005，156。

别名：齐氏石鲋。

分布：浙江金华兰溪钱塘江水系、台湾北部低海拔之河川湖沼。

(203) *Tanakia himantegus*(Günther，1868)革条田中鳑鲏

Acheilognathus himantegus Günther，1868，277；Oshima，1919，231；Nichols，1928，32；Nichols，1943，157；吴清江(见伍献文等)，1964，210。

Paracheilognathus himantegus：曾晴贤，1986，52；林人端(见陈宜瑜等)，1998，439。

Tanakia himantegus：陈义雄和方力行，1999，93；陈义雄和张咏青，2005，150。

别名：台湾石鲋。

保护等级：《台湾淡水鱼类红皮书》(近危)。

分布：长江、九龙江及台湾浊水溪。

(7) Gobioninae 鮈亚科

68. *Abbottina* Jordan *et* Fowler，1903 棒花鱼属

Abbottina Jordan *et* Fowler，1903，835。

(204) *Abbottina liaoningensis* Qin，1987 辽宁棒花鱼

Abbottina liaoningensis Qin(秦克静)，1987，169；乐佩琦(见陈宜瑜等)，1998，351。

分布：鸭绿江和辽河水系。

(205) *Abbottina obtusirostris* (Wu *et* Wang，1931) 钝吻棒花鱼

Pseudogobio obtusirostris Wu *et* Wang，1931，230；Chang，1944，34。

Abbottina obtusirostris：罗云林等(见伍献文等)，

1982，519；丁瑞华，1994，291；朱松泉，1995，82；乐佩琦(见陈宜瑜等)，1998，352。

分布：长江上游。

(206) *Abbottina rivularis* (Basilewsky，1855) 棒花鱼

Gobio rivularis Basilewsky，1855，231。

Pseudogobio rivularis：Bleeker，1871，23；Tchang，1928，18；Shaw，1930b，119；Wu，1931，9；Wu，1931，436；Tchang *et* Shaw，1931a，284；Fu *et* Tchang，1933，12；Shih *et* Tchang，1934，7。

Abbotina sigma：Jordan *et* Fowler，1903，835。

Abbottina rivularis：Mori，1934，18；Herre *et* Lin，1936，9；褚新洛，1955，83；唐家汉等，1976，130；罗云林等(见伍献文等)，1982，518；郑葆珊等，1980，42；林再昆(见郑葆珊)，1981，127；王鸿媛，1984，29；陈银瑞和李再云(见褚新洛和陈银瑞)，1989，111；乐佩琦(见郑慈英)，1989，141；丁瑞华，1994，290；朱松泉，1995，82；成庆泰和周才武，1997，174；乐佩琦(见陈宜瑜等)，1998，348。

保护等级：省级(黑龙江)。

分布：分布极广，除西部高原和西北部地区外广泛分布于全国其他水系。国外分布于俄罗斯、日本、朝鲜半岛等。

69. *Acanthogobio* Herzenstein，1892 刺鮈属

Acanthogobio Herzenstein，1892，228。

(207) *Acanthogobio guentheri* Herzenstein，1892 刺鮈

Acanthogobio guentheri Herzenstein，1892，228；张春霖，1959，57；罗云林等(见伍献文等)，1982，454；许涛清(见陈景星)，1987，105；武云飞和吴翠珍，1992，273；朱松泉，1995，74；乐佩琦(见陈宜瑜等)，1998，254。

分布：黄河水系上游。

70. *Belligobio* Jordan *et* Hubbs，1925 似䱻属

Belligobio Jordan *et* Hubbs，1925，172。

Hemibarboides Wang(王以康)，1935，59。

(208) *Belligobio nummifer* (Boulenger，1901) 似䱻

Gobio nummifer Boulenger，1901a，269；Tchang，1930a，81；Chang，1944，34。

Hemibarboides tientaiensis：Wang，1935，60。

Belligobio nummifer：罗云林等(见伍献文等)，1982，459；朱元鼎、伍汉霖和金鑫波(见朱元鼎)，1984，300；许涛清(见陈景星)，1987，106；乐佩琦(见陈宜瑜等)，1998，259。

分布：淮河、长江、灵江、甬江、晋江等水系。

(209) *Belligobio pengxianensis* Lo，Yao *et* Chen，1982 彭县似䱻

Belligobio pengxianensis Lo，Yao *et* Chen(罗云林、乐佩琦和陈宜瑜，见伍献文等)，1982，460；乐佩琦(见陈宜瑜等)，1998，261。

分布：四川沱江。

71. *Coreius* Jordan *et* Starks，1905 铜鱼属

Coreius Jordan *et* Starks，1905，197。

(210) *Coreius guichenoti* (Sauvage *et* Dabry，1874) 圆口铜鱼

Saurogobio guichenoti Sauvage *et* Dabry，1874，10；Rendahl，1928，96。

Coreius zeni：Tchang，1930d，49；Rendahl，1932，30；Chang，1944，35；褚新洛，1955，83。

Coreius guichenoti：Fang，1943，402；罗云林等(见伍献文等)，1982，505；陈银瑞和李再云(见褚新洛和陈银瑞)，1989，109；丁瑞华，1994，276；乐佩琦(见陈宜瑜等)，1998，329。

分布：长江，包括金沙江干流中下游及中上游，及雅砻江干流下游。

(211) *Coreius heterodon* (Bleeker，1865) 铜鱼

Gobio heterodon Bleeker，1865。

Coreius styani：Tchang，1930，89；Tchang，1930，88。

Coreius rathbuni：Chu，1931，39。

Coreius cetopsis：Fu *et* Tchang，1933，10。

Coreius heterodon：Fang，1943，402；罗云林等(见伍献文等)，1982，503；葛荫榕，1984，115；许涛清(见陈景星)，1987，120；丁瑞华，1994，274；朱松泉，1995，80；成庆泰和周才武，1997，169；乐佩琦(见陈宜瑜等)，1998，326。

别名：短须铜鱼

分布：黄河和长江水系。

(212) *Coreius septentrionalis* (Nichols，1925) 北方铜鱼

Coripareius septentrionalis Nichols，1925，2。

Coreius septentrionalis：Nichols，1943，176；张春霖，1959，64；罗云林等(见伍献文等)，1982，504；朱松泉，1995，80；成庆泰和周才武，1997，170；乐佩琦(见陈宜瑜等)，1998，328。

Coreius longibarbus：Mori，1928，65；Fu *et* Tchang，1933，11；Tchang，1933b，73；张春霖，1959，62。

保护等级：《中国濒危动物红皮书-鱼类》(濒危)，省级(甘肃、陕西)。

别名：长须铜鱼

分布：黄河水系青海贵德至山东河段。

72. *Gnathopogon* Bleeker，1860 颌须鮈属

Gnathopogon Bleeker，1860，435。

(213) *Gnathopogon herzensteini*(Günther，1896)嘉陵颌须鮈

Leucogobio herzensteini Günther，1896，213；Tchang *et* Shaw，1931a，287。

Gnathopogon herzensteini：罗云林等(见伍献文等)，1982，480；丁瑞华，1994，263；朱松泉，1995，78；乐佩琦(见陈宜瑜等)，1998，303。

分布：嘉陵江、汉水等。

(214) *Gnathopogon imberbis*(Sauvage *et* Dabry，1874)短须颌须鮈

Gobio imberbis Sauvage *et* Dabry，1874，8；Fang，1943，402。

Gobio(*Leucogobio*)*taeniatus*：Wu，1930，69。

Gnathopogon imberbis：罗云林等(见伍献文等)，1982，482；许涛清(见陈景星)，1987，112；丁瑞华，1994，265；朱松泉，1995，79；乐佩琦(见陈宜瑜等)，1998，305。

分布：长江中上游。

(215) *Gnathopogon mantschuricus*(Berg，1914)东北颌须鮈

Gobio taeniatus mantschuricus Berg，1914，481。

Leucogobio tsinanensis：Tchang，1932b，113。

Gnathopogon mantschuricus：罗云林等(见伍献文等)，1982，484；乐佩琦(见陈宜瑜等)，1998，308。

保护等级：省级(黑龙江)。

分布：黑龙江水系。国外分布于蒙古和俄罗斯。

(216) *Gnathopogon nicholsi*(Fang，1943)隐须颌须鮈

Gobio nicholsi：Fang，1943，403。

Gobio(*Leucogobio*)*imberbis*：Miao，1934，145。

Gnathopogon nicholsi：罗云林等(见伍献文等)，1982，485；乐佩琦(见陈宜瑜等)，1998，311。

分布：长江下游。

(217) *Gnathopogon polytaenia*(Nichols，1925)多纹颌须鮈

Leucogobio polytaenia Nichols，1925e，6。

Gnathopogon polytaenia：乐佩琦(见陈宜瑜等)，1998，304。

分布：海河流域的滹沱河。

(218) *Gnathopogon taeniellus*(Nichols，1925)细纹颌须鮈

Leucogobio taeniellus Nichols，1925e，7。

Leucogobio tienmusanensis Chu，1931，37。

Gobio taeniatus：Herre *et* Lin，1936，8。

Gobio(*Leucogobio*)*taeniatus*：Wang，1935，29。

Gnathopogon taeniellus：罗云林等(见伍献文等)，1982，483；朱松泉，1995，79；乐佩琦(见陈宜瑜等)，1998，307。

分布：福建闽江及浙江的一些河流。

(219) *Gnathopogon tsinanensis*(Mori，1928)济南颌须鮈

Leucogobio tsinanensis Mori，1928a，63。

Leucogobio polytaenia：张春霖，1959，61。

Gnathopogon tsinanensis：罗云林等(见伍献文等)，1982，484；朱松泉，1995，79；成庆泰和周才武，1997，164；乐佩琦(见陈宜瑜等)，1998，309。

分布：黄河水系。

73. *Gobio* Cuvier，1817 鮈属

Gobio Cuvier，1817，193

(220) *Gobio acutipinnatus* Men'shikov，1939 尖鳍鮈

Gobio acutipinnatus Men'shikov，1939，121；乐佩琦(见陈宜瑜等)，1998，294。

Gobio gobio acutipinnatus：Berg，1949a；645；罗云林等(见伍献文等)，1982，499。

Gobio gobio cynocephalus：李思忠等，1966，44；张世义，1979，20。

分布：额尔齐斯河水系。国外分布于哈萨克斯坦和蒙古。

(221) *Gobio coriparoides* Nichols，1925 似铜鮈

Gobio coriparoides Nichols，1925e，4；罗云林等(见伍献文等)，1982，496；许涛清(见陈景星)，1987，116；朱松泉，1995，77；乐佩琦(见陈宜瑜等)，1998，287。

分布：黄河水系。

(222) *Gobio cynocephalus* Dybowski，1869 犬首鮈

Gobio fluviatilis var. *cynocephalus* Dybowski，1869，951。

Gobio liaohensis Mori，1927a，2。

Gobio gobio cynocephalus：罗云林等(见伍献文等)，1982，497；任慕莲，1981，80；刘蝉馨等，1987，164。

Gobio cynocephalus：乐佩琦(见陈宜瑜等)，1998，

295。

保护等级：省级（黑龙江）。

分布：黑龙江、辽河水系。国外分布于蒙古和俄罗斯。

(223) *Gobio huanghensis* Lo，Yao *et* Chen，1982 黄河鮈

Gobio huanghensis Lo，Yao *et* Chen（罗云林、乐佩琦和陈宜瑜，见伍献文等），1982，496；武云飞和吴翠珍，1992，280；乐佩琦（见陈宜瑜等），1998，299。

分布：黄河中上游。

(224) *Gobio lingyuanensis* Mori，1934 凌源鮈

Gobio lingyuanensis Mori，1934，14；罗云林等（见伍献文等），1982，495；乐佩琦（见陈宜瑜等），1998，290。

保护等级：省级（黑龙江）。

分布：黑龙江支流松花江及大凌河、滦河和海河。

(225) *Gobio macrocephalus* Mori，1930 大头鮈

Gobio gobio macrocephalus Mori，1930，8；罗云林等（见伍献文等），1982，498；郑葆珊等，1980，47；乐佩琦（见陈宜瑜等），1998，293。

分布：图们江水系。国外分布于朝鲜。

(226) *Gobio meridionalis* Xu，1987 南方鮈

Gobio meridionalis Xu（许涛清，见陈景星），1987，119；朱松泉，1995，78；乐佩琦（见陈宜瑜等），1998，291。

分布：黄河中游。

(227) *Gobio rivuloides* Nichols，1925 棒花鮈

Gobio rivuloides Nichols，1925e，5；Nichols，1943，173；王鸿媛，1984，27；许涛清（见陈景星），1987，118；乐佩琦（见陈宜瑜等），1998，297；张春光和赵亚辉，2013，152。

Saurogobio drakei brevicaudus Tchang *et* Shaw，1931a，286。

Gocio gobio：Mori，1934，13。

Gobio gobio rivuloides：罗云林等（见伍献文等），1982，500。

别名：拟棒花鮈。

分布：大凌河、滦河、海河、黄河等水系。

(228) *Gobio soldatovi* Berg，1914 高体鮈

Gobio gobio var. *soldatovi* Berg，1914，461。

Gobio soldatovi：宫地传三郎，1940，51；罗云林等（见伍献文等），1982，494；任慕莲，1981，85；乐佩琦（见陈宜瑜等），1998，288。

保护等级：省级（黑龙江）。

分布：黑龙江、辽河水系。国外分布于蒙古和俄罗斯。

(229) *Gobio tenuicorpus* Mori，1934 细体鮈

Gobio gobio tenuicorpus Mori，1934，13。

Gobio tenuicorpus：罗云林等（见伍献文等），1977，501；任慕莲，1981，84；王鸿媛，1984，28；朱松泉，1995，78；乐佩琦（见陈宜瑜等），1998，300。

保护等级：省级（黑龙江）。

分布：黑龙江、滦河水系。国外分布于蒙古和俄罗斯。

74. *Hemibarbus* Bleeker，1860 䱻属

Hemibarbus Bleeker，1860，431。

Gobiobarbus Dybowski，1869，951。

(230) *Hemibarbus brevipennus* Yue，1995 短鳍䱻

Hemibarbus brevipennus Yue（乐佩琦），1995，118；乐佩琦（见陈宜瑜等），1998，241。

分布：浙江瓯江和灵江等水系。

(231) *Hemibarbus labeo* (Pallas，1776) 唇䱻

Cyprinus labeo Pallas，1776，207，703。

Hemibarbus labeo：Berg，1909，105； Wu，1930，76；Fu，1934，59；Wang，1935，53；陈兼善，1969a，173；罗云林等（见伍献文等），1982，444；王鸿媛，1984，19；朱元鼎、伍汉霖和金鑫波（见朱元鼎），1984，296；许涛清（见陈景星），1987，103；秦克静，1987，144；乐佩琦（见郑慈英），1989，120；丁瑞华，1994，243；乐佩琦，1995，117；朱松泉，1995，73；成庆泰和周才武，1997，153；乐佩琦（见陈宜瑜等），1998，237。

Pseudogobio chaoi：Evermann *et* Shaw，1927，106。

保护等级：省级（黑龙江），《台湾淡水鱼类红皮书》（近危）。

分布：黑龙江、黄河、长江、钱塘江、闽江及台湾各水系。国外分布于日本、朝鲜半岛、蒙古、俄罗斯、越南、老挝等。

(232) *Hemibarbus longirostris* (Regan，1908) 长吻䱻

Acanthogobio longirostris Regan，1908f，60。

Hemibarbus longirostris：Tchang，1933b，52；Wang，1935，52；Herre *et* Lin，1936，15；罗云林等（见伍献文等），1982，449；葛荫榕，1984，95；乐佩琦（见陈宜瑜等），1998，246。

Hemibarbus shingtsonensis：Shaw，1930b，113。

Paraleucogobio cheni：Wu，1931，435；Herre *et* Lin，1936，9。

分布：鸭绿江、辽河、钱塘江、瓯江、灵江、珠江等。国外分布于日本、朝鲜半岛等。

(233) *Hemibarbus macracanthus* Lo，Yao *et* Chen，1982 大刺螖

Hemibarbus macracanthus Lo，Yao *et* Chen(罗云林、乐佩奇和陈宜瑜，见伍献文等)，1982，448；乐佩琦(见郑慈英)，1989，122；朱松泉，1995，74；乐佩琦(见陈宜瑜等)，1998，245。

分布：西江水系。国外分布于越南。

(234) *Hemibarbus maculatus* Bleeker，1871 花螖

Hemibarbus maculatus Bleeker，1871，19；Shaw，1930a，185；Chu，1931，192；Tchang *et* Shaw，1931a，284；Tchang，1932b，111；Fu *et* Tchang，1933，9；Shih *et* Tchang，1934，6；Herre *et* Lin，1936，16；罗云林等(见伍献文等)，1982，446；王鸿媛，1984，20；朱元鼎、伍汉霖和金鑫波(见朱元鼎)，1984，298；许涛清(见陈景星)，1987，104；陈银瑞和李再云(见褚新洛和陈银瑞)，1989，102；乐佩琦(见郑慈英)，1989，121；丁瑞华，1994，245；乐佩琦，1995，120；乐佩琦(见陈宜瑜等)，1998，242。

Hemibarbus barbus：Abbott，1901，487；Evermann *et* Shaw，1927，105；Tchang，1930a，72。

Barbus schlegeli：Fowler，1924，510；Shaw，1930a，173。

Hemibarbus labeo maculatus：Chang，1944，37。

保护等级：省级(黑龙江)。

分布：黑龙江至澜沧江间各水系广泛分布。国外分布于日本、朝鲜半岛、蒙古、俄罗斯、越南等。

(235) *Hemibarbus medius* Yue，1995 间螖

Hemibarbus medius Yue(乐佩奇)，1995，117；乐佩琦(见陈宜瑜等)，1998，239。

Hemibarbus labeo：Wu，1939，97；罗云林等(见伍献文等)，1982，444；俞泰济(见中国水产科学院珠江水产研究所)，1986，93。

Hemibarbus labeo maculatus：Lin，1933，198。

分布：华东和华南地区，如珠江、乌江、海南岛等均有分布报道。国外分布于越南。

(236) *Hemibarbus qianjiangensis* Yu，1990 钱江螖

Hemibarbus qianjiangensis Yu(俞泰济，见陈马康等)，1990，123；乐佩琦(见陈宜瑜等)，1998，244。

分布：钱塘江下游。

(237) *Hemibarbus umbrifer* (Lin，1931) 花棘螖

Paraleucogobio umbrifer Lin(林书颜)，1931，86。

Paracanthobrama umbrifer：罗云林等(见伍献文等)，1982，452。

Hemibarbus umbrifer：乐佩琦(见陈宜瑜等)，1998，248。

别名：花棘似刺鳊鮈。

分布：珠江水系。国外分布于老挝。

75. *Huigobio* Fang，1938 胡鮈属

Huigobio Fang(方炳文)，1938a，239。

(238) *Huigobio chenhsienensis* (Fang，1938) 胡鮈

Huigobio chenhsienensis Fang，1938，239a；罗云林等(见伍献文等)，1982，531；乐佩琦(见陈宜瑜等)，1998，344。

Microphysogobio chenhsienensis：Bănărescu *et* Nalbant，1966，206；Bănărescu *et* Nalbant，1973，276；乐佩琦(见郑慈英)，1989，139；朱松泉，1995，83。

分布：浙江曹娥江、甬江等水系及珠江水系部分支流。

(239) *Huigobio chinssuensis* (Nichols，1926) 清徐胡鮈

Pseudogobio chinssuensis Nichols，1926a，3。

Huigobio chinssuensis：罗云林等(见伍献文等)，1982，533；许涛清(见陈景星)，1987，130；乐佩琦(见陈宜瑜等)，1998，346。

分布：黄河水系。

76. *Ladislavia* Dybowsky，1869 平口鮈属

Ladislavia Dybowsky，1869，954。

(240) *Ladislavia taczanowskii* Dybowski，1869 平口鮈

Ladislavia taczanowskii Dybowski，1869，954；罗云林等(见伍献文等)，1982，466；任慕莲，1981，94；秦克静，1987，153；朱松泉，1995，75；乐佩琦(见陈宜瑜等)，1998，266。

保护等级：省级(黑龙江)。

分布：黑龙江中上游和鸭绿江水系。国外分布于朝鲜半岛、蒙古和俄罗斯。

77. *Mesogobio* Bănărescu *et* Nalbant，1973 中鮈属

Mesogobio Bănărescu *et* Nalbant，1973，198。

(241) *Mesogobio lachneri* Bănărescu *et* Nalbant，1973 中鮈

Mesogobio lachneri Bănărescu *et* Nalbant，1973，199；朱松泉，1995，77；乐佩琦(见陈宜瑜等)，1998，283。

别名：鸭绿江中鮈。

分布：鸭绿江水系。

(242) *Mesogobio tumenensis* Chang，1980 图们江中鮈

Mesogobio tumenensis Chang(张玉玲，见郑葆珊等)，1980，43；乐佩琦(见陈宜瑜等)，1998，284。

分布：图们江水系。

78. *Microphysogobio* Mori，1933 小鳔鮈属

Microphysogobio Mori，1933b，114。

(243) *Microphysogobio alticorpus* Bănărescu *et* Nalbant，1968 高身小鳔鮈

Microphysogobio brevirostris alticorpus Bănărescu *et* Nalbant，1968，341。

Microphysogobio alticorpus：Ho *et* Shao，2011，5。

分布：台湾。

(244) *Microphysogobio brevirostris* (Günther，1868) 短吻小鳔鮈

Pseudogobio brevirostris Günther，1868，174；陈兼善，1969a，174。

Abbottina brevirostris：罗云林等(见伍献文等)，1982，528。

Microphysogobio brevirostris：乐佩琦(见陈宜瑜等)，1998，368。

别名：短吻棒花鱼。

分布：台湾东部和北部各主要水系。

(245) *Microphysogobio elongates* (Yao *et* Yang，1982) 长体小鳔鮈

Abbottina elongata Yao *et* Yang(乐佩琦和杨干荣，见伍献文等)，1982，524；林再昆(见郑葆珊)，1981，129；朱元鼎、伍汉霖和金鑫波(见朱元鼎)，1984，319。

Microphysogobio elongates：乐佩琦(见陈宜瑜等)，1998，362。

别名：长体棒花鱼。

分布：珠江水系。

(246) *Microphysogobio fukiensis* (Nichols，1926) 福建小鳔鮈

Pseudogobio fukiensis Nichols，1926b，5；Wang，1935，31；Herre *et* Lin，1936，10；Nichols，1943，181。

Abbottina fukiensis：Wu，1939，112；唐家汉等，1976，131；罗云林等(见伍献文等)，1982，521；林再昆(见郑葆珊)，1981，128；朱元鼎、伍汉霖和金鑫波(见朱元鼎)，1984，318。

Microphysogobio fukiensis：乐佩琦(见郑慈英)，1989，144；朱松泉，1995，83；乐佩琦(见陈宜瑜等)，1998，359。

别名：福建棒花鱼。

分布：长江、曹娥江、钱塘江、闽江、珠江等。

(247) *Microphysogobio hsinglungshanensis* Mori，1934 兴隆山小鳔鮈

Microphysogobio hsinglungshanensis Mori，1934，40；宫地传三郎，1940，67；王所安等，2001，137；张春光和赵亚辉，2013，156。

分布：北京北部和河北兴隆雾灵山周边水系，属滦河和海河水系。

(248) *Microphysogobio kachekensis* (Oshima，1926) 嘉积小鳔鮈

Pseudogobio kachekensis Oshima，1926a，13；Nichols *et* Pope，1927，356；Nichols，1943，181。

Abbottina kachekensis：罗云林等(见伍献文等)，1982，524。

Microphysogobio kachekensis：朱松泉，1995，83；乐佩琦(见陈宜瑜等)，1998，361。

别名：嘉积棒花鱼。

分布：海南岛嘉积(现琼海县)。

(249) *Microphysogobio kiatingensis* (Wu，1930) 乐山小鳔鮈

Pseudogobio kiatingensis Wu，1930c，70；Wang，1935，32。

Pseudogobio suifuensis：Wu，1930c，71。

Abbottina kiatingensis：罗云林等(见伍献文等)，1982，525；林再昆(见郑葆珊)，1981，130。

Microphysogobio kiatingensis：乐佩琦(见郑慈英)，1989，145；丁瑞华，1994，294；朱松泉，1995，83；乐佩琦(见陈宜瑜等)，1998，358。

别名：乐山棒花鱼。

分布：长江中上游、灵江、钱塘江、珠江等。

(250) *Microphysogobio labeoides* (Nichols *et* Pope，1927) 似鲮小鳔鮈

Pseudogobio labeoides Nichols *et* Pope，1927，357；

Lin，1934，10；Nichols，1943，184。

Abbottina labeoides：罗云林等(见伍献文等)，1982，527；林再昆(见郑葆珊)，1981，131。

Abbottina kachekensis：俞泰济(见中国水产科学研究院珠江水产研究所)，1986，102。

Microphysogobio labeoides：乐佩琦(见郑慈英)，1989，143；朱松泉，1995，83；乐佩琦(见陈宜瑜等)，1998，363。

别名：似鲮棒花鱼。

分布：珠江水系及海南岛。国外分布于老挝和越南。

(251) *Microphysogobio linghensis* Xie，1986 凌河小鳔鮈

Microphysogobio linghensis Xie(解玉浩)，1986，220；朱松泉，1995，84；乐佩琦(见陈宜瑜等)，1998，355。

分布：辽河水系。

(252) *Microphysogobio microstomus* Yue，1995 小口小鳔鮈

Microphysogobio microstomus Yue(乐佩琦)，1995，495；乐佩琦(见陈宜瑜等)，1998，356。

Abbottina guentheri：黄宏金等，1982，59。

分布：长江下游。

(253) *Microphysogobio pseudoelongatus* Zhao *et* Zhang，2011 似长体小鳔鮈

Microphysogobio pseudoelongatus Zhao *et* Zhang(赵亚辉和张春光)，2001，589。

分布：广西防城港市防城区大菉镇。

(254) *Microphysogobio tafangensis* (Wang，1935) 建德小鳔鮈

Pseudogobio tafangensis Wang，1935，33。

Abbottina tafangensis：Nichols，1943，269；罗云林等(见伍献文等)，1982，523；林再昆(见郑葆珊)，1981，129。

Microphysogobio tafangensis：乐佩琦(见郑慈英)，1989，147；朱松泉，1995，83；乐佩琦(见陈宜瑜等)，1998，369。

别名：建德棒花鱼。

分布：钱塘江及珠江水系。

(255) *Microphysogobio tungtingensis* (Nichols，1926) 洞庭小鳔鮈

Pseudogobio tungtingensis Nichols，1926a，4；Nichols，1943，173。

Abbottina tungtingensis：唐家汉等，1976，132；罗云林等(见伍献文等)，1982，522。

Microphysogobio tungtingensis：乐佩琦(见陈宜瑜等)，1998，366。

别名：洞庭棒花鱼。

保护等级：省级(湖南)。

分布：洞庭湖和沅江水系。

(256) *Microphysogobio wulonghensis* Xing，Zhao，Tang *et* Zhang，2011 五龙河小鳔鮈

Microphysogobio wulonghensis Xing，Zhao，Tang *et* Zhang(邢迎春、赵亚辉、唐文乔和张春光)，2011，60。

分布：山东莱阳五龙河。

(257) *Microphysogobio yaluensis* (Mori，1928) 鸭绿小鳔鮈

Pseudogobio yaluensis Mori，1928b，59。

Microphysogobio yaluensis：朱松泉，1995，83；解玉浩，2007，199。

分布：海河和辽河水系支流。

(258) *Microphysogobio yunnanensis* (Yao *et* Yang，1982) 云南小鳔鮈

Abbottina yunnanensis Yao *et* Yang(乐佩琦和杨干荣，见伍献文等)，1982，527；陈银瑞和李再云(见褚新洛和陈银瑞)，1989，113；朱松泉，1995，83。

Microphysogobio yunnanensis：乐佩琦(见陈宜瑜等)，1998，365。

分布：云南元江水系。国外分布于越南。

79. *Paracanthobrama* Bleeker，1865 似刺鳊鮈属

Paracanthobrama Bleeker，1865，23。

(259) *Paracanthobrama guichenoti* Bleeker，1865 似刺鳊鮈

Paracanthobrama guichenoti Bleeker，1865，24；Nichols，1943，161；罗云林等(见伍献文等)，1982，451；乐佩琦(见陈宜瑜等)，1998，250-252。

Hemibarbus dissimilis：Bleeker，1871，21；Tchang，1930a，72；Tchang，1933b，79；Nichols，1943，162。

Hemibarbus soochowensis：Shaw，1930a，183。

Paracanthobrama pingi：Wu，1930b，48；Wu *et* Wang，1931，232。

Hemibarbus (Paracanthobrama) guichenoti：Bănărescu *et* Nalbant，1973，197。

分布：长江中下游及其附属水体。

80. *Paraleucogobio* Berg，1907 似白鮈属

Paraleucogobio Berg，1907，163。

(260) *Paraleucogobio notacanthus* Berg，1907 似白鮈

Paraleucogobio notacanthus Berg，1907，163；Lin，1934，6；罗云林等(见伍献文等)，1982，455；朱松泉，1995，74；成庆泰和周才武，1997，157；乐佩琦(见陈宜瑜等)，1998，256。

别名：背刺颌须鮈。

分布：分布于海河和黄河水系。

(261) *Paraleucogobio strigatus* (Regan，1908) 条纹似白鮈

Leucogobio strigatus Regan，1908，59。

Paraleucogobio strigatus：罗云林等(见伍献文等)，1982，456；任慕莲，1981，76；朱松泉，1995，75；成庆泰和周才武，1997，158；乐佩琦(见陈宜瑜等)，1998，257。

Gnathopogon strigatus Kottelat，2006，31。

别名：东北颌须鮈、条纹颌须鮈。

保护等级：省级(黑龙江)。

分布：黑龙江水系。国外分布于俄罗斯、蒙古等。

81. *Platysmacheilus* Lo，Yao *et* Chen，1982 片唇鮈属

Platysmacheilus Lo，Yao *et* Chen(罗云林、乐佩琦和陈宜瑜，见伍献文等)，1982，533。

(262) *Platysmacheilus exiguous* (Lin，1932) 片唇鮈

Saurogobio exiguus Lin，1932c，516；Lin，1934，12。

Abbottina fukiensis：Wu，1939，112。

Platysmacheilus exiguous：罗云林等(见伍献文等)，1982，534；许涛清(见陈景星)，1987，131；杨干荣，1987，116；乐佩琦(见郑慈英)，1989，148；丁瑞华，1994，286；朱松泉，1995，81；乐佩琦(见陈宜瑜等)，1998，339。

分布：长江中游的清江、汉水及珠江等。

(263) *Platysmacheilus longibarbatus* Lo，Yao *et* Chen，1982 长须片唇鮈

Platysmacheilus longibarbatus Lo，Yao *et* Chen(罗云林、乐佩琦和陈宜瑜，见伍献文等)，1982，535；朱松泉，1995，81；乐佩琦(见陈宜瑜等)，1998，341。

保护等级：《中国濒危动物红皮书-鱼类》(极危)。

分布：长江中游支流。

(264) *Platysmacheilus nudiventris* Lo，Yao *et* Chen，1982 裸腹片唇鮈

Platysmacheilus nudiventris Lo，Yao *et* Chen(罗云林、乐佩琦和陈宜瑜，见伍献文等)，1982，536；许涛清(见陈景星)，1987，132；陈银瑞和李再云(见褚新洛和陈银瑞)，1989，114；丁瑞华，1994，288；朱松泉，1995，82；乐佩琦(见陈宜瑜等)，1998，342。

分布：长江上游干支流。

(265) *Platysmacheilus zhenjiangensis* Ni，Chen *et* Zhou，2005 镇江片唇鮈

Platysmacheilus zhenjiangensis Ni，Chen *et* Zhou(倪勇、陈校辉和周刚)，2005，122；倪勇和伍汉霖，2006，333。

分布：江苏镇江市高桥镇长江沿岸。

82. *Pseudogobio* Bleeker，1860 似鮈属

Pseudogobio Bleeker，1860，425。

(266) *Pseudogobio guilinensis* Yao *et* Yang，1982 桂林似鮈

Pseudogobio vaillanti guilinensis Yao *et* Yang(乐佩琦和杨干荣，见伍献文等)，1982，514。

Pseudogobio vaillanti：林再昆(见郑葆珊)，1981，125。

Pseudogobio guilinensis：乐佩琦(见郑慈英)，1989，137；陈宜瑜等，1998，377。

分布：西江水系。

(267) *Pseudogobio vaillanti* (Sauvage，1878) 似鮈

Rhinogobio vaillanti Sauvage，1878，87。

Pseudogobio anderssoni：Rendahl，1928，89；Wang，1935，30；Herre *et* Lin，1936，9。

Pseudogobio vaillanti：Fang，1943，402；林再昆(见郑葆珊)，1981，124；俞泰济(见中国水产科学院珠江水产研究所)，1986，100；许涛清(见陈景星)，1987，125；秦克静，1987，166；乐佩琦(见陈宜瑜等)，1998，375。

Pseudogobio vaillanti vaillanti：罗云林等(见伍献文等)，1982，513；葛荫榕，1984，120。

分布：除西部高原和西北地区外我国其他各主要水系均有分布记录。

83. *Pseudorasbora* Bleeker，1860 麦穗鱼属

Pseudorasbora Bleeker，1860，435。

(268) *Pseudorasbora elongate* Wu，1939 长麦穗鱼

Pseudorasbora elongate Wu，1939，109；罗云林等(见

伍献文等），1982，464；乐佩琦（见陈宜瑜等），1998，265。

保护等级：《中国濒危动物红皮书-鱼类》（易危）。

分布：长江中下游和西江水系散布。

(269) *Pseudorasbora interrupta* Xiao，Lan *et* Chen，2007 断线麦穗鱼

Pseudorasbora interrupta Xiao，Lan *et* Chen（肖智、蓝宗辉和陈湘粦），2007，977-980。

分布：韩江水系。

(270) *Pseudorasbora parva*（Temminck *et* Schlegel，1846）麦穗鱼

Leuciscus parvus Temminck *et* Schlegel，1846，215。

Pseudorasbora parva：Bleeker，1860，435；Tchang，1928，18；Wu，1931b，10；Lin，1933，497；Fu *et* Tchang，1933，14；Wu，1939，109；陈兼善，1969，174；郑葆珊等，1980，49；许涛清（见陈景星），1987，108；罗云林等（见伍献文等），1982，462；王鸿媛，1984，21；陈银瑞和李再云（见褚新洛和陈银瑞），1989，104；乐佩琦（见郑慈英），1989，125；武云飞和吴翠珍，1992，275；丁瑞华，1994，251；杨君兴和陈银瑞，1995，47；朱松泉，1995，75；成庆泰和周才武，1997，159；乐佩琦（见陈宜瑜等），1998，263。

Pseudorasbora altipinna：Nichols，1925，5；Tchang，1930a，86；Tchang，1932b，113。

Pseudorasbora depressirostris：Nichols，1925，5；Tchang，1930，91；Tchang，1930a，86。

保护等级：省级（黑龙江）。

分布：我国中东部广泛分布。国外分布于俄罗斯、蒙古、日本、朝鲜半岛等。原为东亚土著种，现在很多国家和地区被广泛引入。

84. *Pungtungia* Herzenstein，1892 扁吻鮈属

Pungtungia Herzenstein，1892，230。

(271) *Pungtungia herzi* Herzenstein，1892 扁吻鮈

Pungtungia herzi Herzenstein，1892，231；罗云林等（见伍献文等），1982，457；秦克静，1987，150；朱松泉，1995，74；乐佩琦（见陈宜瑜等），1998，252。

分布：鸭绿江水系。国外分布于朝鲜半岛。

85. *Rhinogobio* Bleeker，1871 吻鮈属

Rhinogobio Bleeker，1871，29。

(272) *Rhinogobio cylindricus* Günther，1888 圆筒吻鮈

Rhinogobio cylindricus Günther，1888，432；罗云林等（见伍献文等），1982，509；葛荫榕，1984，118；朱松泉，1995，81；陈宜瑜，1998，139；乐佩琦（见陈宜瑜等），1998，334。

保护等级：省级（甘肃）。

分布：长江中上游及其支流。

(273) *Rhinogobio hunanensis* Tang，1980 湖南吻鮈

Rhinogobio hunanensis Tang（唐家汉），1980，436；杨干荣，1987，110；丁瑞华，1994，281；朱松泉，1995，81；乐佩琦（见陈宜瑜等），1998，333。

保护等级：省级（湖南）。

分布：长江中游。

(274) *Rhinogobio nasutus*（Kessler，1876）大鼻吻鮈

Megagobio nasutus Kessler，1876，16；张春霖，1959，66。

Rhinogobio nasutus：Rendahl，1932，51；罗云林等（见伍献文等），1982，510；朱松泉，1995，81；成庆泰和周才武，1997，172；乐佩琦（见陈宜瑜等），1998，336。

保护等级：省级（甘肃、陕西）。

分布：黄河中上游。

(275) *Rhinogobio typus* Bleeker，1871 吻鮈

Rhinogobio typus Bleeker，1871，29；Tchang，1930，89；Wu *et* Wang，1931，228；Shih *et* Tchang，1934，7；Fang，1943，402；罗云林等（见伍献文等），1982，507；朱元鼎、伍汉霖和金鑫波（见朱元鼎），1984，313；葛荫榕，1984，117；许涛清（见陈景星），1987，122；丁瑞华，1994，279；朱松泉，1995，81；乐佩琦（见陈宜瑜等），1998，332。

Rhinogobio dereimsi：Tchang，1930，90；张春霖，1959，65。

分布：长江中上游、闽江水系。

(276) *Rhinogobio ventralis* Sauvage *et* Dabry，1874 长鳍吻鮈

Rhinogobio ventralis Sauvage *et* Dabry，1874，11；Fang，1943，402；罗云林等（见伍献文等），1982，511；陈银瑞和李再云（见褚新洛和陈银瑞），1989，108；丁瑞华，1994，284；朱松泉，1995，81；乐佩琦（见陈宜瑜等），1998，337。

Megagobio roulei：Tchang，1930，48；Tchang，1933b，

89；张春霖，1959，67。

分布：长江中上游。

86. *Rostrogobio* Taranetz，1937 突吻鮈属

Rostrogobio Taranetz，1937，114。

(277) *Rostrogobio amurensis* Taranetz，1937 突吻鮈

Rostrogobio amurensis Taranetz，1937，114；罗云林等(见伍献文等)，1982，529；任慕莲，1981，91；乐佩琦(见陈宜瑜等)，1998，372。

Microphysogobio amurensis：朱松泉，1995，82；Kottelat，2006，40。

别名：突吻小鳔鮈。

保护等级：省级(黑龙江)。

分布：黑龙江水系。国外分布于俄罗斯和蒙古。

(278) *Rostrogobio liaohensis* Qin，1987 辽河突吻鮈

Rostrogobio liaohensis Qin(秦克静)，1987，171；乐佩琦(见陈宜瑜等)，1998，373。

分布：辽河中下游。

87. *Sarcocheilichthys* Bleeker，1860 鳈属

Sarcocheilichthys Bleeker，1860，435。

(279) *Sarcocheilichthys czerskii* (Berg，1914) 克氏鳈

Chilogobio czerskii Berg，1914，490。

Sarcocheilichthys nigripinnis czerskii：罗云林等(见伍献文等)，1982，476；任慕莲，1981，88。

Sarcocheilichthys czerskii：乐佩琦(见陈宜瑜等)，1998，279。

别名：切氏鳈。

分布：黑龙江、鸭绿江等水系。国外分布于朝鲜半岛和俄罗斯。

(280) *Sarcocheilichthys davidi* (Sauvage，1878) 川西鳈

Tylognathus davidi Sauvage，1878，86；Nichols，1943，109。

Chilogobio nigripinnis：Wu，1930c，72。

Sarcocheilichthys nigripinnis davidi：罗云林等(见伍献文等)，1982，477。

Sarcocheilichthys davidi：丁瑞华，1994，261；乐佩琦(见陈宜瑜等)，1998，281。

分布：长江上游支流。

(281) *Sarcocheilichthys kiangsiensis* Nichols，1930 江西鳈

Sarcocheilichthys kiangsiensis Nichols，1930a，6；Wang，1935，38；Nichols，1943，191；罗云林等(见伍献文等)，1982，473；朱元鼎、伍汉霖和金鑫波(见朱元鼎)，1984，305；乐佩琦(见郑慈英)，1989，130；丁瑞华，1994，258；朱松泉，1995，76；乐佩琦(见陈宜瑜等)，1998，275。

分布：长江至珠江间各水系。

(282) *Sarcocheilichthys lacustris* (Dybowski)，1872 东北鳈

Barbodon lacustris Dybowski，1872，216。

Sarcocheilichthys lacustris：Mori，1927d，104；罗云林等(见伍献文等)，1982，469；朱松泉，1995，76；乐佩琦(见陈宜瑜等)，1998，269。

保护等级：省级(黑龙江)。

分布：黑龙江水系。

(283) *Sarcocheilichthys nigripinnis* (Günther，1873) 黑鳍鳈

Gobio nigripinnis Günther，1873，246；Tchang，1928，16。

Chilogobio nigripinnis：Rendahl，1928，110；Wu，1930c，72；Chu，1931，38；Wu，1931b，9；Wang，1935，36；陈兼善，1969，175。

Sarcocheilichthys geei：Rendahl，1928，102；Wu，1939，11。

Sarcocheilichthys nigripinnis：Shaw，1930b，119；Tchang，1933b，83；Fu，1934，65；许涛清(见陈景星)，1987，110；朱松泉，1995，76；乐佩琦(见陈宜瑜等)，1998，277-279；张春光和赵亚辉，2013，146。

Sarcocheilichthys sciistius：Tchang *et* Shaw，1931a，285。

Sarcocheilichthys nigripinnis nigripinnis：Nichols，1943，190；罗云林等(见伍献文等)，1982，474；秦克静，1987，154。

Sarcocheilichthys nigripinnis hainanensis：俞泰济(见中国水产科学院珠江水产研究所)，1986，96。

保护等级：省(直辖市)级(北京、黑龙江)。

分布：黑龙江至珠江间及海南岛和台湾诸水系均有分布。国外分布于俄罗斯。

(284) *Sarcocheilichthys parvus* Nichols，1930 小鳈

Sarcocheilichthys (*Barbodon*) *parvus* Nichols，1930a，5。

Sarcocheilichthys parvus：Chu，1932，134；Wang，1935，38；Nichols，1943，193；罗云林等(见伍献文等)，1982，472；林再昆(见郑葆珊)，1981，120；朱元鼎、伍汉霖和金鑫波(见朱元鼎)，1984，304；乐佩琦(见郑慈英)，1989，129；丁瑞华，1994，

257；乐佩琦（见陈宜瑜等），1998，274。

分布：长江至珠江间各水系。

(285) *Sarcocheilichthys sinensis fukiensis* Nichols，1925 福建华鳈

Sarcocheilichthys sinensis fukiensis Nichols，1925g，3；罗云林等（见伍献文等），1982，471；朱元鼎、伍汉霖和金鑫波（见朱元鼎），1984，303；朱松泉，1995，76；乐佩琦（见陈宜瑜等），1998，273。

分布：闽江水系。

(286) *Sarcocheilichthys sinensis sinensis* Bleeker，1871 华鳈

Sarcochilichthys sinensis Bleeker，1871，31；Tchang，1930，89；Tchang，1930，84；Lin，1933，499；Wang，1935，37；Wu，1939，110；Chang，1944，36。

Exoglossops geei：Fowler *et* Bean，1920，311；Lin，1933，500。

Sarcochilichthys nigripinnis：Shaw，1930a，186。

Sarcocheilichthys sinensis lacustris：Tchang，1932b，111；Fu，1934，66；Herre *et* Lin，1936，11。

Sarcocheilichthys sinensis sinensis：Nichols，1943，192；罗云林等（见伍献文等），1982，470；乐佩琦（见陈宜瑜等），1998，271。

保护等级：省（直辖市）级（北京）。

分布：我国东部海河水系以南各水系有分布。

88. *Saurogobio* Bleeker，1870 蛇鮈属

Saurogobio Bleeker，1870d，253。

Gobiosoma Dybowski，1872：211。

Longurio Jordan *et* Starks，1905，196。

Armatogobio Taranetz，1937，113，115。

(287) *Saurogobio dabryi chenghaiensis* Dai *et* Yang，1989 程海蛇鮈

Saurogobio dabryi chenghaiensis Dai *et* Yang（代应贵和杨君兴），1989，306；陈小勇，2013，303。

分布：程海。

(288) *Saurogobio dabryi dabryi* Bleeker，1871 蛇鮈

Saurogobio dabryi Bleeker，1871，27；Tchang，1928，17；Tchang，1930，89；Wu，1930b，49；Wu，1931，436；Tchang，1932b，112；Wang，1933b，23；Lin，1934，12；Wang，1935，35；Wu，1939，113；罗云林等（见伍献文等），1982，539；朱元鼎、伍汉霖和金鑫波（见朱元鼎），1984，322；葛荫榕，1984，126；王鸿媛，1984，30；许涛清(见陈景星)，1987，134；秦克静，1987，175；陈银瑞和李再云（见褚新洛和陈银瑞），1989，116；武云飞和吴翠珍，1990，63b；丁瑞华，1994，301；朱松泉，1995，84；成庆泰和周才武，1997，178；乐佩琦（见陈宜瑜等），1998，381。

Saurogobio longirostris：Wu *et* Wang，1931，229；Wang，1935，36。

Saurogobio drakei：Tchang，1931，235；Miao，1934，151；Nichols，1943，186。

Saurogobio dabryi dabryi：Tchang，1933，78；Fu，1934，62；陈小勇，2013，303。

Saurogobio productus：Nichols，1943，186。

保护等级：省级（黑龙江）。

分布：除西部高原和西北少数地区外，全国其他地区均有分布记录。国外分布于俄罗斯、朝鲜半岛、蒙古、越南北部等。

(289) *Saurogobio dumerili* Bleeker，1871 长蛇鮈

Saurogobio dumerili Bleeker，1871，25；Evermann *et* Shaw，1927，106；Tchang，1930，89；Wu *et* Wang，1931，228；Fu *et* Tchang，1933，13；Miao，1934，152；Nichols，1943，187；罗云林等（见伍献文等），1982，537；丁瑞华，1994，300；朱松泉，1995，84；成庆泰和周才武，1997，179；乐佩琦（见陈宜瑜等），1998，378。

Saurogobio dorsalis：Chu，1932，133。

分布：辽河、黄河、长江、钱塘江等水系。

(290) *Saurogobio gracilicaudatus* Yao *et* Yang，1982 细尾蛇鮈

Saurogobio gracilicaudatus Yao *et* Yang（乐佩琦和杨干荣，见伍献文等），1982，542；乐佩琦（见陈宜瑜等），1998，385。

分布：长江中游干支流。

(291) *Saurogobio gymnocheilus* Lo，Yao *et* Chen，1982 光唇蛇鮈

Saurogobio gymnocheilus Lo，Yao *et* Chen（罗云林、乐佩奇和陈宜瑜，见伍献文等），1982，542；丁瑞华，1994，303；朱松泉，1995，85；成庆泰和周才武，1997，180；乐佩琦（见陈宜瑜等），1998，387。

Saurogobio drakei：褚新洛，1955，83。

分布：长江中上游。

(292) *Saurogobio immaculatus* Koller，1927 无斑蛇鮈

Saurogobio dabryi immaculatus Koller，1927，44。

Saurogobio immaculatus：罗云林等(见伍献文等)，1982，541；俞泰济(见中国水产科学院珠江水产研究所)，1986，104；陈银瑞和李再云(见褚新洛和陈银瑞)，1989，118；朱松泉，1995，84；乐佩琦(见陈宜瑜等)，1998，383。

Saurogobio dabryi vietnamensis：Mai，1978，202。

分布：海南岛。国外分布于越南。

(293) *Saurogobio xiangjiangensis* Tang，1980 湘江蛇鮈

Saurogobio xiangjiangensis Tang(唐家汉)，1980，437；朱元鼎、伍汉霖和金鑫波(见朱元鼎)，1984，323；朱松泉，1995，85；乐佩琦(见陈宜瑜等)，1998，386。

保护等级：省级(湖南)。

分布：长江中游支流湘江、沅江，闽江中上游等。

89. *Squalidus* Dybowski，1872 银鮈属

Squalidus Dybowski，1872，216。

Sinigobio Chu(朱元鼎)，1935，11。

(294) *Squalidus argentatus* (Sauvage *et* Dabry，1874) 银鮈

Gobio argentatus Sauvage *et* Dabry，1874，9；Wu，1931，435；Wu *et* Wang，1931，226；Lin，1933，504；Miao，1934，144。

Gnathopogon argentatus：Nichols，1928，34；罗云林等(见伍献文等)，1982，487；任慕莲，1981，79；林再昆(见郑葆珊)，1981，122；朱元鼎、伍汉霖和金鑫波(见朱元鼎)，1984，310；许涛清(见陈景星)，1987，113；秦克静，1987，159。

Gobio (Leucogobio) hsui：Wu *et* Wang，1931，227。

Gobio (Gnathopogon) argentatus：Wang，1935，28。

Squalidus argentatus：陈银瑞和李再云(见褚新洛和陈银瑞)，1989，106；乐佩琦(见郑慈英)，1989，133；丁瑞华，1994，268；朱松泉，1995，79；成庆泰和周才武，1997，165；乐佩琦(见陈宜瑜等)，1998，314。

保护等级：省级(黑龙江)，《台湾淡水鱼类红皮书》(易危)。

分布：分布极广，我国除西部、西北部地区外其他区域均有分布。国外分布于俄罗斯和越南。

(295) *Squalidus atromaculatus* (Nichols *et* Pope，1927) 暗斑银鮈

Gnathopogon atromaculatus Nichols *et* Pope，1927，351；Nichols，1943，170；罗云林等(见伍献文等)，1982，492。

Gnathopogon wolterstorffi：俞泰济(见中国水产科学院珠江水产研究所)，1986，98。

Squalidus atromaculatus：乐佩琦(见陈宜瑜等)，1998，318。

分布：珠江及海南岛水系。国外分布于越南。

(296) *Squalidus bănărescui* Chen *et* Chang，2007 巴氏银鮈

Squalidus bănărescui Chen *et* Chang，2007，69。

保护等级：《台湾淡水鱼类红皮书》(A. 极危)。

分布：台湾台中。

(297) *Squalidus chankaensis* Dybowski，1872 兴凯银鮈

Squalidus chankaensis Dybowski，1872，215；刘蝉馨等，1987，158；朱松泉，1995，79；乐佩琦(见陈宜瑜等)，1998，313。

Gnathopogon chankaensis：罗云林等(见伍献文等)，1982，486。

别名：乌苏里鮈。

保护等级：省级(黑龙江)。

分布：黑龙江水系。国外分布在俄罗斯和蒙古。

(298) *Squalidus iijimae* (Oshima，1919) 台银鮈

Gnathopogon iijimae Oshima，1919，219；陈兼善，1969，175；罗云林等(见伍献文等)，1982，490。

Squalidus iijimae：Bănărescu，1969，100；Bănărescu *et* Nalbant，1973，97；乐佩琦(见陈宜瑜等)，1998，322。

保护等级：《台湾淡水鱼类红皮书》(A. 极危)。

分布：台湾的淡水河水系。

(299) *Squalidus intermedius* (Nichols，1929) 中间银鮈

Gnathopogon intermedius Nichols，1929，3；Nichols，1943，169；罗云林等(见伍献文等)，1982，489；葛荫榕，1984，106。

Squalidus intermedius：成庆泰和周才武，1997，167；乐佩琦(见陈宜瑜等)，1998，321。

分布：黄河水系。

(300) *Squalidus minor* (Harada，1943) 小银鮈

Leucogobio minor Harada，1943，42。

Gnathopogon minor：俞泰济(见中国水产科学院珠江水产研究所)，1986，99。

Squalidus minor：朱松泉，1995，79；乐佩琦(见陈宜瑜等)，1998，324。

别名：海南银鮈。

保护等级：《中国濒危动物红皮书-鱼类》(濒危)。

分布：海南岛南渡河和万泉河。

(301) *Squalidus nitens*(Günther，1873)亮银鮈

Gobio nitens Günther，1873，246；Nichols，1943，172。

Gobio sihuensis：Chu(朱元鼎)，1932，22。

Sinigobio sihuensis：Chu，1935，11；丁瑞华，1994，270；朱松泉，1995，80；成庆泰和周才武，1997，167。

Gnathopogon sihuensis：Nichols，1943，170；罗云林等(见伍献文等)，1981，489。

Squalidus nitens：乐佩琦(见陈宜瑜等)，1998，319。

分布：长江中下游。

(302) *Squalidus wolterstorffi*(Regan，1908)点纹银鮈

Gobio wolterstorffi Regan，1908b，110；Wu，1930c，69；Lin，1933，505；Herre *et* Lin，1936，7；Wu，1939，107。

Gnathopogon wolterstorffi：Tchang，1930a，94；罗云林等(见伍献文等)，1982，491；林再昆(见郑葆珊)，1981，123；葛荫榕，1984，108；秦克静，1987，161；武云飞和吴翠珍，1992，278。

Gobio(*Gnathopogon*)*wolterstorffi*：Wang，1935，28。

Squalidus wolterstorffi：乐佩琦(见郑慈英)，1989，135；丁瑞华，1994，272；朱松泉，1995，80；成庆泰和周才武，1997，168；乐佩琦(见陈宜瑜等)，1998，316。

Gnathopogon wolterstorffi huapingensis：Wu *et* Wu(见武云飞和吴翠珍)，1990，63。

分布：黄河至珠江间各水系。

(8) Gobiobotinae 鳅鮀亚科

90. *Gobiobotia* Kreyenberg，1911 鳅鮀属

Gobiobotia Kreyenberg，1911，417。

Gobiobotia Kreyenberg，1911 鳅鮀亚属

Gobiobotia Kreyenberg，1911，417。

(303) *Gobiobotia*(*Gobiobotia*)*brevirostris* Chen *et* Tsao，1982 短吻鳅鮀

Gobiobotia brevirostris Chen *et* Tsao(陈宜瑜和曹文宣，见伍献文等)，1982，556；成庆泰和周才武，1997，190。

Gobiobotia(*Gobiobotia*)*brevirostris*：陈景星，1987，138；何舜平和陈宜瑜(见陈宜瑜等)，1998，410。

分布：汉水水系的唐白河和淅川。

(304) *Gobiobotia*(*Gobiobotia*)*cheni* Bănărescu *et* Nalbant，1966b 台湾鳅鮀

Gobiobotia cheni Bănărescu *et* Nalbant，1966b，13；陈宜瑜和曹文宣(见伍献文等)，1982，562；陈义雄和方力行，1999，73。

Gobiobotia(*Gobiobotia*)*cheni*：何舜平和陈宜瑜(见陈宜瑜等)，1998，399。

保护等级：《台湾淡水鱼类红皮书》(易危)。

分布：台湾大肚溪河浊水溪。

(305) *Gobiobotia*(*Gobiobotia*)*filifer*(Garman，1912)宜昌鳅鮀

Pseudogobio filifer Garman，1912，111。

Gobiobotia ichangensis：Fang，1930b，58；Fang *et* Wang，1931，297；Tchang，1933b，94；Nichols，1943，195；张春霖，1959，76；湖北省水生生物学研究所鱼类研究室，1976，82；陈宜瑜和曹文宣(见伍献文等)，1982，565；陈景星，1987，137；倪勇，1990，198；赵执桴(见伍律等)，1989，118；成庆泰和周才武，1997，191。

Gobiobotia kiatingensis：Fang，1930b，60；Fang *et* Wang，1931，298；Tchang，1933b，100；Nichols，1943，196；Chang，1944，27；张春霖，1959，76。

Gobiobotia(*Gobiobotia*)*filifer*：何舜平和陈宜瑜(见陈宜瑜等)，1998，407。

分布：长江水系。

(306) *Gobiobotia*(*Gobiobotia*)*homalopteroidea* Rendahl，1932 平鳍鳅鮀

Gobiobotia homalopteroidea Rendahl，1932，54；Nichols，1943，197；Bănărescu *et* Nalbant，1966b，5；陈宜瑜和曹文宣(见伍献文等)，1982，554。

Gobiobotia(*Gobiobotia*)*homalopteroidea*：陈景星，1987，140；何舜平和陈宜瑜(见陈宜瑜等)，1998，412。

保护等级：《中国濒危动物红皮书-鱼类》(濒危)，省

级(甘肃)。

分布：黄河中上游。

(307) *Gobiobotia* (*Gobiobotia*) *jiangxiensis* Zhang *et* Liu, 1995 江西鳅鮀

Gobiobotia (*Gobiobotia*) *jiangxiensis* Zhang *et* Liu(张鹗和刘焕章)，1995，249。

分布：江西信江水系。

(308) *Gobiobotia* (*Gobiobotia*) *kolleri* Bănărescu *et* Nalbant, 1966 海南鳅鮀

Gobiobotia kolleri Bănărescu *et* Nalbant，1966b，9；陈宜瑜和曹文宣，1982，563；彭昌迪，1981，147；金鑫波(见朱元鼎)，1984，327；陈敬平，1986，106；潘炯华，1987，14；潘炯华等，1991，234。

Gobiobotia intermedia intermedia：Bănărescu *et* Nalbant，1968，336；陈宜瑜和曹文宣(见伍献文等)，1982，562；金鑫波(见朱元鼎)，1984，327；陈义雄和方力行，1999，74。

Gobiobotia intermedia fukiensis：Bănărescu *et* Nalbant，1968，339。

Gobiobotia (*Gobiobotia*) *kolleri*：何舜平和陈宜瑜(见陈宜瑜等)，1998，405。

保护等级：《台湾淡水鱼类红皮书》(易危)。

分布：广东、广西、福建、海南、台湾等。国外分布于越南。

(309) *Gobiobotia* (*Gobiobotia*) *longibarba* Fang *et* Wang, 1931 长须鳅鮀

Gobiobotia longibarba Fang *et* Wang(方炳文和王以康)，1931，296；Tchang，1933b，96；Wang，1935，39；Nichols，1943，196；张春霖，1959，76；金鑫波(见朱元鼎)，1984，325。

Gobiobotia (*Gobiobotia*) *longibarba longibarba*：陈宜瑜和曹文宣(见伍献文等)，1982，558。

Gobiobotia longibarba meridionalis：陈景星，1987，136；陈银瑞和李再云(见褚新洛和陈银瑞)，1989，119；赵执桴(见伍律等)，1989，116。

Gobiobotia (*Gobiobotia*) *longibarba*：毛节荣和徐寿山，1991，142；何舜平和陈宜瑜(见陈宜瑜等)，1998，402。

分布：曹娥江、钱塘江和闽江。

(310) *Gobiobotia* (*Gobiobotia*) *meridionalis* Chen *et* Tsao, 1982 南方鳅鮀

Gobiobotia longibarba meridionalis Chen *et* Tsao(陈宜瑜和曹文宣，见伍献文等)，1982，599；陈宜瑜(见郑慈英)，1989，153；潘炯华等，1991，223。

Gobiobotia pappenheimi：Lin，1933，492。

Gobiobotia longibarba yuanjiangensis：Chen *et* Tsao(陈宜瑜和曹文宣，见伍献文等)，1982，561。

Gobiobotia longibarba：彭昌迪，1981，146。

Gobiobotia (*Gobiobotia*) *meridionalis*：何舜平和陈宜瑜(见陈宜瑜等)，1998，404。

分布：长江中游各支流、珠江、元江及澜沧江下游。

(311) *Gobiobotia* (*Gobiobotia*) *pappenheimi* Kreyenberg, 1911 潘氏鳅鮀

Gobiobotia pappenheimi Kreyenberg，1911，417；Berg，1914，518；Fang *et* Wang，1931，300；Shaw *et* Tchang，1931，66；Rendahl，1932，54；Tchang，1933b，100；Mori，1934，36；Berg，1949，672；张春霖，1959，77；Bănărescu *et* Nalbant，1966b，2；陈宜瑜和曹文宣(见伍献文等)，1982，554；任慕莲，1981，94；王鸿媛，1984，31；朱松泉，1995，101。

Gobiobotia (*Gobiobotia*) *pappenheimi*：何舜平和陈宜瑜(见陈宜瑜等)，1998，409。

保护等级：省(直辖市)级(北京、黑龙江)。

分布：黑龙江、辽河、大凌河、海河和黄河下游。

(312) *Gobiobotia* (*Gobiobotia*) *paucirastella* Zheng *et* Yan, 1986 少耙鳅鮀

Gobiobotia paucirastella Zheng *et* Yan(郑米良和严纪平)，1986，58；毛节荣和徐寿山，1991，140。

Gobiobotia (*Gobiobotia*) *paucirastella*：何舜平和陈宜瑜(见陈宜瑜等)，1998，401。

分布：钱塘江上游衢江和瓯江水系。

(313) *Gobiobotia* (*Gobiobotia*) *tungi* Fang, 1933 董氏鳅鮀

Gobiobotia tungi Fang，1933b，265；Nichols，1943，197；陈宜瑜和曹文宣(见伍献文等)，1982，557；毛节荣和徐寿山，1991，139。

Gobiobotia (*Gobiobotia*) *tungi*：何舜平和陈宜瑜(见陈宜瑜等)，1998，398。

分布：长江支流水阳江和钱塘江。

Progobiobotia Chen *et* Tsao, 1982 原鳅鮀亚属

Progobiobotia Chen *et* Tsao(陈宜瑜和曹文宣，见伍献文等)，1982，551。

(314) *Gobiobotia* (*Progobiobotia*) *abbreviate* Fang *et* Wang，1931 短身鳅蛇

Gobiobotia abbreviate Fang *et* Wang(方炳文和王以康)，1931，291；Nichols，1943，197；张春霖，1959，74；陈宜瑜和曹文宣(见伍献文等)，1982，551；丁瑞华，1994，306。

Gobiobotia (*Progobiobotia*) *abbreviate*：何舜平和陈宜瑜(见陈宜瑜等)，1998，394。

分布：长江上游的四川盆地。

(315) *Gobiobotia* (*Progobiobotia*) *guilinensis* Chen，1989 桂林鳅蛇

Gobiobotia guilinensis Chen(陈宜瑜，见郑慈英)，1989，152。

Gobiobotia (*Progobiobotia*) *guilinensis*：何舜平和陈宜瑜(见陈宜瑜等)，1998，395。

分布：西江和北江上游，贵州榕江、都柳江等。

91. *Xenophysogobio* Chen *et* Tsao，1982 异鳔鳅蛇属

Xenophysogobio Chen *et* Tsao(陈宜瑜和曹文宣，见伍献文等)，1982，567。

(316) *Xenophysogobio boulengeri* (Tchang，1929) 异鳔鳅蛇

Gobiobotia boulengeri Tchang(张春霖)，1929b，307；Tchang，1930a，158；Fang *et* Wang，1931，289；Tchang，1933b，94；陈宜瑜和曹文宣(见伍献文等)，1986，567；陈银瑞和李再云(见褚新洛和陈银瑞)，1989，122；丁瑞华，1994，311；朱松泉，1995，101；何舜平和陈宜瑜(见陈宜瑜等)，1998，144。

Gobiobotia (*Xenophyeogobio*) *boulengeri*：杨干荣，1987，129。

Xenophysogobio boulengeri：陈宜瑜等，1998，390。

分布：长江中上游，包括金沙江下游。

(317) *Xenophysogobio nudicorpa* (Huang *et* Zhang，1986) 裸体异鳔鳅蛇

Gobiobotia nudicorpa Huang *et* Zhang(黄宏金和张卫)，1986，99；丁瑞华，1994，312。

Neogobiotia nudicorpa：武云飞和吴翠珍，1988a，15。

Xenophysogobio nudicorpa：何舜平和陈宜瑜(见陈宜瑜等)，1998，392。

别名：裸体鳅蛇。

分布：长江上游的岷江、金沙江下游等水系。

(9) Cyprininae 鲤亚科

92. *Carassioides* Oshima，1926 须鲫属

Carassioides Oshima，1926a，6。

(318) *Carassioides cantonensis* (Heincke，1892) 须鲫

Carpio cantonensis Heincke，1892，70。

Carassioides rhombeus：Oshima，1926a，7。

Carassioides cantonensis：Chu，1935，9；陈湘粦和黄宏金(见伍献文等)，1982，429；王幼槐，1979，430；彭昌迪，1981，143；黄宏金(见郑慈英)，1989，238；匡庸德，1986，141；罗云林和乐佩琦(见乐佩琦等)，2000，425；朱瑜(见周解和张春光)，2006，354。

分布：珠江及海南岛。国外分布于越南。

93. *Carassius* Jarocki，1822 鲫属

Carassius Jarocki，1822，54。

(319) *Carassius auratus auratus* (Linnaeus，1758) 鲫

Cyprinus auratus Linnaeus，1758，322。

Cyprinus gibelipides：Cantor，1842，485。

Cyprinus pekinensis：Basilewsky，1855，229。

Carassius auratus：Günuther，1868，32；Shaw *et* Evermann，1927，104；Wu，1929，45；Shaw，1930a，172；Wu，1930b，50；Chu(朱元鼎)，1932，34；Lin，1932b，64；Wu，1939，97；张春霖，1959，90；李思忠等，1966，43；张世义，1979，18；王幼槐，1979，431；彭昌迪，1981，144；单元勋，1984，87；匡庸德，1986，143；许涛清(见陈景星)，1987，165；黄宏金(见郑慈英)，1989，239；吕克强(见伍律等)，1989，200；徐寿山，1991，110；郭田漪(见高玺章)，1992，70；武云飞和吴翠珍，1992，517；沈世杰，1993，137；丁瑞华，1994，419。

Carassius carassius：Tchang，1932，211；Miao，1934，198；陈兼善，1969，172。

Carassius auratus var. *wui*：Tchang，1930a，65；Tchang，1933b，26；张春霖，1959，92。

Carassius auratus auratus：陈湘粦和黄宏金(见伍献文等)，1982，431；周伟(见褚新洛和陈银瑞)，1989，350；罗云林和乐佩琦(见乐佩琦等)，2000，429。

分布：除青藏高原外全国各主要水系。国外分布于中亚和日本。

(320) *Carassius auratus gibelio* (Bloch，1782) 银鲫

Cyprinus gibelio Bloch，1782，71。

Carassius auratus vulgaris：Tchang，1933b，28；张春霖，1959，91。

Carassius auratus gibelio：李思忠等，1966，43；陈湘粦和黄宏金(见伍献文等)，1982，343；张世义，1979，19；罗云林和乐佩琦(见乐佩琦等)，2000，432。

Carassius gibelio：王幼槐，1979，431。

保护等级：省级(黑龙江)。

分布：黑龙江和额尔齐斯河水系。国外分布于欧洲。

(321) *Carassius carassius* (Linnaeus，1758) 黑鲫

Cyprinus carassius Linnaeus，1758，321。

Carassius carassius：李思忠等，1966，43；陈湘粦和黄宏金(见伍献文等)，1982，431；张世义，1979，18；罗云林和乐佩琦(见乐佩琦等)，2000，428。

分布：新疆额尔齐斯河水系。国外分布于欧洲。

94. *Cyprinus* Linnaeus，1758 鲤属

Cyprinus Linnaeus，1758，320。

(322) *Cyprinus acutidorsalis* Wang，1979 尖鳍鲤

Cyprinus acutidorsalis Wang(王幼槐)，1979，424；彭昌迪，1981，141；匡庸德，1986，138。

Cyprinus (*Cyprinus*) *acutidorsalis*：陈湘粦和黄宏金(见伍献文等)，1982，410；罗云林和乐佩琦(见乐佩琦等)，2000，409；朱瑜(见周解和张春光)，2006，351。

分布：广西钦江水系，海南岛。

(323) *Cyprinus barbatus* Chen *et* Hwang，1982 洱海鲤

Cyprinus (*Cyprinus*) *pellegrini barbatus* Chen *et* Huang(陈湘粦和黄宏金，见伍献文等)，1982，423。

Cyprinus barbatus：王幼槐，1979，429。

Cyprinus (*Cyprinus*) *barbatus*：周伟(见褚新洛和陈银瑞)，1989，335；陈银瑞，1998，256；罗云林和乐佩琦(见乐佩琦等)，2000，419。

分布：云南洱海。

(324) *Cyprinus carpio* Linnaeus，1758 鲤

Cyprinus carpio Linnaeus，1758，320；Tchang，1928，5；Wu，1929，42；Shaw，1930b，112；Tchang，1930a，63；Wu，1931b，26；Tchang *et* Shaw，1931a，283；Lin，1933，347；Tchang，1933b，14；Fu，1934，54；Fang，1936，694；Wu，1939，94；李思忠等，1966，43；陈兼善，1969，172；张世义，1979，16；彭昌迪，1981，142；连珍水，1984，356；许涛清(见陈景星)，1987，164；黄宏金(见郑慈英)，1989，231；徐寿山，1992，69；丁瑞华，1994，414。

Cyprinus carpio var. *hungaricus*：Tchang，1930a，62。

Cyprinus carpio yuankiang：Wu *et al.*(伍献文等)，1963，43。

Cyprinus (*Cyprinus*) *carpio carpio*：陈湘粦和黄宏金(见伍献文等)，1982，411。

Cyprinus (*Cyprinus*) *carpio haematopterus*：陈湘粦和黄宏金(见伍献文等)，1979，412；吕克强(见伍律等)，1989，197。

Cyprinus (*Cyprinus*) *carpio rubrofuscus*：陈湘粦和黄宏金(见伍献文等)，1979，413；周伟(见褚新洛和陈银瑞)，1989，337；吕克强(见伍律等)，1989，198。

Cyprinus (*Cyprinus*) *mahuensis*：Liu *et* Ding(刘成汉和丁瑞华)，1982，71。

Cyprinus (*Cyprinus*) *carpio*：连珍水，1984，357；罗云林和乐佩琦(见乐佩琦等)，2000，142。

保护等级：省级(黑龙江)。

分布：除我国西部青藏高原、西北地区大部分内流区外，全国其他各主要水系。国外分布于亚洲和欧洲的一些国家。

(325) *Cyprinus chilia* Wu，1963 杞麓鲤

Cyprinus carpio chilia Wu (伍献文等)，1963，43。

Cyprinus (*Cyprinus*) *carpio chilia*：陈湘粦和黄宏金(见伍献文等)，1982，416；周伟(见褚新洛和陈银瑞)，1989，338；黄宏金(见郑慈英)，1989，233；杨君兴和陈银瑞，1995，97。

Cyprinus (*Cyprinus*) *crassilabris*：Chen *et* Huang (陈湘粦和黄宏金，见伍献文等)，1982，419。

Cyprinus chilia：王幼槐，1979，428。

Cyprinus (*Cyprinus*) *chilia*：罗云林和乐佩琦(见乐佩琦等)，2000，413。

分布：云南杞麓湖、抚仙湖、星云湖、异龙湖、滇池、洱海和茈碧湖等。

(326) *Cyprinus daliensis* Chen *et* Hwang，1982 大理鲤

Cyprinus (*Cyprinus*) *yunnanensis daliensis* Chen *et*

Hwang（陈湘粦和黄宏金，见伍献文等），1982，426。

Cyprinus daliensis：王幼槐，1979，430。

Cyprinus（*Cyprinus*）*daliensis*：周伟（见褚新洛和陈银瑞），1989，347；罗云林和乐佩琦（见乐佩琦等），2000，423。

分布：云南洱海。

（327）*Cyprinus fuxianensis* Yang *et al.*，1982 抚仙鲤

Cyprinus（*Mesocyprinus*）*micristius fuxianensis* Yang *et al.*（杨干荣等，见伍献文等），1982，404；周伟（见褚新洛和陈银瑞），1989，332。

Cyprinus fuxianensis：王幼槐，1979，427。

Cyprinus（*Mesocyprinus*）*fuxianensis*：罗云林和乐佩琦（见乐佩琦等），2000，402。

分布：云南抚仙湖和星云湖。

（328）*Cyprinus ilishanestomus* Chen *et* Hwang，1982 翘嘴鲤

Cyprinus（*Cyprinus*）*ilishanestomus* Chen *et* Hwang（陈湘粦和黄宏金，见伍献文等），1982，427；周伟（见褚新洛和陈银瑞），1989，348；罗云林和乐佩琦（见乐佩琦等），2000，424。

Cyprinus ilishanestomus：王幼槐，1979，430。

保护等级：《中国濒危动物红皮书-鱼类》（濒危）。

分布：云南杞麓湖。

（329）*Cyprinus longipectoralis* Chen *et* Hwang，1982 春鲤

Cyprinus（*Cyprinus*）*longipectoralis* Chen *et* Huang（陈湘粦和黄宏金，见伍献文等），1982，421；周伟（见褚新洛和陈银瑞），1989，342；罗云林和乐佩琦（见乐佩琦等），2000，416。

Cyprinus longipectoralis：王幼槐，1979，429。

保护等级：《中国濒危动物红皮书-鱼类》（易危）。

分布：云南洱海。

（330）*Cyprinus longzhouensis* Yang *et* Hwang，1982 龙州鲤

Cyprinus（*Mesocyprinus*）*longzhouensis* Yang *et* Huang（杨干荣和黄宏金，见伍献文等），1982，407；罗云林和乐佩琦（见乐佩琦等），2000，406；朱瑜（见周解和张春光），2006，350。

Cyprinus longzhouensis：王幼槐，1979，427；彭昌迪，1981，140。

分布：西江上游。

（331）*Cyprinus megalophthalmus* Wu *et al.*，1963 大眼鲤

Cyprinus carpio megalophthalmus Wu *et al.*（伍献文等），1963，43。

Cyprinus（*Cyprinus*）*megalophthalmus*：陈湘粦和黄宏金（见伍献文等），1982，420；周伟（见褚新洛和陈银瑞），1989，341；陈宜瑜，1998，254；罗云林和乐佩琦（见乐佩琦等），2000，415。

Cyprinus megalophthalmus：王幼槐，1979，428。

保护等级：《中国濒危动物红皮书-鱼类》（濒危）。

分布：云南洱海。

（332）*Cyprinus micristius* Regan，1906 小鲤

Cyprinus micristius Regan，1906，332；王幼槐，1979，427。

Mesocyprinus micristius：Fang，1936a，701。

Cyprinus（*Mesocyprinus*）*micristius*：陈湘粦和黄宏金（见伍献文等），1982，403；周伟（见褚新洛和陈银瑞），1989，330；罗云林和乐佩琦（见乐佩琦等），2000，401。

保护等级：《中国濒危动物红皮书-鱼类》（濒危）。

分布：云南滇池。

（333）*Cyprinus multitaeniata* Pellegrin *et* Chevey，1936 三角鲤

Cyprinus carpio var. *multitaeniata* Pellegrin *et* Chevey，1936，220。

Cyprinus carpio var. *triangularis*：Wu，1939，95。

Cyprinus（*Mesocyprinus*）*multitaeniata*：陈湘粦和黄宏金（见伍献文等），1982，406；黄宏金（见郑慈英），1989，229；罗云林和乐佩琦（见乐佩琦等），2000，405；朱瑜（见周解和张春光），2006，349。

Cyprinus multitaeniata：王幼槐，1979，427；彭昌迪，1981，139。

分布：西江水系。国外分布于越南。

（334）*Cyprinus pellegrini* Tchang，1933 大头鲤

Cyprinus pellegrini Tchang（张春霖），1933b，20；Fang，1936a，697；伍献文等，1963，39；王幼槐，1979，429。

Cyprinus（*Cyprinus*）*pellegrini pellegrini*：陈湘粦和黄宏金（见伍献文等），1982，422。

Cyprinus（*Cyprinus*）*pellegrini*：周伟（见褚新洛和陈银瑞），1989，344；罗云林和乐佩琦（见乐佩琦等），2000，417。

保护等级：国家 II 级。

分布：云南杞麓湖和星云湖。

（335）*Cyprinus qionghaiensis* Liu，1981 邛海鲤

Cyprinus（*Cyprinus*）*pellegrini qionghaiensis* Liu（刘成汉），1981，145；陈银瑞，1998，257。

Cyprinus（*Cyprinus*）*qionghaiensis*：丁瑞华，1994，416；

罗云林和乐佩琦(见乐佩琦等)，2000，420。

分布：四川邛海。

(336) *Cyprinus yilongensis* Yang *et al.*，1982 异龙鲤

Cyprinus (*Mesocyprinus*) *yilongensis* Yang *et al.*(杨干荣等，见伍献文等)，1982，405；周伟(见褚新洛和陈银瑞)，1989，333；罗云林和乐佩琦(见乐佩琦等)，2000，403。

Cyprinus yilongensis：王幼槐，1979，428。

保护等级：《中国濒危动物红皮书-鱼类》(野外灭绝)。

分布：云南异龙湖。

(337) *Cyprinus yunnanensis* Tchang，1933 云南鲤

Cyprinus yunnanensis Tchang(张春霖)，1933b，21；Fang，1936a，698；伍献文等，1963，40；王幼槐，1979，429。

Cyprinus (*Cyprinus*) *yunnanensis yunnanensis*：陈湘粦和黄宏金(见伍献文等)，1982，424；伍献文等，1979，111。

Cyprinus (*Cyprinus*) *yunnanensis*：周伟(见褚新洛和陈银瑞)，1989，345；罗云林和乐佩琦(见乐佩琦等)，2000，421。

保护等级：《中国濒危动物红皮书-鱼类》(濒危)。

分布：云南杞麓湖。

95. *Procypris* Lin，1933 原鲤属

Procypris Lin(林书颜)，1933，193。

Paraprocypris Fang(方炳文)，1936a，707。

(338) *Procypris merus* Lin，1933 乌原鲤

Procypris merus Lin，1933，194；Lin，1933，348；陈湘粦和黄宏金(见伍献文等)，1982，399；王幼槐，1979，423；彭昌迪，1981，138；黄宏金(见郑慈英)，1989，225；吕克强(见伍律等)，1989，194；周伟(见褚新洛和陈银瑞)，1989，326；罗云林和乐佩琦(见乐佩琦等)，2000，396。

Procypris niger：Herre *et* Lin，1934，311；Wu，1939，96。

保护等级：《中国濒危动物红皮书-鱼类》(易危)。

分布：西江水系。国外分布于越南。

(339) *Procypris rabaudi* (Tchang，1930) 岩原鲤

Cyprinus rabaudi：Tchang，1930，47；Tchang，1931，226；Tchang，1933b，18；Limura，1934，143。

Procypris rabaudi：Chu，1935，157；Fang，1936a，704；陈湘粦和黄宏金(见伍献文等)，1982，499；王幼槐，1979，423；周伟(见褚新洛和陈银瑞)，1989，328；吕克强(见伍律等)，1989，195；丁瑞华，1994，411；陈银瑞，1998，247；罗云林和乐佩琦(见乐佩琦等)，2000，397。

Paraprocypris papillosolabiatus：Fang，1936a，708。

保护等级：《中国濒危动物红皮书-鱼类》(易危)，省(直辖市)级(湖南、重庆)。

分布：长江中上游及其支流。

(10) Barbinae 鲃亚科

96. *Acrossocheilus* Oshima，1919 光唇鱼属

Lissochilus Weber *et* de Beaufort，1916，176。

Acrossocheilus Oshima，1919，206。

Lissochilichthys Oshima，1920a，124。

Crassilabiatus Chu *et* Wang，1963，2。

(340) *Acrossocheilus beijiangensis* Wu *et* Lin(伍献文和林人端，见伍献文等)，1982 北江光唇鱼

Acrossocheilus wenchowensis beijiangensis Wu *et* Lin(伍献文和林人端，见伍献文等)，1982，280。

Acrossocheilus beijiangensis：方世勋(见郑葆珊)，1981，280；李德俊(见伍律等)，1989，143；陈湘粦等，1991，148；单乡红等(见乐佩琦等)，2000，106。

分布：广东西江和北江水系。

(341) *Acrossocheilus clivosius* (Lin，1935) 多耙光唇鱼

Lissochilus clivosius Lin，1935b，307。

Acrossocheilus (*Acrossocheilus*) *clivosius*：伍献文等，1982，291。

Acrossocheilus clivosius：方世勋(见郑葆珊)，1981，80；褚新洛和崔桂华(见褚新洛和陈银瑞)，1989，206；陈湘粦等，1991，154；单乡红等(见乐佩琦等)，2000，120。

分布：珠江流域的南盘江水系、西江水系和北江水系。国外分布于越南。

(342) *Acrossocheilus fasciatus* (Steindachner，1892) 光唇鱼

Crossochilus fasciatus Steindachner，1892，372。

Acrossochilus rabaudi：Tchang，1930a，76。

Lissochilus fasciatus：Lin，1933，212。

Acrossocheilus styani：Chu，1931，189；Wang，1935，57；张春霖，1959，41。

Acrossocheilus fasciatus：Chu，1931，188；Wang，1935，57；单乡红等(见乐佩琦等)，2000，117。

Lissochilus styani：Lin，1933，212。

Acrossocheilus (*Acrossocheilus*) *fasciatus*：伍献文等，1982，296；黄少涛(见伍元鼎)，1984，342；毛节荣和徐寿山，1991，106。

分布：浙江、江苏、安徽、福建等。

(343) *Acrossocheilus hemispinus cinctus* (Lin，1931) 带半刺光唇鱼

Barbus hemispinus Lin(林书颜)，1931，124。

Lissochilus hemispinus：Lin，1933，213；Wu，1939，101。

Acrossocheilus (*Lissochilichthys*) *hemispinus cinctus*：伍献文等，1982，278。

Acrossocheilus hemispinus：方世勋(见郑葆珊)，1981，75；林人端(见郑慈英)，1989，180；陈湘粦等，1991，146。

Acrossocheilus hemispinus cinctus：单乡红等(见乐佩琦等)，2000，101。

Acrossocheilus kreyenbergii：Yuan *et* Zhang，2010，36。

分布：珠江流域的西江支流。

(344) *Acrossocheilus hemispinus hemispinus* (Nichols，1931) 半刺光唇鱼

Barbus (*Lissochilichthys*) *hemispinus* Nichols，1925，2。

Barbus hemispinus：Wu，1931b，18。

Lissochilus hemispinus：Lin，1933，213。

Acrossocheilus (*Lissochilichthys*) *hemispinus hemispinus*：伍献文等，1982，277；毛节荣和徐寿山，1991，101。

Acrossocheilus (*Lissochilichthys*) *hemispinus*：黄少涛(见伍元鼎)，1984，337。

Acrossocheilus hemispinus hemispinus：张春霖，1959，56；单乡红等(见乐佩琦等)，2000，100。

分布：闽江水系。

(345) *Acrossocheilus ikedai* (Harada，1943) 大鳞光唇鱼

Lissochilus ikedai Harada，1943，23。

Acrossocheilus (*Acrossocheilus*) *ikedai*：伍献文等，1982，292；金鑫波(见中国水产科学院珠江水产研究所)，1986，119。

Acrossocheilus ikedai：陈湘粦等，1991，155；单乡红等(见乐佩琦等)，2000，107。

分布：海南省昌化江水系。

(346) *Acrossocheilus iridescens iridescens* (Nichols *et* Pope，1927) 虹彩光唇鱼

Cyclocheilichthys iridescens Nichols *et* Pope，1927，347。

Acrossocheilus (*Acrossocheilus*) *iridescens iridescens*：伍献文等，1982，289；金鑫波(见中国水产科学院珠江水产研究所)，1986，118。

Acrossocheilus (*Acrossocheilus*) *iridescens*：李德俊(见伍律等)，1989，138。

Acrossocheilus iridescens iridescens：方世勋(见郑葆珊)，1981，78；陈湘粦等，1991，152；单乡红等(见乐佩琦等)，2000，123。

分布：海南岛各水系。

(347) *Acrossocheilus iridescens longipinnis* (Wu，1939) 长鳍虹彩光唇鱼

Lissochilus longipinnis Wu(伍献文)，1939，101。

Masticbarbus pentafasciatus：Tang，1942，158。

Acrossocheilus (*Acrossocheilus*) *longipinnis*：伍献文等，1982，286。

Acrossocheilus (*Acrossocheilus*) *iridescens zhujiangensis*：Wu *et* Lin(伍献文和林人端，见伍献文等)，1982，291。

Acrossocheilus iridescens：方世勋(见郑葆珊)，1981，78；李德俊(见伍律等)，1989，139。

Acrossocheilus longipinnis：林人端(见郑慈英)，1989，184。

Acrossocheilus iridescens longipinnis：陈湘粦等，1991，153；单乡红等(见乐佩琦等)，2000，121。

分布：珠江水系。

(348) *Acrossocheilus iridescens yuanjiangensis* Wu *et* Lin，1982 元江虹彩光唇鱼

Acrossocheilus (*Acrossocheilus*) *iridescens yuanjiangensis* Wu *et* Lin(伍献文和林人端，见伍献文等)，1982，290。

Cyclocheilichthys iridescens：Chevery *et* Lemasson，1937，53。

Acrossocheilus iridescens yuanjiangensis：褚新洛和崔桂华(见褚新洛和陈银瑞)，1989，208；单乡红等(见乐佩琦等)，2000，124。

分布：云南元江水系。

(349) *Acrossocheilus jishouensis* Zhao，Chen *et* Li，1997 吉首光唇鱼

Acrossocheilus jishouensis Zhao，Chen *et* Li(赵俊、陈湘粦和李文卫)，1997，243。

保护等级：省级(湖南)。

分布：湖南吉首峒河。

(350)*Acrossocheilus kreyenbergii*(Regan，1908)薄颌光唇鱼

Gymnostomus kreyenbergii Regan，1908b，109。

*经查原始文献，原《中国鲤科鱼类志》等记载的“河北定县附近南谷庄”，实应为江西萍乡附近南坑河。

Acrossocheilus kreyenbergii：Wang，1935，56；单乡红等(见乐佩琦等)，2000，118。

Acrossocheilus(*Acrossocheilus*) *kreyenbergii*：伍献文等，1982，296；黄少涛(见伍元鼎)，1984，340；毛节荣和徐寿山，1991，104。

分布：江西长江水系的赣江，浙江灵江、钱塘江、甬江，福建各水系等。

(351)*Acrossocheilus labiatus*(Regan，1908)厚唇光唇鱼

Gymnostomus labiatus Regan，1908a，358。

Lissochilichthys paradoxus：陈兼善，1969，173。

Acrossocheilus(*Lissochilichthys*) *labiatus*：伍献文等，1982，275；黄少涛(见伍元鼎)，1984，334；李德俊(见伍律等)，1989，141；金鑫波(见中国水产科学院珠江水产研究所)，1986，116。

Acrossocheilus(*Lissochilichthys*) *wuyiensis*：吴秀鸿和李树青，1981，126。

Acrossocheilus labiatus：陈湘粦等，1991，144；丁瑞华，1994，322；单乡红等(见乐佩琦等)，2000，97。

分布：长江、钱塘江、福建汀江及海南岛。

(352)*Acrossocheilus malacopterus* Zhang，2005 软鳍光唇鱼

Acrossocheilus malacopterus Zhang，2005，253。

分布：广东梁县、阳山，属珠江流域北江水系；广西融安溶江，属珠江流域西江水系；云南河口，属元江水系。

(353)*Acrossocheilus monticola*(Günther，1888)宽口光唇鱼

Crossochilus monticola Günther，1888，431；Nichols，1928，14。

Acrossocheilus(*Acrossocheilus*) *elongatus*：伍献文等，1982，282；李德俊(见伍律等)，1989，135。

Acrossocheilus monticola：许涛清(见陈景星)，1987，145；杨干荣，1987，87；高玺章等，1992，48；丁瑞华，1994，324；单乡红等(见乐佩琦等)，2000，115。

分布：长江中上游。

(354)*Acrossocheilus paradoxus*(Regan，1908)台湾光唇鱼

Gymnostomus formosanus Regan，1908c，149。

Acrossocheilus formosanus：陈兼善，1969，173；赵俊，1988，40；单乡红等(见乐佩琦等)，2000，113。

Acrossocheilus(*Acrossocheilus*) *formosanus*：伍献文等，1982，284。

Acrossocheilus paradoxus：陈义雄和方力行，1999，60；Yuan *et al.*，2006，170。

别名：台湾石鲼。

分布：台湾。

(355)*Acrossocheilus parallens*(Nichols，1931)侧条光唇鱼

Barbus(*Lissochilichthys*) *parallens* Nichols，1931b，455。

Acrossocheilus(*Lissochilichthys*) *parallens*：伍献文等，1982，276；黄少涛(见伍元鼎)，1984，336；杨干荣，1987，86；李德俊(见伍律等)，1989，141；毛节荣和徐寿山，1991，101。

Acrossocheilus parallens：陈湘粦等，1991，145；朱瑜(见周解和张春光)，2006，286；单乡红等(见乐佩琦等)，2000，98。

分布：珠江水系。

(356)*Acrossocheilus spinifer* Yuan，Wu *et* Zhang，2006 棘光唇鱼

Acrossocheilus spinifer Yuan，Wu *et* Zhang(袁乐洋、吴志强和张鹗)，2006，163。

Acrossocheilus wenchowensis：黄少涛(见伍元鼎)，1984，339。

分布：福建各水系，广东韩江。

(357)*Acrossocheilus stenotaeniatus* Chu *et* Cui，1989 窄条光唇鱼

Acrossocheilus stenotaeniatus Chu *et* Cui(褚新洛和崔桂华，见褚新洛和陈银瑞)，1989，205；单乡红等(见乐佩琦等)，2000，105。

分布：珠江水系和海南岛。

(358)*Acrossocheilus wenchowensis* Wang，1935 温州光唇鱼

Acrossocheilus wenchowensis Wang(王以康)，1935，55；陈湘粦等，1991，147；单乡红等(见乐佩琦等)，2000，103。

Acrossocheilus(*Lissochilichthys*) *wenchowensis wenchowensis*：伍献文等，1982，279；毛节荣和

徐寿山，1991，102。

Acrossocheilus (*Lissochilichthys*) *wenchowensis*：黄少涛（见伍元鼎），1984，339。

分布：浙江瓯江水系，广东韩江水系，福建闽江、九龙江等水系。

(359) *Acrossocheilus yunnanensis* (Regan，1904) 云南光唇鱼

Barbus yunnanensis Regan，1904b，191；Nichols，1943，70。

Lissochilus yunnanensis：Chang，1944，44。

Acrossocheilus yunnanensis：张春霖，1959，55；乐佩琦等，1964，16；方世勋（见郑葆珊），1981，79；林人端（见郑慈英），1989，183；褚新洛和崔桂华（见褚新洛和陈银瑞），1989，209；丁瑞华，1994，325；单乡红等（见乐佩琦等），2000，112。

Acrossocheilus (*Acrossocheilus*) *yunnanensis*：伍献文等，1982，287；李德俊（见伍律等），1989，139。

分布：长江上游及其支流，珠江水系。

97. *Barbodes* Bleeker，1859 四须鲃属

Barbodes Bleeker，1859c，431。

(360) *Barbodes polylepis* Chen *et* Li，1988 多鳞四须鲃

Barbodes polylepis Chen *et* Li（陈景星和李德俊），1988，1。

分布：贵州毕节，属长江水系。

98. *Barbonymus* Kottelat，1999 高体鲃属

Barbonymus Kottelat，1999，595。

(361) *Barbonymus gonionotus* (Bleeker，1849) 爪哇高体鲃

Barbus gonionotus Bleeker，1849，15。

Barbodes gonionotus：陈自明等，1003，148。

Barbonymus gonionotus：Kottelat，1999，595；伍汉霖等，2012，38；Kottelat，2013，81；陈小勇，2013，309。

别名：爪哇无名鲃、爪哇四须鲃。

分布：澜沧江下游。国外分布于湄公河、湄南河、马来半岛、苏门答腊岛、爪哇。

99. *Cosmochilus* Sauvage，1878 方口鲃属

Cosmochilus Sauvage，1878，240。

(362) *Cosmochilus cardinalis* Chu *et* Roberts，1985 红鳍方口鲃

Cosmochilus cardinalis Chu（褚新洛）*et* Roberts，1985，1；褚新洛和崔桂华（见褚新洛和陈银瑞），1989，162；单乡红等（见乐佩琦等），2000，90。

保护等级：《中国濒危动物红皮书-鱼类》（极危）。

分布：澜沧江下游干流。

(363) *Cosmochilus nanlaensis* Chen，He *et* He，1992 南腊方口鲃

Cosmochilus nanlaensis Chen，He *et* He（陈毅峰、何才长和何舜平），1992，100；单乡红等（见乐佩琦等），2000，89。

分布：澜沧江下游支流。

100. *Cyclocheilichthys* Bleeker，1859 圆唇鱼属

Cyclocheilichthys Bleeker，1859a，371。

(364) *Cyclocheilichthys repasson* (Bleeker)，1853 短须圆唇鱼

Barbus repasson Bleeker，1853（苏门答腊 Pangabuang）。

Cyclocheilichthys (*Cyclocheilichthys*) *repasson*：Bleeker，1859。

Cyclocheilichthys repasson：周伟，1987，13（勐腊）。

分布：澜沧江下游。国外分布于湄公河、湄南河、马来半岛、苏门答腊、爪哇、婆罗洲。

(365) *Cyclocheilichthys sinensis* Bleeker，1879 圆唇鱼

Cyclocheilichthys (*Cyclocheilichthys*) *sinensis* Bleeker，1879，10。

Barbus poehli：Rendahl，1928，129。

Cyclocheilichthys sinensis：单乡红等（见乐佩琦等），2000，151。

分布：原始文献未说明确切产地。

101. *Discherodontus* Rainboth，1989 盘齿鲃属

Discherodontus Rainboth，1989，4。

(366) *Discherodontus parvus* (Wu *et* Lin，1982) 小盘齿鲃

Barbodes (*Barbodes*) *parva* Wu *et* Lin（伍献文和林人端，见伍献文等），1982，243。

Barbodes parva：褚新洛和崔桂华（见褚新洛和陈银瑞），1989，191；单乡红等（见乐佩琦等），2000，26。

Discherodontus parvus：Kottelat，2001，109；Chen *et* Yang，2003，377；陈小勇，2013，308。

别名：小四须鲃。

分布：云南景洪。国外分布于老挝、柬埔寨湄公河。

102. *Folifer* Wu，1977 瓣结鱼属

Folifer Wu，1977，327

Tor Gary，1834，96。

(367) *Foliter brevifilis brevifilis* (Peters，1881) 瓣结鱼

Barbus (*Labeobarbus*) *brevifilis* Peters，1881b，1033；Wu，1930b，48。

Barbus szechwanensis：Tchang，1931，230；张春霖，1962，97。

Labeobarbus brevifilis：Lin，1933，89；Wu，1939，100；张春霖和刘成汉，1957，228。

Tor brevifilis：刘成汉，1964，104；方世勋（见郑葆珊），1981， 92；黄少涛（见伍元鼎），1984，348。

Tor (*Foliter*) *brevifilis brevifilis*：伍献文等，1982，327；林人端（见郑慈英），1989，195；吕克强（见伍律等），1989，161；褚新洛和崔桂华（见褚新洛和陈银瑞），1989，145；陈湘粦等，1991，166；单乡红等（见乐佩琦等），2000，155。

Foliter brevifilis：伍汉霖等，2012，45；Kottelat，2013，102。

分布：闽江、长江、珠江、元江和澜沧江等水系。国外分布于老挝、缅甸、泰国和越南。

(368) *Foliter brevifilis hainanensis* Wu，1982 海南瓣结鱼

Labeobarbus brevifilis Herre，1936，628。

Tor (*Foliter*) *brevifilis hainanensis* 伍献文等，1982，329；金鑫波（见中国水产科学院珠江水产研究所），1986，126；陈湘粦等，1991，166；单乡红等（见乐佩琦等），2000，158。

Foliter brevifilis hainanensis：伍汉霖等，2012，45。

分布：海南岛诸水系。

(369) *Foliter yunnanensis* (Wang，Zhuang *et* Gao，1982) 云南瓣结鱼

Folifer yunnanensis Wang，Zhuang *et* Gao（王幼槐、庄大栋和高礼存），1982，219。

Tor (*Foliter*) *yunnanensis*：陈银瑞和褚新洛，1985，81；褚新洛和崔桂华（见褚新洛和陈银瑞），1989，143；杨君兴和陈银瑞，1995，61；单乡红等（见乐佩琦等），2000，157。

Foliter brevifilis yunnanensis：伍汉霖等，2012，45。

分布：云南抚仙湖。

103. *Hampala* Hasselt，1823 裂峡鲃属

Hampala Hasselt，1823，132。

(370) *Hampala macrolepidota* Hasselt，1823 裂峡鲃

Hampala macrolepidota Hasselt，1823，132；褚新洛和崔桂华（见褚新洛和陈银瑞），1989，157；单乡红等（见乐佩琦等），2000，87。

Hampala bimaculata：李树深，1973，305。

别名：大鳞裂峡鲃。

保护等级：《中国濒危动物红皮书-鱼类》（易危）。

分布：云南澜沧江下游。国外分布于老挝、马来西亚和印度尼西亚。

104. *Hypsibarbus* Rainboth，1996 高须鱼属

Hypsibarbus Rainboth，1996，20。

(371) *Hypsibarbus vernayi* (Norman，1925) 大鳞高须鱼

Barbus vernayi Norman，1925。

Puntius pierrei：Sauvage，1880，232。

Barbodes (*Barbodes*) *daruphani luosuoensis*：Wu *et* Lin（伍献文和林人端，见伍献文等），1982，238。

Barbodes pierrei：褚新洛和崔桂华（见褚新洛和陈银瑞），1989，194；单乡红等（见乐佩琦等），2000，29。

Hypsibarbus vernayi：Rainboth，1996；Kottelat，2001，107；Chen *et* Yang，2003，377；陈小勇，2013，309。

Barbodes vernayi：褚新洛和崔桂华（见褚新洛和陈银瑞），1989，192。

Barbodes pierrei：褚新洛和崔桂华（见褚新洛和陈银瑞），1989，194。

别名：高体四须鲃、大鳞四须鲃。

分布：澜沧江下游。国外分布于湄公河、湄南河、夜功河。

105. *Linichthys* Zhang *et* Fang，2005 林氏鲃属

Linichthys Zhang *et* Fang，2005，61。

(372) *Linichthys laticeps* (Lin *et* Zhang)，1986 宽头林氏鲃

Barbodes laticeps Lin *et* Zhang（林人端和张春光），1986，108；单乡红等（见乐佩琦等），2000，17。

Barbodes (*Barbodes*) *laticeps*：吕克强（见伍律等），1989，130。

Linichthys laticeps：Zhang *et* Fang，2005，61。

分布：贵州南明河（长江水系）和马林河（珠江水系）。

106. *Luciocyprinus* Vaillant，1904 似鱤属

Luciocyprinus Vaillant，1904，297。

Fustis Lin，1932c，517。

(373) *Luciocyprinus langsoni* Vaillant，1904 单纹似鱤

Luciocyprinus langsoni Vaillant，1904，297；崔桂华

和褚新洛，1986，79；林人端，1986，177；褚新洛和崔桂华(见褚新洛和陈银瑞)，1989，159；单乡红等(见乐佩琦等)，2000，84。

Fustis vivus：Lin，1932c，517；Lin，1933，491；Wu，1939，108；Cheng，1949，529；成庆泰，1958，158；伍献文等，1982，269；方世勋(见郑葆珊)，1981，90。

Barbus normani：Tchang，1935，60。

别名：单纹拟鱤。

分布：西江、南盘江水系。

(374) *Luciocyprinus striolatus* Cui *et* Chu，1986 细纹似鱤

Luciocyprinus striolatus Cui *et* Chu(崔桂华和褚新洛)，1986b，81；褚新洛和崔桂华(见褚新洛和陈银瑞)，1989，161；单乡红等(见乐佩琦等)，2000，86。

Fustis vivus：张春霖，1962，97。

别名：细纹拟鱤。

保护等级：《中国濒危动物红皮书-鱼类》(易危)。

分布：云南澜沧江及其支流。国外分布于老挝。

107. *Mystacoleucus* Günther，1868 长臀鲃属

Mystacoleucus Günther，1868，206。

(375) *Mystacoleucus lepturus* Huang，1979 细尾长臀鲃

Mystacoleucus lepturus Huang(黄顺友)，1979，419；褚新洛和崔桂华(见褚新洛和陈银瑞)，1989，228；单乡红等(见乐佩琦等)，2000，169。

分布：澜沧江下游及其支流。国外分布于老挝和泰国。

(376) *Mystacoleucus marginatus* (Valenciennes，1842) 长臀鲃

Barbus marginatus Valenciennes，1842，164。

Mystacoleucus marginatus：伍献文等，1982，272；褚新洛和崔桂华(见褚新洛和陈银瑞)，1989，227；单乡红等(见乐佩琦等)，2000，167。

Mystacoleucus chilopterus：褚新洛和崔桂华(见褚新洛和陈银瑞)，1989，225；李思忠，1976，117。

保护等级：《中国濒危动物红皮书-鱼类》(易危)。

分布：澜沧江下游及其支流水系。国外分布于柬埔寨、印度尼西亚、老挝、马来西亚、缅甸、泰国和越南。

108. *Neolissochilus* Rainboth，1985 新光唇鱼属

Neolissochilus Rainboth，1985，26。

(377) *Neolissochilus baoshanensis* (Chen *et* Yang，1999) 保山新光唇鱼

Barbodes baoshanensis Chen *et* Yang(陈小勇和杨君兴)，1999，82。

Barbodes (*Barbodes*) *wynaadensis*：伍献文等，1982，238。

Barbodes wynaadensis：褚新洛和崔桂华(见褚新洛和陈银瑞)，1989，183；单乡红等(见乐佩琦等)，2000，16。

Neolissochilus baoshanensis：Chen *et* Yang(陈小勇和杨君兴)，2003，377。

别名：保山四须鲃。

分布：云南怒江、南汀河、南滚河、龙川江。

(378) *Neolissochilus benasi* (Pellegrin *et* Chevery，1936) 软鳍新光唇鱼

Crossochilus benasi Pellegrin *et* Chevey，1936，226。

Barbodes benasi：褚新洛和崔桂华(见褚新洛和陈银瑞)，1989，181；朱松泉，1995，55；单乡红等(见乐佩琦等)，2000，15。

Neolissochilus benasi：Rainboth，1985，26；陈小勇，2013，305。

别名：软鳍四须鲃。

分布：云南元江、李仙江等水系。国外分布于越南红河。

(379) *Neolissochilus heterostomus* (Chen *et* Yang，1989) 异口新光唇鱼

Barbodes hexagonolepisnon McClelland，1839，336。

Barbodes heterostomus：Chen *et* Yang(陈小勇和杨君兴)，1999，82。

Neolissochilus heterostomus：Chen *et* Yang(陈小勇和杨君兴)，2003，377。

别名：墨脱四须鲃、异口四须鲃。

分布：云南龙川江、大盈江、勐典河等。

109. *Onychostoma* Günther，1896 白甲鱼属

Onychostoma Günther，1896，211。

Scaphesthes Oshima，1919，208。

Barbus Rendahl，1928，126。

(380) *Onychostoma alticorpus* (Oshima，1920) 高体白甲鱼

Scaphiodontella alticorpus Oshima，1920a，126。

Varicorhinus alticorpus：陈兼善，1969，173。

Varicorhinus (*Scaphesthes*) *alticorpus*：伍献文等，1982，304。

Onychostoma alticorpus：单乡红等(见乐佩琦等)，

2000，131。

别名：高体铲颌鱼。

保护等级：《台湾淡水鱼类红皮书》（近危）。

分布：台湾。

(381) *Onychostoma angustistomata* (Fang，1940) 四川白甲鱼

Varicorhinus angustistomatus Fang，1940，139。

Varicorhinus szechwanensis Chang，1944，44；张春霖和刘成汉，1957，228。

Onychostoma angustistomata：丁瑞华，1994，334；单乡红等（见乐佩琦等），2000，139。

Varicorhinus (*Onychostoma*) *angustistomatus*：伍献文等，1982，313。

分布：长江上游。

(382) *Onychostoma barbata* (Lin，1931) 粗须白甲鱼

Gymnostomus barbatus Lin，1931，113。

Varicorhinus barbatus：Lin，1933，201；Nichols，1943，116。

Varicorhinus (*Scaphesthes*) *barbatus*：伍献文等，1982，302；湖南省水产科学研究所，1980，96；李德俊（见伍律等），1989，145；林人端，1989，187。

Onychostoma barbata：郑葆珊，1981，81；单乡红等（见乐佩琦等），2000，129；朱瑜（见周解和张春光），2006，297。

别名：粗须铲颌鱼。

分布：长江的乌江和沅江，珠江的东江、西江和红水河支流等。

(383) *Onychostoma barbatula* (Pellegrin，1908) 台湾白甲鱼

Gymnostomus barbatulus Pellegrin，1908，263。

Varicorhinus tamusuiensis：Nichols，1925f，1；Lin，1933，200；Nichols，1943，116。

Barbus tamusuiensis：Wu，1931b，19。

Varicorhinus (*Scaphesthes*) *barbatulus*：伍献文等，1982，302；黄少涛（见伍元鼎），1984，344；林人端（见郑慈英），1989，188；李德俊（见伍律等），1989，345；毛节荣和徐寿山，1991，107。

Onychostoma barbatula：单乡红等（见乐佩琦等），2000，130。

别名：台湾铲颌鱼。

分布：长江下游支流、灵江、闽江、珠江和台湾。

(384) *Onychostoma brevis* (Wu *et* Chen，1982) 短身白甲鱼

Varicorhinus (*Onychostoma*) *brevis* Wu *et* Chen（伍献文和陈湘粦，见伍献文等），1982，318。

Onychostoma brevis：丁瑞华，1994，341；单乡红等（见乐佩琦等），2000，146。

分布：长江上游。

(385) *Onychostoma daduensis* Ding，1994 大渡白甲鱼

Onychostoma daduensis Ding（丁瑞华），1994，336。

分布：大渡河下游和邻近的长江干流。

(386) *Onychostoma elongatus* (Pellegrin *et* Chevery，1934) 细身白甲鱼

Crossochilus elongatus Pellegrin *et* Chevey，1934，340；Chevey *et* Lemasson，1937，48。

Acrossocheilus (*Acrossocheilus*) *elongatus*：伍献文等，1982，285；李德俊（见伍律等），1989，137。

Acrossocheilus elongatus：方世勋（见郑葆珊），1981，77；林人端（见郑慈英），1989，182；褚新洛和崔桂华（见褚新洛和陈银瑞），1989，204；陈湘粦等，1991，149；单乡红等（见乐佩琦等），2000，110。

别名：细身光唇鱼。

分布：云南西洋江、元江。国外分布于越南红河、老挝南马河等。

(387) *Onychostoma gerlachi* (Peters，1881) 南方白甲鱼

Barbus gerlachi Peters，1881b，1034。

Onychostoma gerlachi：方世勋（见郑葆珊），1981，84；单乡红等（见乐佩琦等），2000，136。

Variicorhinus (*Onychostoma*) *gerlachi*：伍献文等，1982，310；林人端（见郑慈英），1989，191；李德俊（见伍律等），1989，148；褚新洛和崔桂华（见褚新洛和陈银瑞），1989，216。

Onychostoma elongata Fang，1940，138。

Variicorhinus (*Onychostomus*) *elongatus*：伍献文等，1982，312；潘炯华等，1991，163。

分布：澜沧江、元江、珠江等及海南岛。

(388) *Onychostoma lepturum* (Boulenger，1900) 细尾白甲鱼

Gymnostomus lepturus Boulenger，1900，961。

Barbus roulei：Wu，1931b，15。

Varicorhinus lepturus：Lin，1933，202。

Barbus lepturus：Wu，1934，94。

Onychostoma leptura：方世勋（见郑葆珊），1981，82；单乡红等（见乐佩琦等），2000，133；朱瑜（见周解和张春光），2006，299。

Varicorhinus (*Scaphesthes*) *lepturus*：伍献文等，1982，

305；黄少涛(见伍元鼎)，1984，344；潘炯华等，1991，160。

别名：细尾铲颌鱼。

分布：广西、广东、海南、福建。

(389) *Onychostoma lini* (Wu，1939) 小口白甲鱼

Varicorhinus lini Wu(伍献文)，1939，103。

Varicorhinus (*Onychostomus*) *lini*：伍献文等，1982，314；林人端(见郑慈英)，1989，192；李德俊(见伍律等)，1989，150。

Onychostoma lini：方世勋(见郑葆珊)，1981，85；丁瑞华，1994，338；单乡红等(见乐佩琦等)，2000，138；朱瑜(见周解和张春光)，2006，303。

分布：珠江下游各水系，汀江、九龙江及沅江水系。

(390) *Onychostoma macrolepis* (Bleeker，1871) 多鳞白甲鱼

Gymnostomus (*Gymnostomus*) *macrolepis* Bleeker，1871，32。

Varicorhinus macrolepis：Nichols，1928，22；Nichols，1943，116；高玺章等，1992，47。

Varicorhinus (*Scaphesthes*) *macrolepis*：湖北省水生生物学研究所鱼类研究室，1976，41；伍献文等，1982，300；新乡师范学院生物系鱼类志编写组，1984，83；杨干荣，1987，89。

Scaphesthes macrolepis：许涛清(见陈景星)，1987，146。

Onychostoma macrolepis：单乡红等(见乐佩琦等)，2000，127；张春光和赵亚辉，2013，162。

别名：多鳞铲颌鱼。

保护等级：省(直辖市)级(北京、甘肃、山东)。

分布：海河上游的滹沱河、拒马河等水系；黄河下游的大汶河上游，中游的沁河、渭河等水系；长江支流汉江、嘉陵江等的上游。

(391) *Onychostoma minnanensis* Jang-Liaw *et* Chen，2013 闽南白甲鱼

Onychostoma minnanensis Jang-Liaw *et* Chen，2013，62。

分布：福建九龙河。

(392) *Onychostoma ovalis ovalis* Pellegrin *et* Chevey，1936 卵形白甲鱼

Onychostoma ovalis Pellegrin *et* Chevey，1936，22。

Varicorhinus (*Onychostoma*) *ovalis ovalis*：伍献文等，1982，315；褚新洛和崔桂华(见褚新洛和陈银瑞)，1989，218。

Onychostoma ovalis ovalis：单乡红等(见乐佩琦等)，2000，141。

分布：云南元江水系。国外分布于越南等。

(393) *Onychostoma ovalis rhomboides* (Tang，1942) 珠江卵形白甲鱼

Varicorhinus rhomboides Tang，1942，156。

Onychostoma rhomboides：方世勋(见郑葆珊)，1981，86。

Varicorhinus (*Onychostoma*) *ovalis rhomboides*：伍献文等，1982，316；林人端(见郑慈英)，1989，193；李德俊(见伍律等)，1989，151；褚新洛和崔桂华(见褚新洛和陈银瑞)，1989，219。

Onychostoma ovalis rhomboides：单乡红等(见乐佩琦等)，2000，143。

分布：珠江水系和乌江水系。

(394) *Onychostoma rara* (Lin，1933) 稀有白甲鱼

Varicorhinus rarus Lin，1933，204。

Onychostoma rara：方世勋(见郑葆珊)，1981，87；丁瑞华，1994，340；单乡红等(见乐佩琦等)，2000，145。

Varicorhinus (*Onychostoma*) *rarus*：伍献文等，1982，317；林人端(见郑慈英)，1989，194；李德俊(见伍律等)，1989，152；褚新洛和崔桂华(见褚新洛和陈银瑞)，1989，222。

保护等级：省级(湖南)。

分布：湖南沅江水系至贵州东部及珠江的西江水系。

(395) *Onychostoma sima* (Sauvage *et* Dabry，1874) 白甲鱼

Barbus (*Systomus*) *simus* Sauvage *et* Dabry，1874，8。

Onychostoma laticeps var. *fontouensis*：Tchang，1930，85。

Capoeta fundula：Tchang，1930a，69。

Onychostoma sima：方世勋(见郑葆珊)，1981，83；许涛清(见陈景星)，1987，148；丁瑞华，1994，332；单乡红等(见乐佩琦等)，2000，135；朱瑜(见周解和张春光)，2006，300。

Varicorhinus (*Onychostoma*) *simus*：伍献文等，1982，308；林人端(见郑慈英)，1989，190；李德俊(见伍律等)，1989，147；褚新洛和崔桂华(见褚新洛和陈银瑞)，1989，215。

Varicorhinus simus：高玺章等，1992，148。

保护等级：省级(湖南)。

分布：长江中上游和珠江水系。

(396) *Onychostoma virgulatum* Xin, Zhang *et* Cao, 2009 侧纹白甲鱼

Onychostoma virgulatum Xin, Zhang *et* Cao, 2009, 255。

分布：安徽石台秋浦河，属长江水系。

110. *Paraspinibarbus* Chu *et* Kottelat, 1989 副袋唇鱼属

Paraspinibarbus Chu *et* Kottelat, 1989, 2。

(397) *Paraspinibarbus macracanthus* (Pellegrin *et* Chevey, 1936) 大刺副袋唇鱼

Spinibarbus macracanthus Pellegrin *et* Chevey, 1936, 376。

Balantiocheilus hekouensis：伍献文等，1982，332；褚新洛和崔桂华(见褚新洛和陈银瑞)，1989，148。

Paraspinibarbus hekouensis：Chu *et* Kottelat, 1989, 2；单乡红等(见乐佩琦等)，2000，152。

Paraspinibarbus macracanthus：Kottelat, 2013, 139。

别名：袋唇鱼、异倒刺鲃。

保护等级：《中国濒危动物红皮书-鱼类》(极危)。

分布：元江水系。国外见于越南红河。

111. *Parator* Wu, Yang, Yue *et* Huang, 1963 副结鱼属

Parator Wu, Yang, Yue *et* Huang(伍献文、杨干荣、乐佩琦和黄宏金)，1963，91。

别名：叶结鱼属。

(398) *Parator zonatus* (Lin, 1935) 副结鱼

Tor zonatus Lin, 1935b, 308。

Barbus zonatus：Nichols, 1943, 70。

Tor (*Parator*) *zonatus*：伍献文等，1982，330；林人端(见郑慈英)，1989，197；吕克强(见伍律等)，1989，162；褚新洛和崔桂华(见褚新洛和陈银瑞)，1989，146；单乡红等(见乐佩琦等)，2000，165。

Parator zonatus：伍汉霖等，2012，55；Kottelat, 2013, 139。

别名：叶结鱼。

保护等级：《中国濒危动物红皮书-鱼类》(易危)。

分布：珠江水系。国外分布于越南北部。

112. *Percocypris* Chu, 1935 鲈鲤属

Percocypris Chu, 1935, 12。

(399) *Percocypris pingi* (Tchang, 1930) 金沙鲈鲤

Leptobarbus pingi Tchang(张春霖)，1930，84。

Percocypris pingi：Chu(朱元鼎)，1935，12；Chang, 1944, 42；陈小勇，2013，309。

Barbus pingi：Nichols, 1943, 69；成庆泰，1958，156。

Percocypris pingi pingi：伍献文等，1982，266；吕克强(见伍律等)，1989，157；褚新洛和崔桂华(见褚新洛和陈银瑞)，1989，177；武云飞和吴翠珍，1990b，63；丁瑞华，1994，319；单乡红等(见乐佩琦等)，2000，47。

别名：秉氏鲈鲤、鲈鲤。

保护等级：省(直辖市)级(重庆)。

分布：长江上游包括金沙江中下游、螳螂川等。

(400) *Percocypris regaini* (Tchang, 1935) 花鲈鲤

Barbus regaini Tchang, 1935d, 61。

Percocypris pingi regaini：伍献文等，1982，267；林人端，1989，176；褚新洛和崔桂华(见褚新洛和陈银瑞)，1989，179；单乡红等(见乐佩琦等)，2000，49。

Percocypris pingi：陈小勇，2013，309。

分布：抚仙湖、南盘江。

(401) *Percocypris retrodorslis* Cui *et* Chu, 1990 后背鲈鲤

Percocypris pingi retrodorsalis 崔桂华和褚新洛(见褚新洛和陈银瑞)，1990，118；单乡红等(见乐佩琦等)，2000，50。

Percocypris retrodorsalis：陈小勇，2013，309。

分布：云南澜沧江、怒江、剑湖等。

(402) *Percocypris tchangi* (Pellegrin *et* Chevey, 1936) 张氏鲈鲤

Leptobarbus tchangi Pellegrin *et* Chevey, 1936, 377。

Percocypris tchangi：Kottelat, 2013, 140；陈小勇，2013，309。

分布：澜沧江水系中、下游。国外分布于越南红河。

113. *Poropuntius* Smith, 1931 吻孔鲃属

Poropuntius Smith, 1931a, 14。

(403) *Poropuntius carinatus* (Wu *et* Lin, 1982) 棱吻孔鲃

Barbodes (*Barbodes*) *shanensis carinatus* Wu *et* Lin(伍献文和林人端，见伍献文等)，1982，240；褚新洛和崔桂华(见褚新洛和陈银瑞)，1989，185。

Barbodes carinatus：单乡红等(见乐佩琦等)，2000，20。

Poropuntius carinatus：Roberts，1998，105；Kottelat，2001；Chen *et* Yang，2003，377。

别名：棱四须鲃。

分布：澜沧江下游。国外分布于老挝湄公河。

(404) *Poropuntius chonglingchungi* (Tchang，1936) 常氏吻孔鲃

Barbus chonglingchungi Tchang(张春霖)，1936，63。

Barbodes (*Barbodes*) *lacustris*：Wu(伍献文，见伍献文等)，1982，245。

Puntius pachygnathus：Wang，Zhuang *et* Gao(王幼槐、庄大栋和高礼存)，1982，216。

Barbodes chonglingchungi：褚新洛和崔桂华(见褚新洛和陈银瑞)，1989，186；杨君兴和陈银瑞，1995，80；单乡红等(见乐佩琦)，2000，22。

Poropuntius chonglingchungi：Chen *et* Yang，2003，377；陈小勇，2013，308。

别名：常氏四须鲃、湖四须鲃、厚颌刺鲃。

分布：云南抚仙湖。

(405) *Poropuntius daliensis* (Wu *et* Lin，1982) 颌突吻孔鲃

Barbus cogginii Chauduri，1911，13；Rendahl，1928，132；Cheng，1949，528；成庆泰，1958，157。

Barbodes (*Barbodes*) *daliensis* Wu *et* Lin(伍献文和林人端，见伍献文等)，1982，251。

Barbodes daliensis：褚新洛和崔桂华(见褚新洛和陈银瑞)，1989，200；陈宜瑜，1998，151；单乡红等(见乐佩琦等)，2000，35。

Poropuntius cogginii：Roberts，1998，105；Chen *et* Yang，2003，377；陈小勇，2013，308。

别名：洱海四须鲃。

分布：云南洱海。

(406) *Poropuntius exigua* (Wu *et* Lin，1982) 油吻孔鲃

Barbodes (*Barbodes*) *exigua* Wu *et* Lin(伍献文和林人端，见伍献文等)，1982，249；褚新洛和崔桂华(见褚新洛和陈银瑞)，1989，198；单乡红等(见乐佩琦等)，2000，33。

Poropuntius exigua：Roberts，1998，105；陈小勇，2013，308。

Poropuntius exiguus：Chen *et* Yang，2003，377。

别名：油四须鲃。

分布：云南洱海。

(407) *Poropuntius fuxianhuensis* (Wang，Zhuang *et* Gao，1982) 抚仙吻孔鲃

Puntius fuxianhuensis Wang，Zhuang *et* Gao(王幼槐、庄大栋和高礼存)，1982，217。

Barbodes fuxianhuensis：褚新洛和崔桂华(见褚新洛和陈银瑞)，1989；杨君兴和陈银瑞，1995，77；单乡红等(见乐佩琦等)，2000，23。

Poropuntius fuxianhuensis：Chen *et* Yang，2003，377；陈小勇，2013，308。

别名：抚仙刺鲃、抚仙四须鲃。

分布：云南抚仙湖。

(408) *Poropuntius huangchuchieni* (Tchang，1962) 云南吻孔鲃

Barbus huangchuchieni Tchang(见张春霖)，1962，96。

Barbodes (*Barbodes*) *huangchuchieni*：伍献文等，1982，250；褚新洛和崔桂华(见褚新洛和陈银瑞)，1989，201。

Barbodes huangchuchieni：褚新洛和崔桂华(见褚新洛和陈银瑞)，1989，201；陈宜瑜，1998，153；单乡红等(见乐佩琦等)，2000，36。

Acrossocheilus krempfi：褚新洛和崔桂华(见褚新洛和陈银瑞)，1989，211。

Poropuntius huangchuchieni：Chen *et* Yang，2003，377；陈小勇，2013，308。

别名：云南四须鲃、河口光唇鱼。

分布：澜沧江中下游、元江、藤条江、李仙江。

(409) *Poropuntius krempfi* (Pellegrin *et* Chevery，1934) 河口吻孔鲃

Barbus (*Lissochilichthys*) *krempfi* Pellegrin *et* Chevey，1934，339。

Lissochilichthys krempfi：Chevey *et* Lemasson，1937，59。

Acrossocheilus (*Acrossocheilus*) *krempfi*：伍献文等，1982，293；褚新洛和崔桂华(见褚新洛和陈银瑞)，1989，211。

Acrossocheilus krempfi：单乡红等(见乐佩琦等)，2000，109。

Poropuntius krempfi：陈小勇，2013，308。

别名：河口光唇鱼。

分布：元江、李仙江、澜沧江。国外分布于老挝南马河、越南北部红河。

(410) *Poropuntius margarianus* (Anderson，1879) 太平吻孔鲃

Barbus margarianus Anderson，1879，867。

Barbodes margarianus：褚新洛和崔桂华(见褚新洛和陈银瑞)，1989，196；陈宜瑜，1998，149；单乡红等(见乐佩琦等)，2000，32。

Poropuntius margarianus：Roberts，1998，105；Chen *et* Yang，2003，377；陈小勇，2013，308。

别名：太平四须鲃。

分布：云南龙川江、大盈江。国外分布于缅甸伊洛瓦底江。

(411) *Poropuntius opisthoptera* (Wu，1982) 后鳍吻孔鲃

Barbodes (*Barbodes*) *opisthoptera* Wu(伍献文，见伍献文等)，1982，246。

Barbodes opisthoptera：褚新洛和崔桂华(见褚新洛和陈银瑞)，1989，189；朱松泉，1995，55；陈宜瑜，1998，148；单乡红等(见乐佩琦等)，2000，25。

Poropuntius opisthopterus：Roberts，1998，107；Chen *et* Yang，2003，377；陈小勇，2013，309。

别名：后鳍四须鲃。

分布：云南保山县道街，属怒江水系。

(412) *Poropuntius rhomboides* (Wu *et* Lin，1982) 鲂形吻孔鲃

Barbodes (*Barbodes*) *rhomboides huangchuchieni* Wu *et* Lin(伍献文和林人端，见伍献文等)，1982，248。

Barbodes rhomboides：褚新洛和崔桂华(见褚新洛和陈银瑞)，1989，195；单乡红等(见乐佩琦等)，2000，30。

Poropuntius rhomboids：Chen *et* Yang，2003，377；陈小勇，2013，309。

别名：鲂形四须鲃。

分布：云南元江水系。国外分布于越南北部。

114. *Pseudosinocyclocheilus* Zhang *et* Zhao, gen. nov. 拟金线鲃属，新属

模式种：*Sinocyclocheilus jinxiensis* Zheng, Xiu *et* Yang, 2013，747。

属征：体延长，侧扁。吻部向前突出，呈鸭嘴状，吻端钝圆。头后额骨处明显隆起，向后延至背鳍起点处为体最高点。口端位。须2对：吻须较短小；口角须略长，后伸略超过眼窝后缘。鼻孔每侧1对，前后鼻孔紧相邻，前鼻孔位于1短管中，短管后缘略延长。眼退化，头部两侧小凹窝中残留有黑色眼点或完全不可见，表面覆盖脂肪层。背鳍位于体中部，分枝鳍条8–9，外缘稍内凹；末根不分枝鳍条基部粗硬，后缘具锯齿，顶端柔软分节。胸鳍发达，后伸明显超过腹鳍基部。腹鳍起点在背鳍起点略前。臀鳍起点紧邻肛门。尾鳍叉形。身体除头部外被覆较大鳞片，鳞片排列较整齐；侧线鳞与其他鳞片大小较一致。侧线完全，自鳃孔上角较平直后延至尾鳍基部中点。

新属取希腊词 *Pseudo* 和金线鲃属原属名 *Sinocyclocheilus* 组成新属名，阳性。

分布：现知本新属仅此一种，为我国特有属，分布于广西靖西县新靖镇（属左江水系）。

分类讨论：本新属已知种定名人主要依其洞穴生活、眼睛消失等特征，将其放在金线鲃属。但就目前研究结果，金线鲃属内全部其他已知种，或被略显退化的鳞片，或身体部分被鳞，或全身裸露无鳞；有鳞的种类，绝大多数侧线鳞均明显大于侧线上下鳞。而本种鳞片发达，排列整齐，侧线鳞和侧线上、下鳞片大小较一致，明显不同于该属全部其他已知种。

***Pseudosinocyclocheilus* Zhang *et* Zhao，gen. nov.**

Type species: *Sinocyclocheilus jinxiensis* Zheng, Xiu *et* Yang, 2013，747.

D: iii, 8-9; A: iii, 5; P: i, 13-14; Pv: i, 6-8.

Body elongate and compressed. Head compressed. Snout duck-billed, anterior tip obtuse. Parietals prominent, forming two unconspicuous upheaved horns. Nostrils closer to snout tip than orbit.Two pairs of tiny barbels; maxillary barbels slightly shorter than mandibular barbels, mandibular barbels not extending beyond orbit. Eyes degenerated, a black spot which covered by fat.Dorsal fin origin midway between snout tip and caudal-fin base, last unbranched ray hard at base, softening toward tip, and with serrations along posterior edge, branched ray 8-9.Pectoral fin extending beyond pelvic fin insertion. Pelvic fin insertion slightly anterior to dorsal fin origin, pelvic fin long, extending beyond anus. Anal fin close to anus.Lateral line straight. Body covered by large scales, lateral-line scales same size as other scales.

Distribution: Xinjing town, Jingxi County, Guangxi Zhuang Autonomous Region, China.

(413) *Pseudosinocyclocheilus jinxiensis* (Zheng，Xiu *et* Yang，2013) 靖西拟金线鲃

Sinocyclocheilus jinxiensis Zheng，Xiu *et* Yang，2013，747；蓝家湖等，2013，231。

分布：广西靖西县新靖镇，属左江水系。

115. *Puntioplites* Smith，1929 鲃鲤属

Puntioplites Smith，1929，11。

Adamacypris Fowler，1934a，125。

(414) *Puntioplites falcifer* Smith，1929 镰鲃鲤

Puntioplites falcifer Smith，1929，12；Rainboth，1996；Kottelat，2013，145；陈小勇，2013，308。

Puntius (*Puntius*) *proctozysron*：Bleeker，1865，197。

Puntioplites proctozysron：陈湘粦和黄宏金（见伍献文等），1982，397；王幼槐，1979，422；周伟（见褚新洛和陈银瑞），1989，323；单乡红等（见乐佩琦等），2000，392。

别名：鲃鲤。

保护等级：《中国濒危动物红皮书-鱼类》（极危）。

分布：澜沧江下游。国外分布于泰国、老挝、柬埔寨等湄公河流域。

(415) *Puntioplites waandersi* (Bleeker，1859) 爪哇鲃鲤

Systomus waandersi Bleeker，1859，358。

Puntius waandersi：李树深，1973，305。

Puntioplites waandersi：陈湘粦和黄宏金（见伍献文等），1982，397；周伟（见褚新洛和陈银瑞），1989，325；单乡红等（见乐佩琦等），2000，394。

分布：云南西双版纳澜沧江水系。国外分布于爪哇、苏门答腊岛、加里曼丹岛、印度尼西亚、马来西亚、柬埔寨、老挝、泰国和越南等。

116. *Puntius* Hamilton，1822 小鲃属

Puntius Hamilton，1822，310。

(416) *Puntius orphoides* (Valenciennes，1842) 类小鲃

Puntius orphoides：崔桂华和莫明忠，2000，28。

Barbus gardonides Valenciennes，1842，156。

别名：小口小鲃、小口猪嘴鲃。

分布：云南金平金水河，属元江水系。国外分布于泰国、缅甸、老挝、柬埔寨、越南、马来西亚、印度尼西亚等地。

(417) *Puntius paucimaculatus* Wang *et* Ni，1982 疏斑小鲃

Puntius paucimaculatus Wang *et* Ni（王幼槐和倪勇），1982，329；金鑫波(见中国水产科学院珠江水产研究所)，1986，112；陈湘粦等，1991，137；单乡红等（见乐佩琦等），2000，10。

Puntius snyderi：Oshima，1919，216；Wu，1929，43；Lin，1933，90。

分布：海南岛陵水河、藤桥河和昌化江水系。

(418) *Puntius semifasciolatus* (Günther，1868) 条纹小鲃

Barbus semifasciolatus Günther，1868，484；Nichols *et* Pope，1927，344；林书颜，1931，125；Wu，1934，95；Nichols，1943，74。

Barbus fasciolatus Günther，1868，140。

Capoeta semifasciolata：Oshima，1919，214；Oshima，1926a，9；伍献文等，1982，261；郑葆珊，1981，68；黄少涛（见伍元鼎），1984，332；金鑫波(见中国水产科学院珠江水产研究所)，1986，115；褚新洛和崔桂华（见褚新洛和陈银瑞），1989，164；吕克强（见伍律等），1989，127；郑慈英，1989，171。

Puntius semifasciolatus：Herre *et* Mayers，1931，242；Lin，1933，89；Wu，1939，100；金鑫波(见中国水产科学院珠江水产研究所)，1986，113；陈湘粦等，1991，138；单乡红等（见乐佩琦等），2000，11。

保护等级：《台湾淡水鱼类红皮书》（近危）。

分布：珠江、澜沧江、元江、海南及台湾。国外分布于老挝和越南。

(419) *Puntius snyderi* Oshima，1919 斯奈德小鲃

Puntius snyderi Oshima，1919，216；Wu，1929，43；Lin，1933，90；陈义雄和张咏青，2005，168；伍汉霖等，2013，58。

别名：史尼氏小鲃。

保护等级：《台湾淡水鱼类红皮书》（近危）。

分布：台湾中北部河、溪中。

(420) *Puntius sophore* (Hamilton，1822) 斑尾小鲃

Cyprinus sophore Hamilton，1822，310。

Puntius sophore：陈银瑞等，1988，439；单乡红等（见乐佩琦等），2000，7。

别名：斑尾刺鲃。

分布：云南瑞丽河。国外分布于印度、巴基斯坦、尼泊尔、斯里兰卡、孟加拉国和缅甸。

(421) *Puntius ticto* (Hamilton，1822) 异斑小鲃

Cyprinus ticto Hamilton，1822，314。

Puntius punctatus：陈银瑞等，1988，440。

Puntius ticto：单乡红等（见乐佩琦等），2000，8。

别名：异斑刺鲃。

分布：云南瑞丽河。国外分布于印度、巴基斯坦、尼泊尔、斯里兰卡、孟加拉国、缅甸和泰国。

117. *Scaphiodonichthys* Vinciguerra，1890 舟齿鱼属

Scaphiodonichthys Vinciguerra，1890，285。

(422) *Scaphiodonichthys acanthopterus* (Fowler，1934a) 少鳞舟齿鱼

Scaphiodontopsis acanthopterus Fowler，1934a，119。

Scaphiodonichthys acanthopterus：单乡红，1997，13；单乡红等(见乐佩琦等)，2000，149。

Varicorhinus (*Onychostomus*) *acanthopterus*：伍献文等，1982，320；褚新洛和崔桂华(见褚新洛和陈银瑞)，1989，222；陈宜瑜，1998，162。

分布：云南澜沧江、元江水系。国外见于缅甸、泰国、越南等。

(423) *Scaphiodonichthys macracanthus* (Pellegrin *et* Chevey，1936) 长鳍舟齿鱼

Onychostoma macracanthus Pellegrin *et* Chevey，1936，24。

Varicorhinus (*Onychostomus*) *macracanthus*：伍献文等，1982，319；褚新洛和崔桂华(见褚新洛和陈银瑞)，1989，221。

Scaphiodonichthys macracanthus：单乡红，1997，8；伍献文等，1982，319；单乡红等(见乐佩琦等)，2000，148。

分布：元江水系。国外见于越南红河。

118. *Sikukia* Smith，1931 短吻鱼属

Sikukia Smith，1931b，138。

(424) *Sikukia flavicaudata* Chu *et* Chen，1986 黄尾短吻鱼

Sikukia flavicaudata Chu *et* Chen(褚新洛和陈银瑞)，1986，380；褚新洛和崔桂华(见褚新洛和陈银瑞)，1989，168；单乡红等(见乐佩琦等)，2000，94。

分布：澜沧江下游及其支流。

(425) *Sikukia longibarbata* Li，Chen，Yang *et* Chen，1998 长须短吻鱼

Sikukia longibarbata Li，Chen，Yang *et* Chen(李再云、陈银瑞、杨君兴和陈小勇)，1998，453。

分布：云南西双版纳勐腊，属澜沧江下游。

(426) *Sikukia stejnegeri* Smith，1931 短吻鱼

Sikukia stejnegeri Smith，1931b，138；单乡红等(见乐佩琦等)，2000，92。

Albulichthys stejnegeri：伍献文等，1982，271。

Sikukia gudgeri：褚新洛和崔桂华(见褚新洛和陈银瑞)，1989，167。

分布：云南西双版纳澜沧江干流。国外分布于柬埔寨、泰国等。

119. *Sinocyclocheilus* Fang，1936 金线鲃属

Sinocyclocheilus Fang，1936c，588。

(427) *Sinocyclocheilus altishoulderus* (Li *et* Lan，1992) 高肩金线鲃

Anchicyclocheilus altishoulderus Li *et* Lan(李维贤和蓝家湖)，1992，47；李维贤等，1996，61。

Sinocyclocheilus altishoulderus：赵亚辉等(见周解和张春光)，2006，266；赵亚辉和张春光，2009，238；蓝家湖等，2013，203。

Sinocyclocheilus (*Gibibarbus*) *altishoulderus*：单乡红等(见乐佩琦等)，2000，76。

分布：广西东兰县太平乡的地下河中，属红水河水系。

(428) *Sinocyclocheilus aluensis* Li，Xiao，Feng *et* Zhao，2005 阿庐金线鲃

Sinocyclocheilus aluensis Lin，Xiao，Feng *et* Zhao(李维贤、肖蘅、冯海学和赵海林)，2005，2；赵亚辉和张春光，2013，374。

Sinocyclocheilus angustiporus：赵亚辉和张春光，2009，156。

分布：云南泸西，属南盘江水系。

(429) *Sinocyclocheilus anatirostris* Lin *et* Luo，1986 鸭嘴金线鲃

Sinocyclocheilus anatirostris Lin *et* Luo(林人端和罗志发)，1986，380；李维贤等，1996，59；赵亚辉等(见周解和张春光)，2006，279；赵亚辉和张春光，2009，242；蓝家湖等，2013，223。

Sinocyclocheilus (*Gibibarbus*) *anatirostris*：单乡红等(见乐佩琦等)，2000，80。

分布：广西乐业县和凌云县地下河中，属红水河水系。

(430) *Sinocyclocheilus angularis* Zheng *et* Wang，1990 角金线鲃

Sinocyclocheilus angularis Zheng *et* Wang(郑建州和汪健)，1990，251；李维贤等，1996，59；赵亚辉和张春光，2009，211。

Sinocyclocheilus (*Gibibarbus*) *angularis*：单乡红等(见乐佩琦等)，2000，81。

分布：贵州盘县，属南盘江水系。

(431) *Sinocyclocheilus angustiporus* Zheng *et* Xie，1985 狭孔金线鲃

Sinocyclocheilus angustiporus Zheng *et* Xie(郑慈英和谢家骅)，1985，123；谢家骅，1989，107；褚新洛和崔桂华(见褚新洛和陈银瑞)，1989，171；李维贤等，1994，8；李维贤等，1996，60；赵亚辉和张春光，2009，155。

Sinocyclocheilus (*Sinocyclocheilus*) *angustiporus*：单乡红等(见乐佩琦等)，2000，73。

分布：云南东部和贵州西部的南盘江上游支流黄泥河流域。

(432) *Sinocyclocheilus anophthalmus* Chen *et* Chu，1988 无眼金线鲃

Sinocyclocheilus anophthalmus Chen *et* Chu(陈银瑞和褚新洛)，1988，64；李维贤等，1994，7；李维贤等，1996，60；赵亚辉和张春光，2009，207。

Sinocyclocheilus (*Sinocyclocheilus*) *anophthalmus*：单乡红等(见乐佩琦等)，2000，75。

保护等级：《中国濒危动物红皮书-鱼类》(极危)。

分布：云南宜良县九乡个别洞穴地下河中，属南盘江水系。

(433) *Sinocyclocheilus anshuiensis* Gan，Wu，Wei *et* Yang，2013 安水金线鲃

Sinocyclocheilus anshuiensis Gan，Wu，Wei *et* Yang(甘西、吴铁军、韦慕兰和杨剑)，2013，459。

分布：广西凌云逻楼镇附近一洞穴。

(434) *Sinocyclocheilus aquihornes* Li *et* Yang，2007 鹰喙角金线鲃

Sinocyclocheilus aquihornes Li *et* Yang(李维贤和杨洪福)，2007，1；赵亚辉和张春光，2009，230。

分布：云南丘北县一洞穴的地下河，属南盘江水系。

(435) *Sinocyclocheilus bicornutus* Wang *et* Liao，1997 双角金线鲃

Sinocyclocheilus bicornutus Wang *et* Liao(王大忠和廖文杰)，1997，1；赵亚辉和张春光，2009，214。

分布：贵州兴仁，属北盘江水系。

(436) *Sinocyclocheilus brevibarbatus* Zhao，Lan *et* Zhang，2009 短须金线鲃

Sinocyclocheilus brevibarbatus Zhao，Lan *et* Zhang(赵亚辉、蓝家湖和张春光)，2009，203；赵亚辉和张春光，2009，180；蓝家湖等，2013，181。

分布：广西都安县高岭乡个别洞穴地下水中，属红水河水系。

(437) *Sinocyclocheilus brevis* Chen *et* Lan，1992 短身金线鲃

Sinocyclocheilus brevis Chen *et* Lan(陈景星和蓝家湖)，1992，106；李维贤等，1996，59；赵亚辉等(见周解和张春光)，2006，268；赵亚辉和张春光，2009，177；蓝家湖等，2013，178。

Sinocyclocheilus (*Sinocyclocheilus*) *brevis*：单乡红等(见乐佩琦等)，2000，69。

分布：广西罗城县，属柳江水系龙江支流。

(438) *Sinocyclocheilus broadihornes* Li *et* Mao，2007 宽角金线鲃

Sinocyclocheilus broadihornes Li *et* Mao(李维贤和卯卫宁)，2007，226；赵亚辉和张春光，2009，223。

分布：云南石林县石林镇落水洞(蝙蝠洞)地下伏流中，属南盘江水系。

(439) *Sinocyclocheilus cyphotergous* (Dai，1988) 驼背金线鲃

Gibbibarbus cyphotergous Dai，1988，87。

Sinocyclocheilus cyphotergous：王大忠等，1995，166；赵亚辉和张春光，2009，235。

Sinocyclocheilus (*Gibibarbus*) *cyphotergous*：单乡红等(见乐佩琦等)，2000，79。

分布：贵州罗甸县边阳镇大井村，属红水河水系。

(440) *Sinocyclocheilus donglanensis* Zhao，Watanabe *et* Zhang，2006 东兰金线鲃

Sinocyclocheilus donglanensis Zhao，Watanabe *et* Zhang(赵亚辉、渡边胜敏和张春光，见周解和张春光)，2006，121；赵亚辉和张春光，2009，172；蓝家湖等，2013，189。

分布：广西东兰县太平乡太平村附近地下河，属红水河水系。

(441) *Sinocyclocheilus flexuosdorsalis* Zhu *et* Zhu，2012 曲背金线鲃

Sinocyclocheilus flexuosdorsalis Zhu *et* Zhu（朱定贵和朱瑜），2012b，222；蓝家湖等，2013，216。

分布：广西隆林县天生镇一地下溶洞地下水，属红水河水系。

(442) *Sinocyclocheilus furcodorsalis* Chen，Yang *et* Lan，1997 叉背金线鲃

Sinocyclocheilus furcodorsalis Chen，Yang *et* Lan（陈银瑞、杨君兴和蓝家湖），1997，219；赵亚辉等（见周解和张春光），2006，280；赵亚辉和张春光，2009，217；蓝家湖等，2013，226。

Sinocyclocheilus tianeensis：赵亚辉和张春光，2009，217；Liang，Li *et* Zhang，2011，371；蓝家湖等，2013，226；蓝家湖等，2013，226。

分布：广西天峨县境内的地下河，属红水河水系。

(443) *Sinocyclocheilus gracilis* Li *et* Li，2014 细身金线鲃

Sinocyclocheilus gracilis Li *et* Li，2014，250。

分布：广西贺州一洞穴地下水，属珠江水系。

(444) *Sinocyclocheilus grahami* (Regan，1904) 滇池金线鲃

Barbus grahami Regan，1904b，190；张春霖，1959，54。

Percocypris grahami：伍献文等，1961，89。

Sinocyclocheilus grahami grahami：伍献文等，1982，263；伍献文等，1979，73；褚新洛和崔桂华（见褚新洛和陈银瑞），1989，175。

Sinocyclocheilus (*Sinocyclocheilus*) *grahami*：单乡红等（见乐佩琦等），2000，66。

Sinocyclocheilus guanduensis：Xiao *et al.*（肖蘅等），2004，522。

Sinocyclocheilus huanglongdongensis：Xiao *et al.*（肖蘅等），2004，523。

Sinocyclocheilus hei：Xiao *et al.*（肖蘅等），2004，523。

Sinocyclocheilus grahami：赵亚辉和张春光，2009，162。

保护等级：国家 II 级。

分布：云南滇池及其附近水体，属金沙江南侧支流普渡河上游。

(445) *Sinocyclocheilus guilinensis* Ji，1982 桂林金线鲃

Sinocyclocheilus guilinensis Ji（季纯善），1996，60；赵亚辉和张春光，2009，105；蓝家湖等，2013，163。

Sinocyclocheilus (*Sinocyclocheilus*) *jii*：单乡红等（见乐佩琦等），2000，59。

别名：菠萝鱼。

分布：广西桂林附近溶洞内地下河中。

(446) *Sinocyclocheilus guishanensis* Li，2003 圭山金线鲃

Sinocyclocheilus guishanensis Li（李维贤），2003，64；赵亚辉和张春光，2009，152。

分布：云南石林县圭山乡左溪地下河和地下河口附近，属南盘江水系。

(447) *Sinocyclocheilus huangtianensis* Zhu，Zhu *et* Lan，2011 黄田金线鲃

Sinocyclocheilus huangtianensis Zhu，Zhu *et* Lan（朱定贵、朱瑜和蓝家湖），2011，204。

分布：广西贺州黄田镇油麻岩，属珠江水系贺江的支流。

(448) *Sinocyclocheilus huaningensis* Li，1998 华宁金线鲃

Sinocyclocheilus huaningensis Li（李维贤），1998，2；赵亚辉和张春光，2009，203。

分布：云南华宁县盘溪镇大龙潭。

(449) *Sinocyclocheilus huanjiangensis* Wu，Gan *et* Li，2010 环江金线鲃

Sinocyclocheilus huanjiangensis Wu，Gan *et* Li（吴铁军、甘西和李维贤），2010，116；蓝家湖等，2013，171。

分布：广西环江关兴乡洞穴地下河。

(450) *Sinocyclocheilus hugeibarbus* Li *et* Ran，2003 巨须金线鲃

Sinocyclocheilus hugeibarbus Li *et* Ran（李维贤和冉景丞），2003，61；赵亚辉和张春光，2009，195。

Sinocyclocheilus dongtangensis：Zhou，Liu *et* Wang（周江、刘倩和王海霞），2011，387。

Sinocyclocheilus liboensis：Li，Chen *et* Ran，2004。

分布：贵州荔波县板潭坝和洞塘乡的地下河，属柳江水系。

(451) *Sinocyclocheilus hyalinus* Chen *et* Yang，1994 透明金线鲃

Sinocyclocheilus hyalinus Chen *et* Yang（陈银瑞和杨君兴），1994，246；李维贤等，1996，59；赵亚辉和张春光，2009，228。

Sinocyclocheilus (*Gibibarbus*) *hyalinus*：单乡红等（见乐

佩琦等)，2000，82。

分布：云南泸西县阿庐古洞及其邻近洞穴的地下河，属南盘江水系。

(452) *Sinocyclocheilus jii* Zhang *et* Dai，1992 季氏金线鲃

Sinocyclocheilus jii Zhang *et* Dai(张春光和戴定远)，1992，377；李维贤等，1996，60；赵亚辉等(见周解和张春光)，2006，262；赵亚辉和张春光，2009，102；蓝家湖等，2013，167。

Sinocyclocheilus (*Sinocyclocheilus*) *jii*：单乡红等(见乐佩琦等)，2000，59。

分布：广西富川县和恭城县的观音乡。

(453) *Sinocyclocheilus jiuxuensis* Li *et* Lan，2003 九圩金线鲃

Sinocyclocheilus jiuxuensis Li *et* Lan(李维贤和蓝家湖)，2003，83；赵亚辉等(见周解和张春光)，2006，267；赵亚辉和张春光，2009，186；蓝家湖等，2013，196。

分布：广西河池市金城江区九圩镇附近的地下河，属红水河水系。

(454) *Sinocyclocheilus lateristritus* Li，1992 侧条金线鲃

Sinocyclocheilus lateristritus Li(李维贤)，1992，58；李维贤等，1994，7；李维贤等，1996，60；孙荣富等，1997，43；赵亚辉和张春光，2009，159。

Sinocyclocheilus (*Sinocyclocheilus*) *lateristritus*：单乡红等(见乐佩琦等)，2000，64。

分布：云南陆良县原云南机器三厂宿舍区内的龙潭，属南盘江水系。

(455) *Sinocyclocheilus lingyunensis* Li，Xiao *et* Luo，2000 凌云金线鲃

Sinocyclocheilus lingyunensis Li，Xiao *et* Luo(李维贤、肖蘅和罗志发)，2000，155；赵亚辉等(见周解和张春光)，2006，270；赵亚辉和张春光，2009，192；蓝家湖等，2013，193。

分布：广西凌云县泗城镇沙洞地下河。

(456) *Sinocyclocheilus longibarbartus* Wang *et* Chen，1989 长须金线鲃

Sinocyclocheilus longibarbartus Wang *et* Chen(王大忠和陈宜瑜)，1989，30；李维贤等，1996，60；赵亚辉等(见周解和张春光)，2006，274；赵亚辉和张春光，2009，198。

Sinocyclocheilus (*Sinocyclocheilus*) *longibarbartus*：单乡红等(见乐佩琦等)，2000，68。

Sinocyclocheilus yaolanensis：Zhou，Li *et* Hou，2009，321。

分布：贵州荔波和广西南丹县，属柳江上游打狗河。

(457) *Sinocyclocheilus longifinus* Li *et* Chen，1994 长鳍金线鲃

Sinocyclocheilus longifinus Li *et* Chen(李维贤和陈爱玲)，1994，7；李维贤等，1996，59；李维贤等，1998，1；赵亚辉和张春光，2009，201。

分布：云南华宁县大龙潭。

(458) *Sinocyclocheilus luolouensis* Lan，2013 逻楼金线鲃

Sinocyclcheilus luolouensis Lan(蓝家湖，见蓝家湖等)，2013，236。

分布：广西凌云，属珠江水系右江支流。

(459) *Sinocyclocheilus luopingensis* Li *et* Tao，1997 罗平金线鲃

Sinocyclocheilus luopingensis Li *et* Tao(李维贤和陶进能，见孙荣富等)，1997，44；李维贤等，2003，385；赵亚辉和张春光，2009，188。

分布：云南罗平县干龙潭。

(460) *Sinocyclocheilus macrocephalus* Li，1985 大头金线鲃

Sinocyclocheilus macrocephalus Li(李维贤)，1985，423；李维贤等，1994，7；李维贤等，1996，60；赵亚辉和张春光，2009，144。

Sinocyclocheilus (*Sinocyclocheilus*) *macrocephalus*：单乡红等(见乐佩琦等)，2000，57。

分布：云南石林黑龙潭水库，属南盘江支流。

(461) *Sinocyclocheilus macrolepis* Wang *et* Chen，1989 大鳞金线鲃

Sinocyclocheilus macrolepis Wang *et* Chen(王大忠和陈宜瑜)，1989，29；赵亚辉等(见周解和张春光)，2006，261；赵亚辉和张春光，2009，111。

Sinocyclocheilus (*Sinocyclocheilus*) *macrolepis*：单乡红等(见乐佩琦等)，2000，55。

分布：红水河支流。

(462) *Sinocyclocheilus macrophthalmus* Zhang *et* Zhao，2001 大眼金线鲃

Sinocyclocheilus macrophthalmus Zhang *et* Zhao(张春光和赵亚辉)，2001b，102；赵亚辉等(见周解和张春光)，2006，271；赵亚辉和张春光，2009，149；蓝家湖等，2013，206。

分布：广西都安县下坳乡一溶洞和东兰县，属红水河水系。

(463) *Sinocyclocheilus macroscalus* Li，1996 陆良金线鲃

Sinocyclocheilus macrolepis Li(李维贤)，1992，57；赵亚辉和张春光，2009，138。

Anchicyclocheilus macrolepis：李维贤等，1994，7；李维贤等，1996，61。

Anchicyclocheilus macroscalus Li(李维贤)，1996，95；孙荣富等，1997，43。

Sinocyclocheilus (*Sinocyclocheilus*) *macroscalus*：单乡红等(见乐佩琦等)，2000，56。

分布：云南陆良县原云南机器三厂宿舍区的龙潭及附近的石祥寺水库，属南盘江水系。

(464) *Sinocyclocheilus maculatus* Li，2000 麻花金线鲃

Sinocyclocheilus maculatus Li(李维贤)，2000，79；赵亚辉和张春光，2009，122。

分布：现知仅分布于云南省砚山县子马村和丘北县炭房，属南盘江水系。

(465) *Sinocyclocheilus maitianheensis* Li，1992 麦田河金线鲃

Sinocyclocheilus maitianheensis Li(李维贤)，1992，59；李维贤等，1994，8；李维贤等，1996，60；赵亚辉和张春光，2009，141。

Sinocyclocheilus (*Sinocyclocheilus*) *maitianheensis*：单乡红等(见乐佩琦等)，2000，58。

分布：南盘江水系。

(466) *Sinocyclocheilus malacopterus* Chu *et* Cui，1985 软鳍金线鲃

Sinocyclocheilus malacopterus Chu *et* Cui(褚新洛和崔桂华)，1985，437；褚新洛和崔桂华(见褚新洛和陈银瑞)，1989，176；李维贤等，1994，7；李维贤等，1996，59；赵亚辉和张春光，2009，116。

Sinocyclocheilus (*Sinocyclocheilus*) *malacopterus*：单乡红等(见乐佩琦等)，2000，62。

分布：云南罗平县大塘子溶洞、羊者窝水库、新寨小明寨村、沾益海家哨，均属红水河上游。

(467) *Sinocyclocheilus mashanensis* Wu，Liao *et* Li，2010 马山金线鲃

Sinocyclocheilus mashanensis Wu，Liao *et* Li(吴铁军、廖振平和李维贤)，2010，116；蓝家湖等，2013，200。

分布：广西壮族自治区马山县古寨溶洞地下河。

(468) *Sinocyclocheilus microphthalmus* Li，1989 小眼金线鲃

Sinocyclocheilus microphthalmus Li(李国良)，1989，123；李维贤等，1996，59；赵亚辉等(见周解和张春光)，2006，265；赵亚辉和张春光，2009，240；蓝家湖等，2013，209。

Anchicyclocheilus halfibindus：Li *et* Lan(李维贤和蓝家湖)，1992，46；李维贤等，1996，61。

Sinocyclocheilus (*Sinocyclocheilus*) *microphthalmus*：单乡红等(见乐佩琦等)，2000，76。

分布：广西凌云县逻楼镇、加尤乡和凤城县一带的地下河中，属红水河流域。

(469) *Sinocyclocheilus multipunctatus* (Pellegrin，1931) 多斑金线鲃

Schizothorax multipunctatus Pellegrin，1931，148；伍献文等，1964，158。

Sinocyclocheilus multipunctatus：武云飞和吕克强，1983，336；褚新洛和崔桂华(见褚新洛和陈银瑞)，1989，170；褚新洛(见郑慈英)，1989，174；谢家骅，1989，154；赵亚辉等(见周解和张春光)，2006，272；赵亚辉和张春光，2009，231。

Sinocyclocheilus multipunctatus：李维贤等，1996，60。

Sinocyclocheilus (*Sinocyclocheilus*) *multipunctatus*：单乡红等(见乐佩琦等)，2000，70。

别名：贵州菠萝鱼。

分布：云南的牛栏江和金沙江与贵州的乌江，均属长江水系；贵州花溪、惠水、荔波等，属珠江水系的柳江和红水河上游。

(470) *Sinocyclocheilus oxycephalus* Li，1985 尖头金线鲃

Sinocyclocheilus oxycephalus Li(李维贤)，1985，424；李维贤等，1994，8；李维贤等，1996，61；赵亚辉和张春光，2009，125。

Sinocyclocheilus lunanensis：Li(李维贤)，1985，425；李维贤等，1994，8。

Sinocyclocheilus (*Sinocyclocheilus*) *oxycephalus*：单乡红等(见乐佩琦等)，2000，72。

分布：云南石林县的黑龙潭水库，属南盘江水系。

(471) *Sinocyclocheilus purpureus* Li，1985 紫色金线鲃

Sinocyclocheilus purpureus Li(李维贤)，1985，426；李维贤等，1994，8；李维贤等，1996，60；赵亚辉和张春光，2009，129。

Sinocyclocheilus (*Sinocyclocheilus*) *purpureus*：单乡红等（见乐佩琦等），2000，71。

分布：云南砚山县平远街镇、开远市中和营乡大龙潭，隶属于南盘江水系。

(472) *Sinocyclocheilus qiubeiensis* Li，2002 丘北金线鲃

Sinocyclocheilus qiubeiensis Li（李维贤），2002，161；赵亚辉和张春光，2009，135。

Sinocyclocheilus jiuchengensis：Li（李维贤），2002，162。

分布：云南省丘北县，属南盘江水系。

(473) *Sinocyclocheilus qujingensis* Li，Mao *et* Lu，2002 曲靖金线鲃

Sinocyclocheilus qujingensis Li，Mao *et* Lu（李维贤、卯卫宁和卢宗民），2002b，1；赵亚辉和张春光，2009，169。

分布：云南曲靖市麒麟区茨营乡吴家坟水库，属南盘江水系。

(474) *Sinocyclocheilus rhinocerous* Li *et* Tao，1994 犀角金线鲃

Sinocyclocheilus rhinocerous Li *et* Tao（李维贤和陶进能），1994，1；李维贤等，1994，7；李维贤等，1996，59；孙荣富等，1997，43；赵亚辉和张春光，2009，220。

Sinocyclocheilus (*Gibibarbus*) *rhinocerous*：单乡红等（见乐佩琦等），2000，83。

分布：云南罗平县环城乡新寨办事处小明寨组和学田高家洞的地下河，属南盘江水系。

(475) *Sinocyclocheilus robustus* Chen *et* Zhao，1988 粗壮金线鲃

Sinocyclocheilus robustus Chen *et* Zhao（陈景星和赵执桴），1988，1；谢家骅（见伍律等），1989，156；赵亚辉和张春光，2009，131。

Sinocyclocheilus robstus：李维贤等，1996，61。

Sinocyclocheilus (*Sinocyclocheilus*) *robustus*：单乡红等（见乐佩琦等），2000，74。

分布：贵州兴义市黄泥河，属南盘江水系。

(476) *Sinocyclocheilus tianeensis* Li，Xiao *et* Luo，2003 天峨金线鲃

Sinocyclocheilus tianeensis Li，Xiao *et* Luo（李维贤、肖蘅和罗忠义），2003，80。

Sinocyclocheilus furcodorsalis：赵亚辉和张春光，2009，217；Liang，Li *et* Zhang，2011，371；蓝家湖等，2013，226。

分布：广西天峨县，属红水河水系。

(477) *Sinocyclocheilus tianlinensis* Zhou，Zhang *et* He，2004 田林金线鲃

Sinocyclocheilus tianlinensis Zhou，Zhang *et* He（周解、张春光和何安尤），2004，16；周解等，2004，591；赵亚辉等（见周解和张春光），2006，278；赵亚辉和张春光，2009，114。

分布：广西田林县平山乡溶洞地下水，属红水河水系。

(478) *Sinocyclocheilus tileihornes* Mao，Lu *et* Li，2003 瓦状角金线鲃

Sinocyclocheilus tileihornes Mao，Lu *et* Li（卯卫宁、卢宗民和李维贤），2003，2；赵亚辉和张春光，2009，225。

分布：现知仅分布在云南省罗平县阿岗乡老鸦洞地下河，属南盘江水系。

(479) *Sinocyclocheilus tingi* Fang，1936 抚仙金线鲃

Sinocyclocheilus tingi Fang，1936c，590；李维贤等，1994，7；李维贤等，1996，60；赵亚辉和张春光，2009，147。

Sinocyclocheilus grahami tingi：伍献文等，1982，264；褚新洛和崔桂华（见褚新洛和陈银瑞），1989，173；杨君兴和陈银瑞，1995，70。

Sinocyclocheilus (*Sinocyclocheilus*) *tingi*：单乡红等（见乐佩琦等），2000，63。

分布：云南抚仙湖，属南盘江水系。

(480) *Sinocyclocheilus wumengshanensis* Li，Mao *et* Lu，2003 乌蒙山金线鲃

Sinocyclocheilus wumengshanensis Li，Mao *et* Lu（李维贤、卯卫宁和卢宗民），2003，63；赵亚辉和张春光，2009，174。

Sinocyclocheilus multipunctatus：褚新洛和崔桂华（见褚新洛和陈银瑞），1989，170；李维贤等，1994，8。

Sinocyclocheilus maltipunctatus：李维贤等，1996，60。

分布：云南省寻甸三起三落龙潭、沾益德泽、宣威西泽，属金沙江水系牛栏江上游。

(481) *Sinocyclocheilus xichouensis* Pan，Li，Yang *et* Chen，2013 西畴金线鲃

Sinocyclocheilus xichouensis Pan，Li，Yang *et* Chen（潘晓赋、李列、杨君兴和陈小勇），2013，368。

分布：西畴县兴街镇干海子，属元江水系。

(482) *Sinocyclocheilus xunlensis* Lan，Zhao *et* Zhang，2004 驯乐金线鲃

Sinocyclocheilus xunlensis Lan，Zhao *et* Zhang（蓝家湖、赵亚辉和张春光），2004，377；赵亚辉和张春光，2009，205；蓝家湖等，2013，229。

Sinocyclocheilus xunleensis：赵亚辉等（见周解和张春光），2006，281。

分布：柳江上游支流打狗河上游洞穴地下水。

(483) *Sinocyclocheilus yangzongensis* Tsü *et* Chen，1982 阳宗金线鲃

Sinocyclocheilus grahami yangzongensis Tsü *et* Chen（褚新洛和陈银瑞，见伍献文等），1982，265；褚新洛和陈银瑞，1978，255；褚新洛和崔桂华（见褚新洛和陈银瑞），1989，172。

Sinocyclocheilus yangzongensis：李维贤等，1994，7；李维贤等，1996，60；赵亚辉和张春光，2009，119。

Sinocyclocheilus (*Sinocyclocheilus*) *yangzongensis*：单乡红等（见乐佩琦等），2000，65。

分布：云南阳宗海，属南盘江水系。

(484) *Sinocyclocheilus yimenensis* Li *et* Xiao，2005 易门金线鲃

Sinocyclocheilus yimenensis Li *et* Xiao（李维贤和肖蘅），2005，90；赵亚辉和张春光，2009，166。

分布：云南省易门大龙口。

(485) *Sinocyclocheilus yishanensis* Li *et* Lan，1992 宜山金线鲃

Sinocyclocheilus yishanensis Li *et* Lan（李维贤和蓝家湖），1992，49；李维贤等，1996，60；赵亚辉等（见周解和张春光），2006，263；赵亚辉和张春光，2009，108；蓝家湖等，2013，175。

Sinocyclocheilus (*S.*) *yishanensis*：单乡红等（见乐佩琦等），2000，61。

分布：广西宜州市屏南乡里洞水库和同德楞村，属珠江水系柳江支流。

120. *Spinibarbus* Oshima，1919 倒刺鲃属

Spinibarbus Oshima，1919，217。

Barbodes 伍献文等，1982，236。

(486) *Spinibarbus denticulatus denticulatus* (Oshima，1926) 倒刺鲃

Spinibarbichthys denticulatus Oshima，1926a，11。

Barbus denticulatus：Nichols *et* Pope，1927，343。

Spinibarbus denticulatus：Myers，1931，259；Tchang，1933b，45；Lin，1933，206；Chu，1933，150；Herre，1936，628；Tchang，1937，101；方世勋（见郑葆珊），1981，71；金鑫波（见中国水产科学院珠江水产研究所），1986，110。

Barbodes (*Spinibarbus*) *denticulatus denticulatus*：伍献文等，1982，255；吕克强（见伍律等），1989，132。

Spinibarbus denticulatus denticulatus：褚新洛（见郑慈英），1989，167；褚新洛和崔桂华（见褚新洛和陈银瑞），1989，153；陈湘粦等，1991，141；单乡红等（见乐佩琦等），2000，43。

分布：长江、钱塘江、闽江、九龙江、珠江、元江及海南岛和台湾。国外分布于老挝和越南。

(487) *Spinibarbus denticulatus polylepis* Chu，1989 多鳞倒刺鲃

Spinibarbus denticulatus polylepis Chu（褚新洛，见郑慈英），1989，169；褚新洛和崔桂华（见褚新洛和陈银瑞），1989，156；单乡红等（见乐佩琦等），2000，45。

分布：南盘江水系。

(488) *Spinibarbus denticulatus yunnanensis* (Tsü，1982) 云南倒刺鲃

Barbodes (*Spinibarbus*) *denticulatus yunnanensis* Tsü（褚新洛，见伍献文等），1982，256。

Spinibarbus yunnanensis：杨君兴和陈银瑞，1995，64。

Spinibarbus denticulatus yunnanensis：褚新洛（见郑慈英），1989，168；褚新洛和崔桂华（见褚新洛和陈银瑞），1989，154；单乡红等（见乐佩琦等），2000，44。

分布：云南抚仙湖、阳宗海和星云湖，均属南盘江水系。

(489) *Spinibarbus hollandi* Oshima，1919 光倒刺鲃

Spinibarbus hollandi Oshima，1919，218；Koller，1927，34；方世勋（见郑葆珊），1981，69；褚新洛和崔桂华（见褚新洛和陈银瑞），1989，150；单乡红等（见乐佩琦等），2000，38。

Spinibarbus elongatus：Oshima，1920a，127；朱松泉，1995，51。

Spinibarbus nigrodosalis：Oshima，1926a，10；Lin，1933，208；Tchang，1933b，247；Tchang，1937，101。

Mystacoleucus (*Spinibarbus*) *nigrodosalis*：Rendahl，

1928：137；Wu，1931，437。

Mystacoleucus (*Spinibarbus*) *caldwelli*：Wu，1931b，19。

Lissocheilus caldwelli：Lin，1933，214。

Spinibarbus nigripinnis：Tchang *et* Shih，1934，432；Wang，1935，51。

Matsya nigrodosalis：Wu，1939，98。

Barbodes (*Spinibarbus*) *caldwelli*：伍献文等，1982，252；吕克强(见伍律等)，1989，131；毛节荣和徐寿山，1991，97。

Barbodes (*Spinibarbus*) *elongatus*：伍献文等，1982，252。

Spinibarbus caldwelli：黄少涛(见伍元鼎)，1984，330；金鑫波(见中国水产科学院珠江水产研究所)，1986，108；许涛清(见陈景星)，1987，142；褚新洛(见郑慈英)，1989，166；陈湘粦等，1991，140。

Spinibarbus hollandi：单乡红等(见乐佩琦等)，2000，43；Ho *et* Shao，2011，30。

保护等级：《台湾淡水鱼类红皮书》(近危)。

分布：长江、钱塘江、闽江、九龙江、珠江、元江、海南岛及台湾。国外分布于老挝和越南。

(490) *Spinibarbus sinensis* (Bleeker，1871) 中华倒刺鲃

Puntius (*Barbodes*) *sinensis* Bleeker，1871，17；Sauvage *et* Dabry，1874，8。

Barbus (*Spinibarbichthys*) *pingi*：Tchang，1931，229。

Mystacoleucus (*Spinibarbus*) *sinensis*：Wu *et* Wang，1931，233。

Spinibarbus sinensis：Lin，1933，208；许涛清(见陈景星)，1987，143；褚新洛和崔桂华(见褚新洛和陈银瑞)，1989，152；单乡红等(见乐佩琦等)，2000，41。

Spinibarbus pingi：Tchang，1933b，47。

Matsya sinensis：Chang，1944，43；褚新洛，1955，84。

Barbodes (*Spinibarbus*) *sinensis*：伍献文等，1982，257；吕克强(见伍律等)，1989，133。

保护等级：省级(湖南)。

分布：长江水系。

121. *Tor* Gary，1834 结鱼

Tor Gary，1834，96。

(491) *Tor hemispinus* Chen *et* Chu，1985 半刺结鱼

Tor (*Tor*) *hemispinus* Chen *et* Chu(陈银瑞和褚新洛)，1985，80；褚新洛和崔桂华(见褚新洛和陈银瑞)，1989，137；单乡红等(见乐佩琦等)，2000，164。

Tor hemispinus：伍汉霖等，2012，63；Kottelat，2013，168。

分布：怒江水系。

(492) *Tor polylepis* Zhou *et* Cui，1996 多鳞结鱼

Tor (*Tor*) *polylepis* Zhou *et* Cui(周伟和崔桂华)，1996，131。

Tor polylepis：伍汉霖等，2012，63；Kottelat，2013，168。

分布：云南勐腊南腊河，属澜沧江水系支流。

(493) *Tor putitora* (Hamilton，1822) 黄鳍结鱼

Cyprinus putitora Hamilton，1822，303。

Tor (*Tor*) *putitora*：褚新洛和崔桂华(见褚新洛和陈银瑞)，1989，140；单乡红等(见乐佩琦等)，2000，159。

Tor putitora：伍汉霖等，2012，63；Kottelat，2013，168。

分布：云南龙川江，属伊洛瓦底江。国外分布于缅甸、印度、阿富汗、不丹、孟加拉国、尼泊尔和巴基斯坦。

(494) *Tor qiaojiensis* Wu，1982 桥街结鱼

Tor (*Tor*) *qiaojiensis* Wu(伍献文，见伍献文等)，1982，326；陈银瑞和褚新洛，1985，79；褚新洛和崔桂华(见褚新洛和陈银瑞)，1989，139；单乡红等(见乐佩琦等)，2000，162。

Tor qiaojiensis：伍汉霖等，2012，63。

分布：云南龙川江和大盈江，属伊洛瓦底江水系。

(495) *Tor sinensis* Wu，1982 中国结鱼

Tor (*Tor*) *tor sinensis* Wu(伍献文，见伍献文等)，1982，325；褚新洛和崔桂华(见褚新洛和陈银瑞)，1989，142。

Tor (*Tor*) *sinensis*：Zhou *et* Cui(周伟和崔桂华)，1996，131；陈宜瑜，1998，166；单乡红等(见乐佩琦等)，2000，160。

Tor sinensis：伍汉霖等，2012，63；Kottelat，2013，168。

分布：澜沧江水系。国外分布于老挝和泰国。

(496) *Tor tambra* (Valenciennes，1842) 野结鱼

Barbus tambra Valenciennes，1842，185。

Barbus douronensis：Valenciennes，1842，187。

Tor douronensis：伍献文等，1982，324；伍汉霖等，2012，63。

Tor tambra：陈小勇，2013，304。

Tor (*Tor*) *douronensis*：伍献文等，1982；单乡红等(见

乐佩琦等)，2000，163。

别名：爪哇结鱼、大鳞结鱼。

分布：澜沧江、耿马南汀河、南滚河。国外分布于湄公河流域、爪哇、婆罗洲、马来半岛。

(497) *Tor tambroides* (Bleeker，1854) 似野结鱼

Labeobarbus tambroides Bleeker，1854。

Tor tambroides：Zhou *et* Cui(周伟和崔桂华)，1996；Rainboth，1996；Kottelat，2013，169；陈小勇，2013，304。

分布：澜沧江下游。国外分布于湄南河、湄公河、马来半岛、苏门答腊岛、爪哇、婆罗洲等。

(498) *Tor yingjiangensis* Chen *et* Yang，2004 盈江结鱼

Tor (*Tor*) *yingjiangensis* Chen *et* Yang，2004，185。

Tor yingjiangensis：伍汉霖等，2012，45；Kottelat，2013，168；陈小勇，2013，304。

分布：云南大盈江、瑞丽江。

122. *Typhlobarbus* Chu *et* Chen，1982 盲鲃属

Typhlobarbus Chu *et* Chen(褚新洛和陈银瑞)，1982，383。

(499) *Typhlobarbus nudiventris* Chu *et* Chen，1982 裸腹盲鲃

Typhlobarbus nudiventris Chu *et* Chen(褚新洛和陈银瑞)，1982，383；褚新洛和崔桂华(见褚新洛和陈银瑞)，1989，223；单乡红等(见乐佩琦等)，2000，51。

保护等级：《中国濒危动物红皮书-鱼类》(极危)。

分布：云南建水县。

(11) Labeoninae 野鲮亚科

123. *Akrokolioplax* Zhang *et* Kottelat，2006 角鱼属

Akrokolioplax Zhang(张鹗) *et* Kottelat，2006，21。

别名：阿克角鱼属。

(500) *Akrokolioplax bicornis* (Wu，1982) 角鱼

Epalzeorhynchos bicornis Wu(伍献文，见伍献文等)，1982，357；褚新洛和崔桂华(见褚新洛和陈银瑞)，1989，232；陈银瑞，1998，169；张鹗等(见乐佩琦等)，2000，211。

Akrokolioplax bicornis：Zhang *et* Kottelat，2006，21；伍汉霖等，2012，37。

别名：阿克角鱼。

保护等级：《中国濒危动物红皮书-鱼类》(濒危)。

分布：云南怒江水系。国外分布于缅甸和泰国。

124. *Bangana* Hamilton，1822 孟加拉鲮属

Bangana Hamilton，1822，277。

(501) *Bangana brevirostris* Liu *et* Zhou，2009 短吻孟加拉鲮

Bangana brevirostris Liu *et* Zhou(刘恺和周伟)，2009，61。

分布：云南西双版纳罗索江，属澜沧江水系。

(502) *Bangana decora* (Peters，1881) 桂孟加拉鲮

Labeo decorus Peters，1881b，1031。

Varicorhinus brevis：Lin(林书颜)，1931，108。

Osteochilus brevis：Lin，1933，342。

Sinilabeo decorus decorus：伍献文等，1977，337；陈景星和郑慈英(见郑慈英)，1989，199；吕克强(见伍律等)，1989，165；褚新洛和崔桂华(见褚新洛和陈银瑞)，1989，255；陈湘粦等，1991，169。

Sinilabeo decorus：方世勋(见郑葆珊)，1981，88；张鹗等(见乐佩琦等)，2000，180；朱瑜(见周解和张春光)，2006，312。

Bangana decora：Zhang *et* Chen，2006，41；伍汉霖等，2012，38。

别名：桂华鲮。

分布：珠江水系的西江和北江。

(503) *Bangana dero* (Hamilton，1822) 墨脱孟加拉鲮

Cyprinus dero Hamilton，1822，277。

Labeo diplostomus：Day，1878，540。

Sinilabeo dero：伍献文等，1982，345；褚新洛和崔桂华(见褚新洛和陈银瑞)，1989，257；武云飞和吴翠珍，1992，290；张春光等，1995，72；张鹗等(见乐佩琦等)，2000，185。

Bangana dero：Zhang *et* Chen，2006，41；伍汉霖等，2012，38。

别名：墨脱华鲮。

分布：雅鲁藏布江下游。国外分布于亚洲中南部。

(504) *Bangana devdevi* (Hora，1936) 戴氏孟加拉鲮

Labeo devdevi Hora，1936，317；Talwar *et* Jhingran，1991。

Sinilabeo cirrhinoides：Wu *et* Lin(伍献文和林人端，见伍献文等)，1982，344。

Bangana cirrhinoides：Zhang *et* Chen，2006，96。

Bangana devdevi：Kottelat，2013，75；陈小勇，2013，310。

别名：似鲮华鲮。

分布：云南龙川江、大盈江、元江。国外分布于缅甸、泰国等。

(505) *Bangana discognathoides* (Nichols *et* Pope，1927) 盆唇孟加拉鲮

Varicorhinus discognathoides Nichols *et* Pope，1927，360；林书颜，1931，107；Nichols，1943，115。

Varicorhinus pogonifer：林书颜，1931，109。

Osteochilus discognathoides：Lin，1933，342。

Osteochilus (*Altigena*) *pogonifer*：Lin，1933，344。

Varicorhinus (*Altigena*) *discognathoides*：Nichols，1943，115。

Sinilabeo discognathoides discognathoides：陈湘粦等，1991，170。

Sinilabeo discognathoides：郑葆珊，1981，89；金鑫波（见中国水产科学院珠江水产研究所），1986，124；张鹗等（见乐佩琦等），2000，190。

Bangana discognathoides：Zhang *et* Chen，2006，41；伍汉霖等，2012，38。

别名：盆唇华鲮。

分布：海南岛。

(506) *Bangana lemassoni* (Pellegrin *et* Chevey，1936) 滇孟加拉鲮

Varicorhinus lemassoni Pellegrin *et* Chevey，1936，19。

Sinilabeo rendahli lemassoni：伍献文等，1982，336；褚新洛和崔桂华（见褚新洛和陈银瑞），1989，253。

Sinilabeo lemassoni：张鹗等（见乐佩琦等），2000，179。

Bangana lemassoni：Zhang *et* Chen，2006，41；伍汉霖等，2012，38。

别名：滇华鲮。

分布：云南元江水系。国外分布于越南红河和老挝。

(507) *Bangana lippa* (Fowler，1936) 宽头孟加拉鲮

Labeo lippus Fowler，1936，512。

Sinilabeo tonkinensis laticeps：Wu *et* Lin（伍献文和林人端，见伍献文等），1982，343。

Sinilabeo laticeps：褚新洛和崔桂华（见褚新洛和陈银瑞），1989，260；张鹗等（见乐佩琦等），2000，187。

Bangana lippa：Zhang *et* Chen，2006，41；伍汉霖等，2012，38。

别名：宽头华鲮、湄公河孟加拉鲮、脂孟加拉鲮。

分布：澜沧江水系。国外分布于老挝、缅甸和泰国。

(508) *Bangana rendahli* (Kimura，1934) 长江孟加拉鲮

Labeo (*Varicorhynus*) *rendahli* Kimura，1934，125。

Barbus tungting：Wu，1930c，76。

Labeo diplostomus：Tchang，1931，227。

Sinilabeo rendahli rendahli：伍献文等，1982，335；陈景星，1987，151；吕克强（见伍律等），1989，164；高玺章等，1992，49；丁瑞华，1994，347。

Sinilabeo rendahli：张鹗等（见乐佩琦等），2000，177。

Bangana rendahli：Zhang *et* Chen，2006，41；伍汉霖等，2012，38。

别名：华鲮、孟加拉鲮。

分布：长江上游干支流。

(509) *Bangana tonkinensis* (Pellegrin *et* Chevey，1934) 河口孟加拉鲮

Varicorhinus tonkinensis Pellegrin *et* Chevey，1934，338。

Sinilabeo tonkinensis tonkinensis：伍献文等，1982，342。

Sinilabeo tonkinensis：郑慈英和陈景星，1983，73；褚新洛和崔桂华（见褚新洛和陈银瑞），1989，259；张鹗等（见乐佩琦等），2000，186。

Bangana tonkinensis：Zhang *et* Chen，2006，41；伍汉霖等，2012，38。

别名：河口华鲮。

分布：云南元江水系。国外分布于越南红河。

(510) *Bangana tungting* (Nichols，1925) 洞庭孟加拉鲮

Varicorhinus tungting Nichols，1925f，3。

Labeo diplostomus：梁启燊和刘素丽，1966，88。

Sinilabeo tungting：刘成汉，1964，104；丁瑞华，1994，348；张鹗等（见乐佩琦等），2000，183。

Sinilabeo decorus tungting：伍献文等，1982，338；湖南省水产科学研究所，1980，103；吕克强（见伍律等），1989，166。

Bangana tungting：Zhang *et* Chen，2006，41；伍汉霖等，2012，38。

别名：洞庭华鲮。

保护等级：省级（湖南）。

分布：洞庭湖及其上游的河流至湖北的洪湖等地区。

(511) *Bangana wui* (Zheng *et* Chen，1983) 伍氏孟加拉鲮

Sinilabeo discognathoides wui Zheng *et* Chen（郑慈英和陈景星），1983，71；吕克强（见伍律等），1989，167；郑慈英，1989，201；陈湘粦等，1991，172。

Sinilabeo discognathoides：伍献文等，1982，340；方世勋（见郑葆珊），1981，89。

Sinilabeo wui：张鹗等(见乐佩琦等)，2000，192；朱瑜(见周解和张春光)，2006，313。

Bangana wui：Zhang *et* Chen，2006，41；伍汉霖等，2012，38。

别名：伍氏华鲮。

分布：珠江水系的西江和北江。

(512) *Bangana xanthogenys* (Pellegrin *et* Chevey，1936) 元江孟加拉鲮

Labeo xanthogenys Pellegrin *et* Chevey，1936，221。

Sinilabeo decorus xanthogenys：伍献文等，1977，338；褚新洛和崔桂华(见褚新洛和陈银瑞)，1989，256。

Sinilabeo xanthogenys：张鹗等(见乐佩琦等)，2000，182。

Bangana xanthogenys：Zhang *et* Chen，2006，41；伍汉霖等，2012，38。

别名：元江华鲮。

分布：云南元江水系。国外分布于越南红河。

(513) *Bangana yunnanensis* (Chu *et* Wang，1963) 云南孟加拉鲮

Mirolabeo yunnanensis Chu *et* Wang(朱元鼎和王幼槐)，1963，4。

Sinilabeo yunnanensis：伍献文等，1977，341；褚新洛和崔桂华(见褚新洛和陈银瑞)，1989，264。

Bangana yunnanensis：Zhang *et* Chen，2006；陈小勇，2013，310。

别名：云南华鲮。

分布：澜沧江。

(514) *Bangana zhui* (Zheng *et* Chen，1989) 朱氏孟加拉鲮

Sinilabeo zhui Zheng *et* Chen(郑慈英和陈景星，见郑慈英)，1989，200；张鹗等(见乐佩琦等)，2000，193。

Mirolabeo yunnanensis Chu *et* Wang(朱元鼎和王幼槐)，1963，2。

Sinilabeo yunnanensis：伍献文等，1982，341；吕克强(见伍律等)，1989，168；褚新洛和崔桂华(见褚新洛和陈银瑞)，1989，264。

Bangana zhui：Zhang *et* Chen，2006，41；伍汉霖等，2012，38。

别名：朱氏华鲮。

分布：珠江水系上游南盘江和澜沧江水系等。

125. *Cirrhinus* Oken，1817 鲮属

Cirrhinus Oken，1817，1182。

(515) *Cirrhinus molitorella* (Valenciennes，1844) 鲮

Leuciscus molitorella Valenciennes，1844，359。

Labeo molitorella：林书颜，1931b，102。

Labeo collaris：Lin，1933，337；张春霖，1959，43。

Labeo pingi：Wu，1931b，20。

Cirrhina molitorella：Lin，1933，338；Wu，1939，94。

Cirrhinus molitorella：伍献文等，1982，353；方世勋(见郑葆珊)，1981，96；黄少涛(见伍元鼎)，1984，351；金鑫波(见中国水产科学院珠江水产研究所)，1986，127；陈景星和郑慈英(见郑慈英)，1989，203；褚新洛和崔桂华(见褚新洛和陈银瑞)，1989，265；陈湘粦等，1991，175；张鹗等(见乐佩琦等)，2000，201。

分布：闽江、珠江、元江、澜沧江等水系及台湾和海南岛。国外分布于越南。

126. *Cophecheilus* Zhu，Zhang，Zhang *et* Han，2011 褶吻鲮属

Cophecheilus Zhu，Zhang，Zhang *et* Han，2011，39。

(516) *Cophecheilus bamen* Zhu，Zhang，Zhang *et* Han，2011 巴门褶吻鲮

Cophecheilus bamen Zhu，Zhang，Zhang *et* Han，2011，39。

分布：广西靖西，属珠江水系左江支流。

127. *Crossocheilus* Hasselt，1823 穗唇鲃(缨鱼)属

Crossocheilus Hasselt，1823，132。

(517) *Crossocheilus burmanicus* Hora，1936 缅甸穗唇鲃

Crossocheilus burmanicus Hora，1936，319，324；陈小勇，2013，310。

Crossocheilus multirastellus：Su，Cui *et* Yang(苏瑞凤、崔桂华和杨君兴)，2000，217；伍汉霖等，2012，43；Kottelat，2013，89。

Cyprinus latius：Hamilton，1822，345。

Crossocheilus latius：褚新洛和崔桂华(见褚新洛和陈银瑞)，1989，243；陈银瑞，1998，172；张鹗等(见乐佩琦等)，2000，208；伍汉霖等，2012，43。

别名：印度穗唇鲃、多耙穗唇鲃、彩花穗唇鲃、侧穗唇鲃、彩花缨鱼。

分布：云南龙川江、大盈江、怒江、南汀河等。国外

分布于缅甸。

(518) *Crossocheilus reticulatus* (Fowler，1934) 网纹穗唇鲃

Holotylognathus reticulatus Fowler，1934a，135。

Crossocheilus tchangi：Fowler，1935，126；李思忠，1976，117。

Crossocheilus reticulatus：褚新洛和崔桂华(见褚新洛和陈银瑞)，1989，245；Su *et al.*，2001，215；张鹗等(见乐佩琦等)，2000，209；陈小勇，2013，310。

别名：网纹缨鱼。

分布：澜沧江水系。国外分布于柬埔寨、老挝、越南和泰国。

128. *Discocheilus* Zhang，1997 盘口鲮属

Discocheilus Zhang(张鹗)，1997，224。

(519) *Discocheilus multilepis* (Wang *et* Li，1994) 多鳞盘口鲮

Discolabeo multilepis Wang *et* Li(王大忠和李德俊)，1994，273；张鹗等(见乐佩琦等)，2000，270。

分布：珠江流域西江支流都柳江。

(520) *Discocheilus wui* (Chen *et* Lan，1992) 伍氏盘口鲮

Discolabeo wui Chen *et* Lan(陈景星和蓝家湖)，1992，104；张鹗等(见乐佩琦等)，2000，269；朱瑜(见周解和张春光)，2006，345。

分布：珠江流域西江水系红水河支流。

129. *Discogobio* Lin，1931 盘鮈属

Discogobio Lin(林书颜)，1931，72。

(521) *Discogobio antethoracalis* Zheng *et* Zhou，2008 前胸盘鮈

Discogobio antethoracalis Zheng *et* Zhou(郑兰平和周伟)，2008，257。

分布：云南嘎机盘龙河，属元江水系。

(522) *Discogobio bismargaritus* Chu，Cui *et* Zhou，1993 双珠盘鮈

Discogobio bismargaritus Chu，Cui *et* Zhou(褚新洛、崔桂华和周伟)，1993，240；张鹗等(见乐佩琦等)，2000，260。

分布：珠江水系西江支流上游。

(523) *Discogobio brachyphysallidos* Huang，1989 短鳔盘鮈

Discogobio brachyphysallidos Huang(黄顺友)，1989，358；褚新洛等，1993，243；张鹗等(见乐佩琦等)，2000，259。

分布：南盘江、元江和金沙江水系。

(524) *Discogobio elongatus* Huang，1989 长体盘鮈

Discogobio elongates Huang(黄顺友)，1989，357；张鹗等(见乐佩琦等)，2000，256。

分布：云南宣威，属北盘江水系。

(525) *Discogobio laticeps* Chu，Cui *et* Zhou，1993 宽头盘鮈

Discogobio laticeps Chu，Cui *et* Zhou(褚新洛、崔桂华和周伟)，1993，241；张鹗等(见乐佩琦等)，2000，261；朱瑜(见周解和张春光)，2006，341。

分布：北盘江水系。

(526) *Discogobio longibarbatus* Wu，1982 长须盘鮈

Discogobio longibarbatus Wu(伍献文，见伍献文等)，1982，387；黄顺友(见郑慈英)，1989，219；褚新洛和崔桂华(见褚新洛和陈银瑞)，1989，282；杨君兴和陈银瑞，1995，86；张鹗等(见乐佩琦等)，2000，253。

分布：云南抚仙湖。

(527) *Discogobio macrophysallidos* Huang，1989 长鳔盘鮈

Discogobio macrophysallidos Huang(黄顺友)，1989，356；褚新洛等，1993，242；张鹗等(见乐佩琦等)，2000，255。

Discogobio polylepis Huang(黄顺友)，1989，355。

分布：云南抚仙湖及南盘江水系。

(528) *Discogobio multilineatus* Cui，Zhou *et* Lan，1993 多线盘鮈

Discogobio multilineatus Cui，Zhou *et* Lan(崔桂华、周伟和蓝家湖)，1993，155；张鹗等(见乐佩琦等)，2000，262；朱瑜(见周解和张春光)，2006，342。

分布：珠江水系的红水河。

(529) *Discogobio polylepis* Huang,1989 多鳞盘鮈

Discogobio polylepis Huang(黄顺友)，1989，355；Yang(杨君兴)，1991，196；郑兰平，2007，22；陈小勇，2013，312。

Discogobio macrophysallidos：褚新洛等，1993，240；杨君兴和陈银瑞，1995，87；张鹗等(见乐佩琦等)，2000，255(部分，抚仙湖)。

分布：云南抚仙湖、澄江西龙潭。

(530) *Discogobio poneventralis* Zheng *et* Zhou，2008 后腹盘鮈

Discogobio poneventralis Zheng *et* Zhou(郑兰平和周

伟)，2008，262。

分布：云南嘎机盘龙河，属元江水系。

(531) *Discogobio propeanalis* Zheng *et* Zhou，2008 近臀盘鮈

Discogobio propeanalis Zheng *et* Zhou(郑兰平和周伟)，2008，260。

分布：云南文山盘龙河支流，属元江水系。

(532) *Discogobio tetrabarbatus* Lin，1931 四须盘鮈

Discogobio tetrabarbatus Lin(林书颜)，1931，72；Lin，1933，494；Wu，1939，112；Nichols，1943，113；伍献文等，1982，385；方世勋(见郑葆珊)，1981，110；谢家骅(见伍律等)，1989，187；黄顺友(见郑慈英)，1989，220；褚新洛和崔桂华(见褚新洛和陈银瑞)，1989，283；陈湘粦等，1991，183；张鹗等(见乐佩琦等)，2000，264；朱瑜(见周解和张春光)，2006，343。

分布：珠江水系的西江和北江上游。

(533) *Discogobio yunnanensis* (Regan，1907) 云南盘鮈

Discognathus yunnanensis Regan，1907a，63。

Garra yunnanensis：Nichols，1943，111；成庆泰，1958，154。

Discogobio yunnanensis：伍献文等，1982，386；杨干荣，1987，95；黄顺友(见郑慈英)，1989，218；谢家骅(见伍律等)，1989，185；褚新洛和崔桂华(见褚新洛和陈银瑞)，1989，284；武云飞和吴翠珍，1990b，63；丁瑞华，1994，360；张鹗等(见乐佩琦等)，2000，257；朱瑜(见周解和张春光)，2006，340。

Discogobio brachyphysallidos：Huang(黄顺友)，1989，358(部分)。

分布：长江中上游、南盘江及元江等水系。

130. *Discolabeo* Fowler，1937 盘鲮属

Discolabeo Fowler，1937。

(534) *Discolabeo wuluoheensis* Li，Lu *et* Mao，1996 五洛河盘鲮

Discolabeo wuluoheensis Li，Lu *et* Mao(李维贤、卢宗民和卯卫宁)，1996，20。

分布：云南师宗五洛河，属南盘江水系。

131. *Garra* Hamilton，1822 墨头鱼属

Garra Hamilton，1822，343。

(535) *Garra bispinosa* Zhang，2005 双刺墨头鱼

Garra bispinosa Zhang，2005，9。

分布：云南大盈江、龙川江。

(536) *Garra cambodgiensis* (Tirant，1884) 柬埔寨墨头鱼

Cirrhina cambodgiensis Tirant，1884，170。

Garra taeniata：Smith，1931a，19；伍献文等，1982，377；褚新洛和崔桂华(见褚新洛和陈银瑞)，1989，273；张鹗等(见乐佩琦等)，2000，245；伍汉霖等，2012，46；Kottelat，2013，103。

别名：条纹墨头鱼。

分布：澜沧江水系。国外分布于泰国。

(537) *Garra fascicauda* Fowler，1937 斑尾墨头鱼

Garra fascicauda Fowler，1937， 212：陈小勇，2013，311。

Garra bisangularis：Chen，Wu *et* Xiao(陈自明、吴晓云和肖蘅)，2010，381。

别名：双角墨头鱼。

分布：澜沧江下游。

(538) *Garra findolabium* Li，Zhou *et* Fu，2008 裂唇墨头鱼

Garra findolabium Li，Zhou *et* Fu(李凤莲、周伟和付蕾)，2008，62。

分布：云南江城县牛洛河，属元江水系。

(539) *Garra gravelyi* (Annandale，1919) 沟额墨头鱼

Discognathus gravelyi Annandale，1919，133。

Garra gravelyi：褚新洛和崔桂华，1987，96；张鹗等(见乐佩琦等)，2000，243。

分布：云南大盈江。国外分布于缅甸。

(540) *Garra imberba* Garman，1912 无须墨头鱼

Garra (*Ageneiogarra*) *imberba* Garman，1912，114；成庆泰，1958，155。

Discognathus pingi：Tchang，1929a，241。

Garra pingi：Tchang，1933b，35。

Garra poilanei：Petit *et* Tchang，1933，189。

Discognathus imberbis：Chang，1944，40。

Garra pingi pingi：伍献文等，1982，373；褚新洛和崔桂华(见褚新洛和陈银瑞)，1989，270；谢家骅(见伍律等)，1989，182；丁瑞华，1994，357；张鹗等(见乐佩琦等)，2000，247。

Garra alticorpora：Chu *et* Cui(褚新洛和崔桂华)，1987，96；张鹗等(见乐佩琦等)，2000，251。

别名：东坡鱼、墨头鱼、高体墨头鱼、缺须墨头鱼等。

分布：长江上游包括金沙江、南盘江、澜沧江、元江、藤条江、李仙江等水系。国外分布于越南。

(541) *Garra kempi* Hora，1921 西藏墨头鱼

Garra kempi Hora，1921，665；伍献文等，1982，378；褚新洛和崔桂华(见褚新洛和陈银瑞)，1989，277；武云飞和吴翠珍，1992，293；张春光等，1995，97；张鹗等(见乐佩琦等)，2000，244；伍汉霖等，2012，46。

别名：肯普氏墨头鱼。

分布：西藏雅鲁藏布江下游及其支流。国外分布于印度。

(542) *Garra micropulvinus* Zhou，Pan *et* Kottelat，2005 小垫墨头鱼

Garra micropulvinus Zhou，Pan *et* Kottelat(周伟、潘晓赋和 Kottelat)，2005，445。

分布：云南西畴嘎机盘龙河，属元江水系。

(543) *Garra mirofrontis* Chu *et* Cui，1987 奇额墨头鱼

Garra mirofrontis Chu *et* Cui(褚新洛和崔桂华)，1987，97；乐佩琦等，2000，241。

分布：云南澜沧江水系。

(544) *Garra nujiangensis* Chen *et* Yang，2009 怒江墨头鱼

Garra nujiangensis Chen *et* Yang(陈自明和杨君兴)，2009，438。

Garra imberba imberba (non Garman)：Chen，in Yang *et al.*，2010(部分，怒江)。

分布：云南镇康县大叉河，属怒江水系。

(545) *Garra orientalis* Nichols，1925 东方墨头鱼

Garra orientalis Nichols，1925，4；伍献文等，1982，379；方世勋(见郑葆珊)，1981，108；黄少涛(见伍元鼎)，1984，354；金鑫波(见中国水产科学院珠江水产研究所)，1986，136；黄顺友(见郑慈英)，1989，215；褚新洛和崔桂华(见褚新洛和陈银瑞)，1989，275；谢家骅(见伍律等)，1989，183；陈湘粦等，1991，181；张鹗等(见乐佩琦等)，2000，239。

Garra schismatorhyncha：Nichols *et* Pope，1927，358；Tchang，1937，101。

Discognathus (*Garra*) *orientalis*：林书颜，1931，5。

Discognathus orientalis：Lin，1933，80。

分布：闽江、九龙江、韩江、珠江、元江、澜沧江、伊洛瓦底江及海南岛各水系。国外分布于越南。

(546) *Garra pingi hainanensis* Chen *et* Zheng，1983 海南墨头鱼

Garra pingi hainanensis Chen *et* Zheng(陈景星和郑慈英)，1983，74；陈湘粦等，1991，180；张鹗等(见乐佩琦等)，2000，250。

Garra pingi：金鑫波(见中国水产科学院珠江水产研究所)，1986，134。

分布：海南省昌江、万泉河等水系。

(547) *Garra pingi yiliangensis* Wu *et* Chen，1982 宜良墨头鱼

Garra pingi yiliangensis Wu *et* Chen(伍献文和陈景星，见伍献文等)，1982，375；黄顺友(见郑慈英)，1989，214；褚新洛和崔桂华(见褚新洛和陈银瑞)，1989，272；张鹗等(见乐佩琦等)，2000，248。

分布：云南南盘江水系。

(548) *Garra qiaojiensis* Wu *et* Yao，1982 桥街墨头鱼

Garra qiaojiensis Wu *et* Yao(伍献文和乐佩琦，见伍献文等)，1982，381；陈银瑞，1988，179；褚新洛和崔桂华(见褚新洛和陈银瑞)，1989，274；张鹗等(见乐佩琦等)，2000，238。

分布：云南龙川江，属伊洛瓦底江水系。

(549) *Garra rotundinasus* Zhang，2006 圆鼻墨头鱼

Garra rotundinasus Zhang(张鹗)，2006，447。

分布：云南伊洛瓦底江。

(550) *Garra salweenica* Hora *et* Mukerji，1934 萨尔温墨头鱼

Garra salweenica Hora *et* Mukerji，1934；陈小勇，2013，311。

Garra orientalis (non Nichols)：褚新洛和崔桂华(见褚新洛和陈银瑞)，1989，275(部分，怒江)。

分布：怒江、南汀河、龙川江等。国外分布于缅甸萨尔温江。

(551) *Garra tengchongensis* Zhang *et* Chen，2002 腾冲墨头鱼

Garra tengchongensis Zhang *et* Chen(张鹗和陈宜瑜)，2002，459。

Garra kempi：褚新洛和崔桂华(见褚新洛和陈银瑞)，1989，277。

分布：云南伊洛瓦底江。

132. *Henicorhynchus* Smith，1945 单吻鱼属

Henicorhynchus Smith，1945，256。

(552) *Henicorhynchus lineatus* (Smith，1945) 单吻鱼

Cirrhinus lineatus Smith，1945，163。

Henicorhynchus lineatus：褚新洛和崔桂华(见褚新洛和陈银瑞)，1989，251；乐佩琦等，2000，195。

分布：云南澜沧江下游。国外分布于湄公河和湄南河流域。

133. *Hongshuia* Zhang，Qiang *et* Lan，2008 红水河鲮属

Hongshuia Zhang，Qiang *et* Lan(张鹗、强信和蓝家湖)，2008，34。

别名：红水鱼属。

(553) *Hongshuia banmo* Zhang，Qiang *et* Lan，2008 板么红水河鲮

Hongshuia banmo Zhang，Qiang *et* Lan(张鹗、强信和蓝家湖)，2008，40；伍汉霖等，2012，48。

别名：板么红水野鲮。

分布：广西珠江水系红水河。

(554) *Hongshuia megalophthalmus* (Chen，Yang *et* Cui，2006) 大眼红水河鲮

Sinocrossocheilus megalophthalmus Chen，Yang *et* Cui(陈小勇、杨君兴和崔桂华)，2006，81；Romero *et al.*，2009，211。

Hongshuia megalophthalmus：Zhang *et al.*，2008，40。

别名：大眼华缨鱼。

分布：珠江水系红水河支流。

(555) *Hongshuia microstomatus* (Wang *et* Chen，1989) 小口红水河鲮

Sinocrossocheilus microstomatus Wang *et* Chen(王大忠和陈宜瑜)，1989，29；张鹗等(见乐佩琦等)，2000，235；朱瑜(见周解和张春光)，2006，335。

Hongshuia microstomatus：Zhang *et al.*，2008，40；伍汉霖等，2012，48。

别名：小口红水野鲮、小口华缨鱼。

分布：珠江水系红水河支流。

(556) *Hongshuia paoli* Zhang，Qiang *et* Lan，2008 袍里红水河鲮

Hongshuia paoli Zhang，Qiang *et* Lan(张鹗、强信和蓝家湖)，2008，35；伍汉霖等，2012，48。

分布：珠江水系红水河支流。

134. *Labeo* Cuvier，1816 野鲮属

Labeo Cuvier，1816，173。

(557) *Labeo pierrei* (Sauvage，1880) 皮氏野鲮

Lobochilus pierrei Sauvage，1880，233。

Labeo yunnanensis：Chaudhuri，1911，14；伍献文等，1982，351；褚新洛和崔桂华(见褚新洛和陈银瑞)，1989，249；张鹗等(见乐佩琦等)，2000，199。

Labeo dyocheilus：Chu *et* Chen，1987。

Labeo pierrei：Kottelat，2013，116；陈小勇，2013，310。

别名：云南野鲮、花频野鲮。

分布：澜沧江、元江、龙川江。国外分布于湄公河、同奈河、湄南河等。

135. *Labiobarbus* Hasselt，1823 长背鲮属

Labiobarbus Hasselt，1823，132。

Dangila Valenciennes，1842，229。

别名：长背鲃属。

(558) *Labiobarbus lineatus* (Sauvage，1878) 长背鲮

Dangila lineata Sauvage，1878，237。

Labiobarbus lineatus：伍献文等，1982，356；褚新洛和崔桂华(见褚新洛和陈银瑞)，1989，230；张鹗等(见乐佩琦等)，2000，203；陈小勇，2013，311。

Labiobarbus leptocheila：Roberts，1993a，315；Kottelat，2013，117；陈小勇，2013，311。

别名：长背鲃。

分布：云南澜沧江水系。国外分布于老挝和泰国。

136. *Lobocheilus* Hasselt，1823 舌唇鱼属

Lobocheilus Hasselt，1823，133。

Tylognathus Heckel，1843，1027。

(559) *Lobocheilus melanotaenia* (Fowler，1935) 舌唇鱼

Tylognathus melanotaenia Fowler，1935，122。

Lobocheilus melanotaenia：Smith，1945，239；伍献文等，1982，347；褚新洛和崔桂华(见褚新洛和陈银瑞)，1989，236；张鹗等(见乐佩琦等)，2000，197。

Lobocheilos melanotaenia：伍汉霖等，2012，50；Kottelat，2013，120。

别名：黑纹舌唇鱼。

分布：云南澜沧江下游。国外分布于柬埔寨、老挝和泰国。

137. *Longanalus* Li，2006 长臀鲮属

Longanalus Li(李维贤)，2006，1。

(560) *Longanalus macrochirous* Li，Ran *et* Chen，2006 大鳍长臀鲮

Longanalus macrochirous Li，Ran *et* Chen(李维贤、冉景丞和陈会明)，2006，1。

分布：贵州茂兰。

138. *Mekongina* Fowler，1937 湄公鱼属

Mekongina Fowler，1937，200。

(561) *Mekongina lancangensis* Yang，Chen *et* Yang，2008 澜沧湄公鱼

Mekongina lancangensis Yang，Chen *et* Yang(杨剑，陈小勇和杨君兴)，2008，2006。

分布：云南勐腊南腊河，属澜沧江上游。

139. *Osteochilus* Günther，1868 纹唇鱼属

Osteochilus Günther，1868，40。

(562) *Osteochilus salsburyi* Nichols *et* Pope，1927 纹唇鱼

Osteochilus salsburyi Nichols *et* Pope，1927，348；林书颜，1931，105；Wu，1931b，21；Tchang，1933b，30；Lin，1933，341；陈景星和郑慈英(见郑慈英)，1989，204；褚新洛和崔桂华(见褚新洛和陈银瑞)，1989，267；陈湘粦等，1991，172；张鹗等(见乐佩琦等)，2000，205。

Osteochilus vittatus：伍献文等，1982，348；方世勋(见郑葆珊)，1981，94；黄少涛(见伍元鼎)，1984，350；金鑫波(见中国水产科学院珠江水产研究所)，1986，131。

分布：闽江、九龙江、珠江、海南岛和元江。国外分布于越南。

140. *Parasinilabeo* Wu，1939 异华鲮属

Parasinilabeo Wu(伍献文)，1939，106。

(563) *Parasinilabeo assimilis* Wu *et* Yao，1982 异华鲮

Parasinilabeo assimilis Wu *et* Yao(伍献文和乐佩琦，见伍献文等)，1982，336；方世勋(见郑葆珊)，1981，103；陈景星和郑慈英(见郑慈英)，1989，206；陈湘粦等，1991，179；张鹗等(见乐佩琦等)，2000，221；朱瑜(见周解和张春光)，2006，324。

Parasinilabeo mutabilis：Wu，1939，92。

分布：珠江水系。

(564) *Parasinilabeo longibarbus* Zhu，Lan *et* Zhang，2006 长须异华鲮

Parasinilabeo longibarbus Zhu，Lan *et* Zhang(朱瑜、蓝家湖和张鹗)，2006，503。

分布：广西珠江水系贺江支流。

(565) *Parasinilabeo longicorpus* Zhang，2000 长体异华鲮

Parasinilabeo longicorpus Zhang(张鹗)，2000，269。

分布：广西珠江水系西江和红水河支流。

(566) *Parasinilabeo longiventralis* Huang，Chen *et* Yang，2007 长鳍异华鲮

Parasinilabeo longiventralis Huang，Chen *et* Yang(黄艳飞、陈小勇和杨君兴)，2007，531；伍汉霖等，2012，55。

别名：长腹异华鲮。

分布：广西富川，属珠江水系。

(567) *Parasinilabeo maculatus* Zhang，2000 斑异华鲮

Parasinilabeo maculatus Zhang(张鹗)，2000，268。

分布：安徽石台秋浦河。

(568) *Parasinilabeo microps* Su，Yang *et* Cui，2001 小眼异华鲮

Parasinilabeo microps Su Yang *et* Cui(苏瑞凤、杨君兴和崔桂华)，2001，136。

分布：贵州江口龙家寨。

141. *Placocheilus* Wu，1982 盆唇鱼属

Placocheilus Wu(伍献文，见伍献文等)，1982，382。

(569) *Placocheilus caudofasciatus* (Pellegrin *et* Chevey，1936) 纹尾盆唇鱼

Discognathus caudofasciatus Pellegrin *et* Chevey，1936，223。

Garra caudofasciatus：Zhou *et al.*，2005，445。

Placocheilus caudofasciatus：伍献文等，1982，382；褚新洛和崔桂华(见褚新洛和陈银瑞)，1989，278；张鹗等(见乐佩琦等)，2000，266。

Placocheilus robustus：Zhang，He *et* Chen(张鹗、何舜平和陈宜瑜)，2002，207。

别名：壮尾盆唇鱼、壮尾墨头鱼。

分布：云南元江、李仙江、藤条江等水系。国外分布于老挝南马河、越南红河。

(570) *Placocheilus cryptonemus* Cui *et* Li，1984 缺须盆唇鱼

Placocheilus cryptonemus Cui *et* Li(崔桂华和李再云)，1984，110；褚新洛和崔桂华(见褚新洛和陈银瑞)，1989，280；陈银瑞，1998，180；张鹗等(见乐佩琦等)，2000，267。

Placocheilus robustus：Zhang，He *et* Chen(张鹗、何舜平和陈宜瑜)，2002，214。

Garra cryptonemus：伍汉霖等，2012，46。

保护等级：《中国濒危动物红皮书-鱼类》(极危)。

分布：怒江水系。

(571) *Placocheilus dulongensis* Chen, Pan, Xiao *et* Yang, 2012 独龙盆唇鱼

Placocheilus dulongensis Chen, Pan, Xiao *et* Yang(陈自明，潘晓赋，肖蘅和杨君兴)，2012，216。

分布：云南独龙江，属伊洛瓦底江水系。

142. *Protolabeo* Zhang, Zhao *et* An, 2010 原鲮属

Protolabeo Zhang, Zhao *et* An(张春光、赵亚辉和安莉)，2010，661。

(572) *Protolabeo protolabeo* Zhang, Zhao *et* Liu, 2010 原鲮

Protolabeo protolabeo Zhang, Zhao *et* Liu(张春光、赵亚辉和刘柏松)，2010， 661。

分布：云南会泽以礼河，属长江上游金沙江支流。

143. *Pseudocrossocheilus* Zhang *et* Chen, 1997 拟缨鱼属

Pseudocrossocheilus Zhang *et* Chen(张鹗和陈景星)，1997，321。

(573) *Pseudocrossocheilus bamaensis* (Fang, 1981) 巴马拟缨鱼

Crossocheilus bamaensis Fang(方世勋见郑葆珊)，1981，101；李德俊(见伍律等)，1989，177；陈景星和郑慈英(见郑慈英)，1989，207。

Pseudocrossocheilus bamaensis：张鹗和陈景星，1997，324；张鹗等(见乐佩琦等)，2000，218；朱瑜(见周解和张春光)，2006，321。

Sinocrossocheilus bamaensis：Romero *et al.*，2009，211。

别名：巴马华缨鱼。

分布：珠江水系西江水系红水河。

(574) *Pseudocrossocheilus liuchengensis* (Liang, 1987) 柳城拟缨鱼

Crossocheilus liuchengensis Liang(梁亮)，1987，77。

Pseudocrossocheilus liuchengensis：张鹗和陈景星，1997，324；张鹗等(见乐佩琦等)，2000，220；朱瑜(见周解和张春光)，2006，322。

别名：柳城华缨鱼。

分布：珠江水系西江上游柳江。

(575) *Pseudocrossocheilus longibullus* (Su, Yang *et* Cui, 2003) 长鳔拟缨鱼

Sinocrossocheilus longibullus Su, Yang *et* Cui(苏瑞凤、杨君兴和崔桂华)，2003，428。

Pseudocrossocheilus longibullus：Yuan *et al.*，2008，36。

别名：长鳔华缨鱼。

分布：贵州荔波，属珠江中游西江支流。

(576) *Pseudocrossocheilus nigrovittatus* (Su, Yang *et* Cui, 2003) 黑纵纹拟缨鱼

Sinocrossocheilus nigrovittata Su, Yang *et* Cui(苏瑞凤、杨君兴和崔桂华)，2003，420。

Pseudocrossocheilus nigrovittatus：Yuan *et al.*，2008，36；伍汉霖等，2012，56。

别名：黑带华缨鱼。

分布：贵州荔波，属珠江流域的西江。

(577) *Pseudocrossocheilus papillolabrus* (Su, Yang *et* Cui, 2003) 乳唇拟缨鱼

Sinocrossocheilus papillolabra Su, Yang *et* Cui(苏瑞凤、杨君兴和崔桂华)，2003，425。

Pseudocrossocheilus papillolabrus：Yuan *et al.*，2008，36；伍汉霖等，2012，56。

别名：瘤唇华缨鱼。

分布：贵州贞丰，属珠江水系上游北盘河。

(578) *Pseudocrossocheilus tridentis* (Cui *et* Chu, 1986) 三齿拟缨鱼

Sinocrossocheilus tridentis Cui *et* Chu(崔桂华和褚新洛)，1986，425；Su *et al.*，2003，424。

Pseudocrossocheilus tridentis：Yuan *et al.*，2008，36；伍汉霖等，2012，56。

别名：三齿华缨鱼。

分布：珠江流域西江上游南盘江及其支流。

144. *Pseudogyrinocheilus* Fang, 1933 泉水鱼属

Pseudogyrinocheilus Fang(方炳文)，1933a，255。

(579) *Pseudogyrinocheilus longisulcus* Zheng, Chen *et* Yang, 2010 长沟泉水鱼

Pseudogyrinocheilus longisulcus Zheng, Chen *et* Yang(郑兰平、陈小勇和杨君兴)，2010b，93。

分布：广西靖西。

(580) *Pseudogyrinocheilus procheilus* (Sauvage *et* Dabry, 1874) 泉水鱼

Discognathus prochilus Sauvage *et* Dabry，1874，8。

Gyrinocheilus roulei：Tchang，1929a，239。

Gyrinocheilus pellegrini：Tchang，1929a，240；张春霖，1959，36。

Pseudogyrinocheilus procheilus：Fang，1933a，260；张鹗等(见乐佩琦等)，2000，227。

Semilabeo prochilus：伍献文等，1982，370；李德俊(见伍律等)，1989，180；丁瑞华，1994，354。

分布：长江上游及其支流。

145. *Ptychidio* Myers，1930 卷口鱼属

Ptychidio Myers，1930，110。

(581) *Ptychidio jordani* Myers，1930 卷口鱼

Ptychidio jordani Myers，1930，112；Lin，1933，495；Tchang，1933b，93；陈兼善，1969，173；伍献文等，1982，360；方世勋(见郑葆珊)，1981，97；李德俊(见伍律等)，1989，172；褚新洛和崔桂华(见褚新洛和陈银瑞)，1989，234；陈景星和郑慈英(见郑慈英)，1989，217；陈湘粦等，1991，177；张鹗等(见乐佩琦等)，2000，229；朱瑜(见周解和张春光)，2006，331。

Varicogobio kaa：Lin(林书颜)，1931，74。

分布：珠江水系及台湾。

(582) *Ptychidio longibarbus* Chen *et* Chen，1989 长须卷口鱼

Ptychidio longibarbus Chen *et* Chen(陈毅峰和陈宜瑜)，1989，276；张鹗等(见乐佩琦等)，2000，232。

分布：珠江水系西江支流。

(583) *Ptychidio macrops* Fang，1981 大眼卷口鱼

Ptychidio macrops Fang(方世勋见郑葆珊)，1981，98；张鹗等(见乐佩琦等)，2000，231；朱瑜(见周解和张春光)，2006，332。

保护等级：《中国濒危动物红皮书-鱼类》(濒危)。

分布：珠江水系西江支流。

146. *Qianlabeo* Zhang *et* Chen，2004 黔鲮属

Qianlabeo Zhang *et* Chen，2004，27。

(584) *Qianlabeo striatus* Zhang *et* Chen，2004 条纹黔鲮

Qianlabeo striatus Zhang *et* Chen，2004，27。

分布：贵州安顺，属珠江水系北盘江支流。

147. *Rectoris* Lin，1935 直口鲮属

Rectoris Lin(林书颜)，1935b，303。

(585) *Rectoris longibarbus* Zhu，Zhang *et* Lan，2012 长须直口鲮

Rectoris longibarbus Zhu，Zhang *et* Lan(朱定贵、张鹗和蓝家湖)，2012，55。

分布：广西靖西县(属珠江流域西江支流左江)。

(586) *Rectoris longifinus* Li，Mao *et* Lu，2002 长鳍直口鲮

Rectoris longifinus Li，Mao *et* Lu(李维贤、卯卫宁和卢宗民)，2002，386；陈小勇，2013，312。

分布：云南东部，产地不详(估计为南盘江水系)。

(587) *Rectoris luxiensis* Wu *et* Yao，1982 泸溪直口鲮

Rectoris luxiensis Wu *et* Yao(伍献文和乐佩琦，见伍献文等)，1982，363；湖南省水产科学研究所，1980，104；李德俊(见伍律等)，1989，175；丁瑞华，1994，350；张鹗等(见乐佩琦等)，2000，215。

保护等级：省级(湖南)。

分布：湖南沅江和湘江，四川大宁河等水系。

(588) *Rectoris mutabilis* (Lin，1933) 变形直口鲮

Epalzeorhynchus mutabilis Lin，1933，84。

Rectoris mutabilis：伍献文等，1982，365；张鹗等(见乐佩琦等)，2000，216。

分布：乌江和元江水系。国外分布于越南。

(589) *Rectoris posehensis* Lin，1935 直口鲮

Rectoris posehensis Lin，1935b，304；伍献文等，1982，362；方世勋(见郑葆珊)，1981，100；陈景星和郑慈英(见郑慈英)，1989，209；李德俊(见伍律等)，1989，174；张鹗等(见乐佩琦等)，2000，213。

分布：珠江水系西江支流。国外分布于越南。

148. *Semilabeo* Peters，1881 唇鲮属

Semilabeo Peters，1881b，1032。

Amplolabrius Lin(林书颜)，1933，81。

别名：唇鱼属。

(590) *Semilabeo notabilis* Peters，1881 唇鲮

Semilabeo notabilis Peters，1881b，1032；林书颜，1931，101；Lin，1933，86；伍献文等，1982，369；方世勋，1981，105；褚新洛和崔桂华(见褚新洛和陈银瑞)，1989，239；黄顺友(见郑慈英)，1989，210；李德俊(见伍律等)，1989，179；陈湘粦等，1991，184；丁瑞华，1994，353；张鹗等(见乐佩琦等)，2000，223；朱瑜(见周解和张春光)，2006，326；陈小勇，2013，312。

Amplolabrius mirus：Lin，1933，82。

别名：唇鱼。

保护等级：《中国濒危动物红皮书-鱼类》(极危)。

分布：珠江水系和元江水系。国外分布于越南。

(591) *Semilabeo obscurus* Lin，1981 暗色唇鲮

Semilabeo obscurus Lin(林再昆，见郑葆珊)，1981，106；黄顺友(见郑慈英)，1989，211；褚新洛和崔桂华(见褚新洛和陈银瑞)，1989，241；张鹗等(见乐佩琦等)，2000，225；朱瑜(见周解和张春光)，2006，328；陈小勇，2013，312。

别名：暗色唇鱼。

分布：珠江水系的南盘江和元江水系。国外分布于越南。

149. *Sinilabeo* Rendahl，1932 华鲮属

Sinilabeo Rendahl，1932，81。

Altigena Lin(林书颜)，1933，342。

(592) *Sinilabeo hummeli* Zhang, Kullander *et* Chen, 2006 胡氏华鲮

Sinilabeo hummeli Zhang，Kullander *et* Chen(张鹗、Kullander 和陈宜瑜)，2006，96。

别名：胡梅尔氏华鲮。

分布：长江上游。

(593) *Sinilabeo longibarbatus* Chen *et* Zheng，1988 长须华鲮

Sinilabeo longibarbatus Chen *et* Zheng(陈景星和郑建州)，1988，1。

分布：贵州清镇县五里区猫跳河。

150. *Sinocrossocheilus* Wu，1982 华缨鱼属

Sinocrossocheilus Wu(伍献文，见伍献文等)，1982，358。

(594) *Sinocrossocheilus guizhouensis* Wu，1982 华缨鱼

Sinocrossocheilus guizhouensis Wu(伍献文，见伍献文等)，1982，359；李德俊(见伍律等)，1989，171；张鹗等(见乐佩琦等)，2000，234。

保护等级：《中国濒危动物红皮书-鱼类》(极危)。

分布：长江水系乌江支流。

(595) *Sinocrossocheilus labiatus* Su，Yang *et* Cui，2003 穗唇华缨鱼

Sinocrossocheilus labiatus Su，Yang *et* Cui(苏瑞凤、杨君兴和崔桂华)，2003，420。

分布：珠江水系西江支流打狗河。

151. *Stenorynchoacrum* Huang，Yang *et* Chen，2014 狭吻鱼属

Stenorynchoacrum Huang，Yang *et* Chen(黄艳飞、杨君兴和陈小勇)，2014，381。

(596) *Stenorynchoacrum xijiangensis* Huang，Yang *et* Chen，2014 西江狭吻鱼

Stenorynchoacrum xijiangensis Huang，Yang *et* Chen(黄艳飞、杨君兴和陈小勇)，2014，379。

分布：广西桂林大埔，属珠江水系漓江支流相思河。

(12) Schizothoracinae 裂腹鱼亚科

152. *Aspiorhynchus* Kesseler，1879 扁吻鱼属

Aspiorhynchus Kesseler，1879，242。

(597) *Aspiorhynchus laticeps* (Day，1877) 扁吻鱼

Ptychobarbus laticeps Day，1877，790。

Aspiorhynchus laticeps：曹文宣(见伍献文等)，1964，167；岳佐和(见中国科学院动物研究所等)，1979，36；武云飞和吴翠珍，1992，409；陈毅峰和曹文宣(见乐佩琦等)，2000，336。

保护等级：国家 I 级。

分布：新疆塔里木河水系。

153. *Chuanchia* Herzenstein，1891 黄河鱼属

Chuanchia Herzenstein，1891，223。

(598) *Chuanchia labiosa* Herzenstein，1891 骨唇黄河鱼

Chuanchia labiosa Herzenstein，1891，224；曹文宣和邓中粦，1962，48；曹文宣(见伍献文等)，1964，191；武云飞和吴翠珍，1992，512；陈宜瑜，1998，242；陈毅峰和曹文宣(见乐佩琦等)，2000，385；董崇智等，2001，169。

保护等级：《中国濒危动物红皮书-鱼类》(易危)，省级(青海)。

分布：黄河上游。

154. *Diptychus* Steindachner，1866 重唇鱼属

Diptychus Steindachner，1866，787。

(599) *Diptychus maculatus* Steindachner，1866 斑重唇鱼

Diptychus maculatus Steindachner，1866，788；李思忠等，1966，44；岳佐和(见中国科学院动物研究所等)，1979，37；武云飞和吴翠珍，1992，422；陈毅峰和曹文宣(见乐佩琦等)，2000，338。

Diptychus (*Diptychus*) *maculatus*：曹文宣(见伍献文等)，1964，170。

保护等级：省 II 级(新疆)。

分布：新疆和西藏。国外分布于哈萨克斯坦、吉尔吉

斯斯坦、塔吉克斯坦、巴基斯坦、印度和尼泊尔。

155. *Gymnocypris* Günther，1868 裸鲤属

Gymnocypris Günther，1868，169。

(600) *Gymnocypris chui* Tchang，Yueh *et* Hwang，1964 兰格湖裸鲤

Gymnocypris chui Tchang，Yue *et* Hwang(张春霖、岳佐和和黄宏金)，1964，146；武云飞和吴翠珍，1992，461；张春光等，1995，111；陈毅峰和曹文宣(见乐佩琦等)，2000，359。

别名：朱氏裸鲤。

分布：西藏兰格湖。

(601) *Gymnocypris dobula* Günther，1868 软刺裸鲤

Gymnocypris dobula Günther，1868，170；陈毅峰和曹文宣(见乐佩琦等)，2000，354。

Gymnocypris (*Gymnocypris*) *dobula*：曹文宣(见伍献文等)，1964，179；武云飞和吴翠珍，1992，458；张春光等，1995，114。

分布：西藏佩枯错和戳错龙错。

(602) *Gymnocypris eckloni chilienensis* Li *et* Chang，1974 祁连裸鲤

Gymnocypris chilianensis Li *et* Chang(李思忠和张世义)，1974，414；武云飞和吴翠珍，1992，446。

Gymnocypris eckloni：曹文宣(见伍献文等)，1964，183。

Gymnocypris eckloni chilienensis：陈毅峰和曹文宣(见乐佩琦等)，2000，362。

保护等级：省级(甘肃)。

分布：甘肃石羊河、弱水和疏勒河等。

(603) *Gymnocypris eckloni eckloni* Herzenstein，1891 花斑裸鲤

Gymnocypris eckloni Herzenstein，1891，243；曹文宣和邓中粦，1962，42；武云飞和吴翠珍，1992，437。

Gymnocypris (*Gymnocypris*) *eckloni*：曹文宣(见伍献文等)，1964，182。

Gymnocypris eckloni eckloni：叶妙荣和傅天佑(见丁瑞华)，1994，395；陈宜瑜，1998，235；陈毅峰和曹文宣(见乐佩琦等)，2000，361。

保护等级：省级(甘肃)。

分布：黄河水系。

(604) *Gymnocypris eckloni scolistomus* Wu *et* Chen，1979 斜口裸鲤

Gymnocypris scolistomus Wu *et* Chen(武云飞和陈瑷)，1979，289；武云飞和吴翠珍，1992，445。

Gymnocypris eckloni scolistomus：陈毅峰和曹文宣(见乐佩琦等)，2000，360。

保护等级：省级(青海)。

分布：青海省久治县逊木错。

(605) *Gymnocypris namensis* (Wu *et* Ren，1982) 纳木湖裸鲤

Schizopygopsis microcephalus namensis Wu *et* Ren(武云飞和任慕莲)，1982，80。

Gymnocypris namensis：陈毅峰和曹文宣(见乐佩琦等)，2000，366。

分布：西藏纳木错。

(606) *Gymnocypris potanini firmispinatus* Wu *et* Wu，1988 硬刺松潘裸鲤

Gymnocypris potanini firmispinatus Wu *et* Wu(武云飞和吴翠珍)，1988a，17；陈宜瑜，1998，237；陈毅峰和曹文宣(见乐佩琦等)，2000，358。

Gymnocypris firmispinatus：武云飞和吴翠珍，1992，449。

分布：金沙江上游和澜沧江支流永春河。

(607) *Gymnocypris potanini potanini* Herzenstein，1891 松潘裸鲤

Gymnocypris potanini Herzenstein，1891，258；曹文宣和邓中粦，1962，41；武云飞和吴翠珍，1992，449；叶妙荣和傅天佑(见丁瑞华)，1994，394。

Schizopygopsis lifanensis Chang，1944，46；张春霖和刘成汉，1957，230。

Gymnocypris (*Gymnocypris*) *potanini*：曹文宣(见伍献文等)，1964，180。

Gymnocypris potanini potanini：陈宜瑜，1998，233；陈毅峰和曹文宣(见乐佩琦等)，2000，356。

分布：岷江上游和澜沧江水系。

(608) *Gymnocypris przewalskii ganzihonensis* Zhu *et* Wu，1975 甘子河裸鲤

Gymnocypris przewalskii ganzihonensis Zhu *et* Wu(朱松泉和武云飞)，1975，14；陈毅峰和曹文宣(见乐佩琦等)，2000，365。

保护等级：省级(青海)。

分布：青海湖入湖支流甘子河。

(609) *Gymnocypris przewalskii przewalskii* (Kessler，1876) 青海湖裸鲤

Schizopygopsis przewalskii Kessler，1876，11。

Gymnocypris chengi：Tchang *et* Chang(张春霖和张玉

玲)，1963a，291。

Gymnocypris depressus：Tchang *et* Chang(张春霖和张玉玲)，1963a，292。

Gymnocypris chinghainensis：Tchang *et* Chang(张春霖和张玉玲)，1963b，635。

Gymnocypris convezaventris：Tchang *et* Chang(张春霖和张玉玲)，1963b，636。

Gymnocypris(*Gymnocypris*)*przewalskii*：曹文宣(见伍献文等)，1964，181。

Gymnocypris przewalskii przewalskii：朱松泉和武云飞，1975，19；陈毅峰和曹文宣(见乐佩琦)等，2000，363。

保护等级：省级(青海)。

分布：青海湖及其湖周支流。

(610) *Gymnocypris scleracanthus* Tsao，Wu，Chen *et* Zhu，1992 拉孜裸鲤

Gymnocypris scleracanthus Tsao，Wu，Chen *et* Zhu(曹文宣、武云飞、陈宜瑜和朱松泉，见武云飞和吴翠珍)，1992，451。

Gymnocypris przewalskii：张春霖和岳佐和，1964，142。

分布：西藏拉孜兰格湖。

(611) *Gymnocypris waddelli* Regan，1905 高原裸鲤

Gymnocypris waddelli Regan，1905c，300；张春霖和王文滨，1962，534；张春霖和岳佐和，1964，150；张春光等，1995，107；陈毅峰和曹文宣(见乐佩琦等)，2000，355。

Gymnocypris(*Gymnocypris*)*waddelli*：伍献文等，1979，102；曹文宣(见伍献文等)，1964，179。

Gymnocypris hobsonii：张春霖和岳佐和，1964，148。

Gymnocypris molicorporus：Tchang，Yue *et* Huang(张春霖、岳佐和和黄宏金)，1964，140。

Gymnocypris pingi：Tchang，Yue *et* Huang(张春霖、岳佐和和黄宏金)，1964，142。

Gymnocypris pingi orisolatus：Tchang，Yue *et* Huang(张春霖、岳佐和和黄宏金)，1964，144。

Gymnocypris gibberis：Tchang，Yue *et* Huang(张春霖、岳佐和和黄宏金)，1964，148。

分布：西藏南部的羊卓雍错、哲古错、珀莫错、莫特里湖、嘎罗维金马湖等。

156. *Gymnodiptychus* Herzenstein，1892 裸重唇鱼属

Gymnodiptychus Herzenstein，1892，225。

(612) *Gymnodiptychus dybowskii*(Kessler，1874)新疆裸重唇鱼

Diptychus dybowskii Kessler，1874，55；张春霖，1959，84。

Diptychus(*Gymnodiptychus*)*dybowskii*：曹文宣(见伍献文等)，1964，165。

Gymnodiptychus dybowskii：李思忠等，1966，44；岳佐和(见中国科学院动物研究所等)，1979，38；武云飞和吴翠珍，1992，432；陈毅峰和曹文宣(见乐佩琦等)，2000，350；董崇智等，2001，148。

保护等级：省自治区 I 级(新疆)。

分布：新疆伊犁河、塔里木河等。国外分布于中亚部分水系。

(613) *Gymnodiptychus integrigymnatus* Huang，1998 全裸裸重唇鱼

Gymnodiptychus integrigymnatus Huang(黄顺友，见陈宜瑜)，1998，231；曹文宣等，1981，125；莫天培(见褚新洛和陈银瑞)，1989，319；武云飞和吴翠珍，1992，434；陈宜瑜，1998，231；黄顺友，1998，231；陈毅峰和曹文宣(见乐佩琦等)，2000，348。

分布：高黎贡山龙川江上游支流、怒江支流。

(614) *Gymnodiptychus pachycheilus* Herzenstein，1892 厚唇裸重唇鱼

Gymnodiptychus pachycheilus Herzenstein，1892，226；陈毅峰和曹文宣(见乐佩琦等)，2000，351。

Diptychus pachycheilus：曹文宣和邓中粦，1962，39；武云飞和陈瑗，1979，287。

Diptychus dybowskii：张春霖，1959，83。

Gymnodiptychus dybowskii：Fang，1936b，451。

Diptychus(*Gymnodiptychus*)*pachycheilus*：曹文宣(见伍献文等)，1964，176；湖北省水生生物学研究所鱼类研究室，1976，60。

保护等级：省级(甘肃、陕西)。

分布：黄河水系和长江上游金沙江的上游及雅砻江中下游。

157. *Herzensteinia* Chu，1935 高原鱼属

Herzensteinia Chu(朱元鼎)，1935，13。

(615) *Herzensteinia microcephalus*(Herzenstein，1891)小头高原鱼

Schizopygopsis microcephalus Herzenstein，1891，219。

Herzensteinia microcephalus：Chu(朱元鼎)，1935，19；曹文宣(见伍献文等)，1964，193；陈宜瑜，

1998，246；陈毅峰和曹文宣(见乐佩琦等)，2000，389。

分布：长江上游源头区。

158. *Oxygymnocypris* Tsao，1964 尖裸鲤属

Oxygymnocypris Tsao(曹文宣)，1964，183。

(616) *Oxygymnocypris stewartii* (Lloyd，1908) 尖裸鲤

Schizopygopsis stewartii Lloyd，1908，342。

Gymnocypris (*Oxygymnocypris*) *stewartii*：曹文宣(见伍献文等)，1964，183。

Oxygymnocypris stewartii：武云飞和吴翠珍，1992，464；张春光等，1995，114；陈毅峰和曹文宣(见乐佩琦等)，2000，367。

保护等级：《中国濒危动物红皮书-鱼类》(濒危)。

分布：雅鲁藏布江中上游干流及其主要支流。

159. *Platypharodon* Herzenstein，1891 扁咽齿鱼属

Platypharodon Herzenstein，1891，226。

(617) *Platypharodon extremus* Herzenstein，1891 极边扁咽齿鱼

Platypharodon extremus Herzenstein，1891，229；Chu，1935，66；曹文宣和邓中粦，1962，29；曹文宣(见伍献文等)，1964，192；武云飞和吴翠珍，1992，515；叶妙荣和傅天佑(见丁瑞华)，1994，408；陈宜瑜，1998，244；陈毅峰和曹文宣(见乐佩琦等)，2000，387；董崇智等，2001，172。

保护等级：《中国濒危动物红皮书-鱼类》(易危)，省级(甘肃、青海)。

分布：黄河上游。

160. *Ptychobarbus* Steindachner，1866 叶须鱼属

Ptychobarbus Steindachner，1866，789。

(618) *Ptychobarbus chungtienensis chungtienensis* (Tsao，1964) 中甸叶须鱼

Diptychus (*Ptychobarbus*) *chungtienensis* Tsao(曹文宣)，1964，174；陈宜瑜，1998，227；董崇智等，2001，145。

Ptychobarbus chungtienensis：莫天培(见褚新洛和陈银瑞)，1989，317；武云飞和吴翠珍，1992，420。

Ptychobarbus chungtienensis chungtienensis：陈毅峰和曹文宣(见乐佩琦等)，2000，345。

分布：云南中甸东南向流的小中甸河及附属的那亚河、碧塔海、属都海等，属金沙江中上游过渡段。

(619) *Ptychobarbus chungtienensis gezaensis* (Huang *et* Chen，1986) 格咱叶须鱼

Diptychus (*Ptychobarbus*) *chungtienensis gezaensis* Huang *et* Chen(黄顺友和陈宜瑜)，1986，103；陈宜瑜，1998，229。

Ptychobarbus chungtienensis gezaensis：陈毅峰和曹文宣(见乐佩琦等)，2000，346。

分布：云南中甸西南向流的格咱河，属金沙江上游支流。

(620) *Ptychobarbus conirostris* Steindachner，1866 锥吻叶须鱼

Ptychobarbus conirostris Steindachner，1866，789；武云飞和朱松泉，1979，20；武云飞和吴翠珍，1992，414；张春光等，1995，102；陈毅峰和曹文宣(见乐佩琦等)，2000，341；董崇智等，2001，145。

Diptychus (*Ptychobarbus*) *conirostris*：曹文宣(见伍献文等)，1964，172。

别名：锥吻重唇鱼。

分布：西藏狮泉河、噶尔河。国外分布于印度和克什米尔。

(621) *Ptychobarbus dipogon* (Regan，1905) 双须叶须鱼

Schizothorax dipogon Regan，1905b，186。

Diptychus (*Ptychobarbus*) *dipogon*：曹文宣(见伍献文等)，1964，173；董崇智等，2001，141。

Ptychobarbus dipogon：武云飞和吴翠珍，1992，412；张春光等，1995，101；陈毅峰和曹文宣(见乐佩琦等)，2000，342。

分布：雅鲁藏布江水系。

(622) *Ptychobarbus kaznakovi* Nikolsky，1903 裸腹叶须鱼

Ptychobarbus kaznakovi Nikolskiy，1903，91；武云飞和吴翠珍，1992，416；陈毅峰和曹文宣(见乐佩琦等)，2000，344。

Diptychus (*Ptychobarbus*) *kaznakovi*：曹文宣(见伍献文等)，1964，173；陈宜瑜，1998，226；董崇智等，2001，143。

Diptychus kaznakovi：曹文宣和邓中粦，1962，38。

保护等级：《中国濒危动物红皮书-鱼类》(易危)。

分布：怒江、澜沧江和金沙江上游。

161. *Schizopygopsis* Steindachner，1866 裸裂尻鱼属

Schizopygopsis Steindachner，1866，785。

(623) *Schizopygopsis anteroventris* Wu，Tsao，Zhu *et* Chen，1989 前腹裸裂尻鱼

Schizopygopsis anteroventris Wu，Tsao，Zhu *et* Chen（武云飞、曹文宣、朱松泉和陈宜瑜），1992，480。

分布：澜沧江上游干支流。

(624) *Schizopygopsis kessleri* Herzenstein，1891 柴达木裸裂尻鱼

Schizopygopsis kessleri Herzenstein，1891，217；曹文宣（见伍献文等），1964，186；陈毅峰和曹文宣（见乐佩琦等），2000，376。

分布：诺木洪河，属柴达木水系。

(625) *Schizopygopsis kialingensis* Tsao *et* Tun，1962 嘉陵裸裂尻鱼

Schizopygopsis kialingensis Tsao *et* Tun（曹文宣和邓中粦），1962，43；曹文宣（见伍献文等），1964，190；陕西动物研究所等，1987，161；湖北省水生生物研究所鱼类研究室，1976，161；武云飞和吴翠珍，1992，469；叶妙荣和傅天佑（见丁瑞华），1994，404；陈宜瑜，1998，237；陈毅峰和曹文宣（见乐佩琦等），2000，383；董崇智等，2001，163。

保护等级：省级（甘肃）。

分布：嘉陵江水系。

(626) *Schizopygopsis malacanthus baoxingensi* Fu，Ding *et* Ye，1994 宝兴软鳍裸裂尻鱼

Schizopygopsis malacanthus baoxingensi Fu，Ding *et* Ye（傅天佑、丁瑞华和叶妙荣，见丁瑞华），1994，399。

分布：四川青衣江上游。

(627) *Schizopygopsis malacanthus chengi*（Fang，1936）大渡软刺裸裂尻鱼

Chuanchia chengi Fang，1936d，45；武云飞和吴翠珍，1992，474。

Schizopygopsis malacanthus chengi：曹文宣和邓中粦，1962，45；曹文宣（见伍献文等），1964，189；湖北省水生生物学研究所鱼类研究室，1976，63；武云飞和陈瑗，1979，287；叶妙荣和傅天佑（见丁瑞华），1994，402；陈宜瑜，1998，240；陈毅峰和曹文宣（见乐佩琦等），2000，375；董崇智等，2001，160。

分布：大渡河上游。

(628) *Schizopygopsis malacanthus malacanthus* Herzenstein，1891 软刺裸裂尻鱼

Schizopygopsis malacanthus Herzenstein，1891，201；曹文宣和邓中粦，1962，44；曹文宣（见伍献文等），1964，188；湖北省水生生物学研究所鱼类研究室，1976，61；武云飞和吴翠珍，1992，477。

Schizopygopsis malacanthus malacanthus：武云飞和陈瑗，1979，287；伍献文等，1979，103；叶妙荣和傅天佑（见丁瑞华），1994，398；陈宜瑜，1998，238；陈毅峰和曹文宣（见乐佩琦等），2000，373。

分布：金沙江和雅砻江上游。

(629) *Schizopygopsis pylzovi* Kessler，1876 黄河裸裂尻鱼

Schizopygopsis pylzovi Kessler，1876，13；陕西动物研究所等，1987，160；武云飞和吴翠珍，1992，471；陈宜瑜，1998，241；陈毅峰和曹文宣（见乐佩琦等），2000，377。

Chuanchia chengi：张春霖，1959，84。

保护等级：省级（甘肃）。

分布：黄河上游干流及支流。

(630) *Schizopygopsis stoliczkai bangongensis* Wu *et* Zhu，1979 班公湖裸裂尻鱼

Schizopygopsis stoliczkai bangongensis Wu *et* Zhu（武云飞和朱松泉），1979，23；陈毅峰和曹文宣（见乐佩琦等），2000，373。

分布：西藏西部班公湖水系，属印度河上游。

(631) *Schizopygopsis stoliczkai maphamyumensis* Wu *et* Zhu，1979 玛旁雍裸裂尻鱼

Schizopygopsis stoliczkae maphamyumensis Wu *et* Zhu（武云飞和朱松泉），1979，24；陈毅峰和曹文宣（见乐佩琦等），2000，372。

分布：西藏西部玛旁雍错（玛法木错）。

(632) *Schizopygopsis stoliczkai stoliczkai* Steindachner，1866 高原裸裂尻鱼

Schizopygopsis stoliczkae Steindachner，1866，786；曹文宣（见伍献文等），1964，185；武云飞和吴翠珍，1992，497。

Schizopygopsis stoliczkai stoliczkai：陈毅峰和曹文宣（见乐佩琦等），2000，370；董崇智等，2001，162。

分布：广泛分布于青藏高原西部，包括我国狮泉河、象

泉河、喀拉喀什河等。国外分布于中亚和西亚广大地区。

(633) *Schizopygopsis thermalis* Herzenstein，1891 温泉裸裂尻鱼

Schizopygopsis thermalis Herzenstein，1891，204；曹文宣(见伍献文等)，1964，189；张春光等，1995，120；武云飞和吴翠珍，1992，493；陈毅峰和曹文宣(见乐佩琦等)，2000，379。

分布：唐古拉山温泉中。

(634) *Schizopygopsis younghusbandi himalayensis* Tsao，1975 喜马拉雅裸裂尻鱼

Schizopygopsis younghusbandi himalayensis Tsao(曹文宣)，1975，76；武云飞和吴翠珍，1992，485；陈毅峰和曹文宣(见乐佩琦等)，2000，382。

分布：西藏南部波曲河，属恒河。

(635) *Schizopygopsis younghusbandi wui* Tchang，Yueh *et* Hwang，1964 昂仁裸裂尻鱼

Schizopygopsis wui Tchang，Yueh *et* Hwang(张春霖、岳佐和和黄宏金)，1964，669。

Schizopygopsis younghusbandi wui：曹文宣，1974，79；武云飞和吴翠珍，1992，484；陈毅峰和曹文宣(见乐佩琦等)，2000，383。

分布：西藏昂仁县金湖(昂仁湖)。

(636) *Schizopygopsis younghusbandi younghusbandi* Regan，1905 拉萨裸裂尻鱼

Schizopygopsis younghusbandi Regan，1905，185；张春霖等，1964，668。

Schizopygopsis stoliczkai：曹文宣(见伍献文等)，1964，185；张春霖等，1964，662。

Schizopygopsis thermalis：张春霖和王文滨，1962，553；张春霖等，1964，663。

Schizopygopsis kessleri makianensis：Tchang，Yueh *et* Hwang(张春霖、岳佐和和黄宏金)，1964，664。

Schizopygopsis younghusbandi younghusbandi：曹文宣(见伍献文等)，1974，76；武云飞和吴翠珍，1992，488；张春光等，1995，121；陈毅峰和曹文宣(见乐佩琦等)，2000，380。

分布：雅鲁藏布江中上游和朋曲河。

162. *Schizothorax* Heckel，1838 裂腹鱼属

Schizothorax Heckel，1838，11。

Racoma M'Clelland *et* Griffith，1842，576。

Paraschizothorax Tsao(曹文宣)，1964，168。

Tetrostichodon Tchang *et al.*(张春霖等)，1964，273。

(637) *Schizothorax argentatus* Kessler，1874 银色裂腹鱼

Schizothorax argentatus Kessler，1874，55。

Schizothorax orientalis：Kessler，1874，54；岳佐和，1978，32。

Schizothorax (Racoma) argentatus：曹文宣(见伍献文等)，1964，156；李思忠等，1966，44；陈毅峰和曹文宣(见乐佩琦等)，2000，307。

Racoma (Racoma) argentata：武云飞和吴翠珍，1992，344。

保护等级：省(自治区)I 级(新疆)。

分布：新疆伊犁河。国外分布于哈萨克斯坦。

(638) *Schizothorax beipanensis* Yang，Chen *et* Yang，2009 北盘江裂腹鱼

Schizothorax beipanensis Yang，Chen *et* Yang，2009，23。

分布：北盘江。

(639) *Schizothorax biddulphi* Günther，1876 塔里木裂腹鱼

Schizothorax biddulphi Günther，1876，400；岳佐和，1978，34。

Schizothorax (Schizopyge) biddulphi：曹文宣(见伍献文等)，1964，160。

Racoma (Racoma) biddulphi：武云飞和吴翠珍，1992，342。

Schizothorax (Racoma) biddulphi：陈毅峰和曹文宣(见乐佩琦等)，2000，315。

保护等级：《中国濒危动物红皮书-鱼类》(濒危)，省(自治区)II 级(新疆)。

分布：新疆塔里木河水系。

(640) *Schizothorax chongi* (Fang，1936) 细鳞裂腹鱼

Oreinus chongi Fang，1936b，448。

Oreinus molesworthi：Tchang，1931，233。

Schizothorax sinensis：Tchang，1933b，40；张春霖，1959，82。

Schizothorax (Schizothorax) chongi：曹文宣(见伍献文等)，1964，145；湖北省水生生物学研究所鱼类研究室，1976，57；叶妙荣和傅天佑(见丁瑞华)，1994，372；陈宜瑜，1998，200；陈毅峰和曹文宣(见乐佩琦等)，2000，297。

Racoma (Schizopyge) chongi：武云飞和吴翠珍，1992，376。

保护等级：省(直辖市)级(重庆)。

分布：金沙江中下游、岷江下游和长江干流上游。

(641) *Schizothorax crytolepis* Fu *et* Ye，1984 隐鳞裂腹鱼

Schizothorax crytolepis Fu *et* Ye(傅天佑和叶妙荣)，1984，165。

Schizothorax (*Schizothorax*) *crytolepis*：叶妙荣和傅天佑(见丁瑞华)，1994，374；陈宜瑜，1998，204；陈毅峰和曹文宣(见乐佩琦等)，2000，299。

分布：四川雅安青衣江，属长江水系。

(642) *Schizothorax curvilabiatus* (Wu *et* Tsao，1992) 弧唇裂腹鱼

Racoma (*Schizopyge*) *curvilabiata* Wu *et* Tsao(武云飞和曹文宣)，1992，384；伍汉霖等，2012，61。

别名：弧唇弓鱼。

分布：雅鲁藏布江下游。

(643) *Schizothorax davidi* (Sauvage，1880) 重口裂腹鱼

Paratylognathus davidi Sauvage，1880，227；Chu，1935，7。

Schizothorax potanini：Chang，1944，45；张春霖和刘成汉，1957，229；张春霖，1959，80。

Schizothorax davidi：曹文宣和邓中粦，1962，29。

Schizothorax (*Schizopyge*) *davidi*：曹文宣(见伍献文等)，1964，152。

Schizothorax (*Racoma*) *davidi*：陕西动物研究所等，1987，155；陈宜瑜，1998，221；陈毅峰和曹文宣(见乐佩琦等)，2000，329。

Racoma (*Racoma*) *davidi*：武云飞和吴翠珍，1992，319。

保护等级：省级(甘肃)。

分布：嘉陵江、沱江和岷江。

(644) *Schizothorax dolichonema* Herzenstein，1889 长丝裂腹鱼

Schizothorax dolichonema Herzenstein，1889，178；曹文宣和邓中粦，1962，37。

Schizothorax (*Schizothorax*) *dolichonema*：曹文宣(见伍献文等)，1964，141；湖北省水生生物学研究所鱼类研究室，1976，52；叶妙荣和傅天佑(见丁瑞华)，1994，366；张春光等，1995，83；陈宜瑜，1998，198；陈毅峰和曹文宣(见乐佩琦等)，2000，294。

Racoma (*Schizopyge*) *dolichonema*：武云飞和吴翠珍，1992，373。

保护等级：省级(青海)。

分布：澜沧江、金沙江和雅砻江等上游。

(645) *Schizothorax dulongensis* Huang，1985 独龙裂腹鱼

Schizothorax dulongensis Huang(黄顺友)，1985，211。

Schizothorax (*Schizothorax*) *dulongensis*：莫天培(见褚新洛和陈银瑞)，1989，295；武云飞和吴翠珍，1992，397；陈宜瑜，1998，191；陈毅峰和曹文宣(见乐佩琦等)，2000，284。

分布：独龙江，属伊洛瓦底江上游支流。

(646) *Schizothorax elongatus* Huang，1985 长身裂腹鱼

Schizothorax elongatus Huang(黄顺友)，1985，212。

Schizothorax (*Schizothorax*) *elongatus*：莫天培(见褚新洛和陈银瑞)，1989，294；陈宜瑜，1998，192；武云飞和吴翠珍，1992，394；陈毅峰和曹文宣(见乐佩琦等)，2000，286。

别名：细身裂腹鱼。

分布：大盈江，属伊洛瓦底江水系。

(647) *Schizothorax esocina* Heckel，1838 鸭嘴裂腹鱼

Schizothorax esocinus Heckel，1838，48。

Schizothorax (*Racoma*) *esocina* 中国科学院动物研究所等，1979，34；武云飞和吴翠珍，1992，347；伍汉霖等，2012，61。

别名：扁嘴弓鱼、狗裂腹鱼。

分布：新疆塔里木河水系。国外分布于阿富汗、巴基斯坦和印度。

(648) *Schizothorax eurystoma* Kessler，1872 宽口裂腹鱼

Schizothorax (*Oreinus*) *eurystomus* Kessler，1872，53。

Schizothorax (*Racoma*) *eurystoma*：李思忠等，1966，44。

Racoma (*Racoma*) *eurystoma*：武云飞和吴翠珍，1992，350。

别名：宽口弓鱼。

分布：新疆塔里木河水系。

(649) *Schizothorax gongshanensis* Tsao，1964 贡山裂腹鱼

Schizothorax (*Schizopyge*) *gongshanensis* Tsao(曹文宣)，1964，166。

Schizothorax (*Racoma*) *gongshanensis*：莫天培(见褚新洛和陈银瑞)，1989，310；陈宜瑜，1998，216；陈毅峰和曹文宣(见乐佩琦等)，2000，321。

分布：怒江上游。

(650) *Schizothorax grahami* (Regan，1904) 昆明裂腹鱼

Oreinus grahami Regan，1904a，416。

Schizothorax grahami：Chu，1935，64；成庆泰，1958，155。

Schizothorax (*Schizothorax*) *grahami*：曹文宣(见伍献文等)，1964，146；吕克强(见伍律等)，1989，189；

莫天培(见褚新洛和陈银瑞)，1989，290；陈毅峰和曹文宣(见乐佩琦等)，2000，298。

Racoma (*Schizopyge*) *grahami*：武云飞和吴翠珍，1992，366。

分布：金沙江中下游干支流。

(651) *Schizothorax griseus* Pellegrin，1931 灰裂腹鱼

Schizothorax griseus Pellegrin，1931，146；Fang，1936b，421。

Schizothorax progastus：成庆泰，1958，155。

Schizothorax yunnanensis：Tchang，1933b，37；张春霖，1959，81。

Schizothorax (*Schizopyge*) *griseus*：曹文宣(见伍献文等)，1964，161；吕克强(见伍律等)，1989，192。

Racoma (*Racoma*) *griseus*：武云飞和吴翠珍，1992，323。

Schizothorax (*Racoma*) *griseus*：黄顺友(见郑慈英)，1989，222；莫天培(见褚新洛和陈银瑞)，1989，312。陈宜瑜，1998，222；陈毅峰和曹文宣(见乐佩琦等)，2000，333。

分布：澜沧江及南、北盘江和乌江。

(652) *Schizothorax heterochilus* Ye *et* Fu，1986 异唇裂腹鱼

Schizothorax heterochilus Ye *et* Fu(叶妙荣和傅天佑)，1986，65。

Schizothorax (*Schizothorax*) *heterochilus*：叶妙荣和傅天佑(见丁瑞华)，1994，377；陈宜瑜，1998，206；陈毅峰和曹文宣(见乐佩琦等)，2000，304。

分布：四川青衣江，属长江水系。

(653) *Schizothorax heterophysallidos* Yang，Chen *et* Yang，2009 异鳔裂腹鱼

Schizothorax heterophysallidos Yang，Chen *et* Yang(杨剑、陈小勇和杨君兴)，2009，23。

分布：云南南盘江上游。

(654) *Schizothorax intermedia* McClelland，1842 中唇裂腹鱼

Schizothorax intermedius McClelland，1842，579。

Racoma (*Racoma*) *intermedia*：武云飞和吴翠珍，1992，330。

别名：中唇弓鱼。

分布：新疆。

(655) *Schizothorax kozlovi* Nikolsky，1903 四川裂腹鱼

Schizothorax kozlovi Nikolskiy，1903，90；曹文宣和邓中粦，1962，32。

Oreinus tungchuanensis：Fang，1936b，442。

Schizothorax (*Schizopyge*) *kozlovi*：曹文宣(见伍献文等)，1964，154；吕克强(见伍律等)，1989，191；武云飞和吕克强，1983，335。

Schizothorax davidifumingensis：Huang(黄顺友)，1985，209。

Schizothorax (*Racoma*) *kozlovi*：湖北省水生生物学研究所鱼类研究室，1976，59；莫天培(见褚新洛和陈银瑞)，1989，302；陈宜瑜，1998，220；陈毅峰和曹文宣(见乐佩琦等)，2000，327。

分布：长江中上游包括金沙江流域。

(656) *Schizothorax labiata* (McClelland，1842) 全唇裂腹鱼

Racoma labiatus McClelland，1842，578。

Racoma (*Racoma*) *labiata*：武云飞和吴翠珍，1992，337。

Schizothorax (*Racoma*) *labiata*：张春光等，1995，97；陈毅峰和曹文宣(见乐佩琦等)，2000，332。

Schizothorax tibetanus：曹文宣(见伍献文等)，1964，161。

Racoma tibetanus：武云飞和朱松泉，1979，16。

别名：西藏裂腹鱼。

分布：西藏狮泉河和班公湖。国外分布于印度、巴基斯坦、阿富汗和塔吉克斯坦。

(657) *Schizothorax labrosus* Wang，Zhuang *et* Gao，1981 厚唇裂腹鱼

Schizothorax labrosus Wang，Zhuang *et* Gao(王幼槐、庄大栋和高礼存)，1981，328；陈宜瑜等，1982，217。

Schizothorax luguhuensis：Wang，Gao *et* Zhang(王幼槐、高礼存和张开翔)，1981，330。

Schizothorax (*Racoma*) *labrosus*：莫天培(见褚新洛和陈银瑞)，1989，305；叶妙荣和傅天佑(见丁瑞华)，1994，385；陈宜瑜，1998，217；陈毅峰和曹文宣(见乐佩琦等)，2000，324。

Racoma (*Racoma*) *labrosa*：武云飞和吴翠珍，1992，315。

分布：云南和四川交界处的泸沽湖。

(658) *Schizothorax lantsangensis* Tsao，1964 澜沧裂腹鱼

Schizothorax (*Schizopyge*) *lantsangensis* Tsao(曹文宣)，1964，162；武云飞和陈瑗，1979，287。

Racoma (*Racoma*) *lantsangensis*：武云飞和吴翠珍，1992，325。

Schizothorax (*Racoma*) *lantsangensis*：莫天培(见褚新洛和陈银瑞)，1989，309；张春光等，1995，99；陈宜瑜，1998，224；陈毅峰和曹文宣(见乐佩琦等)，2000，335。

保护等级：省级(青海)。

分布：澜沧江中上游。

(659) *Schizothorax lissolabiatus* Tsao，1964 光唇裂腹鱼

Schizothorax (*Schizothorax*) *lissolabiatus* Tsao(曹文宣)，1964，149；黄顺友(见郑慈英)，1989，224；吕克强(见伍律等)，1989，190；莫天培(见褚新洛和陈银瑞)，1989，29，296；张春光等，1995，88；陈宜瑜，1998，205；陈毅峰和曹文宣(见乐佩琦等)，2000，302。

Racoma (*Schizopyge*) *lissolabiata*：武云飞和吴翠珍，1992，355。

分布：怒江、澜沧江中上游、元江上游和南盘江上游。

(660) *Schizothorax longibarbus* (Fang，1936) 长须裂腹鱼

Oreinus longibarbus Fang，1936b，427。

Schizothorax longibarbus：曹文宣和邓中粦，1962，31。

Schizothorax (*Schizopyge*) *longibarbus*：曹文宣(见伍献文等)，1964，153。

Racoma (*Racoma*) *longibarba*：武云飞和吴翠珍，1992，316。

Schizothorax (*Racoma*) *longibarbus*：湖北省水生生物学研究所鱼类研究室，1976，58；叶妙荣和傅天佑(见丁瑞华)，1994，383；陈宜瑜，1998，218；陈毅峰和曹文宣(见乐佩琦等)，2000，325。

分布：大渡河干流中游。

(661) *Schizothorax macropogon* Regan，1905 巨须裂腹鱼

Schizothorax macropogon Regan，1905b，187。

Schizothorax (*Schizopyge*) *macropogon*：伍献文等，1964，166。

Schizothorax (*Racoma*) *macropogon*：张春光等，1995，94；陈毅峰和曹文宣(见乐佩琦等)，2000，323。

分布：雅鲁藏布江中游。

(662) *Schizothorax malacathus* Huang，1985 软刺裂腹鱼

Schizothorax oligolepis malacathus Huang(黄顺友)，1985，210。

Schizothorax (*Schizothorax*) *malacathus*：莫天培(见褚新洛和陈银瑞)，1989，298；武云飞和吴翠珍，1992，393；陈宜瑜，1998，194；陈毅峰和曹文宣(见乐佩琦等)，2000，288。

分布：大盈江，属伊洛瓦底江水系。

(663) *Schizothorax meridionalis* Tsao，1964 南方裂腹鱼

Schizothorax (*Schizothorax*) *molesworthi meridionalis* Tsao(曹文宣)，1964，147。

Schizothorax (*Schizothorax*) *meridionalis*：莫天培(见褚新洛和陈银瑞)，1989，288；陈宜瑜，1998，189；陈毅峰和曹文宣(见乐佩琦等)，2000，283。

分布：伊洛瓦底江水系的大盈河和龙川江。

(664) *Schizothorax microstomus* Huang，1982 小口裂腹鱼

Schizothorax microstomus Huang(黄顺友)，1982，219。

Schizothorax luguhuensis Wang，Gao *et* Zhang(王幼槐、高礼存和张开翔)，1981，330。

Schizothorax (*Racoma*) *microstomus*：莫天培(见褚新洛和陈银瑞)，1989，308；叶妙荣和傅天佑(见丁瑞华)，1994，387；陈宜瑜，1998，210；陈毅峰和曹文宣(见乐佩琦等)，2000，303。

Racoma (*Racoma*) *microstoma*：武云飞和吴翠珍，1992，311。

别名：泸沽裂腹鱼(王幼槐等，1981)。

分布：云南和四川交界处的泸沽湖。

(665) *Schizothorax molesworthi* (Chaudhuri，1913) 墨脱裂腹鱼

Oreinus molesworthi Chaudhuri，1913，247。

Schizothorax (*Schizothorax*) *molesworthi*：武云飞和吴翠珍，1992，404；张春光等，1995，79；陈宜瑜，1998，187；陈毅峰和曹文宣(见乐佩琦等)，2000，280。

分布：雅鲁藏布江下游及其支流。国外分布于印度、不丹、尼泊尔和缅甸。

(666) *Schizothorax myzostomus* Tsao，1964 吸口裂腹鱼

Schizothorax (*Schizothorax*) *myzostomus* Tsao(曹文宣，见伍献文等)，1964，148；莫天培(见褚新洛和陈银瑞)，1989，292；武云飞和吴翠珍，1992，402；陈宜瑜，1998，193；陈毅峰和曹文宣(见乐佩琦等)，2000，287。

分布：云南独龙江，属伊洛瓦底江上游支流。

(667) *Schizothorax ninglangensis* Wang，Zhang *et* Zhuang，1981 宁蒗裂腹鱼

Schizothorax ninglangensis Wang，Zhang *et* Zhuang(王幼槐、张开翔和庄大栋)，1981，329；陈宜瑜等，

1982，219。

Schizothorax (Racoma) ninglangensis：曹文宣(见伍献文等)，1964，158；莫天培(见褚新洛和陈银瑞)，1989，306；陈宜瑜，1998，209；叶妙荣和傅天佑(见丁瑞华)，1994，386；陈毅峰和曹文宣(见乐佩琦等)，2000，310。

Racoma (Racoma) ninglangensis：武云飞和吴翠珍，1992，310。

分布：云南和四川交界处的泸沽湖。

(668) *Schizothorax nudiventris* Yang，Chen *et* Yang，2009 裸腹裂腹鱼

Schizothorax nudiventris Yang，Chen *et* Yang(杨剑、陈小勇和杨君兴)，2009，23。

分布：云南澜沧江干流及支流。

(669) *Schizothorax nukiangensis* Tsao，1964 怒江裂腹鱼

Schizothorax (Schizothorax) nukiangensis Tsao(曹文宣)，1964，149；莫天培(见褚新洛和陈银瑞)，1989，291；陈宜瑜，1998，204；陈毅峰和曹文宣(见乐佩琦等)，2000，301。

Racoma (Schizopyge) nukaingensis：武云飞和吴翠珍，1992，385。

分布：怒江水系。

(670) *Schizothorax o'connori* Lloyd，1908 异齿裂腹鱼

Schizothorax o'connori Lloyd，1908，343。

Paraschizothorax o'connori：曹文宣(见伍献文等)，1964，169。

Tetrostichodon o'connori：张春霖等，1964，273。

Schizothorax (Schizothorax) o'connori：张春光等，1995，82；陈毅峰和曹文宣(见乐佩琦等)，2000，289。

Racoma (Schizopyge) o'connori：武云飞和吴翠珍，1992，377。

分布：雅鲁藏布江中上游。

(671) *Schizothorax oligolepis* Huang，1985 少鳞裂腹鱼

Schizothorax oligolepis Huang(黄顺友)，1985，209。

Schizothorax (Schizothorax) oligolepis：陈宜瑜，1998，188；莫天培(见褚新洛和陈银瑞)，1989，297；武云飞和吴翠珍，1992，396；陈毅峰和曹文宣(见乐佩琦等)，2000，282。

分布：云南大盈江，属伊洛瓦底江水系。

(672) *Schizothorax parvus* Tsao，1964 小裂腹鱼

Schizothorax (Schizopyge) parvus Tsao(曹文宣)，1964，158。

Schizothorax (Racoma) parvus：莫天培(见褚新洛和陈银瑞)，1989，304；陈毅峰和曹文宣(见乐佩琦等)，2000，310。

分布：云南丽江漾弓江(中江)，属金沙江中游。

(673) *Schizothorax plagiostomus* Heckel，1838 横口裂腹鱼

Schizothorax plagiostomus Heckel，1838，16；伍献文，1964，141；武云飞和朱松泉，1979，14。

Schizothorax (Schizothorax) plagiostomus：武云飞和吴翠珍，1992，407；张春光等，1995，78；陈毅峰和曹文宣(见乐佩琦等)，2000，279。

分布：西藏狮泉河和班公湖。国外见于印度、缅甸、巴基斯坦、尼泊尔和阿富汗。

(674) *Schizothorax prenanti* (Tchang，1930) 齐口裂腹鱼

Oreinus prenanti Tchang，1930，88；Tchang，1931，232；Fang，1936b，434；Chang，1944，45。

Schizothorax (Oreinus) prenanti：Tchang，1933b，38。

Schizothorax prenanti：张春霖和刘成汉，1957，229；张春霖，1959，81；曹文宣和邓中粦，1962，34。

Schizothorax (Schizothorax) prenanti：曹文宣和邓中粦，1962，27；曹文宣(见伍献文等)，1964，143；陕西动物研究所等，1987，156；叶妙荣和傅天佑(见丁瑞华)，1994，370；陈宜瑜，1998，197；陈毅峰和曹文宣(见乐佩琦等)，2000，293。

Schizothorax (Racoma) prenatnti scleracanthus：Wu *et* Chen，1979，287。

Racoma (Schizothorax) scleracanthus：Wu *et* Chen，1992，373。

Racoma (Schizopyge) prenanti：武云飞和吴翠珍，1992，361。

保护等级：省级(甘肃、青海)。

分布：大渡河和岷江水系。

(675) *Schizothorax pseudaksaiensis* Herzenstein，1889 伊犁裂腹鱼

Schizothorax argentatus pseudoaksaiensis Herzenstein，1889，143。

Schizothorax pseudaksaiensis：岳佐和，1978，32。

Schizothorax (Racoma) pseudaksaiensis：曹文宣(见伍献文等)，1964，157；李思忠等，1966，44；陈毅峰和曹文宣(见乐佩琦等)，2000，309。

Racoma (Racoma) pseudaksaiensis：武云飞和吴翠珍，1992，346。

分布：伊犁河水系和属于塔里木河水系的喀拉沙尔河。国外分布于哈萨克斯坦。

(676) *Schizothorax rotundimaxillaris* Wu *et* Wu，1992 圆颌裂腹鱼

Schizothorax rotundimaxillaris Wu *et* Wu（武云飞和吴翠珍），1992，391；伍汉霖等，2012，61。

分布：云南大盈江和龙川江上游，属伊洛瓦底江水系。

(677) *Schizothorax sinensis* Herzenstein，1889 中华裂腹鱼

Schizothorax sinensis Herzenstein，1889，175。

Schizothorax (*Schizothorax*) *sinensis*：曹文宣和邓中粦，1962，27；曹文宣（见伍献文等），1964，142；陕西动物研究所等，1987，157；陈宜瑜，1998，199；陈毅峰和曹文宣（见乐佩琦等），2000，295。

Racoma (*Schizopyge*) *sinensis*：武云飞和吴翠珍，1992，360。

分布：嘉陵江上游及其支流。

(678) *Schizothorax taliensis* Regan，1907 大理裂腹鱼

Schizothorax taliensis Regan，1907a，63；Fang，1936b，425；成庆泰，1958，155。

Schizopyge taliensis：Chu，1935，64。

Schizothorax (*Schizopyge*) *taliensis*：曹文宣（见伍献文等），1964，165。

Schizothorax (*Racoma*) *taliensis*：莫天培（见褚新洛和陈银瑞），1989，316；陈宜瑜，1998，215；陈毅峰和曹文宣（见乐佩琦等），2000，320。

Racoma (*Racoma*) *taliensis*：武云飞和吴翠珍，1992，313。

保护等级：国家 II 级。

分布：云南洱海。

(679) *Schizothorax waltoni* Regan，1905 拉萨裂腹鱼

Schizothorax waltoni Regan，1905b，186。

Schizothorax baileyi：张春霖，1959，83。

Schizothorax (*Schizopyge*) *waltoni*：曹文宣（见伍献文等），1964，155。

Racoma (*Racoma*) *waltoni*：武云飞和吴翠珍，1992，327。

Schizothorax (*Racoma*) *waltoni*：张春光等，1995，93；陈毅峰和曹文宣（见乐佩琦等），2000，330。

分布：雅鲁藏布江中上游。

(680) *Schizothorax wangchiachii* (Fang，1936) 短须裂腹鱼

Oreinus wangchiachii Fang，1936b，444。

Schizothorax molesworthi：Tchang，1933b，39；张春霖，1959，82。

Schizothorax wangchiachii：曹文宣和邓中粦，1962，35。

Schizothorax (*Schizothorax*) *wangchiachii*：曹文宣（见伍献文等），1964，144；湖北省水生生物研究所鱼类研究室，1976，54；伍献文等，1979，94；莫天培（见褚新洛和陈银瑞），1989，300；叶妙荣和傅天佑（见丁瑞华），1994，365；张春光等，1995，80；陈宜瑜，1998，195；陈毅峰和曹文宣（见乐佩琦等），2000，291。

Schizothorax prenanti scleracanthus：Wu *et* Chen（武云飞和陈瑗），1979，288。

分布：乌江、金沙江和雅砻江。

(681) *Schizothorax yunnanensis paoshanensis* Tsao，1964 保山裂腹鱼

Schizothorax (*Schizopyge*) *yunnanensis paoshanensis* Tsao（曹文宣），1964，164。

Schizothorax (*Racoma*) *yunnanensis paoshanensis*：莫天培（见褚新洛和陈银瑞），1989，313；陈宜瑜，1998，212；陈毅峰和曹文宣（见乐佩琦等），2000，318。

分布：云南保山东河，属怒江水系。

(682) *Schizothorax yunnanensis weiningensis* Chen，1998 威宁裂腹鱼

Schizothorax yunnanensis weiningensis Chen（陈毅锋，见陈宜瑜），1998，213。

Schizothorax (*Racoma*) *yunnanensis weiningensis*：陈毅峰（见乐佩琦等），2000，319。

分布：贵州省威宁县草海，属长江水系。

(683) *Schizothorax yunnanensis yunnanensis* Norman，1923 云南裂腹鱼

Schizothorax yunnanensis Norman，1923，561。

Schizothorax (*Schizopyge*) *yunnanensis yunnanensis*：曹文宣（见伍献文等），1964，163。

Schizothorax (*Racoma*) *yunnanensis yunnanensis*：莫天培（见褚新洛和陈银瑞），1989，314；陈宜瑜，1998，211；陈毅峰和曹文宣（见乐佩琦等），2000，317。

Racoma (*Racoma*) *yunnanensis*：武云飞和吴翠珍，1992，305。

分布：澜沧江中游。

（九）Psilorhynchidae 裸吻鱼科

163. *Psilorhynchus* McClelland，1838 裸吻鱼属

Psilorhynchus McClelland，1838，944。

(684) *Psilorhynchus homaloptera* Hora *et* Mukerji，1935 平鳍裸吻鱼

Psilorhynchus homaloptera Hora *et* Mukerji，1935，391；陈宜瑜，1981，371；武云飞和吴翠珍，1992，295；张春光等，1995，125；乐佩琦（见乐佩琦等），2000，435。

保护等级：《中国濒危动物红皮书-鱼类》（濒危）。

分布：雅鲁藏布江下游。国外分布于印度、缅甸和尼泊尔。

（十）Gyrinocheilidae 双孔鱼科

164. *Gyrinocheilus* Vaillant，1902 双孔鱼属

Gyrinocheilus Vaillant，1902，107。

Gyrinocheilops Fowler，1937，160。

(685) *Gyrinocheilus aymonieri* (Tirant，1884) 双孔鱼

Psilorhynchus aymonieri Tirant，1884，165。

Gyrinocheilus aymonieri：李树深，1973，305；周伟（见褚新洛和陈银瑞），1990，10；朱松泉，1995，19。

Gyrinocheilus monchadskii Krasyukova *et* Gusev，1987，67。

保护等级：《中国濒危动物红皮书-鱼类》（濒危）。

分布：云南勐腊、勐海，属澜沧江水系。国外分布于柬埔寨、老挝、泰国和越南。

（十一）Catostomidae 胭脂鱼科

165. *Myxocyprinus* Gill，1878 胭脂鱼属

Myxocyprinus Gill，1878，1574。

(686) *Myxocyprinus asiaticus* (Bleeker，1864) 胭脂鱼

Carpiodes asiaticus Bleeker，1864b，19。

Myxocyprinus asiaticus nankinensis：Tchang，1929a，242。

Myxocyprinus asiaticus：成庆泰和郑葆珊，1987，118；丁瑞华，1994，45；朱松泉，1995，20，43；刘明玉等，2000，99；12；伍汉霖等，2012，65。

保护等级：国家 II 级。

分布：长江和闽江水系。

（十二）Nemacheilidae 条鳅科

166. *Aborichthys* Chaudhuri，1913 阿波鳅属

Aborichthys Chaudhuri，1913，244。

(687) *Aborichthys kempi* Chaudhuri，1913 墨脱阿波鳅

Aborichthys kempi Chaudhuri，1913，245；成庆泰和郑葆珊，1987，186；朱松泉，1989，59；张春光等，1995，46；朱松泉，1995，111；刘明玉等，2000，156；Kottelat，2012，74；伍汉霖等，2012，68。

分布：西藏雅鲁藏布江下游。国外分布于印度和缅甸。

167. *Acanthocobitis* Peters，1861 沙棘鳅属

Acanthocobitis Peters，1861，712。

(688) *Acanthocobitis botia* (Hamilton，1822) 沙棘鳅

Cobitis botia Hamilton，1822，350。

Acanthocobitis botia：Kottelat，2013，198；陈小勇，2013，293。

分布：大盈江。国外分布于印度河、恒河、布拉马普特拉河、亲墩江、伊洛瓦底江、锡当河、萨尔温江、夜功河流域。

168. *Barbatula* Linck，1790 须鳅属

Barbatula Linck，1790，38。

Orthrias Jordan *et* Fowler，1903，769。

(689) *Barbatula altayensis* Zhu，1992 阿勒泰须鳅

Barbatula altayensis Zhu，1992，241；朱松泉，1995，108；刘明玉等，2000，154；Cao *et al.*，2012，236；Kottelat，2012，77。

分布：新疆额尔齐斯河流域。

(690) *Barbatula gibba* Cao，Causse *et* Zhang，2012 弓背须鳅

Barbatula gibba Cao，Causse *et* Zhang，2012，237。

分布：内蒙古达里诺尔湖流域。

(691) *Barbatula nuda* (Bleeker，1864) 北方须鳅

Nemacheilus nudus Bleeker，1864a，12。

Barbatula barbatula nuda：朱松泉，1989，26；朱松泉，1995，108。

Barbatula nuda：刘明玉等，2000，154；Wang *et al.*，2001，168；Cao *et al.*，2012，237；Kottelat，2012，78；伍汉霖等，2012，68。

Barbatula toni：Tchang，1933b，207；Tchang，1959，121。

保护等级：省级（黑龙江）。

分布：河北北部、内蒙古东部、辽宁、吉林、黑龙江及新疆的额尔齐斯河和乌伦古湖。国外分布于俄罗斯、朝鲜和日本。

169. *Heminoemacheilus* Zhu *et* Cao，1987 间条鳅属

Heminoemacheilus Zhu *et* Cao（朱松泉和曹文宣），1987，324。

(692) *Heminoemacheilus hyalinus* Lan，Yang *et* Chen，1996 透明间条鳅

Heminoemacheilus hyalinus Lan，Yang *et* Chen（蓝家湖、杨君兴和陈小勇，见蓝家湖等），1996，111；Zhao *et al.*，2011，1552；Kottelat，2012，83；伍汉霖等，2012，69；蓝家湖等，2013，33。

分布：广西都安县地下河（属红水河流域）。

(693) *Heminoemacheilus zhengbaoshani* Zhu *et* Cao，1987 郑氏间条鳅

Heminoemacheilus zhengbaoshani Zhu *et* Cao（朱松泉和曹文宣），1987，324；朱松泉，1989，13；朱松泉，1995，105；Lan *et al.*，1996，110；刘明玉等，2000，152；Zhao *et al.*，2011，1552；Kottelat，2012，83；伍汉霖等，2012，69；蓝家湖等，2013，38。

分布：广西都安县和大化县地下河，属红水河流域。

170. *Homatula* Nichols，1925 副鳅属

Paracobitis Bleeker，1863b，37。

Homatula Nichols，1925，2。

别名：密鳞副鳅属、荷马条鳅属。

(694) *Homatula acuticephala* (Zhou *et* He，1993) 尖头副鳅

Paracobitis acuticephala Zhou *et* He（周伟和何纪昌），1993，5；伍汉霖等，2012，71。

Homatula acuticephala：Kottelat，2012，83。

分布：云南洱源海西海，属澜沧江水系。

(695) *Homatula anguillioides* (Zhu *et* Wang，1985) 拟鳗副鳅

Paracobitis anguillioides Zhu *et* Wang（朱松泉和王似华），1985，210；朱松泉，1989，34；Zhou *et* He，1993，5；朱松泉，1995，109；Chen，1998，50；刘明玉等，2000，154；Min *et al.*，2010，202；伍汉霖等，2012，71。

Homatula anguilloides：Kottelat，2012，83；Min *et al.*，2012，313；Min *et al.*，2012，81。

分布：云南洱源左所龙潭，属澜沧江水系。

(696) *Homatula erhaiensis* (Zhu *et* Cao，1988) 洱海副鳅

Paracobitis erhaiensis Zhu *et* Cao（朱松泉和曹文宣），1988，95；朱松泉，1989，36；Zhou *et* He，1993，5；朱松泉，1995，109；Chen，1998，51；刘明玉等，2000，154；Min *et al.*，2010，202；伍汉霖等，2012，71。

Homatula erhaiensis：Kottelat，2012，83；Min *et al.*，2012，313。

分布：云南洱海。

(697) *Homatula laxiclathra* Gu *et* Zhang，2012 宽带副鳅

Homatula laxiclathra Gu *et* Zhang（谷金辉和张鹗），2012，591；Min *et al.*，2012，313；Kottelat，2012，83。

分布：陕西渭河。

(698) *Homatula maolanensis* (Li，Ran *et* Chen，2006) 茂兰盲副鳅

Paracobitis maolanensis Li，Ran *et* Chen（李维贤、冉景丞和陈会明），2006，2；伍汉霖等，2012，71；Gan，2013，252。

分布：贵州荔波县茂兰地下溶洞。

(699) *Homatula nanpanjiangensis* (Min，Chen *et* Yang，2010) 南盘江副鳅

Paracobitis nanpanjiangensis Min，Chen *et* Yang（闵瑞、杨君兴和陈小勇），2010，200；Gu *et* Zhang，2012。

Homatula nanpanjiangensis：Kottelat，2012，83；Min *et al.*，2012，313；Min *et al.*，2013，354。

分布：云南罗平县南盘江水系。

(700) *Homatula oligolepis* (Cao *et* Zhu，1989) 寡鳞副鳅

Paracobitis variegatus oligolepis Cao *et* Zhu（曹文宣和朱松泉），1989，48。

Paracobitis oligolepis：朱松泉，1989，35；朱松泉，1995，109；刘明玉等，2000，154；Min *et al.*，2010，202；伍汉霖等，2012，71。

Homatula oligolepis：Hu *et* Zhang，2010，52；Gu *et* Zhang，2012；Kottelat，2012，84；Min *et al.*，2012，313；Min *et al.*，2013，354。

分布：云南阳宗海。

(701) *Homatula posterodarsalus* (Li，Ran *et* Chen，2006) 后鳍盲副鳅

Paracobitis posterodorsalus Li，Ran *et* Chen（李维贤、冉景丞和陈会明），2006，81；Li *et al.*，2006，1；Zhao *et al.*，2011，1552；伍汉霖等，2012，71；蓝家湖等，2013，101。

Triplophysa longibarbata：Kottelat，2012，128。

分布：广西南丹县，属珠江流域西江支流柳江水系。

(702) *Homatula potanini* (Günther，1896) 短体副鳅

Nemachilus potanini Günther，1896，218。

Paracobitis potanini：成庆泰和郑葆珊，1987，186；朱松泉，1989，37；武云飞和吴翠珍，1992，142；丁瑞华，1994，54；朱松泉，1995，109；Chen，1998，51；刘明玉等，2000，155；14；伍汉霖等，2012，71。

Homatula potanini：Kottelat，2012，84；Min *et al.*，2012，313；Min *et al.*，2012，82。

分布：长江中上游及其附属水体。

(703) *Homatula pycnolepis* Hu *et* Zhang，2010 副鳅

Homatula pycnolepis Hu *et* Zhang（胡玉婷和张鹗），2010，52；Gu *et* Zhang，2012，591；Min *et al.*，2012，313；Min *et al.*，2012，81；Kottelat，2012，84；伍汉霖等，2012，70。

分布：澜沧江支流漾濞江。

(704) *Homatula variegatus* (Dabry de Thiersant，1874) 红尾副鳅

Nemachilus variegatus Dabry de Thiersant，1874，14。

Paracobitis variegates：成庆泰和郑葆珊，1987，186；朱松泉，1989，32；武云飞和吴翠珍，1992，140；丁瑞华，1994，51；朱松泉，1995，108；Chen，1998，49；刘明玉等，2000，154；14；伍汉霖等，2012，71。

Paracobitis variegates variegates：曹文宣（见郑慈英），1989，48。

Homatula variegata：Kottelat，2012，84；Min *et al.*，2012，313。

分布：黄河支流渭河、长江中上游等。

(705) *Homatula wujiangensis* (Ding *et* Deng，1990) 乌江副鳅

Paracobitis wujiangensis Ding *et* Deng（丁瑞华和邓其祥），1990，287；丁瑞华，1994，55；朱松泉，1995，109；刘明玉等，2000，155；14；Min *et al.*，2010，202；伍汉霖等，2012，71。

Homatula wujiangensis：Kottelat，2012，85；Min *et al.*，2012，313；Min *et al.*，2013，354。

分布：乌江水系。

(706) *Homatula wuliangensis* Min，Yang *et* Chen，2012 无量山副鳅

Homatula wuliangensis Min，Yang *et* Chen（闵瑞、杨君兴和陈小勇），2012，315。

分布：云南景东县无量山，属澜沧江水系。

171. *Lefua* Herzenstein，1888 北鳅属

Octonema Herzenstein，1888，47。

Lefua Herzenstein，1888，3。

Elxis Jordan *et* Fowler，1903，768。

(707) *Lefua costata* (Kessler，1876) 北鳅

Diplophysa costata Kessler，1876，29。

Lefua costata：Wang，1984，81；成庆泰和郑葆珊，1987，185；朱松泉，1989，20；朱松泉，1995，107；成庆泰和周才武，1997，195；刘明玉等，2000，153；Wang *et al.*，2001，167；Kottelat，2012，87；伍汉霖等，2012，70。

分布：黑龙江、吉林、辽宁、内蒙古东部、山西、河北北部、山东沂水等地山区或近山湖泊或河流静水和缓流河段。国外分布于俄罗斯（远东地区）、蒙古和朝鲜半岛。

172. *Micronemacheilus* Rendahl，1944 小条鳅属

Micronemacheilus Rendahl，1944，45。

(708) *Micronemacheilus pulcher* (Nichols *et* Pope，1927) 美丽小条鳅

Nemacheilus pulcher Nichols *et* Pope，1927，338；Mai，1978，229；Kuang *et al.*，1986，149。

Micronemacheilus pulcher：成庆泰和郑葆珊，1987，185；朱松泉，1989，11；朱松泉，1995，105；刘明玉等，2000，152；蓝家湖和张春光（见周解和张春光），2006，82；伍汉霖等，2012，70。

Traccatichthys taeniatus：Kottelat，2012，121。

分布：福建、贵州、广西、广东的韩江水系和珠江水系，海南岛。国外分布于越南。

(709) *Micronemacheilus zispi* Prokofiev，2004 海南小条鳅

Micronemacheilus zispi Prokofiev，2004，158；Du *et al.*，

2012，304；Kottelat，2012，121；伍汉霖等，2012，70。

别名：齐氏小条鳅（伍汉霖等，2012）。

分布：海南岛。

173. *Nemacheilus* Bleeker，1863 条鳅属

Nemacheilus Bleeker，1863b，34。

Pogonomacheilus Fowler，1937，158。

(710) *Nemacheilus obscurus* Smith，1945 暗纹条鳅

Noemacheilus obscurus Smith，1945，316。

Nemacheilus obscurus huapingensis：Wu *et* Wu（武云飞和吴翠珍），1992，145；伍汉霖等，2012，71。

别名：华坪暗纹条鳅。

分布：金沙江中下游（云南华坪县河、四川安宁河等）。

(711) *Nemacheilus subfuscus* (McClelland，1839) 浅棕条鳅

Schistura subfusca McClelland，1839，308。

Noemacheilus subfuscus：成庆泰和郑葆珊，1987，187。

Nemacheilus subfuscus：朱松泉，1989，63；武云飞和吴翠珍，1992，144；张春光等，1995，47；朱松泉，1995，112；刘明玉等，2000，157；伍汉霖等，2012，71。

Schistura subfasciata：Kottelat，2012，117。

分布：西藏墨脱和察隅地区的雅鲁藏布江下游。国外分布于印度。

174. *Neonoemacheilus* Zhu *et* Guo，1985 新条鳅属

Neonoemacheilus Zhu *et* Guo（朱松泉和郭启治），1985，321。

(712) *Neonoemacheilus mengdingensis* Zhu *et* Guo，1989 孟定新条鳅

Neonoemacheilus mengdingensis Zhu *et* Guo（朱松泉和郭启治），1989，67；朱松泉，1995，112；刘明玉等，2000，157；Kottelat，2012，93；伍汉霖等，2012，71。

Neonemacheilus labeosus (non Kottelat)：Zhu *et* Guo，1985，323（耿马孟定南定河）。

分布：云南耿马县南定河，属怒江流域。

175. *Oreonectes* Günther，1868 岭鳅属

Oreonectes Günther，1868，369。

别名：平鳅属（朱松泉，1989，1995；刘明玉等，2000）。

(713) *Oreonectes anophthalmus* Zheng，1981 无眼岭鳅

Oreonectes anophthalmus Zheng（郑葆珊），1981，162；Zhu *et* Cao，1987，327；成庆泰和郑葆珊，1987，186；曹文宣（见郑慈英），1989，47；朱松泉，1989，25；Lan *et al.*，1995，367；朱松泉，1995，107；乐佩琦和陈宜瑜，1998，196；刘明玉等，2000，154；Zhang *et al.*，2006，614；Du *et al.*，2008，27；Huang *et al.*，2009，445；Yang *et al.*，2011，211；Zhao *et al.*，2011，1552；Kottelat，2012，94；Tang *et al.*，2012，483；伍汉霖等，2012，71；蓝家湖等，2013，87。

别名：无眼平鳅（朱松泉，1989，1995；刘明玉等，2000）。

保护等级：《中国濒危动物红皮书-鱼类》（极危）。

分布：广西武鸣县太极洞，属珠江水系西江支流右江。

(714) *Oreonectes donglanensis* Wu，2013 东兰岭鳅

Oreonectes donglanensis Wu（吴铁军，见蓝家湖等），2013，83。

分布：广西东兰县，属红水河水系。

(715) *Oreonectes duanensis* Lan，2013 都安岭鳅

Oreonectes duanensis Lan（蓝家湖，见蓝家湖等），2013，76。

分布：广西都安县，属红水河水系。

(716) *Oreonectes guananensis* Yang，Wei，Lan *et* Yang，2011 关安岭鳅

Oreonectes guananensis Yang，Wei，Lan *et* Yang（杨琼、韦慕兰、蓝家湖和杨琴），2011，272；Kottelat，2012，94；Tang *et al.*，2012，484；蓝家湖等，2013，97。

分布：广西环江县境内的地下河，属珠江流域西江支流柳江水系。

(717) *Oreonectes luochengensis* Yang，Wu，Wei *et* Yang，2011 罗城岭鳅

Oreonectes luochengensis Yang，Wu，Wei *et* Yang（杨剑、吴铁军、韦日锋和杨君兴），2011，209；Zhao *et al.*，2011，1552；Tang *et al.*，2012，484；蓝家湖等，2013，94。

分布：广西罗城县，属珠江流域西江支流柳江水系。

(718) *Oreonectes platycephalus* Günther，1868 平头岭鳅

Oreonectes platycephalus Günther，1868，369；Zhu *et* Cao，1987，326；成庆泰和郑葆珊，1987，186；曹文宣（见郑慈英），1989，46；朱松泉，1989，23；

Pan *et al.*，1991，245；Lan *et al.*，1995，367；朱松泉，1995，107；刘明玉等，2000，153；Zhang *et al.*，2006，614；Du *et al.*，2008，29；Huang *et al.*，2009，445；Yang *et al.*，2011，208；Kottelat，2012，94；Tang *et al.*，2012，483；伍汉霖等，2012，71。

Oreonectes yenlingi：Lin，1932a，380。

别名：平头平鳅（朱松泉，1989，1995；刘明玉等，2000）。

分布：广东的罗浮山、白云山，广西金秀、融安、昭平等地，均属珠江水系，香港。国外分布于越南。

（719）*Oreonectes polystigmus* Du，Chen *et* Yang，2008 多斑岭鳅

Oreonectes polystigmus Du，Chen *et* Yang（杜丽娜、陈小勇和杨君兴），2008，30；Huang *et al.*，2009，445；Yang *et al.*，2011，211；Kottelat，2012，94；Tang *et al.*，2012，484；伍汉霖等，2012，71；蓝家湖等，2013，90。

分布：广西桂林大埠等地溶洞地下河，属桂江水系。

176. *Paranemachilus* Zhu，1983 异条鳅属

Paranemachilus Zhu，1983，311。

（720）*Paranemachilus genilepis* Zhu，1983 颊鳞异条鳅

Paranemachilus genilepis Zhu（朱松泉），1983，311；曹文宣（见郑慈英），1989，39；朱松泉，1989，10；朱松泉，1995，105；刘明玉等，2000，152；Kottelat，2012，100；伍汉霖等，2012，71；蓝家湖等，2013，24。

分布：广西扶绥县地下河。

（721）*Paranemachilus pingguoensis* Gan，2013 平果异条鳅

Paranemachilus pingguoensis Gan（甘西，见蓝家湖等），2013，28。

分布：广西平果县，属珠江流域西江支流右江水系。

177. *Physoschistura* Banarescu *et* Nalbamt，1982 游鳔条鳅属

Physoschistura Banarescu *et* Nalbamt，in Singh，Sen，Banarescu *et* Nelbaut，1982:208。

（722）*Physoschistura raoi*（Hora，1929）拉奥游鳔条鳅

Nemachilus raoe Hora，1929，311（缅甸北部 Mongyai）。

Physoschistura raoi：Kottelat，1989；陈小勇，2013，295。

分布：澜沧江下游。国外分布于缅甸掸邦。

（723）*Physoschistura shuangjiangensis*（Zhu *et* Wang），1985 双江游鳔鳅

Noemacheilus shuangjiangensis Zhu *et* Wang（朱松泉和王似华），1985，215。

Nemacheilus shuangjiangensis：朱松泉，1989，65；朱松泉，1995，112；刘明玉等，2000，157；伍汉霖等，2012，71。

Schistura shuangjiangensis：Kottelat，2012，118。

Physoschistura shuangjiangensis：陈小勇，2013，295。

别名：双江条鳅。

分布：云南双江县小黑江、南滚河。

178. *Protonemacheilus* Yang *et* Chu，1990 原条鳅属

Protonemacheilus Yang *et* Chu(杨君兴和褚新洛)，1990，109。

（724）*Protonemacheilus longipectoralis* Yang *et* Chu，1990 长鳍原条鳅

Protonemacheilus longipectoralis Yang *et* Chu（杨君兴和褚新洛），1990b，110；朱松泉，1995，105；刘明玉等，2000，152；Kottelat，2012，103；伍汉霖等，2012，72。

分布：云南潞西，属伊洛瓦底江水系。

179. *Schistura* McClelland，1838 南鳅属

Schistura McClelland，1838，944。

Acoura Swainson，1839，310。

（725）*Schistura albirostris* Chen *et* Neely，2012 白鼻南鳅

Schistura albirostris Chen *et* Neely，2012，222。

分布：云南龙川江，属伊洛瓦底江水系。

（726）*Schistura amplizona* Kottelat，2000 宽斑南鳅

Schistura amplizona Kottelat，2000，54；Endruweit，2013，52。

分布：云南西双版纳勐仑、勐腊及南星河，属澜沧江水系罗梭江支流。国外分布于老挝北部。

（727）*Schistura bannaensis* Chen，Yang *et* Qi，2005 版纳南鳅

Schistura bannaensis Chen，Yang *et* Qi，2005，147；Chen *et* Neely，2012，226；Kottelat，2012，106；Zheng *et al.*，2012b，66；伍汉霖等，2012，72。

分布：云南勐腊县南腊河，属澜沧江水系。

(728) *Schistura breviceps* (Smith, 1945) 短头南鳅

Noemacheilus breviceps Smith, 1945。

Schistura breviceps: Kottelat, 2013, 205; 陈小勇, 2013, 295。

分布: 澜沧江下游。国外分布于泰国湄公河流域。

(729) *Schistura bucculenta* (Smith, 1945) 鼓颊南鳅

Noemacheilus bucculentus Smith, 1945, 326。

Schistura bucculenta: 朱松泉, 1989, 43; 朱松泉, 1995, 110; Chen, 1999, 304; 刘明玉等, 2000, 155; Kottelat, 2012, 106; 伍汉霖等, 2012, 72。

分布: 西双版纳澜沧江水系。国外分布于泰国湄公河水系。

(730) *Schistura callichroma* (Zhu *et* Wang, 1985) 美斑南鳅

Noemacheilus callichromus Zhu *et* Wang (朱松泉和王似华), 1985, 214。

Schistura callichromus: 朱松泉, 1989, 53; 朱松泉, 1995, 111; 刘明玉等, 2000, 156; Kottelat, 2012, 106; 伍汉霖等, 2012, 72。

别名: 丽南鳅(伍汉霖等, 2012)。

分布: 云南景东县把边江, 属元江水系。

(731) *Schistura caudofurca* (Mai, 1978) 叉尾南鳅

Barbatula caudofurca Mai, 1978, 233。

Noemacheilus laterivittatus: Zhu *et* Wang (朱松泉和王似华), 1985, 213。

Schistura caudofurca: Kottelat, 2012, 107; 伍汉霖等, 2012, 72。

别名: 叉尾南鳅(伍汉霖等, 2012)。

分布: 云南景东县把边江, 属元江水系。国外分布于老挝和越南。

(732) *Schistura conirostris* (Zhu, 1982) 锥吻南鳅

Nemachilus conirostris Zhu (朱松泉), 1982b, 104。

Schistura conirostris: 朱松泉, 1989, 40; Zhu, 1995, 109; 刘明玉等, 2000, 155; Kottelat, 2012, 107; 伍汉霖等, 2012, 72。

分布: 云南景洪县流沙河口, 属澜沧江流域。

(733) *Schistura cryptofasciata* Chen, Kong *et* Yang, 2005 隐斑南鳅

Schistura cryptofasciata Chen, Kong *et* Yang (陈小勇、孔德平和杨君兴), 2005, 28; Kottelat, 2012, 107; Zheng *et al.*, 2012b, 63; 伍汉霖等, 2012, 72。

分布: 云南永德县南定河, 属怒江水系。

(734) *Schistura dabryi dabryi* (Sauvage, 1874) 戴氏南鳅

Oreias dabryi Sauvage, 1874, 334; 武云飞和吴翠珍, 1990b, 63; 武云飞和吴翠珍, 1992, 147; 丁瑞华, 1994, 60; 14; Chen *et al.*, 2006, 54。

Schistura dabryi dabryi: 朱松泉, 1989, 55; 朱松泉, 1995, 111; 刘明玉等, 2000, 156。

Schistura dabryi nanpanjiangensis: Zhu *et* Cao (朱松泉和曹文宣), 1989, 56。

Schistura dabryi: Zhou *et* Cui (周伟和崔桂华), 1993, 82; Liao *et al.*, 1997, 4。

Oreias dabryi dabryi: Chen, 1998, 57。

Claea dabryi: Kottelat, 2012, 81; 伍汉霖等, 2012, 68。

别名: 戴氏山鳅(武云飞和吴翠珍, 1992; 陈宜瑜等, 1998)、山鳅(丁瑞华, 1994)、达氏克拉爬鳅(伍汉霖等, 2012)。

分布: 长江中上游及其附属水体。

(735) *Schistura dabryi microphthalmus* Liao *et* Wang, 1997 小眼戴氏南鳅

Schistura dabryi microphthalmus Liao *et* Wang (廖文杰和王大忠), 1997, 4; Zhao *et al.*, 2011, 1552。

Triplophysa microphthalma: Kottelat, 2012, 128。

分布: 贵州瓮安县, 属长江水系。

(736) *Schistura disparizona* Zhou *et* Kottelat, 2005 异斑南鳅

Schistura disparizona Zhou *et* Kottelat (周伟和Kottelat), 2005, 17; Kottelat, 2012, 108; Zheng *et al.*, 2012b, 63; 伍汉霖等, 2012, 72。

分布: 云南沧源县南滚河、怒江下游等。

(737) *Schistura fasciolata* (Nichols *et* Pope, 1927) 横纹南鳅

Homaloptera fasciolata Nichols *et* Pope, 1927, 339。

Nemacheilus fasciolatus: Kuang *et al.*, 1986, 150; Zhu *et* Cao, 1987, 327; 曹文宣(见郑慈英), 1989, 50; Pan *et al.*, 1991, 242。

Schistura fasciolata: 朱松泉, 1989, 47; 丁瑞华, 1994, 57; 朱松泉, 1995, 110; Chen, 1998, 54; Chen, 1999, 304; 刘明玉等, 2000, 156; 14; Kottelat, 2012, 109; 伍汉霖等, 2012, 72。

分布: 珠江、南流江、韩江、九龙江、长江中上游等水系, 海南岛, 香港。国外分布于越南。

(738) *Schistura heterognathos* Chen, 1999 异颌南鳅

Schistura heterognathos Chen (陈毅峰), 1999, 301。

Sectoria heterognathos：Kottelat，2012，120；伍汉霖等，2012，73。

别名：异颌棱唇条鳅(伍汉霖等，2012)。

分布：云南勐腊县南腊河，属澜沧江水系。国外分布于老挝。

(739) *Schistura huapingensis* (Wu *et* Wu，1992) 华坪南鳅

Nemacheilus obscurus huapingensis Wu *et* Wu(武云飞和吴翠珍)，1992。

Schistura huapingensis：Kottelat，2012。

别名：华坪暗纹条鳅。

分布：金沙江中游及其支流四川德昌安宁河。

(740) *Schistura incerta* (Nichols，1931) 无斑南鳅

Barbatula (*Homatula*) *incerta* Nichols，1931b，458。

Barbatula uniformis：Mai，1978，235。

Noemacheilus incertus：朱松泉和曹文宣，1987，327；14。

Schistura incerta：朱松泉，1989，42；朱松泉，1995，109；Liao *et al.*，1997，4；刘明玉等，2000，155；Kottelat，2012，110；伍汉霖等，2012，72。

Nemacheilus incertus：Pan *et al.*，1991，244。

分布：珠江、韩江、湘江等水系，海南岛。国外分布于越南。

(741) *Schistura kengtungensis* (Fowler，1936) 湄南南鳅

Nemacheilus kengtungensis Fowler，1936，509。

Schistura kengtungensis：Chen *et al.*，2005c，27；Kottelat，2012，110；Zheng *et al.*，2012b，63；伍汉霖等，2012，72。

Schistura nicholsi：刘明玉等，2000，155；Chen *et al.*，2005，30；Kottelat，2012，128；伍汉霖等，2012，73。

别名：尼氏南鳅(刘明玉等，2000；伍汉霖等，2012)。

分布：云南澜沧江水系。国外分布于缅甸和泰国。

(742) *Schistura kloetzliae* Kottelat，2000 克氏南鳅

Schistura kloetzliae Kottelat，2000；陈小勇，2013，296。

分布：澜沧江下游。国外分布于老挝 Nam Youan 河。

(743) *Schistura latifasciata* (Zhu *et* Wang，1985) 宽纹南鳅

Noemacheilus latifasciatus Zhu *et* Wang(朱松泉和王似华)，1985，211。

Schistura latifasciata：朱松泉，1989，50；朱松泉，1995，110；Chen，1998，55；刘明玉等，2000，156；Kottelat，2012，111；Zheng *et al.*，2012b，63；伍汉霖等，2012，72。

分布：云南澜沧江水系。

(744) *Schistura lingyunensis* Liao，Wang *et* Luo，1997 凌云南鳅

Schistura lingyunensis Liao，Wang *et* Luo(廖文杰，王大忠和罗志发)，1997，4；Zhao *et al.*，2011，1552。

Triplophysa lingyunensis：Kottelat，2012，127；蓝家湖等，2013，104。

别名：凌云高原鳅(蓝家湖等，2013)。

分布：广西凌云县，属珠江流域西江支流右江。

(745) *Schistura longa* (Zhu，1982) 长南鳅

Nemachilus longus Zhu(朱松泉)，1982，105。

Schistura longa：朱松泉，1989，51；朱松泉，1995，111；Chen，1998，56；刘明玉等，2000，156；Kottelat，2012，111；Zheng *et al.*，2012b，63；伍汉霖等，2012，73。

分布：怒江。

(746) *Schistura macrocephalus* Kottelat，2000 大头南鳅

Schistura macrocephalus Kottelat，2000；陈小勇，2013，296。

分布：云南勐腊南腊河，属澜沧江水系。国外分布于老挝 Nam Youan 河。

(747) *Schistura macrotaenia* (Yang，1990) 大斑南鳅

Nemacheilus macrotaenia Yang(杨君兴，见褚新洛和陈银瑞)，1990，36。

Schistura macrotaenia：朱松泉，1995，110；刘明玉等，2000，155；Kottelat，2012，112；伍汉霖等，2012，73。

分布：云南屏边县南溪河，属元江水系。

(748) *Schistura malaise* Kottelat，1990 云纹南鳅

Schistura malaise Kottelat，1990；陈小勇，2013，296。

分布：云南大盈江，属伊洛瓦底江水系。国外分布于缅甸北部。

(749) *Schistura meridionalis* (Zhu，1982) 南方南鳅

Nemachilus meridionalis Zhu(朱松泉)，1982，108。

Schistura meridionalis：朱松泉，1989，41；朱松泉，1995，109；刘明玉等，2000，155。

Pteronemacheilus meridionalis：Zheng *et al.*，2012b，63；Kottelat，2012，103。

分布：云南西双版纳补远江、云县南定河。国外分布于老挝。

(750) ***Schistura nandingensis*** **(Zhu *et* Wang，1985) 南定南鳅**

Noemacheilus nandingensis：Zhu *et* Wang(朱松泉和王似华)，1985，212。

S histura nandingensis 朱松泉，1989，54；朱松泉，1995，111；刘明玉等，2000，156；Kottelat，2012，113；伍汉霖等，2012，73。

分布：云南云县南定河，属怒江水系。

(751) ***Schistura niulanjiangensis*** **Chen，Lu *et* Mao，2006 牛栏江南鳅**

Shistura niulanjiangensis Chen，Lu *et* Mao(陈量、卢宗民和卯卫宁)，2006，54；伍汉霖等，2012，73。

Claea niulanjiangensis：Kottelat，2012，81。

分布：云南牛栏江，属金沙江水系下游支流。

(752) ***Schistura pertica*** **Kottelat，2000 棒状南鳅**

Schistura pertica Kottelat，2000；陈小勇，2013，296。

分布：澜沧江下游。国外分布于老挝 Nam Ou 河。

(753) ***Schistura poculi*** **(Smith，1945) 密带南鳅**

Noemacheilus poculi Smith，1945。

Nemacheilus poculi：李思忠，1976。

Schistura poculi：陈小勇，2013，296。

别名：双纹条鳅。

分布：怒江、南汀河、澜沧江。国外分布于缅甸、泰国、老挝湄公河、萨尔温江。

(754) ***Schistura polytaenia*** **(Zhu，1982) 多纹南鳅**

Nemachilus polytaenia Zhu(朱松泉)，1982b， 106。

Nemacheilus polytaenia：Zhu，1989，61；杨君兴(见褚新洛和陈银瑞)，1990，46。

Schistura polytaenia：Kottelat，2013；陈小勇，2013，296。

别名：多纹条鳅。

分布：云南龙川江，属伊洛瓦底江水系。

(755) ***Schistura pseudofasciolata*** **Zhou *et* Cui，1993 似横纹南鳅**

Schistura pseudofasciolata Zhou *et* Cui(周伟和崔桂华)，1993，89；伍汉霖等，2012，73。

分布：四川会东县鲹鱼河，属金沙江水系下游支流。

(756) ***Schistura rara*** **(Zhu *et* Cao，1987) 稀有南鳅**

Noemacheilus rarus Zhu *et* Cao(朱松泉和曹文宣)，1987，328。

Schistura rara：朱松泉，1989，49；朱松泉，1995，110；刘明玉等，2000，155；Kottelat，2012，116；伍汉霖等，2012，73。

Nemacheilus rarus：Pan *et al.*，1991，243。

分布：广东北江上游支流。

(757) ***Schistura schultzi*** **(Smith，1945) 多鳞南鳅**

Noemacheilus schultzi Smith，1945，317。

Nemacheilus schultzi：杨君兴(见褚新洛和陈银瑞)，1990，38。

Schistura schultzi：Chen，1999，304；Kottelat，2012，117；伍汉霖等，2012，73。

别名：多鳞条鳅(褚新洛和陈银瑞，1990)。

分布：云南澜沧江中下游支流。国外分布于泰国和老挝。

(758) ***Schistura sexnubes*** **Endruweit，2014 六斑南鳅**

Schistura sexnubes Endruweit，2014，60。

分布：云南省双江县，属澜沧江流域。

(759) ***Schistura sikmaiensis*** **Hora，1921 锡克曼南鳅**

Nemachilus sikmaiensis Hora，1921，201。

Nemacheilus sikmaiensis：朱松泉，1995，112。

Schistura sikmaiensis：Kottelat，2012，118；伍汉霖等，2012，73。

别名：锡克曼南鳅(伍汉霖等，2012)。

分布：云南大盈江，属伊洛瓦底江水系。国外分布于印度、缅甸和孟加拉国等地。

(760) ***Schistura vinciguerrae*** **(Hora，1935) 密纹南鳅**

Nemachilus vinciguerrae Hora，1935，62。

Nemachilus putaoensis：Rendahl，1947，27。

Schistura vinciguerrae：朱松泉，1989，52；朱松泉，1995，111；刘明玉等，2000，156；Chen *et* Neely，2012，227；Kottelat，2012，120；伍汉霖等，2012，73。

分布：云南大盈江、怒江等水系。国外分布于缅甸。

(761) ***Schistura waltoni*** **(Fowler，1937) 瓦氏南鳅**

Nemacheilus waltoni Fowler，1937。

Nemacheilus obscurus obscurus：Smith，1945；Wu *et* Wu，1992；陈小勇，2013，297。

Nemachilus obscurus：Li，1976，117。

Schistura waltoni：Kottelat，2012，157。

别名：暗纹条鳅。

分布：澜沧江。泰国湄南河。

(762) ***Schistura yingjiangensis*** **(Zhu，1982) 盈江条鳅**

Nemachilus yingjiangensis Zhu(朱松泉)，1982b，107。

Noemacheilus yingjiangensis：成庆泰和郑葆珊，1987，188。

Nemacheilus yingjiangensis：朱松泉，1989，64；朱松泉，1995，112；刘明玉等，2000，157；伍汉霖等，2012，71。

Schistura yingjiangensis：Chen *et* Neely，2012，227；Kottelat，2012，120；陈小勇，2013，297。

分布：云南盈江县的大盈江和腾冲县的龙川江，属伊洛瓦底江水系。

180. *Sphaerophysa* Cao *et* Zhu，1988 球鳔鳅属

Sphaerophysa Cao *et* Zhu（曹文宣和朱松泉），1988b，405。

（763）*Sphaerophysa dianchiensis* Cao *et* Zhu，1988 滇池球鳔鳅

Sphaerophysa dianchiensis Cao *et* Zhu（曹文宣和朱松泉），1988，405；朱松泉，1989，134；朱松泉，1995，120；Chen，1998，46；刘明玉等，2000，164；Kottelat，2012，121；伍汉霖等，2012，74。

分布：云南滇池。

181. *Traccatichthys* Freyhof *et* Serov，2001 沙猫鳅属

Traccatichthys Freyhof *et* Serov，2001，188。

（764）*Traccatichthys tuberculum* Du，Zhang *et* Chan，2012 突结沙猫鳅

Traccatichthys tuberculum Du，Zhang *et* Chan，2012，305。

分布：广东鉴江。

182. *Triplophysa* Rendahl，1933 高原鳅属

Diplophysa Kessler，1874，57。

Triplophysa Rendahl，1933，21。

Tauphysa Rendahl，1933，22。

Deuterophysa Rendahl，1933：23。

Hedinichthys Rendahl，1933，26。

Didymophysa Whitley，1950，44。

Diplophysoides Fowler，1958，13。

Qinghaichthys Zhu（朱松泉），1981，1063。

（765）*Triplophysa aliensis*（Wu *et* Zhu，1979）阿里高原鳅

Nemachilus aliensis Wu *et* Zhu（武云飞和朱松泉），1979，29。

Triplophysa（*Triplophysa*）*aliensis*：成庆泰和郑葆珊，1987，190；朱松泉，1989，116；武云飞和吴翠珍，1992，236；朱松泉，1995，118。

Triplophysa aliensis：张春光等，1995，61；刘明玉等，2000，162；He *et al.*，2008a，47；Kottelat，2012，123；伍汉霖等，2012，74。

分布：西藏阿里地区象泉河、狮泉河（属森格藏布河上游）。

（766）*Triplophysa alticeps*（Herzenstein，1888）隆头高原鳅

Nemachilus alticeps Herzenstein，1888，28。

Triplophysa（*Quinghaichthys*）*alticeps*：成庆泰和郑葆珊，1987，193。

Triplophysa（*Triplophysa*）*alticeps*：朱松泉，1989，124；朱松泉，1995，119。

Triplophysa（*Hedinichthys*）*alticeps*：武云飞和吴翠珍，1992，261。

Triplophysa alticeps：刘明玉等，2000，162；伍汉霖等，2012，74。

Quinghaichthys alticeps：Kottelat，2012，103。

分布：青海湖及其附属水体。

（767）*Triplophysa aluensis* Li *et* Zhu，2000 阿庐高原鳅

Triplophysa aluensis Li *et* Zhu（李维贤和祝志刚），2000，396；Chen *et* Yang，2005，604；Li *et al.*，2008，676；Chen *et al.*，2009b，90；Zheng，2009，225；Zhao *et al.*，2011，1553；Kottelat，2012，123；Lin *et al.*，2012，645；Yang *et al.*，2012，170；Zheng *et al.*，2012a，835；伍汉霖等，2012，74。

分布：云南泸西县阿庐古洞地下河。

（768）*Triplophysa angeli*（Fang，1941）安氏高原鳅

Nemacheilus angeli Fang，1941，256。

Triplophysa（*Triplophysa*）*angeli*：成庆泰和郑葆珊，1987，192；朱松泉，1989，105；武云飞和吴翠珍，1990b，63；武云飞和吴翠珍，1992，192；朱松泉，1995，117。

Triplophysa angeli：丁瑞华，1994，78；Chen，1998，75；刘明玉等，2000，161；Wu *et* Wang，2009，382；Zheng *et al.*，2010，8；Guo *et al.*，2012，912；Kottelat，2012，123；伍汉霖等，2012，74。

分布：四川西部。

（769）*Triplophysa anterodorsalis* Zhu *et* Cao，1989 前鳍高原鳅

Triplophysa（*Triplophysa*）*anterodorsalis* Zhu *et* Cao（朱

松泉和曹文宣，见朱松泉)，1989，106；朱松泉，1995，117。

Triplophysa anterodorsalis：丁瑞华，1994，79；Chen，1998，76；刘明玉等，2000，161；Li *et al.*，2008，677；Kottelat，2012，123；伍汉霖等，2012，74。

分布：金沙江水系。

(770) *Triplophysa bashanensis* Xu *et* Wang，2009 巴山高原鳅

Triplophysa bashanensis Xu *et* Wang(许涛清和王开峰)，2009，381；Kottelat，2012，123；伍汉霖等，2012，74。

Triplophysa longchiensis：Xu *et* Wang(许涛清和王开峰)，2009。

分布：陕西西乡县通江上游巴水河，属嘉陵江水系。

(771) *Triplophysa bleekeri* (Sauvage *et* Dabry，1874) 勃氏高原鳅

Nemachilus bleekeri Sauvage *et* Dabry de Thiersant，1874，15。

Triplophysa (*Triplophysa*) *bleekeri*：朱松泉，1989，108；武云飞和吴翠珍，1992，189；朱松泉，1995，117。

Triplophysa bleekeri：丁瑞华，1994，81；Chen，1998，78；刘明玉等，2000，161；14；Chen *et* Yang，2005，606；Wu *et* Wang，2009，382；Zheng *et al.*，2010，3；He *et al.*，2012，279；Kottelat，2012，124；伍汉霖等，2012，74。

别名：贝氏高原鳅(武云飞和吴翠珍，1992；丁瑞华等，1994)。

分布：长江中上游水系。

(772) *Triplophysa bombifrons* (Herzenstein，1888) 隆额高原鳅

Nemachilus bombifrons Herzenstein，1888，67。

Triplophysa (*Triplophysa*) *bombifrons*：成庆泰和郑葆珊，1987，192；朱松泉，1989，96；武云飞和吴翠珍，1992，183； 朱松泉，1995，116。

Triplophysa bombifrons：刘明玉等，2000，160；Li *et al.*，2007a，47；伍汉霖等，2012，74。

Tarimichthys bombifrons：Kottelat，2012，121。

分布：新疆塔里木河水系。

(773) *Triplophysa brevibarba* Ding，1993 短须高原鳅

Triplophysa brevibarba Ding(丁瑞华)，1993，249；刘明玉等，2000，161；He *et al.*，2012，278；Kottelat，2012，124。

分布：四川安宁河(金沙江流域雅砻江支流)。

(774) *Triplophysa brevicauda* (Herzenstein，1888) 短尾高原鳅

Nemachilus stoliczkae brevicauda Herzenstein，1888，23。

Triplophysa (*Triplophysa*) *brevicauda*：成庆泰和郑葆珊，1987，189；朱松泉，1989，107；朱松泉，1995，117。

Triplophysa brevicauda：丁瑞华，1994，80；张春光等，1995，55；Chen，1998，77；刘明玉等，2000，161；Zheng *et al.*，2010，3；Kottelat，2012，124；伍汉霖等，2012，74。

分布：青藏高原及其毗连的新疆、甘肃和四川西部等地。

(775) *Triplophysa cakaensis* Cao *et* Zhu，1988 茶卡高原鳅

Triplophysa cakaensis Cao *et* Zhu(曹文宣和朱松泉)，1988a，201；Kottelat，2012，124；伍汉霖等，2012，74。

Triplophysa (*Triplophysa*) *cakaensis*：朱松泉，1989，120；武云飞和吴翠珍，1992，227；朱松泉，1995，118。

保护等级：省级(青海)。

分布：青海茶卡盐湖入湖小河。

(776) *Triplophysa chondrostoma* (Herzenstein，1888) 铲颌高原鳅

Nemachilus chondrostoma Herzenstein，1888，36。

Triplophysa (*Qinghaichthys*) *chondrostoma*：成庆泰和郑葆珊，1987，193。

Triplophysa (*Triplophysa*) *chondrostoma*：朱松泉，1989，126；朱松泉，1995，119。

Triplophysa (*Hedinichthys*) *chondrostoma*：武云飞和吴翠珍，1992，262。

Triplophysa chondrostom：刘明玉等，2000，162；Kottelat，2012，124；伍汉霖等，2012，74。

别名：软口高原鳅(武云飞和吴翠珍，1992)。

分布：新疆柴达木河水系。

(777) *Triplophysa crassilabris* Ding，1994 粗唇高原鳅

Triplophysa crassilabris Ding(丁瑞华)，1994，92；Kottelat，2012，124；伍汉霖等，2012，74。

Triplophysa (*Triplophysa*) *crassilabris*：Chen *et al.*，2004，507。

分布：四川若尔盖辖曼湖和茂县岷江水系。

(778) *Triplophysa cuneicephala* (Shaw *et* Tchang，1931) 尖头高原鳅

Barbatula cuneicephalus Shaw *et* Tchang(寿振黄和张春霖)，1931，81。

Triplophysa (*Triplophysa*) *cuneicephala*：成庆泰和郑葆珊，1987，189；朱松泉，1989，77；朱松泉，1995，113。

Triplophysa cuneicephala：刘明玉等，2000，158；Wang *et al.*，2001，171；Kottelat，2012，124；伍汉霖等，2012，74。

别名：楔头高原鳅(伍汉霖等，2012)。

保护等级：省(直辖市)级(北京)。

分布：北京永定河，属海河水系。

(779) *Triplophysa dalaica* (Kessler，1876) 达里湖高原鳅

Diplophysa dalaica Kessler，1876，24。

Triplophysa (*Triplophysa*) *dalaica*：成庆泰和郑葆珊，1987，191；朱松泉，1989，82；朱松泉，1995，114。

Triplophysa dalaica：Chen，1998，67；刘明玉等，2000，158；Wang *et al.*，2001，169；Li *et al.*，2007a，51；Kottelat，2012，124；伍汉霖等，2012，74。

分布：黄河中上游北侧支流及其附属湖泊(如内蒙古的黄旗海、岱海、达里湖等)，海河流域北部山区河流等。

(780) *Triplophysa daqiaoensis* Ding，1993 大桥高原鳅

Triplophysa daqiaoensis Ding(丁瑞华)，1993，247；刘明玉等，2000，161；He *et al.*，2012，279；Kottelat，2012，125；伍汉霖等，2012，74。

分布：四川安宁河，属金沙江水系雅砻江支流。

(781) *Triplophysa dongganensis* Yang，2013 峒敢高原鳅

Triplophysa dongganensis Yang(杨剑，见蓝家湖等)，2013，139。

分布：广西环江县川山镇峒敢村，属柳江水系。

(782) *Triplophysa dorsalis* (Kessler，1872) 黑背高原鳅

Cobitis dorsalis Kessler，1872，67。

Triplophysa (*Triplophysa*) *dorsalis*：成庆泰和郑葆珊，1987，191；朱松泉，1989，85；武云飞和吴翠珍，1992，155；Zhu，1995，115。

Triplophysa dorsalis：刘明玉等，2000，159；Li *et al.*，2007a，51；Kottelat，2012，125；伍汉霖等，2012，74。

别名：黑斑高原鳅(成庆泰和郑葆珊，1987)。

分布：新疆伊犁河水系。国外分布于乌兹别克斯坦、哈萨克斯坦和吉尔吉斯斯坦。

(783) *Triplophysa fengshanensis* Lan，2013 凤山高原鳅

Triplophysa fengshanensis Lan(蓝家湖，见蓝家湖等)，2013，135。

分布：广西凤山县林桐乡一洞穴地下河，属红水河水系。

(784) *Triplophysa flavicorpus* Yang，Chen *et* Lan，2004 黄体高原鳅

Triplophysa flavicorpus Yang，Chen *et* Lan(杨君兴、陈银瑞和蓝家湖)，2004，113；Kottelat，2012，125；Lin *et al.*，2012， 646；Ren *et al.*，2012，191；伍汉霖等，2012，74。

Triplophysa flacicorpus：Chen *et* Chen，2007，111。

分布：广西都安县红水河水系。

(785) *Triplophysa furva* Zhu，1992 暗色高原鳅

Triplophysa furva Zhu(朱松泉)，1992，242；刘明玉等，2000，159；Li *et al.*，2007a，51；Kottelat，2012，125；伍汉霖等，2012，74。

Triplophysa (*Triplophysa*) *furva*：朱松泉，1995，114。

分布：新疆乌鲁木齐河水系。

(786) *Triplophysa fuxianensis* Yang *et* Chu，1990 抚仙高原鳅

Triplophysa fuxianensis Yang *et* Chu(杨君兴和褚新洛)，1990a，377；Yang，1991，200；Lan *et al.*(见蓝家湖等)，1995；369；杨君兴和陈银瑞，1995，26；刘明玉等，2000，163；Chen *et al.*，2009b，90；Kottelat，2012，125；Lin *et al.*，2012，646；伍汉霖等，2012，74。

Triplophysa (*Triplophysa*) *fuxianensis*：朱松泉，1995，119。

分布：云南抚仙湖。

(787) *Triplophysa gejiuensis* (Chu *et* Chen，1979) 个旧盲高原鳅

Noemacheilus gejiuensis Chu *et* Chen(褚新洛和陈银瑞)，1979，285。

Schistura gejiuensis：朱松泉，1989，57。

Triplophysa gejiuensis：Chen *et al.*，1992，19；Zhou *et* Cui(周伟和崔桂华)，1993，83；Zhou *et* Cui(周伟和崔桂华)，1997，178；刘明玉等，2000，163；

Chen *et* Yang，2005，604；Li *et al.*，2008，676；Chen *et al.*，2009b，90；Zheng，2009，225；Yang *et al.*，2011a，569；Zhao *et al.*，2011，1553；Kottelat，2012，125；Lin *et al.*，2012，645；Wu *et al.*，2012，878；Yang *et al.*，2012，170；Zheng *et al.*，2012a，835；伍汉霖等，2012，74。

Triplophysa (*Triplophysa*) *gejiuensis*：朱松泉，1995，120。

Nemacheilus gejiuensis：Yue *et* Chen，1998，198。

保护等级：《中国濒危动物红皮书-鱼类》（极危）。

分布：云南个旧市卡房乡地下河。

(788) *Triplophysa gerzeensis* Cao *et* Zhu，1988 改则高原鳅

Triplophysa gerzeensis Cao *et* Zhu（曹文宣和朱松泉），1988，202；张春光等，1995，67；刘明玉等，2000，162；Kottelat，2012，125；伍汉霖等，2012，74。

Triplophysa (*Triplophysa*) *gerzeensis*：朱松泉，1989，123；朱松泉，1995，119。

分布：西藏改则县的茶错支流、措勤县的苏里藏布和夏康坚雪山北坡的小湖。

(789) *Triplophysa grahami* (Regan，1906) 昆明高原鳅

Nemachilus grahami Regan，1906，333。

Triplophysa (*Triplophysa*) *grahami*：成庆泰和郑葆珊，1987，190；朱松泉，1989，127；武云飞和吴翠珍，1992，194；朱松泉，1995，119。

Triplophysa grahami：Yang *et* Chen（杨君兴和陈银瑞），1995，28；Zhou *et* Cui（周伟和崔桂华），1997，178；Chen，1998，82；刘明玉等，2000，163；伍汉霖等，2012，74。

分布：云南金沙江水系的螳螂川和元江水系的礼社江。

(790) *Triplophysa heyangensis* Zhu，1992 郃阳高原鳅

Triplophysa heyangensis Zhu（朱松泉），1992，244；刘明玉等，2000，158；Kottelat，2012，126；伍汉霖等，2012，74。

Triplophysa (*Triplophysa*) *heyangensis*：朱松泉，1995，119。

保护等级：省级（陕西）。

分布：陕西郃阳县黄河支流。

(791) *Triplophysa hsutschouensis* (Rendahl，1933) 酒泉高原鳅

Nemacheilus hsutschouensis Rendahl，1933，41。

Triplophysa (*Triplophysa*) *hsutschouensis*：成庆泰和郑葆珊，1987，189；朱松泉，1989，104；朱松泉，1995，117；Chen *et al.*，2004，507。

Triplophysa hsutschouensis：刘明玉等，2000，161；Kottelat，2012，126；伍汉霖等，2012，74。

分布：甘肃河西走廊的自流水体。

(792) *Triplophysa huanjiangensis* Yang，Wu *et* Lan，2011 环江高原鳅

Triplophysa huanjiangensis Yang，Wu *et* Lan（杨剑、吴铁军和蓝家湖），2011a，567；Kottelat，2012，126；Wu *et al.*，2012，879；Zheng *et al.*，2012a，835；蓝家湖等，2013，128。

分布：广西环江县川山镇的洞穴地下河，属柳江水系。

(793) *Triplophysa huapingensis* Zheng，Yang *et* Chen，2012 花坪高原鳅

Triplophysa huapingensis Zheng，Yang *et* Chen，2012a，832；Kottelat，2012，127；蓝家湖等，2013，117。

分布：广西乐业县花坪镇、同乐镇和田林县浪平乡，均属红水河水系。

(794) *Triplophysa hutjertjuensis* (Rendahl，1933) 忽吉图高原鳅

Nemacheilus (*Triplophysa*) *hutjertjuensis* Rendahl，1933，28。

Triplophysa (*Triplophysa*) *hutjertjuensis*：成庆泰和郑葆珊，1987，191；朱松泉，1989，81；武云飞和吴翠珍，1992，171；朱松泉，1995，114。

Triplophysa hutjertjuensis：刘明玉等，2000，158；Kottelat，2012，127；伍汉霖等，2012，74。

分布：甘肃河西走廊的石羊河水系和内蒙古达尔罕茂明安联合旗的艾不盖河水系。

(795) *Triplophysa jianchuanensis* Zheng，Du，Chen *et* Yang，2010 剑川高原鳅

Triplophysa jianchuanensis Zheng，Du，Chen *et* Yang（郑兰平、杜丽娜、陈小勇和杨君兴），2010，29；Kottelat，2012，127。

分布：云南剑川县，属澜沧江水系。

(796) *Triplophysa jiarongensis* Lin，Li *et* Song，2012 佳荣盲高原鳅

Triplophysa jiarongensis Lin，Li *et* Song，2012，641；Kottelat，2012，127。

分布：贵州荔波县佳荣镇，属柳江水系。

(797) *Triplophysa labiata*（Kessler，1874）穗唇高原鳅

Diplophysa labiata Kessler，1874，59。

Barbatula labiata：朱松泉，1989，28；武云飞和吴翠珍，1992，138；朱松泉，1995，108；刘明玉等，2000，154。

Triplophysa labiata：Cao *et* Zhang，2008，40；伍汉霖等，2012，74。

别名：穗唇须鳅（朱松泉，1989，1995；武云飞和吴翠珍，1992；刘明玉等，2000）。

分布：新疆伊犁河、额敏河和玛纳斯河等水系。国外分布于哈萨克斯坦的阿拉湖和巴尔喀什湖等地。

(798) *Triplophysa lacustris* Yang *et* Chu，1990 湖高原鳅

Triplophysa lacustris Yang *et* Chu（杨君兴和褚新洛），1990，380；Lan *et al.*，1995，370；Yang *et* Chen（杨君兴和陈银瑞），1995，29；刘明玉等，2000，163；Chen *et al.*，2009b，90；Zheng，2009，225；Kottelat，2012，127；Lin *et al.*，2012，646；Zheng *et al.*，2012a，835；伍汉霖等，2012，74。

Triplophysa（*Triplophysa*）*lacustris*：朱松泉，1995，119。

分布：云南星云湖。

(799) *Triplophysa langpingensis* Yang，2013 浪平高原鳅

Triplophysa langpingensis Yang（杨剑，见蓝家湖等），2013，131。

分布：广西田林县浪平乡一洞穴地下河，属红水河水系。

(800) *Triplophysa laterimaculata* Li，Liu *et* Yang，2007 侧斑高原鳅

Triplophysa laterimaculata Li，Liu *et* Yang，2007，48；Kottelat，2012，127；伍汉霖等，2012，74。

分布：新疆喀什克孜河，属塔里木河水系。

(801) *Triplophysa laticeps* Zhou *et* Cui，1997 宽头高原鳅

Triplophysa laticeps Zhou *et* Cui（周伟和崔桂华），1997，179；Kottelat，2012，127；伍汉霖等，2012，74。

分布：云南禄丰绿汁江，属元江支流。

(802) *Triplophysa leptosoma*（Herzenstein，1888）棱形高原鳅

Nemachilus stoliczkae leptosoma Herzenstein，1888，23。

Triplophysa（*Triplophysa*）*leptosoma*：成庆泰和郑葆珊，1987，189；朱松泉，1989，110；朱松泉，1995，117。

Triplophysa leptosoma：丁瑞华，1994，84；张春光等，1995，60；Chen，1998，79；刘明玉等，2000，161；Zheng *et al.*，2010，8；He *et al.*，2012，278；伍汉霖等，2012，74。

Indotriplophysa leptosoma：Kottelat，2012，86。

别名：修长高原鳅（朱松泉，1989，1995；刘明玉等，2000）。

分布：长江、黄河上游，西藏北部，柴达木盆地，青海湖及河西走廊等地。

(803) *Triplophysa lihuensis* Wu，Yang *et* Lan，2012 里湖高原鳅

Triplophysa lihuensis Wu，Yang *et* Lan（吴铁军、杨剑和蓝家湖），2012，875；蓝家湖等，2013，124。

分布：广西南丹县里湖镇洞穴地下河，属柳江水系。

(804) *Triplophysa lixianensis* He，Song *et* Zhang，2008 理县高原鳅

Triplophysa lixianensis He，Song *et* Zhang（何春林、宋昭彬和张鹗），2008a，42；Kottelat，2012，127；伍汉霖等，2012，74。

分布：四川理县岷江支流杂谷脑河。

(805) *Triplophysa longianguis* Wu *et* Wu，1984 蛇形高原鳅

Triplophysa longianguis Wu *et* Wu（武云飞和吴翠珍），1984，327；刘明玉等，2000，161；Kottelat，2012，127；伍汉霖等，2012，74。

Triplophysa（*Triplophysa*）*longianguis*：朱松泉，1989，111；武云飞和吴翠珍，1992，228；朱松泉，1995，118。

别名：长蛇高原鳅（武云飞和吴翠珍，1992）。

分布：青海久治县逊木错，属黄河水系。

(806) *Triplophysa longibarbata*（Chen，Yang，Sket *et* Aljancic，1998）长须盲高原鳅

Paracobitis longibarbatus Chen，Yang，Sket *et* Aljancic（陈银瑞、杨君兴、斯盖特和阿兰西科），1998，59；Li *et al.*，2006，1；Ran *et al.*（冉景丞等），2006，82。

Triplophysa longibarbata：Du *et al.*，2008，33；Zheng，2009，5；Kottelat，2012，127；Lin *et al.*，2012，645；Zheng *et al.*，2012a，835；伍汉霖等，2012，74。

Triplophysa longibarbatus：Yang *et al.*，2011a，569；Zhao *et al.*，2011，1552；Wu *et al.*，2012，879；

Yang *et al.*，2012，170。

分布：贵州荔波县，属柳江水系。

(807) *Triplophysa longipectoralis* Zheng，Du，Chen *et* Yang，2009 长鳍高原鳅

Triplophysa longipectoralis Zheng，Du，Chen *et* Yang（郑兰平、杜丽娜、陈小勇和杨君兴），2009，221；Kottelat，2012，128；Lin *et al.*，2012，646；Ren *et al.*，2012，191；Yang *et al.*，2012，170；Zheng *et al.*，2012a，835；伍汉霖等，2012，74；蓝家湖等，2013，111。

分布：广西环江县驯乐乡，属柳江水系。

(808) *Triplophysa longliensis* Ren，Yang *et* Chen，2012 龙里高原鳅

Triplophysa longliensis Ren，Yang *et* Chen（任秋、杨君兴和陈小勇），2012，188。

分布：贵州龙里县百胜村，属红水河。

(809) *Triplophysa macrocephala* Yang，Wu *et* Yang，2012 大头高原鳅

Triplophysa macrocephala Yang，Wu *et* Yang（杨剑、吴铁军和杨君兴），2012，170；Kottelat，2012，128；Lin *et al.*，2012，646；Zheng *et al.*，2012a，835；蓝家湖等，2013，121。

分布：广西南丹县八圩乡附近一洞穴中，属柳江水系。

(810) *Triplophysa macromaculata* Yang，1990 大斑高原鳅

Triplophysa macromaculata Yang（杨君兴，见褚新洛和陈银瑞），1990，58；Lan *et al.*，1995，369；刘明玉等，2000，161；Li *et al.*，2008，677；Chen *et al.*，2009b，86；Kottelat，2012，128；Lin *et al.*，2012，646；伍汉霖等，2012，74。

Triplophysa (*Triplophysa*) *macromaculata*：朱松泉，1995，117。

Triplophysa macromaculatus：Zheng，2009，5。

分布：云南南盘江上游，属珠江水系。

(811) *Triplophysa macrophthalma* Zhu *et* Guo，1985 大眼高原鳅

Triplophysa macrophthalma Zhu *et* Guo（朱松泉和郭启治），1985，323；Lan *et al.*，1995，369；Yang *et* Chen（杨君兴和陈银瑞），1995，27；刘明玉等，2000，163；He *et al.*，2008，47a；Chen *et al.*，2009b，90；Zheng，2009，5；Kottelat，2012，128；伍汉霖等，2012，74。

Triplophysa (*Triplophysa*) *macrophthalma*：朱松泉，1989，128；朱松泉，1995，119。

分布：云南宜良县南盘江水系。

(812) *Triplophysa markehenensis* (Zhu *et* Wu，1981) 麻尔柯河高原鳅

Nemachilus pseudoscleropterus markehenensis Zhu *et* Wu（朱松泉和武云飞），1981，223。

Triplophysa (*Triplophysa*) *markehenensis*：成庆泰和郑葆珊，1987，192；朱松泉，1989，91；武云飞和吴翠珍，1992，166；朱松泉，1995，115。

Triplophysa markehenensis：丁瑞华，1994，76；Chen，1998，72；刘明玉等，2000，163；Kottelat，2012，128；伍汉霖等，2012，74。

分布：金沙江上游包括雅砻江和大渡河中上游水系。

(813) *Triplophysa microphthalma* (Kessler，1879) 细眼高原鳅

Diplophysa microphthalma Kessler，1879，308。

Triplophysa (*Triplophysa*) *microphthalma*：成庆泰和郑葆珊，1987，193。

Barbatula microphthalma：朱松泉，1989，27；武云飞和吴翠珍，1992，137；朱松泉，1995，108。

Triplophysa microphthalma：Cao *et* Zhang，2008，40；伍汉霖等，2012，74。

Labiatophysa microphthalma：Kottelat，2012，87。

别名：小眼须鳅（朱松泉，1989，1995；武云飞和吴翠珍，1992）。

分布：新疆哈密、吐鲁番和托克逊等地。

(814) *Triplophysa microphysa* (Fang，1935) 小鳔高原鳅

Nemacheilus (*Deterophysa*) *microphysus* Fang，1935c，753。

Triplophysa (*Triplophysa*) *microphysa*：成庆泰和郑葆珊，1987，192；朱松泉，1989，92；朱松泉，1995，115。

Triplophysa microphysa：刘明玉等，2000，160；Li *et al.*，2007a，47；Kottelat，2012，128；伍汉霖等，2012，74。

分布：新疆阿克苏河。

(815) *Triplophysa microps* (Steindachner，1866) 小眼高原鳅

Cobitis microps Steindachner，1866，794。

Triplophysa (*Triplophysa*) *microps*：成庆泰和郑葆珊，1987，189；朱松泉，1989，121；武云飞和吴翠珍，

1992，196；朱松泉，1995，118。

Triplophysa microps：张春光等，1995，65；刘明玉等，2000，162；Li *et al.*，2007a，47；Zheng *et al.*，2010，4；Kottelat，2012，128；伍汉霖等，2012，74。

分布：西藏象泉河、狮泉河、羌臣摩河、昂拉仁错、吉隆河和波曲河等地。国外分布于巴基斯坦和印度。

(816) *Triplophysa minuta*(Li，1966) 小体高原鳅

Nemachilus minutus Li(李思忠)，1966，46。

Triplophysa (*Hedinichthys*) *minuta*：朱松泉，1989，132；武云飞和吴翠珍，1992，259；朱松泉，1995，120。

Triplophysa minuta：刘明玉等，2000，163；伍汉霖等，2012，74。

Hedinichthys minutus：Kottelat，2012，82。

分布：新疆北部的托克逊、乌鲁木齐、米泉、精河、博乐、温泉和乌尔禾等地。

(817) *Triplophysa minxianensis*(Wang *et* Zhu，1979) 岷县高原鳅

Nemachilus minxianensis Wang *et* Zhu(王香亭和朱松泉)，1979，129。

Triplophysa (*Hedinichthys*) *minxianensis*：成庆泰和郑葆珊，1987，188；朱松泉，1989，73；武云飞和吴翠珍，1992，152；朱松泉，1995，113。

Triplophysa minxianensis：63；刘明玉等，2000，157；伍汉霖等，2012，74。

分布：甘肃洮河和渭河水系。

(818) *Triplophysa moquensis* Ding，1994 墨曲高原鳅

Triplophysa moquensis Ding(丁瑞华)，1994，69；Li *et al.*，2007a，51；Kottelat，2012，128；伍汉霖等，2012，74。

分布：四川若尔盖辖曼湖。

(819) *Triplophysa nandanensis* Lan，Yang *et* Chen，1995 南丹高原鳅

Triplophysa nandanensis Lan，Yang *et* Chen(蓝家湖、杨君兴和陈银瑞)，1995，368；Kottelat，2012，128；伍汉霖等，2012，74；蓝家湖等，2013，108。

分布：广西南丹县六寨镇溶洞地下河，属红水河水系。

(820) *Triplophysa nanpanjiangensis*(Zhu *et* Cao，1988) 南盘江高原鳅

Oreias dabryi nanpanjiangensis Zhu *et* Cao(朱松泉和曹文宣)，1988，98。

Schistura dabryi nanpanjiangensis：朱松泉，1989，56；Zhu，1995，111；刘明玉等，2000，156。

Triplophysa nanpanjiangensis：Chen *et al.* (陈银瑞等)，1992，19；Zhou *et* Cui(周伟和崔桂华)，1993，86；Kottelat，2012，128；伍汉霖等，2012，74。

别名：南盘江戴氏南鳅(朱松泉，1989，1995；刘明玉等，2000)。

分布：云南沾益县海家哨和老母格地下河出口处，属南盘江水系。

(821) *Triplophysa nasobarbatula* Wang *et* Li，2001 鼻须高原鳅

Triplophysa nasobarbatula Wang *et* Li(王大忠和李德俊)，2001，101；Kottelat，2012，129；伍汉霖等，2012，74。

分布：贵州荔波县柳江。

(822) *Triplophysa ninglangensis* Wu *et* Wu，1988 宁蒗高原鳅

Triplophysa ninglangensis Wu *et* Wu(武云飞和吴翠珍)，1988a，19；Kottelat，2012，129；武云飞和吴翠珍，1990b，63；伍汉霖等，2012，74。

Triplophysa (*Hedinichthys*) *ninglangensis*：武云飞和吴翠珍，1992，230。

分布：云南宁蒗县宁蒗河，属金沙江水系。

(823) *Triplophysa nujiangensa* Chen，Cui *et* Yang，2004 怒江高原鳅

Triplophysa (*Triplophysa*) *nujiangensa* Chen，Cui *et* Yang(陈小勇、崔桂华和杨君兴)，2004b，505。

Triplophysa nujiangensa：Kottelat，2012，129；伍汉霖等，2012，74。

分布：云南怒江和保山怒江干流。

(824) *Triplophysa obscura* Wang，1987 黑体高原鳅

Triplophysa obscura Wang(王香亭，见陈景星)，1987，28；丁瑞华，1994，71；69；刘明玉等，2000，159；Kottelat，2012，129；伍汉霖等，2012，74。

Triplophysa (*Triplophysa*) *obscura*：朱松泉，1989，86；朱松泉，1995，115。

分布：黄河上游和嘉陵江支流白龙江上游。

(825) *Triplophysa obtusirostra* Wu *et* Wu，1988 短吻高原鳅

Triplophysa obtusirostra Wu *et* Wu(武云飞和吴翠珍)，1988b，197；刘明玉等，2000，161；Kottelat，2012，129；伍汉霖等，2012，74。

Triplophysa (*Triplophysa*) *obtusirostra*：朱松泉，1995，117。

分布：黄河源头卡日曲小湖。

(826) *Triplophysa orientalis* (Herzenstein, 1888) 东方高原鳅

Nemachilus kungessanus orientalis Herzenstein，1888，44。

Triplophysa (*Triplophysa*) *kungessanus orientalis*：成庆泰和郑葆珊，1987，191。

Triplophysa (*Triplophysa*) *orientalis*：朱松泉，1989，84；武云飞和吴翠珍，1992，172；朱松泉，1995，114。

Triplophysa orientalis：丁瑞华，1994，67；张春光等，1995，50；68；刘明玉等，2000，158；Li *et al.*，2007a，47；Zheng *et al.*，2010，4；He *et al.*，2012，278；Kottelat，2012，129；伍汉霖等，2012，74。

别名：东方巩乃斯高原鳅(成庆泰和郑葆珊，1987)。

分布：甘肃、青海、四川西部的长江水系，黄河上游干流及其附属水体，怒江上游，甘肃河西走廊和青海柴达木盆地的自流水体，西藏的拉萨河。

(827) *Triplophysa papillosolabiata* (Kessler, 1879) 重穗唇高原鳅

Diplophysa papilloso-labiata Kessler，1879，299。

Nemachilus (*Deuterophysa*) *papilloso-labiatus*：Rendahl，1933，35。

Nemachilus strauchii papillosolabiatus：中国科学院动物研究所等，1979，43。

Triplophysa papillosolabiata：赵铁桥，1991，154。

别名：粒唇黑斑条鳅(中国科学院动物研究所等，1979)。

分布：新疆塔里木河水系及甘肃黑河和疏勒河。

(828) *Triplophysa pappenheimi* (Fang, 1935c) 黄河高原鳅

Nemacheilus pappenheimi Fang，1935c，761。

Triplophysa (*Triplophysa*) *pappenheimi*：成庆泰和郑葆珊，1987，189；朱松泉，1989，101；武云飞和吴翠珍，1992，231；朱松泉，1995，116。

Triplophysa pappenheimi：丁瑞华，1994，85；73；刘明玉等，2000，160；Kottelat，2012，129；伍汉霖等，2012，74。

保护等级：省级(甘肃)。

分布：黄河水系上游。

(829) *Triplophysa parvus* Chen, Li *et* Yang, 2009 小高原鳅

Triplophysa parvus Chen，Li *et* Yang(陈自明、李维贤和杨君兴)，2009，86；Kottelat，2012，129；伍汉霖等，2012，74。

分布：云南宜良县贾龙河，属南盘江水系。

(830) *Triplophysa polyfasciata* Ding, 1996 多带高原鳅

Triplophysa polyfasciata Ding(丁瑞华)，1996，11；Kottelat，2012，130；伍汉霖等，2012，74。

分布：四川汶川县岷江水系上游。

(831) *Triplophysa pseudoscleroptera* (Zhu *et* Wu, 1981) 拟硬刺高原鳅

Nemachilus pseudoscleropterus Zhu *et* Wu(朱松泉和武云飞)，1981，221。

Triplophysa (*Triplophysa*) *pseudoscleroptera*：成庆泰和郑葆珊，1987，191；朱松泉，1989，89；武云飞和吴翠珍，1992，158；朱松泉，1995，115。

Triplophysa pseudoscleroptera：丁瑞华，1994，75；张春光等，1995，51；71；刘明玉等，2000，159；Kottelat，2012，130；伍汉霖等，2012，74。

别名：拟硬鳍高原鳅(朱松泉，1989，1995；刘明玉等，2000；伍汉霖等，2012)。

分布：青海、云南、四川西部和甘肃境内的长江、黄河干流及其附属水体，柴达木盆地的柴达木河和格尔木河。

(832) *Triplophysa pseudostenura* He, Zhang *et* Song, 2012 拟细尾高原鳅

Triplophysa pseudostenura He，Zhang *et* Song(何春林、张鹗和宋昭彬)，2012，273。

分布：四川雅砻江。

(833) *Triplophysa qiubeiensis* Li *et* Yang, 2008 丘北盲高原鳅

Triplophysa qiubeiensis Li *et* Yang(李维贤和杨洪福)，2008，674；Zhao *et al.*，2011，1553；Kottelat，2012，130；Lin *et al.*，2012，646；Zheng *et al.*，2012a，835；伍汉霖等，2012，74。

别名：丘北高原鳅(伍汉霖等，2012)。

分布：云南丘北县喀斯特洞穴地下河。

(834) *Triplophysa robusta* (Kessler, 1876) 粗壮高原鳅

Nemachilus robustus Kessler，1876，32。

Triplophysa (*Triplophysa*) *robusta*：成庆泰和郑葆珊，1987，189；朱松泉，1989，76；武云飞和吴翠珍，1992，190；朱松泉，1995，113。

Triplophysa robusta：陕西省动物研究所等，1987，76；丁瑞华，1994，65；64；刘明玉等，2000，158；

Kottelat，2012，130；伍汉霖等，2012，75。

别名：甘肃高原鳅(武云飞和吴翠珍，1992)。

分布：黄河和长江支流嘉陵江等的上游。

(835) *Triplophysa rosa* Chen *et* Yang，2005 玫瑰高原鳅

Triplophysa rosa Chen *et* Yang(陈小勇和杨君兴)，2005，599；Li *et al.*，2008，676；Zhao *et al.*，2011，1553；Kottelat，2012，130；Yang *et al.*，2012，170；伍汉霖等，2012，75。

Heminoemacheilus wulongensis：Wu，He，Zhen *et* Li，2007，90。

分布：重庆武隆县，属乌江水系。

(836) *Triplophysa rotundiventris* (Wu *et* Chen，1979) 圆腹高原鳅

Nemachilus rotundiventris Wu *et* Chen(武云飞和陈瑗)，1979，292。

Triplophysa (*Triplophysa*) *rotundiventris*：成庆泰和郑葆珊，1987，190；朱松泉，1989，125；武云飞和吴翠珍，1992，226；朱松泉，1995，119。

Triplophysa rotundiventris：张春光等，1995，68；刘明玉等，2000，162；伍汉霖等，2012，75。

Quighaichthys rotundiventris：Kottelat，2012，103。

分布：青海通天河支流结古河，西藏怒江上游那曲、安多和二道河等地。

(837) *Triplophysa scleroptera* (Herzenstein，1888) 硬刺高原鳅

Nemachilus scleropterus Herzenstein，1888，54。

Triplophysa (*Triplophysa*) *scleroptera*：成庆泰和郑葆珊，1987，191；朱松泉，1989，87；武云飞和吴翠珍，1992，176；朱松泉，1995，115。

Triplophysa scleroptera：丁瑞华，1994，73；70；刘明玉等，2000，159；Kottelat，2012，130；伍汉霖等，2012，75。

别名：硬鳍高原鳅(朱松泉，1989，1995；刘明玉等，2000；伍汉霖等，2012)。

分布：青海湖和黄河上游水系。

(838) *Triplophysa sellaefer* (Nichols，1925) 赛丽高原鳅

Barbatula yarkandensis sellaefer Nichols，1925，4。

Triplophysa sellaefer：陈景星，1987，20；刘明玉等，2000，157；Wang *et al.*，2001，170；Kottelat，2012，130；伍汉霖等，2012，75。

Triplophysa (*Triplophysa*) *sellaefer*：朱松泉，1989，74；朱松泉，1995，113。

分布：黄河水系中下游。

(839) *Triplophysa shaanxiensis* Chen，1987 陕西高原鳅

Triplophysa shaanxiensis Chen(陈景星)，1987，21；刘明玉等，2000，158；Kottelat，2012，131；伍汉霖等，2012，75。

Triplophysa (*Triplophysa*) *shaanxiensis*：朱松泉，1989，75；朱松泉，1995，113。

保护等级：省级(陕西)。

分布：渭河下游北岸各支流。

(840) *Triplophysa shilinensis* Chen *et* Yang，1992 石林盲高原鳅

Triplophysa shilinensis Chen *et* Yang(陈银瑞和杨君兴)，1992，17；刘明玉等，2000，163；Kottelat，2012，131；伍汉霖等，2012，75。

Triplophysa (*Triplophysa*) *shilinensis*：朱松泉，1995，119。

分布：云南路南县石林地下河。

(841) *Triplophysa siluroides* (Herzenstein，1888) 似鲇高原鳅

Nemachilus siluroides Herzenstein，1888，62。

Triplophysa (*Triplophysa*) *siluroides*：成庆泰和郑葆珊，1987，189；朱松泉，1989，103；武云飞和吴翠珍，1992，233；朱松泉，1995，116。

Triplophysa siluroides：丁瑞华，1994，86；74；刘明玉等，2000，160；Kottelat，2012，131；伍汉霖等，2012，75。

别名：拟鲇高原鳅(朱松泉，1989，1995；武云飞和吴翠珍，1992；陈宜瑜等，1988；刘明玉等，2000)。

保护等级：《中国濒危动物红皮书-鱼类》(易危)，省级(甘肃、青海)。

分布：黄河上游。

(842) *Triplophysa stenura* (Herzenstein，1888) 细尾高原鳅

Nemachilus stenurus Herzenstein，1888，64。

Triplophysa (*Triplophysa*) *stenura*：成庆泰和郑葆珊，1987，190；朱松泉，1989，117；武云飞和吴翠珍，1990，63；武云飞和吴翠珍，1992，238；朱松泉，1995，118。

Triplophysa stenura：丁瑞华，1994，93；张春光等，1995，63；81；刘明玉等，2000，162；Li *et al.*，2007a，47；He *et al.*，2008a，47；Zheng *et al.*，2010，

4；伍汉霖等，2012，75。

分布：青藏高原和四川西部的长江、澜沧江、怒江、雅鲁藏布江等水系。

(843) *Triplophysa stewarti* (Hora，1922) 异尾高原鳅

Diplophysa stewarti Hora，1922，70。

Nemachilus longianalis：Ren *et* Wu（任慕莲和武云飞），1982，82。

Triplophysa (*Triplophysa*) *stewarti*：成庆泰和郑葆珊，1987，192；朱松泉，1989，97；武云飞和吴翠珍，1992，168；朱松泉，1995，116。

Nemachilus longianalis tangtianhensis：Wu *et* Wu，1988，21。

Triplophysa stewarti：张春光等，1995，54；刘明玉等，2000，160；Kottelat，2012，131；伍汉霖等，2012，75。

别名：刺突高原鳅（武云飞和吴翠珍，1992）。

分布：青藏高原长江、怒江源头，狮泉河，雅鲁藏布江中上游干支流及纳木错、奇林湖、羊卓雍错、多钦错、昂拉仁错、斯潘古尔湖等水域。

(844) *Triplophysa stoliczkai* (Steindachner，1866) 斯氏高原鳅

Cobitis stolickai Steindachner，1866，793。

Triplophysa (*Triplophysa*) *stoliczkae*：成庆泰和郑葆珊，1987，190；朱松泉，1989，97；武云飞和吴翠珍，1992，212；朱松泉，1995，118；Chen *et al.*，2004，507。

Triplophysa stoliczkae：丁瑞华，1994，89；80；刘明玉等，2000，162；Li *et al.*，2007a，47；He *et al.*，2008a，49；Zheng *et al.*，2010，4；He *et al.*，2012，279。

Triplophysa stoliczkai：Kottelat，2012，131；伍汉霖等，2012，75。

分布：青海、西藏、新疆、四川西部、甘肃、宁夏和内蒙古等地。国外分布于印度、阿富汗、伊朗、巴基斯坦和乌兹别克斯坦。

(845) *Triplophysa strauchii* (Kessler，1874) 新疆高原鳅

Diplophysa strauchii Kessler，1874，58。

Triplophysa (*Triplophysa*) *strauchi*：成庆泰和郑葆珊，1987，192。

Triplophysa (*Triplophysa*) *strauchii*：朱松泉，1989，93；武云飞和吴翠珍，1992，186；朱松泉，1995，115。

Triplophysa strauchii：刘明玉等，2000，160；Kottelat，2012，131；伍汉霖等，2012，75。

别名：黑斑高原鳅（武云飞和吴翠珍，1992）。

分布：新疆伊犁河、额敏河、博乐塔拉河、玛纳斯河和乌鲁木齐河。国外分布于哈萨克斯坦的斋桑湖、巴尔喀什湖和阿拉湖，吉尔吉斯斯坦的伊塞克湖等。

(846) *Triplophysa tanggulaensis* (Zhu，1982) 唐古拉高原鳅

Nemachilus tanggulaensis Zhu（朱松泉），1982a，223。

Triplophysa (*Triplophysa*) *tanggulaensis*：成庆泰和郑葆珊，1987，190；朱松泉，1989，112；朱松泉，1995，118；Chen *et al.*，2004，507。

Triplophysa tanggulaensis：刘明玉等，2000，162；Kottelat，2012，132；伍汉霖等，2012，75。

分布：青海唐古拉山口北坡温泉附近的温泉溪流中。

(847) *Triplophysa tenuicauda* (Steindachner，1866) 窄尾高原鳅

Cobitis tenuicauda Steindachner，1866，792。

Triplophysa (*Triplophysa*) *tenuicauda*：成庆泰和郑葆珊，1987，190；朱松泉，1989，119；武云飞和吴翠珍，1992，235；朱松泉，1995，118。

Triplophysa tenuicauda：张春光等，1995，64；刘明玉等，2000，162；He *et al.*，2008a，47；伍汉霖等，2012，75。

分布：西藏阿里狮泉河。国外分布于巴基斯坦和印度。

(848) *Triplophysa tenuis* (Day，1877) 长身高原鳅

Nemacheilus tenuis Day，1877，796。

Triplophysa (*Triplophysa*) *tenuis*：朱松泉，1989，95；武云飞和吴翠珍，1992，184；朱松泉，1995，116。

Triplophysa tenuis：刘明玉等，2000，160；Li *et al.*，2007a，47；伍汉霖等，2012，75。

Indotriplophysa tenuis：Kottelat，2012，86。

分布：新疆的博斯腾湖和塔里木河水系，甘肃河西走廊的疏勒河和弱水。国外分布于阿富汗和伊朗。

(849) *Triplophysa tianeensis* Chen，Cui *et* Yang，2004 天峨高原鳅

Triplophysa tianeensis Chen，Cui *et* Yang（陈小勇、崔桂华和杨君兴），2004，228；Li *et al.*，2008，676；Chen *et al.*，2009b，90；Zheng，2009，5；Zhao *et al.*，2011，1552；Kottelat，2012，132；Lin *et al.*，2012，646；Yang *et al.*，2012，170；Zheng *et al.*，2012a，835；伍汉霖等，2012，75；蓝家湖等，2013，114。

分布：广西天峨县八腊乡和岜暮乡洞穴，属红水河水系。

(850) *Triplophysa tibetana* (Regan，1905) 西藏高原鳅

Nemachilus tibetanus Regan，1905b，187。

Triplophysa (*Triplophysa*) *tibetana*：成庆泰和郑葆珊，1987，192；朱松泉，1989，100；武云飞和吴翠珍，1992，153；朱松泉，1995，116。

Triplophysa tibetana：张春光等，1995，52；刘明玉等，2000，160；Kottelat，2012，132；伍汉霖等，2012，75。

分布：雅鲁藏布江水系、狮泉河、玛旁雍错、莫特里湖、朋曲等水系。

(851) *Triplophysa turpanensis* Wu *et* Wu，1992 吐鲁番高原鳅

Triplophysa (*Triplophysa*) *turpanensis* Wu *et* Wu (武云飞和吴翠珍)，1992，175。

Triplophysa turpanensis：Kottelat，2012，132；伍汉霖等，2012，75。

分布：新疆吐鲁番、鄯善和乌鲁木齐等地。

(852) *Triplophysa venusta* Zhu *et* Cao，1988 秀丽高原鳅

Triplophysa venusta Zhu *et* Cao (朱松泉和曹文宣)，1988，96；Zhou *et* Cui (周伟和崔桂华)，1997，180；65；刘明玉等，2000，158；Kottelat，2012，132；伍汉霖等，2012，75。

Triplophysa (*Triplophysa*) *venusta*：朱松泉，1989，78；朱松泉，1995，114。

分布：云南丽江县的黑龙潭和漾弓江。

(853) *Triplophysa waisihani* Cao *et* Zhang，2008 歪思汗高原鳅

Triplophysa waisihani Cao *et* Zhang (曹亮和张鹗)，2008，35；Kottelat，2012，132；伍汉霖等，2012，75。

分布：新疆伊宁县伊犁河支流喀什河。

(854) *Triplophysa wuweiensis* (Li *et* Chang，1974) 武威高原鳅

Nemachilus wuweiensis Li *et* Chang (李思忠和张世义)，1974，415。

Triplophysa (*Triplophysa*) *wuweiensis*：成庆泰和郑葆珊，1987，192；朱松泉，1989，90；武云飞和吴翠珍，1992，181；朱松泉，1995，115。

Triplophysa wuweiensis：刘明玉等，2000，159；Kottelat，2012，132；伍汉霖等，2012，75。

分布：甘肃河西走廊的石羊河水系。

(855) *Triplophysa xiangshuingensis* Li，2004 响水箐高原鳅

Triplophysa xiangshuingensis Li (李维贤)，2004，93；Li *et al.*，2008，676；Zheng，2009，5；Zhao *et al.*，2011，1553；Kottelat，2012，133；Lin *et al.*，2012，646；Yang *et al.*，2012，170；Zheng *et al.*，2012，835a；伍汉霖等，2012，75。

分布：云南石林县，属南盘江水系。

(856) *Triplophysa xiangxiensis* (Yang，Yuan *et* Liao，1986) 湘西盲高原鳅

Noemacheilus xiangxiensis Yang，Yuan *et* Liao (杨干荣、袁凤英和廖荣谋)，1986，219。

Schistura xiangxiensis：朱松泉，1989，58。

Triplophysa xiangxiensis：Chen *et al.*，1992，19；Zhou *et* Cui (周伟和崔桂华)，1993，87；刘明玉等，2000，163；Chen *et* Yang，2005，607；Li *et al.*，2008，676；Yang *et al.*，2011a，569；Zhao *et al.*，2011，1553；Kottelat，2012，133；Lin *et al.*，2012，646；Wu *et al.*，2012，879；Yang *et al.*，2012，170；伍汉霖等，2012，75。

Triplophysa (*Triplophysa*) *xiangxiensis*：朱松泉，1995，120。

别名：湘西高原鳅(伍汉霖等，2012)。

分布：湖南龙山县火岩乡地下河中。

(857) *Triplophysa xichangensis* Zhu *et* Cao，1989 西昌高原鳅

Triplophysa (*Triplophysa*) *xichangensis* Zhu *et* Cao (朱松泉和曹文宣)，1989，79；朱松泉，1995，114。

Triplophysa xichangensis：丁瑞华，1994，71；Ding *et* Lai(丁瑞华和赖琪)，1996，375；Zhou *et* Cui (周伟和崔桂华)，1997，180；66；刘明玉等，2000，158；He *et al.*，2012，278；Kottelat，2012，133；伍汉霖等，2012，75。

分布：四川西昌安宁河(雅砻江支流)。

(858) *Triplophysa xiqiensis* Ding *et* Lai，1996 西溪高原鳅

Triplophysa xiqiensis Ding *et* Lai (丁瑞华和赖琪)，1996，374；Kottelat，2012，133；伍汉霖等，2012，75。

分布：四川昭觉县西溪河。

(859) *Triplophysa yaopeizhii* Xu *et* Zhang，1995 姚氏高原鳅

Triplophysa yaopeizhii Xu *et* Zhang (许涛清和张春光，

见张春光等)，1995， 57；许涛清和张春光，1996，377；Kottelat，2012，133；伍汉霖等，2012，75。

分布：西藏的江达、芒康、贡觉等地，均属金沙江水系。

(860) *Triplophysa yarkandensis macroptera* (Herzenstein，1888) 河西叶尔羌高原鳅

Nemachilus yarkandensis macropterus Herzenstein，1888，79。

Triplophysa (*Hedinichthys*) *yarkandensis macropterus*：朱松泉，1989，131；朱松泉，1995，120。

Triplophysa yarkandensis macropterus：刘明玉等，2000，163。

Hedinichthys macropterus：Kottelat，2012，82；伍汉霖等，2012，69。

别名：大鳍赫氏爬鳅(伍汉霖等，2012)。

分布：甘肃河西走廊的疏勒河、月牙泉和弱水。

(861) *Triplophysa yarkandensis yarkandensis* (Day，1877) 叶尔羌高原鳅

Nemacheilus yarkandensis Day，1877，796；中国科学院动物研究所等，1979，49。

Nemachilus yarkandensis nordkansuensis：Li *et* Chang，1974，416。

Triplophysa (*Hedinichthys*) *yarkandensis yarkandensis*：朱松泉，1989，129；朱松泉，1995，120。

Triplophysa (*Hedinichthys*) *yarkandensis*：武云飞和吴翠珍，1992，256。

Triplophysa yarkandensis yarkandensis：刘明玉等，2000，163；Li *et al.*，2007a，47。

Hedinichthys yarkandensis：Kottelat，2012，82；伍汉霖等，2012，69。

别名：叶尔羌赫氏爬鳅(伍汉霖等，2012)。

分布：新疆塔里木河水系。

(862) *Triplophysa yunnanensis* Yang，1990 云南高原鳅

Triplophysa yunnanensis Yang(杨君兴，见褚新洛和陈银瑞)，1990，56；Chen *et al.*，1992，19；Lan *et al.*(见蓝家湖等)，1995，369；Li *et* Zhu，2000，397；刘明玉等，2000，157；Chen *et* Yang，2005，604；Chen *et al.*，2009b，90；Zheng，2009，5；Zhao *et al.*，2011，1553；Kottelat，2012，133；Lin *et al.*，2012，646；Ren *et al.*，2012，191；Yang *et al.*，2012，170；Zheng *et al.*，2012a，835；伍汉霖等，2012，75。

Triplophysa (*Triplophysa*) *yunnanensis*：朱松泉，1995，113。

分布：云南南盘江上游。

(863) *Triplophysa zamegacephala* (Zhao，1985) 巨头高原鳅

Nemachilus zamegacephalus Zhao(赵铁桥)，1985，53。

Triplophysa (*Triplophysa*) *zamegacephala*：武云飞和吴翠珍，1992，157。

Triplophysa zamegacephala：刘明玉等，2000，159；Li *et al.*，2007a，47；伍汉霖等，2012，75。

Qinghaichthys zamegacephalus：Kottelat，2012，103。

分布：新疆阿克陶苏巴什湖、琼块勒巴什湖和布伦口，均属盖孜河水系；巴楚县楚巴什海子。

(864) *Triplophysa zhaoi* Prokofiev，2006 赵氏高原鳅

Triplophysa zhaoi Prokofiev，2006，244；Kottelat，2012，133；伍汉霖，2012，74。

Nemachilus turfanensis Herzenstein，1899，414。

别名：曹氏高原鳅(伍汉霖等，2012)。

分布：新疆吐鲁番盆地。

(865) *Triplophysa zhenfengensis* Wang *et* Li，2001 贞丰高原鳅

Triplophysa zhenfengensis Wang *et* Li(王大忠和李德俊)，2001，101；Li *et al.*，2008，677；Chen *et al.*，2009b，90；Zheng，2009，5；Zhao *et al.*，2011，1553；Kottelat，2012，133；Lin *et al.*，2012，646；Ren *et al.*，2012，191；Yang *et al.*，2012，170；Zheng *et al.*，2012a，835；伍汉霖等，2012，75。

分布：贵州贞丰县北盘江水系。

183. *Troglonectes* Zhang，Zhao *et* Tang, gen. nov. 洞鳅属，新属

模式种：*Oreonectes furcocaudalis* Zhu *et* Cao, 1987，326。

形态特征：体延长，侧扁。头部略侧扁，吻部延长。口下位或亚下位，须 3 对：1 对内吻须、1 对外吻须和 1 对口角须。唇表面光滑，下唇中央有一缺刻。前后鼻孔分开一短距。前鼻孔在一短的管状突起中，管状突起顶端延长成须。眼小（叉尾洞鳅 *T. furcocaudalis*），或退化至残留黑色素点（小眼洞鳅 *T. microphthalmus* 和大鳞洞鳅 *T. macrolepis*），甚至完全消失（透明洞鳅 *T. translucens* 和长体洞鳅 *T. elongatus*）。背鳍起点与腹鳍起点相对或略靠近吻端（除小眼岭鳅）。尾柄长，尾柄上、下缘具有发达的脂褶，脂褶发达，在背侧和腹侧分别起始于背鳍和臀鳍之后，终止于尾鳍基部。尾鳍叉形。肛门紧邻臀鳍起点。体表裸露无鳞或被覆稀疏的小鳞。侧线不完全，仅有数个侧线孔；具有头部侧线系统。

分类讨论：形态上该新属与岭鳅属最为相似，分布区也相近。新属与岭鳅属已知种的区别：头部略侧扁 vs 岭鳅属头较宽扁，头宽（眼处）28.7%–38.6% HL vs 岭鳅属 48.0%–69.0% HL；吻部延长 vs 岭鳅属吻部相对短且圆钝；背鳍分支鳍条 8–10 vs 岭鳅属 6–7；臀鳍分支鳍条 6–7 vs 岭鳅属 5；尾鳍分叉，尾柄上、下缘具发达的半透明脂褶（长体洞鳅脂褶略不发达）vs 岭鳅属尾鳍后缘圆形，尾柄上、下缘无脂褶或脂褶不明显；背鳍起点与腹鳍起点相对 vs 岭鳅属背鳍起点明显在腹鳍起点之后；体表均裸露或鳞片退化（叉尾岭鳅和大鳞岭鳅体被稀疏的圆鳞）vs 岭鳅属体被小鳞（除无眼岭鳅）；肛门紧邻臀鳍起点肛门 vs 岭鳅属与臀鳍起点相距 1 短距；除叉尾岭鳅外（眼正常），其余已知种眼均退化，完全消失或残留 1 黑色素点 vs 岭鳅属眼大部正常（无眼岭鳅眼退化，外表无眼）。

新属与条鳅科其他已知种类相比，在体型、分布区域相近等方面与已知的岭鳅属最为相似或相近，取希腊词 *Troglo* 和希腊词 *nectes*（源于 *nekton*）组成新属名，阴性。

分布：洞鳅属的种类仅分布于我国广西境内珠江的最大支流——西江上游红水河流域，主要生活在洞穴地下水体里，该新属为我国特有洞穴鱼属之一。

***Troglonectes* Zhang，Zhao *et* Tang, gen. nov.**

Type species：*Oreonectes furcocaudalis* Zhu *et* Cao, 1987

Body elongate and compressed. Head slightly compressed or depressed. Snout elongate. Mouth inferior or sub-inferior. Upper and lower lips smooth, a marked median groove in the middle of the lower lip. Three pairs of barbels: Rostral, outer rostral, and maxillary. Anterior and posterior nostrils are well separated with a short distance. Anterior nostril in a short tube, which extends into a relatively long barbel. Eye small (*T. furcocaudalis*), or degenerated to a black dot (*T. microphthalmus* and *T. macrolepis*), or absent (*T. translucens* and *T. elongatus*). Dorsal-fin origin opposite to pelvic-fin origin. Caudal peduncle long and compressed laterally, with adipose crests along both dorsal and ventral sides. Dorsal and ventral crest origin after dorsal and anal fin base respectively, connecting to caudal-fin rays. Caudal fin forked. Anal fin origin next to anus. Body naked or covered by small and sparse scales. Lateral line incomplete, connecting to the cephalic lateral-line system.

Distribution：Subterranean waterbodies of the Hongshuihe River basin, belonging to the Pearl River System.

(866) *Troglonectes acridorsalis*（Lan，2013）弓背洞鳅

Oreonectes acridorsalis Lan（蓝家湖，见蓝家湖等），2013，68。

分布：广西天峨县，属红水河水系。

(867) *Troglonectes barbatus*（Gan，2013）弱须洞鳅

Oreonectes barbatus Gan（甘西，见蓝家湖等），2013，72。

分布：广西南丹县，属柳江水系。

(868) *Troglonectes elongatus*（Tang，Zhao *et* Zhang，2012）长体洞鳅

Oreonectes elongatus Tang，Zhao *et* Zhang（唐莉、赵亚辉和张春光），2012，483；Kottelat，2012，94。

Troglonectes elongatus：唐莉，2012，53。

分布：广西环江县溶洞河，属珠江流域西江支流柳江水系。

(869) *Troglonectes furcocaudalis*（Zhu *et* Cao，1987）叉尾洞鳅

Oreonectes furcocaudalis Zhu *et* Cao（朱松泉和曹文宣），1987，326；朱松泉，1989，24；Lan *et al.*，1995，367；朱松泉，1995，107；刘明玉等，2000，154；Zhang *et al.*，2006，614；Du *et al.*，2008，28；Huang *et al.*，2009，445；Yang *et al.*，2011，210；Zhao *et al.*，2011，1552；Kottelat，2012，94；Tang *et al.*，2012，484；伍汉霖等，2012，71；蓝家湖等，2013，56。

Troglonectes furcocaudalis：唐莉，2012，35。

别名：叉尾平鳅（朱松泉，1989，1995；刘明玉等，2000）。

分布：广西融水县城郊地下河，属珠江流域西江支流柳江水系。

(870) *Troglonectes macrolepis*（Huang，Du，Chen *et* Yang，2009）大鳞洞鳅

Oreonectes macrolepis Huang，Du，Chen *et* Yang（黄爱民、杜丽娜、陈小勇和杨君兴），2009，446；Yang *et al.*，2011，210；Zhao *et al.*，2011，1552；Kottelat，2012，94；Tang *et al.*，2012，483；伍汉霖等，2012，

71；蓝家湖等，2013，64。

Troglonectes macrolepis：唐莉，2012，39。

分布：广西环江县，属珠江流域西江支流柳江水系。

(871) *Troglonectes microphthalmus*(Du，Chen *et* Yang，2008) 小眼洞鳅

Oreonectes microphthalmus Du，Chen *et* Yang(杜丽娜、陈小勇和杨君兴)，2008，28；Huang *et al.*，2009，445；Yang *et al.*，2011，210；Zhao *et al.*，2011，1552；Kottelat，2012，94；Tang *et al.*，2012，484；伍汉霖等，2012，71；蓝家湖等，2013，61。

Troglonectes microphthalmus：唐莉，2012，43。

分布：广西罗城县，属珠江流域西江支流柳江水系。

(872) *Troglonectes translucens*(Zhang，Zhao *et* Zhang，2006) 透明洞鳅

Oreonectes translucens Zhang，Zhao *et* Zhang(张振玲、赵亚辉和张春光)，2006，612；Yang *et al.*，2011，210；Zhao *et al.*，2011，1552；Kottelat，2012，94；Tang *et al.*，2012，483；伍汉霖等，2012，71；蓝家湖等，2013，59。

Triplophysa longibarbatus：Du *et al.*，2008，33。

Troglonectes translucens：唐莉，2012，47。

分布：广西都安县下坳溶洞地下河，属珠江流域西江水系红水河。

184. *Yunnanilus* Nichols，1925 云南鳅属

Yunnanilus Nichols，1925，1。

(873) *Yunnanilus altus* Kottelat *et* Chu，1988 高体云南鳅

Yunnanilus altus Kottelat *et* Chu(Kottelat 和褚新洛)，1988，72；杨君兴，(见褚新洛和陈银瑞)1990，17；杨君兴和陈银瑞，1995，23；朱松泉，1995，107；刘明玉等，2000，153；Chen *et al.*，2012b，62；Kottelat，2012，134；伍汉霖等，2012，75。

分布：云南南盘江水系。

(874) *Yunnanilus analis* Yang，1990 长臀云南鳅

Yunnanilus analis Yang(杨君兴，见褚新洛和陈银瑞)，1990，19；Yang，1991，199；朱松泉，1995，106；刘明玉等，2000，152；Kottelat，2012，134；伍汉霖等，2012，75。

分布：云南星云湖。

(875) *Yunnanilus bailianensis* Yang，2013 白莲云南鳅

Yunnanilus bailianensis Yang(杨剑，见蓝家湖等)，2013，51。

分布：广西柳州白莲洞，属柳江水系。

(876) *Yunnanilus bajiangensis* Li，2004 巴江云南鳅

Yunnanilus bajiangensis Li(李维贤)，2004，94；Zhao *et al.*，2011，1553；Chen *et al.*，2012b，62；Kottelat，2012，134；伍汉霖等，2012，75。

分布：云南石林黑龙潭水库。

(877) *Yunnanilus beipanjiangensis* Li，Mao *et* Sun，1994 北盘江云南鳅

Yunnanilus beipanjiangensis Li，Mao *et* Sun(李维贤、卯卫宁和孙荣富)，1994，370；Li *et al.*，1999，4；An *et al.*，2009，633；Zhao *et al.*，2011，1553；Kottelat，2012，134；伍汉霖等，2012，75。

分布：云南北盘江水系。

(878) *Yunnanilus caohaiensis* Ding，1992 草海云南鳅

Yunnanilus caohaiensis Ding(丁瑞华)，1992，489；朱松泉，1995，548；Li *et al.*，2000， 351；Chen *et al.*，2012b，62；Kottelat，2012，134；伍汉霖等，2012，75。

分布：贵州草海。

(879) *Yunnanilus chui* Yang，1991 褚氏云南鳅

Yunnanilus chui Yang(杨君兴)，1991，199；杨君兴和陈银瑞，1995，11；An *et al.*，2009，635；Kottelat，2012，134；伍汉霖等，2012，75。

分布：云南抚仙湖。

(880) *Yunnanilus discoloris* Zhou *et* He，1989 异色云南鳅

Yunnanilus discoloris Zhou *et* He(周伟和何纪昌)，1989，381；朱松泉，1995，106；刘明玉等，2000，152；An *et al.*，2009，633；Zhao *et al.*，2011，1553；Kottelat，2012，135；伍汉霖等，2012，75。

分布：云南呈贡县白龙潭。

(881) *Yunnanilus elakatis* Cao *et* Zhu，1989 纺锤云南鳅

Yunnanilus pleurotaenia elakatis Cao *et* Zhu(曹文宣和朱松泉，见郑慈英)，1989，43。

Yunnanilus elakatis：朱松泉，1989，17；Yang，1991，199；朱松泉，1995，106；刘明玉等，2000，152；Zhu *et al.*，2009，197；Kottelat，2012，135；伍汉霖等，2012，75。

分布：云南阳宗海。

(882) *Yunnanilus forkicaudalis* Li，1999 叉尾云南鳅

Yunnanilus forkicaudalis Li(李维贤)，1999，4；伍汉霖等，2012，75。

分布：云南石林黑龙潭泉眼外小溪流、罗平县牛街乡小溪流。

(883) *Yunnanilus ganheensis* An，Liu *et* Li，2009 干河云南鳅

Yunnanilus ganheensis An，Liu *et* Li(安莉、刘柏松和李维贤)，2009，635；Kottelat，2012，135；伍汉霖等，2012，75。

分布：云南寻甸县大河乡干河，属金沙江水系支流牛栏江。

(884) *Yunnanilus jinxiensis* Zhu，Du，Chen *et* Yang，2009 靖西云南鳅

Yunnanilus jinxiensis Zhu，Du，Chen *et* Yang(朱瑜、杜丽娜、陈小勇和杨君兴)，2009，196；Kottelat，2012，135；伍汉霖等，2012，75；蓝家湖等，2013，47。

Yunnanilus jingxiensis：Zhao *et al.*，2011，1553。

分布：广西靖西县禄峒乡、那坡县坡荷乡等地的洞穴地下河，均属左江水系。

(885) *Yunnanilus longibarbatus* Gan，Chen *et* Yang，2007 长须云南鳅

Yunnanilus longibarbatus Gan，Chen *et* Yang(甘西、陈小勇和杨君兴)，2007，322；Zhao *et al.*，2011，1553；Chen *et al.*，2012b，62；Kottelat，2012，135；伍汉霖等，2012，75；蓝家湖等，2013，44。

分布：广西都安县高岭镇澄江上游一支流的源头地下河、地苏乡地下河上游东庙乡等地，均属红水河水系。

(886) *Yunnanilus longibulla* Yang，1990 长鳔云南鳅

Yunnanilus longibulla Yang(杨君兴，见褚新洛和陈银瑞)，1990，21；朱松泉，1995，106；刘明玉等，2000，153；Zhu *et al.*，2009，197；Kottelat，2012，135；伍汉霖等，2012，75。

分布：云南程海。

(887) *Yunnanilus longidorsalis* Li，Tao *et* Lu，2000 长背云南鳅

Yunnanilus longidorsalis Li，Tao *et* Lu(李维贤、陶进能和卢宗民)，2000，350；Zhao *et al.*，2011，1553；Chen *et al.*，2012b，61；伍汉霖等，2012，75。

Eonemachilus longidorsalis：Kottelat，2012，82。

分布：云南罗平县阿岗龙潭，属南盘江水系。

(888) *Yunnanilus macrogaster* Kottelat *et* Chu，1988 臌腹云南鳅

Yunnanilus macrogaster Kottelat *et* Chu(Kottelat 和褚新洛)，1988，81；朱松泉，1995，106；Zhu *et al.*，2009，197；Zhao *et al.*，2011，1553；Kottelat，2012，135；伍汉霖等，2012，75。

别名：膨腹云南鳅(伍汉霖等，2012)。

分布：云南罗平县大塘子。

(889) *Yunnanilus macroistanus* Li，1999 大斑云南鳅

Yunnanilus macrositanus Li(李维贤)，1999，4；An *et al.*，2009，6367；Zhu *et al.*，2009，197；Kottelat，2012，135；伍汉霖等，2012，75。

分布：云南石林黑龙潭泉眼外小溪流。

(890) *Yunnanilus macrolepis* Li，Tao *et* Mao，2000 大鳞云南鳅

Yunnanilus macrolepis Li，Tao *et* Mao(李维贤、陶进能和卯卫宁)，2000，349；Zhu *et al.*，2009，197；Zhao *et al.*，2011，1553；伍汉霖等，2012，75。

Yunnanilus paludosus：Kottelat，2012，135。

分布：云南罗平县学田龙潭，属南盘江水系。

(891) *Yunnanilus nanpanjiangensis* Li，Mao *et* Lu，1994 南盘江云南鳅

Yunnanilus nanpanjiangensis Li，Mao *et* Lu(李维贤、卯卫宁和卢宗民)，1994，371；Zhu *et al.*，2009，197；Zhao *et al.*，2011，1553；Kottelat，2012，135；伍汉霖等，2012，75。

分布：云南南盘江水系。

(892) *Yunnanilus niger* Kottelat *et* Chu，1988 黑体云南鳅

Yunnanilus niger Kottelat *et* Chu(Kottelat 和褚新洛)，1988，73；杨君兴和陈银瑞，1995，23；朱松泉，1995，107；刘明玉等，2000，153；Zhao *et al.*，2011，1553；Chen *et al.*，2012b，61；Kottelat，2012，135；伍汉霖等，2012，75。

分布：云南罗平县大塘子。

(893) *Yunnanilus nigromaculatus* (Regan，1904) 黑斑云南鳅

Nemachilus nigromaculatus Regan，1904b，192。

Yunnanilus nigromaculatus：成庆泰和郑葆珊，1987，185；朱松泉，1989，18；Yang，1991，199；丁瑞华 1992，490；杨君兴和陈银瑞，1995，23；朱松泉，1995，106；47；Li *et al.*，2000，351；刘明玉等，2000，153；伍汉霖等，2012，75。

Yunnanilus nigromaculatus nigromaculatus：曹文宣(见郑慈英)，1989，44；Chen *et al.*，2012b，61。

Eonemachilus nigromaculatus：Kottelat，2012，82。

分布：云南抚仙湖、滇池和贵州草海。

(894) *Yunnanilus niulanensis* Chen，Yang *et* Yang，2012 牛栏云南鳅

Yunnanilus niulanensis Chen，Yang *et* Yang（陈自明、杨剑和杨君兴），2012，58。

分布：云南嵩明县牛栏江支流杨林河。

(895) *Yunnanilus obtusirostris* Yang，1995 钝吻云南鳅

Yunnanilus obtusirostris Yang（杨君兴），1995，21；Li *et al.*，2000，351；Zhao *et al.*，2011，1553；Chen *et al.*，2012b，62；Kottelat，2012，135；伍汉霖等，2012，75。

分布：云南澄江县西龙潭。

(896) *Yunnanilus pachycephalus* Kottelat *et* Chu，1988 宽头云南鳅

Yunnanilus pachycephalus Kottelat *et* Chu（Kottelat 和褚新洛），1988，74；杨君兴和陈银瑞，1995，23；朱松泉，1995，107；刘明玉等，2000，153；Chen *et al.*，2012b，62；Kottelat，2012，135；伍汉霖等，2012，75。

分布：云南宣威县北盘江支流。

(897) *Yunnanilus paludosus* Kottelat *et* Chu，1988 沼泽云南鳅

Yunnanilus paludosus Kottelat *et* Chu（Kottelat 和褚新洛），1988，76；Yang，1991，199；朱松泉，1995，106；刘明玉等，2000，153；Zhao *et al.*，2011，1553；Kottelat，2012，135；伍汉霖等，2012，75。

分布：云南罗平县大塘子。

(898) *Yunnanilus parvus* Kottelat *et* Chu，1988 小云南鳅

Yunnanilus parvus Kottelat *et* Chu（Kottelat 和褚新洛），1988，77；朱松泉，1995，106；刘明玉等，2000，153；Zhu *et al.*，2009，197；Zhao *et al.*，2011，1553；Kottelat，2012，136；伍汉霖等，2012，75。

分布：云南南盘江水系。

(899) *Yunnanilus pleurotaenia*（Regan，1904）侧纹云南鳅

Nemacheilus pleurotaenia Regan，1904b，192。

Yunnanilus pleurotaenia：成庆泰和郑葆珊，1987，185；朱松泉，1989，15；Yang，1991，198；武云飞和吴翠珍，1992，135；杨君兴和陈银瑞，1995，14；朱松泉，1995，106；48；刘明玉等，2000，153；An *et al.*，2009，632；Chen *et al.*，2012b，61；Kottelat，2012，136；伍汉霖等，2012，75。

Yunnanilus pleurotaenis：Zhu *et al.*，2009，197。

Yunnanilus tigerivinus：Li *et* Duan（李维贤和段森），1999，254；An *et al.*（安莉等），2009，634；Zhu *et al.*，2009，197；伍汉霖等，2012，75。

别名：虎纹云南鳅。

分布：云南滇池、抚仙湖、洱海、杨林湖、金沙江等地。

(900) *Yunnanilus pulcherrimus* Yang，Chen *et* Lan，2004 丽纹云南鳅

Yunnanilus pulcherrimus Yang，Chen *et* Lan（杨君兴、陈小勇和蓝家湖），2004，2；An *et al.*，2009，635；Zhu *et al.*，2009，197；Zhao *et al.*，2011，1553；Kottelat，2012，136；伍汉霖等，2012，75。

Yunnanlilus pulcherrimus：Chen *et* Chen，2007，111。

分布：广西都安县地下河，属红水河水系。

(901) *Yunnanilus retrodorsalis*（Lan，Yang *et* Chen，1995）后鳍云南鳅

Oreonectes retrodorsalis Lan，Yang *et* Chen（蓝家湖、杨君兴和陈银瑞），1995，370；Zhang *et al.*，2006，614；Du *et al.*，2008，32；Huang *et al.*，2009，445；Yang *et al.*（杨剑等），2011，211；Zhao *et al.*，2011，1552；Kottelat，2012，95；Tang *et al.*，2012，484；伍汉霖等，2012，71。

Yunnanilus retrodorsalis：唐莉，2012；蓝家湖等，2013，40。

别名：后鳍岭鳅（伍汉霖等，2012）。

分布：广西南丹县六寨、月里两镇喀斯特地貌的洞穴，属红水河水系。

(902) *Yunnanilus sichuanensis* Ding，1995 四川云南鳅

Yunnanilus sichuanensis Ding（丁瑞华），1995，253；An *et al.*，2009，634；Zhu *et al.*，2009，197；Kottelat，2012，136；伍汉霖等，2012，75。

分布：四川冕宁县安宁河，属雅砻江水系。

(903) *Yunnanilus spanisbripes* An，Liu *et* Li，2009 横斑云南鳅

Yunnanilus spanisbripes An，Liu *et* Li 安莉，刘柏松和李维贤，2009，631；Kottelat，2012，136；伍汉霖等，2012，75。

分布：云南沾益县牛栏江，属金沙江水系。

(904) *Yunnanilus yangzonghaiensis* Cao *et* Zhu，1989 阳宗海云南鳅

Yunnanilus nigromaculatus yangzonghaiensis Cao *et*

Zhu(曹文宣和朱松泉，见郑慈英)，1989，45。

Yunnanilus yangzonghaiensis：朱松泉，1989，19；杨君兴和陈银瑞，1995，23；朱松泉，1995，107；Li *et al.*，2000，351；刘明玉等，2000，153；Chen *et al.*，2012b，62；伍汉霖等，2012，75。

Eonemachilus yangzonghaises：Kottelat，2012，82。

分布：云南阳宗海。

(十三) Cobitidae 花鳅科

(13) Cobininae 花鳅亚科

185. *Acanthopsoides* Fowler，1934 拟长鳅属

Acanthopsoides Fowler，1934a，103。

(905) *Acanthopsoides gracilis* Fowler，1934 拟长鳅

Acanthopsoides gracilis Fowler，1934，103a；朱松泉，1995，127；刘明玉等，2000，167；Kottelat，2012，22；伍汉霖等，2012，65。

别名：湄公河拟长鳅(伍汉霖等，2012)。

分布：云南澜沧江下游水系。国外分布于泰国和印度尼西亚。

186. *Acantopsis* van Hasselt，1823 马头鳅属

Acantopsis van Hasselt，1823，133。

(906) *Acantopsis choirorhynchos* (Bleeker，1854) 马头鳅

Cobitis choirorhynchos Bleeker，1854c，95。

Acanthopsis choirorhyrchos：成庆泰和郑葆珊，1987，198；朱松泉，1995，126；刘明玉等，2000，166。

Acanthopsis choirorhynchos：Pan (潘炯华)，1991，252。

Acanthopsis dialuzona Kottelat，2012，22。

Acantopsis choirorhynchos：伍汉霖等，2012，66。

别名：马头小刺眼鳅。

分布：澜沧江水系。国外分布于印度、缅甸、泰国、马来西亚、印度尼西亚和越南。

187. *Bibarba* Chen *et* Chen，2007 双须鳅属

Bibarba Chen *et* Chen，2007，103。

(907) *Bibarba bibarba* Chen *et* Chen，2007 双须鳅

Bibarba bibarba Chen *et* Chen，2007，105；Kottelat，2012，22；伍汉霖等，2012，66。

分布：广西都安县红水河支流澄江。

188. *Cobitis* Linnaeus，1758 花鳅属

Cobitis Linnaeus，1758，303。

别名：鳅属。

(908) *Cobitis arenae* (Lin，1934) 沙花鳅

Misgurnus arenae Lin，1934b，227。

Cobitis arenae：陈景星，1981，25；成庆泰和郑葆珊，1987，199；陈景星(见郑慈英)，1989，61；Pan (潘炯华)，1991，254；朱松泉，1995，127；刘明玉等，2000，167；Son *et* He，2005，238；Chen *et* Chen，2011，149；2013，94；Chen *et al.*，2013，380。

Acantopsis arenae：伍汉霖等，2012，66。

别名：沙小刺眼鳅(伍汉霖等，2012)。

分布：珠江水系。国外分布于越南。

(909) *Cobitis australis* Chen，Chen *et* He，2013 南方花鳅

Cobitis australis Chen，Chen *et* He，2013，382。

分布：广西邕江和郁江。

(910) *Cobitis granoei* Rendahl，1935 北方花鳅

Cobitis taenia granoei Rendahl，1935，332。

Cobitis granoei：陈景星，1981，25；武云飞和吴翠珍，1992，265；Son *et* He，2005，238；Chen *et* Chen，2011，150；伍汉霖等，2012，66；Chen *et* Chen，2013，94；Chen *et al.*，2013，380。

Cobitis granoci：成庆泰和郑葆珊，1987，199；朱松泉，1995，127；刘明玉等，2000，166；Wang *et al.*，2001，176。

Cobitis sibirica：Kottelat，2012，28。

别名：北方鳅(伍汉霖等，2012)。

保护等级：省级(黑龙江)。

分布：黑龙江水系、滦河上游、湟水等。

(911) *Cobitis laterimaculata* Yan *et* Zheng，1984 斑条花鳅

Cobitis laterimaculata Yan *et* Zheng(严纪平和郑米良)，1984，82；朱松泉，1995，126；刘明玉等，2000，166。

Niwaella laterimaculata：Son *et* He，2001，4；Chen *et* Chen，2005，1645；Son *et* He，2005，239；Kottelat，2012，37；伍汉霖等，2012，67。

别名：侧斑后鳍花鳅(伍汉霖等，2012)。

分布：浙江的金华江、剡溪和龙泉溪。

(912) *Cobitis lutheri* Rendahl，1935 黑龙江花鳅

Cobitis taenia lutheri Rendahl，1935，330。

Cobitis lutheri：陈景星，1981，25；成庆泰和郑葆珊，1987，198；朱松泉，1995，127；刘明玉等，2000，166；Son *et* He，2005，238；Chen *et* Chen，2007，

104；Chen *et* Chen，2011，150；Kottelat，2012，26；伍汉霖等，2012，66；Chen *et al.*，2013，382。

别名：黑龙江鳅(伍汉霖等，2012)。

保护等级：省级(黑龙江)。

分布：黑龙江及其附属水体。国外分布于俄罗斯和朝鲜半岛。

(913) *Cobitis macrostigma* Dabry de Thiersant，1872 大斑花鳅

Cobitis macrostigma Dabry de Thiersant，1872，191；Chen，1981，25；成庆泰和郑葆珊，1987，198；朱松泉，1995，127；刘明玉等，2000，166；Son *et* He，2005，238；Chen *et* Chen，2007，104；Kottelat，2012，26；伍汉霖等，2012，66；Chen *et* Chen，2013，94；Chen *et al.*，2013，382。

别名：大斑鳅(伍汉霖等，2012)。

分布：长江中下游及其附属水体。

(914) *Cobitis microcephala* Chen *et* Chen，2011 小头花鳅

Cobitis microcephala Chen *et* Chen，2011，147；Kottelat，2012，26；Chen *et* Chen，2013，94；Chen *et al.*，2013，382。

分布：广西博白县南流江。

(915) *Cobitis multimaculata* Chen *et* Chen，2011 多斑花鳅

Cobitis multimaculata Chen *et* Chen，2011，145；Kottelat，2012，27；Chen *et* Chen，2013，94；Chen *et al.*，2013，380。

分布：广西博白县南流江。

(916) *Cobitis rara* Chen，1981 稀有花鳅

Cobitis multimaculata Chen(陈景星)，1981，24；Kottelat，2012，27。

分布：汉江上游(陕西略阳、凤县等)。

(917) *Cobitis sinensis* Sauvage *et* Dabry de Thiersant，1874 中华花鳅

Cobitis sinensis Sauvage *et* Dabry de Thiersant，1874，16；陈景星，1981，24；Kuang *et al.*，1986，145；成庆泰和郑葆珊，1987，198；陈景星(见郑慈英)，1989，60；Pan *et al.*，1991，253；丁瑞华，1994，115；朱松泉，1995，127；成庆泰和周才武，1997，199；刘明玉等，2000，166；14；Son *et* He，2005，238；Chen *et* Chen，2007，103；Chen *et* Chen，2011，150；Kottelat，2012，28；伍汉霖等，2012，66；Chen *et* Chen，2013，94；Chen *et al.*，2013，382。

别名：中华鳅(伍汉霖等，2012)。

分布：除云贵高原、青藏高原外，全国其他地区广泛分布。国外分布于朝鲜半岛。

(918) *Cobitis taenia* Linnaeus，1758 花鳅

Cobitis taenia Linnaeus，1758，303；Mai，1978，225；Wang，1984，75；Wang *et al.*，2001，176；Kottelat，2012，29；伍汉霖等，2012，66。

分布：新疆额尔齐斯河水系。国外广泛分布于欧亚大陆。

(919) *Cobitis zhejiangensis* Son *et* He，2005 浙江花鳅

Cobitis zhejiangensis Son *et* He，2005，237；Kottelat，2012，30；伍汉霖等，2012，66。

别名：浙江鳅(伍汉霖等，2012)。

分布：浙江台州灵江。

189. *Lepidocephalichthys* Bleeker，1863 似鳞头鳅属

Lepidocephalichthys Bleeker，1863b，38。

(920) *Lepidocephalichthys berdmorei* (Blyth，1860) 伯氏似鳞头鳅

Acanthopsis berdmorei Blyth，1860。

Lepidocephalichthys berdmorei：Kottelat，2012，33；陈小勇，2013，291。

Leptocephalus octocirrhus：成庆泰和郑葆珊，1987，198；朱松泉，1995，126；90；刘明玉等，2000，166。

Lepidocephalus birmanicus：杨君兴(见褚新洛和陈银瑞)，1990，78。

别名：鳞头鳅。

分布：云南龙川江、大盈江、瑞丽江、南垒河、南汀河、南腊河。国外分布于从缅甸至马来西亚的伊洛瓦底江、萨尔温江、湄公河等流域。

(921) *Lepidocephalichthys hasselti* (Valenciennes，1846) 赫氏似鳞头鳅

Cobitis hasselti Valenciennes，1846，74。

Cobitis octocirrhus：Kuhl *et* van Hasselt，1823，133。

Lepidocephalichthys hasselti：Kottelat，2012，33；陈小勇，2013，291。

分布：云南龙川江、怒江、澜沧江。国外分布于湄公河、湄南河、萨尔温江、大巽他群岛(包括苏门答腊岛、爪哇、婆罗洲、马都拉、苏拉威西等岛及附

近小岛）。

190. *Misgurnus* Lacépéde，1803 泥鳅属

Misgurnus Lacépède，1803，16。

Mesomisgurnus Fang，1935b，129。

(922) *Misgurnus anguillicaudatus*（Cantor，1842）泥鳅

Cobitis anguillicaudata Cantor，1842，485。

Misgurnus mizolepis heungchow：Lin，1932b，66。

Misgurnus mizolepis unicolor：Lin，1932b，66。

Misgurnus anguillicaudatus：Mai，1978，226；陈景星，1981，28；Wang，1984，80；Kuang *et al.*，1986，147；成庆泰和郑葆珊，1987，199；陈景星（见郑慈英），1989，63；Pan *et al.*，1991，255；Yang，1991，198；武云飞和吴翠珍，1992，267；丁瑞华，1994，118；杨君兴和陈银瑞，1995，30；朱松泉，1995，128；成庆泰和周才武，1997，200；92；刘明玉等，2000，167；14；Wang *et al.*，2001，178；Ho *et* Shao，2011，31；Kottelat，2012，35；伍汉霖等，2012，67。

分布：辽河以南至澜沧江以北、台湾、海南岛。国外分布于俄罗斯、朝鲜半岛、日本、越南、欧洲、北美和澳大利亚等地。

(923) *Misgurnus mohoity*（Dybowski，1869）黑龙江泥鳅

Cobitis fossilis mohoity Dybowski，1869，957。

Misgurnus mohoity：Chen，1981，28；成庆泰和郑葆珊，1987，199；朱松泉，1995，128；刘明玉等，2000，167；Kottelat，2012，36；伍汉霖等，2012，67。

保护等级：省级（黑龙江）。

分布：黑龙江水系。国外分布于俄罗斯和蒙古。

191. *Paralepidocephalus* Tchang，1935 细头鳅属

Paralepidocephalus Tchang，1935b，17。

(924) *Paralepidocephalus guishanensis* Li，2004 圭山细头鳅

Paralepidocephalus guishanensis Li（李维贤），2004，94；伍汉霖等，2012，67。

分布：云南石林县圭山乡。

(925) *Paralepidocephalus yui* Tchang，1935 细头鳅

Paralepidocephalus yui Tchang（张春霖），1935b，17；成庆泰和郑葆珊，1987，199；陈景星（见郑慈英），1989，62；朱松泉，1995，127；刘明玉等，2000，167；Li，2004，95；Kottelat，2012，40；伍汉霖等，2012，67。

Paralepidocephalus jui：Chen，1981，25。

分布：云南异龙湖、阳宗海及南盘江支流。

192. *Paramisgurnus* Dabry de Thiersant，1872 副泥鳅属

Paramisgurnus Dabry de Thiersant，1872，191。

(926) *Paramisgurnus dabryanus* Dabry de Thiersant，1872 大鳞副泥鳅

Paramisgurnus dabryanus Dabry de Thiersant，1872，191；Chen，1981，29；成庆泰和郑葆珊，1987，199；丁瑞华，1994，120；朱松泉，1995，128；刘明玉等，2000，167；Kottelat，2012，40；伍汉霖等，2012，67。

分布：原产长江水系，浙江、福建、台湾等中东部地区，西北、华北和东北地区应为引入种。

193. *Protocobitis* Yang *et* Chen，1993 原花鳅属

Protocobitis Yang *et* Chen（杨君兴和陈银瑞），1993，125。

(927) *Protocobitis anteroventris* Lan，2013 前腹原花鳅

Protocobitis anteroventris Lan（蓝家湖），2013，148。

分布：广西田林县浪平乡一洞穴，属红水河水系。

(928) *Protocobitis polylepis* Zhu，Lü，Yang *et* Zhang，2008 多鳞原花鳅

Protocobitis polylepis Zhu，Lü，Yang *et* Zhang（朱瑜、吕业坚、杨君兴和张盛），2008，453；Zhao *et al.*，2011，1552；Kottelat，2012，41；蓝家湖等，2013，152。

分布：广西武鸣县，属右江水系。

(929) *Protocobitis typhlops* Yang *et* Chen，1993 无眼原花鳅

Protocobitis typhlops Yang *et* Chen（杨君兴和陈银瑞），1993，125；Zhu *et al.*，2008，452；Zhao *et al.*，2011，1552；Kottelat，2012，41；蓝家湖等，2013，145。

分布：广西都安县下坳乡的溶洞河，属红水河水系。

(14) Botiinae 沙鳅亚科

194. *Botia* Gray，1831 沙鳅属

Botia Gray，1831b，8。

Sinibotia (subgenus of *Botia*) Fang，1936d，6。

(930) *Botia beauforti* Smith，1931 斑鳍沙鳅

Botia beauforti Smith，1931a，2；刘明玉等，2000，164。

Botia (*Hymenophysa*) *beauforti*：朱松泉，1995，121。

Syncrossus beauforti：Kottelat，2012，19；伍汉霖等，2012，68。

别名：斑鳍缨须鳅(伍汉霖等，2012)。

分布：云南澜沧江水系。国外分布于湄公河、湄南河水系，马来半岛北部。

(931) *Botia berdmorei* (Blyth，1860) 缅甸沙鳅

Syncrossus berdmorei Blyth，1860，166；Kottelat，2012，19；伍汉霖等，2012，68。

Botia berdmorei：成庆泰和郑葆珊，1987，194；84；刘明玉等，2000，164。

Botia (*Hymenophysa*) *berdmorei*：朱松泉，1995，121。

别名：缅甸缨须鳅(伍汉霖等，2012)。

分布：伊洛瓦底江水系。国外分布于印度、缅甸和泰国。

(932) *Botia histrionica* Blyth，1860 伊洛瓦底沙鳅

Botia histrionica Blyth，1860，166；成庆泰和郑葆珊，1987，195；87；刘明玉等，2000，164；Kottelat，2012，16；伍汉霖等，2012，66。

Botia (*Botia*) *histrionica*：朱松泉，1995，122。

Botia rostrata：Günther，1868，367；刘明玉等，2000，164；Kottelat，2012，16；伍汉霖等，2012，66。

Botia (*Botia*) *rostrata*：朱松泉，1995，122。

别名：突吻沙鳅。

分布：伊洛瓦底江和怒江水系。国外分布于印度和孟加拉国。

(933) *Botia longiventralis* Yang *et* Chen，1992 长腹沙鳅

Botia (*Sinibotia*) *superciliaris* (non Günther)：杨君兴(见褚新洛和陈银瑞)，1990，69。

Botia longiventralis Yang *et* Chen (杨君兴和陈银瑞)，1992，344；Kottelat，2001。

Sinibotia longiventralis：Nalbant，2002；Kottelat，2012，19；陈小勇，2013，290。

别名：中华沙鳅。

分布：澜沧江。国外分布于老挝、泰国北部湄公河。

(934) *Botia nigrolineata* Kottelat *et* Chu，1987 黑线沙鳅

Botia (*Hymenophysa*) *nigrolineata* Kottelat *et* Chu (Kottelat和褚新洛)，1987，395；朱松泉，1995，121。

Botia nigrolineata：刘明玉等，2000，164。

Ambastaia nigrolineata：Kottelat，2012，14。

分布：云南澜沧江水系。国外分布于湄公河水系。

(935) *Botia pulchra* Wu，1939 美丽沙鳅

Botia pulchra Wu，1939，124；成庆泰和郑葆珊，1987，195；陈景星(见郑慈英)，1989，52；Pan *et al.*，1991，248；Yang *et* Chen，1992，346；刘明玉等，2000，164。

Botia gigantea：Mai，1978，239。

Botia (*Sinibotia*) *pulchra*：朱松泉，1995，122。

Sinibotia pulchra：Tang *et al.*，2008，1；Kottelat，2012，19；伍汉霖等，2012，68。

别名：美丽华鳅(伍汉霖等，2012)。

分布：珠江、九龙江等水系。国外分布于越南。

(936) *Botia reevesae* Chang，1944 宽体沙鳅

Botia reevesae Chang，1944，49；成庆泰和郑葆珊，1987，194；Yang *et* Chen，1992，348；丁瑞华，1994，98；86；刘明玉等，2000，164；14。

Botia (*Sinibotia*) *reevesae*：朱松泉，1995，122。

Sinibotia reevesae：Kottelat，2012，19；伍汉霖等，2012，68。

别名：宽体华鳅(伍汉霖等，2012)。

分布：长江水系上游。

(937) *Botia robusta* Wu，1939 壮体沙鳅

Botia robusta Wu，1939，122；成庆泰和郑葆珊，1987，194；陈景星(见郑慈英)，1989，51；Pan *et al.*，1991，247；刘明玉等，2000，164。

Botia hexafurca：Mai，1978，238。

Botia (*Hymenophysa*) *robusta*：朱松泉，1995，122。

Sinibotia robusta：Kottelat，2012，19；伍汉霖等，2012，68。

别名：壮体华鳅(伍汉霖等，2012)。

分布：珠江、九龙江等水系。国外分布于越南。

(938) *Botia superciliaris* Günther，1892 中华沙鳅

Botia superciliaris Günther，1892，250；成庆泰和郑葆珊，1987，194；Yang *et* Chen，1992，342；丁瑞华，1994，96；85；刘明玉等，2000，164；14。

Botia (*Sinibotia*) *superciliaris*：朱松泉，1995，122。

Sinibotia superciliaris：Kottelat，2012，19；伍汉霖等，2012，68。

别名：华鳅(伍汉霖等，2012)。

分布：长江中上游，云南澜沧江水系。

(939) *Botia yunnanensis* Chen，1980 云南沙鳅

Botia yunnanensis Chen（陈景星），1980，6；成庆泰和郑葆珊，1987，194；刘明玉等，2000，164。

Botia（Hymenophysa）yunnanensis：朱松泉，1995，121。

Syncrossus lucasbahi：Kottelat，2012，19。

分布：云南澜沧江水系。

195. *Leptobotia* Bleeker，1870 薄鳅属

Leptobotia Bleeker，1870a，256。

(940) *Leptobotia elongata*（Bleeker，1870）长薄鳅

Botia elongata Bleeker，1870a，254。

Leptobotia elongata：成庆泰和郑葆珊，1987，196；丁瑞华，1994，104；朱松泉，1995，124；88；Yue *et* 203；刘明玉等，2000，165；14；李捷等，2008，631；Kottelat，2012，16；伍汉霖等，2012，67。

保护等级：《中国濒危动物红皮书-鱼类》（易危），省（直辖市）级（湖南、重庆）。

分布：长江中上游，珠江流域的漓江可能也有分布。

(941) *Leptobotia flavolineata* Wang，1981 黄线薄鳅

Leptobotia flavolineata Wang（王鸿媛），1981，1；成庆泰和郑葆珊，1987，197；朱松泉，1995，125；刘明玉等，2000，166；李捷等，2008，632；Kottelat，2012，16；伍汉霖等，2012，67。

别名：横线薄鳅（刘明玉等，2000）。

保护等级：省（直辖市）级（北京）。

分布：北京房山十渡拒马河。

(942) *Leptobotia guilinensis* Chen，1980 桂林薄鳅

Leptobotia guilinensis Chen（陈景星），1980，15；成庆泰和郑葆珊，1987，196；陈景星（见郑慈英），1989，57；丁瑞华，1994，108；朱松泉，1995，124；刘明玉等，2000，165；14；李捷等，2008，631；Kottelat，2012，16；伍汉霖等，2012，67。

分布：广西漓江。

(943) *Leptobotia hansuiensis* Fang *et* Hsu，1980 汉水扁尾薄鳅

Leptobotia tientainensis hansuiensis Fang *et* Hsu（方树淼和许涛清），1980，265；成庆泰和郑葆珊，1987，197；丁瑞华，1994，110；朱松泉，1995，125；李捷等，2008，632；Kottelat，2012，18。

Leptobotia hansuiensis：刘明玉等，2000，166；14。

别名：汉水薄鳅（刘明玉等，2000）。

保护等级：省（直辖市）级（陕西、重庆）。

分布：长江流域的汉江、清江等。

(944) *Leptobotia microphthalma* Fu *et* Ye，1983 小眼薄鳅

Leptobotia microphthalma Fu *et* Ye（傅天佑和叶妙荣），1983，121；丁瑞华，1994，111；89；李捷等，2008，632；Kottelat，2012，17；伍汉霖等，2012，67。

保护等级：省（直辖市）级（重庆）。

分布：四川岷江水系。

(945) *Leptobotia orientalis* Xu，Fang *et* Wang，1981 东方薄鳅

Leptobotia orientalis Xu，Fang *et* Wang（许涛清、方树淼和王鸿媛），1981，379；成庆泰和郑葆珊，1987，196；朱松泉，1995，124；成庆泰和周才武，1997，196；刘明玉等，2000，165；Wang *et al.*，2001，173；李捷等，2008，631；Kottelat，2012，17；伍汉霖等，2012，67。

保护等级：省（直辖市）级（北京、陕西）。

分布：长江水系的汉江和海河水系。

(946) *Leptobotia pellegrini* Fang，1936 薄鳅

Leptobotia pellegrini Fang，1936d，29；成庆泰和郑葆珊，1987，196；陈景星（见郑慈英），1989，57；Pan *et al.*，1991，250；丁瑞华，1994，107；朱松泉，1995，124；刘明玉等，2000，165；14；李捷等，2008，631；Kottelat，2012，17；伍汉霖等，2012，67。

Leptobotia elongata：戴定远（见郑葆珊），1981，157。

别名：大斑薄鳅（刘明玉等，2000）、佩氏薄鳅（伍汉霖等，2012）。

分布：珠江、九龙江、闽江、瓯江、沅江等水系。

(947) *Leptobotia posterodorsalis* Lan *et* Chen，1992 后鳍薄鳅

Leptobotia posterodorsalis Lan *et* Chen（蓝家湖和陈景星），1992，106；朱松泉，1995，548；李捷等，2008，632；Kottelat，2012，17；伍汉霖等，2012，67。

分布：广西环江县小环江，属柳江水系。

(948) *Leptobotia punctatus* Li，Li *et* Chen，2008 斑点薄鳅

Leptobotia punctatus Li，Li *et* Chen（李捷、李新和陈湘粦），2008，630；Kottelat，2012，17；伍汉霖等，2012，67。

分布：广西桂平黔江，属西江水系。

(949) *Leptobotia rubrilabris* (Dabry de Thiersant, 1872) 红唇薄鳅

Parabotia rubrilabris Dabry de Thiersant, 1872, 191。

Botia fangi: Tchang, 1930d, 51。

Leptobotia rubrilabris: Wang, 1981, 1; 成庆泰和郑葆珊, 1987, 197; 丁瑞华, 1994, 113; 朱松泉, 1995, 125; 刘明玉等, 2000, 166; 14; 李捷等., 2008, 632; Kottelat, 2012, 17; 伍汉霖等, 2012, 67。

保护等级：省(直辖市)级(重庆)。

分布：长江水系上游。

(950) *Leptobotia taeniops* (Sauvage, 1878) 紫薄鳅

Parabotia taeniops Sauvage, 1878, 90。

Leptobotia taeniops: 成庆泰和郑葆珊, 1987, 196; 丁瑞华, 1994, 106; 朱松泉, 1995, 124; 刘明玉等, 2000, 165; 李捷等, 2008, 631; Kottelat, 2012, 17; 伍汉霖等, 2012, 67。

分布：长江中下游及其附属水体。

(951) *Leptobotia tchangi* Fang, 1936 张氏薄鳅

Leptobotia tchangi Fang, 1936d, 40; 成庆泰和郑葆珊, 1987, 196; 朱松泉, 1995, 124; 刘明玉等, 2000, 165; 14; 李捷等, 2008, 631; Kottelat, 2012, 17; 伍汉霖等, 2012, 67。

别名：宽斑薄鳅(伍汉霖等, 2012)。

分布：沅江。

(952) *Leptobotia tientainensis* (Wu, 1930) 扁尾薄鳅

Botia tientainensis Wu, 1930, 258。

Leptobotia tientainensis tientainensis: 成庆泰和郑葆珊, 1987, 197; 朱松泉, 1995, 124; 刘明玉等, 2000, 165; 李捷等, 2008, 632。

Leptobotia tientainensis: Kottelat, 2012, 17; 伍汉霖等, 2012, 67。

别名：天台扁尾薄鳅(成庆泰和郑葆珊, 1987; 朱松泉, 1995)、天台薄鳅指名亚种(刘明玉等, 2000)、天台薄鳅(伍汉霖等, 2012)。

分布：浙江灵江。

(953) *Leptobotia zebra* (Wu, 1939) 斑纹薄鳅

Botia zebra Wu, 1939, 126。

Leptobotia zebra: Wang, 1981, 1; 成庆泰和郑葆珊, 1987, 197; 陈景星(见郑慈英), 1989, 58; 朱松泉, 1995, 125; 刘明玉等, 2000, 166; 李捷等, 2008, 632; 伍汉霖等, 2012, 67。

Sinibotia zebra: Tang *et al.*, 2008, 1; Kottelat, 2012, 19。

分布：西江水系。

196. *Parabotia* Dabry de Thiersant, 1872 副沙鳅属

Parabotia Dabry de Thiersant, 1872, 191。

(954) *Parabotia bănărescui* (Nalbant, 1965) 武昌副沙鳅

Leptobotia bănărescui Nalbant, 1965, 2。

Parabotia bănărescui: 成庆泰和郑葆珊, 1987, 195; 朱松泉, 1995, 123; 刘明玉等, 2000, 165; 14; Yang *et* Chen, 2004, 173; Kottelat, 2012, 18; Zhu *et* Zhu(朱定贵和朱瑜), 2012, 449; 伍汉霖等, 2012, 67。

分布：长江中游及其附属水体。

(955) *Parabotia bimaculata* Chen, 1980 双斑副沙鳅

Parabotia bimaculata Chen(陈景星), 1980, 11; 成庆泰和郑葆珊, 1987, 195; 丁瑞华, 1994, 102; 朱松泉, 1995, 123; Yang *et* Chen, 2004, 173; 伍汉霖等, 2012, 67。

Parabotia bimaculatus: 刘明玉等, 2000, 165; Kottelat, 2012, 18。

分布：长江水系上游。

(956) *Parabotia brevirostris* Zhu *et* Zhu, 2012 短吻副沙鳅

Parabotia brevirostris Zhu *et* Zhu(朱定贵和朱瑜), 2012, 448; Kottelat, 2012, 18。

分布：广西都安县红水河水系。

(957) *Parabotia fasciata* Dabry de Thiersant, 1872 花斑副沙鳅

Parabotia fasciatus Dabry de Thiersant, 1872, 191; 成庆泰和郑葆珊, 1987, 195; 陈景星(见郑慈英), 1989, 53; Pan *et al.*, 1991, 249; 丁瑞华, 1994, 100; 朱松泉, 1995, 123; 成庆泰和周才武, 1997, 197; 刘明玉等, 2000, 164; 14; Wang *et al.*, 2001, 172; Yang *et* Chen, 2004, 173; Zhu *et* Zhu(朱定贵和朱瑜), 2012, 449; Kottelat, 2012, 18; 伍汉霖等, 2012, 67。

Leptobotia hopeiensis: Shaw *et* Tchang, 1931, 70。

Botia (*Hymenophysa*) *kwangsiensis*: Fang, 1936d, 13。

Botia wui: Chang, 1944, 48。

分布：黑龙江至珠江各水系。

(958) *Parabotia lijiangensis* Chen，1980 漓江副沙鳅

Parabotia lijiangensis Chen（陈景星），1980，11；成庆泰和郑葆珊，1987，195；陈景星（见郑慈英），1989，55；朱松泉，1995，123；刘明玉等，2000，165；14；Yang *et* Chen，2004，173；Kottelat，2012，18；伍汉霖等，2012，67。

分布：广西漓江。

(959) *Parabotia maculosa*（Wu，1939）点面副沙鳅

Botia maculosa Wu，1939，121。

Parabotia maculosa：成庆泰和郑葆珊，1987，195；陈景星（见郑慈英），1989，54；朱松泉，1995，123；刘明玉等，2000，165；14；Yang *et* Chen，2004，173；伍汉霖等，2012，67。

Parabotia maculosus：Kottelat，2012，19。

分布：珠江、闽江、沅江、汉江等水系。

(960) *Parabotia parva* Chen，1980 小副沙鳅

Parabotia parva Chen（陈景星），1980，12；成庆泰和郑葆珊，1987，195；朱松泉，1995，123；刘明玉等，2000，165；Yang *et* Chen，2004，173；伍汉霖等，2012，67。

Parabotia parvus：Kottelat，2012，19。

分布：广西南流江。

（十四）Balitoridae 爬鳅科

(15) Gastromyzonninae 腹吸鳅亚科

197. *Beaufortia* Hora，1932 爬岩鳅属

Beaufortia Hora，1932，318。

(961) *Beaufortia cyclica* Chen，1980 圆体爬岩鳅

Beaufortia cyclica Chen（陈宜瑜），1980，115；成庆泰和郑葆珊，1987，205；陈宜瑜和郑慈英（见郑慈英），1989，263；朱松泉，1995，136；Tang *et* Chen，2000，7；乐佩琦等，2000，516；刘明玉等，2000，171；Du *et al.*，2008，70；Kottelat，2012，57；伍汉霖等，2012，68。

Beaufortia polliciformis Dai，1981，172。

分布：西江水系。

(962) *Beaufortia huangguoshuensis* Zheng *et* Zhang，1987 黄果树爬岩鳅

Beaufortia huangguoshuensis Zheng *et* Zhang（郑慈英和张卫），1987，80；朱松泉，1995，135；Tang *et* Chen，2000，7；乐佩琦等，2000，510；刘明玉等，2000，171；Kottelat，2012，58；伍汉霖等，2012，68。

分布：贵州北盘江。

(963) *Beaufortia intermedia* Tang *et* Wang，1997 中间爬岩鳅

Beaufortia intermedia Tang *et* Wang（唐文乔和王大忠），1997，19；Chen *et al.*，2009，641；Kottelat，2012，58；伍汉霖等，2012，68。

分布：贵州三都县。

(964) *Beaufortia kweichowensis gracilicauda* Chen *et* Zheng，1980 细尾贵州爬岩鳅

Beaufortia kweichowensis gracilicauda Chen *et* Zheng（陈宜瑜和郑慈英），1980，97；郑慈英，1981，57；成庆泰和郑葆珊，1987，205；陈宜瑜和郑慈英（见郑慈英），1989，262；Pan *et al.*，1991，285；朱松泉，1995，135；Tang *et* Chen，2000，7；乐佩琦等，2000，509；刘明玉等，2000，171；Kottelat，2012，58；伍汉霖等，2012，68。

分布：东江和北江水系。

(965) *Beaufortia kweichowensis kweichowensis*（Fang，1931）贵州爬岩鳅

Gastromyzon leveretti kweichowensis Fang，1931a，41。

Beaufortia kweichowensis gracilicauda：陈宜瑜和郑慈英（见郑慈英），1980，97。

Beaufortia kweichowensis kweichowensis：成庆泰和郑葆珊，1987，205；陈宜瑜和郑慈英（见郑慈英），1989，261；朱松泉，1995，135；乐佩琦等，2000，507；刘明玉等，2000，171；Kottelat，2012，58；伍汉霖等，2012，68。

分布：西江水系。

(966) *Beaufortia leveretti*（Nichols *et* Pope，1927）爬岩鳅

Gastromyzon leveretti Nichols *et* Pope，1927，340。

Beaufortia leveretti：郑慈英，1981，56；Kuang *et al.*，1986，160；成庆泰和郑葆珊，1987，205；Pan *et al.*，1991，284；朱松泉，1995，135；Tang *et* Chen，2000，7；乐佩琦等，2000，514；刘明玉等，2000，171；Kottelat，2012，58；伍汉霖等，2012，68。

分布：海南岛各水系及云南元江水系。国外分布于越南。

(967) *Beaufortia liui* Chang，1944 侧沟爬岩鳅

Beaufortia liui Chang（张孝威），1944，55；成庆泰和

郑葆珊，1987，205；李贵禄(见丁瑞华)，1994，426；朱松泉，1995，134；Chen，1998，262；Tang *et* Chen，2000，7；乐佩琦等，2000，518；刘明玉等，2000，170；Kottelat，2012，58；伍汉霖等，2012，68。

分布：长江上游。

(968) *Beaufortia niulanensis* Chen，Huang *et* Yang，2009 牛栏爬岩鳅

Beaufortia niulanensis Chen，Huang *et* Yang(陈自明、黄艳飞和杨君兴)，2009a，639；Kottelat，2012，58；伍汉霖等，2012，68。

分布：金沙江支流牛栏江。

(969) *Beaufortia pingi*(Fang，1930)秉氏爬岩鳅

Gastromyzon pingi Fang(方炳文)，1930，31。

Beaufortia pingi：成庆泰和郑葆珊，1987，205；陈宜瑜和郑慈英(见郑慈英)，1989，257；朱松泉，1995，135；乐佩琦等，2000，505；刘明玉等，2000，171；Kottelat，2012，59；伍汉霖等，2012，68。

分布：西江水系。国外分布于越南。

(970) *Beaufortia polylepis* Chen，1982 多鳞爬岩鳅

Beaufortia polylepis Chen(陈银瑞)，1982，397；陈宜瑜和郑慈英(见郑慈英)，1989，258；朱松泉，1995，135；Tang *et* Chen，2000，7；乐佩琦等，2000，513；刘明玉等，2000，171；Kottelat，2012，59；伍汉霖等，2012，68。

分布：云南南盘江。

(971) *Beaufortia szechuanensis*(Fang，1930)四川爬岩鳅

Gastromyzon szechuanensis Fang(方炳文)，1930，36。

Beaufortia szechuanensis：Chang，1944，55；成庆泰和郑葆珊，1987，205；李贵禄(见丁瑞华)，1994，427；朱松泉，1995，134；Tang *et al.*，1997，21；Tang *et* Chen，2000，7；乐佩琦等，2000，512；刘明玉等，2000，171；14；Chen *et al.*，2009，641；Kottelat，2012，59；伍汉霖等，2012，68。

分布：长江上游。

(972) *Beaufortia zebroidus*(Fang，1930)条斑爬岩鳅

Gastromyzon pingi zebroidus Fang(方炳文)，1930，35。

Beaufortia zebroidus：陈宜瑜和郑慈英(见郑慈英)，1989，257；Tang *et* Chen，2000，7；乐佩琦等，2000，504；刘明玉等，2000，170；伍汉霖等，2012，68。

分布：西江水系。

198. *Erromyzon* Kottelat，2004 近原吸鳅属

Erromyzon Kottelat，2004，306。

(973) *Erromyzon sinensis*(Chen，1980)中华近原吸鳅

Protomyzon sinensis Chen(陈宜瑜)，1980，106；郑葆珊，1981，168；成庆泰和郑葆珊，1987，203；陈宜瑜和郑慈英(见郑慈英)，1989，250；朱松泉，1995，132；Tang *et* Chen，2000，6；乐佩琦等，2000，479；刘明玉等，2000，169。

Erromyzon sinensis：Kottelat，2012，60；伍汉霖等，2012，69。

别名：中华原吸鳅。

分布：西江中上游。

(974) *Erromyzon yangi* Neely，Conway *et* Mayden，2007 杨氏近原吸鳅

Erromyzon yangi Neely，Conway *et* Mayden，2007，98；Kottelat，2012，60 伍汉霖等，2012，69。

分布：西江。

199. *Formosania* Oshima，1919 台鳅属

Crossostoma Sauvage，1878，88。

Formosania Oshima，1919，194。

别名：缨口鳅属。

(975) *Formosania chenyiyui*(Zheng，1991)陈氏台鳅

Crossostoma chenyiyui Zheng(郑慈英)，1991，79；朱松泉，1995，132；Tang *et* Chen，2000，6；乐佩琦等，2000，472；刘明玉等，2000，169；Zhang *et* Wang，2011，87。

Formosania chenyiyui：Kottelat，2012，60；伍汉霖等，2012，69。

别名：陈氏缨口鳅。

分布：福建九龙江和韩江水系。

(976) *Formosania davidi*(Sauvage，1878)达氏台鳅

Crossostoma davidi Sauvage，1878，89；成庆泰和郑葆珊，1987，203；朱松泉，1995，132；Li，1998，262；Tang *et* Chen，2000，6；乐佩琦等，2000，475；刘明玉等，2000，169；Zhang *et* Wang，2011，87。

Formosania davidi：Kottelat，2012，60；伍汉霖等，2012，69。

别名：缨口鳅、达氏缨口鳅。

分布：福建闽江水系。

(977) *Formosania fascicauda* (Nichols，1926) 花尾台鳅

Crossostoma fascicauda Nichols，1926，2；成庆泰和郑葆珊，1987，203；朱松泉，1995，132；Li，1998，262；Tang *et* Chen，2000，6；乐佩琦等，2000，471；刘明玉等，2000，169；Zhang *et* Wang，2011，87。

Crossostoma fascicauda foochowensis：Tchang，1932c，123。

Formosania fascicauda：Kottelat，2012，60；伍汉霖等，2012，69。

别名：花尾缨口鳅。

分布：福建沿海各水系。

(978) *Formosania fasciolata* (Wang，Fan *et* Chen，2006) 横纹台鳅

Crossostoma fasciolatus Wang，Fan *et* Chen，2006，902；Zhang *et* Wang，2011，87。

Formosania fasciolata：Kottelat，2012，60；伍汉霖等，2012，69。

别名：横纹缨口鳅。

分布：浙江飞云江水系。

(979) *Formosania galericula* (Zhang，2011) 亮斑台鳅

Crossostoma galericula Zhang（张晓峰），2011，85。

分布：浙江庆元县合湖乡山溪，属瓯江水系。

(980) *Formosania lacustre* (Steindachner，1908) 缨口台鳅

Crossostoma lacustre Steindachner，1908a，110；Tzeng *et* Shen，1982，164；成庆泰和郑葆珊，1987，202；Tzeng *et al.*，1990，11；朱松泉，1995，132；Tang *et* Chen，2000，5；乐佩琦等，2000，466；刘明玉等，2000，169；Chen *et al.*，2002，239；Zhang *et* Wang，2011，87。

Crossostoma tengi：Watanabe，1983，105。

Formosania lacustre：Chen *et* Fang，2009，185；Ho *et* Shao，2011，31；Kottelat，2012，61；伍汉霖等，2012，69。

别名：台湾缨口鳅。

分布：台湾西部淡水河至浊水溪各水系。

(981) *Formosania paucisquama* (Zheng，1981) 少鳞台鳅

Crossostoma paucisquama Zheng（郑慈英），1981，57；成庆泰和郑葆珊，1987，202；Pan *et al.*，1991，273；朱松泉，1995，132；刘明玉等，2000，169。

Crossostoma pauciqama：Tang *et* Chen，2000，5；乐佩琦等，2000，467；Zhang *et* Wang，2011，87。

Formosania paucisquama：Kottelat，2012，61；伍汉霖等，2012，69。

别名：少鳞缨口鳅。

分布：广东练江、溶江及韩江等水系。

(982) *Formosania stigmata* (Nichols，1926) 斑纹台鳅

Crossostoma stigmata Nichols，1926，4；成庆泰和郑葆珊，1987，203；Pan *et al.*，1991，274；朱松泉，1995，132；Li，1998，262；Tang *et* Chen，2000，5；乐佩琦等，2000，469；刘明玉等，2000，169；Zhang *et* Wang，2011，87。

Formosania stigmata：Kottelat，2012，61；伍汉霖等，2012，69。

别名：斑纹缨口鳅。

分布：闽江至韩江的闽粤沿海各水系。

(983) *Formosania tinkhami* (Herre，1934) 廷氏台鳅

Crossostoma tinkhami Herre，1934，286；郑慈英，1981，56；成庆泰和郑葆珊，1987，203；陈宜瑜和郑慈英（见郑慈英），1989，248；Pan *et al.*，1991，275；朱松泉，1995，132；Li，1998，262；Tang *et* Chen，2000，6；乐佩琦等，2000，474；刘明玉等，2000，169；Zhang *et* Wang，2011，87。

Formosania stigmata：Kottelat，2012，61；伍汉霖等，2012，69。

别名：广东缨口鳅、丁氏缨口鳅、廷氏缨口鳅。

分布：东江水系。

200. *Liniparhomaloptera* Fang，1935 拟平鳅属

Liniparhomaloptera Fang（方炳文），1935a，93。

(984) *Liniparhomaloptera disparis disparis* (Lin，1934) 拟平鳅

Parhomaloptera disparis Lin（林书颜），1934b，225。

Liniparhomaloptera disparis：Fang，1935a，94；Cheng *et* Liang，1949，164；岳佐和（见郑葆珊），1981，173。

Liniparhomaloptera disparis disparis：郑慈英和陈宜瑜，1980，89；陈宜瑜，1980，97；郑慈英，1981，55；成庆泰和郑葆珊，1987，201；陈宜瑜和郑慈英（见郑慈英等），1989，242；Pan *et al.*，1991，263；朱松泉，1995，130；Tang *et* Chen，2000，5；乐佩琦等，2000，446；刘明玉等，2000，168；Kottelat，2012，65；伍汉霖等，2012，70。

分布：珠江的东、西江下游及广东湛江和香港。国外

分布于越南。

(985) *Liniparhomaloptera disparis qiongzhongensis* Zheng *et* Chen，1980 琼中拟平鳅

Liniparhomaloptera disparis qiongzhongensis Zheng *et* Chen(郑慈英和陈宜瑜)，1980，91；郑慈英，1981，55；Kuang *et al.*，1986，157；成庆泰和郑葆珊，1987，201；Pan *et al.*，1991，264；朱松泉，1995，130；Tang *et* Chen，2000，5；乐佩琦等，2000，448；刘明玉等，2000，168；伍汉霖等，2012，70。

Liniparhomlotera quingzhongensis：Kottelat，2012，65。

分布：海南岛各水系。

(986) *Liniparhomaloptera obtusirostris* Zheng *et* Chen，1980 钝吻拟平鳅

Liniparhomaloptera obtusirostris Zheng *et* Chen(郑慈英和陈宜瑜)，1980，92；陈宜瑜，1980，97；郑慈英，1981，55；成庆泰和郑葆珊，1987，201；陈宜瑜和郑慈英(见郑慈英)，1989，243；Pan *et al.*，1991，265；朱松泉，1995，130；Tang *et* Chen，2000，5；乐佩琦等，2000，450；刘明玉等，2000，168；Kottelat，2012，65；伍汉霖等，2012，70。

分布：珠江支流北流江。

201. *Paraprotomyzon* Pellegrin *et* Fang，1935 似原吸鳅属

Paraprotomyzon Pellegrin *et* Fang，1935，99。

别名：副原腹吸鳅属(伍汉霖等，2012)。

(987) *Paraprotomyzon bamaensis* Tang，1997 巴马似原吸鳅

Paraprotomyzon bamaensis Tang(唐文乔)，1997，108；Tang *et* Chen，2000，7；乐佩琦等，2000，501；Lu *et al.*，2005，203；Kottelat，2012，66；伍汉霖等，2012，71。

Paraprotomyzon multifasciatus：岳佐和(见郑葆珊)，1981，166。

别名：巴马副原腹吸鳅(伍汉霖等，2012)。

分布：广西巴马盘阳河，属珠江流域的红水河水系。

(988) *Paraprotomyzon lungkowensis* Xie，Yang *et* Gong，1984 龙口似原吸鳅

Paraprotomyzon lungkowensis Xie，Yang *et* Gong(谢从新、杨干荣和龚立新)，1984，62；杨干荣等，1987，143；朱松泉，1995，134；Tang，1997，110；Tang *et* Chen，2000，7；乐佩琦等，2000，500；刘明玉等，2000，170；Kottelat，2012，67；伍汉霖等，2012，71。

别名：龙口副原腹吸鳅(伍汉霖等，2012)。

分布：长江上游支流香溪河。

(989) *Paraprotomyzon multifasciatus* Pellegrin *et* Fang，1935 似原吸鳅

Paraprotomyzon multifasciatus Pellegrin *et* Fang，1935，103；Chen *et* Liang，1949，165；陈宜瑜，1980，111；岳佐和(见郑葆珊)，1981，166；成庆泰和郑葆珊，1987，204；郑慈英和张卫，1987，79；陈宜瑜和郑慈英(见郑慈英)，1989，256；李贵禄(见丁瑞华)，1994，425；朱松泉，1995，134；Tang，1997，110；Tang *et* Chen，2000，7；乐佩琦等，2000，498；刘明玉等，2000，170；Kottelat，2012，67；伍汉霖等，2012，71。

别名：副原腹吸鳅(伍汉霖等，2012)。

分布：长江上游、珠江红水河。

(990) *Paraprotomyzon niulanjiangensis* Lu，Lu *et* Mao，2005 牛栏江似原吸鳅

Paraprotomyzon niulanjiangensis Lu，Lu *et* Mao(卢玉发、卢宗民和卯卫宁)，2005，202；Kottelat，2012，67；伍汉霖等，2012，71。

别名：牛栏江副原腹吸鳅(伍汉霖等，2012)。

分布：金沙江水系的支流牛栏江。

202. *Plesiomyzon* Zheng *et* Chen，1980 近腹吸鳅属

Plesiomyzon Zheng *et* Chen，1980，90。

(991) *Plesiomyzon baotingensis* Zheng *et* Chen，1980 保亭近腹吸鳅

Plesiomyzon baotingensis Zheng *et* Chen(郑慈英和陈宜瑜)，1980，90；郑慈英，1981，55；Kuang *et al.*，1986，156；成庆泰和郑葆珊，1987，201；Pan *et al.*，1991，262；朱松泉，1995，130；乐佩琦和陈宜瑜，1998，205；Tang *et* Chen，2000，4；乐佩琦等，2000，444；刘明玉等，2000，168；Kottelat，2012，67；伍汉霖等，2012，72。

保护等级：《中国濒危动物红皮书-鱼类》(极危)。

分布：海南陵水河的山溪支流。

203. *Protomyzon* Hora，1932 原吸鳅属

Protomyzon Hora，1932，306。

(992) *Protomyzon pachychilus* Chen，1980 厚唇原吸鳅

Protomyzon pachychilus Chen(陈景星)，1980，106；岳佐和(见郑葆珊)，1981，169；成庆泰和郑葆珊，1987，203；郑慈英和张卫，1987，79；陈宜瑜和郑慈英(见郑慈英)，1989，249；朱松泉，1995，132；乐佩琦和陈宜瑜，1998，208；Tang *et* Chen，2000，6；乐佩琦等，2000，477；刘明玉等，2000，169；伍汉霖等，2012，72。

保护等级：《中国濒危动物红皮书-鱼类》(极危)，省级(湖南)。

分布：珠江水系的广西大瑶山山溪。

204. *Pseudogastromyzon* Nichols，1925 拟腹吸鳅属

Pseudogastromyzon (subgenus of *Hemimyzon*) Nichols，1925，1。

Labigastromyzon (subgenus of *Pseudogastromyzon*) Tang *et* Chen，1996，234。

(993) *Pseudogastromyzon changtingensis changtingensis* Liang，1942 长汀拟腹吸鳅

Pseudogastromyzon fasciatus changtingensis Liang(梁润生)，1942，1；Chen *et* Liang，1949，165。

Pseudogastromyzon changtingensis changtingensis：陈宜瑜，1980，108；伍汉霖(见朱元鼎)，1984，362；郑慈英和李金平，1986，76；成庆泰和郑葆珊，1987，203；朱松泉，1995，133；伍汉霖等，2012，72。

Pseudogastromyzon (*Labigastromyzon*) *changtingensis changtingensis*：乐佩琦等，2000，493。

Pseudogastromyzon changtingensis：刘明玉等，2000，169；Kottelat，2012，68。

别名：长汀品唇鳅。

分布：韩江水系。

(994) *Pseudogastromyzon changtingensis tungpeiensis* Chen *et* Liang，1949 东坡拟腹吸鳅

Pseudogastromyzon tungpeiensis Chen *et* Liang(陈兼善和梁润生)，1949，158；刘明玉等，2000，169。

Pseudogastromyzon changtingensis tungpeiensis：陈宜瑜，1980，109；郑慈英和陈宜瑜，1980，90；郑慈英，1981，56；郑慈英和李金平，1986，77；成庆泰和郑葆珊，1987，203；Pan *et al.*，1991，276；朱松泉，1995，133；伍汉霖等，2012，72。

Pseudogastromyzon (*Labigastromyzon*) *changtingensis tungpeiensis*：乐佩琦等，2000，494。

别名：东陂长汀品唇鳅。

分布：北江和西江水系。

(995) *Pseudogastromyzon cheni* Liang，1942 圆斑拟腹吸鳅

Pseudogastromyzon cheni Liang(梁润生)，1942，4；陈宜瑜，1980，109；伍汉霖(见朱元鼎)，1984，364；郑慈英和李金平，1986，78；成庆泰和郑葆珊，1987，204；朱松泉，1995，133；Li，1998，262；Tang *et* Chen，2000，6；刘明玉等，2000，170；Kottelat，2012，68；伍汉霖等，2012，72。

Pseudogastromyzon (*Pseudogastromyzon*) *cheni*：乐佩琦等，2000，488。

别名：陈氏拟腹吸鳅(朱松泉，1995)。

分布：韩江水系。

(996) *Pseudogastromyzon daon* (Mai，1978) 越南拟腹吸鳅

Gastromyzon daon Mai，1978，216；Endruweit，2013，54。

Beaufortia daon：Kottelat，2012，191。

Pseudogastromyzon daon：伍汉霖等，2013，72。

分布：云南普洱勐野江，属元江水系。国外分布于越南。

(997) *Pseudogastromyzon fangi* (Nichols，1931) 珠江拟腹吸鳅

Crossostoma fangi Nichols，1931a，263。

Pseudogastromyzon fangi：Fang，1933c，46；Chen *et* Liang，1949，167；湖南省水产科学研究所，1977，173；陈宜瑜，1980，109；郑慈英和陈宜瑜，1980，90；郑慈英，1981，56；岳佐和(见郑葆珊)，1981，167；郑慈英和李金平，1986，77；成庆泰和郑葆珊，1987，203；陈宜瑜和郑慈英(见郑慈英)，1989，253；Pan *et al.*，1991，278；朱松泉，1995，133；Li，1998，262；刘明玉等，2000，170；Kottelat，2012，69；伍汉霖等，2012，72。

Pseudogastromyzon (*Labigastromyzon*) *fangi*：乐佩琦等，2000，496。

别名：方氏品唇鳅。

分布：珠江流域的北江、西江和长江支流湘江。

(998) *Pseudogastromyzon fasciatus fasciatus* (Sauvage，1878) 拟腹吸鳅

Psilorhynchus fasciatus Sauvage，1878，88。

Pseudogastromyzon zebroidus：Fang，1930，34；张春

霖，1959，127。

Pseudogastromyzon fasciatus：Fang，1933c，41；Chen *et* Liang，1949，165；伍汉霖（见朱元鼎），1984，364；毛节荣和徐寿山，1991，153；刘明玉等，2000，170；Kottelat，2012，69。

Pseudogastromyzon fasciatus fasciatus：陈宜瑜，1980，110；郑慈英和李金平，1986，79；成庆泰和郑葆珊，1987，204；朱松泉，1995，134；伍汉霖等，2012，72。

Pseudogastromyzon（*Pseudogastromyzon*）*fasciatus fasciatus*：乐佩琦等，2000，482。

别名：条纹拟腹吸鳅（伍汉霖等，2000）。

分布：自瓯江至木兰溪的闽浙沿海各水系。

（999）*Pseudogastromyzon fasciatus jiulongjiangensis* Chen，1980 九龙江拟腹吸鳅

Pseudogastromyzon fasciatus jiulongjiangensis Chen（陈宜瑜），1980，110；郑慈英和李金平，1986，79；成庆泰和郑葆珊，1987，204；朱松泉，1995，134；伍汉霖等，2012，72。

Pseudogastromyzon jiulongjiangensis：伍汉霖（见朱元鼎），1984，366；刘明玉等，2000，170。

Pseudogastromyzon（*Pseudogastromyzon*）*fasciatus jiulongjiangensis*：乐佩琦等，2000，483。

分布：福建九龙江水系。

（1000）*Pseudogastromyzon laticeps* Chen *et* Zheng，1980 宽头拟腹吸鳅

Pseudogastromyzon laticeps Chen *et* Zheng（陈宜瑜和郑慈英），1980，96；陈宜瑜，1980，111；郑慈英，1981，56；郑慈英和李金平，1986，80；成庆泰和郑葆珊，1987，204；Pan *et al.*，1991，282；朱松泉，1995，134；刘明玉等，2000，170；Kottelat，2012，69；伍汉霖等，2012，72。

Pseudogastromyzon（*Pseudogastromyzon*）*laticeps*：Tang *et* Chen，2000，6；乐佩琦等，2000，491。

分布：广东莲花山区各山溪。

（1001）*Pseudogastromyzon lianjiangensis* Zheng，1981 练江拟腹吸鳅

Pseudogastromyzon lianjiangensis Zheng（郑慈英），1981，59；郑慈英和李金平，1986，79；成庆泰和郑葆珊，1987，204；Pan *et al.*，1991，281；朱松泉，1995，133；刘明玉等，2000，170；Kottelat，2012，69；伍汉霖等，2012，72。

Pseudogastromyzon（*Pseudogastromyzon*）*lianjiangensis*：Tang *et* Chen，2000，6；乐佩琦等，2000，486。

分布：广东练江和榕江水系。

（1002）*Pseudogastromyzon myersi* Herre，1932 花斑拟腹吸鳅

Pseudogastromyzon myersi Herre，1932，430；Kottelat，2012，69；伍汉霖等，2012，72。

Pseudogastromyzon maculatum：Chen *et* Zheng（陈宜瑜和郑慈英），1980，95。

Pseudogastromyzon myseri：朱松泉，1995，133；刘明玉等，2000，170。

Pseudogastromyzon（*Pseudogastromyzon*）*myseri*：Tang *et* Chen，2000，6；乐佩琦等，2000，489。

别名：麦氏拟腹吸鳅（朱松泉，1995；刘明玉等，2000）、迈氏拟腹吸鳅（伍汉霖等，2012）。

分布：广东东江、榕江及香港等地。

（1003）*Pseudogastromyzon peristictus* Zheng *et* Li，1986 密斑拟腹吸鳅

Pseudogastromyzon peristictus Zheng *et* Li（郑慈英和李金平），1986，77；Pan *et al.*，1991，279；朱松泉，1995，133；刘明玉等，2000，170；Kottelat，2012，69；伍汉霖等，2012，72。

Pseudogastromyzon（*Pseudogastromyzon*）*peristictus*：Tang *et* Chen，2000，6；乐佩琦等，2000，485。

分布：广东东部榕江和梅江水系。

205. *Vanmanenia* Hora，1932 原缨口鳅属

Vanmanenia Hora，1932，309。

Praeformosania Fang（方炳文），1935a，71。

（1004）*Vanmanenia caldwelli*（Nichols，1925）纵纹原缨口鳅

Homaloptera caldwelli Nichols，1925，1。

Homaloptera（*Homalosoma*）*caldwelli chekianensis*：Tchang，1932a，83。

Vanmanenia caldwelli：Fang，1935a，68；Chen *et* Liang，1949，163；陈宜瑜，1980，99；伍汉霖（见朱元鼎），1984，367；成庆泰和郑葆珊，1987，201；朱松泉，1995，131；Li，1998，262；乐佩琦等，2000，454；刘明玉等，2000，168；Kottelat，2012，71；伍汉霖等，2012，75。

Vanmanenia oaldwelli：Tang *et* Chen，2000，5。

分布：闽江水系。

（1005）*Vanmanenia gymnetrus* Chen，1980 裸腹原缨口鳅

Vanmanenia gymnetrus Chen（陈宜瑜），1980，100；

伍汉霖(见朱元鼎)，1984，368；成庆泰和郑葆珊，1987，202；Pan *et al.*，1991，267；朱松泉，1995，131；Li，1998，262；Tang *et* Chen，2000，5；乐佩琦等，2000，460；刘明玉等，2000，168；Kottelat，2012，72；伍汉霖等，2012，75。

分布：闽粤沿海的九龙江和韩江等水系。

(1006) *Vanmanenia hainanensis* Chen *et* Zheng，1980 海南原缨口鳅

Vanmanenia hainanensis Chen *et* Zheng(陈宜瑜和郑慈英)，1980，93；陈宜瑜，1980，100；郑慈英，1981，56；Kuang *et al.*，1986，158；成庆泰和郑葆珊，1987，202；Pan *et al.*，1991，269；朱松泉，1995，131；Tang *et* Chen，2000，5；乐佩琦等，2000，457；刘明玉等，2000，168；Kottelat，2012，72；伍汉霖等，2012，75。

分布：海南昌化江、万泉河水系。

(1007) *Vanmanenia homalocephala* Zhang *et* Zhao，2000 平头原缨口鳅

Vanmanenia homalocephala Zhang *et* Zhao(张春光和赵亚辉)，2000，460；Kottelat，2012，72；伍汉霖等，2012，75。

分布：广西柳江水系。

(1008) *Vanmanenia lineata* (Fang，1935) 线纹原缨口鳅

Praeformosania lineata Fang(方炳文)，1935a，78；Chen *et* Liang，1949，164。

Formosania yaoshanensis：Wu(伍献文)，1939，128。

Vanmanenia lineata：陈宜瑜，1980，106；成庆泰和郑葆珊，1987，202；陈宜瑜和郑慈英(见郑慈英)，1989，244；朱松泉，1995，131；乐佩琦等，2000，459；刘明玉等，2000，168；Kottelat，2012，72；伍汉霖等，2012，75。

分布：西江水系。

(1009) *Vanmanenia pingchowensis* (Fang，1935) 平舟原缨口鳅

Praeformosania pingchowensis Fang(方炳文)，1935a，72；Chen *et* Liang，1949，164。

Vanmanenia stenosoma：Wu，1939，127。

Vanmanenia pingchowensis：陈宜瑜，1980，99；郑慈英和陈宜瑜，1980，89；郑慈英，1981，56；岳佐和(见郑葆珊)，1981，174；谢从新等，1984，62；成庆泰和郑葆珊，1987，202；杨干荣，1987，142；郑慈英和张卫，1987，79；陈宜瑜和郑慈英(见郑慈英)，1989，245；谢家骅(见伍律等)，1989，218；Pan *et al.*，1991，267；李贵禄(见丁瑞华)，1994，424；朱松泉，1995，131；Tang *et* Chen，2000，5；刘明玉等，2000，168；乐佩琦等，2000，455；14；Kottelat，2012，72；伍汉霖等，2012，75。

Vanmanenia polylepis :Pan，Liu *et* Zheng(潘炯华、刘成汉和郑文彪)1983，107。

分布：珠江、长江的清江及洞庭湖和鄱阳湖水系。

(1010) *Vanmanenia serrilineata* Kottelat，2000 湄公河原缨口鳅

Vanmanenia serrilineata Kottelat，2000；Endruweit，2013；陈小勇，2013，291。

分布：云南勐腊南腊河，属澜沧江水系。国外分布于老挝湄公河水系。

(1011) *Vanmanenia stenosoma* (Boulenger，1901) 原缨口鳅

Homalosoma stenosoma Boulenger，1901，270。

Crossostoma stenosoma：Tchang，1930a，151。

Homaloptera (*Homalosoma*) *caldwelli chekianensis*：Tchang(张春霖)，1932a，83；陈宜瑜，1980，99。

Vanmanenia stenosoma：Fang，1935a，58；Wu，1939，127；Chen *et* Liang，1949，163；陈宜瑜，1980，98；陈马康等，1990，153；毛节荣和徐寿山，1991，152；Li，1998，262；Tang *et* Chen，2000，5；乐佩琦等，2000，452；刘明玉等，2000，168；Kottelat，2012，73；伍汉霖等，2012，75。

Vanmanenia stenosoma stenosoma：成庆泰和郑葆珊，1987，201；朱松泉，1995，130。

分布：长江中游的鄱阳湖水系和钱塘江、瓯江等浙江沿海各水系。

(1012) *Vanmanenia striata* Chen，1980 横斑原缨口鳅

Vanmanenia striata Chen(陈宜瑜)，1980，101；郑慈英等，1982，393。匡溥人(见褚新洛和陈银瑞)，1990，83(部分)；周伟等，2010，99(元江)。

分布：元江主干及其支流。

(1013) *Vanmanenia tetraloba* (Mai，1978) 四叶原缨口鳅

Homaloptera tetraloba Mai，1978，210。

Vanmanenia striata：Chen(陈宜瑜)，1980，101；郑慈英等，1982，393。

Vanmanenia tetraloba：陈银瑞(见褚新洛和陈银瑞)，1990，83；朱松泉，1995，131；乐佩琦等，2000，463；刘明玉等，2000，169；周伟等，2010，99(李仙江)；Kottelat，2012，71；伍汉霖等，2012，75。

分布：云南李仙江水系。国外分布于越南的黑水河水系，属红河流域的一级支流。

(1014) *Vanmanenia xinyiensis* Zheng *et* Chen，1980 信宜原缨口鳅

Vanmanenia xinyiensis Zheng *et* Chen(郑慈英和陈宜瑜)，1980，94；Chen，1980，101；郑慈英，1981，56；成庆泰和郑葆珊，1987，202；陈宜瑜和郑慈英(见郑慈英)，1989，247；Pan *et al.*，1991，270；朱松泉，1995，131；Tang *et* Chen，2000，5；乐佩琦等，2000，462；刘明玉等，2000，168；Kottelat，2012，73；伍汉霖等，2012，75。

分布：珠江下游支流。

(16) Balitorinae 爬鳅亚科

206. *Balitora* Gray，1830 爬鳅属

Balitora Gray，1830，88。

Sinohomaloptera Fang，1930a，26。

(1015) *Balitora elongata* Chen *et* Li，1985 长体爬鳅

Balitora elongata Chen *et* Li(陈银瑞和李再云)，1985，169；朱松泉，1995，137；Chen，1998，265；Tang *et* Chen，2000，8；乐佩琦等，2000，525；伍汉霖等，2012，68。

Hemimyzon elongatus：Kottelat *et* Chu，1988，193；Kottelat，2012，48。

分布：澜沧江水系。

(1016) *Balitora kwangsiensis* (Fang，1930) 广西爬鳅

Homaloptera kwangsiensis Fang(方炳文)，1930a，27。

Sinohomaloptera kwangsiensis：Fang，1930a，26；Chen *et* Liang，1949，161；陈宜瑜，1978，336；郑慈英和陈宜瑜，1980，89；郑慈英，1981，55；岳佐和(见郑葆珊)，1981，164；郑慈英，1982，394；Kuang *et al.*，1986，152；成庆泰和郑葆珊，1987，207；陈宜瑜和郑慈英(见郑慈英)，1989，265；谢家骅(见伍律等)，1989，202；Pan *et al.*，1991，257；朱松泉，1995，137；Li，1998，261；Tang *et* Chen，2000，8；乐佩琦等，2000，531；刘明玉等，2000，171。

Balitora heteroura：Pan，Liu *et* Zheng，1983，105。

Balitora kwangsiensis：Kottelat *et* Chu，1988，189；陈银瑞(见褚新洛和陈银瑞)，1990，91；Kottelat，2012，45；Liu *et al.*，2012，374；伍汉霖等，2012，68。

别名：广西华平鳅。

分布：珠江、海南昌江、云南元江水系。国外分布于老挝和越南。

(1017) *Balitora lancangjiangensis* (Zheng，1980) 澜沧江爬鳅

Sinohomaloptera lancangjiangensis Zheng(郑慈英)，1980，110。

Balitora lancangjiangensis Kottelat *et* Chu，1988，189；陈银瑞(见褚新洛和陈银瑞)，1990，93；Tang *et* Chen，2000，8；乐佩琦等，2000，523；刘明玉等，2000，171；Chen *et al.*，2005a，25；Kottelat，2012，45；Liu *et al.*，2012，374；伍汉霖等，2012，68。

分布：澜沧江和元江水系。国外分布于老挝。

(1018) *Balitora longibarbata* (Chen，1982) 长须爬鳅

Sinohomaloptera longibarbatus Chen(陈银瑞，见郑慈英等)，1982，394；陈宜瑜和郑慈英(见郑慈英)，1989，266；朱松泉，1995，137；Tang *et* Chen，2000，8；乐佩琦等，2000，533；刘明玉等，2000，171。

Balitora longibarbata：Kottelat *et* Chu，1988，190；陈银瑞(见褚新洛和陈银瑞)，1990，94；Chen *et al.*，2005a，25；Liu *et al.*，2012，374；伍汉霖等，2012，68。

别名：长须华平鳅。

分布：云南南盘江。

(1019) *Balitora ludongensis* Liu *et* Chen，2012 禄洞爬鳅

Balitora ludongensis Liu *et* Chen(刘淑伟和陈小勇)，2012，370。

分布：广西靖西县齐龙河，属左江水系。

(1020) *Balitora nantingensis* Chen，Cui *et* Yang，2005 南汀爬鳅

Balitora nantingensis Chen，Cui *et* Yang(陈小勇、崔桂华和杨君兴)，2005a，22；Kottelat，2012，45；Liu *et al.*，2012，374；伍汉霖等，2012，68。

分布：云南南汀河，属怒江水系。

(1021) *Balitora nujiangensis* Zhang *et* Zheng，1983 怒江爬鳅

Balitora nujiangensis Zhang *et* Zheng(张卫和郑慈英)，1983，66；朱松泉，1995，137；Chen，1998，264；Tang *et* Chen，2000，8；乐佩琦等，2000，526；Chen *et al.*，2005a，25。

Hemimyzon nujiangensis：Kottelat *et* Chu，1988，194；陈银瑞(见褚新洛和陈银瑞)，1990，109；Kottelat，2012，48。

分布：怒江水系。

(1022) *Balitora tchangi* Zheng，1982 张氏爬鳅

Balitora tchangi Zheng(郑慈英，见郑慈英等)，1982，396；Zheng *et* Zhang，1983，66；朱松泉，1995，137；Chen，1998，267；Tang *et* Chen，2000，8；乐佩琦等，2000，528；伍汉霖等，2012，68。

Hemimyzon tchangi：Kottelat *et* Chu，1988，194；陈银瑞(见褚新洛和陈银瑞)，1990，107；Kottelat，2012，48。

分布：澜沧江水系。

207. *Balitoropsis* Smith，1945 原爬鳅属

Balitoropsis Smith，1945，278。

Pseudohomaloptera Silas，1953，204。

(1023) *Balitoropsis vulgaris* (Kottelat *et* Chu，1988) 原爬鳅

Homaloptera vulgaris Kottelat *et* Chu(Kottelat 和褚新洛)，1988，186。

Balitoropsis vulgaris：Kottelat，2013；陈小勇，2013，292。

别名：普通平鳅。

分布：澜沧江。

(1024) *Balitoropsis yunnanensis* Chen，1978 云南原爬鳅

Balitoropsis yunnanensis Chen(陈宜瑜)，1978，334；成庆泰和郑葆珊，1987，206；朱松泉，1995，136；Chen，1998，264；Tang *et* Chen，2000，8；乐佩琦等，2000，521；Kottelat，2012，47。

Homaloptera yunnanensis：Kottelat *et* Chu，1988，105；陈银瑞(见褚新洛和陈银瑞)，1990，99。

分布：澜沧江中下游。国外分布于老挝。

208. *Hemimyzon* Regan，1911 间吸鳅属

Hemimyzon Regan，1911，32。

(1025) *Hemimyzon formosanus* (Boulenger，1894) 台湾间吸鳅

Homaloptera formosana Boulenger，1894，463。

Hemimyzon formosanum：成庆泰和郑葆珊，1987，207；朱松泉，1995，138；Tang *et* Chen，2000，6；乐佩琦等，2000，542；刘明玉等，2000，172。

Hemimyzon formosanus：Chen *et* Fang，2009，189；Kottelat，2012，48；伍汉霖等，2012，69。

别名：台湾间爬岩鳅。

分布：台湾中央山脉以西各水系。

(1026) *Hemimyzon macroptera* Zheng，1982 大鳍间吸鳅

Hemimyzon macroptera Zheng(郑慈英，见郑慈英等)，1982，398；成庆泰和郑葆珊，1987，207；Kottelat *et* Chu，1988，193；陈宜瑜和郑慈英(见郑慈英)，1989，267；陈银瑞(见褚新洛和陈银瑞)，1990，110；朱松泉，1995，138；Tang *et* Chen，2000，8；乐佩琦等，2000，543；刘明玉等，2000，172；Chen *et* Fang，2009，189；Kottelat，2012，48；伍汉霖等，2012，69。

别名：大鳍间爬岩鳅。

分布：南盘江和北盘江水系。

(1027) *Hemimyzon megalopseos* Li *et* Chen，1985 大眼间吸鳅

Hemimyzon megalopseos Li *et* Chen(李再云和陈银瑞)，1985，170；Kottelat *et* Chu，1988，194；陈银瑞(见褚新洛和陈银瑞)，1990，108；朱松泉，1995，138；Tang *et* Chen，2000，8；乐佩琦等，2000，540；刘明玉等，2000，172；Chen *et* Fang，2009，189；Kottelat，2012，48；伍汉霖等，2012，69。

别名：大眼间爬岩鳅。

分布：南盘江水系。

(1028) *Hemimyzon pengi* (Huang，1982) 彭氏间吸鳅

Balitora pengi Huang(黄顺友)，1982，395；Zheng *et* Zhang，1983，66；陈银瑞(见褚新洛和陈银瑞)，1990，106；朱松泉，1995，137；Tang *et* Chen，2000，8；乐佩琦等，2000，529；Wang *et al.*，2010，26。

Hemimyzon pengi：Kottelat *et* Chu，1988，194；Kottelat，2012，48。

Dienbienia namnuaensis：Nguyen，2002，10。

别名：彭氏爬鳅。

分布：澜沧江下游。国外分布于老挝。

(1029) *Hemimyzon pumilicorpora* Zheng *et* Zhang，1987 矮身间吸鳅

Hemimyzon pumilicorpora Zheng *et* Zhang(郑慈英和张卫)，1987，81；朱松泉，1995，138；Tang *et* Chen，2000，8；乐佩琦等，2000，545；刘明玉等，2000，172；Chen *et* Fang，2009；Kottelat，2012，48；伍汉霖等，2012，69。

别名：短体间吸鳅、短体间爬岩鳅。

分布：南盘江水系。

(1030) *Hemimyzon sheni* Chen *et* Fang，2009 沈氏间吸鳅

Hemimyzon sheni Chen *et* Fang(陈义雄和方力行)，2009，186；Ho *et* Shao，2011，32；Kottelat，2012，48；伍汉霖等，2012，69。

别名：沈氏间爬岩鳅。

保护等级：《台湾淡水鱼类红皮书》（近危）。

分布：台湾台东县大竹溪。

（1031）*Hemimyzon taitungensis* Tseng *et* Shen，1982 台东间吸鳅

Hemimyzon taitungensis Tzeng *et* Shen（曾晴贤和沈世杰），1982，166；Kottelat *et* Chu，1988，194；朱松泉，1995，139；Tang *et* Chen，2000，8；乐佩琦等，2000，546；Chen *et al.*，2002b，239；Chen *et* Fang，2009；Ho *et* Shao，2011，32；Kottelat，2012，48；伍汉霖等，2012，69。

别名：台东间爬岩鳅。

保护等级：台湾 II 级保护，《台湾淡水鱼类红皮书》（B. 濒危）。

分布：台湾中央山脉以东各水系。

（1032）*Hemimyzon yaotanensis*（Fang，1931）窑滩间吸鳅

Sinohomaloptera yaotanensis Fang（方炳文），1931b，137。

Hemimyzon yaotanensis：成庆泰和郑葆珊，1987，207；Kottelat *et* Chu，1988，194；李贵禄（见丁瑞华），1994，432；朱松泉，1995，138；Tang *et* Chen，2000，8；乐佩琦等，2000，539；刘明玉等，2000，172；Chen *et* Fang，2009；Kottelat，2012，48-49；伍汉霖等，2012，69。

Sinohomaloptera（*Sinohomaloptera*）*yaotanensis cuticauda*：Nichols，1943，222。

别名：窑滩间爬岩鳅。

保护等级：省（直辖市）级（重庆）。

分布：长江上游。

209. *Jinshaia* Kottelat *et* Chu，1988 金沙鳅属

Jinshaia Kottelat *et* Chu，1988c，191。

（1033）*Jinshaia abbreviata*（Günther，1892）短身金沙鳅

Homaloptera abbreviata Günther，1892，248。

Hemimyzon abbreviata：成庆泰和郑葆珊，1987，207；李贵禄（见丁瑞华），1994，433；朱松泉，1995，139；Chen，1998，269。

Jinshaia abbreviata：Kottelat *et* Chu，1988c，192；陈银瑞（见褚新洛和陈银瑞），1990，103；Tang *et* Chen，2000，8；乐佩琦等，2000，548；刘明玉等，2000，172；Kottelat，2012，53；伍汉霖等，2012，70。

别名：短身间吸鳅。

分布：长江上游，包括金沙江干流。

（1034）*Jinshaia sinensis*（Sauvage *et* Dabry，1874）中华金沙鳅

Psilorhynchus sinensis Sauvage *et* Dabry，1874，14。

Hemimyzon sinensis：成庆泰和郑葆珊，1987，207；武云飞和吴翠珍，1990b，63；李贵禄（见丁瑞华），1994，435；朱松泉，1995，139；Chen，1998，270；14。

Jinshaia sinensis：Kottelat *et* Chu，1988c，191；陈银瑞（见褚新洛和陈银瑞），1990，102；Tang *et* Chen，2000，8；乐佩琦等，2000，549；刘明玉等，2000，172；Kottelat，2012，53；伍汉霖等，2012，70。

Jinshaia niulanjiangensis：Li，Mao *et* Lu（李维贤，卯卫宁，卢宗民），1998。

别名：中华间吸鳅、牛栏江金沙鳅

保护等级：省（直辖市）级（重庆）。

分布：长江上游，包括金沙江上游下段以下干支流。

210. *Lepturichthys* Regan，1911 犁头鳅属

Lepturichthys Regan，1911，31。

（1035）*Lepturichthys dolichopterus* Dai，1985 长鳍犁头鳅

Lepturichthys dolichopterus Dai（戴定远），1985，221；Kottelat *et* Chu，1988c，191；朱松泉，1995，138；Li，1998，261；乐佩琦等，2000，537；Tang *et* Chen，2000，8；伍汉霖等，2012，70。

Lepturichthys fimbriata：伍汉霖（见朱元鼎），1984，360。

分布：闽江水系。

（1036）*Lepturichthys fimbriata*（Günther，1888）犁头鳅

Homaloptera fimbriata Günther，1888，433。

Lepturichthys fimbriata：Fang（方炳文），1933c，49；Chen *et* Liang，1949，162；湖南省水产科学研究所，1977，169；陈宜瑜，1978，337；郑慈英等，1982，394；谢从新等，1984，62；戴定远，1985，222；成庆泰和郑葆珊，1987，207；陕西省动物研究所等，1987，167；杨干荣等，1987，138；郑建州（见伍律等），1989，204；武云飞和吴翠珍，1990b，63；Kottelat *et* Chu，1988c，190；陈银瑞（见褚新洛和陈银瑞），1990，95；陕西省水产研究所，1992，88；李贵禄（见丁瑞华），1994，430；朱松泉，1995，138；Chen，1998，268；Li，1998，262；Tang *et* Chen，2000，8；乐佩琦等，2000，534；刘明玉等，2000，172；14；伍汉霖等，2012，70；Kottelat，2012，53。

Lepturichthys güntheri：Fang（方炳文），1933c，49；Chang，1944，52；Chen *et* Liang，1949，162。

Lepturichthys nicholsi：Fang（方炳文），1933c，50；

Chen *et* Liang，1949，162。
分布：长江水系。

211. *Metahomaloptera* Chang，1944 后平鳅属

Metahomaloptera Chang（张孝威），1944，54。

(1037) *Metahomaloptera longicauda* Yang，Chen *et* Yang，2007 长尾后平鳅

Metahomaloptera longicauda Yang，Chen *et* Yang（杨剑、陈小勇和杨君兴），2007，64；Kottelat，2012，54；伍汉霖等，2012，70。
分布：金沙江水系。

(1038) *Metahomaloptera omeiensis hangshuiensis* Xie，Yan *et* Gong，1984 汉水后平鳅

Metahomaloptera omeiensis hangshuiensis Xie，Yang *et* Gong（谢从新、杨干荣和龚立新），1984，63；杨干荣等，1987，141；朱松泉，1995，140；乐佩琦等，2000，565；刘明玉等，2000，173；杨君兴等，2007，68；伍汉霖等，2012，70。
Metahomaloptera omeiensis：陕西省动物研究所等，1987，171；陕西省水产研究所，1992，89。
别名：峨眉后平鳅汉水亚种（刘明玉等，2000）。
分布：长江支流汉水。

(1039) *Metahomaloptera omeiensis omeiensis* Chang，1944 峨眉后平鳅

Metahomaloptera omeiensis Chang（张孝威），1944，54；陈宜瑜，1978，345；成庆泰和郑葆珊，1987，208；郑建州（见伍律等），1989，216；陈银瑞（见褚新洛和陈银瑞），1990，111；李贵禄（见丁瑞华），1994，442；Kottelat，2012，54。
Metahomaloptera omeiensis omeiensis：谢从新等，1984，62；杨干荣等，1987，140；朱松泉，1995，140；乐佩琦等，2000，564；刘明玉等，2000，173；杨君兴等，2007，68；伍汉霖等，2012，70。
别名：峨眉后平鳅指名亚种（刘明玉等，2000）。
保护等级：省（直辖市）级（重庆）。
分布：长江上游干支流。

212. *Sinogastromyzon* Fang，1930 华吸鳅属

Sinogastromyzon Fang，1930，35。

(1040) *Sinogastromyzon chapaensis* Mai，1978 红河华吸鳅

Sinogastromyzon chapaensis Mai，1978，220；Kottelat *et* Chu，1988c，196；Kottelat，2012，54；伍汉霖等，2012，74。
分布：元江水系。国外分布于越南。

(1041) *Sinogastromyzon dezeensis* Li，Mao *et* Lu，1999 德泽华吸鳅

Sinogastromyzon dezeensis Li，Mao *et* Lu（李维贤、卯卫宁和卢宗民），1999，45；Kottelat，2012，55。
分布：云南。

(1042) *Sinogastromyzon hsiashiensis* Fang，1931 下司华吸鳅

Sinogastromyzon hsiashiensis Fang（方炳文），1931a，48；湖南省水产科学研究所，1977，170；Kottelat *et* Chu，1988c，196；Tang *et* Chen，2000，9；乐佩琦等，2000，554；14；Kottelat，2012，55；伍汉霖等，2012，74。
Sinogastromyzon szechuanensis hsiashiensis：陈宜瑜，1978，342；成庆泰和郑葆珊，1987，208；郑慈英和张卫，1987，80；郑建州（见伍律等），1989，211；李贵禄（见丁瑞华），1994，439；朱松泉，1995，139；刘明玉等，2000，173。
分布：长江中游洞庭湖。

(1043) *Sinogastromyzon lixianjiangensis* Liu，Chen *et* Yang，2009 李仙江华吸鳅

Sinogastromyzon lixianjiangensis Liu，Chen *et* Yang（刘淑伟、陈小勇和杨君兴），2010，2；Kottelat，2012，55；伍汉霖等，2012，74。
分布：红河水系支流李仙江。

(1044) *Sinogastromyzon macrostoma* Liu，Chen *et* Yang，2009 大口华吸鳅

Sinogastromyzon macrostoma Liu，Chen *et* Yang（刘淑伟、陈小勇和杨君兴），2010，7；Kottelat，2012，55；伍汉霖等，2012，74。
分布：红河水系支流李仙江。

(1045) *Sinogastromyzon multiocellum* Nguyen，2005 多斑华吸鳅

Sinogastromyzon multiocellum Nguyen，2005；陈小勇，2013，293。
分布：红河水系支流李仙江。国外分布于越南红河。

(1046) *Sinogastromyzon nanpanjiangensis* Li，1987 南盘江华吸鳅

Sinogastromyzon nanpanjiangensis Li（李维贤），1987，

101；陈银瑞(见褚新洛和陈银瑞)，1990，98；朱松泉，1995，139；Tang *et* Chen，2000，9；乐佩琦等，2000，560；刘明玉等，2000，173；Kottelat，2012，56；伍汉霖等，2012，74。

分布：云南南盘江水系。

(1047) *Sinogastromyzon nantaiensis* Chen，Han *et* Fang，2002 南台华吸鳅

Sinogastromyzon nantaiensis Chen，Han *et* Fang，2002b，240；Chen *et* Fang，2009，185；Ho *et* Shao，2011，33；Kottelat，2012，56；伍汉霖等，2012，74。

保护等级：《台湾淡水鱼类红皮书》(C. 易危)。

分布：我国台湾南部高屏溪和曾文溪。

(1048) *Sinogastromyzon puliensis* Liang，1974 埔里华吸鳅

Sinogastromyzon puliensis Liang(梁润生)，1974，153；陈宜瑜，1978，343；Tzeng *et* Shen，1982，164；沈世杰，1984，132；曾晴贤，1986，78；成庆泰和郑葆珊，1987，208；Kottelat *et* Chu，1988c，197；沈世杰，1993，143；朱松泉，1995，139；Tang *et* Chen，2000，9；乐佩琦等，2000，555；刘明玉等，2000，173；Chen *et al.*，2002b，239；Chen *et* Fang，2009，185；Ho *et* Shao，2011，33；Kottelat，2012，56；伍汉霖等，2012，74。

保护类型：《台湾淡水鱼类红皮书》(C. 易危)。

分布：台湾特有种；台湾中西部自大甲溪、大肚溪至濁水溪。

(1049) *Sinogastromyzon sichangensis* Chang，1944 西昌华吸鳅

Sinogastromyzon sichanensis Chang(张孝威)，1944，53；成庆泰和郑葆珊，1987，208；陈银瑞(见褚新洛和陈银瑞)，1990，100；武云飞和吴翠珍，1990b，63；李贵禄(见丁瑞华等)，1994，440；朱松泉，1995，139；Chen，1998，272；刘明玉等，2000，173；Kottelat，2012，56；伍汉霖等，2012，74；Yang *et* Guo，2013，899。

Sinogastromyzon sichuangensis：乐佩琦等，2000，558。

分布：长江上游及其支流清江。

(1050) *Sinogastromyzon szechuanensis* Fang，1930 四川华吸鳅

Sinogastromyzon szechuanensis Fang(方炳文)，1930c，99；Chang，1944，53；Chen *et* Liang，1949，3；湖北省水生生物研究所鱼类研究室，1976，152；陈景星，1987，170；杨干荣等，1987，139；乐佩琦等，2000，552；Kottelat，2012，56；伍汉霖等，2012，74；Yang *et* Guo，2013，899。

Sinogastromyzon szechuanensis szechuanensis：陈宜瑜，1978，342；谢从新等，1984，62；成庆泰和郑葆珊，1987，208；郑建州(见伍律等)，1989，210；李贵禄(见丁瑞华等)，1994，437；朱松泉，1995，139；陈宜瑜等，1998，271；刘明玉等，2000，173。

保护等级：省(直辖市)级(重庆)。

分布：长江上游。

(1051) *Sinogastromyzon tonkinensis* Pellegrin *et* Chevey，1935 越南华吸鳅

Sinogastromyzon tonkinensis Pellegrin *et* Chevey，1935，232；陈宜瑜，1978，344；Mai，1978，219；郑慈英等，1982，394；成庆泰和郑葆珊，1987，208；Kottelat *et* Chu，1988c，197；陈银瑞(见褚新洛和陈银瑞)，1990，99；朱松泉，1995，139；Tang *et* Chen，2000，9；乐佩琦等，2000，557；刘明玉等，2000，173；Kottelat，2012，56；伍汉霖等，2012，74。

分布：云南元江水系。国外分布于越南。

(1052) *Sinogastromyzon wui* Fang，1930 伍氏华吸鳅

Sinogastromyzon wui Fang(方炳文)，1930，36；Fang，1931a，53；陈宜瑜，1978，344；郑慈英和陈宜瑜，1980，89；郑慈英，1981，57；岳佐和(见郑葆珊)，1981，165；郑慈英等，1982，394；Kuang *et al.*，1986，154；成庆泰和郑葆珊，1987，208；郑慈英和张卫，1987，80；Kottelat *et* Chu，1988c，197；陈宜瑜和郑慈英(见郑慈英)，1989，269；郑建州(见伍律等)，1989，214；陈银瑞(见褚新洛和陈银瑞)，1990，97；Pan *et al.*，1991，259；朱松泉，1995，139；乐佩琦等，2000，561；刘明玉等，2000，173；Kottelat，2012，56；伍汉霖等，2012，74。

Sinogastromyzon intermedius：Fang(方炳文)，1931a，54。

Sinogastromyzon sanhoensis：Fang(方炳文)，1931a，56。

别名：刺臀华吸鳅(成庆泰和郑葆珊，1987；朱松泉，1995；刘明玉等，2000；伍汉霖等，2012)。

分布：珠江水系。

七、Siluriformes 鲇形目

（十五）Amblycipitidae 钝头鮠科

213. *Liobagrus* Hilgendorf，1878 鉠属

Liobagrus Hilgendorf，1878，155。

（1053）*Liobagrus aequilabris* Wright *et* Ng，2008 等唇鉠

Liobagrus aequilabris Wright *et* Ng（黄旭晞），2008，38；伍汉霖等，2012，110；Sun *et al.*，2013，380。

别名：大唇□（伍汉霖等，2012）。

分布：湘江上游。

（1054）*Liobagrus anguillicauda* Nichols，1926 鳗尾鉠

Liobagrus anguillicauda Nichols，1926，1；成庆泰和郑葆珊，1987，217；Chen *et* Lundberg，1995，794；朱松泉，1995，149；何名巨（见褚新洛等），1999，109；刘明玉等，2000，181；伍汉霖等，2012，110；Sun *et al.*，2013，380。

分布：东南沿海河流。

（1055）*Liobagrus chenghaiensis* Sun，Ren *et* Zhang，1983 程海鉠

Liobagrus chenghaiensis Sun，Ren *et* Zhang（孙智薇、任圣杰和张鹗），2013；陈小勇，2013，322。

Liobagrus marginatus：Chen *et al.*，1983；褚新洛和匡溥人（见褚新洛和陈银瑞），1990；Ding，1994。

分布：云南程海。

（1056）*Liobagrus formosanus* Regan，1908 台湾鉠

Liobagrus formosanus Regan，1908a，360；成庆泰和郑葆珊，1987，217；Chen *et* Lundberg，1995，794；朱松泉，1995，149；何名巨（见褚新洛等），1999，108；刘明玉等，2000，181；Ho *et* Shao，2011，33；伍汉霖等，2012，110；Sun *et al.*，2013，380。

Liobagrus nantoensis：钟以衡，1973，12。

保护等级：台湾III级保护，《台湾淡水鱼类红皮书》（易危）。

分布：台湾大甲溪至浊水溪流域中上游。

（1057）*Liobagrus kingi* Tchang，1935 金氏鉠

Liobagrus kingi Tchang，1935a，95；成庆泰和郑葆珊，1987，217；褚新洛和匡溥人（见褚新洛和陈银瑞），1990，169；丁瑞华，1994，472；朱松泉，1995，149；291；Yue *et* 229；何名巨（见褚新洛等），1999，105；刘明玉等，2000，180；伍汉霖等，2012，110；Sun *et al.*，2013，380。

保护等级：《中国濒危动物红皮书-鱼类》（濒危）。

分布：长江水系上游。

（1058）*Liobagrus marginatoides*（Wu，1930）拟缘鉠

Amblyceps marginatoides Wu，1930a，256。

Liobagrus marginatoides：成庆泰和郑葆珊，1987，217；丁瑞华，1994，476；Chen *et* Lundberg，1995，794；朱松泉，1995，149；何名巨（见褚新洛等），1999，107；刘明玉等，2000，181；伍汉霖等，2012，110；Sun *et al.*，2013，376。

别名：拟白缘鉠（刘明玉等，2000）。

分布：长江水系上游。

（1059）*Liobagrus marginatus*（Günther，1892）白缘鉠

Amblyceps marginatus Günther，1892，245。

Liobagrus marginatus：Chang，1944，58；成庆泰和郑葆珊，1987，217；褚新洛和匡溥人（见褚新洛和陈银瑞），1990，167；武云飞和吴翠珍，1990b，63；丁瑞华，1994，471；Chen *et* Lundberg，1995，794；朱松泉，1995，148；290；何名巨（见褚新洛等），1999，104；刘明玉等，2000，180；15；伍汉霖等，2012，110；Sun *et al.*，2013，380。

分布：长江水系中上游。

（1060）*Liobagrus nantoensis* Oshima，1919 南投鉠

Liobagrus nantoensis Oshima，1919，183；成庆泰和郑葆珊，1987，217；朱松泉，1995，149；何名巨（见褚新洛等），1999，109；刘明玉等，2000，181；伍汉霖等，2012，110。

Liobagrus reini：钟以衡，1973，13。

分布：台湾南投。

（1061）*Liobagrus nigricauda* Regan，1904 黑尾鉠

Liobagrus nigricauda Regan，1904b，193；成庆泰和郑葆珊，1987，217；丁瑞华，1994，474；Chen *et* Lundberg，1995，794；朱松泉，1995，149；何名巨（见褚新洛等），1999，106；刘明玉等，2000，181；15；伍汉霖等，2012，110；Sun *et al.*，2013，376。

分布：长江及其附属水体。

（1062）*Liobagrus styani* Regan，1908 司氏鉠

Liobagrus styani Regan，1908c，152；成庆泰和郑葆珊，1987，217；Chen *et* Lundberg，1995，794；朱松泉，1995，149；何名巨（见褚新洛等），1999，

107；刘明玉等，2000，181；伍汉霖等，2012，110；Sun *et al.*，2013，380。

分布：长江中下游。

214. *Xiurenbagrus* Chen *et* Lundberg，1995 修仁鲀属

Xiurenbagrus Chen（陈小平）*et* Lundberg，1995，781。

（1063）*Xiurenbagrus dorsalis* Xiu，Yang *et* Zheng，2014 后背修仁鲀

Xiurenbagrus dorsalis Xiu，Yang *et* Zheng，2014，376。

分布：广西富川县（属珠江流域西江支流贺江）。

（1064）*Xiurenbagrus gigas* Zhao，Lan *et* Zhang，2004 巨修仁鲀

Xiurenbagrus gigas Zhao，Lan *et* Zhang（赵亚辉、蓝家湖和张春光），2004，228；伍汉霖等，2012，110。

分布：广西都安红水河。

（1065）*Xiurenbagrus xiurenensis*（Yue，1981）修仁鲀

Liobagrus xiurenensis Yue（岳佐和），1981，185；成庆泰和郑葆珊，1987，217；何名巨（见郑慈英），1989，287；Pan *et al.*，1991，318；朱松泉，1995，149；何名巨（见褚新洛等），1999，110；刘明玉等，2000，181。

Xiurenbagrus xiurenensis：Zhao *et al.*，2004，229；伍汉霖等，2012，110。

分布：广西漓江、桂江、修仁河等，均属珠江水系。

（十六）Akysidae 粒鲇科

215. *Akysis* Bleeker，1858 粒鲇属

Akysis Bleeker，1858，204。

（1066）*Akysis brachybarbatus* Chen，1981 短须粒鲇

Akysis brachybarbatus Chen（陈银瑞），1981，210；成庆泰和郑葆珊，1987，213；陈银瑞（见褚新洛和陈银瑞），1990，143；朱松泉，1995，158；Yue *et* 224；何名巨（见褚新洛等），1999，112；Ng（黄旭晞）*et* Tan，1999，362；刘明玉等，2000，182；伍汉霖等，2012，110。

保护等级：《中国濒危动物红皮书-鱼类》（极危）。

分布：澜沧江支流。

（1067）*Akysis sinensis* He，1981 中华粒鲇

Akysis sinensis He（何名巨），1981，209；成庆泰和郑葆珊，1987，213；陈银瑞（见褚新洛和陈银瑞），1990，144；朱松泉，1995，158；何名巨（见褚新洛等），1999，113；刘明玉等，2000，182。

Pseudobagarius sinensis：伍汉霖等，2012，110。

分布：澜沧江干流及其支流的河口。

（十七）Sisoridae 鮡科

216. *Bagarius* Bleeker，1853 鲱属

Bagarius Bleeker，1853b，121。

（1068）*Bagarius bagarius*（Hamilton，1822）鲱

Pimelodus bagarius Hamilton，1822，186。

Bagarius bagarius：成庆泰和郑葆珊，1987，219；褚新洛、莫天培和匡溥人（见褚新洛和陈银瑞），1990，193；朱松泉，1995，151；Yue *et* 231；褚新洛和莫天培（见褚新洛等），1999，116；刘明玉等，2000，182；伍汉霖等，2012，110。

保护等级：《中国濒危动物红皮书-鱼类》（极危）。

分布：澜沧江。国外分布于恒河、湄公河与湄南河水系。

（1069）*Bagarius rutilus* Ng *et* Kottelat，2000 红鲱

Bagarius rutilus Ng（黄旭晞）*et* Kottelat，2000，10；Kottelat，2013，221；陈小勇，2013。

Bagarius yarrelli：褚新洛、莫天培和匡溥人（见褚新洛和陈银瑞），1990，194（部分）。

分布：元江、李仙江。国外分布于老挝 Nam Xam、南马河、越南红河等。

（1070）*Bagarius yarrelli*（Sykes，1839）巨鲱

Bagrus yarrelli Sykes，1839，163。

Bagarius yarrelli：褚新洛、莫天培和匡溥人（见褚新洛和陈银瑞），1990，194（部分）；朱松泉，1995，151；293；褚新洛和莫天培（见褚新洛等），1999，117；刘明玉等，2000，182；伍汉霖等，2012，110。

分布：怒江、澜沧江诸水系。国外分布于印度河与恒河水系，西高止山脉以东的印度南部地区，湄公河水系，老挝的 Xe Bangfai 水系至印度尼西亚。

217. *Creteuchiloglanis* Zhou，Li *et* Thomson，2011 异鮡属

Creteuchiloglanis Zhou，Li *et* Thomson（周伟、李旭和 Thomson），2011，227。

(1071) *Creteuchiloglanis brachypterus* Zhou，Li *et* Thomson，2011 短鳍异鲱

Creteuchiloglanis brachypterus Zhou，Li *et* Thomson（周伟、李旭和 Thomson），2011，227；陈小勇，2013，321。

Euchiloglanis feae feae（non Vinciguerra）：Chu，1979。

Pareuchiloglanis feae（non Vinciguerra）：褚新洛、莫天培和匡溥人（见褚新洛和陈银瑞），1990，204。

别名：短鳍鲱。

分布：大盈江、龙川江，属伊洛瓦底江水系。

(1072) *Creteuchiloglanis gongshanensis*（Chu，1981）贡山异鲱

Pareuchiloglanis gongshanensis Chu（褚新洛），1981，28；Fang *et al.*，1984，210；成庆泰和郑葆珊，1987，221；褚新洛、莫天培和匡溥人（见褚新洛和陈银瑞），1990，207；武云飞和吴翠珍，1992，549；张春光等，1995，136；朱松泉，1995，156；He，1996，130，308；褚新洛和莫天培（见褚新洛等），1999，168；刘明玉等，2000，187；Li *et al.*，2007，2；伍汉霖等，2012，112。

Creteuchiloglanis gongshanensis：Zhou *et al.*（周伟等），2011，232。

分布：怒江水系上游。

(1073) *Creteuchiloglanis longipectoralis* Zhou，Li *et* Thomson，2011 长胸异鲱

Creteuchiloglanis longipectoralis Zhou，Li *et* Thomson（周伟、李旭和 Thomson），2011，236；陈小勇，2013，321。

Euchiloglanis kamengensis：Chu（褚新洛），1979，77。

Pareuchiloglanis kamengensis：褚新洛、莫天培和匡溥人（见褚新洛和陈银瑞），1990，205（部分）。

别名：扁头鲱。

分布：云南澜沧江水系。

(1074) *Creteuchiloglanis macropterus*（Ng，2004）大鳍异鲱

Pareuchiloglanis macropterus Ng（黄旭晞），2004，3；Li *et al.*，2007b，2；伍汉霖等，2012，112。

Creteuchiloglanis macropterus：Zhou *et al.*（周伟等），2011，237。

别名：大鳍鲱（伍汉霖等，2012）。

分布：怒江、伊洛瓦底江水系。

218. *Euchiloglanis* Regan，1907 石爬鲱属

Euchiloglanis Regan，1907b，158。

(1075) *Euchiloglanis davidi*（Sauvage，1874）青石爬鲱

Chimarrichthys davidi Sauvage，1874，333。

Euchiloglanis davidi：褚新洛，1979，77；1981，26；成庆泰和郑葆珊，1987，220；武云飞和吴翠珍，1992，543；丁瑞华，1994，484；朱松泉，1995，155；He，1996，130；303；褚新洛和莫天培（见褚新洛等），1999，160；刘明玉等，2000，186；15；Guo *et al.*，2004，260；Peng *et al.*，2004，984；Zhou *et al.*，2011b，2；伍汉霖等，2012，110。

别名：达氏石爬鲱（刘明玉等，2000）。

分布：四川宝兴青衣江，属长江水系。

(1076) *Euchiloglanis kishinouyei* Kimura，1934 黄石爬鲱

Euchiloglanis kishinouyei Kimura，1934，178；褚新洛，1981a，27；成庆泰和郑葆珊，1987，220；褚新洛、莫天培和匡溥人（见褚新洛和陈银瑞），1990，223；武云飞和吴翠珍，1992，544；丁瑞华，1994，487；朱松泉，1995，155；He，1996，129，304；褚新洛和莫天培（见褚新洛等），1999，162；刘明玉等，2000，186，15；Zhou *et al.*，2011b，6。

Glyptosternon kishinouyei：张春霖，1960，50。

Coraglanis kishinouyei：褚新洛，1979，77；武云飞和陈瑗，1979，293。

Euchiloglanis davidi：Guo *et al.*，2004，260。

保护等级：省级（青海）。

分布：金沙江水系。

(1077) *Euchiloglanis longibarbatus* Zhou，Li *et* Thomson，2011 长须石爬鲱

Euchiloglanis longibarbatus Zhou，Li *et* Thomson（周伟、李旭和 Thomson），2011，9。

分布：金沙江上游和雅砻江。

(1078) *Euchiloglanis longus* Zhou，Li *et* Thomson，2011 长石爬鲱

Euchiloglanis longus Zhou，Li *et* Thomson（周伟、李旭和 Thomson），2011，13。

分布：李仙江，属红河水系。

219. *Exostoma* Blyth，1860 鰋属

Exostoma Blyth，1860，154。

(1079) *Exostoma labiatum*(McClelland, 1842)藏鲱

Glyptosternon labiatus McClelland, 1842, 588。

Exostoma vinciguerrae: 褚新洛, 1979, 78。

Exostoma labiatum: 伍献文等, 1981, 77a; 褚新洛、莫天培和匡溥人(见褚新洛和陈银瑞), 1990, 218; 武云飞和吴翠珍, 1992, 562; 张春光等, 1995, 141; He, 1996, 129; 317; 褚新洛和莫天培(见褚新洛等), 1999, 180; 刘明玉等, 2000, 189; Peng *et al.*, 2004, 984; Chen *et al.*, 2006, 308; 伍汉霖等, 2012, 110。

别名: 翻唇鲱(刘明玉等, 2000)。

分布: 雅鲁藏布江、独龙江、大盈江水系。国外分布于缅甸。

220. *Gagata* Bleeker, 1858 黑鮡属

Gagata Bleeker, 1858, 204。

(1080) *Gagata dolichonema* He, 1996 长丝黑鮡

Pimelodus cenia Hamilton, 1822, 174。

Gagata cenia: 褚新洛、莫天培和匡溥人(见褚新洛和陈银瑞), 1990, 220; 褚新洛和莫天培(见褚新洛等), 1999, 118; 伍汉霖等, 2012, 110。

Gagata gagata: 刘明玉等, 2000, 182。

Gagata dolichonema He, 1996, 380; Roberts *et al.*, 1998, 315; 伍汉霖等, 2012, 110。

保护等级:《中国濒危动物红皮书-鱼类》(极危)。

别名: 模黑鮡 (刘明玉等, 2000)、尾斑黑鮡 (伍汉霖等, 2012)、黑鮡。

分布: 云南怒江水系。国外分布于印度、缅甸和泰国。

221. *Glaridoglanis* Norman, 1925 凿齿鮡属

Glaridoglanis Norman, 1925, 574。

(1081) *Glaridoglanis andersonii*(Day, 1869)凿齿鮡

Exostoma andersonii Day, 1870, 524。

Glaridoglanis andersonii: 褚新洛, 1979, 77; 伍献文等, 1981a, 76; 成庆泰和郑葆珊, 1987, 221; 褚新洛、莫天培和匡溥人(见褚新洛和陈银瑞), 1990, 222; 武云飞和吴翠珍, 1992, 555; 张春光等, 1995, 140; 朱松泉, 1995, 156; 312; 褚新洛和莫天培(见褚新洛等), 1999, 173; 刘明玉等, 2000, 188; 伍汉霖等, 2012, 110。

Glyptosternum andersonii: He, 1996, 129。

别名: 安氏凿齿鮡 (刘明玉等, 2000; 伍汉霖等, 2012)。

分布: 雅鲁藏布江下游、伊洛瓦底江水系。

222. *Glyptosternon* McClelland, 1842 原鮡属

Glyptosternon McClelland, 1842, 584。

Pseudexostoma Chu, 1979, 78。

Parachiloglanis Wu, He *et* Chu, 1981, 76。

Glyptosternum 武云飞和吴翠珍, 1992, 539。

(1082) *Glyptosternon maculatum*(Regan, 1905)黑斑原鮡

Parexostoma maculatum Regan, 1905b, 183。

Glyptosternon maculatum 张春霖等, 1964, 278; 伍汉霖等, 2012, 111。

Glyptosternum maculatum 伍献文等, 1981a, 76; 成庆泰和郑葆珊, 1987, 220; 武云飞和吴翠珍, 1992, 540; 朱松泉, 1995, 154; 张春光等, 1995, 134; 褚新洛和莫天培(见褚新洛等), 1999, 159; 刘明玉等, 2000, 186。

分布: 雅鲁藏布江中上游。国外分布到印度的布拉马普特拉河水系。

223. *Glyptothorax* Blyth, 1860 纹胸鮡属

Glyptothorax Blyth, 1860, 154。

Paraglyptothorax Li, 1986, 524。

Superglyptothorax Li, 1986, 524。

(1083) *Glyptothorax annandalei* Hora, 1923 墨脱纹胸鮡

Glyptothorax annandalei Hora, 1923, 14; 伍献文等, 1981a, 75; 莫天培和褚新洛, 1986, 340; 武云飞和吴翠珍, 1992, 527; 张春光等, 1995, 127; 褚新洛和莫天培(见褚新洛等), 1999, 126; 刘明玉等, 2000, 184; 伍汉霖等, 2012, 111。

分布: 雅鲁藏布江下游。国外分布于印度、尼泊尔。

(1084) *Glyptothorax burmanicus* Prashad *et* Mukerji, 1929 缅甸纹胸鮡

Glyptothorax burmanicus Prashad *et* Mukerji, 1929; Ng(黄旭晞) *et* Kottelat, 2008。

Pimelodus cavia: Hamilton, 1822, 188。

Glyptothorax cavia: 李树深, 1984, 76; 莫天培和褚新洛, 1986, 340; 朱松泉, 1995, 151; 褚新洛、莫天培和匡溥人(见褚新洛和陈银瑞), 1990, 172; 褚新洛和莫天培(见褚新洛等), 1999, 125; 刘明玉等, 2000, 182; 伍汉霖等, 2012, 111。

别名: 穴形纹胸鮡。

分布: 龙川江、大盈江、南汀河、怒江。国外分布于缅甸、泰国等。

(1085) *Glyptothorax deqinensis* Mo *et* Chu，1986 德钦纹胸鮡

Glyptothorax deqinensis Mo *et* Chu（莫天培和褚新洛），1986，345；褚新洛、莫天培和匡溥人（见褚新洛和陈银瑞），1990，188；武云飞和吴翠珍，1992，531；朱松泉，1995，153；299；褚新洛和莫天培（见褚新洛等），1999，148；刘明玉等，2000，185；Jiang *et al.*，2012，385；伍汉霖等，2012，111。

分布：澜沧江上游。

(1086) *Glyptothorax dorsalis* Vinciguerra，1890 似亮背纹胸鮡

Glyptothorax dorsalis Vinciguerra，1890，246；莫天培和褚新洛，1986，341；朱松泉，1995，153；褚新洛和莫天培（见褚新洛等），1999，149；刘明玉等，2000，185；Jiang *et al.*，2012，385；伍汉霖等，2012，111。

Glyptothorax ngapang：Vishwanath *et* Linthoingambi，2007；陈小勇，2013，321。

别名：亮背纹胸鮡。

分布：怒江、南汀河。国外分布于印度、缅甸钦敦江、伊洛瓦底江。

(1087) *Glyptothorax fucatus* Jiang，Ng，Yang *et* Chen，2012 异色纹胸鮡

Glyptothorax fucatus Jiang，Ng，Yang *et* Chen（蒋万胜、黄旭晞、杨君兴和陈小勇），2012，380。

分布：南汀河、小黑河、南滚河支流，属怒江水系。

(1088) *Glyptothorax fukiensis* (Rendahl，1925) 福建纹胸鮡

Glyptosternum fukiensis Rendahl，1925，307。

Glyptothorax platypogon Shih *et* Tchang，1934，7。

Glyptothorax fukiensis：Shih，1935，430；张春霖，1960，45；湖南省水产科学研究所，1977，193；郑葆珊，1981，182；李树深，1984，77；丁瑞华，1994，479；15；Xie *et al.*，2001，169。

Glyptosternon fukiensis：Wu，1939，132。

Glyptothorax conirostre：张春霖，1960，46。

Glyptothorax sinensis：刘成汉，1964，116；施白南和邓其祥，1980，7。

Glyptothorax fukiensis fukiensis：李树深，1984，66；成庆泰和郑葆珊，1987，219；朱松泉，1995，152；褚新洛和莫天培（见褚新洛等），1999，136；刘明玉等，2000，183。

Glyptothorax fukiensis punctatum：李树深，1984，66。

Glyptothorax fokiensis fokiensis：伍汉霖等，2012，111。

别名：高臀纹胸鮡（李树深，1984）、宽鳍纹胸鮡指名亚种（成庆泰和郑葆珊，1987）。

分布：长江及其以南诸水系。

(1089) *Glyptothorax granosus* Jiang，Ng，Yang *et* Chen，2012 粒线纹胸鮡

Glyptothorax granosus Jiang，Ng，Yang *et* Chen（蒋万胜、黄旭晞、杨君兴、陈小勇），2012，377。

分布：云南泸水县怒江支流。

(1090) *Glyptothorax hainanensis* (Nichols *et* Pope，1927) 海南纹胸鮡

Glyptosternon hainanensis Nichols *et* Pope，1927，333。

Glyptothorax fukiensis：李树深，1984，77。

Glyptothorax fukiensis hainanensis：李树深，1984，64；成庆泰和郑葆珊，1987，219；朱松泉，1995，152；褚新洛和莫天培（见褚新洛等），1999，135；刘明玉等，2000，183。

Glyptothorax fokiensis hainanensis：伍汉霖等，2012，111。

别名：宽鳍纹胸鮡海南亚种（成庆泰和郑葆珊，1987）。

分布：海南岛南渡河、万泉河。国外分布于越南。

(1091) *Glyptothorax honghensis* Li，1984 红河纹胸鮡

Glyptothorax fukiensis honghensis Li（李树深），1984，66；朱松泉，1995，152；褚新洛、莫天培和匡溥人（见褚新洛和陈银瑞），1990，180；褚新洛和莫天培（见褚新洛等），1999，138；刘明玉等，2000，184。

Glyptothorax honghensis：伍汉霖等，2012，111。

分布：元江水系。国外分布于老挝和越南。

(1092) *Glyptothorax interspinalum* (Mai，1978) 间棘纹胸鮡

Glyptosternon interspinalum Mai，1978，271。

Glyptothorax merus：Li（李树深），1984，79。

Glyptothorax interspinalum：褚新洛、莫天培和匡溥人（见褚新洛和陈银瑞），1990，191；朱松泉，1995，154；褚新洛和莫天培（见褚新洛等），1999，151；刘明玉等，2000，185。

Glyptothorax interspinalus：伍汉霖等，2012，111。

分布：元江水系。国外分布于老挝和越南。

(1093) *Glyptothorax lampris* Fowler，1934 丽纹胸鮡

Glyptothorax lampris Fowler，1934a，91；莫天培和褚新洛，1986，340；褚新洛、莫天培和匡溥人（见褚

新洛和陈银瑞)，1990，178；朱松泉，1995，152；褚新洛和莫天培(见褚新洛等)，1999，132；刘明玉等，2000，183；Jiang *et al.*，2012，386；伍汉霖等，2012，111。

Glyptothorax sinense：张春霖，1960，44。

分布：澜沧江水系下游。国外分布到湄公河与湄南河水系。

(1094) *Glyptothorax lanceatus* Ng，Jiang *et* Chen，2012 矛形纹胸鮡

Glyptothorax lanceatus Ng，Jiang *et* Chen(黄旭晞、蒋万胜和陈小勇)，2012，54。

分布：云南保山怒江水系。

(1095) *Glyptothorax laosensis* Fowler，1934 老挝纹胸鮡

Glyptothorax laosensis Fowler，1934a，88；莫天培和褚新洛，1986，341；褚新洛、莫天培和匡溥人(见褚新洛和陈银瑞)，1990，183；朱松泉，1995，153；296；褚新洛和莫天培(见褚新洛等)，1999，142；刘明玉等，2000，184；Jiang *et al.*，2012，386；伍汉霖等，2012，111。

Glyptothorax trilineatus：张春霖，1960，45；李树深，1984，78。

分布：云南澜沧江水系。国外分布到湄公河与湄南河水系。

(1096) *Glyptothorax longicauda* Li，1984 长尾纹胸鮡

Glyptothorax longicauda Li(李树深)，1984，87；莫天培和褚新洛，1986，341；褚新洛、莫天培和匡溥人(见褚新洛和陈银瑞)，1990，186；朱松泉，1995，153；297；褚新洛和莫天培(见褚新洛等)，1999，145；刘明玉等，2000，184；Jiang *et al.*，2012，386；伍汉霖等，2012，111。

分布：云南大盈江水系。

(1097) *Glyptothorax longinema* Li 长须纹胸鮡

Glyptothorax longinema Li(李树深)，1984，81。

Glyptothorax rubermentus：Li(李树深)，1984，83。

别名：红颏纹胸鮡。

分布：怒江、南汀河和澜沧江。

(1098) *Glyptothorax longjiangensis* Mo *et* Chu，1986 龙江纹胸鮡

Glyptothorax longjiangensis Mo *et* Chu(莫天培和褚新洛)，1986，344；褚新洛、莫天培和匡溥人(见褚新洛和陈银瑞)，1990，175；朱松泉，1995，152；褚新洛和莫天培(见褚新洛等)，1999，129；刘明玉等，2000，183；Jiang *et al.*，2012，386；伍汉霖等，2012，111。

分布：云南龙川江，属伊洛瓦底江水系。

(1099) *Glyptothorax macromaculatus* Li，1984 大斑纹胸鮡

Glyptothorax macromaculatus Li(李树深)，1984，82；莫天培和褚新洛，1986，340；褚新洛、莫天培和匡溥人(见褚新洛和陈银瑞)，1990，176；朱松泉，1995，152；294；褚新洛和莫天培(见褚新洛等)，1999，131；刘明玉等，2000，183；Jiang *et al.*，2012，386；伍汉霖等，2012，111。

分布：澜沧江水系下游。国外分布于老挝。

(1100) *Glyptothorax minimaculatus* Li，1984 细斑纹胸鮡

Glyptothorax minimaculatus Li(李树深)，1984，87；莫天培和褚新洛，1986，340；褚新洛、莫天培和匡溥人(见褚新洛和陈银瑞)，1990，174；朱松泉，1995，152；褚新洛和莫天培(见褚新洛等)，1999，128；刘明玉等，2000，183；Jiang *et al.*，2012，387；伍汉霖等，2012，111。

分布：云南大盈江、龙川江，属伊洛瓦底江水系。

(1101) *Glyptothorax obliquimaculatus* Jiang，Chen *et* Yang，2010 斜纹纹胸鮡

Glyptothorax obliquimaculatus Jiang，Chen *et* Yang(蒋万胜、陈小勇和杨君兴)，2010，126；Jiang *et al.*，2012，385；伍汉霖等，2012，111。

分布：云南耿马小黑河，属怒江水系。

(1102) *Glyptothorax pallozonus* (Lin，1934) 白线纹胸鮡

Glyptosternum pallozonum Lin，1934b，228。

Glyptothorax pallozonum：张春霖，1960，43；莫天培和褚新洛，1986，341；成庆泰和郑葆珊，1987，219；褚新洛(见郑慈英)，1989，289；Pan *et al.*，1991，320；朱松泉，1995，153；褚新洛和莫天培(见褚新洛等)，1999，139；刘明玉等，2000，184。

Glyptothorax pallozonus：伍汉霖等，2012，111。

别名：白纹纹胸鮡(刘明玉等，2000)。

分布：广东东江水系。

(1103) *Glyptothorax quadriocellatus* (Mai，1978) 四斑纹胸鮡

Glyptosternon quadriocellatum Mai，1978，272。

Glyptothorax obscura Li(李树深)，1984，78。

Glyptothorax quadriocellatus：褚新洛、莫天培和匡溥人(见褚新洛和陈银瑞)，1990，184；朱松泉，1995，

153；褚新洛和莫天培（见褚新洛等），1999，143；刘明玉等，2000，184；Lin，2003，160；伍汉霖等，2012，111。

分布：云南把边江，属红河水系。

(1104) *Glyptothorax sinensis* (Regan，1908) 中华纹胸鮡

Glyptosternum sinense Regan，1908b，110；Chu，1931a，82。

Glyptothorax sinense：张春霖，1960，44；湖南省水产科学研究所，1977，193；李树深，1984，77；莫天培和褚新洛，1986，341；成庆泰和郑葆珊，1987，219；武云飞和吴翠珍，1992，528；丁瑞华，1994，481；朱松泉，1995，152；295；Xie *et al.*，2001，169。

Glyptosternum sinense sinense：褚新洛和莫天培（见褚新洛等），1999，133。

Glyptothorax sinensis：刘明玉等，2000，183；15；伍汉霖等，2012，111。

分布：长江中下游及附属水体。国外分布于印度和缅甸。

(1105) *Glyptothorax trilineatus* Blyth，1860 三线纹胸鮡

Glyptothorax trilineatus Blyth，1860，154；莫天培和褚新洛，1986，341；成庆泰和郑葆珊，1987，219；褚新洛、莫天培和匡溥人（见褚新洛和陈银瑞），1990，182；朱松泉，1995，153；褚新洛和莫天培（见褚新洛等），1999，140；刘明玉等，2000，184；Jiang *et al.*，2012，385；伍汉霖等，2012，111。

Glyptothorax trilineatoides：Li（李树深），1984，80。

分布：大盈江、龙川江（均属伊洛瓦底江水系），怒江。国外分布于印度、缅甸、尼泊尔、泰国和老挝。

(1106) *Glyptothorax zanaensis* Wu，He *et* Chu，1981 扎那纹胸鮡

Glyptothorax zanaensis Wu，He *et* Chu（伍献文、何名巨和褚新洛），1981，74；武云飞和吴翠珍，1992，532；张春光等，1995，130；Jiang *et al.*，2012，368；伍汉霖等，2012，111。

Glyptothorax zainaensis：莫天培和褚新洛，1986，341；朱松泉，1995，153；298；褚新洛和莫天培（见褚新洛等），1999，146；刘明玉等，2000，184。

分布：怒江及澜沧江水系。

(1107) *Glyptothorax zhujiangensis* Lin，2003 珠江纹胸鮡

Glyptothorax zhujiangensis Lin（林义浩），2003，159；伍汉霖等，2012，111。

分布：广东江门白水带溪流中。

224. *Oreoglanis* Smith，1933 异齿鰋属

Oreoglanis Smith，1933，70。

(1108) *Oreoglanis immaculatus* Kong，Chen *et* Yang，2007 无斑异齿鰋

Oreoglanis immaculatus Kong，Chen *et* Yang（孔德平、陈小勇和杨君兴），2007，225；伍汉霖等，2012，111。

分布：云南沧源县的南滚河与永德县的南汀河，均属怒江水系。

(1109) *Oreoglanis insignis* Ng *et* Rainboth，2001 显斑异齿鰋

Oreoglanis insignis Ng（黄旭晞）*et* Rainboth，2001，15；Kong *et al.*，2007，224；伍汉霖等，2012，111。

别名：伊洛瓦底江异齿鰋（伍汉霖等，2012）。

分布：伊洛瓦底江、怒江水系。国外分布于缅甸。

(1110) *Oreoglanis jingdongensis* Kong，Chen *et* Yang，2007 景东异齿鰋

Oreoglanis jingdongensis Kong，Chen *et* Yang（孔德平、陈小勇和杨君兴），2007，224；伍汉霖等，2012，111。

分布：云南景东县勐片河，属红河水系。

(1111) *Oreoglanis macropterus* (Vinciguerra，1890) 大鳍异齿鰋

Exostoma macropterum Vinciguerra，1890，253。

Oreoglanis macropterus：褚新洛，1979，77；成庆泰和郑葆珊，1987，221；褚新洛、莫天培和匡溥人（见褚新洛和陈银瑞），1990，215；武云飞和吴翠珍，1992，557；朱松泉，1995，157，313；褚新洛和莫天培（见褚新洛等），1999，175；刘明玉等，2000，188；Chen *et al.*，2006，308；Kong *et al.*，2007，224；伍汉霖等，2012，112。

分布：伊洛瓦底江水系。国外分布于缅甸。

(1112) *Oreoglanis setiger* Ng *et* Rainboth，2001 穗缘异齿鰋

Oreoglanis setiger Ng（黄旭晞）*et* Rainboth，2001，23；Kong *et al.*，2007，224；伍汉霖等，2012，112。

别名：老挝异齿鰋（伍汉霖等，2012）。

分布：澜沧江水系。国外分布于老挝。

225. *Parachiloglanis* Wu, He *et* Chu, 1981 平唇鮡属

Parachiloglanis Wu, He *et* Chu（伍献文、何名巨和褚新洛），1981，76。

(1113) *Parachiloglanis hodgarti* (Hora, 1923) 平唇鮡

Glyptosternum hodgarti Hora，1923，38。

Euchiloglanis hodgarti：褚新洛，1979，77。

Parachiloglanis hodgarti：伍献文等，1981a，77；成庆泰和郑葆珊，1987，219；武云飞和吴翠珍，1992，537；张春光等，1995，133；朱松泉，1995，154；He，1996，130；褚新洛和莫天培（见褚新洛等），1999，157；刘明玉等，2000，186；伍汉霖等，2012，112。

别名：短尾平唇鮡（刘明玉等，2000）、霍氏平唇鮡（伍汉霖等，2012）。

分布：雅鲁藏布江水系。国外分布于印度、孟加拉国和尼泊尔。

226. *Pareuchiloglanis* Pellegrin，1936 鮡属

Pareuchiloglanis Pellegrin，1936，245。

(1114) *Pareuchiloglanis abbreviatus* Li, Zhou, Thomson, Zhang *et* Yang, 2007 短腹鮡

Pareuchiloglanis abbreviatus Li, Zhou, Thomson, Zhang *et* Yang（李旭、周伟、Thomson、张庆和杨颖），2007，2；Zhou *et al.*，2011a，239；伍汉霖等，2012，112。

别名：短体鮡（伍汉霖等，2012）。

分布：澜沧江、李仙江。

(1115) *Pareuchiloglanis anteanalis* Fang, Xu *et* Cui, 1984 前臀鮡

Pareuchiloglanis anteanalis Fang，Xu *et* Cui（方树淼、许涛清和崔桂华），1984，209；褚新洛、莫天培和匡溥人（见褚新洛和陈银瑞），1990，207；丁瑞华，1994，490；朱松泉，1995，156；He，1996，130；褚新洛和莫天培（见褚新洛等），1999，169；刘明玉等，2000，187；Peng *et al.*，2004，986；Yao *et al.*，2006，11；Li *et al.*，2007b，2；Zhou *et al.*，2011a，239；伍汉霖等，2012，112。

保护等级：省级（甘肃）。

分布：金沙江、青衣江、大渡河、白龙江。

(1116) *Pareuchiloglanis gracilicaudata* (Wu *et* Chen, 1979) 细尾鮡

Euchiloglanis gracilicaudata Wu *et* Chen（武云飞和陈瑗），1979，294。

Pareuchiloglanis gracilicaudata：Fang *et al.*，1984，210；成庆泰和郑葆珊，1987，220；褚新洛、莫天培和匡溥人（见褚新洛和陈银瑞），1990，208；武云飞和吴翠珍，1992，551；张春光等，1995，137；朱松泉，1995，156；He，1996，130，309；褚新洛和莫天培（见褚新洛等），1999，169；刘明玉等，2000，187；Li *et al.*，2007b，8；Zhou *et al.*，2011a，239；伍汉霖等，2012，112。

分布：澜沧江上游。

(1117) *Pareuchiloglanis kamengensis* (Jayaram, 1966) 扁头鮡

Euchiloglanis kamengensis Jayaram，1966，85；褚新洛，1979，77；伍献文等，1981，277。

Pareuchiloglanis kamengensis：成庆泰和郑葆珊，1987，221；褚新洛、莫天培和匡溥人（见褚新洛和陈银瑞），1990，205；武云飞和吴翠珍，1992，552；张春光等，1995，139；朱松泉，1995，155；He，1996，130，307；褚新洛和莫天培（见褚新洛等），1999，167；刘明玉等，2000，187；Chen *et al.*，2006，308；Li *et al.*，2007b，12；伍汉霖等，2012，112。

Creteuchiloglanis kamengensis：Zhou *et al.*，2011a，234。

别名：卡门鮡（刘明玉等，2000）。

分布：雅鲁藏布江下游。

(1118) *Pareuchiloglanis longicauda* (Yue, 1981) 长尾鮡

Euchiloglanis longicauda Yue（岳佐和和郑葆珊），1981，183。

Pareuchiloglanis longicauda：Fang *et al.*，1984，210；成庆泰和郑葆珊，1987，220；褚新洛（见郑慈英），1989，291；褚新洛、莫天培和匡溥人（见褚新洛和陈银瑞），1990，203；朱松泉，1995，155；He，1996，130；褚新洛和莫天培（见褚新洛等），1999，165；刘明玉等，2000，187；Li *et al.*，2007b，2；Zhou *et al.*，2011a，239；伍汉霖等，2012，112。

分布：南盘江、北盘江、红水河等。

(1119) *Pareuchiloglanis macrotrema* (Norman, 1925) 大孔鮡

Euchiloglanis macrotrema Norman，1925，570。

Pareuchiloglanis macrotrema：成庆泰和郑葆珊，1987，220；褚新洛、莫天培和匡溥人（见褚新洛和陈银瑞），1990，202；朱松泉，1995，155；305；褚新

洛和莫天培(见褚新洛等)，1999，164；Li *et al.*，2007b，2；伍汉霖等，2012，112。

Pareuchiloglanis macrostoma：He，1996，130。

Pareuchiloglanis macrotremus：刘明玉等，2000，187。

分布：云南元江上游。国外分布于印度和越南。

(1120) *Pareuchiloglanis myzostoma* (Norman，1923) 兰坪鮡

Euchiloglanis myzostoma Norman，1923，562。

Pareuchiloglanis feae myzostoma：褚新洛，1979，77；成庆泰和郑葆珊，1987，221。

Pareuchiloglanis myzostoma：褚新洛、莫天培和匡溥人(见褚新洛和陈银瑞)，1990，210；朱松泉，1995，156；He，1996，130；310；褚新洛和莫天培(见褚新洛等)，1999，170；刘明玉等，2000，188；Li *et al.*，2007b，13；Zhou *et al.*，2011a，240；伍汉霖等，2012，112。

别名：短鳍鮡兰坪亚种(成庆泰和郑葆珊，1987)。

分布：澜沧江上游。

(1121) *Pareuchiloglanis prolixdorsalis* Li，Zhou，Thomson，Zhang *et* Yang，2007 长背鮡

Pareuchiloglanis prolixdorsalis Li，Zhou，Thomson，Zhang *et* Yang(李旭、周伟、Thomson、张庆和杨颖)，2007，15；伍汉霖等，2012，112。

分布：澜沧江下游。

(1122) *Pareuchiloglanis robustus* Ding，Fu *et* Ye，1991 壮体鮡

Pareuchiloglanis robusta Ding，Fu *et* Ye(丁瑞华、傅天佑和叶妙荣)，1991，369；朱松泉，1995，156；He，1996，130；Li *et al.*，2007b，2；Zhou *et al.*，2011a，240；伍汉霖等，2012，112。

分布：四川青衣江。

(1123) *Pareuchiloglanis sichuanensis* Ding，Fu *et* Ye，1991 四川鮡

Pareuchiloglanis sichuanensis Ding，Fu *et* Ye(丁瑞华、傅天佑和叶妙荣)，1991，371；朱松泉，1995，156；He，1996，130；Li *et al.*，2007b，2；Zhou *et al.*，2011a，240；伍汉霖等，2012，112。

分布：四川青衣江。

(1124) *Pareuchiloglanis sinensis* (Hora *et* Silas，1952) 中华鮡

Euchiloglanis sinensis Hora *et* Silas，1952，17；褚新洛，1979，77。

Pareuchiloglanis sinensis：成庆泰和郑葆珊，1987，220；褚新洛、莫天培和匡溥人(见褚新洛和陈银瑞)，1990，210；武云飞和吴翠珍，1992，547；朱松泉，1995，156；He，1996，130；311；褚新洛和莫天培(见褚新洛等)，1999，172；刘明玉等，2000，188；Yao *et al.*，2006，11；Li *et al.*，2007b，2；Zhou *et al.*，2011a，240；伍汉霖等，2012，112。

分布：金沙江、大渡河、白龙江水系。

(1125) *Pareuchiloglanis tianquanensis* Ding *et* Fang，1997 天全鮡

Pareuchiloglanis tianquanensis Ding *et* Fang，1997，17；Li *et al.*，2007b，2；Zhou *et al.*，2011a，240；伍汉霖等，2012，112。

别名：蒂氏鮡(伍汉霖等，2012)。

分布：四川青衣江。

227. *Pseudecheneis* Blyth，1860 褶鮡属

Pseudecheneis Blyth，1860，154。

(1126) *Pseudecheneis brachyurus* Zhou，Li *et* Yang，2008 短尾褶鮡

Pseudecheneis brachyurus Zhou，Li *et* Yang(周伟、李旭和杨颖)，2008，108；伍汉霖等，2012，112。

别名：粗尾褶鮡(伍汉霖等，2012)。

分布：大盈江、龙川江，属伊洛瓦底江水系。

(1127) *Pseudecheneis gracilis* Zhou，Li *et* Yang，2008 纤体褶鮡

Pseudecheneis gracilis Zhou，Li *et* Yang(周伟、李旭和杨颖)，2008，111；伍汉霖等，2012，112。

别名：拟褶鮡。

分布：龙川江，属伊洛瓦底江水系。

(1128) *Pseudecheneis immaculatus* Chu，1982 无斑褶鮡

Pseudecheneis immaculatus Chu(褚新洛)，1982，428；褚新洛、莫天培和匡溥人(见褚新洛和陈银瑞)，1990，198；武云飞和吴翠珍，1992，536；朱松泉，1995，154；300；褚新洛和莫天培(见褚新洛等)，1999，154；刘明玉等，2000，185；Zhou *et* Zhou，2005，418；Zhou *et al.*，2008，113。

分布：云南白济汛和溜洞江，属澜沧江上游江段。

(1129) *Pseudecheneis paucipunctatus* Zhou，Li *et* Yang，2008 少斑褶鮡

Pseudecheneis paucipunctatus Zhou，Li *et* Yang(周伟、李旭和杨颖)，2008，116；伍汉霖等，2012，112。

分布：云南沧源县南滚河。

(1130) *Pseudecheneis paviei* Vaillant，1892 平吻褶鮡

Pseudecheneis paviei Vaillant，1892，126；褚新洛、莫天培和匡溥人(见褚新洛和陈银瑞)，1990，199；朱松泉，1995，154；刘明玉等，2000，185；Zhou *et* Zhou，2005，418；Zhou *et al.*，2007，45；Zhou *et al.*，2008，117；伍汉霖等，2012，112；陈小勇，2013，320。

Pseudecheneis intermedius：Chu，1982，430；褚新洛、莫天培和匡溥人(见褚新洛和陈银瑞)，1990，200；朱松泉，1995，154；褚新洛和莫天培(见褚新洛等)，1999，156；刘明玉等，2000，186；Zhou *et* Zhou，2005，418。

别名：间褶鮡。

分布：元江、把边江、李仙江等。国外分布于越南。

(1131) *Pseudecheneis stenura* Ng，2006 细尾褶鮡

Pseudecheneis stenura Ng(黄旭晞)，2006，57；Zhou *et al.*，2008，120；伍汉霖等，2012，112。

别名：窄尾褶鮡(伍汉霖等，2012)。

分布：龙川江，属伊洛瓦底江水系。

(1132) *Pseudecheneis sulcatoides* Zhou *et* Chu，1992 似黄斑褶鮡

Pseudecheneis sulcatoides Zhou *et* Chu(周伟和褚新洛)，1992，111；刘明玉等，2000，185；Zhou *et* Zhou，2005，418；Zhou *et al.*，2008，120；伍汉霖等，2012，112。

分布：澜沧江水系。

(1133) *Pseudecheneis sulcatus* (McClelland，1842) 黄斑褶鮡

Glyptosternon sulcatus McClelland，1842，587。

Pseudecheneis sulcatus：褚新洛，1982，431；成庆泰和郑葆珊，1987，219；褚新洛、莫天培和匡溥人(见褚新洛和陈银瑞)，1990，196；武云飞和吴翠珍，1992，534；张春光等，1995，131；朱松泉，1995，154；301；褚新洛和莫天培(见褚新洛等)，1999，153；刘明玉等，2000，185。

Pseudecheneis sulcata：Zhou *et* Zhou，2005，418；Chen *et al.*，2006，308；Zhou *et al.*，2008，120；伍汉霖等，2012，112。

分布：雅鲁藏布江下游、伊洛瓦底江、怒江、澜沧江等水系。国外分布于缅甸和印度。

(1134) *Pseudecheneis tchangi* (Hora，1937) 扁体褶鮡

Propseudecheneis tchangi Hora，1937；Thomson *et* Page，2006。

Pseudecheneis tchangi：Chu，1982；Ng(黄旭晞)，2006；Zhou *et al.*，2008；陈小勇，2013，320。

分布：云南(产地不详)。

228. *Pseudexostoma* Chu，1979 拟鰋属

Pseudexostoma Chu(褚新洛)，1979，78。

(1135) *Pseudexostoma brachysoma* Chu，1979 短体拟鰋

Pseudexostoma yunnanensis brachysoma Chu(褚新洛)，1979，78；成庆泰和郑葆珊，1987，222；褚新洛、莫天培和匡溥人(见褚新洛和陈银瑞)，1990，214；武云飞和吴翠珍，1992，561；朱松泉，1995，157；316；褚新洛和莫天培(见褚新洛等)，1999，179；刘明玉等，2000，188；Zhou *et al.*，2007，148。

Pseudexostoma brachysoma：伍汉霖等，2012，112。

别名：拟鰋怒江亚种(成庆泰和郑葆珊，1987)、云南拟鰋短体亚种(刘明玉等，2000)、短身拟鰋(伍汉霖等，2012)。

分布：怒江水系。

(1136) *Pseudexostoma longipterus* Zhou，Yang，Li *et* Li，2007 长鳍拟鰋

Pseudexostoma longipterus Zhou，Yang，Li *et* Li(周伟、杨颖、李旭和李明会)，2007，150；伍汉霖等，2012，112。

分布：怒江中游。

(1137) *Pseudexostoma yunnanense* (Tchang，1935) 拟鰋

Glyptosternum yunnanensis Tchang，1935c，174。

Pseudexostoma yunnanensis yunnanensis：褚新洛，1979，78；成庆泰和郑葆珊，1987，222；褚新洛、莫天培和匡溥人(见褚新洛和陈银瑞)，1990，212；武云飞和吴翠珍，1992，561；朱松泉，1995，157，315；褚新洛和莫天培(见褚新洛等)，1999，178；刘明玉等，2000，188；Zhou *et al.*，2007，152。

Pseudexostoma yunnanense：伍汉霖等，2012，112。

别名：拟鰋指名亚种(成庆泰和郑葆珊，1987)、云南拟鰋指名亚种(刘明玉等，2000)、云南拟鰋(伍汉霖等，2012)。

分布：云南大盈江水系。

（十八）Cranoglanididae 长臀鮠科

229. *Cranoglanis* Peters，1881 长臀鮠属

Cranoglanis Peters，1881b，1030。

(1138) ***Cranoglanis bouderius*** **(Richardson，1846) 长臀鮠**

Bagrus bouderius Richardson，1846，283。

Cranoglanis sinensis：岳佐和(见郑葆珊)，1981，180。

Cranoglanis bouderius bouderius：成庆泰和郑葆珊，1987，212；Pan *et al.*，1991，295；朱松泉，1995，159；褚新洛和莫天培(见褚新洛等)，1999，75；刘明玉等，2000，177。

Cranoglanis bouderius：伍汉霖等，2012，115。

别名：中国长臀鮠(伍汉霖等，2012)。

保护等级：《中国濒危动物红皮书-鱼类》(易危)。

分布：西江水系。

(1139) ***Cranoglanis henrici*** **(Vaillant，1893) 亨氏长臀鮠**

Anopleutropius henrici Vaillant，1893。

Cranoglanis bouderius multiradiatus：褚新洛和匡溥人(见褚新洛和陈银瑞)，1990，141。

Cranoglanis henrici：Ng(黄旭晞) *et* Kottelat，2000；陈小勇，2013，318。

分布：云南元江水系。国外分布于越南。

(1140) ***Cranoglanis multiradiatus*** **(Koller，1926) 海南长臀鮠**

Pseudeutropichthys multiradiatus Koller，1926，74。

Cranoglanis sinensis：Kuang *et al.*，1986，180。

Cranoglanis bouderius multiradiatus：成庆泰和郑葆珊，1987，212；Pan *et al.*，1991，296；朱松泉，1995，159；褚新洛和莫天培(见褚新洛等)，1999，76；刘明玉等，2000，177。

Cranoglanis multiradiatus：伍汉霖等，2012，115。

分布：海南岛的南渡河和南泉河水系。

（十九）Siluridae 鲇科

230. *Hemisilurus* Bleeker，1857 半鲇属

Hemisilurus Bleeker，1857，472。

(1141) ***Hemisilurus heterorhynchu*** **(Bleeker，1854) 半鲇**

Hemisilurus mekongensis Bornbusch *et* Lundberg，1989；陈小勇，2013，318。

Wallago heterorhynchus Bleeker，1854b，514。

Hemisilurus heterorhynchus：褚新洛和崔桂化(见褚新洛和陈银瑞)，1990，125；朱松泉，1995，143；戴定远(见褚新洛等)，1999，92；伍汉霖等，2012，120。

别名：异吻半鲇、湄公半鲇。

分布：澜沧江下游。国外分布到湄公河水系、苏门答腊岛和婆罗洲。

231. *Micronema* Bleeker，1858 细丝鲇属

Micronema Bleeker，1858，255。

(1142) ***Micronema moorei*** **(Smith)，1945 湄南细丝鲇**

Kryptopterus moorei：陈湘粦，1977，211；褚新洛和崔桂华(见褚新洛和陈银瑞)，1990，123。

Micronema moorei：Ferraris，2007，371。

别名：湄南缺鳍鲇。

分布：澜沧江下游。国外分布于湄南河、湄公河。

232. *Phalacronotus* Bleeker，1857 亮背鲇属

Phalacronotus Bleeker，1857，472。

(1143) ***Phalacronotus apogon*** **(Bleeker)，1851 缺须亮背鲇**

Silurus apogon Bleeker，1851,67。

Micronema apogon：Rainboth，1996，148；Kottelat，2001，127；陈小勇(见杨岚等)，2010，085。

Phalacronotus apogon：Ferraris，2007。

别名：缺须细丝鲇。

分布：澜沧江下游。国外分布于老挝、泰国湄公河、湄南河、马来半岛、苏门达腊、婆罗洲。

(1144) ***Phalacronotus bleekeri*** **(Gϋnther)，1864 滨河亮背鲇**

Cryptopterus bleekeri Günther，1864，44。

Kryptopterus bleekeri：陈湘粦，1977，212；褚新洛和崔桂华(见褚新洛和陈银瑞)，1990，124。

Micronema bleekeri：Kottelat，2001，128；陈小勇(见杨岚等)，2010，508。

Phalacronotus bleekeri：Ferraris，2007(湄公河、湄南河、大巽他群岛)。

别名：滨河缺鳍鲇、滨河细丝鲇。

分布：澜沧江下游。国外分布于湄公河、湄南河、大巽他群岛。

233. *Pterocryptis* Peters，1861 隐鳍鲇属

Pterocryptis Peters，1861，712。

(1145) ***Pterocryptis cochinchinensis*** **(Valenciennes，1840) 越南隐鳍鲇**

Silurus cochinchinensis Valenciennes，1840，352；陈湘粦，1977，202；Kuang *et al.*，1986，162；成庆泰和郑葆珊，1987，210；戴定远(见郑慈英)，1989，272；Pan *et al.*，1991，288；朱松泉，1995，142，277；戴定远(见褚新洛等)，1999，81；刘明玉等，2000，178；胡学友等，2004，588。

Parasilurus cochinchinensis：张春霖，1960，7；岳佐和(见郑葆珊)，1981，178。

Pterocryptis cochinchinensis：Kottelat，2013，237；伍汉霖等，2012，120；陈小勇，2013，317。

别名：越南鲇。

分布：海南岛、珠江水系。国外分布于老挝、越南和泰国。

(1146) ***Pterocryptis gilberti*** **(Hora，1938) 糙隐鳍鲇**

Herklotsella anomala Herre，1934，179。

Silurus wynaddensis：Tchang，1936b，35。

Silurus gilberti Hora，1938，243；陈湘粦，1977，201；岳佐和(见郑葆珊)，1981，177；成庆泰和郑葆珊，1987，210；戴定远(见郑慈英)，1989，271；朱松泉，1995，142；戴定远(见褚新洛等)，1999，79；刘明玉等，2000，177；胡学友等，2004，588。

Pterocryptis anomala：伍汉霖等，2012，120。

别名：西江鲇。

分布：珠江流域的西江。

234. *Silurus* Linnaeus，1758 鲇属

Silurus Linnaeus，1758，304。

(1147) ***Silurus asotus*** **Linnaeus，1758 鲇**

Silurus asotus Linnaeus，1758，304；陈湘粦，1977，205；Kuang *et al.*，1986，165；成庆泰和郑葆珊，1987，210；戴定远(见郑慈英)，1989，272；褚新洛和崔桂华(见褚新洛和陈银瑞)，1990，115；Pan *et al.*，1991，289；丁瑞华，1994，445；朱松泉，1995，142，276；戴定远(见褚新洛等)，1999，83；刘明玉等，2000，178；胡学友等，2004，589；伍汉霖等，2012，121。

Parasilurus asotus：Wu，1929；张春霖，1960，8；岳佐和(见郑葆珊)，1981，179。

保护等级：省级(黑龙江)。

分布：除青藏高原及新疆外，遍布全国其他水系。国外分布于日本、朝鲜半岛和俄罗斯。

(1148) ***Silurus duanensis*** **Hu，Lan *et* Zhang，2004 都安鲇**

Silurus duanensis Hu，Lan *et* Zhang(胡学友、蓝家湖和张春光)，2004，586。

分布：广西都安，属红水河水系。

(1149) ***Silurus grahami*** **Regan，1907 抚仙鲇**

Silurus grahami Regan，1907a，64；成庆泰和郑葆珊，1987，210；褚新洛和崔桂华(见褚新洛和陈银瑞)，1990，118；Yang，1991，200；杨君兴和陈银瑞，1995，101；朱松泉，1995，142；戴定远(见褚新洛等)，1999，85；刘明玉等，2000，178；胡学友等，2004，588；伍汉霖等，2012，121。

Parasilurus grahami：成庆泰，1958，161。

Silurus mento grahami：陈湘粦，1977，205。

分布：云南抚仙湖、星云湖和阳宗湖。

(1150) ***Silurus lanzhouensis*** **Chen，1977 兰州鲇**

Silurus lanzhouensis Chen(陈湘粦)，1977，210；武云飞和吴翠珍，1992，523；戴定远(见褚新洛等)，1999，87；刘明玉等，2000，179；胡学友等，2004，588；伍汉霖等，2012，121。

保护等级：省级(甘肃、青海)。

分布：黄河水系上游。

(1151) ***Silurus mento*** **Regan，1904 昆明鲇**

Silurus mento Regan，1904b，192；成庆泰和郑葆珊，1987，210；褚新洛和崔桂华(见褚新洛和陈银瑞)，1990，116；朱松泉，1995，142；戴定远(见褚新洛等)，1999，84；刘明玉等，2000，178；胡学友等，2004，588；伍汉霖等，2012，121。

Silurus mento mento：陈湘粦，1977，203。

保护等级：《中国濒危动物红皮书-鱼类》(濒危)。

分布：云南滇池。

(1152) ***Silurus meridionalis*** **Chen，1977 大口鲇**

Parasilurus asotus：刘成汉，1965，99。

Silurus soldatovi meridionalis：Chen(陈湘粦)，1977，209；湖南省水产科学研究所，1977，174；陈焕新(见朱元鼎等)，1984，391；褚新洛和崔桂华(见褚新洛和陈银瑞)，1990，119；朱松泉，1995，143，277。

Silurus meridionalis：成庆泰和郑葆珊，1987，210；丁瑞华，1994，446；戴定远(见褚新洛等)，1999，

86；刘明玉等，2000，178；14；伍汉霖等，2012，121。

别名：南方大口鲇、南方鲇。

分布：珠江、闽江、湘江、长江等水系。

(1153) ***Silurus microdorsalis* (Mori，1936) 小背鳍鲇**

Parasilurus microdorsalis Mori，1936b，671。

Silurus microdorsalis：陈湘粦，1977，203；成庆泰和郑葆珊，1987，210；朱松泉，1995，142；戴定远（见褚新洛等），1999，82；刘明玉等，2000，178；胡学友等，2004，588；伍汉霖等，2012，121。

别名：小鳍鲇（成庆泰和郑葆珊，1987）。

分布：鸭绿江、辽河水系。国外分布于朝鲜半岛。

(1154) ***Silurus soldatovi* Nikolsky *et* Soin，1948 怀头鲇**

Silurus soldatovi Nikolskiy *et* Soin，1948，1359；郭兰香、高玮，1965，124；成庆泰和郑葆珊，1987，210；戴定远（见褚新洛等），1999，80；刘明玉等，2000，178；伍汉霖等，2012，121。

Silurus soldatovi soldatovi：陈湘粦，1977，209；朱松泉，1995，142。

保护等级：《中国濒危动物红皮书-鱼类》（易危），省级（黑龙江）。

分布：辽河、黑龙江水系。国外分布于俄罗斯。

235. *Wallago* Bleeker，1851 叉尾鲇属

Wallago Bleeker，1851，265。

(1155) ***Wallago attu* (Bloch *et* Schneider，1801) 叉尾鲇**

Silurus attu Bloch *et* Schneider，1801，378。

Wallago attu：张春霖，1960，10；陈湘粦，1977，212；成庆泰和郑葆珊，1987，211；褚新洛和崔桂华（见褚新洛和陈银瑞），1990，121；朱松泉，1995，143；戴定远（见褚新洛等），1999，91；刘明玉等，2000，179；伍汉霖等，2012，121。

分布：云南澜沧江下游。国外分布于巴基斯坦至越南和印度尼西亚等地。

（二十）Clariidae 胡子鲇科

236. *Clarias* Scopoli，1777 胡子鲇属

Clarias Scopoli，1777，455。

(1156) ***Clarias fuscus* (Lacépède，1803) 胡子鲇**

Macropteronotus fuscus Lacépède，1803，84。

Clarias fuscus：Wu，1929，55；Chu，1931a，83；张春霖，1960，4；湖北省水生生物研究所鱼类研究室，1976，185；Kuang *et al.*，1986，167；褚新洛和崔桂华（见褚新洛和陈银瑞），1990，127；Pan *et al.*，1991，291；岳佐和（见褚新洛等），1999，182；刘明玉等，2000，189；Ho *et* Shao，2011，33；伍汉霖等，2012，122。

Clarias batrachus：张春霖，1960，4；岳佐和（见郑葆珊），1981，176；戴定远（见郑慈英），1989，274。

别名：胡鲇（伍汉霖等，2012）。

保护等级：省级（湖南）。

分布：南自海南岛北至长江中下游，西自云南东至台湾。国外分布于菲律宾、越南和夏威夷群岛。

（二十一）Heteropneustidae 囊鳃鲇科

237. *Heteropneustes* Müller，1840 囊鳃鲇属

Heteropneustes Müller，1841，184-186。

(1157) ***Heteropneustes fossilis* (Bloch，1794) 印度囊鳃鲇**

Silurus fossilis Bloch，1794。

Heteropneustes fossilis：Shrestha，1978；Talwar and Jhingran，1991；Yang *et al.*，2002。

分布：盈江拉沙河。国外分布于巴基斯坦、印度、斯里兰卡、尼泊尔、孟加拉国、缅甸、泰国、老挝等。

（二十二）Schilbeidae 锡伯鲇科

238. *Clupisoma* Swainson，1838 鲱鲇属

Clupisoma Swainson，1838，347。

(1158) ***Clupisoma longianalis* (Huang，1981) 长臀鲱鲇**

Platytropius longianalis Huang（黄顺友），1981，438；褚新洛和匡溥人（见褚新洛和陈银瑞），1990，131；黄顺友（见褚新洛等），1999，95；刘明玉等，2000，179。

Clupisoma longianalis：Chen *et al.*，2005；陈小勇，2013，318。

别名：长臀刀鲇。

分布：澜沧江中下游。国外分布到湄公河水系。

(1159) ***Clupisoma sinense* (Huang，1981) 中华鲱鲇**

Platytropius sinensis Huang（黄顺友），1981，437；褚新洛和匡溥人（见褚新洛和陈银瑞），1990，129；黄顺友（见褚新洛等），1999，94；刘明玉等，2000，179；Chen *et al.*，2005b，570。

Clupisoma sinensis: Ng(黄旭晞), 1999; 陈小勇, 2013, 318。

别名: 中华刀鲇。

分布: 澜沧江下游。国外分布到湄公河水系和马来西亚。

(1160) *Clupisoma yunnanensis* (He, Huang *et* Li) 云南鲱鲇

Platytropius yunnanensis He, Huang *et* Li(何纪昌、黄克武和李华恩)。

Clupisoma nujiangense: Chen, Ferraris *et* Yang, 2005b, 566; 伍汉霖等, 2012, 125。

别名: 怒江鲱鲇。

分布: 怒江中下游。

(二十三) Pangasiidae 𩷊科

239. *Pangasius* Valenciennes, 1840 𩷊属

Pangasius Valenciennes, 1840, 45。

Sinopangasius Chang *et* Wu, 1965, 11。

(1161) *Pangasius djambal* Bleeker, 1846 贾巴𩷊

Pangasius djambal Bleeker, 1846; 陈小勇, 2013, 318。

Pangasius nasutus (non Bleeker): Huang, 1985, 780; 褚新洛(见褚新洛和陈银瑞), 1990, 135。

Pangasius beani (non Smith): Huang, 1985, 780。褚新洛(见褚新洛和陈银瑞), 1990, 135。

别名: 细尾𩷊、粗尾𩷊。

分布: 罗梭江。国外分布于湄公河、马来西亚、印度尼西亚。

(1162) *Pangasius micronemus* Bleeker, 1846 短须𩷊

Pangasius micronemus Bleeker, 1846, 8; 黄顺友, 1985, 78; 成庆泰和郑葆珊, 1987, 212; 褚新洛(见褚新洛和陈银瑞), 1990, 137; 朱松泉, 1995, 158; 黄顺友(见褚新洛等), 1999, 101; 刘明玉等, 2000, 180。

Pseudolais micronemus: 伍汉霖等, 2012, 126。

Pseudolais micronemus: Ferraris, 2007。

别名: 短须拟𩷊(伍汉霖等, 2012)。

分布: 罗梭江。国外分布于湄公河流域、马来半岛和印度尼西亚。

(1163) *Pangasius sanitwongsei* Smith, 1931 长丝𩷊

Pangasius sanitwongsei Smith, 1931a, 29; 伍汉霖等, 2012, 126。

Pangasius sanitwangsei: 黄顺友, 1985, 78; 成庆泰和郑葆珊, 1987, 212; 褚新洛(见褚新洛和陈银瑞), 1990, 133; 朱松泉, 1995, 158; Yue *et* 212; 黄顺友(见褚新洛等), 1999, 102; 刘明玉等, 2000, 180。

保护等级: 《中国濒危动物红皮书-鱼类》(极危)。

分布: 澜沧江下游。国外分布于湄南河和湄公河水系。

(二十四) Bagridae 鲿科

240. *Hemibagrus* Bleeker, 1862 鳠属

Mystus Scopoli, 1777, 451。

Hemibagrus Bleeker, 1862, 392。

Aorichthys Wu, 1939, 131。

(1164) *Hemibagrus guttatus* (Lacépède, 1803) 斑鳠

Pimelodus guttatus Lacépède, 1803, 96。

Macrones chinensis: Steindachner, 1884, 88。

Mystus guttatus: 岳佐和(见郑葆珊), 1981, 188; Kuang *et al.*, 1986, 173; 成庆泰和郑葆珊, 1987, 216; 郑葆珊(见郑慈英), 1989, 285; 崔桂华(见褚新洛和陈银瑞), 1990, 164; Pan *et al.*, 1991, 314; 朱松泉, 1995, 148; 郑葆珊和戴定远(见褚新洛等), 1999, 72; 刘明玉等, 2000, 177。

Hemibagrus guttatus: 陈焕新(见朱元鼎), 1984, 412; Liu *et al.*, 2012, 648; 伍汉霖等, 2012, 127。

别名: 斑点半鲿(伍汉霖等, 2012)。

分布: 珠江、元江、九龙江、韩江、钱塘江、云南的元江等水系。国外分布于老挝和越南。

(1165) *Hemibagrus macropterus* (Bleeker, 1870) 大鳍鳠

Hemibagrus macropterus Bleeker, 1870b, 257; 张春霖, 1960, 33; 湖北省水生生物研究所鱼类研究室, 1976, 169; 陈焕新(见朱元鼎), 1984, 411; Liu *et al.*, 2012, 648; 伍汉霖等, 2012, 127。

Mystus macropterus: 成庆泰和郑葆珊, 1987, 216; 郑葆珊(见郑慈英), 1989, 286; Pan *et al.*, 1991, 313; 李贵禄(见丁瑞华), 1994, 468; 朱松泉, 1995, 148, 289; 郑葆珊和戴定远(见褚新洛等), 1999, 71; 刘明玉等, 2000, 177, 15。

别名: 大鳍半鲿(伍汉霖等, 2012)。

分布: 珠江和长江水系。

(1166) *Hemibagrus pluriradiatus* (Vaillant, 1892) 越鳠

Macrones pluriradiatus Vaillant, 1892, 126。

Leiocassis hainanensis: Tchang, 1935c, 175。

Mystus pluriradiatus: 成庆泰和郑葆珊, 1987, 217;

Pan *et al.*, 1991, 316; 崔桂华(见褚新洛和陈银瑞), 1990, 165; 朱松泉, 1995, 148; 郑葆珊和戴定远(见褚新洛等), 1999, 70; 刘明玉等, 2000, 177。

Hemibagrus pluriradiatus: Liu *et al.*, 2012, 648; 伍汉霖等, 2012, 127。

别名：多辐半鲿(伍汉霖等, 2012)。

分布：云南的元江、海南岛。国外分布于湄公河流域的老挝、越南等地。

(1167) *Hemibagrus wyckioides* (Chaux *et* Fang, 1949) 丝尾鳠

Macrones (*Hemibagrus*) *wyckioides* Fang *et* Chaux, 1949, 200; 陈小勇, 2013, 317。

Mystus nemurus: 成庆泰和郑葆珊, 1987, 216; 崔桂华(见褚新洛和陈银瑞), 1990, 163; 郑葆珊和戴定远(见褚新洛等), 1999, 69。

Hemibagrus nemurus: Liu *et al.*, 2012, 648; 伍汉霖等, 2012, 127。

别名：线尾半鲿(伍汉霖等, 2012)。

分布：澜沧江下游。国外分布于湄公河、湄南河流域，马来半岛，苏门答腊岛，爪哇岛，婆罗洲。

241. *Leiocassis* Bleeker, 1857 鮠属

Leiocassis Bleeker, 1857, 473。

(1168) *Leiocassis argentivittatus* (Regan, 1905) 纵带鮠

Macrones argentivittatus Regan, 1905a, 390。

Pseudobagrus argentivittatus: 岳佐和(见郑葆珊), 1981, 191; 杨家坚和张春光(见周解和张春光), 2006, 408。

Leiocassis argentivittatus: 成庆泰和郑葆珊, 1987, 214; 郑葆珊(见郑慈英), 1989, 282; Pan *et al.*, 1991, 307; 成庆泰和周才武, 1997, 211; 郑葆珊和戴定远(见褚新洛等), 1999, 49; 刘明玉等, 2000, 174。

Tachysurus argentivittatus: Ng(黄旭晞), 2009, 16; 伍汉霖等, 2012, 128。

别名：纵带疯鲿。

保护等级：省级(黑龙江)。

分布：珠江流域。

(1169) *Leiocassis crassilabris* Günther, 1864 粗唇鮠

Liocassis crassilabris Günther, 1864, 88; 湖北省水生生物研究所鱼类研究室, 1976, 175; 岳佐和(见郑葆珊), 1981, 195; 成庆泰和郑葆珊, 1987, 214; 郑葆珊(见郑慈英), 1989, 280; 崔桂华(见褚新洛和陈银瑞), 1990, 150; Pan *et al.*, 1991, 304; 李贵禄(见丁瑞华), 1994, 457; 朱松泉, 1995, 145; 成庆泰和周才武, 1997, 210; 283; 郑葆珊和戴定远(见褚新洛等), 1999, 45; 刘明玉等, 2000, 174; 14; 伍汉霖等, 2012, 127。

Pseudobagrus crassilabris: Cheng et *al.*, 2009, 67。

分布：长江、珠江、闽江水系及云南程海。

(1170) *Leiocassis longibarbus* Cui, 1990 长须鮠

Leiocassis longibarbus Cui(崔桂华, 见褚新洛和陈银瑞), 1990, 153; 李贵禄(见丁瑞华), 1994, 457; 郑葆珊和戴定远(见褚新洛等), 1999, 51; 刘明玉等, 2000, 174; 14; 伍汉霖等, 2012, 127。

分布：金沙江中下游。

(1171) *Leiocassis longirostris* Günther, 1864 长吻鮠

Liocassis longirostris Günther, 1864, 87; 张春霖, 1960, 23; 湖北省水生生物研究所鱼类研究室, 1976, 144; 陈焕新(见朱元鼎), 1984, 405; 成庆泰和郑葆珊, 1987, 214; 李贵禄(见丁瑞华), 1994, 455; 朱松泉, 1995, 145; 成庆泰和周才武, 1997, 209; 282; 郑葆珊和戴定远(见褚新洛等), 1999, 44; 刘明玉等, 2000, 174; 14; Wang *et al.*, 2001, 184; 伍汉霖等, 2012, 127。

Pseudobagrus longirostris: Cheng *et al.*, 2009, 67。

保护等级：省级(江苏、江西)。

分布：辽河至闽江水系。

(1172) *Leiocassis tenuifurcatus* Nichols, 1931 叉尾鮠

Leiocassis tenuifurcatus Nichols, 1931c, 1; 陈焕新(见朱元鼎), 1984, 404; 成庆泰和郑葆珊, 1987, 214; 崔桂华(见褚新洛和陈银瑞), 1990, 152; 朱松泉, 1995, 145; 郑葆珊和戴定远(见褚新洛等), 1999, 47; 刘明玉等, 2000, 174; 伍汉霖等, 2012, 127。

Pseudobagrus tenuifurcatus: Cheng *et al.*, 2009, 67。

分布：长江及珠江水系、闽江上游的支流。

(1173) *Leiocassis virgatus* (Oshima, 1926) 条纹鮠

Aoria virgatus Oshima, 1926a, 4。

Pseudobagrus virgatus: 张春霖, 1960, 15; 陈焕新(见朱元鼎), 1984, 402; Kuang *et al.*, 1986, 176。

Pseudobagrus argentivittatus: 岳佐和(见郑葆珊), 1981, 191。

Leiocassis virgatus: 成庆泰和郑葆珊, 1987, 214; 郑葆珊(见郑慈英), 1989, 281; 郑葆珊和戴定远(见褚新洛等), 1999, 48; 刘明玉等, 2000, 174。

Pelteobagrus virgatus: Pan *et al.*, 1991, 305。

Tachysurus virgatus：Kottelat，2013，268；伍汉霖等，2012，128。

别名：纵纹疯鲿。

分布：珠江、海南岛、福建云霄。国外分布于越南。

242. *Pelteobagrus* Bleeker，1864 黄颡鱼属

Pelteobagrus Bleeker，1864c，9。

(1174) *Pelteobagrus eupogon* (Boulenger，1892) 长须黄颡鱼

Pseudobagrus eupogon Boulenger，1892，247；湖南省水产科学研究所，1977，182。

Pelteobagrus eupogon：成庆泰和郑葆珊，1987，214；李贵禄(见丁瑞华)，1994，450；朱松泉，1995，144；郑葆珊和戴定远(见褚新洛等)，1999，39；刘明玉等，2000，173；伍汉霖等，2012，128。

分布：长江水系。

(1175) *Pelteobagrus fulvidraco* (Richardson，1846) 黄颡鱼

Pimelodus fulvidraco Richardson，1846，286。

Pelteobagrus fulvidraco：Wu，1939，131；伍汉霖等，1978，144；Wang，1984，84；成庆泰和郑葆珊，1987，213；郑葆珊(见郑慈英)，1989，277；崔桂华(见褚新洛和陈银瑞)，1990，146；Pan *et al.*，1991，298；李贵禄(见丁瑞华)，1994，450；朱松泉，1995，144；郑葆珊和戴定远(见褚新洛等)，1999，36；刘明玉等，2000，173；Wang *et al.*，2001，183；伍汉霖等，2012，128。

Pseudobagrus fulvidraco：张春霖，1960，15；湖北省水生生物研究所鱼类研究室，1976，170；岳佐和(见郑葆珊)，1981，192；陈焕新(见朱元鼎)，1984，398。

保护等级：省级(黑龙江)。

分布：珠江、闽江、湘江、长江、黄河、海河、松花江及黑龙江等水系。国外分布于老挝、越南至俄罗斯西伯利亚。

(1176) *Pelteobagrus intermedius* (Nichols *et* Pope，1927) 中间黄颡鱼

Pseudobagrus intermedius Nichols *et* Pope，1927，331；岳佐和(见郑葆珊)，1981，193；Kuang *et al.*，1986，178。

Pelteobagrus intermedius：成庆泰和郑葆珊，1987，214；郑葆珊(见郑慈英)，1989，278；Pan *et al.*，1991，300；朱松泉，1995，144；郑葆珊和戴定远(见褚新洛等)，1999，38；刘明玉等，2000，173；伍汉霖等，2012，128。

分布：珠江水系、海南岛。国外分布于越南。

(1177) *Pelteobagrus nitidus* (Sauvage *et* Dabry，1874) 光泽黄颡鱼

Pseudobagrus nitidus Sauvage *et* Dabry，1874，5；湖北省水生生物研究所鱼类研究室，1976，173；湖南省水产科学研究所，1977，180；陈焕新(见朱元鼎)，1984，400；Cheng *et al.*，2009，56。

Pelteobagrus nitidus：成庆泰和郑葆珊，1987，214；李贵禄(见丁瑞华)，1994，453；成庆泰和周才武，1997，206；281；郑葆珊和戴定远(见褚新洛等)，1999，42；刘明玉等，2000，174；14。

Tachysurus nitidus：伍汉霖等，2012，128。

别名：光泽疯鲿(伍汉霖等，2012)。

保护等级：省级(黑龙江)。

分布：黑龙江、辽河、海河、长江、闽江等水系。

(1178) *Pelteobagrus vachellii* (Richardson，1846) 瓦氏黄颡鱼

Bagrus vachellii Richardson，1846，284。

Pseudobagrus vachelli：张春霖，1960，18；湖北省水生生物研究所鱼类研究室，1976，172；岳佐和(见郑葆珊)，1981，194；陈焕新(见朱元鼎)，1984，401；Kuang *et al.*，1986，177；Cheng *et al.*，2009，67。

Pelteobagrus vachelli：成庆泰和郑葆珊，1987，214；郑葆珊(见郑慈英)，1989，279；崔桂华(见褚新洛和陈银瑞)，1990，147；Pan *et al.*，1991，302；李贵禄(见丁瑞华)，1994，451；朱松泉，1995，145；成庆泰和周才武，1997，208；280；郑葆珊和戴定远(见褚新洛等)，1999，40；刘明玉等，2000，174；14；Wang *et al.*，2001，184。

Pelteobagrus vachellii：伍汉霖等，2012，128。

分布：珠江、闽江、湘江、长江、淮河、辽河等水系。国外分布于越南。

243. *Pseudobagrus* Bleeker，1858 拟鲿属

Pseudobagrus Bleeker，1858，60。

(1179) *Pseudobagrus adiposalis* Oshima，1919 长脂拟鲿

Pseudobagrus adiposalis Oshima，1919，181；成庆泰和郑葆珊，1987，216；郑葆珊(见郑慈英)，1989，283；Pan *et al.*，1991，311；朱松泉，1995，147；郑葆珊和戴定远(见褚新洛等)，1999，66；刘明玉等，2000，176；14；Li *et al.*，2005，52；Cheng *et al.*，2008，118；Ho *et* Shao，2011，34；伍汉霖等，2012，128。

Leiocassis adiposalis：张春霖，1960，28。

Leiocassis pratti：岳佐和(见郑葆珊)，1981，190。

保护等级：《台湾淡水鱼类红皮书》(近危)。

分布：珠江、台湾淡水河等水系。

(1180) *Pseudobagrus albomarginatus* (Rendahl，1928) 白边拟鲿

Leiocassis albomarginatus Rendahl，1928，170。

Pseudobagrus albomarginatus：Pan *et al.*，1991，310；朱松泉，1995，146；成庆泰和周才武，1997，214；Cheng *et al.*，2008，118；伍汉霖等，2012，128。

分布：安徽。

(1181) *Pseudobagrus analis* (Nichols，1930) 长臀拟鲿

Leiocassis (*Dermocassis*) *analis* Nichols，1930，4。

Leiocassis analis：张春霖，1960，27。

Pseudobagrus analis：成庆泰和郑葆珊，1987，215；朱松泉，1995，146；郑葆珊和戴定远(见褚新洛等)，1999，57；刘明玉等，2000，175；15；伍汉霖等，2012，128。

分布：江西湖口。

(1182) *Pseudobagrus brevianalis* Regan，1908 短臀拟鲿

Pseudobagrus brevianalis Regan，1908c，151；成庆泰和郑葆珊，1987，216；朱松泉，1995，147；郑葆珊和戴定远(见褚新洛等)，1999，63；刘明玉等，2000，176；Cheng *et al.*，2008，118；伍汉霖等，2012，128。

Leiocassis brevianalis：张春霖，1960，30。

Pseudobagrus brevianalis brevianalis：Ho *et* Shao，2011，34。

分布：台湾、福州。

(1183) *Pseudobagrus brevicaudatus* (Wu，1930) 短尾拟鲿

Leiocassis brevicaudatus Wu，1930c，81。

Leiocassis lui Tchang *et* Shih，1934，434。

Pseudobagrus brevicaudatus：张春霖，1960，22；成庆泰和郑葆珊，1987，216；崔桂华(见褚新洛和陈银瑞)，1990，158；李贵禄(见丁瑞华)，1994，462；朱松泉，1995，147，285；郑葆珊和戴定远(见褚新洛等)，1999，67；刘明玉等，2000，176；14；伍汉霖等，2012，128。

分布：长江水系。

(1184) *Pseudobagrus emarginatus* (Regan，1913) 凹尾拟鲿

Liocassis emarginatus Regan，1913，553；张春霖，1960，29。

Pseudobagrus emarginatus：成庆泰和郑葆珊，1987，216；崔桂华(见褚新洛和陈银瑞)，1990，161；李贵禄(见丁瑞华)，1994，467；朱松泉，1995，147，288；郑葆珊和戴定远(见褚新洛等)，1999，63；刘明玉等，2000，176；14；伍汉霖等，2012，128。

分布：长江、闽江水系。

(1185) *Pseudobagrus fui* Miao，1934 富氏拟鲿

Pseudobagrus fui Miao，1934，217；Ng(黄旭晞) *et* Freyhof，2007，9；Cheng *et al.*，2009，56。

分布：长江水系。

(1186) *Pseudobagrus gracilis* Li，Chen *et* Chan，2005 细长拟鲿

Pseudobagrus gracilis Li，Chen *et* Chan，2005，50；Cheng *et al.*，2008，118；伍汉霖等，2012，128。

别名：细身拟鲿(伍汉霖等，2012)。

分布：漓江。

(1187) *Pseudobagrus kaifenensis* (Tchang，1934) 开封拟鲿

Leiocassis kaifenensis Tchang，1934，41。

Pseudobagrus kaifenensis：伍汉霖等，2012，128。

分布：河南开封。

(1188) *Pseudobagrus kyphus* Mai，1978 侧斑拟鲿

Pseudobagrus kyphus Mai，1978，261；Watanabe *et al.*，2002，384；Yang *et al.*，2008，328；伍汉霖等，2012，128。

分布：云南、广西。国外分布于越南。

(1189) *Pseudobagrus medianalis* (Regan，1904) 中臀拟鲿

Macrones medianalis Regan，1904b，194。

Pseudobagrus medianalis：张春霖，1960，21；成庆泰和郑葆珊，1987，215；崔桂华(见褚新洛和陈银瑞)，1990，157；朱松泉，1995，146，284；郑葆珊和戴定远(见褚新洛等)，1999，54；刘明玉等，2000，175；伍汉霖等，2012，128。

保护等级：《中国濒危动物红皮书-鱼类》(濒危)。

分布：云南滇池。

(1190) *Pseudobagrus omeihensis* (Nichols，1941) 峨眉拟鲿

Leiocassis omeihensis Nichols，1941，1。

Pseudobagrus omeihensis：成庆泰和郑葆珊，1987，216；朱松泉，1995，147；郑葆珊和戴定远(见褚新洛等)，1999，68；刘明玉等，2000，177；伍汉霖等，2012，128。

分布：四川峨眉。

(1191) *Pseudobagrus ondon* Shaw，1930 盎堂拟鲿

Pseudobagrus ondon Shaw，1930b，111；方树淼等，1984，97；成庆泰和郑葆珊，1987，215；朱松泉，1995，146；郑葆珊和戴定远(见褚新洛等)，1999，53；刘明玉等，2000，175；Li *et al.*，2005，52；Cheng *et al.*，2008，118；伍汉霖等，2012，128。

Leiocassis ondon：张春霖，1960，30；李仲辉，1984，159。

分布：黄河、淮河、汉水、曹娥江、灵江、瓯江等水系。

(1192) *Pseudobagrus pratti* (Günther，1892) 细体拟鲿

Macrones pratti Günther，1892，245。

Pseudobagrus pratti：张春霖，1960，20；成庆泰和郑葆珊，1987，216；郑葆珊(见郑慈英)，1989，283；李贵禄(见丁瑞华)，1994，465；朱松泉，1995，147；郑葆珊和戴定远(见褚新洛等)，1999，64；刘明玉等，2000，176；14；Li *et al.*，2005，52；伍汉霖等，2012，128。

Leiocassis pratti：岳佐和(见郑葆珊)，1981，190。

保护等级：省级(陕西)。

分布：长江水系。

(1193) *Pseudobagrus taeniatus* (Günther，1873) 条纹拟鲿

Macrones (*Liocassis*) *taeniatus* Günther，1873，245。

Pseudobagrus taeniatus：成庆泰和郑葆珊，1987，215；朱松泉，1995，146；郑葆珊和戴定远(见褚新洛等)，1999，56；Cheng *et al.*，2008，118；伍汉霖等，2012，128。

分布：闽江至长江水系。

(1194) *Pseudobagrus taiwanensis* Oshima，1919 台湾拟鲿

Pseudobagrus taiwanensis Oshima，1919，180；成庆泰和郑葆珊，1987，215；朱松泉，1995，146；郑葆珊和戴定远(见褚新洛等)，1999，55；刘明玉等，2000，175；伍汉霖等，2012，128。

Pseudobagrus brevianalis taiwanensis：Ho *et* Shao，2011，34。

分布：台湾日月潭。

(1195) *Pseudobagrus tenuis* (Günther，1873) 圆尾拟鲿

Macrones (*Pseudobagrus*) *tenuis* Günther，1873，244。

Leiocassis tenuis：张春霖，1960，29；陈焕新(见朱元鼎)，1984，408。

Pseudobagrus tenuis：成庆泰和郑葆珊，1987，215；李贵禄(见丁瑞华)，1994，462；朱松泉，1995，146；成庆泰和周才武，1997，213；郑葆珊和戴定远(见褚新洛等)，1999，58；刘明玉等，2000，175；14；Li *et al.*，2005，52；伍汉霖等，2012，128。

分布：长江水系。

(1196) *Pseudobagrus trilineatus* (Zheng，1979) 三线拟鲿

Leiocassis trilineatus Zheng(郑慈英)，1979，182。

Pseudobagrus trilineatus：成庆泰和郑葆珊，1987，215；郑葆珊(见郑慈英)，1989，284；Pan *et al.*，1991，309；朱松泉，1995，146；郑葆珊和戴定远(见褚新洛等)，1999，59；刘明玉等，2000，175；伍汉霖等，2012，128。

分布：东江水系山区溪流中。

(1197) *Pseudobagrus truncatus* (Regan，1913) 切尾拟鲿

Liocassis truncatus Regan，1913，553；张春霖，1960，32；陈焕新(见朱元鼎)，1984，409。

Pseudobagrus truncates：成庆泰和郑葆珊，1987，216；李贵禄(见丁瑞华)，1994，460；朱松泉，1995，147；成庆泰和周才武，1997，216；287；郑葆珊和戴定远(见褚新洛等)，1999，61；刘明玉等，2000，176；14；Li *et al.*，2005，52；Cheng *et al.*，2008，118；伍汉霖等，2012，128。

分布：闽江、长江、黄河水系。

(1198) *Pseudobagrus ussuriensis* (Dybowski，1872) 乌苏拟鲿

Bagrus ussuriensis Dybowski，1872，210。

Leiocassis ussuriensis：张春霖，1960，31；成庆泰和周才武，1997，215。

Pseudobagrus ussuriensis：成庆泰和郑葆珊，1987，215；朱松泉，1995，147；郑葆珊和戴定远(见褚新洛等)，1999，60；刘明玉等，2000，176；Wang *et al.*，2001，185；Li *et al.*，2005，52；Cheng *et al.*，2008，118。

Pelteobagrus ussuriensis：伍汉霖等，2012，128。

别名：乌苏里黄颡鱼(伍汉霖等，2012)。

保护等级：省级(黑龙江)。

分布：珠江至黑龙江水系。国外分布于俄罗斯。

八、Osmeriformes 胡瓜鱼目

(二十五) Osmeridae 胡瓜鱼科

(17) Hypomesinae 公鱼亚科

244. *Hypomesus* Gill，1862 公鱼属

Hypomesus Gill，1862，169。

(1199) *Hypomesus olidus* (Pallas，1811) 池沼公鱼

Salmo (*Osmerus*) *olidus* Pallas，1811，391。

Hypomesus olidus：成庆泰和郑葆珊，1987，66；张觉民，1995，64；董崇智等，2001，68；解玉浩，2007，277。

别名：公鱼。

分布：仅见于黑龙江中游。国外分布于俄罗斯（远东地区）、日本、朝鲜半岛，北美阿拉斯加和加拿大。

(1200) *Hypomesus transpacificus nipponensis* McAllister，1963 日本公鱼

Hypomesus transpacificus nipponensis McAllister，1963，1-53；解玉浩，2007，274。

Hypomesus olidus：成庆泰和郑葆珊，1987，66；张觉民，1995，64；朱松泉，1995，13；董崇智等，2001，68。

别名：公鱼、西太公鱼、日本公鱼等。

保护等级：省级（黑龙江）。

分布：黑龙江中游、图们江，目前已在国内东北、西北、华北等地广泛移植。国外分布于俄罗斯（远东地区）、日本、朝鲜半岛等。

(18) Osmerinae 胡瓜鱼亚科

245. *Osmerus* Linnaeus，1758 胡瓜鱼属

Osmerus Linnaeus，1758，310。

(1201) *Osmerus mordax* (Mitchill，1814) 胡瓜鱼

Atheina mordax Mitchill，1814，15。

Osmerus mordax：解玉浩，2007，279。

别名：亚洲胡瓜鱼、黄瓜鱼。

分布：分洄游性和陆封性，我国仅见于图们江。国外分布于俄罗斯远东太平洋沿岸、黑龙江等，日本北海道，朝鲜日本海沿岸，环加拿大北部太平洋、北冰洋和大西洋，美国阿拉斯加沿岸等。

(19) Plecoglossinae 香鱼亚科

246. *Plecoglossus* Temminck *et* Schlegel，1846 香鱼属

Plecoglossus Temminck *et* Schlegel，1846，229。

(1202) *Plecoglossus altivelis altivelis* (Temminck *et* Schlegel，1846) 香鱼

Salmo (*Plecoglossus*) *altivelis* Temminck *et* Schlegel，1846，229。

Plecoglossus altivelis：成庆泰和郑葆珊，1987，66；朱松泉，1995，13；成庆泰和周才武，1997，86；Wang *et al.*，2001，65；Shan *et al.*，2005，61。

Plecoglossus altivelis altivelis：刘明玉等，2000，50；伍汉霖等，2012，135。

保护等级：《中国濒危动物红皮书-鱼类》（易危），省（直辖市）级（福建、天津）。

分布：洄游型分布于鸭绿江向南的东北沿海及通海河流，以及广西北仑河等，台湾见于浊水溪及花莲三栈溪以北各溪流（现在台湾可能自然分布已绝迹）。国外分布于日本、朝鲜半岛、越南。陆封型见于辽宁转角楼水库、碧流河水库等。国外见于日本的琵琶湖、池田湖、芹川水坝等，朝鲜云岩水库、延丰水库等。

(1203) *Plecoglossus altivelis chinensis* Wu *et* Shan，2005 中国香鱼

Plecoglossus altivelis chinensis Wu *et* Shan（见 Shan *et al.*），2005，63；Kottelat，2013，268；伍汉霖等，2012，135。

分布：青岛。

(二十六) Salangidae 银鱼科

247. *Hemisalanx* Regan，1908 间银鱼属

Hemisalanx Regan，1908d，445。

(1204) *Hemisalanx brachyrostralis* (Fang，1934) 短吻间银鱼

Salanx brachyrostralis Fang，1934a，257。

Hemisalanx brachyrostralis：成庆泰和郑葆珊，1987，69；Zhang *et* Qiao，1994，101；朱松泉，1995，16；倪勇等，2005，221；倪勇和伍汉霖，2006，220。

别名：银鱼。

分布：长江中下游及附属湖泊、浙江等地。

248. *Leucosoma* Gray，1831 白肌银鱼属

Leucosoma Gray，1831a，4。

(1205) *Leucosoma chinensis* (Osbeck，1765) 白肌银鱼

Albula chinensis Osbeck，1765，309。

Leucosoma chinensis：Mai，1978，20；成庆泰和郑葆珊，1987，70；张玉玲（见郑慈英），1989，29；Pan *et al.*，1991，49；Zhang *et* Qiao，1994，101；朱松泉，1995，16；Chen *et al.*，1997，16。

分布：瓯江下游、闽江、九龙江、珠江水系的北江和西江，以及广东和广西的通海河流等。

249. *Neosalanx* Wakiya *et* Takahashi，1937 新银鱼属

Neosalanx Wakiya *et* Takahashi，1937，282。

Microsalanx Zhang，Li，Xu，Takita *et* Wei，2007，337。

(1206) *Neosalanx tangkahkeii* (Wu，1931) 陈氏新银鱼

Protosalanx tangkahkeii Wu，1931a， 219。

Neosalanx tangkahkeii taihuensis：Chen，1956，326；Zhang *et* Qiao，1994，101；杨君兴和陈银瑞，1995，11；成庆泰和周才武，1997，91。

Neosalanx pseudotaihuensis：Zhang，1987，281；Zhang *et* Qiao，1994，101。

Neosalanx tangkahkeii：成庆泰和郑葆珊，1987，69；张玉玲(见郑慈英)，1989，28；Zhang *et* Qiao，1994，101；倪勇和伍汉霖，2006，217；Zhang *et al.*，2007，336。

别名：银鱼、拟太湖新银鱼等。

保护等级：省级(湖南)。

分布：福建、广东、广西沿海及江苏太湖等。

(1207) *Neosalanx oligodontis* Chen，1956 寡齿新银鱼

Neosalanx oligodontis Chen，1956，326；成庆泰和郑葆珊，1987，68；Zhang *et* Qiao，1994，101；成庆泰和周才武，1997，90；Zhang *et al.*，2007，336。

分布：洞庭湖、鄱阳湖、洪泽湖、太湖、阳澄湖、白洋淀、微山湖等。

250. *Protosalanx* Regan，1908 大银鱼属

Protosalanx Regan，1908，455。

(1208) *Protosalanx chinensis* (Basilewsky，1855) 大银鱼

Eperlanus chinensis Basilewsky，1855，242。

Protosalanx hyalocranius：成庆泰和郑葆珊，1987，68；朱松泉，1995，15；董崇智等，2001，72；倪勇等，2005，211；解玉浩，2007，287。

Protosalanx chinensis：Zhang *et* Qiao，1994，101；倪勇和伍汉霖，2006，213；Fu *et al.*，2012，845。

分布：黄渤海和东海沿岸及通海江河及其附属湖泊，并在内陆水域被广泛移植，如在内蒙古、西北、云贵高原一些湖泊等。国外分布于朝鲜和日本。

九、Salmoniformes 鲑形目

(二十七) Salmonidae 鲑科

251. *Brachymystax* Günther，1866 细鳞鲑属

Brachymystax Günther，1866，162。

(1209) *Brachymystax lenok lenok* (Pallas，1773) 细鳞鲑

Salmo lenok Pallas，1773，716。

Brachymystax lenok：成庆泰和郑葆珊，1987，65；张觉民，1995，52；朱松泉，1995，11；Wang *et al.*，2001，62；董崇智等，2001，51；马波等，2005，257；解玉浩，2007，317。

别名：尖吻细鳞鲑、细鳞鱼。

保护等级：《中国濒危动物红皮书-鱼类》(易危)，省(直辖市)级(北京、黑龙江)。

分布：黑龙江流域、绥芬河、图们江、鸭绿江、浑河、太子河、潮河、滦河及额尔齐斯河。国外分布于俄罗斯、蒙古、朝鲜等。

(1210) *Brachymystax lenok tsinlingensis* Li，1966 秦岭细鳞鲑

Brachymystax lenok tsinlingensis Li(李思忠)，1966，92。

保护等级：国家II级。

分布：渭河上游及其支流的上游、汉水北侧支流湑水河和子午河的上游等。

(1211) *Brachymystax tumensis* Mori，1930 图们江细鳞鲑

Brachymystax tumensis Mori，1930，42；马波等，2005，257。

分布：图们江。国外分布于俄罗斯包括库页岛和朝鲜半岛。

252. *Coregonus* Linnaeus，1758 白鲑属

Coregonus Linnaeus，1758，310。

(1212) *Coregonus chadary* Dybowski，1869 卡达白鲑

Coregonus chadary Dybowski，1869，954；董崇智等，2001，58；解玉浩，2007，325。

保护等级：省级(黑龙江)。

分布：黑龙江中上游支流，记载乌苏里江和额尔古纳河有分布。国外分布于俄罗斯的黑龙江水系。

(1213) *Coregonus ussuriensis* Berg，1906 乌苏里白鲑

Coregonus ussuriensis Berg，1906，396；任慕莲，1981，23；董崇智等，2001，56；解玉浩，2007，322。

保护等级：《中国濒危动物红皮书-鱼类》(易危)，省级(黑龙江)。

分布：黑龙江中下游、乌苏里江中下游、图们江、兴凯湖等。国外见于俄罗斯(远东地区)。

253. *Huso* Günther，1866 哲罗鲑属

Huso Günther，1866，125。

(1214) *Hucho bleekeri* Kimura，1934 川陕哲罗鲑

Hucho bleekeri Kimura，1934，23；武云飞和吴翠珍，1990b，63；陕西动物研究所等，1987，13；武云飞和吴翠珍，1992，130；丁瑞华，1994，38。

别名：贝氏哲罗鲑、虎嘉鱼、虎嘉哲罗鲑。

保护等级：国家 II 级。

分布：长江上游大渡河、岷江上游和汉江北侧一些支流的上游。

(1215) *Hucho ishikawae* Mori，1928 石川哲罗鲑

Hucho ishikawae Mori，1928b，55；解玉浩，2007，315。

分布：鸭绿江上游。国外分布于朝鲜鸭绿江流域。

(1216) *Hucho taimen* (Pallas，1773) 哲罗鲑

Salmo taimen Pallas，1773，716。

Hucho taimen：李思忠等，1966，42；任慕莲等，2002，57；解玉浩，2007，312。

保护等级：《中国濒危动物红皮书-鱼类》(易危)，省级(黑龙江)。

分布：黑龙江、乌苏里江、额尔齐斯河等水系。国外分布于蒙古、俄罗斯等。

254. *Oncorhynchus* Suckley，1861 大麻哈鱼属

Oncorhynchus Suckley，1861，313。

别名：钩吻鲑属。

(1217) *Oncorhynchus gorbuscha* (Walbaum，1792) 驼背大麻哈鱼

Salmo gorbuscha Walbaum，1792，69。

Oncorhynchus gorbuscha：成庆泰和郑葆珊，1987，64；朱松泉，1995，10；刘明玉等，2000，47；伍汉霖等，2012，136。

别名：细鳞大麻哈鱼、细鳞钩吻鲑。

分布：黑龙江、图们江、绥芬河。国外分布于日本、朝鲜、俄罗斯、美国、加拿大等。

(1218) *Oncorhynchus keta* (Walbaum，1792) 大麻哈鱼

Salmo keta Walbaum，1792，72。

Oncorhynchus keta：成庆泰和郑葆珊，1987，64；朱松泉，1995，9；刘明玉等，2000，47；伍汉霖等，2012，136。

别名：钩吻鲑。

保护等级：省级(黑龙江)。

分布：黑龙江、乌苏里江、松花江、牡丹江、嫩江、绥芬河、图们江等。国外分布于日本、朝鲜半岛、俄罗斯、加拿大、美国等。

(1219) *Oncorhynchus masou formosanus* (Jordan *et* Oshima，1919) 台湾马苏大麻哈鱼

Salmo formosanus Jordan *et* Oshima，1919，122；Ho *et* Gwo，2010，300。

Oncorhynchus masou formosanum：沈世杰，1993，150；郭金泉等，2010。

Oncorhynchus formosanus：伍汉霖等，2012，136。

别名：台湾钩吻鲑、台湾樱花钩吻鲑。

保护等级：《台湾淡水鱼类红皮书》(A. 极危)。

分布：台湾大甲溪上游。

(1220) *Oncorhynchus masou masou* (Brevoort，1856) 马苏大麻哈鱼(陆封性)

Salmo masou Brevoort，1856，275。

Oncorhynchus masou：任慕莲，1981，15；成庆泰和郑葆珊，1987，64。

Oncorhynchus masou masou：解玉浩，2007，299；伍汉霖等，2012，136。

分布：我国分布于绥芬河、图们江中上游，多在海拔 600m 以上山溪中生活。国外分布于朝鲜、日本、俄罗斯。

255. *Salvelinus* Richardson，1836 红点鲑属

Salvelini Nilsson，1832，7。

Salvelinus Richardson，1836，169。

(1221) *Salvelinus leucomaenis* (Pallas，1814) 白斑红点鲑

Salmo leucomaenis Pallas，1814，356。

Salvelinus leucomaenis：Oshima，1961，21；解玉浩，2007，310。

别名：白点鲑、远东红点鲑。

分布：牡丹江和图们江上游。国外分布于俄罗斯(远东地区)、日本和朝鲜北部等。

(1222) *Salvelinus malma* (Walbaum，1792) 花羔红点鲑

Salmo malma Walbaum，1792，66。

Salvelinus malma：郑葆珊等，1979，28；解玉浩，2007，307。

别名：红点鲑、玛红点鲑。

分布：绥芬河、图们江和鸭绿江上游。国外分布于北欧、俄罗斯（远东地区）、日本和朝鲜等。

256. *Stenodus* Richardson，1836 北鲑属

Stenodus Richardson，1836，521。

别名：长颌白鲑属（李思忠）。

(1223) *Stenodus leucichthys* (Güldenstädt，1772) 北鲑

Salmo leucichthys Güldenstädt，1772，533。

Stenodus leucichthys nelma：任慕莲等，2002，67。

Stenodus leucichthys：李思忠等，1966，42；中国科学院动物研究所等，1979，11。

别名：长颌白鲑。

保护等级：《中国濒危动物红皮书-鱼类》（绝迹）。

分布：为溯河洄游性种类，我国只分布于新疆额尔齐斯河布尔津以下河段。国外分布于西北欧向东至北美马更些河等邻北冰洋水系。

257. *Thymallus* Linck，1790 茴鱼属

Thymallus Cuvier，1829，306。

Phylogephyra Boulenger，1898，330。

(1224) *Thymallus arcticus arcticus* (Pallas，1776) 北极茴鱼

Salmo arcticus Pallas，1776，706。

Thymallus arcticus arcticus：李思忠等，1966，42；中国科学院动物研究所等，1979，13；任慕莲等，2002，69。

保护等级：省 II 级（黑龙江），省（自治区）I 级（新疆）。

分布：额尔齐斯河流域。国外分布于俄罗斯鄂毕河和叶尼塞河流域。

(1225) *Thymallus arcticus grubei* Dybowski，1869 黑龙江茴鱼

Thymallus grubii Dybowski，1869，955。

Thymallus arcticus grubei：董崇智等，2001，63；解玉浩，2007，328。

保护等级：《中国濒危动物红皮书-鱼类》（易危）。

分布：黑龙江流域、绥芬河水系。国外分布于俄罗斯（远东地区）和蒙古。

(1226) *Thymallus tugarinae* Knizhin，Antonov，Safronov *et* Weiss，2007 下游黑龙江茴鱼

Thymallus tugarinae Knizhin，Antonov，Safronov *et* Weiss，2007，124；马波等，2007，986。

分布：黑龙江下游。国外分布于俄罗斯阿穆尔河下游。

(1227) *Thymallus yaluensis* Mori，1928 鸭绿江茴鱼

Thymallus articus yaluensis Mori，1928b，57。

Thymallus yaluensis：解玉浩，2007，327；马波和范兆廷，2013，7。

分布：鸭绿江上游。国外分布于朝鲜鸭绿江上游。

十、Esociformes 狗鱼目

（二十八）Esocidae 狗鱼科

258. *Esox* Linnaeus，1758 狗鱼属

Esox Linnaeus，1758，314。

(1228) *Esox lucius* Linnaeus，1758 白斑狗鱼

Esox lucius Linnaeus，1758，314；成庆泰和郑葆珊，1987，71；朱松泉，1995，16；董崇智等，2001，77。

别名：狗鱼。

分布：新疆额尔齐斯河流域。国外环北极分布，欧亚大陆和北美北部淡水河流湖泊广泛分布。

(1229) *Esox reicherti* Dybowski，1869 黑斑狗鱼

Esox reicherti Dybowski，1869，956；成庆泰和郑葆珊，1987，71；张觉民，1995，66；朱松泉，1995，16；董崇智等，2001，75；解玉浩，2007，331。

别名：狗鱼、黑龙江狗鱼。

保护等级：省级（黑龙江）。

分布：黑龙江水系。国外分布于俄罗斯东部和蒙古。

十一、Gadiformes 鳕形目

（二十九）Lotidae 江鳕科

259. *Lota* Oken，1817 江鳕属

"Les *Lottes*" Cuvier，1871，215。

Lota Oken，1817，1182。

(1230) *Lota lota* (Linnaeus，1758) 江鳕

Gadus lota Linnaeus，1758，255。

Enchelyopus lota：Bloch *et* Schneider，1801，52。

Gadus maculosus：Lesueur，1817，83。

Lota maculosa：Jardon *et* Evermann，1898，2550。

Lota lota：Berg，1909，201；Berg，1916，476；Mori，1927；Sowerby，1930，115；宫地传三郎，1940，87；Svetovidov，1948，118；Berg，1949b，943；尼科尔斯基，1956，391；施白南等，1958，7；伍

献文等，1963，135；李思忠等，1966，48；中国科学院动物研究所等，1979，51；成庆泰和郑葆珊，1987，236；李思忠，1987，236；Paterson *et* Rosen，1989，14；Cohen *et al.*，1990，5；解玉浩，2007，335；李思忠和张春光，2011，616。

Lota lota lota：Svetovidov，1948，118。

Lota lota leptura：Svetovidov，1948，119。

Lota lota maculosa：Svetovidov，1948，120。

保护等级：省级(黑龙江)。

分布：黑龙江水系、鸭绿江上游及额尔齐斯河水系。国外分布北达俄罗斯泰梅尔半岛，西达英格兰东部，东达美国缅因州，南达美国北卡罗来纳州以北。

十二、Beloniformes 颌针鱼目

(三十) Adrianichthyidae 大颌鳉科

别名：怪颌鳉科。

260. *Oryzias* Jordan *et* Snyder，1906 青鳉属

Oryzias Jordan *et* Snyder，1906，289。

Aplocheilus Weber *et* Beaufort，1922，371。

(1231) *Oryzias curvinotus* (Nichols *et* Pope，1927) 曲背青鳉

Aplocheilus curvinotus Nichols *et* Pope，1927，380；Nichols，1943，234；李思忠，1981，228；Pan *et al.*，1991，325。

Oryzias curvinotus：Chu，1931a，85；王以康，1958，247；成庆泰和郑葆珊，1987，223；李思忠和张春光等，2011，156。

别名：曲背鳉、弓背青鳉。

分布：海南岛。

(1232) *Oryzias latipes* (Temminck *et* Schlegel，1846) 青鳉

Haplochilus javanicus Karoli，1882，147。

Haplochilus latipes：Kreyenberg *et* Pappenheim，1908，22。

Oryzias latipes Oshima，1926a，19；Wu，1929，60；Chu，1931a，85；王以康，1958，247；Innes，1966，298；解玉浩，1981，117；郑葆珊，1981，197；王香亭，1987，199；黄玉瑶，1988，28；张世义(见郑慈英)，1989，295；郭田漪，1992，103；沈世杰和曾晴贤，1993，203。

Aplocheilus latipes：Mori，1927；Mori，1928a，71；Fowler，1930-1931，27；Reeves，1933，198；Chang，1944，30；刘建康等，1956，241；李思忠，1965，220；李思忠，1981，228。

Aplocheilus (*Oryzias*) *latipes*：Nichols，1943，234。

Oryzias latipes sinensis：Chen，Uwa *et* Chu，1989，240；陈银瑞(见褚新洛和陈银瑞)，1990，227；李思忠和张春光等，2011，153。

别名：阔尾青鳉、中华青鳉。

保护等级：《台湾淡水鱼类红皮书》(近危)。

分布：我国东部自辽河下游到海南岛和云南金沙江下游，南盘江水系，元江水系和澜沧江水系。1958年后人工运输养殖鱼苗，已被引进宁蒙河套地区、甘肃省河西走廊的张掖城内和新疆塔里木盆地等。国外分布于日本、朝鲜半岛、越南等。

(1233) *Oryzias minutillus* Smith，1945 小青鳉

Oryzias minutillus Smith，1945，424；陈银瑞等，1989，243；朱松泉，1995，160。

Oryzias minutilus：李思忠和张春光等，2011，152。

别名：小体青鳉。

分布：云南西双版纳澜沧江下游湖塘、河滩等小水体。国外分布于泰国、柬埔寨、老挝、越南、缅甸等。

(1234) *Oryzias sinensis* Chen，Uwa *et* Chu，1989 中华青鳉

Oryzias latipes sinensis Chen，Uwa *et* Chu(陈银瑞、宇和紘和褚新洛)，1989，240；伍汉霖等，2012，171。

Oryzias latipes iliensis：Baensch *et* Riehl，1997，462。

分布：云南各水系、滇池、洱海、杞麓湖、异龙湖等。国外见于湄公河、伊洛瓦底江、萨尔温江、红河等，已引入哈萨克斯坦、乌克兰等。

(三十一) Hemiramphidae 鱵科

261. *Hyporhamphus* Gill，1859 下鱵属

Hyporhamphus Gill，1859，131。

(1235) *Hyporhamphus intermedius* (Cantor，1842) 间下鱵

Hemirhamphus intermedius Cantor，1842，485；Tchang，1938，340；陈兼善，1969，185；郑葆珊，1981，199。

Hyporhamphus intermedius：Reeves，1927，7；周伟(见褚新洛和陈银瑞)，1990；Chen (in Yang *et al.*)，2010；Wang *et al.*，2011；李思忠和张春光等，2011，273；陈小勇，2013，323。

分布：黄渤海、东海、南海北部珠江口附近沿海，以及

沿海的江河湖泊中，包括白洋淀、黄河下游、长江中下游及附属湖泊如洞庭湖等、珠江梧州以下等；在云南，引入至滇池、星云湖、抚仙湖等高原湖泊，南盘江也有分布报道。国外分布包括从日本到西北太平洋地区。

（三十二）Belonidae 颌针鱼科

262. *Strongylura* van Hasselt，1824 圆尾颌针（鹤鱵）鱼属

Strongylura van Hasselt，1824，374。

(1236) *Strongylura strongylura* (van Hasselt，1824) 圆鳍圆尾颌针鱼

Belone strongylurus van Hasselt，1824，130。

Tylosurus strongylurus：Mai，1978，276；周伟（见褚新洛和陈银瑞），1990，231。

Xenentodon canciloides：陈小勇，2013，322。

别名：圆颌针鱼、圆尾鹤鱵、后鳍圆颌针鱼等。

分布：主要分布于我国台湾海峡以南沿海及各河口，在云南见于元江下游，疑为陆封种。国外分布于湄公河、越南北部、马来半岛、苏门答腊岛、婆罗洲等。

十三、Gasterosteiformes 刺鱼目

（三十三）Gasterosteidae 刺鱼科

263. *Gasterosteus* Linnaeus，1758 刺鱼属

Gasterosteus Linnaeus，1758，295。

别名：三刺鱼属。

(1237) *Gasterosteus aculeatus* Linnaeus，1758 三刺鱼

Gasterosteus aculeatus Linnaeus，1758，295；成庆泰和郑葆珊，1987，261；朱松泉，1995，165；董崇智等，2001，201；解玉浩，2007，346。

别名：刺鱼。

分布：黑龙江、乌苏里江、兴凯湖、绥芬河、图们江等水系。国外分布于环北极寒带和温带地区；南可到黑海、意大利南部、伊比利亚半岛、北非等，东到日本北部，北美 30°N~32°N 以北，格陵兰岛等。

264. *Pungitius* Coste，1846 多刺鱼属

Pungitius Coste，1846，588。

(1238) *Pungitius sinensis* (Guichenot，1869) 中华多刺鱼

Gasterosteus sinensis Guichenot，1869，204。

Pungitius sinensis：Guichenot，1869，204；郑葆珊等，1980，74；成庆泰和郑葆珊，1987，261；朱松泉，1995，165；张觉民，1995，212；董崇智等，2001，203；解玉浩，2007，348；张春光和赵亚辉，2013，196。

别名：九刺鱼。

保护等级：省（直辖市）级（北京、黑龙江）。

分布：黑龙江、乌苏里江、兴凯湖、绥芬河、图们江、辽河及内蒙古东部、河北北部包括北京地区的西北部。国外分布于朝鲜半岛、日本、库页岛和堪察加半岛。

十四、Synbranchiformes 合鳃鱼目

（三十四）Synbranchidae 合鳃鱼科

265. *Monopterus* Lacépède，1800 黄鳝属

Monopterus Lacépède，1800，138。

(1239) *Monopterus albus* (Zuiew，1793) 黄鳝

Muraena alba Zuiew，1793，299。

Monopterus albus：王鸿媛，1984，89；Kuang *et al.*，1986，213；成庆泰和郑葆珊，1987，273；张世义（见郑慈英），1989，302；Pan *et al.*，1991，357；Yang，1991，200；周道琼（见丁瑞华），1994，500；杨君兴和陈银瑞，1995，109；朱松泉，1995，168；成庆泰和周才武，1997，246，320，15。

分布：除青藏高原、西北等地区外全国其他水系的平原或浅山区均有自然分布。国外见于日本、缅甸、马来西亚等。

(1240) *Monopterus cuchia* (Hamilton，1822) 山黄鳝

Unibranchapertura cuchia Hamilton，1822，363。

Monopterus cuchia：周伟（见褚新洛和陈银瑞），1990，237。

分布：云南陇川县共瓦（伊洛瓦底江）。国外分布于巴基斯坦、印度、尼泊尔、孟加拉国、缅甸等。

（三十五）Mastacembelidae 刺鳅科

266. *Mastacembelus* Scopoli，1777 刺鳅属

Mastacembelus Scopoli，1777，458。

别名：大刺鳅属。

(1241) *Mastacembelus armatus* (Lacépède，1800) 大刺鳅

Macrognathus armatus Lacépède，1800，283。

Mastacembelus armatus：Kuang *et al.*，1986，326；成庆泰和郑葆珊，1987，459；郑慈英，1989，371；周伟(见褚新洛和陈银瑞)，1990，272；Pan *et al.*，1991，519；朱松泉，1995，187；刘明玉等，2000，392；Yang *et* Zhou，2011，325；伍汉霖等，2012，194。

保护等级：省级(福建)。

分布：长江流域以南及海南岛。国外从巴基斯坦至越南和印度尼西亚均有分布。

(1242) *Mastacembelus oatesii* Boulenger，1893 云斑刺鳅

Mastacembelus oatesii Boulenger，1893，198；Zhou *et* Yang，2011，326；陈小勇，2013，323。

分布：云南芒市河。国外分布于缅甸。

(1243) *Mastacembelus strigiventus* Zhou *et* Yang，2011 腹纹刺鳅

Mastacembelus strigiventus Zhou *et* Yang(周伟和杨丽萍)，2011，328。

分布：云南省盈江县那邦河。

(1244) *Mastacembelus triolobus* Zhou *et* Yang，2011 三叶刺鳅

Mastacembelus triolobus Zhou *et* Yang(周伟和杨丽萍)，2011，329。

分布：云南省腾冲县龙江。

267. *Sinobdella* Kottelat *et* Lim，1994 中华刺鳅属

Sinobdella Kottelat *et* Lim，1994，189。

(1245) *Sinobdella sinensis* (Bleeker，1870) 中华刺鳅

Rhynchobdella sinensis Bleeker，1870c，249。

Mastacembelus sinensis：Wang，1984，97；Wang *et al.*，2001，329。

Mastacembalus aculeatus：郑慈英，1989，371。

Pararhynchobdella sinensis：朱松泉，1995，187。

Sinobdella sinensis：Kottelat *et al.*，1994，181；Ho *et* Shao，2011，40；伍汉霖等，2012，194。

别名：中华光盖刺鳅。

分布：辽河至珠江各水系。国外分布于越南。

十五、Scorpaeniformes 鲉形目

(三十六) Cottidae 杜父鱼科

268. *Cottus* Linnaeus，1758 杜父鱼属

Cottus Artedi，1738，49。

Cottus Linnaeus，1758，264。

(1246) *Cottus czerskii* Berg，1913 克氏杜父鱼

Cottus czerskii Berg，1913，17；Mori，1927；任慕莲，1981，172；成庆泰和郑葆珊，1987，485；张觉民，1995，238；董崇智等，2001，214；金鑫波，2006，577；解玉浩，2007，359。

别名：燕杜父鱼、谢氏杜父鱼。

分布：图们江和黑龙江。国外分布于俄罗斯和朝鲜。

(1247) *Cottus hangionensis* Mori，1930 图们江杜父鱼

Cottus hangionensis Mori，1930，10；Watanabe，1960；成庆泰和郑葆珊，1987，485；朱松泉，1995，189；董崇智等，2001，215；金鑫波，2006，575。

分布：图们江。国外分布于日本、朝鲜等。

(1248) *Cottus poecilopus* Heckel，1836 杂色杜父鱼

Cottus poecilopus Heckel，1836，145；Mori，1927，8；Mori，1952，161；任慕莲，1981，171；Mou，1987，402；成庆泰和郑葆珊，1987，485；张觉民，1995，237；朱松泉，1995，189；董崇智等，2001，213；金鑫波，2006，579；解玉浩，2007，358。

别名：花杜父鱼。

分布：鸭绿江、图们江、松花江、黑龙江、辽河、碧流河等。国外分布于朝鲜、俄罗斯(远东地区)和北欧各国。

(1249) *Cottus pollux* Günther，1873 拇指杜父鱼

Cottus pollux Günther，1873，240；Jordan *et* Starks，1904，267；王以康，1958，511；Watanabe，1960，119；成庆泰和郑葆珊，1987，485；金鑫波，2006，572。

Cottus hilgendorfi：Steindachner *et* Doderlein，1884，40。

Cottus nozawae Snyder，1911，537。

别名：孪杜父鱼。

分布：依 Günther(1873)曾见于上海(淡水)。国外分布于日本。

(1250) *Cottus sibiricus altaieus* Li *et* Ho，1966 阿尔泰杜父鱼

Cottus sibiricus altaieus Li *et* Ho(李思忠和何振威，见李思忠等)，1966，49；Li *et* Ho，1979，57；成庆泰和郑葆珊，1987，485；朱松泉，1995，189；金鑫波，2006，574。

保护等级：省(自治区)II 级(新疆)。

分布：额尔齐斯河流域。

269. *Mesocottus* Gratzianov，1907 中杜父鱼属

Mesocottus Gratzianov，1907，660。

(1251) ***Mesocottus haitej*** **(Dybowski，1869)** 中杜父鱼

Cottus haitej Dybowski，1869，949。

Mesocottus haitej：任慕莲，1981，171；成庆泰和郑葆珊，1987，484；张觉民，1995，236；董崇智等，2001，209；金鑫波，2006，567；解玉浩，2007，355。

别名：黑龙江中杜父鱼。

保护等级：省级(黑龙江)。

分布：黑龙江和乌苏里江。国外分布于俄罗斯阿穆尔河水系、萨哈林岛等。

270. *Trachidermus* Heckel，1839 淞江鲈属

Trachidermus Heckel，1839，159。

(1252) ***Trachidermus fasciatus*** **Heckel，1839** 淞江鲈

Trachidermus fasciatus Heckel，1839，160；成庆泰和郑葆珊，1987，484；朱松泉，1995，188；成庆泰和周才武，1997，437；Yue *et* 240；刘明玉等，2000，410；Wang *et al.*，2001，300；金鑫波，2006，569；伍汉霖等，2012，205。

别名：四鳃鲈、松江鲈鱼。

保护等级：国家 II 级。

分布：洄游性鱼类，黄渤海和东海及其一些通江河流(如吉林、山东、上海、浙江等省市一些沿海河流的下游)。国外于朝鲜半岛和日本有分布。

十六、Perciformes 鲈形目

(三十七) Percichthyidae 鮨鲈科

271. *Coreoperca* Herzenstein，1896 少鳞鳜属

Coreoperca Herzenstein，1896，11。

(1253) ***Coreoperca herzi*** **Herzenstein，1896** 朝鲜少鳞鳜

Coreoperca herzi Herzenstein，1896，11；成庆泰和郑葆珊，1987，285；周才武等，1988，119；刘焕章，1993，59；Liu *et* Chen，1994，208b；刘明玉等，2000，245；Cao *et* Liang，2013，891。

分布：鸭绿江水系。国外分布于朝鲜半岛。

(1254) ***Coreoperca loona*** **(Wu，1939)** 漓江少鳞鳜

Siniperca loona Wu，1939，134；Liu *et* Chen，1994a，1。

Coreoperca loona：成庆泰和郑葆珊，1987，285；15；伍汉霖等，2012，212。

Siniperca obscura：周才武等，1988，118；高国范(见郑慈英)，1989，310。

分布：广西、贵州、湖南、江西、福建。

(1255) ***Coreoperca whiteheadi*** **Boulenger，1900** 中国少鳞鳜

Coreoperca whiteheadi Boulenger，1900，960；成庆泰和郑葆珊，1987，285；周才武等，1988，119；刘焕章，1993，60；Liu *et* Chen，1994b，208；1994，7；朱松泉，1995，171；刘明玉等，2000，245；15；伍汉霖等，2012，212；Cao *et* Liang，2013，891。

Siniperca whiteheadi：Kuang *et al.*，1986，218；高国范(见郑慈英)，1989，308；Pan *et al.*，1991，365。

别名：石鳜。

分布：钱塘江、瓯江、福建木兰溪、珠江、元江、海南岛。

272. *Siniperca* Gill，1862 鳜属

Siniperca Gill，1862a，16。

Coreosiniperca Fang *et* Chong，1932，137。

(1256) ***Siniperca chuatsi*** **(Basilewsky，1855)** 鳜

Perca chuatsi Basilewsky，1855，218。

Siniperca chuatsi：Wang，1984，91；成庆泰和郑葆珊，1987，286；周才武等，1988，116；周伟(见褚新洛和陈银瑞)，1990，240；邓其祥(见丁瑞华)，1994，510；Liu *et* Chen，1994b，208；1994，1；朱松泉，1995，170；成庆泰和周才武，1997，253；323；刘明玉等，2000，244；15；Wang *et al.*，2001，215；伍汉霖等，2012，212。

保护等级：省(直辖市)级(北京、黑龙江)。

分布：长江及其以北。国外分布于俄罗斯阿穆尔河流域。

(1257) ***Siniperca fortis*** **(Lin，1932)** 麻鳜

Coreoperca fortis Lin，1932c，518。

Siniperca fortis：高国范(见郑慈英)，1989，315；刘焕章，1993，64。

分布：珠江流域支流西江水系。

(1258) ***Siniperca knerii*** **Garman，1912** 大眼鳜

Siniperca knerii Garman，1912，112；伍汉霖等，2012，212。

Siniperca kneri：成庆泰和郑葆珊，1987，286；周才武等，1988，116；高国范(见郑慈英)，1989，310；周伟(见褚新洛和陈银瑞)，1990，241；Pan *et al.*，1991，367；邓其祥(见丁瑞华)，1994，511；Liu *et* Chen，1994b，208；1994，1；朱松泉，1995，170；

324；刘明玉等，2000，245；15。

保护等级：省级(陕西)。

分布：长江及其以南。国外分布于越南。

(1259) *Siniperca liuzhouensis* Zhou，Kong *et* Zhu，1987 柳州鳜

Siniperca liuzhouensis Zhou，Kong *et* Zhu(周才武、孔晓瑜和朱思荣)，1987，348；周才武等，1988，118；刘明玉等，2000，245；伍汉霖等，2012，212。

Siniperca fortis：刘焕章，1993，64。

分布：广西柳州柳江。

(1260) *Siniperca obscura* Nichols，1930 暗鳜

Siniperca obscura Nichols，1930，2；成庆泰和郑葆珊，1987，286；周才武等，1988，118；高国范(见郑慈英)，1989，312；刘焕章，1993，63；Liu *et* Chen，1994b，208；朱松泉，1995，171；刘明玉等，2000，245；15；伍汉霖等，2012，212。

Coreoperca yunkiansensis：Lin，1932c，518。

Coreoperca obscura：邓其祥(见丁瑞华)，1994，507。

保护等级：省级(湖南)。

分布：长江至珠江各水系。

(1261) *Siniperca robusta* Yu，Kwang *et* Ni，1986 高体鳜

Siniperca robusta Yu，Kwang *et* Ni(俞泰济、匡庸德和倪勇)，1986，220；刘焕章，1993，64。

分布：海南岛南渡江水系。

(1262) *Siniperca roulei* Wu，1930 长身鳜

Siniperca roulei Wu，1930b，54；高国范(见郑慈英)，1989，309；刘焕章，1993，63；Liu *et* Chen，1994b，208；1994，1；伍汉霖等，2012，212。

Coreosiniperca roulei：成庆泰和郑葆珊，1987，285；周才武等，1988，118；邓其祥(见丁瑞华)，1994，505；朱松泉，1995，170；刘明玉等，2000，245；15。

别名：长体鳜。

保护等级：《中国濒危动物红皮书-鱼类》(易危)，省级(湖南)。

分布：长江至珠江各水系。

(1263) *Siniperca scherzeri* Steindachner，1892 斑鳜

Siniperca scherzeri Steindachner，1892，357；成庆泰和郑葆珊，1987，286；周才武等，1988，117；高国范(见郑慈英)，1989，311；周伟(见褚新洛和陈银瑞)，1990，243；Pan *et al.*，1991，368；刘焕章，1993，65；邓其祥(见丁瑞华)，1994，513；Liu *et* Chen，1994b，208；朱松泉，1995，171；成庆泰和周才武，1997，255；322；刘明玉等，2000，245；15；Wang *et al.*，2001，216；伍汉霖等，2012，212。

Siniperca chieni：Fang *et* Chong，1932，181。

Siniperca chui：Fang *et* Chong，1932，174。

Siniperca kwangsiensis：Fang *et* Chong，1932，177。

Siniperca paichuanensis：Fu，1934，93。

分布：鸭绿江至珠江间各水系。国外分布于朝鲜半岛和越南。

(1264) *Siniperca undulata* Fang *et* Chong，1932 波纹鳜

Siniperca undulata Fang *et* Chong，1932，188；成庆泰和郑葆珊，1987，286；周才武等，1988，117；高国范(见郑慈英)，1989，316；Pan *et al.*，1991，370；刘焕章，1993，65；Liu *et* Chen，1994b，208；朱松泉，1995，171；刘明玉等，2000，245；15；伍汉霖等，2012，212。

保护等级：省级(湖南)。

分布：长江至珠江各水系。

(三十八) Percidae 鲈科

273. *Acerina* Cuvier，1817 粘鲈属

Acerina Cuvier，1817，287。

Gymnocephalus Cocco，1829。

别名：梅花鲈属。

(1265) *Acerina cernua* (Linnaeus，1758) 粘鲈

Perca cernua Linnaeus，1758，294。

Acerina cernua：中国科学院动物研究所等，1979，56；任慕莲等，2002，194。

Gymnocephalus cernua：Kottelat，2007，526；伍汉霖等，2012，224。

别名：密歇根梅花鲈、梅花鲈。

分布：新疆额尔齐斯河水系(包括乌伦古湖水系)。国外分布于北欧、东欧至西伯利亚科累马河。

274. *Perca* Linnaeus，1758 鲈属

Perca Linnaeus，1758，289。

(1266) *Perca fluviatilis* Linnaeus，1758 河鲈

Perca fluviatilis Linnaeus，1758，289；中国科学院动物研究所等，1979，54；成庆泰和郑葆珊，1987，299；刘明玉等，2000，255；伍汉霖等，2012，224；

任慕莲等，2002，183；解玉浩，2007，372。

保护等级：省级（黑龙江）。

分布：新疆额尔齐斯河、乌伦古河流域，以及黑龙江中游和乌苏里江（系由前苏联渔业工作者移入到黑龙江下游的）。国外分布于欧洲和俄罗斯、哈萨克斯坦、蒙古等。

(1267) *Perca schrenkii* Kessler，1874 伊犁鲈

Perca schrenkii Kessler，1874，50；伍汉霖等，2012，224。

Perca schrenki：中国科学院动物研究所等，1979，55；成庆泰和郑葆珊，1987，299；刘明玉等，2000，255。

分布：新疆伊犁河、额敏河流域。国外分布于哈萨克斯坦的巴尔喀什湖和阿拉湖。

（三十九）Badidae 变色鲈科

275. *Dario* Kullander *et* Britz，2002 黛鲈属

Dario Kullander *et* Britz，2002，354。

(1268) *Dario dayingensis* Kullander *et* Britz，2002 大盈江黛鲈

Badis dario：周伟（见褚新洛和陈银瑞），1990，247。

Dario dayingensis Kullander *et* Britz，2002，364；Jiang *et al.*，2010；陈小勇，2013，323。

别名：无线棕鲈。

分布：龙川江、大盈江（伊洛瓦底江水系）。

（四十）Rhyacichthyidae 溪鳢科

276. *Rhyacichthys* Boulenger，1901 溪鳢属

Rhyacichthys Boulenger，1901b，267。

(1269) *Rhyacichthys aspro* (Valenciennes，1837) 溪鳢

Platyptera aspro Valenciennes，1837，321。

Rhyacichthys senensis：Chu，1931，157。

Rhyacichthys aspro：Liang，1984，212；沈世杰，1984，125；陈兼善和于名振，1986，727；曾晴贤，1986，118；成庆泰和郑葆珊，1987，426；邵广昭等，1991，159；沈世杰，1993，523；朱松泉，1995，173；Yu，1996，75；方力行等，1996，158；陈义雄和方力行，1999，180；刘明玉等，2000，362；陈义雄和方力行，2001，126；伍汉霖和钟俊生，2008，138；伍汉霖等，2012，299。

别名：粗皮溪鳢。

保护等级：《台湾淡水鱼类红皮书》（近危）。

分布：台湾。国外分布于菲律宾至太平洋中部所罗门群岛，北至日本琉球群岛，南至印度尼西亚、巴布亚新几内亚。

（四十一）Odontobutidae 沙塘鳢科

277. *Micropercops* Fowler *et* Bean，1920 小黄黝鱼属

Micropercops Fowler *et* Bean，1920，318。

(1270) *Micropercops swinhonis* (Günther，1873) 小黄黝鱼

Eleotris swinhonis Günther，1873，242；Tchang，1928，39；Tchang，1929，406；Shaw，1930a，196；Wang，1933，3。

Perccottus swinhonis：Chu，1931，159；Tchang，1939，215。

Hypseleotris swinhonis：朱元鼎，1932，53；尼科尔斯基，1956，381；王以康，1958，462；郑葆珊，1960，54；刘成汉，1964，117；李思忠，1965，220；朱元鼎和伍汉霖，1965，130；湖北省水生生物研究所鱼类研究室，1976，201；湖南省水产科学研究所，1977，220；李思忠，1981，232；任慕莲，1981，162；Wang，1984，92；李仲辉，1984，176；郑米良和伍汉霖，1985，327；伍汉霖（见朱元鼎），1985，332；成庆泰和郑葆珊，1987，430；潘炯华，1987，19；秦克静，1987，317；王香亭（见陈景星），1987，207；杨干荣，1987，191；袁传宓，1987，248；周伟（见褚新洛和陈银瑞），1990，251；伍律（见伍律等），1989，268；陈马康等，1990，202；周伟（见褚新洛和陈银瑞），1990，251；李明德，1990，87；倪勇，1990，303；毛节荣和徐寿山，1991，199；李明德，1992，140；周道琼（见丁瑞华），1994，517；王鸿媛，1994，160；杨君兴和陈银瑞，1995，111；张觉民，1995，225；朱松泉，1995，176；成庆泰和周才武，1997，364；326；15；Wang *et al.*，2001，281。

Hypseleotris cinctus：王以康，1958，462；朱元鼎和伍汉霖，1965，130；李思忠，1981，232；成庆泰，1987，430。

Micropercops swinhonis：张觉民，1990，322；杨君兴和陈银瑞，1995，111；刘明玉等，2000，364；倪勇和伍汉霖，2006，640；伍汉霖和钟俊生，2008，142；伍汉霖等，2012，299。

别名：斑黄黝鱼、达氏黄黝鱼、史氏黄黝鱼、黄黝鱼。

分布：广泛分布于我国东中部、东南部、西南部各大小河流、水库、湖泊等。

278. *Neodontobutis* Chen，Kottelat *et* Wu，2002 新沙塘鳢属

Neodontobutis Chen，Kottelat *et* Wu（陈义雄、Kottelat和伍汉霖），2002c，230。

(1271) *Neodontobutis hainanensis*（Chen，1985）海南新沙塘鳢

Hypseleotris hainanensis Chen（陈炜），1985，76；Pan *et al.*，1991，440；朱松泉，1995，175；刘明玉等，2000，364。

Philypnus macrolepis：Wu *et* Ni（伍汉霖和倪勇），1986，263；Pan *et al.*，1991，427；朱松泉，1995，176；刘明玉等，2000，366；陈旻和张春光（见周解和张春光），2006，470。

Neodontobutis hainanensis：Chen *et al.*，2002c，230；伍汉霖和钟俊生，2008，146；伍汉霖等，2012，299。

别名：海南黄黝鱼。

分布：广东珠江水系、海南各水系。

279. *Odontobutis* Bleeker，1874 沙塘鳢属

Odontobutis Bleeker，1874，305。

(1272) *Odontobutis haifengensis* Chen，1985 海丰沙塘鳢

Odontobutis haifengensis Chen（陈炜），1985，74；Pan *et al.*，1991，437；伍汉霖等，1993，53；朱松泉，1995，175；刘明玉等，2000，365；Wu *et al.*，2002，9；伍汉霖和钟俊生，2008，148；伍汉霖等，2012，299。

分布：广东南部的河溪中。

(1273) *Odontobutis potamophila*（Günther，1861）河川沙塘鳢

Eleotris potamophila Günther，1861，557；Tchang，1928，38；Chu，1931，158；Fu *et* Tchang，1933，27；Wang，1933，2。

Odontobutis obscurus：Chu（non Temminck *et* Schlegel），1931，158；湖北省水生生物研究所鱼类研究室，1976，201；伍献文等，1979，137；农业部水产局等，1982；陈炜和郑慈英，1985，73；郑米良和伍汉霖，1985，327；伍汉霖（见朱元鼎），1985，329；成庆泰和郑葆珊，1987，429；袁传宓，1987，249；连珍水，1988，47；陈马康等，1990，201；倪勇，1990，302；毛节荣和徐寿山，1991，198。

Eleotris obscura：Chu，1932，54。

Odontobutis wui：Chen，1934，36。

Gobiomorphus pellegrini：Fang，1942，81。

Perccottus potamophila：王以康，1958，459；朱元鼎和伍汉霖，1965，124；李思忠，1981，232。

Odontobutis potamophila：伍汉霖等，1993，53；周才武，1997，363；刘明玉等，2000，365；Wu et *al.*，2002，9；倪勇和伍汉霖，2006，642；伍汉霖和钟俊生，2008，150；伍汉霖等，2012，299。

别名：河川鲈塘鳢。

分布：长江中下游（湖北荆州至上海江段）及沿江各支流、钱塘江水系、闽江水系，偶见于黄河水系。

(1274) *Odontobutis sinensis* Wu，Chen *et* Chong，2002 中华沙塘鳢

Odontobutis sinensis Wu，Chen *et* Chong（伍汉霖、陈义雄和庄棣华），2002，7；陈旻和张春光（见周解和张春光），2006，459；伍汉霖和钟俊生，2008，153；伍汉霖等，2012，299。

Eleotris potamophila Chu（non Günther），1931，158。

Odontobutis obscura Chu（non Temminck *et* Schlegel），1931，159；郝天和，1960，145；朱元鼎和伍汉霖，1965，124；湖北省水生生物研究所鱼类研究室，1976，201；湖南省水产科学研究所，1977，219；伍献文等，1979，137；李思忠，1981，244；郑葆珊，1981，215；成庆泰和郑葆珊，1987，429；杨干荣，1987，190；伍律（见伍律等），1989，67；陈炜（见郑慈英），1989，333；张觉民，1990，322；朱松泉，1995，175；伍汉霖等，1993，56；刘明玉等，2000，365。

别名：沙鳢、暗色沙鳢。

分布：长江中上游的江西、湖北、湖南，珠江水系的广东、广西及海南等地。

(1275) *Odontobutis yaluensis* Wu，Wu *et* Xie，1993 鸭绿沙塘鳢

Odontobutis potamophila Chu（non Günther），1931，158。

Odontobutis obscura 解玉浩（non Temminck *et* Schlegel），1986，95；秦克静，1987，316。

Odontobutis yaluensis Wu，Wu *et* Xie（伍汉霖、吴小青

和解玉浩），1993，55；刘明玉等，2000，365；Wu *et al.*，2002，9；伍汉霖和钟俊生，2008，158；伍汉霖等，2012，299。

分布：辽河水系及鸭绿江水系。

280. *Perccottus* Dybowski，1877 鲈塘鳢属

Perccottus Dybowski，1877，28。

Percottus Chen *et al.*，2002c，232。

(1276) *Perccottus glenii* Dybowski，1877 葛氏鲈塘鳢

Perccottus glenii Dybowski，1877，28；Chu，1931，159；尼科尔斯基，1956，377；王以康，1958，459；朱元鼎和伍汉霖，1965，124；郑葆珊等，1980，77；李思忠，1981，232；任慕莲，1981，161；秦克静，1987，314；张觉民，1990，322；张觉民，1995，223；伍汉霖和钟俊生，2008，160；伍汉霖等，2012，299。

Perccottus gleni：成庆泰和郑葆珊，1987，428；朱松泉，1995，175；刘明玉等，2000，366。

别名：鲈塘鳢。

保护等级：省级(黑龙江)。

分布：辽河、黑龙江、松花江、兴凯湖等水系。国外分布于俄罗斯(远东地区)、朝鲜半岛北部。

281. *Sineleotris* Herre，1940 华黝鱼属

Sineleotris Herre，1940，293。

(1277) *Sineleotris saccharae* Herre，1940 萨氏华黝鱼

Sineleotris saccharae Herre，1940，293；Chen *et* Kottelat，2004，43；伍汉霖和钟俊生，2008，162；伍汉霖等，2012，299。

Philypnus compressocephalus：陈炜和郑慈英，1985，77；陈炜(见郑慈英)，1989，342。

Hypseleotris compressocephalus：潘炯华等，1991，442；朱松泉，1995，176；刘明玉等，2000，364。

Micropercops compressocephalus 陈旲和张春光(见周解和张春光)，2006，462。

别名：侧扁细齿塘鳢、侧扁黄黝鱼。

分布：广东韩江、龙津河、东江、漠阳江水系。

(四十二) Eleotridae 塘鳢科

282. *Bostrychus* Lacépède，1801 乌塘鳢属

Bostrychus Lacépède，1801，140。

(1278) *Bostrychus sinensis* Lacépède，1801 乌塘鳢

Bostrychus sinensis Lacépède，1801，140；伍汉霖和倪勇，2006，636；陈旲和张春光(见周解和张春光)，2006，464；伍汉霖和钟俊生，2008，165；伍汉霖等，2012，300。

Bostrichthys sinensis：Kuang *et al.*，1986，260；成庆泰和郑葆珊，1987，428；陈炜(见郑慈英)，1989，339；Pan *et al.*，1991，423；朱松泉，1995，176；刘明玉等，2000，363。

别名：中华乌塘鳢。

分布：上海、江苏、浙江、福建、广东、广西、海南、台湾，江苏赣榆为分布的北限。国外分布于印度洋北部沿岸至太平洋中部波利尼西亚群岛，北至日本，南至澳大利亚。

283. *Eleotris* Bloch *et* Schneider，1801 塘鳢属

Eleotris Bloch *et* Schneider，1801，65。

(1279) *Eleotris acanthopoma* Bleeker，1853 刺盖塘鳢

Eleotris acanthopomus Bleeker，1853a，275；沈世杰，1993，525。

Eleotris acanthopoma hainanensis：Wu，1991，432；朱松泉，1995，174；刘明玉等，2000，363。

Eleotris acanthopoma：伍汉霖和钟俊生，2008，176；伍汉霖等，2012，300。

别名：海南刺盖塘鳢。

分布：海南(文教河、万泉河、龙首河水系)、台湾。国外分布于日本、印度尼西亚。

(1280) *Eleotris fusca* (Forster，1801) 褐塘鳢

Poecilia fusca Forster，1801，453。

Eleotris fusca：Chu，1931，158；朱元鼎和伍汉霖，1965，124；成庆泰和郑葆珊，1987，429；陈炜(见郑慈英)，1989，334；Pan *et al.*，1991，434；朱松泉，1995，174；刘明玉等，2000，363；伍汉霖和钟俊生，2008，178；伍汉霖等，2012，300。

别名：暗塘鳢、棕塘鳢。

分布：珠江水系、台湾、香港。国外分布于日本、菲律宾、太平洋中部各岛屿。

(1281) *Eleotris melanosoma* Bleeker，1853 黑体塘鳢

Eleotris melanosoma Bleeker，1853c，705；Chu，1931，158；朱元鼎和伍汉霖，1965，124；郑葆珊，1981，213；沈世杰，1984，396；陈炜和郑慈英，1985，73；陈兼善和于名振，1986，732；成庆泰和郑葆

珊，1987，429；陈炜(见郑慈英)，1989，337；沈世杰，1993，525；朱松泉，1995，174；刘明玉等，2000，363；Tan *et* Lim，2004，110；陈旻和张春光(见周解和张春光)，2006，467；伍汉霖和钟俊生，2008，180；伍汉霖等，2012，300。

Eleotris hainanensis：Chen，1933，370。

别名：黑塘鳢、壮体塘鳢、条纹塘鳢。

分布：珠江水系、海南、台湾、香港。国外分布于日本和菲律宾。

(1282) *Eleotris oxycephala* Temminck *et* Schlegel，1845 尖头塘鳢

Eleotris oxycephala Temminck *et* Schlegel，1845，150；Chu，1931，158；Tchang，1937，105；朱元鼎和伍汉霖，1965，124；郑葆珊，1981，212；沈世杰，1984，396；陈炜和郑慈英，1985，73；郑米良和伍汉霖，1985，327；伍汉霖(见朱元鼎)，1985，328；Kuang *et al.*，1986，265；陈兼善和于名振，1986，732；伍汉霖和倪勇，1986，265；成庆泰和郑葆珊，1987，429；陈炜(见郑慈英)，1989，335；倪勇，1990，298；Pan *et al.*，1991，429；朱松泉，1995，174；刘明玉等，2000，364；倪勇和伍汉霖，2006，638；陈旻和张春光(见周解和张春光)，2006，466；伍汉霖和钟俊生，2008，182；Ho *et* Shao，2011，55；伍汉霖等，2012，300。

Eleotris hainanensis：Chen，1933，370。

别名：锐头塘鳢。

分布：长江、钱塘江、瓯江、灵江、交溪、闽江、木兰溪、晋江、九龙江、汀江、珠江等水系，海南，台湾，香港。国外分布于日本。

284. *Hypseleotris* Gill，1863 黄黝鱼属

Hypseleotris Gill，1863b，270。

(1283) *Hypseleotris cyprinoides* (Valenciennes，1837) 似鲤黄黝鱼

Eleotris cyprinoides Valenciennes，1837，248。

Hypseleotris guentheri：沈世杰，1984，397；沈世杰等，1984，122；Yu，1996，74。

Hypseleotris bipartita：陈兼善和于名振，1986，733；曾晴贤，1986，120；成庆泰和郑葆珊，1987，430；沈世杰，1993，525；朱松泉，1995，175；Yu，1996，73。

Hypseleotris cyprinoides：Yu，1996，73；刘明玉等，2000，364；陈义雄和方力行，2001，140；伍汉霖和钟俊生，2008，185；伍汉霖等，2012，300。

别名：短塘鳢、短黄黝鱼、尾斑短塘鳢、纵带短塘鳢、似鲤短塘鳢。

分布：台湾。国外分布于日本(冲绳)，菲律宾，西南太平洋各通海河、溪中。

285. *Ophieleotris* Aurich，1938 蛇塘鳢属

Ophieleotris Aurich，1938，132。

(1284) *Ophieleotris aporos* (Bleeker，1854) 无孔蛇塘鳢

Eleotris aporos Bleeker，1854，59。

Ophieleotris aporos：沈世杰，1984，398；陈兼善和于名振，1986，733；沈世杰，1993，525；Yu，1996，74；伍汉霖和钟俊生，2008，188。

Ophiocara aporos：成庆泰和郑葆珊，1987，430；刘明玉等，2000，365。

Giuris margaritacea：伍汉霖等，2012，300。

别名：无孔塘鳢。

分布：台湾。国外分布于日本南部及西南太平洋沿岸各国的河、溪中。

286. *Philypnus* Valenciennes，1837 细齿塘鳢属

Philypnus Valenciennes，1837，255。

Gobiomorus Chen *et al.*，2002c，232。

(1285) *Philypnus chalmersi* Nichols *et* Pope，1927 海南细齿塘鳢

Philypnus chalmersi Nichols *et* Pope，1927，390；Chu，1931，159；陈炜和郑慈英，1985，74；Kuang *et al.*，1986，262；伍汉霖和倪勇，1986，262；成庆泰和郑葆珊，1987，428；陈炜(见郑慈英)，1989，341；Pan *et al.*，1991，425；朱松泉，1995，176；刘明玉等，2000，366；陈旻和张春光(见周解和张春光)，2006，469；伍汉霖和钟俊生，2008，195。

Perccottus chalmersi：王以康，1958，459；朱元鼎和伍汉霖，1965，134；李思忠，1981，234；郑葆珊，1981，214。

Sineleotris chalmersi：Chen *et al.*，2002c，233；Chen *et* Kottelat，2004，43；伍汉霖等，2012，299。

别名：海南鲈塘鳢、客氏鲈塘鳢、海南华黝鱼。

分布：海南昌化江水系。国外分布于越南。

（四十三）Gobiidae 虾虎鱼科

287. *Awaous* Valenciennes，1837 阿胡虾虎鱼属

Awaous Valenciennes，1837，97。

(1286) *Awaous melanocephalus* (Bleeker，1849) 黑首阿胡虾虎鱼

Gobius melanocephalus Bleeker，1849，33。

Glossogobitus grammepomus：Chu，1931，161。

Gobius hoepplii：Wu，1931，38。

Chonophorus melanocephalus：Tchang，1937，105。

Awaous ocellaris：朱元鼎和伍汉霖，1965，130；伍汉霖和倪勇，1986，278。

Acentrogobius hoepplii：伍汉霖，1985，354。

Awaous melanocephalus：曾晴贤，1986，132；成庆泰和郑葆珊，1987，438；Pan *et al.*，1991，469；朱松泉，1995，180；Yu，1996，77；方力行等，1996，165；陈义雄和方力行，1999，187；刘明玉等，2000，373；陈义雄和方力行，2001，128；伍汉霖和钟俊生，2008，273；伍汉霖等，2012，303。

别名：曙首厚唇鲨、黑头厚唇鲨、黑头阿胡虾虎。

分布：海南岛各淡水河溪及各河口区处，也见于台湾，但不分布至中国内地。国外分布于印度洋北部至太平洋中部各岛屿，北至日本、菲律宾，南至印度尼西亚。

(1287) *Awaous ocellaris* (Broussonet，1782) 睛斑阿胡虾虎鱼

Gobius ocellaris Broussonet，1782，15。

Awaous ocellaris gobiusinnis：Wang *et* Wang，1935。

Awaous ocellaris：Liang，1951，31；沈世杰，1984，408；Kuang *et al.*，1986，278；陈兼善和于名振，1986，749；曾晴贤，1986，133；成庆泰和郑葆珊，1987，438；Yu，1996，77；陈义雄和方力行，1999，188；2001，129；伍汉霖和钟俊生，2008，275；伍汉霖等，2012，303。

别名：厚唇鲨、眼斑厚唇鲨、眼斑阿胡虾虎。

分布：台湾(不见于海南)。国外分布于日本南部各河川、菲律宾、印度、西南太平洋沿岸各淡水水域。

288. *Gobiopterus* Bleeker，1874 鰭虾虎鱼属

Gobiopterus Bleeker，1874，311。

(1288) *Gobiopterus macrolepis* Cheng，1965 大鳞鰭虾虎鱼

Gobiopterus macrolepis Cheng(郑慈英)，1965，173；成庆泰和郑葆珊，1987，452；罗云林(见郑慈英)，1989，356；Pan *et al.*，1991，496；朱松泉，1995，184；刘明玉等，2000，386；伍汉霖和钟俊生，2008，439；伍汉霖等，2012，308。

分布：广东珠江三角洲。

289. *Gymnogobius* Gill，1863 裸身虾虎鱼属

Gymnogobius Gill，1863b，269。

(1289) *Gymnogobius taranetzi* (Pinchuk，1978) 塔氏裸身虾虎鱼

Chaenogobius taranetzi Pinchuk，1978，13。

Gymnogobius taranetzi：Zhao *et al.*，2007，454；伍汉霖和钟俊生，2008，451；伍汉霖等，2012，309。

别名：黄带长颌虾虎鱼、黄带克丽虾虎鱼。

分布：黑龙江水系、图们江珲春河水系、辽河、滦河水系。国外分布于日本、朝鲜半岛、俄罗斯滨海边疆区海域。

(1290) *Gymnogobius transversefasciatus* (Wu *et* Zhou，1990) 横带裸身虾虎鱼

Chloea laevis Wang *et* Wang，1935，184。

Chaenogobius transversefasciatus Wu *et* Zhou(伍汉霖和周志明)，1990，144；刘明玉等，2000，373。

Gymnogobius transversefasciatus：Zhao *et al.*，2007，454；伍汉霖和钟俊生，2008，452；伍汉霖等，2012，309。

别名：横带裸头虾虎鱼。

分布：浙江省南部瓯江及鳌江水系的河、溪中。国外分布于朝鲜半岛、日本。

(1291) *Gymnogobius urotaenia* (Hilgendorf，1879) 条尾裸身虾虎鱼

Gobius urotaenia Hilgendorf，1879，107。

Chaenogobius annularis：郑葆珊等，1980，80；周才武，1997，374。

Chaenogobius urotaenia：成庆泰和郑葆珊，1987，437；刘明玉等，2000，374。

Gymnogobius urotaenia：Zhao *et al.*，2007，454；伍汉霖和钟俊生，2008，454；伍汉霖等，2012，309。

别名：尾纹长颌虾虎鱼、条尾裸头虾虎鱼、尾纹裸头虾虎鱼。

分布：图们江、鸭绿江。国外分布于朝鲜半岛、日本

和俄罗斯滨海边疆区。

(1292) *Gymnogobius zhoushanensis* Zhao, Wu *et* Zhong, 2007 舟山裸身虾虎鱼

Gymnogobius zhoushanensis Zhao, Wu *et* Zhong（赵盛龙、伍汉霖和钟俊生），2007，453；伍汉霖等，2012，309。

分布：浙江舟山。

290. *Mugilogobius* Smitt，1900 鲻虾虎鱼属

Mugilogobius Smitt，1900，552。

(1293) *Mugilogobius myxodermus* (Herre，1935) 黏皮鲻虾虎鱼

Ctenogobius myxodermus Herre，1935b，395；朱元鼎和伍汉霖，1965，130；湖南省水产科学研究所，1977，222；成庆泰和郑葆珊，1987，445。

Rhinogobius myxodermus：湖北省水生生物研究所鱼类研究室，1976，209。

Mugilogobius myxodermus：郑葆珊，1981，219；王幼槐和倪勇，1984，156；伍汉霖（见朱元鼎），1985，340；郑米良和伍汉霖，1985，327；罗云林（见郑慈英），1989，343；倪勇，1990，313；Pan *et al.*，1991，457；郑米良，1991，202；丁瑞华，1994，519；朱松泉，1995，179；刘明玉等，2000，378；陈义雄等，2002，124；伍汉霖和倪勇，2006，673；陈旻和张春光（见周解和张春光），2006，472；伍汉霖和钟俊生，2008，499；伍汉霖等，2012，311。

别名：黏皮虾虎、黏皮栉虾虎。

保护等级：《台湾淡水鱼类红皮书》（近危）。

分布：长江、瓯江、九龙江和珠江等水系。

291. *Pseudogobiopsis* Koumans，1935 拟髯虾虎鱼属

Pseudogobiopsis Koumans，1935，131。

(1294) *Pseudogobiopsis wuhanlini* Zhong *et* Chen，1997 伍氏拟髯虾虎鱼

Pseudogobiopsis wuhanlini Zhong *et* Chen（钟俊生和陈义雄），1997，79；伍汉霖和钟俊生，2008，556；伍汉霖等，2012，314。

分布：闽江水系的闽侯、珠江水系的新会等河川。

292. *Rhinogobius* Gill，1859 吻虾虎鱼属

Rhinogobius Gill，1859，145。

Sinogobius Liu，1940，215。

Ctenogobius Pan *et al.*，1991，480。

Pseudorhinogobius Zhong *et* Wu，1998，149。

(1295) *Rhinogobius aporus* (Zhong *et* Wu，1998) 无孔吻虾虎鱼

Pseudorhinogobius aporus Zhong *et* Wu（钟俊生和伍汉霖），1998，149。

Rhinogobius aporus：伍汉霖和钟俊生，2008，572；伍汉霖等，2012，314。

分布：浙江省瓯江上游的仙都小溪中。

(1296) *Rhinogobius brunneus* (Temminck *et* Schlegel，1845) 褐吻虾虎鱼

Gobius brunneus Temminck *et* Schlegel，1845，142。

Ctenogobius brunneus：成庆泰和郑葆珊，1987，445；罗云林（见郑慈英），1989，347；Pan *et al.*，1991，483；邓其祥（见丁瑞华），1994，525；朱松泉，1995，182；成庆泰和周才武，1997，380。

Rhinogobius brunneus：周伟（见褚新洛和陈银瑞），1990，255；Chen *et* Miller，1998，219；Chen *et al.*，1999d，45；刘明玉等，2000，382；伍汉霖等，2012，314。

别名：褐栉虾虎鱼。

分布：黑龙江至珠江、元江等水系，台湾和海南岛。国外分布于日本、韩国、菲律宾、越南、俄罗斯和美国。

(1297) *Rhinogobius candidianus* (Regan，1908) 明潭吻虾虎鱼

Ctenogobius candidianus Regan，1908c，153。

Rhinogobius brunneus：曾晴贤，1986，138；邵广昭和林沛立，1991，182；沈世杰，1993，541；Yu，1996，78。

Rhinogobius candidianus：Chen *et* Shao，1996，206；Yu，1996，78；陈义雄和方力行，1999，232；2001，152；伍汉霖和钟俊生，2008，574；Ho *et* Shao，2011，56；伍汉霖等，2012，314。

别名：明潭吻鲨。

分布：台湾东北部、北部及中部的溪流上游水域。

(1298) *Rhinogobius changjiangensis* Chen，Miller，Wu *et* Fang，2002 昌江吻虾虎鱼

Rhinogobius changjiangensis Chen，Miller，Wu *et* Fang（陈义雄、Miller、伍汉霖和方力行），2002，261；伍汉霖和钟俊生，2008，576；Li *et* Zhong，2009，332；伍汉霖等，2012，314。

分布：海南西部昌化江水系。

(1299) *Rhinogobius changtinensis* Huang *et* Chen，2007 长汀吻虾虎鱼

Rhinogobius changtinensis Huang *et* Chen，2007，102；Chen *et al.*，2008，342a；Chen *et* Miller，2008，231；Li *et* Zhong，2009，332；伍汉霖等，2012，314。

分布：福建韩江水系。

(1300) *Rhinogobius cliffordpopei* (Nichols，1925) 波氏吻虾虎鱼

Gobius cliffordpopei Nichols，1925，5；Chu，1931，160。

Ctenogobius cliffordpopei：朱元鼎和伍汉霖，1965，130；湖南省水产科学研究所，1977，223；李思忠，1981，234；郑米良和伍汉霖，1985，328；成庆泰和郑葆珊，1987，446；秦克静，1987，331；王香亭(见陈景星)，1987，210；杨干荣，1987，194；农业部水产局等，1988；罗云林(见郑慈英)，1989，353；陈景星等，1989，127；谢家骅(见伍律等)，1989，270；倪勇，1990，310；张觉民，1990，322；毛节荣和徐寿山，1991，207；李明德，1992，141；邓其祥(见丁瑞华)，1994，528；杨君兴和陈银瑞，1995，115；张觉民，1995，228；成庆泰和周才武，1997，382。

Rhinogobius cliffordpopei：湖北省水生生物研究所鱼类研究室，1976，208；李仲辉，1984，177；罗云林(见郑慈英)，1989，353；Chen *et* Kottelat，2000，81；刘明玉等，2000，382；15；倪勇和伍汉霖，2006，678；伍汉霖和钟俊生，2008，578；伍汉霖等，2012，314。

别名：波氏栉虾虎鱼、克氏虾虎、洞庭栉虾虎鱼、裸背栉虾虎鱼、泼氏吻虾虎鱼。

分布：黑龙江、辽河、黄河、长江、钱塘江、珠江等水系。

(1301) *Rhinogobius davidi* (Sauvage *et* Dabry，1874) 戴氏吻虾虎鱼

Gobius davidi Sauvage *et* Dabry，1874，2。

Rhinogobius davidi：Chu，1931，162；Chen *et* Miller，1998，214；Zhong *et* Tzeng，1998，239；Chen *et al.*，1999c，177；刘明玉等，2000，382；Chen *et* Fang，2006，252；Li *et* Zhong，2007，542；Chen *et al.*，2008a，340；Yang *et al.*，2008，384；伍汉霖和钟俊生，2008，580；伍汉霖等，2012，314。

Ctenogobius davidi：朱元鼎和伍汉霖，1965，130；李思忠，1981，234；郑米良和伍汉霖，1985，28；Kuang *et al.*，1986，293；成庆泰和郑葆珊，1987，447；毛节荣和徐寿山，1991，205；朱松泉，1995，183。

别名：达氏栉虾虎鱼、戴氏栉虾虎鱼。

分布：浙江、福建各水系。

(1302) *Rhinogobius delicatus* Chen *et* Shao，1996 细斑吻虾虎鱼

Rhinogobius delicatus Chen *et* Shao，1996，208；Chen *et al.*，1998，255；陈义雄和方力行，1999，233；陈义雄和方力行，2001，153；伍汉霖和钟俊生，2008，582；Ho *et* Shao，2011，57；伍汉霖等，2012，314。

保护等级：《台湾淡水鱼类红皮书》(濒危)。

分布：台湾花莲、台东的溪流中。

(1303) *Rhinogobius duospilus* (Herre，1935) 溪吻虾虎鱼

Ctenogobius duospilus Herre，1935a，286；Lin，1949，78；Pan *et al.*，1991，482；朱松泉，1995，182。

Ctenogobius wui：Liu，1940，215；李思忠，1981，234；郑葆珊，1981，217；伍汉霖(见朱元鼎)，1985，357；伍汉霖和倪勇，1986，290；农业部水产局等，1988；罗云林(见郑慈英等)，1989，351。

Ctenogobius davidi：伍汉霖(见朱元鼎)，1985，357；伍汉霖和倪勇，1986，293。

Rhinogobius duospilus：刘明玉等，2000，382；Chen *et* Kottelat，2005，1407；陈旻和张春光(见周解和张春光)，2006，479；Huang *et* Chen，2007，102；Chen *et al.*，2008a，342；伍汉霖和钟俊生，2008，584；Li *et* Zhong，2009，330；伍汉霖等，2012，314。

别名：伍氏栉虾虎鱼、溪栉虾虎鱼。

分布：珠江、闽江水系及海南各河、溪。

(1304) *Rhinogobius filamentosus* (Wu，1939) 丝鳍吻虾虎鱼

Ctenogobius filamentosus Wu，1939，137；罗云林(见郑慈英)，1989，350。

Rhinogobius filamentosus：陈旻和张春光(见周解和张春光)，2006，480；Chen *et al.*，2008a，341；伍汉霖和钟俊生，2008，586；伍汉霖等，2012，314。

别名：丝鳍栉虾虎鱼。

分布：西江及北江的支流。

(1305) *Rhinogobius formosanus* Oshima，1919 台湾吻虾虎鱼

Rhinogobius formosanus Oshima，1919，300；伍汉霖和钟俊生，2008，587；Ho *et* Shao，2011，57。

Rhinogobius nagoyae formosanus：Chen *et* Shao，1996，212；Yu，1996，78。

别名： 宝岛吻鲨。

保护等级：《台湾淡水鱼类红皮书》（近危）。

分布： 台湾北部的溪流中。

（1306）*Rhinogobius fukushimai* Mori，1934 福岛吻虾虎鱼

Rhinogobius fukushimai Mori，1934，55；伍汉霖和钟俊生，2008，589；伍汉霖等，2012，314。

Ctenogobius aestivaregia：朱元鼎和伍汉霖，1965，130；李思忠，1981，234；成庆泰和郑葆珊，1987，447；朱松泉，1995，183。

Ctenogobius fukushimai：成庆泰和郑葆珊，1987，447；朱松泉，1995，183。

Ctenogobius cliffordpopei：秦克静，1987，331。

别名： 夏宫栉虾虎鱼、福岛栉虾虎鱼、波氏栉虾虎鱼。

分布： 辽宁（大凌河水系）、河北（滦河水系）、上海（长江水系）。

（1307）*Rhinogobius genanematus* Zhong *et* Tzeng，1998 颊纹吻虾虎鱼

Rhinogobius genanematus Zhong *et* Tzeng（钟俊生和曾晴贤），1998，237；Chen *et* Fang，2006，252；Li *et* Zhong，2007，542；Chen *et al.*，2008a，341；伍汉霖和钟俊生，2008，590；伍汉霖等，2012，314。

分布： 浙江。

（1308）*Rhinogobius gigas* Aonuma *et* Chen，1996 大吻虾虎鱼

Rhinogobius gigas Aonuma *et* Chen，1996，9；Chen *et* Shao，1996，209；陈义雄和方力行，1999，227；陈义雄和方力行，2001，154；伍汉霖和钟俊生，2008，592；伍汉霖等，2012，314。

分布： 台湾宜兰南部、花莲、台东各地区的溪流中。

（1309）*Rhinogobius giurinus*（Rutter，1897）子陵吻虾虎鱼

Gobius giurinus Rutter，1897，86；原田五十吉，1943，82。

Gobius（*Rhinogobius*）*hadropterus*：Wu，1931，40。

Rhinogobius giurinus：朱元鼎，1932，51；李思忠，1965，220；湖北省水生生物研究所鱼类研究室，1976，207；李仲辉，1984，178；陈兼善和于名振，1986，748；曾晴贤，1986，137；江苏省淡水水产研究所和南京大学生物系，1987，258；潘炯华，1987，19；沈世杰，1993，541；汪静明，1993，136；Chen *et* Shao，1996，201；Yu，1996，78；方力行等，1996，180；陈义雄和方力行，1999，235；陈义雄和方力行，2001，155；陈义雄等，2002，130；Chen *et* Kottelat，2005，1407；倪勇和伍汉霖，2006，679；陈旻和张春光（见周解和张春光），2006，478；伍汉霖和钟俊生，2008，594；伍汉霖等，2012，314。

Glossogobius giurinus：Fu *et* Tchang，1933，28。

Ctenogobius giurinus：Wu，1939，137；朱元鼎和伍汉霖，1965，130；湖南省水产科学研究所，1977，225；伍献文等，1979，139；李思忠，1981，234；郑葆珊，1981，216；农业部水产局等，1982；Wang，1984，93；伍汉霖（见朱元鼎），1985，355；郑米良和伍汉霖，1985，328；Kuang *et al.*，1986，288；伍汉霖和倪勇，1986，288；成庆泰和郑葆珊，1987，445；秦克静，1987，327；王香亭（见陈景星），1987，208；杨干荣，1987，194；罗云林（见郑慈英），1989，348；周伟（见褚新洛和陈银瑞），1990，253；谢家骅（见伍律等），1989，271；陈马康等，1990，206；周伟（见褚新洛和陈银瑞），1990，253；李明德，1990，87；倪勇，1990，308；张觉明，1990，322；Pan *et al.*，1991，480；毛节荣和徐寿山，1991，204；李明德，1992，142；邓其祥（见丁瑞华），1994，522；王鸿媛，1994，162；杨君兴和陈银瑞，1995，113；朱松泉，1995，181；成庆泰和周才武，1997，378；327；刘明玉等，2000，383，15。

Glossogobius giuris：刘成汉，1964，117。

别名： 栉虾虎鱼、吻虾虎鱼、普栉虾虎鱼、极乐吻虾虎鱼、子陵栉虾虎鱼。

保护等级： 省级（江西）。

分布： 除青藏高原和西北地区以外的各大江河水系、海南及台湾均有分布。国外分布于日本、朝鲜半岛。

（1310）*Rhinogobius henchuenensis* Chen *et* Shao，1996 恒春吻虾虎鱼

Rhinogobius henchuenensis Chen *et* Shao（陈义雄和邵广昭），1996，209；Chen *et al.*，1998，255；陈义雄和方力行，1999，236；伍汉霖和钟俊生，2008，599；Ho *et* Shao，2011，58；伍汉霖等，2012，314。

保护等级：《台湾淡水鱼类红皮书》（近危）。

分布： 台湾南部的枫港溪及四重溪。

（1311）*Rhinogobius honghensis* Chen，Yang *et* Chen，1999 红河吻虾虎鱼

Rhinogobius honghensis Chen，Yang *et* Chen（陈义雄、杨君兴和陈银瑞），1999d，47；Chen *et* Kottelat，

2005，1427；Chen *et al.*，2008a，341；伍汉霖和钟俊生，2008，600；伍汉霖等，2012，314。

分布：云南的元江水系。国外分布于越南北部。

(1312) *Rhinogobius lanyuensis* Chen，Miller *et* Fang，1998 兰屿吻虾虎鱼

Rhinogobius lanyuensis Chen，Miller *et* Fang（陈义雄、Miller和方力行），1998，256；陈义雄和方力行，2001，156；伍汉霖和钟俊生，2008，602；Ho *et* Shao，2011，58；伍汉霖等，2012，314。

保护等级：《台湾淡水鱼类红皮书》（近危）。

分布：台湾兰屿岛。

(1313) *Rhinogobius leavelli* (Herre，1935) 李氏吻虾虎鱼

Ctenogobius leavelli Herre，1935b，396；朱元鼎和伍汉霖，1965，130；李思忠，1981，234。

Ctenogobius brunneus：郑葆珊，1981，218；成庆泰和郑葆珊，1987，445；农业部水产局等，1988；罗云林（见郑慈英），1989，349；谢家骅（见伍律等），1989，272；张觉民，1990，323；Pan *et al.*，1991，483；毛节荣和徐寿山，1991，206；潘炯华等，1991，483；朱松泉，1995，182。

Ctenogobius cervicosquamus：伍汉霖和倪勇，1986，291；张觉民，1990，323；潘炯华等，1991，485；朱松泉，1995，182。

Rhinogobius cervicosquamus：刘明玉等，2000，382。

Rhinogobius leavelli：Chen *et al.*，2002a，269；Chen *et* Kottelat，2005，1427；陈旻和张春光（见周解和张春光），2006，482；Huang *et* Chen，2007，102；Chen *et* Miller，2008，231；伍汉霖和钟俊生，2008，604；Li *et* Zhong，2009，330；伍汉霖等，2012，314。

别名：褐栉虾虎鱼。

分布：钱塘江以南各水系及海南各河、溪。

(1314) *Rhinogobius lentiginis* (Wu *et* Zheng，1985) 雀斑吻虾虎鱼

Ctenogobius lentiginis Wu *et* Zheng（伍汉霖和郑米良），1985，330；陈马康等，1990，209；毛节荣和徐寿山，1991，208；朱松泉，1995，183。

Rhinogobius lentiginis：Chen *et* Miller，1998，217；Chen *et al.*，1999c，176；刘明玉等，2000，383；Li *et* Zhong，2007，542；Chen *et al.*，2008a，340；Yang *et al.*，2008，384；伍汉霖和钟俊生，2008，606；伍汉霖等，2012，314。

别名：雀斑栉虾虎鱼。

分布：浙江灵江、飞云江及鳌江各水系。

(1315) *Rhinogobius lindbergi* Berg，1933 林氏吻虾虎鱼

Rhinogobius similis lindbergi Berg，1933，654；尼科里斯基，1956，383。

Rhinogobius similis：任慕莲，1981，164。

Rhinogobius lindbergi：Chen *et al.*，2008a，341；伍汉霖和钟俊生，2008，608；伍汉霖等，2012，314。

别名：真吻虾虎鱼。

分布：松花江、绥芬河、黑龙江等水系的支流和湖泊中。

(1316) *Rhinogobius linshuiensis* Chen，Miller，Wu *et* Fang，2002 陵水吻虾虎鱼

Rhinogobius linshuiensis Chen，Miller，Wu *et* Fang（陈义雄、Miller、伍汉霖和方力行），2002a，264；Chen *et al.*，2008a，341；伍汉霖和钟俊生，2008，610；Li *et* Zhong，2009，332；伍汉霖等，2012，314。

分布：海南。

(1317) *Rhinogobius liui* Chen *et* Wu，2008 刘氏吻虾虎鱼

Gobius (*Sinogobius*) *szechuanensis* Liu（刘建康），1940，213。

Ctenogobius szechuanensis：成庆泰和郑葆珊，1987，446；张觉民，1990，323；邓其祥（见丁瑞华等），1994，527；朱松泉，1995，182。

Rhinogobius szechuanensis：刘明玉等，2000，384。

Rhinogobius liui：Chen *et* Wu（陈义雄和伍汉霖），2008，612；伍汉霖等，2012，314。

别名：四川吻虾虎鱼、四川虾虎鱼、四川栉虾虎鱼。

分布：四川、湖北等长江中上游干支流。

(1318) *Rhinogobius longyanensis* Chen，Cheng *et* Shao，2008 龙岩吻虾虎鱼

Rhinogobius longyanensis Chen，Cheng *et* Shao，2008，336；Chen *et* Miller，2008，231；Li *et* Zhong，2009，332；伍汉霖等，2012，314。

分布：福建九龙江水系。

(1319) *Rhinogobius lungwoensis* Huang *et* Chen，2007 龙吴吻虾虎鱼

Rhinogobius lungwoensis Huang *et* Chen，2007，105；Chen *et al.*，2008a，342；Li *et* Zhong，2009，332；伍汉霖等，2012，314。

别名：龙窝吻虾虎。

分布：广东韩江水系。

(1320) *Rhinogobius maculafasciatus* Chen *et* Shao，1996 斑带吻虾虎鱼

Rhinogobius maculafasciatus Chen *et* Shao(陈义雄和邵广昭)，1996，210；方力行等，1996，182；韩侨权和方力行，1997，119；Chen *et al.*，1998，255；陈义雄和方力行，1999，238；伍汉霖和钟俊生，2008，614；Ho *et* Shao，2011，58；伍汉霖等，2012，314。

分布：台湾的曾文溪及高屏溪水系。

(1321) *Rhinogobius multimaculatus* (Wu *et* Zheng，1985) 密点吻虾虎鱼

Ctenogobius multimaculatus Wu *et* Zheng(伍汉霖和郑米良)，1985，328；毛节荣和徐寿山，1991，209；朱松泉，1995，182。

Rhinogobius multimaculatus：Chen *et* Miller，1998，220；Chen *et al.*，1999c，177；刘明玉等，2000，383；Chen *et* Fang，2006，252；Li *et* Zhong，2007，542；Chen *et al.*，2008a，340；Yang *et al.*，2008，384；伍汉霖和钟俊生，2008，616；伍汉霖等，2012，314。

别名：密点栉虾虎鱼。

分布：浙江。

(1322) *Rhinogobius nagoyae* Jordan *et* Seale，1906 名古屋吻虾虎鱼

Rhinogobius nagoyae Jordan *et* Seale，1906，147；伍汉霖和钟俊生，2008，617。

Ctenogobius brunneus：秦克静，1987，329；张觉民，1995，227。

Rhinogobius nagoyae nagoyae：伍汉霖等，2012，314。

分布：东北地区的图们江、辽河、鸭绿江、黑龙江等水系。国外分布于朝鲜、日本。

(1323) *Rhinogobius nandujiangensis* Chen，Miller，Wu *et* Fang，2002 南渡江吻虾虎鱼

Rhinogobius nandujiangensis Chen，Miller，Wu *et* Fang(陈义雄、Miller、伍汉霖和方力行)，2002，265；伍汉霖和钟俊生，2008，619；Li *et* Zhong，2009，332；伍汉霖等，2012，314。

分布：海南南渡江水系。

(1324) *Rhinogobius nantaiensis* Aonuma *et* Chen，1996 南台吻虾虎鱼

Rhinogobius nantaiensis Aonuma *et* Chen，1996，11；Chen *et* Shao，1996，213；韩侨权和方力行，1997，120；Chen *et al.*，1998，255；陈义雄和方力行，1999，240；伍汉霖和钟俊生，2008，621；Ho *et* Shao，2011，58；伍汉霖等，2012，314。

保护等级：《台湾淡水鱼类红皮书》(近危)。

分布：台湾的曾文溪、高屏溪等水系。

(1325) *Rhinogobius parvus* (Luo，1989) 小吻虾虎鱼

Ctenogobius parvus Luo(罗云林)，1989，354；朱松泉，1995，183。

Rhinogobius parvus：刘明玉等，2000，383；陈旻和张春光(见周解和张春光)，2006，485；Chen *et al.*，2008a，341；伍汉霖和钟俊生，2008，623；伍汉霖等，2012，314。

别名：小栉虾虎鱼。

分布：广西。

(1326) *Rhinogobius ponkouensis* Huang *et* Chen，2007 朋口吻虾虎鱼

Rhinogobius ponkouensis Huang *et* Chen，2007，106；Chen *et al.*，2008a，342；Li *et* Zhong，2009，332；伍汉霖等，2012，314。

分布：福建韩江水系。

(1327) *Rhinogobius reticulatus* Li，Zhong *et* Wu，2007 网纹吻虾虎鱼

Rhinogobius reticulatus Li，Zhong *et* Wu(李帆、钟俊生和伍汉霖)，2007，981；Chen *et* Miller，2008，231；Li *et* Zhong，2009，332；伍汉霖等，2012，314。

分布：福建省福州市北峰山溪流中。

(1328) *Rhinogobius rubrolineatus* Chen *et* Miller，2008 红条吻虾虎鱼

Rhinogobius rubrolineatus Chen *et* Miller，2008，226；Li *et* Zhong，2009，332；伍汉霖等，2012，314。

别名：红线吻虾虎鱼。

分布：福建闽江水系。

(1329) *Rhinogobius rubromaculatus* Lee *et* Chang，1996 短吻红斑吻虾虎鱼

Rhinogobius rubromaculatus Lee *et* Chang(李信彻和张绒悌)，1996，31；Chen *et* Shao，1996，206；方力行等，1996，181；Chen *et* Miller，1998，219；Chen *et al.*，1998，255；Chen *et al.*，1999c，176；陈义雄和方力行，1999，241；Chen *et* Fang，2006，252；Chen *et al.*，2008a，340；伍汉霖和钟俊生，2008，624；Ho *et* Shao，2011，58；伍汉霖等，2012，314。

分布：台湾北部、中部、南部的溪流中上游区域，亦即中央山脉以西的浊水溪及以北的溪流水系中。

(1330) *Rhinogobius sagittus* Chen *et* Miller, 2008 剑形吻虾虎鱼

Rhinogobius sagittus Chen *et* Miller, 2008, 229; Li *et* Zhong, 2009, 332; 伍汉霖等, 2012, 314。

别名：箭吻虾虎。

分布：福建闽江水系。

(1331) *Rhinogobius shennongensis* (Yang *et* Xie, 1983) 神农吻虾虎鱼

Ctenogobius shennongensis Yang *et* Xie (杨干荣和谢从新), 1983, 71; 郑米良和伍汉霖, 1985, 328; 成庆泰和郑葆珊, 1987, 446; 王香亭 (见陈景星), 1987, 209; 杨干荣, 1989, 193; 张觉民, 1990, 322; 毛节荣和徐寿山, 1991, 206; 朱松泉, 1995, 182。

Ctenogobius brunneus: 邓其祥 (见丁瑞华等), 1994, 525。

Rhinogobius shennongensis: 刘明玉等, 2000, 384; 伍汉霖和钟俊生, 2008, 626; 伍汉霖等, 2012, 314。

别名：神农栉虾虎鱼、神农架吻虾虎。

分布：中部及东南部河溪中。

(1332) *Rhinogobius szechuanensis* (Tchang, 1939) 四川吻虾虎鱼

Glossogobius szechuanensis Tchang, 1939b, 68。

Gobius chengtuensis: Chang, 1944, 59; 刘成汉, 1964, 117; 叶妙荣等, 1987, 39。

Ctenogobius chengtuensis: 成庆泰和郑葆珊, 1987, 447; 张觉民, 1990, 323; 邓其祥 (见丁瑞华等), 1994, 529; 朱松泉, 1995, 183。

Rhinogobius chengtuensis: 刘明玉等, 2000, 382。

Rhinogobius szechuanensis: 伍汉霖和钟俊生, 2008, 628; 伍汉霖等, 2012, 314。

别名：成都虾虎鱼、成都栉虾虎鱼、成都吻虾虎鱼。

保护等级：省 (直辖市) 级 (重庆)。

分布：四川岷江水系。

(1333) *Rhinogobius wangchuangensis* Chen, Miller, Wu *et* Fang, 2002 万泉河吻虾虎鱼

Rhinogobius wangchuangensis Chen, Miller, Wu *et* Fang (陈义雄、Miller、伍汉霖和方力行), 2002a, 266; Chen *et al.*, 2008a, 341; 伍汉霖和钟俊生, 2008, 630; Li *et* Zhong, 2009, 332; 伍汉霖等, 2012, 315。

分布：海南万泉河水系。

(1334) *Rhinogobius wangi* Chen *et* Fang, 2006 汪氏吻虾虎鱼

Rhinogobius wangi Chen *et* Fang, 2006, 248; Huang *et* Chen, 2007, 102; Chen *et al.*, 2008a, 341; Li *et* Zhong, 2009, 332; 伍汉霖等, 2012, 315。

别名：韩江吻虾虎。

分布：广东韩江水系。

(1335) *Rhinogobius wuyanlingensis* Yang, Wu *et* Chen, 2008 乌岩岭吻虾虎鱼

Rhinogobius wuyanlingensis Yang, Wu *et* Chen (杨金权、伍汉霖和陈义雄), 2008, 380; 伍汉霖等, 2012, 315。

分布：浙江飞云江水系。

(1336) *Rhinogobius wuyiensis* Li *et* Zhong, 2007 武义吻虾虎鱼

Rhinogobius wuyiensis Li *et* Zhong, 2007, 540; 伍汉霖等, 2012, 315。

分布：浙江武义河。

(1337) *Rhinogobius xianshuiensis* Chen, Wu *et* Shao, 1999 仙水吻虾虎鱼

Rhinogobius xianshuiensis Chen, Wu *et* Shao (陈义雄、伍汉霖和邵广昭), 1999c, 172; Chen *et* Fang, 2006, 252; Chen *et al.*, 2008a, 341; Chen *et* Miller, 2008, 231; 伍汉霖和钟俊生, 2008, 631; Li *et* Zhong, 2009, 332; 伍汉霖等, 2012, 315。

分布：福建木兰溪水系。

(1338) *Rhinogobius yaoshanensis* (Luo, 1989) 瑶山吻虾虎鱼

Ctenogobius yaoshanensis Luo (罗云林), 1989, 352; 朱松泉, 1995, 182。

Rhinogobius yaoshanensis: 刘明玉等, 2000, 384; 陈旻和张春光 (见周解和张春光), 2006, 483; Chen *et al.*, 2008a, 341; 伍汉霖和钟俊生, 2008, 633; 伍汉霖等, 2012, 315。

别名：瑶山栉虾虎鱼。

分布：广西大瑶山、金秀等河溪中。

(1339) *Rhinogobius zhoui* Li *et* Zhong, 2009 周氏吻虾虎鱼

Rhinogobius zhoui Li *et* Zhong, 2009, 328; 伍汉霖等, 2012, 315。

分布：广东莲花山溪流中。

293. *Schismatogobius* de Beaufort, 1912 裂身虾虎鱼属

Schismatogobius de Beaufort, 1912, 139。

(1340) *Schismatogobius ampluvinculus* Chen，Shao *et* Fang，1995 宽带裂身虾虎鱼

Schismatogobius ampluvinculus Chen，Shao *et* Fang（陈义雄、邵广昭和方力行），1995b，202；陈义雄和方力行，1999，244；Chen *et al.*，2001，141；陈义雄和方力行，2001，157；伍汉霖和钟俊生，2008，636；Ho *et* Shao，2011，58；伍汉霖等，2012，315。

保护等级：《台湾淡水鱼类红皮书》（近危）。

分布：台湾。国外分布于日本。

(1341) *Schismatogobius roxasi* Herre，1936 罗氏裂身虾虎鱼

Schismatogobius roxasi Herre，1936，362；Chen *et al.*，1995a，135；Yu，1996，78；陈义雄和方力行，1999，245；Chen *et al.*，2001，141；陈义雄和方力行，2001，158；伍汉霖和钟俊生，2008，637；伍汉霖等，2012，315。

别名：罗氏裸鲨。

保护等级：《台湾淡水鱼类红皮书》（近危）。

分布：台湾。国外分布于日本、菲律宾等。

294. *Sicyopterus* Gill，1860 瓢鳍虾虎鱼属

Sicyopterus Gill，1860，101。

(1342) *Sicyopterus japonica* (Tanaka，1909) 日本瓢鳍虾虎鱼

Sicydium japonicum Tanaka，1909，22。

Sicyopterus japonica：朱元鼎和伍汉霖，1965，130；李思忠，1981，234；沈世杰，1984，411；成庆泰和郑葆珊，1987，452；刘明玉等，2000，386；伍汉霖和钟俊生，2008，720；伍汉霖等，2012，315。

Sicyopterus micrurus：沈世杰，1993，534；Yu，1996，77。

别名：日本秃头鲨、日本弹涂鱼、小头秃头鲨。

分布：洄游性鱼类，台湾尚未受到严重污染的河川中，尤以东部溪流中较普遍，仍可见大量的溯河鱼群。国外分布于日本。

295. *Sicyopus* Gill，1863 瓢眼虾虎鱼属

Sicyopus Gill，1863a，262。

(1343) *Sicyopus zosterophorum* (Bleeker，1856) 环带瓢眼虾虎鱼

Sicydium zosterophorum Bleeker，1856，296。

Sicyopus zosterophorum：邵广昭和林沛立，1991，186；Chen *et* Shao，1993，77；陈义雄和方力行，1999，246；陈义雄和方力行，2001，159；伍汉霖和钟俊生，2008，724；伍汉霖等，2012，315。

别名：横带瓢鳍虾虎、环带黄瓜虾虎。

保护等级：《台湾淡水鱼类红皮书》（近危）。

分布：台湾。国外分布于日本、菲律宾和印度尼西亚。

296. *Stenogobius* Bleeker，1874 狭虾虎鱼属

Stenogobius Bleeker，1874，317。

(1344) *Stenogobius genivittatus* (Valenciennes，1837) 条纹狭虾虎鱼

Gobius genivittatus Valenciennes，1837，64。

Stenogobius genivittatus：沈世杰，1984，409；Kuang *et al.*，1986，284；成庆泰和郑葆珊，1987，441；邵广昭和林沛立，1991，187；沈世杰，1993，535；Yu，1996，78；伍汉霖和钟俊生，2008，639；伍汉霖等，2012，316。

别名：种子细虾虎鱼、种子鲨、颊斑细虾虎、细虾虎。

分布：台湾的淡水河溪中。国外分布于日本南西诸岛淡水域。

(1345) *Stenogobius ophthalmoporus* (Bleeker，1853) 眼带狭虾虎鱼

Gobius ophthalmoporus Bleeker，1853b，340。

Stenogobius genivittatus：原田五十吉，1943，84；伍汉霖和倪勇，1986，284；农业部水产局等，1988。

Stenogobius lachrymosus：曾晴贤，1986，130；潘炯华等，1991，473；沈世杰，1993，535；Yu，1996，78；刘明玉等，2000，384。

Stenogobius ophthalmoporus：伍汉霖和钟俊生，2008，641；伍汉霖等，2012，316。

别名：颊斑细虾虎鱼、高身种子鲨、泪斑鲨。

分布：海南、台湾。国外分布于日本、印度洋非洲东岸至太平洋中部各岛屿的淡水河溪中。

297. *Stiphodon* Weber，1895 枝牙虾虎鱼属

Stiphodon Weber，1895，269。

(1346) *Stiphodon atropurpureus* (Herre，1927) 紫身枝牙虾虎鱼

Microsicydium atropurpureum Herre，1927，296。

Stiphodon atropurpureus：Watson and Chen，1998，59；陈义雄和方力行，1999，250；陈义雄和方力行，2001，163；伍汉霖和钟俊生，2008，727；伍汉霖等，2012，316。

别名：黑紫枝牙虾虎。

保护等级：《台湾淡水鱼类红皮书》（近危）。

分布：台湾东部部分溪流中。国外分布于日本、菲律

宾及太平洋中部各岛屿。

(1347) *Stiphodon multisquamus* Wu *et* Ni，1986 多鳞枝牙虾虎鱼

Stiphodon elegans multisquamus Wu *et* Ni(伍汉霖和倪勇)，1986，302。

Stiphodon multisquamus：潘炯华等，1991，495；朱松泉，1995，184；刘明玉等，2000，386；伍汉霖和钟俊生，2008，729；伍汉霖等，2012，316。

分布：海南。

(1348) *Stiphodon percnopterygionus* Watson *et* Chen，1998 黑鳍枝牙虾虎鱼

Stiphodon percnopterygionus Watson *et* Chen，1998；陈义雄和方力行，1999，251；陈义雄和方力行，2001，164；伍汉霖和钟俊生，2008，730；Ho *et* Shao，2011，58；伍汉霖等，2012，316；Maeda *et* Tan，2013，749。

Stiphodon elegans：沈世杰，1984，400；陈兼善和于名振，1986，753；曾晴贤，1986，84；邵广昭和林沛立，1991，188；Yu，1996，77。

别名：双带虾虎鱼、双带秃头鲨。

保护等级：《台湾淡水鱼类红皮书》(近危)。

分布：台湾南部的恒春及东部的兰屿等河川上、中游。国外分布于太平洋中部各岛屿，北至日本，南至印度尼西亚。

298. *Wuhanlinigobius* Huang，Zeehan *et* Chen，2013 汉霖虾虎鱼属

Wuhanlinigobius Huang，Zeehan *et* Chen，2013，146。

(1349) *Wuhanlinigobius polylepis* (Wu *et* Ni，1985) 多鳞汉霖虾虎鱼

Mugilogobius polylepis Wu *et* Ni(伍汉霖和倪勇)，1985，95。

Calamiana polylepis：Larson *et al.*，2008，141。

Eugnathogobius polylepis：Larson，2009，143。

别名：多鳞鲻虾虎鱼。

分布：上海奉贤和南汇泥城溪流、福建九龙江、海南岛河川、台湾淡水河下游等。

(四十四) Anabantidae 攀鲈科

299. *Anabas* Cloquet，1816 攀鲈属

Anabas Cloquet，1816，35。

(1350) *Anabas testudineus* (Bloch，1792) 攀鲈

Anthias testudineus Bloch，1795，121。

Anabas testudineus：Kuang *et al.*，1986，322；成庆泰和郑葆珊，1987，456；周伟(见褚新洛和陈银瑞)，1990，258；Pan *et al.*，1991，507；Ng(黄旭晞) *et* Tan，1999，363；刘明玉等，2000，389；Tan *et* Ng(黄旭晞)，2005，116；伍汉霖等，2012，324。

分布：澜沧江、广西的东兴、广东、海南、台湾和福建等省。国外分布于非洲、东南亚等地。

(四十五) Osphronemidae 斗鱼科

300. *Macropodus* Lacépède，1801 斗鱼属

Macropodus Lacépède，1802，416。

(1351) *Macropodus chinensis* (Bloch，1790) 圆尾斗鱼

Chaetodon chinensis Bloch，1790，5。

Macropodus chinensis：Wang，1984，95；成庆泰和郑葆珊，1987，457；丁瑞华，1994，533；朱松泉，1995，186；成庆泰和周才武，1997，401；Wang *et al.*，1999，75；刘明玉等，2000，389；Wang *et al.*，2001，284。

Macropodus opercularis：伍汉霖等，2012，325；张春光和赵亚辉，2013，204。

分布：海河、黄河、淮河及长江水系。

(1352) *Macropodus hongkongensis* Freyhof *et* Herder，2002 香港斗鱼

Macropodus hongkongensis Freyhof *et* Herder，2002，160；伍汉霖等，2012，325。

分布：香港、福建和广东。

(1353) *Macropodus opercularis* (Linnaeus，1758) 叉尾斗鱼

Labrus opercularis Linnaeus，1758，283。

Macropodus opercularis：Kuang *et al.*，1986，323；成庆泰和郑葆珊，1987，457；郑慈英，1989，365；周伟(见褚新洛和陈银瑞)，1990，260；Pan *et al.*，1991，509；丁瑞华，1994，533；Wang *et al.*，1999，75；刘明玉等，2000，389；15；Ho *et* Shao，2011，60；伍汉霖等，2012，325。

别名：盖斑斗鱼。

保护等级：省级(湖南)，《台湾淡水鱼类红皮书》(近危)。

分布：长江以南各水系、海南和台湾。国外分布于越南。

301. *Trichogaster* Bloch *et* Schneider，1801 丝足鲈属

Trichogaster Bloch *et* Schneider，1801，164。
别名：毛足鲈属。

(1354) *Trichogaster trichopterus* (Pallas，1770) 丝足鲈

Labrus trichopterus Pallas，1770，45。
Trichogaster trichopterus：成庆泰和郑葆珊，1987，457；周伟(见褚新洛和陈银瑞)，1990，262；刘明玉等，2000，389；Tan *et* Ng(黄旭晞)，2005，132；伍汉霖等，2012，325。
Trichopodus trichopterus：张春霖，1962，97；Tan *et* Kottelat，2009，62。
别名：毛足鲈、丝鳍毛足鲈。
保护等级：《中国濒危动物红皮书-鱼类》(易危)。
分布：云南西双版纳，属澜沧江水系。国外分布于东南亚的老挝、泰国、柬埔寨和越南。

(四十六) Channidae 鳢科

302. *Channa* Scopoli，1777 鳢属

Channa Scopoli，1777，459。
Ophicephalus Bloch，1793，137。

(1355) *Channa argus* (Cantor，1842) 乌鳢

Ophicephalus argus Cantor，1842，484；Wang，1984，96；成庆泰和周才武，1997，402；刘明玉等，2000，390；Wang *et al.*，2001，210。
Channa argus：成庆泰和郑葆珊，1987，457；周伟(见褚新洛和陈银瑞)，1990，264；Pan *et al.*，1991，511；丁瑞华，1994，536；杨君兴和陈银瑞，1995，117。
Channa argus argus：伍汉霖等，2012，325。
保护等级：省级(黑龙江)，《台湾淡水鱼类红皮书》(易危)。
分布：除青藏高原及西北地区外，全国各其他水系均有分布。国外分布于俄罗斯、朝鲜半岛等。

(1356) *Channa asiatica* (Linnaeus，1758) 月鳢

Gymnotus asiaticus Linnaeus，1758，246。
Channa asiatica：Kuang *et al.*，1986，320；成庆泰和郑葆珊，1987，458；郑慈英，1989，369；周伟(见褚新洛和陈银瑞)，1990，270；Pan *et al.*，1991，516；刘明玉等，2000，391；15；Zhang *et al.*，2002a，142；Ho *et* Shao，2011，60；伍汉霖等，2012，325。
别名：七星鳢。
保护等级：省级(湖南、江西)，《台湾淡水鱼类红皮书》(易危)。
分布：长江流域及其以南至珠江和海南岛、台湾等。国外分布于越南等地。

(1357) *Channa gachua* (Hamilton，1822) 宽额鳢

Ophicephalus gachua Hamilton，1822，68；Kuang *et al.*，1986，318；刘明玉等，2000，390。
Channa gachua：成庆泰和郑葆珊，1987，457；郑慈英，1989，368；周伟(见褚新洛和陈银瑞)，1990，267；Pan *et al.*，1991，514；Tan *et* Lim，2004，111；Tan *et* Ng(黄旭晞)，2005，133；伍汉霖等，2012，325。
别名：缘鳢。
分布：云南、广西、广东、海南、台湾。国外从斯里兰卡至湄公河流域和印度尼西亚的巴厘岛均有分布。

(1358) *Channa lucius* (Cuvier，1831) 带鳢

Ophicephalus lucius Cuvier，1831，416。
Channa lucius：Ng(黄旭晞) *et* Tan，1999，364；Tan *et* Lim，2004，111；Tan *et* Ng(黄旭晞)，2005，133；伍汉霖等，2012，325。
Channa siamensis：周伟(见褚新洛和陈银瑞)，1990，266。
分布：澜沧江水系。国外分布于泰国至印度尼西亚的东南亚地区。

(1359) *Channa maculata* (Lacépède，1801) 斑鳢

Bostrychus maculatus Lacépède，1801，140。
Ophicephalus maculatus：Kuang *et al.*，1986，317；刘明玉等，2000，390。
Channa maculata：成庆泰和郑葆珊，1987，457；郑慈英，1989，367；Pan *et al.*，1991，513；朱松泉，1995，187；Ho *et* Shao，2011，60；伍汉霖等，2012，325。
保护等级：省级(江西)，《台湾淡水鱼类红皮书》(近危)。
分布：长江流域以南及海南岛、台湾。国外分布于日本、越南和菲律宾。

(1360) *Channa nox* Zhang，Musikasinthorn *et* Watanabe，2002 黑月鳢

Channa nox Zhang(张春光)，Musikasinthorn *et*

Watanabe，2002a，140；陈旻和张春光(见周解和张春光)，2006，496；伍汉霖等，2012，325。

别名：无腹鳍鳢。

分布：广西南流江水系。

(1361) *Channa striata*(Bloch，1793)线鳢

Ophicephalus striatus Bloch，1793，141；刘明玉等，2000，390。

Channa striata：成庆泰和郑葆珊，1987，458；周伟(见褚新洛和陈银瑞)，1990，268；Sen，1995，595；Ng(黄旭晞) *et* Tan，1999，364；Tan *et* Ng(黄旭晞)，2005，135；伍汉霖等，2012，326。

分布：澜沧江和怒江水系。国外分布于南亚的巴基斯坦至泰国等地。

十七、Tetraodontiformes 鲀形目

(四十七) Tetraodontidae 鲀科

303. *Pao* Kottelat，2013 单孔鲀属

Pao Kottelat，2013，483。

(1362) *Pao leiurus*(Bleeker，1850)斑腰单孔鲀

Tetraödon leiurus Bleeker，1850，97。

Monotreta leiurus：周伟(见褚新洛和陈银瑞)，1990，274。

别名：斑腰单孔鲀。

分布：南腊河，属澜沧江水系。国外分布于湄公河等。

引　入　种

一、Acipenseriformes 鲟形目

(一) Polyodontidae 长(匙)吻鲟科

1. *Polyodon* Lacépède，1797 长吻鲟属

(1363) *Polyodon spathula*(Walbaum，1792)长吻鲟

Squalus spathula Walbaum，1792，522。

分布：我国南方一些天然水体。原产于北美密西西比河水系。

二、Cypriniformes 鲤形目

(二) Cyprinidae 鲤科

(1) Cultrinae 鲌亚科

2. *Abramis* Cuvier，1816 欧鳊属

Abramis Cuvier，1817，111。

(1364) *Abramis brama orientalis* Berg，1949a 东方欧鳊

Abramis brama orientalis Berg，1949a，774；李思忠等，1966，45；中国科学院动物研究所等，1979，29；陈宜瑜等，1998，95-96。

别名：欧鳊。

分布：新疆伊犁河及额尔齐斯河。原产于里海和咸海各水系。

(2) Labeoninae 野鲮亚科

3. *Labeo* Cuvier，1816 野鲮属

(1365) *Labeo calbasu*(Hamilton，1822)蓝黑鲮

Cyprinus calbasu Hamilton，1822，29。

分布：在我国西南一些水体有分布。原产于巴基斯坦、印度、柬埔寨、缅甸和泰国。

(1366) *Labeo rohita*(Hamilton，1822)露斯塔野鲮

Cyprinus rohita Hamilton，1822，301。

Labeo rohita：朱松泉，1995，204。

分布：我国南方如珠江及其以南一些水体形成天然种群。原产于巴基斯坦、印度、孟加拉国、尼泊尔、缅甸、柬埔寨等。

(3) Cyprininae 鲤亚科

4. *Carassius* Jarocki，1822 鲫属

(1367) *Carassius auratus cuvieri* Temminck *et* Schlegel，1846 白鲫

Carassius cuvieri Temminck *et* Schlegel，1846，194。

分布：台湾。原产于日本。

三、Characiformes 脂鲤目

（三）Characidae 脂鲤科

5. *Piaractus* Eigenmann，1903 肥脂鲤属

（1368）*Piaractus brachypomus*（Cuvier，1818）短盖肥脂鲤

Myletes brachypomus Cuvier，1818，452。

Colossoma brachypomum：朱松泉，1995，204。

Piaractus brachypomus：朱松泉，1995，204；陈小勇，2013，316。

别名：淡水白鲳。

分布：我国台湾、广东、广西、海南、云南等一些天然水体形成自然种群。原产于南美亚马孙河和奥里诺科河流域。

（四）Prochilodontidae 鲮脂鲤科

6. *Prochilodus* Agassiz，1829 鲮脂鲤属

（1369）*Prochilodus lineatus*（Valenciennes，1837）细鲮脂鲤

Paca lineatus Valenciennes，1837，8。

Prochilodus lineatus：Chaloupkova *et al.*，2010，1；Endruweit，2013，51；陈小勇，2013，316。

别名：条纹鲮脂鲤。

分布：已在我国南方如广东、广西、海南、云南等一些天然水体形成自然种群。原产于南美洲巴拉圭河及巴拉那河流域。

四、Siluriformes 鲇形目

（五）Clariidae 胡子鲇科

7. *Clarias* Scopoli，1777 胡子鲇属

（1370）*Clarias gariepinus*（Burchell，1822）革胡子鲇

Silurus（*Heterobranchus*）*gariepinus* Burchell，1822，425。

Clarias lazera：朱松泉，1995，204。

Clarias gariepinus：陈小勇，2013，316。

别名：尖齿胡子鲇。

分布：在长江及其以南一些自然水体已形成自然种群。原产于非洲及亚洲西部及西南部、土耳其南部。

（六）Ictaluridae 鮰科

8. *Ictalurus* Rafinesque，1820 鮰属

（1371）*Ictalurus nebulosus*（Lesueur，1819）云斑鮰

Pimelodus nebulosus Lesueur，1819，149。

Ameiurus nebulosus：Page *et* Burr，1991；Chen（in Yang *et al.*），2010；陈小勇，2013，318。

别名：褐首鲇。

分布：长江及其以南一些水体已形成自然种群，如在金沙江流域、云南等。原产于北美。

（1372）*Ictalurus punctatus*（Rafinesque，1818）斑点叉尾鮰

Silurus punctatus Rafinesque，1818，355。

Ictalurus punctatus：Page *et* Burr，1991；Chen（in Yang *et al.*），2010；陈小勇，2013，318。

分布：长江及其以南一些水体已形成自然种群，如在金沙江流域、云南等。原产于北美。

（七）Loricariidae 甲鲇科

9. *Hypostomus* Lacépède，1803 下口鲇属

（1373）*Hypostomus plecostomus*（Linnaeus，1758）下口鲇

Acipenser plecostomus Linnaeus，1758，238。

Hypostomus plecostomus：Isbrücker，1980；Wang *et al.*，2011；陈小勇，2013，316。

分布：在我国南方如台湾、海南、广西和云南的抚仙湖、南盘江，西双版纳等地已形成自然种群。原产于南美亚马孙河流域。

10. *Pterygoplichthys* Gill，1858 甲鲇属

（1374）*Pterygoplichthys disjunctivus*（Weber，1991）野翼甲鲇

Liposarcus isjunctivus Weber，1991，638。

分布：台湾。原产于南美洲马德拉河流域。

（1375）*Pterygoplichthys multiradiatus*（Hancock，1828）多辐翼甲鲇

Hypostomus multiradiatus Hancock，1828，246。

分布：台湾。原产于南美洲奥里诺科河流域。

五、Salmoniformes 鲑形目

（八）Salmonidae 鲑科

11. *Oncorhynchus* Suckley，1861 大麻哈鱼属

Oncorhynchus Suckley，1861，313。

(1376) *Oncorhynchus mykiss* (Walbaum，1792) 虹鳟

Salmo mykiss Walbaum，1792，59。

Salmo gairdnerii：Richardson，1836，221。

Oncorhynchus mykiss：Stearley *et* Smith，1993；陈小勇，2013，322。

分布：原为人工养殖引入，逃逸到天然水体，在我国北方、西北、西南等一些天然江河、湖泊、水库等常有捕获。原产于北美西部。

12. *Salmo* Linnaeus，1758 鲑属

Salmo Linnaeus，1758，308。

(1377) *Salmo trutta fario* Linnaeus，1758 河鳟

Salmo fario Linnaeus，1758，309。

Salmo trutta fario：武云飞和吴翠珍，1992，128；张春光等，1995，43；陈小勇，2013，322。

别名：亚东鲑。

分布：西藏南部亚东县卓姆河形成天然种群，并已成为当地重要珍稀、经济鱼类；也已被引入云南。原产于欧洲北半球寒冷地带。

六、Cyprinodontiformes 鳉形目

（九）Poeciliidae 胎鳉科

13. *Gambusia* Poey，1854 食蚊鳉属

Gambusia Poey，1854，382。

别名：食蚊鱼属。

(1378) *Gambusia affinis* (Baird *et* Girard，1853) 食蚊鳉

Heterandria affinis Baird *et* Girard，1853，390。

Heterandria patruelis：Baird *et* Girard，1853，390。

Gambusia patruelis：Girard，1859，39；Herre，1953，146；陈兼善，1969，189。

Gambusia affinis：Günther，1866，336；Jordan *et* Evermann，1896，680；Berg，1949，990；王以康，1958，248；李思忠，1981，32；郑葆珊，1981，198；曾晴贤，1986，96；成庆泰和郑葆珊，1987，223；张世义（见郑慈英），1989，294；陈银瑞，1990，229；Pan *et al.*，1991，326；沈世杰，1993，203；伍汉霖等，1994，425；李思忠和张世义，2011，139。

别名：食蚊鱼。

分布：广泛分布于我国东部长江中下游及其以南、西南部地区等。原分布于美国东部伊利诺斯州以南到墨西哥东侧大西洋水系。

七、Perciformes 鲈形目

（十）Percidae 鲈科

14. *Lucioperca* Schinz，1822 梭鲈属

Lucioperca Schinz，1822，475。

(1379) *Lucioperca lucioperca* (Linnaeus，1758) 梭鲈

Perca lucioperca Linnaeus，1758，289。

Lucioperca lucioperca：中国科学院动物研究所等，1979，56；任慕莲等，2002，188；解玉浩，2007，374。

Sander lucioperca：伍汉霖等，2012，224。

保护等级：省级（黑龙江）。

分布：新疆伊犁河和额尔齐斯河水系，以及黑龙江和乌苏里江（系由前苏联渔业工作者移入到黑龙江的）。原产于黑海、里海、亚速海、波罗的海等沿海河流，在欧洲也已被广泛移植。

（十一）Centrarchidae 棘臀鱼科（太阳鱼科）

15. *Micropterus* Lacépède，1802 黑鲈属

(1380) *Micropterus salmoides* (Lacépède，1802) 大口黑鲈

Labrus salmoides Lacépède，1802，716。

Micropterus salmoides：Gao *et al.*，2013；陈小勇，2013，324。

别名：加州鲈。

分布：金沙江流域可见于宜宾向上至巧家江段。原产于北美。

（十二）Cichlidae 丽鱼科

16. *Oreochromis* Günther，1889 口孵非鲫属（罗非鱼属）

(1381) *Oreochromis aureus*（Steindachner，1864）奥利亚口孵非鲫

Chromis aureus Steindachner，1864，229。

Tilapia aureus：Lee *et al.*，1980；陈小勇，2013，323。

别名：奥利奥罗非鱼。

分布：珠江流域以南一些水体。原产于非洲和欧亚大陆的乔丹谷、尼罗河下游、乍得盆地、贝努埃、尼日尔上部和中部及塞内加尔河。

(1382) *Oreochromis mossambicus*（Peters，1852）莫桑比克口孵非鲫

Chromis mossambicus Peters，1852，681。

Tilapia mossambica：Lee *et al.*，1980；周伟（见褚新洛和陈银瑞），1990。

Oreochromis mossambicus：朱松泉，1995，205；陈小勇，2013，324。

别名：莫桑比克罗非鱼。

分布：珠江水系以南一些自然水体。原产于非洲东南部。

(1383) *Oreochromis niloticus*（Linnaeus，1758）尼罗口孵非鲫

Perca nilotica Linnaeus，1758，290。

Tilapia nilotica：Uyeno *et* Fujii（in Masuda *et al.*），1984；Chen（in Yang *et al.*），2010。

Oreochromis niloticus：朱松泉，1995，206；陈小勇，2013，324。

别名：尼罗罗非鱼。

分布：珠江水系以南。原产于非洲北部、东部。

（十三）Osphronemidae 斗鱼科

17. *Trichogaster* Bloch *et* Schneider 1801 丝足鲈属

(1384) *Trichogaster microlepis*（Günther，1861）细鳞丝足鲈

Osphromenus microlepis Günther，1861，385。

分布：原产于在柬埔寨和越南的湄公河与湄南河流域。

参 考 文 献

安莉, 刘柏松, 李维贤. 2009. 云南牛栏江云南鳅属鱼类二新种记述(鲤形目, 爬鳅科, 条鳅亚科). 动物分类学报, 34(3):630-638
安莉, 刘柏松, 赵亚辉, 张春光. 2010. 中国西南野鲮亚科(鲤形目, 鲤科)一新属新种——原鲮属原鲮. 动物分类学报, 35(3):661-665
蔡鸣俊, 张敏莹, 曾青兰, 刘焕章. 2001. 鲂属鱼类形态度量学研究. 水生生物学学报, 25(6):631-636
曹亮, 梁旭方. 2013. 中国浙江少鳞鳜属一新种(鲈形目, 鮨科, 鳜亚科). 动物分类学报, 38(4):891-894
曹文宣. 1974. 珠穆朗玛峰地区的鱼类. 见:中国珠穆朗玛峰登山队科学考察队. 珠穆朗玛峰地区科学考察报告(生物与高山生理). 北京:科学出版社:15-91
曹文宣, 邓中粦. 1962. 四川西部及其邻近地区的裂腹鱼类. 水生生物学集刊, 2:27-53
曹文宣, 伍献文. 1962. 四川西部甘孜阿坝地区鱼类生物学及渔业问题. 水生生物学集刊, 2:79-112
曹文宣, 朱松泉. 1988a. 青藏高原高原鳅属鱼类两新种(鲤形目:鳅科). 动物分类学报, 13(2):201-204
曹文宣, 朱松泉. 1988b. 云南省滇池条鳅亚科的一新属新种(鲤形目:鳅科). 动物分类学报, 13(4):405-408
曹文宣, 陈宜瑜, 武云飞, 朱松泉. 1981. 裂腹鱼类的起源和演化及其与青藏高原隆起的关系. 见:中国科学院青藏高原综合科学考察队. 青藏高原隆起的时代、幅度与形式问题. 北京:科学出版社:118-129
曾晴贤. 1981. 台湾产平鳍鳅科鱼类之研究. 北京:中国文化大学海洋研究所硕士学位论文
曾晴贤. 1986. 台湾的淡水鱼类. 台湾:台湾省政府教育厅
曾晴贤. 1990. 台湾淡水鱼(I). 行政院农业委员会
曾万年. 1982. 记台湾新记录之西里伯鳗鳗线. 生物科学, 19:57-66
曾文阳. 1976. 新品种欧利亚吴郭鱼引进之经过. 渔牧科学, 3(8)
陈兼善. 1954. 台湾鱼类志. 台湾研究丛刊(台银季刊)第27种:126
陈兼善. 1956. 台湾脊椎动物志. 台北:台湾商务印书馆
陈兼善. 1969. 台湾脊椎动物志(上册). 台北:台湾商务印书馆
陈兼善. 1986. 台湾脊椎动物志(中册). 台北:台湾商务印书馆
陈兼善, 于名振. 1986. 台湾脊椎动物志. 台北:台湾商务印书馆
陈景星. 1980. 中国沙鳅亚科鱼类系统分类的研究. 动物学研究, 1(2):3-26
陈景星. 1981. 中国花鳅亚科鱼类系统分类的研究. 鱼类学论文集, (1):21-32
陈景星. 1987. 秦岭鱼类志. 北京:科学出版社
陈景星, 蓝家湖. 1992. 广西鱼类一新属三新种(鲤形目:鲤科、鳅科). 动物分类学报, 17(1):104-109
陈景星, 郑慈英. 1983. 中国野鲮亚科鱼类的二个新种. 暨南医理学报, 1:74
陈景星, 赵执桴, 郑建州, 李德俊. 1988. 中国鲃亚科鱼类三新种. 遵义医学院学报, 11(1):1-4
陈量, 卢宗民, 卯卫宁. 2006. 云南省南鳅属鱼类一新种记述. 贵州农业科学, 34(5):54
陈马康, 童合一, 俞泰济, 等. 1990. 钱塘江鱼类资源. 上海:上海科技文献出版社
陈同白. 1965. 论唐郭鱼之引进. 中国水产, 151:6
陈炜, 郑慈英. 1985. 中国塘鳢科鱼类的三新种. 暨南大学学报(自然科学版), (1):73-80
陈湘粦. 1977. 我国鲇科鱼类的总述. 水生生物集刊, 6(2):197-216
陈湘粦, 乐佩琦, 林人端. 1984. 鲤科的科下类群及其宗系发生关系. 动物分类学报, 9 (4):424-440
陈小勇. 2010.第十二章　云南的湿地脊椎动物:第二节　湿地鱼类. 见：杨岚，李恒，杨晓君. 云南湿地. 北京:中国林业出版社:479-521
陈小勇. 2013. 云南鱼类名录. 动物学研究, 34(4):281-343
陈小勇, 崔桂华, 杨君兴. 2004a. 广西高原鳅属鱼类一穴居新种记述. 动物学研究, 25 (3):227-231
陈小勇, 崔桂华, 杨君兴. 2004b. 云南怒江高原鳅属鱼类一新种记述. 动物学研究, 25 (6):504-509
陈亚宁, 张小雷, 祝向民, 李卫红, 张元明, 徐海量, 张宏锋, 陈亚鹏. 2004. 新疆塔里木河下游断流河道输水的生态效应分析. 中国科学, 34(5):475-482
陈阳, 陈安平, 方精云. 2002. 中国濒危鱼类、两栖爬行类和哺乳类的地理分布格局与优先保护区域——基于《中国濒危动物红皮书》的分析. 生物多样性, 10(4):359-368
陈宜瑜. 1978. 中国平鳍鳅科鱼类系统分类的研究I——平鳍鳅亚科鱼类的分类. 水生生物学集刊, 6(3):331-348
陈宜瑜. 1980. 中国平鳍鳅科鱼类系统分类的研究II——腹吸鳅亚科鱼类的分类. 水生生物学集刊, 7(1):95-121
陈宜瑜. 1981. 关于裸吻鱼属(*Psilorhynchus*)分类位置的探讨. 水生生物学集刊, 7(3):371-376
陈宜瑜. 1982a. 鲤科鱼类之一新属新种. 动物分类学报, 7(4):425-427
陈宜瑜. 1982b. 马口鱼类分类的重新整理. 海洋与湖沼, 13(3):293-297
陈宜瑜. 1998. 横断山区鱼类. 北京:科学出版社
陈宜瑜, 等. 1998. 中国动物志·鲤形目(中卷). 北京:科学出版社
陈宜瑜, 张卫, 黄顺友. 1982. 泸沽湖裂腹鱼类的物种形成. 动物学报, 28(3):217-225
陈义雄, 方力行. 1999. 台湾淡水及河口鱼类志. 屏东:海洋生物博物馆筹备处
陈义雄, 方力行. 2001. 台东县河川鱼类. 台东:台东县政府
陈义雄, 张詠青. 2005. 台湾淡水鱼类原色图鉴. 台北:水产出版社

陈义雄, 吴瑞贤, 方力行. 2002. 金门淡水及河口鱼类志. 金门:金门国家公园管理处
陈义雄, 曾晴贤, 邵广昭. 2012. 台湾淡水鱼类红皮书. 台北:台湾行政院农业委员会林务局
陈毅峰, 陈宜瑜. 1989. 卷口鱼属鱼类一新种. 动物分类学报, 14(3):276-279
陈毅锋, 何舜平. 1992. 云南鲤科鱼类一新属新种. 动物分类学报, 17(2):238-240
陈毅锋, 何才长, 何舜平. 1992. 方口鲃属一新种. 动物分类学报. 17(1):100-103
陈银瑞. 1986. 白鱼属鱼类的分类整理. 动物分类学报, 11(4):429-438
陈银瑞, 褚新洛. 1980. 云南白鱼属鱼类的分类包括三新种和一新亚种的描述. 动物学研究, 1(3):418-420
陈银瑞, 李再云. 1987. 云南鳑鲏亚科的鱼类. 动物学研究, 8(1):61-65
陈银瑞, 李再云, 陈宜瑜. 1983. 程海鱼类区系的来源及其物种的分化. 动物学研究, 4(3):227-234
陈银瑞, 宇和纮, 褚新洛. 1989. 云南青鳉鱼类的分类及分布. 动物分类学报, 14(2):239-246
陈银瑞, 杨君兴, 徐国才. 1992. 云南石林盲高原鳅的发现及其分类地位的讨论. 动物学研究, 13(1):17-23
陈银瑞, 杨君兴, 祝志刚. 1994. 云南金线鲃一新种及其性状的适应性. 动物分类学报, 19(2):246-253
陈银瑞, 杨君兴, 蓝家湖. 1997. 广西盲鱼一新种及其系统关系分析(鲤形目:鲤科:鲃亚科). 动物分类学报, 22(2):219-223
陈银瑞, 褚新洛, 罗泽雍, 吴家元. 1988. 无眼金线鲃及其性状演化. 动物学报, 34(1):64-69
陈银瑞, 杨君兴, B. 斯盖特, G. 阿兰西科. 1998. 穴居盲副鳅及其性状演化. 动物学研究, 19(1):59-63
陈自明, 杨君兴, 祁文龙. 2005. 中国澜沧江南鳅属鱼类一新种. 水生生物学报, 29 (2):146-149
陈自明, 黄艳飞, 杨君兴. 2009a. 中国爬岩鳅属鱼类一新种记述(鲤形目, 平鳍鳅科). 动物分类学报, 34(3):639-641
陈自明, 赵晟, 杨君兴. 2009b. 中国怒江流域墨头鱼属鱼类一新种(鲤形目:鲤科). 动物学研究, 4:438-444
陈自明, 黄德昌, 徐世英, 祁文龙. 2003. 中国鲤科鱼类新纪录——爪哇四须鲃. 动物学研究, 24(2):148-150
陈自明, 潘晓赋, 孔德平, 杨君兴. 2006. 独龙江中下游流域的鱼类区系. 信阳师范学院学报(自然科学版), 19(3): 306-310.
成庆泰. 1958. 云南的鱼类研究. 动物学杂志, 2(3):153-165
成庆泰, 郑葆珊. 1987. 中国鱼类系统检索(上册). 北京:科学出版社
成庆泰, 周才武. 1997. 山东鱼类志. 济南:山东科学技术出版社
褚新洛. 1955. 宜昌的鱼类及其在长江上下游的分布. 水生生物学集刊, (2):81-96
褚新洛. 1979. 鳅𫚔鱼类的系统分类及演化谱系, 包括一新属和一新亚种的描述. 动物分类学报, 4(1):72-82
褚新洛. 1981a. 𫚔属和石爬𫚔属的订正, 包括一新种的描述. 动物学研究, 2(1):25-31
褚新洛. 1981b. 中国鲟属鱼类的初步整理. 动物学研究, 2(2):145-156
褚新洛. 1982. 褶𫚔属鱼类的系统发育及二新种的记述. 动物分类学报, 7(4):428-437
褚新洛. 1984. 我国的低线鱲属鱼类小结包括一新种的描述. 动物学研究, 5(1):95-102
褚新洛, 陈银瑞. 1978. 金线鱼亚种分化的研究. 动物学报, 24(3):255-259
褚新洛, 陈银瑞. 1979. 地下河中盲鱼一新种——个旧盲条鳅. 动物学报, 25(3):285-287
褚新洛, 陈银瑞. 1982. 鲤科盲鱼一新属、新种及其系统关系的探讨. 动物学报, 28(4):383-388
褚新洛, 陈银瑞. 1985. 我国结鱼属鱼类的系统分类及一新种的记述. 动物学研究, 6(1):79-86
褚新洛, 陈银瑞. 1989. 云南鱼类志(上册). 北京:科学出版社
褚新洛, 陈银瑞. 1990. 云南鱼类志(下册). 北京:科学出版社
褚新洛, 崔桂华. 1985. 金线鲃属鱼类的初步整理及其种间亲缘关系. 动物分类学报, 10(4):435-441
褚新洛, 崔桂华, 周伟. 1993. 盘鮈属鱼类的分类研究及两新种记述. 动物分类学报, 18 (2):237-246
褚新洛, 崔桂华. 1987. 中国鲤科鱼类墨头鱼属分类的整理. 动物分类学报, 12(1):93-100
褚新洛, 郑葆珊, 戴定远, 等. 1999. 中国动物志 • 硬骨鱼纲 • 鲇形目. 北京:科学出版社
崔桂华, 褚新洛. 1986a. 华缨鱼属的新资料. 动物分类学报, 11(4):424-428
崔桂华, 褚新洛. 1986b. 似鳡属的系统地位及种的分化. 动物学研究, 7(1):79-84
崔桂华, 褚新洛. 1990. 鲤科鱼类鲈鲤的亚种分化和分布. 动物分类学报, 15(1):118-123
崔桂华, 李再云. 1984. 鲃亚科鱼类一新种. 动物分类学报, 9(1):110-112
崔桂华, 莫明忠. 2000. 中国鲤科鱼类新纪录——小口猪嘴鲃. 动物学研究, 21(4):28
戴定远. 1985. 中国犁头鳅属一新种(鲤形目:平鳍鳅科). 动物分类学报, 10(2):221-224
邓其祥. 1996. 四川鲬属鱼类一新种的记述. 四川师范学院学报, 17(4):19-21
丁瑞华. 1990. 红鲌属鱼类一新亚种. 动物分类学报, 15(2):246-250
丁瑞华. 1992. 贵州省云南鳅属鱼类一新种记述(鲤形目:鳅科). 动物分类学报, 17 (4):489-491
丁瑞华. 1993. 四川西部高原鳅属鱼类两新种(鲤形目:鳅科). 动物分类学报, 18(2):247-252
丁瑞华. 1994. 四川鱼类志. 成都:四川科学技术出版社
丁瑞华. 1995. 四川西部云南鳅属鱼类一新种记述(鲤形目:鳅科). 动物分类学报, 20 (2):253-256
丁瑞华, 邓其祥. 1990. 四川省条鳅亚科鱼类的研究——Ⅰ. 副鳅、条鳅和山鳅属鱼类的整理(鲤形目:鳅科). 动物学研究, 11(4):285-290
丁瑞华, 赖琪. 1996. 四川省高原鳅属鱼类一新种(鲤形目:鳅科). 动物分类学报, 21 (3):374-376
丁瑞华, 万盛国. 1997. 𫚔属三种鱼类DNA指纹图比较及一新种记述. 鱼类学论文集(第六辑). 北京: 科学出版社: 15-21
丁瑞华, 傅天佑, 叶妙荣. 1991. 中国𫚔属鱼类二新种记述(鲇形目:𫚔科). 动物分类学报, 16(3):369-374
董崇智, 李怀明, 牟振波, 战丕荣. 2001. 中国淡水冷水性鱼类. 哈尔滨:黑龙江科学技术出版社
杜丽娜, 黄艳飞, 陈小勇, 杨君兴. 2008. 云南鱼类三新纪录及驮娘江鱼类的区系存在度分析. 动物学研究, 29(1):69-77

方力行，陈义雄，韩侨权. 1996. 高雄县河川鱼类志. 高雄:高雄县政府出版
方树淼，许涛清. 1980. 陕西汉水扁尾薄鳅的一新亚种. 动物学研究, 1(2):265-268
方树淼，许涛清，崔桂华. 1984a. 鮡属*Pareuchiloglanis*鱼类一新种. 动物分类学报, 9(2):209-211
方树淼，许涛清，宋世良，王香亭，陈景星. 1984b. 陕西省鱼类区系研究. 兰州大学学报, 20(1):97-115
费宇红，张光辉. 2001. 海河流域平源浅层地下水消耗与可持续利用. 水文, 21(6):10-13
福建鱼类志编写组. 1984. 福建鱼类志(上册). 福州:福建科学技术出版社
傅朝君，刘宪亭，鲁大椿，何裕康，贺昌辉，邹武，秦元祥，谢明汉，田应培，谢大敬，柯薰陶，张昌方. 1985. 葛洲坝下中华鲟人工繁殖. 淡水渔业, (1):1-5
傅天佑，叶妙荣. 1983. 薄鳅属一新种——小眼薄鳅. 动物学研究, 4(2):121-124
傅天佑，叶妙荣. 1984. 四川裂腹鱼属一新种的记述. 动物学研究, 5(2):165-168
甘西，陈小勇，杨君兴. 2007. 广西云南鳅属鱼类一新种记述. 动物学研究, 28(3):321-324
甘西，吴铁军，韦慕兰，杨剑. 2013. 中国广西金线鲃属盲鱼一新种——安水金线鲃(*Sinocyclocheilus anshuiensis* sp. nov.). 动物学研究, 34(5):459-463
郭芳，姜光辉，裴建国，章程. 2002. 广西主要地下河水质评价及其变化趋势. 中国岩溶, 21(3):195-205
郭金泉，沈曼雯，郑先佑. 2010. 台湾鲑鱼与樱鲑志. 台中:天空数位图书有限公司
郭兰香，高玮. 1965. 辽河流域苏氏六须鲇的初步观察. 动物学杂志, 7(3):124
郭田漪. 1992. 陕西鱼类志(高玺章主编). 西安:陕西科技出版社
郭宪光，张耀光，何舜平. 2004. 中国石爬鮡属鱼类的形态变异及物种有效性研究. 水生生物学报, 28(3):260-268
郭延蜀，孙治宇，符建荣，刘少英，郭振伟，杨骏. 2012. 安氏高原鳅的再发现及其模式产地探讨. 动物分类学报, 37(4):912-914
郭志华，刘祥梅，肖文发，王建力，孟畅. 2007. 基于GIS的中国气候分区及综合评价. 资源科学, 29(6):3-8
韩侨权，方力行. 1997. 台南县河川湖泊鱼类志. 台南:台南县
何春林，宋昭彬，张鹗. 2011. 中国高原鳅属鱼类及其分类研究现状. 四川动物, 30 (1):150-155
何纪昌，刘振华. 1980. 红鲌属的一新亚种. 动物学研究, 1(4):483-485
何纪昌，王重光. 1984. 白鱼属鱼类的数值分类包括二新种和一新亚种的描述. 动物分类学报, 9(1):100-109
何纪昌，黄克武，李华恩. 1995. 刀鲇属鱼类的数值分类及一个新种的描述. 云南大学学报(自然科学版), 17(3):278-283
何名巨，陈银瑞. 1981. 中国粒鲇属*Akysis*鱼类二新种. 动物学研究, 2(3):209-214
何茜，李旭，周伟，李奇生. 2013.缺须墨头鱼不同地理群居的形态分化. 广西师范大学学报(自然科学版)，31(4):117-125
何舜平. 1991. 鳅蛇鱼类鳔囊结构及系统发育研究(鲤形目:鲤科). 动物分类学报, 16 (4):490-495
何舜平. 1996. 云南黑鮡属鱼类一新种(鲇形目:鮡科). 动物分类学报, 21(3):380-382
何舜平，刘焕章，陈宜瑜，Masayuki K., Tsuneo N. 2004. 基于细胞色素*b*基因序列的鲤科鱼类系统发育研究(鱼纲:鲤形目). 中国科学, 34(1):96-104
侯飞侠，何春林，张雪飞，宋昭彬. 2010. 高原鳅属鱼类雄性第二性征. 动物分类学报, 35(1):101-107
胡舜智. 1976. 吴郭鱼类引进台湾的再检讨. 中国水产, 280:4-5
胡学友，蓝家湖，张春光. 2004. 广西鲇属一新种及其性状讨论(鲇形目，鲇科). 动物分类学报, 29(3):586-590
湖北省水生生物研究所鱼类研究室. 1976. 长江鱼类. 北京:科学出版社
湖南省水产科学研究所. 1977. 湖南鱼类志. 长沙:湖南科学技术出版社
黄爱民，杜丽娜，陈小勇，杨君兴. 2009. 广西岭鳅属鱼类一新种——大鳞岭鳅记述. 动物学研究, 30(4):445-448
黄宏金，张卫. 1986. 长江鱼类三新种. 水生生物学报, 10(1):99-100
黄顺友. 1979. 云南南部的长臀鲃属(*Mystacoleucus*)鱼类. 动物分类学报, 4(4):419-421
黄顺友. 1981. 中国刀鲇属*Platytropius* Hora鱼类二新种. 动物分类学报, 6(4):437-440
黄顺友. 1985a. 云南裂腹鱼类三新种及二新亚种. 动物学研究, 6(3):209-217
黄顺友. 1985b. 中国鲣科新纪录. 动物学研究, 6(1):780
黄顺友. 1989. 云南盘鮈属*Discogobio*鱼类四新种. 动物学研究, 10(4):355-361
黄顺友，陈宜瑜. 1986. 中甸重唇鱼和裸腹重唇鱼的系统发育关系及其动物地理学分析. 动物分类学报, 11(1):100-107
黄玉瑶. 1988. 青鳉的生物学特性与饲养管理技术. 动物学杂志, 23(6):28-31
贾敬德. 1984. 鲟鱼类增殖研究的现状及展望. 淡水渔业, (3):32-35
贾敬德，王志玲. 1981. 两种鲟鱼的生态简介. 淡水渔业, (6):12-13
江苏省淡水水产研究所，南京大学生物系. 1987. 江苏淡水鱼类. 南京:江苏科学技术出版社
蒋有绪. 1988. 海南岛植物区系与热带植被性质的背景分析. 海南大学学报(自然科学版), 3:1-8
金鑫波. 2006. 中国动物志・硬骨鱼纲・鲉形目. 北京:科学出版社
柯福恩，胡德高，张国良. 1984. 葛洲坝水利枢纽对中华鲟的影响——数量变动调查报告. 淡水渔业, 14(3):16-19
蓝家湖，甘西，吴铁军，杨剑，等. 2013. 广西洞穴鱼类. 北京:科学出版社
蓝家湖，杨君兴，陈银瑞. 1995. 广西条鳅亚科鱼类二新种(鲤形目:鳅科). 动物分类学报, 20(3):366-372
蓝家湖，杨君兴，陈银瑞. 1996. 广西洞穴鱼类一新种(鲤形目:鳅科). 动物学研究, 17(2):109-112
蓝家湖，赵亚辉，张春光. 2004. 中国广西金线鲃属一新种(鲤形目，鲤科，鲃亚科). 动物分类学报，29(2):377
乐佩琦. 1995. 鲭属鱼类的分类整理. 动物分类学报, 20(1):116-123
乐佩琦，陈宜瑜. 1998. 中国濒危动物红皮书-鱼类. 北京:科学出版社
乐佩琦，何纪昌. 1988. 白鱼属鱼类一新种. 云南大学学报(自然科学版), 3:233-237
乐佩琦，杨干荣，杨青. 1964. 滇东云南光唇鱼的种群变异及其一些生态资料. 水生生物学集刊, 5(1):16-26
乐佩琦，等. 2000. 中国动物志・硬骨鱼纲・鲤形目(下卷). 北京:科学出版社

李操, 陈自明. 2003. 西昌白鱼一新亚种描述及其亚种分化. 动物分类学报, 28(2):362-366

李帆, 钟俊生. 2007. 中国浙江省吻虾虎鱼属一新种(鲈形目:虾虎鱼科). 动物学研究, 28(5):539-544

李帆, 钟俊生. 2009. 中国广东省虾虎鱼一新种——周氏吻虾虎鱼(*Rhinogobius zhoui*)(鲈形目:虾虎鱼科). 动物学研究, 30(3):327-333

李帆, 钟俊生, 伍汉霖. 2007. 福建吻虾虎鱼属一新种(鲈形目, 虾虎鱼科). 动物分类学报, 32(4):981-985

李国良. 1989. 中国金线鲃属一新种. 动物分类学报, 14(1):123-125

李嘉亮. 1982. 台湾鱼类图鉴(一). 台北:钓鱼杂志社

李捷, 李新辉, 陈湘粦. 2008. 广西薄鳅属鱼类一新种(鲤形目, 鳅科). 动物分类学报, 33(3):630-633

李明德. 1990. 天津鱼类. 北京:海洋出版社

李明德. 1992. 河北鱼类志. 北京:海洋出版社

李树青. 1998. 福建省平鳍鳅科鱼类的研究. 水产学报, 22(3):260-264

李树深. 1973. 中国鱼类新记录. 动物学报, 19(3):305

李树深. 1984a. 高臀纹胸鮡(新组合)的种下分类研究. 云南大学学报, (3):63-69

李树深. 1984b. 中国纹胸鮡属鱼类的分类研究. 云南大学学报, (2)75-89

李思忠. 1965. 黄河鱼类区系的探讨. 动物学杂志, 7(5):217-222

李思忠. 1966. 陕西太白山细鳞鲑的一新亚种. 动物分类学报, 3(1):92-94

李思忠. 1976. 采自云南澜沧江的我国鱼类新纪录. 动物学报, 22(1):117-118

李思忠. 1981. 中国淡水鱼类分布区划. 北京:科学出版社

李思忠. 1987. 中国鲟形目鱼类地理分布的研究. 动物学杂志, 22(4):35-40

李思忠, 张春光. 2011. 中国动物志 • 硬骨鱼纲 • 银汉鱼目 • 鳉形目 • 颌针鱼目 • 蛇鳚目 • 鳕形目. 北京:科学出版社

李思忠, 张世义. 1974. 甘肃省河西走廊鱼类新种及新亚种. 动物学报, 20(4):414-419

李思忠, 戴定远, 张世义, 马桂珍, 何振威, 高顺典. 1966. 新疆北部鱼类的调查研究. 动物学报, 18(1):41-56

李维贤. 1985. 云南金线鲃属*Sinocyclocheilus*鱼类四新种. 动物学研究, 6(4):423-429

李维贤. 1987. 云南省平鳍鳅科鱼类一新种(鲤形目:平鳍鳅科:平鳍鳅亚科). 动物分类学报, 12(1):101-103

李维贤. 1992. 金线鲃属三新种记述. 水生生物学报, 16(1):57-61

李维贤. 1996. 为云南大鳞金线鲃更改学名. 水产学杂志, 9(2):95

李维贤. 2003. 中国金线鲃属鱼类二新种记述. 吉首大学学报(自然科学版), 24(2):63-65

李维贤. 2004. 云南鳅科鱼类三新种记述. 吉首大学学报(自然科学版), 25(3):93-96

李维贤, 陈会明. 2006. 广西洞穴盲副鳅一新种(鲤形:目鲤科). 广西师范大学学报(自然科学版), 24(3):81-82

李维贤, 段森. 1999. 昆明观赏鱼类一新种——虎纹云南鳅. 云南农业大学学报, 14(3):254-256

李维贤, 蓝家湖. 1992. 广西鲤鱼类一新属三新种. 湛江水产学院学报, 12(2):46-51

李维贤, 卯卫宁. 2007. 云南石林洞穴金线鲃一新种(鲤形目:鲤科). 动物分类学报，32(1):226-229

李维贤, 陶进能. 1994. 云南鲤科鱼类一新种——犀角金线鲃. 湛江水产学院学报, 14(1):1-3

李维贤, 祝志刚. 2000. 洞穴高原鳅属一新种记述. 云南大学学报(自然科学版), 22 (5):396-398

李维贤, 卯卫宁, 孙荣富, 卢宗民. 1994a. 云南省云南鳅属鱼类二新种(鲤形目:鳅科). 动物分类学报, 19(3):370-374

李维贤, 武德方, 陈爱玲. 1994b. 云南金线鲃属*Sinocyclocheilus*鱼类研究. 水产学杂志, 7 (2):6-12

李维贤, 孙荣富, 卢宗民, 卯卫宁. 1995a. 云南省华吸鳅属鱼类一新种. 水产学杂志, 12 (2):45-47

李维贤, 武德方, 陈爱玲, 徐忠华. 1995b. 白鱼属鱼类一新种及其营养成分. 水产学杂志, 8(2):80-84

李维贤, 陈爱玲, 武德方, 许坤. 1996a. 中国金线鲃资源调查及保护利用的初步研究. 水产学杂志, 9(2):58-71

李维贤, 卢宗民, 卯卫宁, 孙荣富. 1996b. 云南盘鮈属*Discotabeo*鱼类一新种. 水产学杂志, 19(2):20-22

李维贤, 武德方, 陈爱玲. 1998. 云南金线鲃属鱼类二新种. 湛江海洋大学学报, 18(4):1-5

李维贤, 武德方, 许坤, 高兴明, 陈爱玲, 吴琼莉, 王建辉. 1999. 云南路南县黑龙潭水库及灌区的鱼类. 四川动物, 18(1):3-7

李维贤, 陶进能, 卯卫宁, 卢宗民. 2000a. 云南东部云南鳅属二新种记述(鲤形目:鳅科). 动物分类学报, 25(3):349-353

李维贤, 肖蘅, 昝瑞光. 2000b. 广西金线鲃一新种. 动物学研究, 21(2):155-157

李维贤, 宗祖国, 侬瑞斌, 赵春和. 2000c. 云南金线鲃属鱼类一新种——麻花金线鲃. 云南大学学报(自然科学版), 22(1):79

李维贤, 廖永平, 杨洪福. 2002a. 云南东部金线鲃属二新种记述. 云南农业大学学报, 17 (2):161-163

李维贤, 卯卫宁, 卢宗民. 2002b. 云南鲤科鱼类一新种记述. 湛江海洋大学学报, 22(1):1-2

李维贤, 蓝家湖, 陈善元. 2003a. 广西洞穴金线鲃一新种——九圩金线鲃. 广西师范大学学报, 21(4):83-85

李维贤, 卯卫宁, 卢宗民, 晏维柱. 2003b. 中国金线鲃属鱼类二新种记述. 吉首大学学报(自然科学版), 24(2):63-65

李维贤, 肖蘅, 昝瑞光, 罗忠义, 班川华, 贲劲波. 2003c. 广西洞穴金线鲃属一新种. 广西师范大学学报, 21(3):80-81

李维贤, 肖蘅, 冯海学, 赵海林. 2005. 云南金线鲃属一新种——阿庐金线鲃. 湛江海洋大学学报, 25(3):1-3

李维贤, 冉景丞, 陈会明. 2006. 中国野鲮亚科鱼类一新属新种记述. 湛江海洋大学学报, 26(3):1-2

李维贤, 杨洪福, 韩非, 陶成鹏, 洪艳, 陈宏. 2007. 云南洞穴盲金线鲃一新种. 广东海洋大学学报, 27(4):1-2

李维贤, 杨洪福, 陈宏, 陶成鹏, 戚守庆, 韩非. 2008. 中国云南高原鳅属洞穴盲鱼一新种——丘北盲高原鳅. 动物学研究, 29(6):674-678

李旭. 2006. 中国鲇形目鮡科鰋鮡群鱼类的系统发育及生物地理学分析. 昆明:西南林学院硕士学位论文

李旭，李凤莲，刘凯，周伟. 2008. 中国伊洛瓦底江和怒江褶鮡属鱼类的形态差异及分类地位. 动物学研究, 29(1):83-88

李再云, 陈银瑞. 1985. 云南平鳍鳅科鱼类二新种. 动物学研究, 6(2):169-173

李再云, 陈银瑞, 杨君兴, 陈小勇. 1998. 澜沧江短吻鱼属鱼类. 动物学研究, 19(6):453-457

李仲辉. 1984. 河南鱼类志. 郑州:河南科学技术出版社
连珍水. 1988. 九龙江鱼类区系的研究. 福建水产, (3):42-51
梁亮, 刘传玺, 吴启林. 1987. 广西鲃亚科鱼类一新种. 广西农学院学报, 2:77-80
梁润生. 1974. 平鳍鳅之分佈与适应构造并记载台湾产平鳍鳅之一新种. 中研院生物与环境专题研讨会讲稿集:141-156
廖文杰, 王大忠, 罗志发. 1997. 南鳅属鱼类一新种及一新亚种. 遵义医学院学报, 20(2-3):4-6
林人端, 罗志发. 1986. 广西溶洞内生活的盲鱼——金线鲃属一新种. 水生生物学报, 10 (4):380-382
林人端, 张春光. 1986. 鲃亚科鱼类一新种——宽头四须鲃，动物分类学报. 11(1):108-110
林书颜. 1931. 南中国之鲤鱼及似鲤鱼类之研究. 广州:广东建设厅水产试验场
林曜松. 1984. 台湾地区具有被指定为自然文化化景观之调查研究报告 (淡水鱼之部):177
林曜松, 曾晴贤. 1985. 垦丁国家公园南仁山生态保护区水域动物生态研究
林义浩. 2003. 广东纹胸鮡属鱼类一新种(鲇形目, 鮡科). 动物分类学报, 28(1):159-162
林昱, 李超, 宋佳坤. 2012. 中国贵州省穴居盲鳅一新种(鲤形目, 爬鳅科). 动物分类学报, 37(3):640-647
刘蝉馨, 秦克静. 1987. 辽宁动物志(鱼类). 沈阳:辽宁科学技术出版社
刘成汉. 1964. 四川鱼类区系的研究. 四川大学学报, 2:95-138
刘成汉. 1965. 鲇鱼种的新资料. 四川大学学报, (1):99-104
刘成汉. 1979. 有关白鲟的一些资料. 水产科技情报, (1):13-14
刘成汉. 1981. 四川鲤鱼一新亚种的记述. 四川大学学报, 2:95-147
刘成汉, 丁瑞华. 1982. 四川马湖鲤鱼一新种的记述. 四川大学学报(4):71-74
刘焕章. 1993. 鳜类的骨骼解剖及其系统发育的研究. 武汉:中国科学院水生生物研究所博士学位论文
刘明玉, 解玉浩, 季达明. 2000. 中国脊椎动物大全. 沈阳:辽宁大学出版社
刘文斌. 1995. 中国鲚属四种鱼的生化和形态比较及其系统发育的研究. 海洋与池沼, 26(5):558-565
刘振华, 何纪昌. 1983. 云南白鱼属鱼类二新亚种的描述. 云南大学学报, 11(3):102-105
卢玉发, 卢宗民, 卯卫宁. 2005. 云南似原吸鳅属鱼类一新种记述(鲤形目, 平鳍鳅科). 动物分类学报, 30(1):202-204
罗相忠. 1996. 俄罗斯亚洲地区几种鲟类生物学概述. 淡水渔业, 26(3):25-26
罗云林. 1990. 鲂属鱼类的分类整理. 水生生物学报, 14(2):160-165
罗云林. 1994. 鲌属和红鲌属模式种的订正. 水生生物学报, 18(1):45-49
罗云林. 1995. 中国鲌亚科一新属(鲤形目:鲤科). 水生生物学报, 2:封3
罗云林. 1996. 鲹属鱼类一新亚种(鲤科:雅罗鱼亚科). 水生生物学报, 20 (3):291-292
罗云林, 陈宣瑜, 黄宏金. 1985. 广西鲤科鱼类二新种. 水生生物学报, 9(3):281
马波, 霍堂斌, 姜作发. 2007. 中国黑龙江水系茴鱼属一新纪录种(鲑形目, 茴鱼科). 动物分类学报, 34(4):986-988
马波, 尹家胜, 李景鹏. 2005. 黑龙江流域两种细鳞鲑的形态学比较及其分类地位初探. 动物分类学报, 30(2):257-260
马骏, 邓中粦, 邓昕, 蔡明艳. 1996. 白鲟年龄鉴定及其生长的初步研究. 水生生物学报, 20(2):150-158
毛节荣, 徐寿山. 1991. 浙江动物志(淡水鱼类). 杭州:浙江科学技术出版社
卯卫宁, 卢宗民, 李维贤, 马鸿宾, 黄钢. 2003. 云南洞穴金线鲃属鱼类(鲤科)一新种. 湛江海洋大学学报, 23(3):1-3
莫天培, 褚新洛. 1986. 中国纹胸鮡属*Glyptothorax* Blyth鱼类的分类整理(鲇形目Siluriformes, 鮡科Sisoridae). 动物学研究, 7(4):339-350
尼科里斯基. 1960. 黑龙江鱼类. 高岫译. 北京:科学出版社
倪勇. 1990. 上海鱼类志. 见:中国水产科学研究院东海水产研究所, 上海市水产研究所.上海:上海科学技术出版社
倪勇, 朱成德. 2005. 太湖鱼类志. 上海:上海科学技术出版社
倪勇, 伍汉霖. 2006. 江苏鱼类志. 北京:中国农业出版社
倪勇, 陈校辉, 周刚. 2005. 中国片唇鮈属鱼类一新种(鲤形目:鲤科). 上海水产大学学报, 14(2):122-126
潘炯华. 1987. 珠江水系北江渔业资源. 广州:广东科技出版社
潘炯华. 1991. 广东淡水鱼类志. 广州:广东科技出版社
潘炯华, 刘成汉, 郑文彪. 1983. 广东北江平鳍鳅科鱼类二新种的记述. 华南师范大学学报(自然科学版), (2):105-109
潘晓赋, 李列, 杨君兴, 陈小勇. 2013. 云南红河水系金线鲃属鱼类一新种——西畴金线鲃. 动物学研究, 34(4):368-373
任慕莲. 1981. 黑龙江鱼类. 哈尔滨:黑龙江人民出版社
任慕莲, 武云飞. 1982. 西藏纳木错的鱼类. 动物学报, 28(1):80-86
任慕莲, 郭焱, 张人铭, 张秀善, 蔡林钢, 李红, 阿达克, 付亚丽, 刘昆仑, 邓贵忠. 2002. 中国额尔齐斯河鱼类资源及渔业. 乌鲁木齐:新疆科技卫生出版社
陕西省水产研究所. 1992. 陕西鱼类志. 西安:陕西科学技术出版社
单乡红. 1997. 中国舟齿鱼属的分类整理. 鱼类学论文集(第六辑):8-14
单乡红, 乐佩琦. 1994. 金线鲃鱼类系统发育的研究(鲤形目:鲤科:鲃亚科). 动物学研究, 15(S1):36-44
邵广昭, 林沛立. 1991. 溪池钓的鱼. 台北:度假出版社有限公司
沈世杰. 1984a. 台湾近海鱼类图鉴. 台北:台湾大学动物学系
沈世杰. 1984b. 台湾鱼类检索. 台北:南天书局
沈世杰. 1984c. 台湾近海鱼类图鉴. 台湾省立博物馆
沈世杰. 1993. 台湾鱼类志. 台北:台湾大学印行
沈世杰, 曾晴贤. 1980. 就淡水鱼的分布探讨台湾与中国大陆及附近岛屿之关系. 中国水产 331:10-13

施白南，邓其祥. 1980. 嘉陵江鱼类名录及调查史略. 西南师范学院学报, (2):1-11
石振广，王云山，李文龙，朱传荣，陈曾龙. 2002. 我国鲟类资源状况及保护利用. 上海水产大学学报, 11(4):317-323
四川省长江水产资源调查组. 1987. 长江鲟鱼类生物学及人工繁殖研究. 成都:四川科学技术出版社
孙荣富，卯卫宁，卢宗民，等. 1997. 曲靖地区鱼类十二新种研究. 水产学杂志, 10(2):43-48
台湾鱼类资料库. http://fishdb. sinica. edu. tw[2015-05-18]
唐家汉. 1980. 中国鮈亚科两新种. 动物分类学报, 5(4):436-439
唐家汉等. 1976. 湖南鱼类志. 长沙:湖南人民出版社
唐莉. 2012. 岭鳅属(*Orechectes*)和洞鳅属(*Troglonectes* gen. nov.)(鲤形目:爬鳅科)鱼类的分类及分布格局研究. 北京:中国科学院动物研究所硕士学位论文
唐琼英，刘焕章，杨秀平，熊邦喜. 2005. 沙鳅亚科鱼类线粒体DNA控制区结构分析及系统发育关系的研究. 水生生物学报, 29(6):645-653
唐琼英，俞丹，刘焕章. 2008. 斑纹薄鳅(*Leptobotia zebra*)应该为斑纹沙鳅(*Sinibotia zebra*). 动物学研究, 29(1):1-9
唐文乔，陈宜瑜. 1996. 拟腹吸鳅属鱼类颏吸附器的扫描电镜观察及其亚属划分. 动物学报, 42(3):231-236
唐文乔，陈宜瑜. 1997. 副原吸鳅属鱼类一新种(鲤形目:平鳍鳅科). 动物分类学报, 22(1):108-111
唐文乔，陈宜瑜. 2000. 平鳍鳅科分类学研究. 上海水产大学学报, 9(1):1-9
唐文乔，陈宜瑜，伍汉霖. 2001. 武陵山区鱼类物种多样性及其动物地理学分析. 上海水产大学学报, 10(1):6-15
唐文乔，王大忠，余涛. 1997. 爬岩鳅属鱼类一新种(鲤形目:平鳍鳅科). 动物学研究, 18(1):19-22
唐允安. 1963. 最近引进台湾的两种鱼类——河鲶及非洲吴郭鱼. 中国水产, 131:2-4
汪静明. 1993. 台中县鱼类资源. 台中:台中县政府印行
王大忠. 1996. 金线鲃属及其相近类群的分类整理和金线鲃属的系统发育分析. 武汉:中国科学院研究生院博士学位论文
王大忠，陈宜瑜. 1989. 贵州鲤科鱼类三新种. 遵义医学院学报, 12(4):29-34
王大忠，陈宜瑜. 2000. 金线鲃属鱼类的起源及其适应演化. 水生生物学报, 24(6):630-634
王大忠，李德俊. 1994. 贵州盘鮈属鱼类一新种. 遵义医学院学报, 17(4):273-275
王大忠，李德俊. 2001. 贵州高原鳅属鱼类二新种(鲤形目:鳅科:条鳅亚科). 动物分类学报, 26(1):98-101
王大忠，廖文杰. 1997. 贵州金线鲃属鱼类一新种. 遵义医学院学报, 20(2-3):1-3
王大忠，黄跃，廖吉文. 1995. 驼背鲃属*Gibbibarbus* Dai分类位置的订正(鲤形目:鲤科). 遵义医学院学报, 18(3):166-168
王汩，李斌，岳兴建，耿相昌，王志坚. 2010. 西藏鱼类一新纪录科——平鳍鳅科. 重庆师范大学学报, (1):26-27
王汉泉. 1982. 淡水河流域鱼种分布调查. 中国水产, 357:7-16
王汉泉. 1983a. 淡水河流域鱼类分布与水质关系之初步研究. 中国水产, 372:25-34
王汉泉. 1983b. 淡水河流域底栖生物与鱼类调查及水质评估. 经济部水资会报告
王汉泉. 1984a. 新店溪秀朗桥鱼类死亡原因探讨. 中国水产, 377:6-12
王汉泉. 1984b. 淡水河水系鱼类分布与水质关系之研究
王汉泉. 1985a. 高屏溪鱼类分布调查. 中国水产, 392:24-29
王汉泉. 1985b. 淡水河水系鱼类分布与生态环境关系之研究. 经济部水资会报告
王汉泉. 1986a. 大甲溪德基水库鱼虾类初步调查报告. 经济部水资会报告
王汉泉. 1986b. 淡水河水系鱼类分布与生态环境关系之研究. 经济部水资会报告
王鸿媛. 1981. 北京地区薄鳅属鱼类一新种. 北京自然博物馆研究报告12号
王鸿媛. 1984. 北京鱼类志. 北京:北京出版社
王鸿媛. 1994. 北京鱼类和两栖、爬行动物志. 北京:北京出版社
王火根，范忠勇，陈莹. 2006. 中国浙江缨口鳅属一新种(鲤形目，平鳍鳅科，腹吸鳅亚科). 动物分类学报, 31(4):902-905
王玲，等. 1997. 黄河下游断流成因分析. 人民黄河, 10:13-17
王寿昆. 1997. 中国主要河流鱼类分布及其种类多样性与流域特征的关系. 生物多样性, 3:197-201
王所安，王志敏，李国良，曹玉萍，等. 2001. 河北鱼类志. 石家庄:河北科学技术出版社
王伟营. 2012. 中国野鲮亚科部分类群及墨头鱼属鱼类分类、系统发育及生物地理学研究. 昆明:中国科学院昆明动物研究所博士学位论文
王香亭，朱松泉. 1979. 甘肃条鳅属鱼类一新种. 兰州大学学报, 4:129-132
王以康. 1958. 鱼类分类学. 上海:上海科学技术出版社
王幼槐. 1979. 中国鲤亚科鱼类的分类、分布、起源及演化. 水生生物学集刊, 6(4):419-439
王幼槐，庄大栋，高礼存. 1982. 云南抚仙湖鲃亚科鱼类三新种. 动物分类学报, 7(2):216-222
王幼槐，庄大栋，张开翔，高礼存. 1981. 云南高原泸沽湖裂腹鱼类三新种. 动物分类学报, 6(3):328-333
吴鹏程，汪楣芝. 2001. 横断山区与台湾苔藓植物的热带亲缘. 贵州科学, 19(4):5, 6-9
吴清江，易伯鲁. 1959. 鳌属鱼类和黑龙江流域鳌属鱼类的初步生态调查. 水生生物学集刊, 2:157-163
吴铁军，廖振平，甘西，李维贤. 2010. 广西洞穴金线鲃属二新种记述(鲤形目:鲤科:鲃亚科). 广西师范大学学报, 24(8):116-120
吴秀鸿，陈焕新，曹兴源，李树青. 1981. 福建光唇鱼属一新种. 武夷科学, 1:126-127
伍汉霖，倪勇. 1985. 中国鲻鰕虎鱼属*Mugilogobius*的二新种. 动物学研究, 6(4):93-98
伍汉霖，钟俊生. 2008. 中国动物志 • 硬骨鱼纲 • 鲈形目 • 虾虎鱼亚目. 北京:科学出版社
伍汉霖，陈义雄，庄棣华. 2002. 中国沙塘鳢属(*Odontobutis*)鱼类之一新种(鲈形目:沙塘鳢科). 上海水产大学学报, 11(1):6-13
伍汉霖，金鑫波，倪勇. 1978. 中国有毒鱼类和药用鱼类. 上海:上海科学技术出版社
伍汉霖，邵广昭，赖春福，庄棣华，林沛立. 2012. 拉汉世界鱼类系统名典. 基隆:水产出版社

伍汉霖, 吴小清, 解玉浩. 1993. 中国沙塘鳢属鱼类的整理和一新种的叙述. 上海水产大学学报, 2(1):52-61
伍律. 1989. 贵州鱼类志. 贵阳:贵州人民出版社
伍献文. 1961. 中国经济动物志(淡水鱼类). 北京:科学出版社
伍献文, 等. 1964. 中国鲤科鱼类志(上卷). 上海:上海科学技术出版社
伍献文, 等. 1979. 中国经济动物志(淡水鱼类). 2版. 北京:科学出版社
伍献文, 等. 1982. 中国鲤科鱼类志(下卷). 上海:上海科学技术出版社
伍献文, 何名巨, 褚新洛. 1981a. 西藏地区的鮡科鱼类. 海洋与湖沼, 12(1):74-79
伍献文, 陈宜瑜, 陈湘粦, 陈景星. 1981b. 鲤亚目鱼类分科的系统和科间系统发育的相互关系. 中国科学, 3:369-376
伍献文, 杨干荣, 乐佩琦, 黄宏金. 1963. 中国经济动物志(淡水鱼类). 北京:科学出版社
武云飞. 1984. 中国裂腹鱼亚科鱼类的系统分类研究. 高原生物学集刊, 3:119-139
武云飞, 陈瑗. 1979. 青海省果洛和玉树地区的鱼类. 动物分类学报, 4(3):287-296
武云飞, 朱松泉. 1979. 西藏阿里鱼类分类、区系研究及资源概况. 西藏阿里地区动植物考察报告. 北京:科学出版社
武云飞, 任慕莲. 1982. 西藏纳木错的鱼类. 动物学报, 28(1):80-86
武云飞, 吕克强. 1983. 贵州省几种裂腹鱼的分类讨论. 动物分类学报, 8(3):335-336
武云飞, 吴翠珍. 1984. 青海省逊木措的鱼类及高原鳅属一新种的描记. 动物分类学报, 9(3):326-329
武云飞, 吴翠珍. 1988a. 长江上游鱼类的新属、新种和新亚种. 高原生物学集刊, 8:15-24
武云飞, 吴翠珍. 1988b. 黄河源头和星宿海的鱼类. 动物分类学报, 13(2):195-200
武云飞, 吴翠珍. 1989. 青海经济动物志. 西宁:青海人民出版社
武云飞, 吴翠珍. 1990a. 滇西金沙江河段鱼类区系的初步分析. 高原生物学集刊, 9:101-113
武云飞, 吴翠珍. 1990b. 喀喇昆仑山一昆仑山地区渔业资源及渔业发展对策的初步研究. 自然资源学报, 5(4):354-364
武云飞, 吴翠珍. 1992. 青藏高原鱼类. 成都:四川科学技术出版社
肖蘅, 昝瑞光. 2001. 金线鲃鱼类线粒体DNA细胞色素b基因的分子进化研究(鲤形目:鲤科:鲃亚科). 昆明:云南大学博士学位论文
肖蘅, 李维贤, 昝瑞光. 2004. 昆明金线鲃属三新种记述. 西南农业学报, 17(4):521-524
肖智, 蓝宗辉, 陈湘粦. 2007. 中国麦穗鱼属一新种(鲤形目, 鲤科). 动物分类学报, 32(4):977-980
谢从新, 杨干荣, 龚立新. 1984. 湖北省的平鳍鳅科鱼类包括一新种和一新亚种的描述. 华中农学院学报, 3(1):62-68
解焱, 等. 2009. 中国生物多样性地理图集. 长沙:湖南教育出版社
解玉浩. 1981. 辽河鱼类区系. 鱼类学论文集, II:111-119
解玉浩. 1986. 小鳔鮈属鱼类一新种. 动物分类学报, 11(2):220-222
解玉浩. 2007. 东北地区淡水鱼类. 沈阳:辽宁科学技术出版社
谢仲桂, 张鹗, 何舜平. 2001. 应用形态度量学方法对中华纹胸鮡和福建纹胸鮡物种有效性的研究. 华中农业大学学报(自然科学版), 20(2):169-172
新乡师范学院生物系鱼类志编写组. 1984. 河南鱼类志. 郑州:河南科学技术出版社
邢迎春. 2011. 基于GIS的中国内陆水域鱼类物种多样性、分布格局及其保育研究. 上海:上海海洋大学博士学位论文
许涛清, 王开锋. 2009. 陕西省高原鳅一新种(鲤形目, 爬鳅科). 动物分类学报, 34(2):381-384
许涛清, 张春光. 1996. 西藏条鳅亚科高原鳅属鱼类一新种(鲤形目:鳅科). 动物分类学报，21(3):377-379
许涛清, 方树淼, 王鸿媛. 1981. 薄鳅属(*Leplobolia*)鱼类一新种. 动物学研究(4):379-381
严纪平, 郑米良. 1984. 花鳅属鱼类一新种——斑条花鳅. 动物学报, 30(1):82-84
杨琴, 周伟, 舒树森. 2011. 云南盘鮈不同地理居群的形态变异及分化. 动物分类学报, 36(1):117-124
杨干荣. 1987. 湖北鱼类志. 武汉:湖北科学技术出版社
杨干荣, 谢从新. 1983. 神农架鱼类一新种. 动物学研究, 4(1):71-74
杨干荣, 袁凤霞, 廖荣谋. 1986. 中国鳅科鱼类一新种——湘西盲条鳅. 华中农业大学学报, 5(3):219-223
杨鸿嘉, 陈同白. 1965. 台湾重要食用鱼介图说. 农复会渔业彙刊第10号:98
杨鸿嘉, 李信彻. 1964. 台南县地方鱼类的研究(1). 北门中学丛书第1号:35
杨鸿嘉, 李信彻. 1965. 台南县地方鱼类的研究(2). 北门中学丛书第4号:31
杨剑, 陈小勇, 杨君兴. 2008. 云南鮡科鱼类一新记录—越南拟鳢. 动物学研究, 29(3):328-330
杨剑, 吴铁军, 韦日锋, 杨君兴. 2011. 广西岭鳅属鱼类一新种—罗城岭鳅(鲤形目:爬鳅科). 动物学研究, 32(2):208-211
杨军山, 陈毅峰. 2004a. 副沙鳅属的多变量形态分析. 动物分类学报, 29(1):10-16
杨军山, 陈毅峰. 2004b. 副沙鳅属系统发育分析. 动物分类学报, 29(2):173-180
杨君兴, 陈银瑞. 1995. 抚仙湖鱼类生物学和资源利用. 昆明:云南科学技术出版社
杨君兴, 褚新洛. 1990a. 南盘江水系三种高原鳅的分化(鲤形目:鳅科). 动物分类学报, 15(3):377-383
杨君兴, 褚新洛. 1990b. 条鳅亚科鱼类一新属新种. 动物学研究, 11(2):109-114
杨君兴, 陈小勇, 蓝家湖. 2004. 高原特有条鳅鱼类两新种在广西的发现及其动物地理学意义. 动物学研究, 25(2):111-116
杨君兴, 陈银瑞, 何远辉. 1994. 滇中高原湖泊鱼类多样性的研究. 生物多样性, 2(4):204-209
杨骏, 郭延蜀. 2013. 中国四川省华吸鳅属鱼类一新种(鲤形目, 爬鳅科). 动物分类学报, (4):895-900
杨琼, 韦慕兰, 蓝家湖, 杨琴. 2011. 广西岭鳅属鱼类一新种. 广西师范大学学报, 1:72-75
杨熙, 周伟, 李旭, 李奇生. 2013. 不同地理种群东方墨头鱼的形态分化. 动物学研究, 34(5):471-474
杨秀平, 张敏莹, 刘焕章. 2002. 中国似鮈属鱼类的形态变异与地理分化研究. 水生生物学报, 26(3):281-285
杨秀平, 张敏莹, 刘焕章. 2003. 蛇鮈属鱼类的形态度量学研究. 水生生物学报, 26(3):281-285

杨颖. 2006. 中国鮡科鰋鮡群的系统分类. 昆明:西南林学院硕士学位论文
姚闻乡. 1976. 白鲟. 水产科技情报, (7-8):60
叶妙荣, 傅天佑. 1983. 鲃亚科鱼类一新属新种记述. 动物分类学报, 8(4):434
叶妙荣, 傅天佑. 1986. 四川的裂腹鱼类一新种. 动物学研究, 7(1):65-67
易伯鲁, 朱志荣. 1959. 中国的鲌属和红鲌属鱼类的研究. 水生生物学集刊, 2:179-199
游祥平. 1975. 忆述尼罗吴郭鱼引进本省之经纬. 渔牧科学, 2(8)
于美玲, 何舜平. 2012. 鮡科鱼类系统发育关系分析及其分歧时间估算. 中国科学(生命科学), 42(4):277-285
于晓东, 罗天红, 周红章. 2005. 长江流域鱼类物种多样性大尺度格局研究. 生物多样性，13(6):473-495
余先觉. 1989. 中国淡水鱼类染色体. 北京:科学出版社
余志堂, 谢洪高, 易伯鲁. 1959. 黑龙江流域鳊鱼的种内变异及其生活习性. 水生生物学集刊, 2:224-228
余志堂, 许蕴玕, 周春生, 邓中林, 赵燕. 1981. 关于葛洲坝水利枢纽对长江鱼类资源的影响和保护鲟鱼资源的意见. 水库渔业, 2:18-24
袁传宓. 1976. 关于我国鲚属鱼类分类的历史和现状. 南京大学学报(自然科学版), 2:1-12
袁传宓. 1978. 刀鲚的年龄和生长. 水生生物集刊, 6(1):285-296
袁大林. 1975. 中华鲟在各地水库、池塘生长良好. 水产科技情报, 7(1):9
袁刚, 茹辉军, 刘学勤. 2010. 2007－2008年云南高原湖泊鱼类多样性与资源现状. 湖泊科学, 22(6):837-841
原田五十吉. 1943. 海南岛淡水鱼类谱. 台北:台湾出版社
詹见平. 1989. 大甲溪的鱼类. 台中:台中县新社乡大林国民小学 (教育部专案补助)
张春光. 2010. 中国动物志 • 硬骨鱼纲 • 鳗鲡目. 北京:科学出版社
张春光, 戴定远. 1992. 中国金线鲃属一新种——季氏金线鲃. 动物分类学报, 17(3):377-379
张春光, 赵亚辉. 2000. 原缨口鳅属一新种(鲤形目:平鳍鳅科). 动物分类学报, 25(4):458-461
张春光, 赵亚辉. 2001a. 长江胭脂鱼的洄游问题及水利工程对其资源的影响. 动物学报, 47(5):518-521
张春光, 赵亚辉. 2001b. 中国鲃亚科金线鲃属鱼类一新种及其生态和适应(鲤形目:鲤科). 动物分类学报, 26(1):102-107
张春光, 赵亚辉. 2013. 北京及其邻近地区的鱼类. 北京:科学出版社
张春光, 蔡斌, 许涛清. 1995. 西藏鱼类及其资源. 北京:中国农业出版社
张春霖. 1954. 中国淡水鱼类的分布. 地理学报, 20(3):279-284
张春霖. 1959. 中国系统鲤类志. 北京:高等教育出版社
张春霖. 1960. 中国鲇类志. 北京:人民教育出版社
张春霖. 1962. 云南西双版纳鱼类名录及一新种. 动物学报, 14(1):95-98
张春霖, 刘成汉. 1957. 岷江鱼类调查及其分布的研究. 四川大学学报, 2:222-246
张春霖, 王文滨. 1962. 西藏鱼类初篇. 动物学报, 14(4):529-536
张春霖, 张玉玲. 1963a. 青海鱼类的新种I. 动物学报, 15(2):291-294
张春霖, 张玉玲. 1963b. 青海鱼类的新种II. 动物学报, 15(4):635-638
张春霖, 岳佐和. 1964. 西藏南部的鱼类. 动物学报, 16(2):272-282
张鹗. 1997. 盘鮈属新的替代学名. 动物分类学报, 22(2):224
张鹗, 陈景星. 1977. 中国缨鱼属鱼类的分类整理及一新种描述. 动物分类学报, 22(3):321-326
张鹗, 刘焕章. 1995. 鳅鮀属鱼类一新种. 动物分类学报, 20(2):249-252
张鹗, 谢仲桂, 谢从新. 2004. 大眼华鳊和伍氏华鳊的形态差异及其有效性. 水生生物学报, 38(5):511-518
张丰绪, 等. 1985. 台湾地区具有被指定为自然文化景观之调查研究报告. 台湾自然生态保育协会
张觉民. 1995. 黑龙江省鱼类志. 哈尔滨:黑龙江科学技术出版社
张崑雄, 吴英陂. 1985. 樱花钩吻鲑(台湾鳟)复育现况及展望. 台湾农业:22(4):32-37
张世义. 1987. 中华鲟在西江的分布及产卵场调查. 动物学杂志, 22(5):50-52
张世义. 2001. 中国动物志 • 硬骨鱼纲 • 鲟形目 • 海鲢目 • 鲱形目 • 鼠鱚目. 北京:科学出版社
张文娟, 高吉喜. 2001. 中国西部地区生态环境问题. 环境教育, 3:3-5
张晓锋, 王火根. 2011. 浙江缨口鳅属鱼类一新种(鲤形目:平鳍鳅科). 上海水产大学学报, 20(1):85-88
张有为, 吴教东. 1965. 中国鲇科鱼类之一新属新种——半棱华鲇. 动物分类学报, 2(1):11-14
张玉玲. 1987. 中国新银鱼属*Neosalanx*的初步整理及其一新种. 动物学研究, 8(3):277-286
赵济. 1995. 中国自然地理. 3版. 北京:高等教育出版社
赵俊. 1988. 我国大陆淡水鱼类一新记录. 动物学杂志, 27(5):40-41
赵俊, 陈湘粦, 李文卫. 1997. 光唇鱼属鱼类一新种. 动物学研究, 18(3):243-246
赵盛龙, 伍汉霖, 钟俊生. 2007. 中国裸身虾虎鱼属(*Gymnogobius*)一新种(鲈形目:虾虎鱼科). 水产学报, 31(4):452-455
赵铁桥. 1985. 新疆条鳅属(*Nemachilus*)鱼类一新种. 动物学研究, 6(4):53-56
赵铁桥. 1991. 河西阿拉善内流区的鱼类区系和地理区划. 动物学报, 37(2):153-167
赵铁桥, 张春光. 1993. 鲤科成吉思鱼属(*Genghis* Howes)和黄河成吉思鱼(*G. chuanchicus*)的分类讨论. 系统进化动物学论文集，2:139-144
赵亚辉, 张春光. 2009. 中国特有金线鲃属鱼类——物种多样性、洞穴适应、系统演化和动物地理. 北京:科学出版社
赵亚辉, 张春光. 2011. 中国广西小鳔鮈属一新种(鲤形目:鲤科). 动物分类学报, 26(4):589-592
赵亚辉, 张春光. 2013. 阿庐金线鲃(*Sinocyclocheilus aluensis* Li et Xiao, 2005)物种有效性及其重新描述. 动物学研究, 34(4):374-378
赵云芳, 等. 1997. 中华鲟在成都地区池塘养殖试验报告. 动物学杂志, 32(5):41-43

郑葆珊. 1960. 白洋淀鱼类. 石家庄:河北人民出版社
郑葆珊. 1981. 广西淡水鱼类志. 1版. 南宁:广西人民出版社
郑葆珊, 黄浩明, 张玉玲, 戴定远. 1980. 图们江鱼类. 长春:吉林人民出版社
郑慈英. 1965. 广东鳍鰕虎鱼属的一新种. 动物分类学报, 2(2):173-177
郑慈英. 1979. 广东鮠属的一新种. 动物分类学报, 2:182-184
郑慈英. 1980. 平鳍鳅科鱼类的一新种. 暨南大学学报(自然科学版), 1:110-112
郑慈英. 1981. 广东省的平鳍鳅科鱼类(续一). 暨南大学学报(自然科学版) 1:55-63
郑慈英. 1991. 缨口鳅属(*Crossostoma*)鱼类的研究及一新种的描述. 暨南大学学报(自然科学版), 12(1):77-82
郑慈英, 陈景星. 1983. 中国野鲮亚科鱼类二个新种. 暨南理医学报, (1):71-79
郑慈英, 陈宜瑜. 1980. 广东省的平鳍鳅科鱼类. 动物分类学报, 5(1):89-101
郑慈英, 李金平. 1986. 中国拟腹吸鳅属(*Pseudogastromyzon*)鱼类. 暨南理医学报, (1):71-79
郑慈英, 谢家骅. 1985. 中国异鳞鲃属一新种. 鱼类学论文集, 4:123-126
郑慈英, 张卫. 1983. 中国的爬鳅属(*Balitora*)鱼类. 暨南大学学报(自然科学与医学版), (1):65-70
郑慈英, 张卫. 1987. 中国贵州平鳍鳅科鱼类. 暨南大学学报(自然科学版), (3):79-86
郑慈英, 等. 1989. 珠江鱼类志. 北京:科学出版社
郑慈英, 陈银瑞, 黄顺友. 1982. 云南省的平鳍鳅科鱼类. 动物学研究, 3(4):393-402
郑建州, 汪健. 1990. 金线鲃属鱼类一新种. 动物分类学报, 15(2):251-253
郑兰平. 2007. 鲤科盘鮈属(*Discogobis*) 鱼类的系统发育及地理分布格局研究. 昆明: 西南林学院硕士学位论文.
郑兰平. 2010. 中国野鲮亚科（Labeoninae）分子谱系地理学及若干亚类群的分类整理. 昆明:中国科学院昆明动物研究所博士学位论文
郑兰平, 陈小勇, 杨君兴. 2009. 云南省西双版纳州南拉河鱼类组成及其现状. 动物学研究, 30(3):334-340
郑米良, 伍汉霖. 1985. 浙江省淡水虾虎鱼类的研究及二新种描述(鲈形目:虾虎鱼科). 动物分类学报, 10(3):326-333
郑米良, 严纪平. 1986. 鳅鮀属鱼类一新种. 动物学报, 32(1):58-61
郑昭任. 1960. 金门鱼类的初步调查. 中国水产
中国环境保护部. 2010. 中国环境状况公报
中国科学院中国自然地理编辑委员会. 1981. 中国自然地理——地貌. 北京:科学出版社
中国科学院动物研究所, 中国科学院新疆生物土壤沙漠研究所, 新疆维吾尔自治区水产局. 1979. 新疆鱼类志. 乌鲁木齐:新疆人民出版社
中国科学院水生生物研究所. 1993. 中国淡水鱼类原色图集(三). 上海:上海科学技术出版社
中国科学院水生生物研究所, 上海自然博物馆. 1982. 中国淡水鱼类原色图集(一). 上海:上海科学技术出版社
中国科学院水生生物研究所, 上海自然博物馆. 1988. 中国淡水鱼类原色图集(二). 上海:上海科学技术出版社
中国水产科学研究院珠江水产研究所. 1986. 海南岛淡水及河口鱼类志. 广州:广东科学技术出版社
中国水产科学研究院珠江水产研究所, 华南师范大学, 暨南大学, 湛江水产学院, 上海水产大学. 1991. 广东淡水鱼类志. 广州:广东科学技术出版社
中华人民共和国林业局, 中华人民共和国农业部. 1989. 中国国家重点保护水生野生动物名录
中华人民共和国林业局, 中华人民共和国农业部. 2007. 中国国家重点保护水生野生动物名录(送审稿)
中华人民共和国农业部渔业局. 1991. 中国渔业统计年鉴. 北京:中国农业出版社
中华人民共和国农业部渔业局. 1996. 中国渔业统计年鉴. 北京:中国农业出版社
中华人民共和国农业部渔业局. 2000. 中国渔业统计年鉴. 北京:中国农业出版社
中华人民共和国农业部渔业局. 2002. 中国渔业统计年鉴. 北京:中国农业出版社
钟俊生, 曾晴贤. 1998. 中国吻虾虎鱼属一新种(鲈形目:虾虎鱼科). 动物学研究, 19(3):237-241
钟俊生, 伍汉霖. 1998. 中国东部虾虎鱼科(Gobidae)一新属新种——无孔拟吻虾虎鱼(*Pseudorhinogobius aporus*). 水产学报, 22(2):148-153
钟郡祥. 1972. 台湾下淡水河鱼类之研究. 师大生物学报, 7:78-94
钟以衡. 1973. 台湾鲇目鱼类报告. 东海学报, 14:4-20
周才武, 孔晓瑜, 朱思荣. 1987. 中国鳜属一新种——柳州鳜. 海洋与池沼, 18 (4):348-351
周才武, 杨青, 蔡德霖. 1988. 鳜亚科鱼类Sinipercinae的分类整理和地理分布. 动物学研究, 9(2):113-125
周江, 李显周, 侯秀发, 孙泽娟, 高兰, 赵涛. 2009. 贵州金线鲤属鱼类一新种记述(鲤形目, 鲤科). 四川动物, 28(3):321-323
周江, 刘倩, 王海霞, 杨龙娇, 赵大成, 张天鸿, 侯秀发. 2011. 贵州金线鲃属鱼类一新种记述(鲤形目, 鲤科). 四川动物, 30(3):387-389
周解, 张春光. 2006. 广西淡水鱼类志. 2版. 南宁:广西人民出版社
周解, 张春光, 何安尤. 2004. 中国广西金线鲃属盲鱼一新种及其生境(鲤科, 鲃亚科). 动物分类学报, 29(3):591-594
周伟, 1987. 西双版纳发现圆唇鱼. 四川动物, 6(1): 13
周伟, 褚新洛. 1992. 鮡科褶鮡属鱼类一新种兼论其骨骼形态学的种间分化(鲇形目:鮡科). 动物分类学报, 17(1):110-115
周伟, 何纪昌. 1989. 云南鳅属一矮小型新种(鲤形目:鳅科). 动物分类学报, 14(3):380-384
周伟, 何纪昌. 1993. 洱海地区的副鳅属鱼类. 动物学研究, 14(1):5-9
周伟, 李旭, 李燕男. 2010. 云南原缨口鳅属鱼类不同地理居群形态差异及分化. 动物分类学报, 35(1): 96-100
周伟, 李旭, 杨颖. 2005. 中国鮡科鰋鮡群系统发育与地理分布格局研究进展. 动物学研究, 26(6):673-679
周用武, 庞峻峰, 周伟, 张亚平, 张庆. 2007. 鮡科褶鮡属鱼类部分线粒体DNA序列分析与分子进化. 西南林业大学学报, 27(3):445-451
朱定贵, 朱瑜. 2012a. 中国广西副沙鳅属鱼类一新种的描述(鲤形目:鳅科). 云南农业大学学报, 27(3):447-449
朱定贵, 朱瑜. 2012b. 中国广西金线鲃属鱼一新种. 动物分类学报, 37(1):222-226
朱定贵, 朱瑜, 蓝家湖. 2011. 中国鲃亚科金线鲃属鱼类一新种——黄田金线鲃(鲤形目:鲤科). 动物学研究, 32(2):204-207

朱松泉. 1982a. 青海省条鳅属鱼类一新种. 动物分类学报, 7(2):223-224

朱松泉. 1982b. 云南省条鳅属鱼类五新种. 动物分类学报, 7(1):104-111

朱松泉. 1983. 中国条鳅亚科的一新属新种. 动物分类学报, 8(3):311-313

朱松泉. 1989. 中国条鳅志. 南京:江苏科学技术出版社

朱松泉. 1992. 中国条鳅亚科鱼类三新种(鲤形目:鳅科). 动物分类学报, 17(2):241-247

朱松泉. 1995. 中国淡水鱼类检索. 南京:江苏科学技术出版社

朱松泉, 曹文宣. 1987. 广东和广西条鳅亚科鱼类及一新属三新种描述(鲤形目:鳅科). 动物分类学报, 12(3):321-331

朱松泉, 曹文宣. 1988. 云南省条鳅亚科鱼类两新种和一新亚种(鲤形目:鳅科). 动物分类学报, 13(1):95-100

朱松泉, 郭启治. 1985. 云南省条鳅亚科鱼类一新属和一新种(鲤形目:鳅科). 动物分类学报, 10(3):321-325

朱松泉, 王似华. 1985. 云南省的条鳅亚科鱼类(鲤形目:鳅科). 动物分类学报, 10(2):208-220

朱松泉, 武云飞. 1975. 青海湖地区鱼类区系的研究——青海湖地区鱼类区系和青海湖裸鲤的生物学. 北京:科学出版社

朱松泉, 武云飞. 1981. 青海省条鳅属鱼类一新种和一新亚种的描述. 动物分类学报, 6(2):221-224

朱瑜, 蓝春, 张鹗. 2006. 广西异华鲮属鱼类一新种. 水生生物学报, 30(5):503-507

朱瑜, 杜丽娜, 陈小勇, 杨君兴. 2009. 广西云南鳅属鱼类一新种——靖西云南鳅. 动物学研究, 30(2):195-198

朱元鼎. 1923. 西湖鱼类志. 杭州:西湖鱼类博物馆

朱元鼎. 1960. 中国软骨鱼类志. 北京:科学出版社

朱元鼎. 1985a. 福建鱼类志(上卷). 福州:福建科学技术出版社

朱元鼎. 1985b. 福建鱼类志(下卷). 福州:福建科学技术出版社

朱元鼎, 王幼槐. 1963. 中国鲤科鱼类之三新属（摘要）

朱元鼎, 伍汉霖. 1965. 中国虾虎鱼类动物地理学的初步研究. 海洋与湖沼, 7(2):122-140

朱元鼎, 王文滨. 1973. 中国动物图谱(鱼类，第一册)，北京:科学出版社

朱元鼎, 孟庆文, 等. 2001. 中国动物志・圆口纲・软骨鱼纲. 北京:科学出版社

朱元鼎, 王幼槐, 倪勇. 1982. 鲤科鱼类一新属——梭鳜属. 水产学报, 6(3):268

大島正滿. 1922. 日月潭に棲息する魚類に就て. 動物學雜誌, 34:602-609

大島正滿. 1923a. 臺灣產淡水魚の分布を論じ併せて臺灣と附近各地との地理的關係に及ぶ. 動物學雜誌, 35:1-49

大島正滿. 1923b. 臺灣產淡水魚分布補遺. 動物學雜誌, 35:194-197

宫地传三郎. 1940. “满洲”产淡水鱼类. 关东州及“满洲国”陆水生物调查部

木村英造. 1975. 臺灣のオイカワ屬について. 淡水魚, 1:84-88

Abbott J. F. 1901. List of fishes collected in the river Pei-Ho at Tian-Tsin, China, by Noach Fields Drake, with descriptions of seven new species. *Proceedings of the United States National Museum*, 23:483-491

Agassiz L. 1835. Description de quelques espèces de cyprins du Lac de Neuchâtel, qui sont encore inconnues aux naturalistes. *Mémoires de la Société Neuchateloise des Sciences Naturelles*, 1:33-48, Pls. 31-32

Akai Y., Arai R. 1998. *Rhodeus sinensis*, a senior synonym of *R. lighti* and *R. uyekii* (Acheilognathinae, Cyprinidae). *Ichthyological Research*, 45(1):105-110

Anderson J. 1878. Anatomical and zoological researches:comprising an account of the zoological results of the two expeditions to western Yunnan in 1868 and 1875, Vol.2

Aonuma Y., Chen I. S. 1996. Two new species of *Rhinogobius* (Pisces, Gobiidae) from Taiwan. *Journal of Taiwan Museum*, 49 (1):7-13

Arai R., Suzuki N., Shen S. C. 1990. *Rhodeus haradai*, a new bitterling from Hainan Island, China, with notes on the synonymy of *Rhodeus spinalis* (Pisces, Cyprinidae). *Bulletin of the national sciences museum series A*, 16 (3):141-154

Aurich H. 1938. Die Gobiiden (Ordnung:Gobioidea). (Mitteilung XXVIII der Wallacea-Expedition Woltereck.). *Internationale Revue der Gesamten Hydrobiologie und Hydrographie*, *Leipzig*, 38 (1/2):125-183

Baird S. F., Girard C. F. 1853. Descriptions of new species of fishes collected by Mr. John H. Clark, on the U. S. and Mexican Boundary Survey, under Lt. Col. Jas. D. Graham. *Proceedings of the Academy of Natural Sciences of Philadelphia*, 6:387-390

Bănărescu P. M. 1967. Studies on the systematics of *Cultrinae* (Pisces, Cyprinidae) with description of a new genus. *Revue Roumaine de Biologie, Serie Zoologia*, 12(5):297-308

Bănărescu P. M. 1968a. Revision of the genus *Hemiculter* (Pisces, Cyprinidae). *Travaux du Muséum d'Histoire Naturelle "Grigore Antipa"*, 8:23-529, Pls. 1-2

Bănărescu P. M. 1968b. Revision of the genera *Zacco* and *Opsariichthys* (Pisces, Cyprinidae). *Acta Soc Zool Bohemoslov Tom*, 32(4):305-311

Bănărescu P. M. 1968c. Revision of the genus *Hemiculter* (Pisces, Cyprinidae). *Trav Mus Hist Nat "Grigore Antipa"*, 8:523-529

Bănărescu P. M. 1969a. Some addtitional remarks on the genus *Squalidus* Dybowsky (Pisces:Cyprinidae). *Vest Cs Spol Zool*, 33 (2):97-101

Bănărescu P. M. 1969b. A correction on *Megagobionasutus* Kessler and on the genus *Microphysogobio* Mori (Pisces, Cyprinidae). *Vest Cs Spol Zool*,33(1):1-4

Bănărescu P. M. 1970. *Siniichthys brevirostris* nov. gen., nov. sp., nouveau cyprinidé de Chine (Pisces, Cyprinidae). *Bulletin du Muséum National d'Histoire Naturelle* (*Série 2*), 42 (1):161-164

Bănărescu P. M. 1971a. A review of the species of the subgenus *Onychostoma* s. str. with description of a new species (Pisces, Cyprinidae). *Revue Roumaine de Biologie, Serie Zoologia*, 16(4):241-248

Bănărescu P. M. 1971b.Revision of the *Onychostoma*-subgenus *Scaphesthes* (Pisces, Cyprinidae). *Revue Roumaine de Biologie, Serie Zoologia*, 16(6):357-364

Bănărescu P. M., Nalbant T. T. 1966a. Revision of the genus *Microphysogobio* (Pisces, Cyprinidae). *Vest Cs Spol Zool*, 30 (3):194-209

Bănărescu P. M., Nalbant T. T. 1966b. Notes on the genus *Gobiobotia* (Pisces, Cyprinidae) with description of three new species. *Annotationes zoologicae et botanicae*, 27:1-16

Bănărescu P. M., Nalbant T. T. 1968. Some new Chinese minnows (Pisces, Cypriniformes). *Proceedings of the Biological Society of Washington*, 81:335-346

Bănărescu P. M., Nalbant T. T. 1969. Notes on the genus *Gobiobotia* (Pisces, Cyprinidae) with description of three new species. *Annotationes Eoologicaeet Botanicae*, 27:16

Bănărescu P. M., Nalbant T. T. 1973. Pisces, Teleostei; Cyprinidae (Gobioninae). *Das Tierreich, Lfg*, 93:i-vii, 304

Basilewsky S. 1855. Ichthyographia Chinae Borealis. *Nouveaux mémoires de la Société impériale des naturalistes de Moscou*, 10:215-263

Begon M.,Harper J. L., Townsend C. R. 1990. Ecology:individuals, Populations and Communities. London:Blackwell Science Ltd.

Behnke R. J. 1959. A note on *Oncorhynchus formosanum* and *Oncorhynchus masou*. *Jap J Ichthyology*, 7(5, 6):151-152

Behnke R. J.,*et al.* 1962. Status of the landlocked salmonid fishes of Formosa with a review of *Oncorhynchus masau*(Brevoort). *Copeia*, 2:400-409

Berg L. S. 1906. Übersicht der Salmoniden vom Amur-Becken. *Zoologischer Anzeiger*, 30 (13/14):395-398

Berg L. S. 1907a. Description of a new cyprinoid fish *Paraleucogobio notacanthus* from China. *Annals and Magazine of Natural History*, 7 (19):163-164

Berg L. S. 1907b. Notes on several Palaearctic species of the genus *Phoxinus*. *Zoologicheskogo Muzeya Imperatorskoj Akademii Nauk*, 11:196-213

Berg L. S. 1907c. Notice surle *Gobio rivularis* Basilewsky. *Ann Mus Zool Acad Sci St Petersb*, 11

Berg L. S. 1909. Ichthyologia Amurensis. *Mem Acad Sci St Petersb*, 8(24):138

Berg L. S. 1912. Faune de la Russieet des pays limitrophes. *Poissons(Marsipobranchiiet Pisces)*, 3:1-336

Berg L. S. 1913. On the collection of fresh water fishes collected by A. I. Czerskii, in the vicinities of Vladivostok and the basin of the Lake Khanka. *Zapiski obshchestvai zucheniya Amurskogo Kraya*, 13:11-21

Berg L. S. 1932. Notes on the genera *Metzia* and *Rasborinus*. *Copeia*, (3):156

Berg L. S. 1933. Les poissons des eaux douces de l'U. R. S. S. et des pays limitrophes. *3-e édition, revue et augmentée Leningrad Les poissons des eaux douces de l'URSS*, 2:544-903

Berg L. S. 1949a. Freshwater fishes of the U. S. S. R. and adjacent countries (4th. ed.,Vol.2). *Guide to the Fauna of the U. S. S. R.,* 2:467-925

Berg L. S. 1949b. Freshwater fishes of USSR and neighbouring countries, Vol.3. Press. Acad. Sci. USSR, Moscow

Bleeker P. 1846. Nieuwebijdrage tot de kennis der Siluroieden van Java. *Verhandelingen van het Bataviaasch Genootschap van Kunsten en Wetenschappen*, 21 (7):1-12

Bleeker P. 1849. Bijdrage tot de kennis der Blennioïden en Gobioïden van der Soenda-Molukschen Archipel, met beschrijving van 42 nieuwesoorten. *Verhandelingen van het Bataviaasch Genootschap van Kunsten en Wetenschappen*, 22 (6):1-40

Bleeker P. 1851. Nieuwebijdrage tot de kennis der ichthyologische fauna van Borneo met beschrijving van 16 nieuwe soorten van zoetwatervisschen. *Natuurkundig Tijdschriftvoor Nederlandsch Indië*, 1:259-275

Bleeker P. 1853a. Diagnostische beschrijvingen van nieuwe of weinig bekende vischsoorten van Sumatra Tiental V-X. *Natuurkundig Tijdschriftvoor Nederlandsch Indië*, 4:243-302

Bleeker P. 1853b. Nalezingen op de ichthyologische fauna van Bengalen en Hindostan. *Verhandelingen van het Bataviaasch Genootschap van Kunsten en Wetenschappen*, 25 (8):1-164

Bleeker P. 1853c. Nieuwebijdrage tot de kennis der ichthyologische fauna van Ceram. *Natuurkundig Tijdschriftvoor Nederlandsch Indië*, 3 (5):689-714

Bleeker P. 1853d. Vierdebijdrage tot de kennis der ichthyologische fauna van Amboina. *Natuurkundig Tijdschriftvoor Nederlandsch Indië*, 5:317-352

Bleeker P. 1854a. Bijdrage tot de kennis der ichthyologische fauna van Halmaheira (Gilolo). *Natuurkundig Tijdschriftvoor Nederlandsch Indië*, 6:49-62

Bleeker P. 1854b. Nieuwetientallen diagnostische beschrijvingen van nieuwe of weinig bekende vischsoorten van Sumatra. *Natuurkundig Tijdschriftvoor Nederlandsch Indië*, 5:495-534

Bleeker P. 1854c. Overzigt der ichthyologische fauna van Sumatra, met beschrijving van 16 nieuwe soorten. *Natuurkundig Tijdschriftvoor Nederlandsch Indië*, 7:49-108

Bleeker P. 1856. Nieuwebijdrage tot de kennis der ichthyologische fauna van Bali. *Natuurkundig Tijdschriftvoor Nederlandsch Indië*, 12:291-302

Bleeker P. 1857. Index descriptionum specierum piscium Bleekerianarum in voluminibus I ad XIV diarii societatis scientiarum indo-Batavae. *Natuurkundig Tijdschriftvoor Nederlandsch Indië*, 14:447-486

Bleeker P. 1858. De visschen van den Indischen Archipel. Beschreven en toegelicht. *Siluri*. *Acta Societatis Regiae Scientiarum Indo-Neêrlandicae*, 4:1-370

Bleeker P. 1859a. Negendebijdrage tot de kennis der vischfauna van Banka. *Natuurkundig Tijdschriftvoor Nederlandsch Indië*, 18:359-378

Bleeker P. 1859b. Over de geslachten der Cobitinen. *Natuurkundig Tijdschriftvoor Nederlandsch Indië*, 16:302-304

Bleeker P. 1859c. *Conspectus systematis* Cyprinorum. Natuurkd. Tijdschr. Neder. Indië. 20:421-441

Bleeker P. 1860. De visschen van den Indischen Archipel, Beschreven en Toegelicht. Deel II. [Also:Ichthyologiae Archipelagi Indici Prodromus, Auct., Volumen II(Cyprini. Ordo Cyprini. Karpers.)]. *Acta Societatis Regiae Scientiarum Indo-Neêrlandicae*, 7 (2):1-492, i-xiii

Bleeker P. 1863-64. Atlas ichthyologique des Indes Orientales Néêrlandaises, publié sous les auspices du Gouvernement colonial néêrlandais. Tome III. Cyprins. *Atlas Ichthyol.*,3:1-150, Pls. 102-144

Bleeker P. 1863a. Description de trois espèces nouvelles de Siluroïdes de l'Indearchipélagique. Verslagen en Mededeelingen der Koninklijke Akademie van Wetenschappen. *Afdeling Natuurkunde*, 15:70-76

Bleeker P. 1863b. Sur les genres de la famille des Cobitioïdes. Verslagen en Mededeelingen der Koninklijke Akademie van Wetenschappen. *Afdeling Natuurkunde*, 15:32-44

Bleeker P. 1863c. Systema cyprinoideorumrevisum. *Ned. Tijdschr. Dierk.*, 1:187-218

Bleeker P. 1864a. Description de deux espèces inédites de Cobitioïdes. *Nederlandsch Tijdschriftvoor de Dierkunde*, 2:11-14

Bleeker P. 1864b. Notices sur quelques genres et espèces de Cyprinoïdes de Chine. *Nederlandsch Tijdschriftvoor de Dierkunde*, 2:18-29

Bleeker P. 1864c. Rhinobagruset Pelteobagrusdeux genres nouveaux de Siluroïdes de Chine. *Nederlandsch Tijdschriftvoor de Dierkunde*, 2:7-10

Bleeker P. 1864d. *Paralaubuca*, un genre nouveau de Cyprinoïdes de Siam. *Nederlandsch Tijdschriftvoor de Dierkunde*, 2:15-17

Bleeker P. 1865. Notice sur les poissonsenvoyes de Chine au Musee de Leide par M. G. Schlegel. *Nederlandsch Tijdschriftvoor de Dierkunde*, 2:55-62

Bleeker P. 1870a. Description d'une espèce inédite de Botia de Chine et figures du *Botia elongata* et du Botiamodesta. Verslagen en Mededeelingen der Koninklijke Akademie van Wetenschappen. *Afdeeling Natuurkunde(Ser. 2)*, 4:254-256

Bleeker P. 1870b. Description et figure d'une espèce inédite de Hemibagrus de Chine. Verslagen en Mededeelingen der Koninklijke Akademie van Wetenschappen. *Afdeeling Natuurkunde(Ser. 2)*, 4:257-258

Bleeker P. 1870c. Description et figure d'une espèce inédite de Rhynchobdella de Chine. Verslagen en Mededeelingen der Koninklijke Akademie van Wetenschappen. *Afdeeling Natuurkunde*, 4:249-250

Bleeker P. 1870d. Mededeeling omtrent eenige nieuwe vischsoorten van China. Verslagen en Mededeelingen der Koninklijke Akademie van Wetenschappen. *Afdeeling Natuurkunde(Ser. 2)*, 4:251-253, pls. 251

Bleeker P. 1871. Mémoire sur les cyprinoïdes de Chine. *Verhandelingen der Koninklijke Akademie van Wetenschappen(Amsterdam) 12 (art. 2)*:1-91, Pls. 91-14

Bleeker P. 1873. Memoire sur la Faune Ichthyologique de Chine. *Ned. Tijdschr. Dierk.*, 2:18-29

Bleeker P. 1874. Esquisse d'un système naturel des Gobioïdes. *Archives néerlandaises des sciences exacteset naturelles*, 9:289-331

Bleeker P. 1879. Sur quelques espèces inédites ou peuconnues de poissons de Chine appartenant au Muséum de Hambourg. *Verhandelingen der Koninklijke Akademie van Wetenschappen*, *Afdeeling Natuurkunde(Amsterdam)*, 18:1-17

Bloch M. E. 1782. M. Marcus Elieser Bloch's..., ausübenden Arztes zu Berlin, Oeconomische Naturgeschichte der Fische Deutschlands. Berlin

Bloch M. E. 1783. Oekonomische Naturgeschichte der Fische Deutschlands. Berlin, Vol1

Bloch M. E. 1786. Naturgeschichte der ausländischen Fische. Berlin, Vol 2

Bloch M. E. 1790. Naturgeschichte der ausländischen Fische. Berlin, Vol 4

Bloch M. E. 1792. Naturgeschichte der ausländischen Fische. Berlin, Vol 6

Bloch M. E. 1793. Naturgeschichte der ausländischen Fische. Berlin, Vol 7

Bloch M. E., Schneider J. G. 1801. Systema Ichthyologiae Iconibus cx Ilustratum. Post obitumauctoris opus inchoatum absolvit, correxit, interpolavit Jo. Gottlob Schneider, Saxo. Berolini. *Sumtibus Auctoris Impressumet Bibliopolio Sanderiano Commissum*:1-584

Blyth E. 1860. Report on some fishes received chiefly from the Sitang River and its tributary streams, Tenasserim Provinces. *Journal of the Asiatic Society of Bengal*, 29 (2):138-174

Boeseman M. 1947. Revision of the fishes collected by Burger and Von Siebold in Japan. Leiden:E. J. Brill

Böhlke E. B. 1984. Catalog of type specimens in the ichthyological collection of the Academy of Natural Sciences of Philadelphia. *Academy of Natural Sciences of Philadelphia Special Publication,* 14:1-246

Böhlke J. E. 1953. A catalogue of the type specimens of Recent fishes in the Natural History Museum of Stanford University. *Stanford Ichthyological Bulletin*, 5:1-168

Boulenger G. A. 1892. Description of a new siluroid fish from China. *Annals and Magazine of Natural History* (*Ser. 6*), 9 (51):247

Boulenger G. A. 1894. Descriptions of a new lizard and a new fish obtained in Formosa by Mr. Holst. *Annals and Magazine of Natural History* (*Ser. 6*), 14 (84):462-463

Boulenger G. A. 1899. On the Reptiles, Batrachia and fishes collected by the late Mr. John Whithead in the interior of Hainan. *Proceedings of the Zoological Society of London*, 956-962

Boulenger G. A. 1900. On the reptiles, batrachians, and fishes collected by the late Mr. John Whitehead in the interior of Hainan. *Proceedings of the Zoological Society of London*, (4):956-962

Boulenger G. A. 1901a. Descriptions of new freshwater fishes discovered by Mr. F. W. Styan at Ningpo, China. *Proceedings of the Zoological Society of London*, 1 (2):268-271

Boulenger G. A. 1901b. Notes on the classification of teleostean fishes. —I. On the Trachinidae and their allies. *Annals and Magazine of Natural History*, 8 (46):261-271

Brandt J. F. 1869. Einige Worte über die europäisch-asiatischen Störarten (Sturionides). *Mélangesbiologiques*, 7:110-116

Brandt J. F., Ratzeburg J. T. C. 1833. Medizinische Zoologie, odergetreue Darstellung und Beschreibung der Thiere, die in der Arzneimittellehre in Betrachtkommen, in systematischer Folgeherausgegeben, vol 2. A. Berlin:Hirschwald

Brevoort J. C. 1856. Notes on some figures of Japanese fish taken from recent specimens by the artists of the U. S. Japan Expedition:253-288

Brittan M. R. 1954. A revision of the Indo-Malayan fresh-water fish genus *Rasbora*. Hong Kong:TFH Pubilication:1-224

Broussonet P. M. A. 1782. Ichthyologia, Sistens Piscium Descriptioneset Icones. London:Decas I

Brown J. H. 1981. Two decades of homage to Santa Rosalia:toward a general theory of diversity. *American Zoologist*, 1 (4):877

Cantor T. E. 1842. General features of Chusan, with remarks on the flora and fauna of that island. *Annals and Magazine of Natural History* (*New Ser.*), (60):481-493

Cao L., Zhang E. 2008. *Triplophysa waisihani*, a new species of nemacheiline loach from northwest China (Pisces:Balitoridae). *Zootaxa*, 1932:33-46

Cao L., Causse R., Zhang E. 2012. Revision of the loach species *Barbatulanuda* (Bleeker 1865) from North China, with a description of a new species from Inner Mongolia. *Zootaxa*, 3586:236-248

Chang H. W. 1944. Note on the fishes of western Szechwan and eastern Sikang. *Sinensia*, 15 (1-6):27-60

Chaudhuri B. L. 1913. Zoological results of the Abor Expedition, 1911-12. XVIII. Fish. *Records of the Indian Museum* (*Calcutta*), 8 (3):243-257, Pls. 247-249

Chauduri B. L. 1911. Contribution to the fauna Yunnan based on collections made by J. Coggin Brown 1909-1910. *Records of the Indian Museum* (*Calcutta*), 6 (1):13

Chaux J., Fang P. W. 1949. Catalogue des Siluroidei d'Indochine de la collection du Laboratoire des Pêches Coloniales au Muséum, avec la description de six espèces nouvelles. *Bulletin du Muséum National d'Histoire Naturelle* (*Sér. 2*), 21 (2):194-201

Chen I. S., Fang L. S. 2002. Redefinition of a doubtful cyprinid, *Acheilognathus mesembrinum* Jordan and Evermann, 1902, with replacement in the valid genus, *Metzia* Jordan and Richardson, 1914, a senior synonym of the genus *Rasborinus* Oshima, 1920. *Journal of the Fisheries Society of Taiwan*, 29 (1):73-78

Chen I. S., Fang L. S. 2006. A new species of *Rhinogobius* (Teleostei:Gobiidae) from the Hanjiang Basin in Guangdong Province, China. *Ichthyological Research*, 53 (3):247-253

Chen I. S., Fang L. S. 2009. *Hemimyzonsheni*, a new species of balitorid fish (Teleostei:Balitoridae) from Taiwan. *Environmental Biology of Fishes*, 86:185-192

Chen I. S., Kottelat M. 2000. *Rhinogobius maculicervix*, a new species of goby from the Mekong basin in northern Laos (Teleostei:Gobiidae). *Ichthyological Exploration of Freshwaters*, 11 (1):81-87

Chen I. S., Kottelat M. 2003. Three new freshwater gobies of the genus *Rhinogobius* (Teleostei:Gobiidae) from northeastern Laos. *The Raffles Bulletin of Zoology*, 51 (1):87-95

Chen I. S., Kottelat M. 2004. *Sineleotisnam xamensis*, a new species of sleeper from northern Laos (Teleostei:Odontobutididae). *Platax*, (1):43-49

Chen I. S., Kottelat M. 2005. Four new freshwater gobies of the genus *Rhinogobius* (Teleostei:Gobiidae) from northern Vietnam. *Journal of Natural History*, 39 (17):1407-1429

Chen I. S., Miller P. J. 1998. Redescription of a Chinese freshwater goby, *Gobius davidi* (Gobiidae), and comparison with *Rhinogobius lentiginis*. *Cybium*, 22 (3):211-221

Chen I. S., Miller P. J. 2008. Two new freshwater gobies of genus *Rhinogobius* (Teleostei:Gobiidae) in southern China, around the northern region of the South China Sea. *The Raffles Bulletin of Zoology Supplement*, (19):225-232

Chen I. S., Shao K. T. 1996. A taxonomic review of the gobiid fish genus *Rhinogobius* Gill, 1859, from Taiwan, with description of three new species. *Zoological Studies*, 35 (3):200-214

Chen I. S., Tan H. H. 2005. A new species of freshwater goby (Teleostei:Gobiidae:Stiphodon) from Palau Tioman, Pahang, Peninsular Malaysia. *The Raffles Bulletin of Zoology*, 53 (2):237-242

Chen I. S., Han C. C., Fang L. S. 1995a. A new record of freshwater gobiid fish *Schismato gobiusroxasi* (Pisces:Gobiidae) from southeastern Taiwan. *Bull. Natl. Mus. Nat. Sci.,* 6:135-137

Chen I. S., Shao K. T., Fang L. S. 1995b. A new species of freshwater goby *Schismatogobius ampluvinculus* (Pisces:Gobiidae) from southeastern Taiwan. *Zoological Studies*, 34 (3):202-205

Chen I. S., Miller P. J., Fang L. S. 1998. A new species of freshwater goby from Lanyu (Orchid Island), Taiwan. *Ichthyological Exploration of Freshwaters*, 9 (3):255-261

Chen I. S., Kottelat M., Miller P. J. 1999a. Freshwater gobies of the genus *Rhinogobius* from the Mekong basin in Thailand and Laos, with descriptions of three new species. *Zoological Studies*, 38 (1):19-32

Chen I. S., Miller P. J., Shao K. T. 1999b. Systematics and molecular phylogeny of the gobiid genus *Rhinogobius* Gill from Taiwan and Hainan Island. *Acta Zoologica Taiwanica*, 10 (1):69

Chen I. S., Wu H. L., Shao K. T. 1999c. A new species of *Rhinogobius* (Teleostei:Gobiidae) from Fujian Province, China. *Ichthyological Research*, 46 (2):171-178

Chen I. S., Yang J. X., Chen Y. R. 1999d. A new goby of the genus *Rhinogobius* (Teleostei:Gobiidae) from the Honghe basin, Yunnan Province, China. *Acta Zoologica Taiwanica*, 10 (1):45-52

Chen I. S., Séret B., Pöllabauer C., Shao K. T. 2001. *Schismatogobius fuligimentus*, a new species of freshwater goby (Teleostei:Gobiidae) from New Caledonia. *Zoological Studies*, 40 (2):141-146

Chen I. S., Miller P. J., Wu H. L., Fang L. S. 2002a. Taxonomy and mitochondrial sequence evolution in non-diadromous species of *Rhinogobius* (Teleostei:Gobiidae) of Hainan Island, southern China. *Marine and Freshwater Research*, 53 (2):259-273

Chen I. S., Han C. C., Fang L. S. 2002b. *Sinogastromyzon nantaiensis*, a new balitorid fish from southern Taiwan (Teleostei:Balitoridae). *Ichthyological Exploration of Freshwaters*, 13 (3):239-242

Chen I. S., Kottelat M., Wu H. L. 2002c. A new genus of freshwater sleeper (Teleostei:Odontobutididae) from southern China and mainland Southeast Asia. *Journal of the Fisheries Society of Taiwan*, 29 (3):229-235

Chen I. S., Cheng Y. H., Shao K. T. 2008a. A new species of *Rhinogobius* (Teleostei:Gobiidae) from the Julongjiang basin in Fujian Province, China. *Ichthyological Research*, 55:335-343

Chen I. S., Wu J. H., Hsu C. H. 2008b. The taxonomy and phylogeny of *Candidia* (Teleostei:Cyprinidae) from Taiwan, with description of a new species and comments on a new genus. *Raffles Bulletin of Zoology*, 19:203-214

Chen I. S., Wu J. H., Huang S. P. 2009. The taxonomy and phylogeny of the cyprinid genus *Opsariichthys* Bleeker (Teleostei:Cyprinidae) from Taiwan, with description of a new species. *Environmental Biology of Fishes*, 86:165-183

Chen J. T. F. 1933. Description d'une espèce nouvelle d'Eleotris de la Chine. *Bulletin du Muséum National d'Histoire Naturelle* (*Sér. 2*), 5 (5):370-373

Chen J. T. F. 1934. Note sur les Gobioides de la collection du museum metropolitain de Nankin. *Bull Mus Paria 2 Ser.*, 6 (1):36-39

Chen J. T. F. 1951. Check-list of the speciesof fishes known from Taiwan (Formosa), Pt. I. *Q. J. T. M.*,4:3-4

Chen J. T. F. 1952. Check-list of the species of fishes known from Taiwan (Formosa), Pt. II. *Q. J. T. M.*,7(4):305-341

Chen J. T. F. 1953. Check-list of the species of fishes known from Taiwan (Formosa), Pt. III.*Q. J. T. M.*,4(2):102-128

Chen J. T. F., Liang Y. S. 1949. Description of a new homalopterid, *Pseudogastromyzon tungpeiensis*, with a synopsis of the known Chinese Homalopteridae. *Q. J. T. M.*, 2 (4):157-169

Chen J. T. F., Weng H. T. C. 1965. A review of the apodal fishes of Taiwan. *Tunghai Journal Ichth. Ser.*,(6):86

Chen N. S. 1956. On the salangid fishes of Lake Taihu. *Acta Hydrobiologica Sinica*, 2 (2):324-335

Chen X. P., Lundberg J. G. 1995. *Xiurenbagrus*, a new genus of Amblycipitid catfishes (Teleostei:Siluriformes), and phylogenetic relationships among the genera of Amblycipitidae. *Copeia*, (4):780-800

Chen X. Y., Neely D. A. 2012. *Schistura albirostris*, a new nemacheiline loach (Teleostei:Balitoridae) from the Irrawaddy River drainage of Yunnan Province, China. *Zootaxa*, 3586:222-227

Chen X. Y., Yang J. X. 2003. A systematic revision of "Barbodes" fishes in China. *Zoological Research*, 24(5):377-386

Chen X. Y., Yang J. X. 2005. *Triplophysa rosa* sp. nov. :a new blind loach from China. *Journal of Fish Biology*, 66 (3):599-608

Chen X. Y., Yang J. X., Chen Y. R. 1999. A review of the cyprinoid fish genus *Barbodes* Bleeker, 1859, from Yunnan, China, with descriptions of two new species. *Zoological Studies*, 38(1):82-88

Chen X. Y., Cui G. H., Yang J. X. 2005a. *Balitora nantingensis* (Teleostei:Balitoridae), a new hillstream loach from Salween drainage in Yunnan, southwestern China. *The Raffles Bulletin of Zoology Supplement*, (13):21-26

Chen X. Y., Ferraris Jr C. J., Yang J. X. 2005b. A new species of catfish of the genus *Clupisoma*(Siluriformes:Schilbidae) from the Salween River, Yunnan, China. *Copeia*, (3):566-570

Chen X. Y., Kong D. P., Yang J. X. 2005c. *Schistura cryptofasciata*, a new loach (Cypriniformes:Balitoridae) from Salween drainage in Yunnan, southwestern China. *The Raffles Bulletin of Zoology Suppl*, (13):27-32

Chen Y. F. 1999. A new loach of *Schistura* and comments on the genus. *Zoological Research*, 20 (4):301-305

Chen Y. F., Chen Y. X. 2005. Revision of the genus *Niwaella*in China (Pisces, Cobitidae), with description of two new species. *Journal of Natural History*, 39 (19):1641-1651

Chen Y. R., Yang J. X., Sket B., Aljancic G. 1998. A new blind cave loachof *Paracobitis* with comment on its characters evolution. *Zoological Research,* 19(1): 59-63

Chen Y. X., Chen Y. F. 2007. *Bibarba bibarba*:a new genus and species of Cobitinae (Pisces:Cypriniformes:Cobitidae) from Guangxi Province (China). *Zoologischer Anzeiger*, 246 (2):103-113

Chen Y. X., Chen Y. F. 2011. Two new species of cobitid fish (Teleostei, Cobitidae) from the River Nanliu and the River Beiliu, China. *Folia Zoologica:International Journal of Vertebrate Zoology*, 60 (2):143-152

Chen Y. X., Chen Y. F. 2013. Three new species of cobitid fish (Teleostei, Cobitidae) from the River Xinjiang and the River Le'anjiang, tributaries of Lake Poyang of China, with remarks on their classification. *Folia Zoologica:International Journal of Vertebrate Zoology*, 62 (2):83-95

Chen Y. X., Chen Y. F., He D. K. 2013. A new species of spined loach (Osteichthyes, Cobitidae) from the Pearl River, Guangxi of China. *Acta Zootaxonomica Sinica*, 38 (2):377-387

Chen Y. Y. 1989. Anatomy and phylogeny of the cyprinid fish genus *Onychostoma* Gϋnther, 1896.*Bulletin of the British Museum* (*Natural History*), 55(1):109-121

Chen Z. M., Yang J. X. 2004. A new species of the genus *Tor* from Yunnan, China (Teleostei:Cyprinidae). *Environmental Biology of Fishes*, 70:185-191

Chen Z. M., Pan X. F., Kong D. P., Yang J. X. 2006. Ichthyofauna of middle and lower reach of the Dulong River. *Journal of Xinyang Normal University* (*Natural Science Edition*), 19 (3):306-310

Chen Z. M., Li W. X., Yang J. X.2009. A new miniature species of the genus *Triplophysa* (Balitoridae:Nemacheilinae) from Yunnan, China. *Zoologischer Anzeiger*, 248 (2):85-91

Chen Z. M., Pan X. F., Xiao H., Yang J. X. 2012a. A new cyprinid species, *Placocheilus dulongensis*, from the upper Irrawaddy system in northwestern Yunnan, China. *Zoologischer Anzeiger*, 251:215-222

Chen Z. M., Yang J., Yang J. X. 2012b. Description of a new species of the genus *Yunnanilus* Nichols, 1925 (Teleostei:Nemacheilidae) from Yunnan, China. *Zootaxa*, 3269:57-64

Cheng C. T. 1949. Note sur les Poissons des eaux douces du Yunnan, Chine, des collection du Museum. *Bull. Mus. Hist.Nat. Paris*, (2) 21 (5):526-531

Cheng J. L., Ishihara H., Zhang E. 2008. *Pseudobagrus brachyrhabdion*, a new catfish (Teleostei:Bagridae) from the middle Yangtze River drainage, South China. *Ichthyological Research*, 55 (2):112-123

Cheng J. L., López J. A., Zhang E. 2009. *Pseudobagrus fui* Miao, a valid bagrid species from the Yangtze River drainage, South China (Teleostei:Bagridae). *Zootaxa.*, 2071:56-68

Chu K. Y. 1955. Taxonomic studies on the Chinese fishes of the Genus *Acrossocheilus*. M. A., Standford University. M. A. :519

Chu X. L., Kottelat M. 1989. *Paraspinibarbus*, a new genus of cyprinid fishes from the Red River Basin. *Jap J Ichthy*, 36 (1):1-5

Chu X. L., RobertsT. R. 1985. *Cosmochilus cardinalis*, a new cyprinid fish from the Lancang-Jiang or Mekong River in Yunnan Province, China. *Proceedings of the California Academy of Sciences* (*Ser. 4*), 44 (1):1-7

Chu Y. T. 1930a. Contributions to the ichthyology of China, Pt. 1. *China J.,* 13 (3):141-146

Chu Y. T. 1930b. Contributions to the ichthyology of China, Pt. 2. *China J.,* 13 (6):330-335

Chu Y. T. 1931a. Contributions to the ichthyology of China, Pt. 3. *China J.,* 14 (2):84-89

Chu Y. T. 1931b. Contributions to the ichthyology of China, Pt. 4. *China J.,* 14 (4):187-191

Chu Y. T. 1931c. Contributions to the ichthyology of China, Pt. 5. *China J.,* 15 (1):32-40

Chu Y. T. 1931d. Index Piscium Sinensium, Vol.I. Biol. Bull. St. John's Univ., Shanghai

Chu Y. T. 1932. Contributions to the ichthyology of China, Pt. 8. *China J.*, 16 (3):131-136

Chu Y. T. 1935. Comparative study on the scales and the pharyngeals and their teeth in Chinese cyprinids, with particular reference to taxonomy and evolution. *Biol. Bull. St. John's Univ., Shanghai*, 2:10

Chung I. H. 1969. A review of Catfishes of Taiwan. *Tunghai Journal*,14:21-98

CITES. 2013. Convention on Internaitional Trade in Endangered Species of Wild Fauna and Flora

Cloquet H. 1816. Pisces accounts. *Dictionnaire des sciences naturelles*, 2:35-36

Coblentz D. D., Riitters K. H. 2004. Topographic controls on the regional-scale biodiversity of the south-western USA. *Journal of biogeography*, 31:1125-1138

Cockerell T. D. A. 1923. The scales of the cyprinid genus *Barilius*. *Bulletin of the American Museum of Natural History*, 48(art. 14):531-532

Cohen D. M.,*et al.* 1990. FAO Species Catalogue. Vol.10. Gadiform fishes of the world. (Order Gadiformes) vol 10. *FAO Synp.*

Collins N. M. 1989. Termites. *Ecosystems of the World*, 14:455-471

Coste P. 1848. Nidification des épinocheset des épinochettes. *Mémoires présentés par divers savants à l'Académie des Sciences de l'Institut de France, Sciences mathématiqueset physiques*, 10:574-588

Cui G. H., Zhou W., Lan J. H. 1993. *Discogobio multilineatus*, a new cyprinid species from China (Teleostei:Cyprinidae). *Ichthyological Exploration of Freshwaters*, 4 (2):155-160

Cuvier G. 1816. Le Règne Animal distribué d'après son organisation pour servir de base à l'histoire naturelle des animauxet d'introduction à l'anatomie comparée. Les reptiles, les poissons, les mollusqueset les annelids (Edition 1), 2:i-xviii + 1-532

Cuvier G., Valenciennes A. 1831. Histoire naturelle des poissons. Tome septième. Livre septième. Des Squamipennes. Livre huitième. Des poissons à pharyngienslabyrinthiformes. F. G. Levrault, Paris, Vol.7

Cuvier G., Valenciennes A. 1837. Histoire naturelle des poissons. Tome douzième. Suite du livre quatorzième. Gobioïdes. Livre quinzième. *Acanthoptérygiens à pectorales pédiculées*, 12:1-507

Cuvier G., Valenciennes A. 1840a. Histoire naturelle des poissons. Tome quinzième. Suite du livre dix-septième. Siluroïdes, Vol.14

Cuvier G., Valenciennes A. 1840b. Histoire naturelle des poissons. Tome quatorzième. Suite du livre seizième. Labroïdes. Livre dix-septième. Des Malacoptérygiens. Pitois-Levrault, Paris, Vol.4

Cuvier G., Valenciennes A. 1842. Histoire naturelle des poissons. Tome seizième. Livre dix-huitième. *Les Cyprinoïdes*, 16:i-xx + 1-472, Pls. 456-487

Cuvier G., Valenciennes A. 1844. Histoire naturelle des poissons. Tome dix-septième Suite du livre dix-huitième Cyprinoïdes, Paris, Vol.17, pp. i-xxiii + 1-497 + 492, pls. 487-519

Dabry de Thiersant P. 1872. Nouvelles espèces de poissons de Chine. Paris:La pisciculture et la pêche en Chine:1-196

Dai D. Y. 1988. Un nouveau poisson cavernicole. *In:*Guizhou expe '86 Première expedition speleologiquefranco-chinoise dans le centre et le sud de la Province du Guizhou. Federation Franxaise de Speliologie, Paris: 88-89

Day F. 1869. On the freshwater fishes of Burma (Part I). *Proceedings of the Zoological Society of London*, 3:614-623

Day F. 1870. Remarks on some of the Fishes in the Calcutta Museum (Part I). *Proceedings of the Zoological Society of London*, 1869(3):511-527

Day F. 1877. On the fishes of Yarkand. *Proceedings of the Zoological Society of London*, 1876 (4):781-807

Day F. 1878. Fishes of India, being a natural history of the fishes known to inhabit the sea and freshwater of India, Bruma and Ceylon. *Lond*, 1:1-816

de Beaufort L. F. 1912. On some new Gobiidae from Ceram and Waigen. *Zoologischer Anzeiger*, 39 (3):136-143

Ding R. H., Fang S. G. 1997. Studies on the DNA fingerprinting in three species of the genus *Pareuchiloglanis* from China with description of a new species. *Transactions of the Chinese Ichthyological Society*, (6):15-21

Du C. X., Zhang E, Chan B. P. L. 2012. *Traccatichthys tuberculum*, a new species of nemacheiline loach from Guangdong Province, South China (Pisces:Balitoridae). *Zootaxa*, 3586:304-312

Du L. N., Chen X. Y., Yang J. X. 2008. A review of the Nemacheilinae genus *Oreonectes* Günther with descriptions of two new species (Teleostei:Balitoridae). *Zootaxa*, 1729:23-36

Duméril A. H. A. 1869. Note sur troispoissons de la collection du Muséum, unesturgeon, un polydonte, et un malarmat, accompgnée de quelques considérations générales sur les groupesauxquelsces espècesappartiennent. *Nouvelles Archives du Muséum d'Histoire Naturelle, Paris*, 4:93-116

Dybowski B. N. 1869. Vorläufige Mittheilungen über die Fischfauna des Ononflusses und des Ingoda in Transbaikalien. *Verhandlungen der K-K zoologisch-botanischen Gesellschaft in Wien*, 19:945-958

Dybowski B. N. 1872. Zur Kenntniss der Fischfauna des Amurgebietes. *Verhandlungen der K-K zoologisch-botanischen Gesellschaft in Wien*, 22:209-222

Dybowski B. N. 1874. Die Fische des Baical-Wassersystemes. *Verhandlungen der K. -K. zoologisch-botanischen Gesellschaft in Wien*, 24 (3-4):383-394

Dybowski B. N. 1877. Fishes of the Amur water system. *Izvestiya Zapadno-Sibirskogo otdiela Imperatorskago russkago geografficheskago obshchestva*, 8 (1-2):1-29

Dybowski B. N. 1916. Fish systematics:Teleostei Ostariophysi- Pamiętn. *Fizyogr.*, 23:84-126 (in Polish)

Dynesius M., Jansson R. 2000. Evolutionary consequences of changes in species' geographical distributions driven by Milankovitch climate oscillations. *Proceedings of the National Academy of Sciences of the United States of America*, 97 (16):9-115

Endruweit M. 2013. Four new records of fish species (Cypriniformes:Nemacheilidae, Balitoridae; Characiformes:Prochilodontidae) and corrections of two misidentified fish species (Tetraodontiformes:Tetraodontidae; Beloniformes:Belonidae) in Yunnan, China. *Zoological Research*, 35 (1):51-58

Endruweit M. 2014. *Schistura sexnubes*, a new diminutive river loach from the upper Mekong basin, Yunnan Province, China (Teleostei:Cypriniformes:Nemacheilidae). *Zoological Research*, 35 (1):59-66

Eschmeyer W. N., Fricke R. 2011. Catalogue of Fishes. http://research. calacademy. org/redirect?url=http://researcharchive. calacademy. org/research/ichthyology/catalog/fishcatmain. asp[2015-5-30]

Evermann B. W., Shaw T. H. 1927. Fishes from eastern China, with descriptions of new species. *Proc. Calif. Acad. Sci.*, 16 (4):97-122

Fang F. 1997a. *Danio maetaengensis*, a new species of cyprinid fish from northern Thailand. *Ichthyological Exploration of Freshwaters*, 8 (1):41-48

Fang F. 1997b. Redescription of *Danio kakhienensis*, a poorly known cyprinid fish from the Irrawaddy basin. *Ichthyological Exploration of Freshwaters*, 7(4):289-298

Fang F. 2000a. Barred *Danio* species from the Irrawaddy River drainage (Teleostei, Cyprinidae). *Ichthyological Research*, 47 (1):13-26

Fang F. 2000b. A review of Chinese *Danio* species (Teleostei:Cyprinidae). *Acta Zootaxonomica Sinica*, 25 (2):214-227

Fang F. 2003. Phylogenetic analysis of the Asian cyprinid genus *Danio* (Telostei, Cyprinidae). *Copeia*, 4:714-728

Fang F., Kottelat M. 1999. *Danio* species from northern Laos, with descriptions of three new species (Teleostei:Cyprinidae). *Ichthyological Exploration of Freshwaters*, 10 (3):281-295

Fang P. W. 1930a. New homalopterin loaches from Kwangsi, China, with supplementary note on basipterigia and ribs. *Sinensia*, 1 (3):25-42

Fang P. W. 1930b. New species of Gobiobotia from upper Yangtze River. *Sinensia*, 1 (5):57-63

Fang P. W. 1930c. *Sinogastromyzon szechuanensis*, a new homalopterid fish from Szechuan, China. *Contributions from the Biological Laboratory of the Science Society of China* (*Zoological Ser.*), 6 (9):99-103

Fang P. W. 1930d. New and inadequately known Homalopterin loaches of China, with a rearrangement and revision of the generic characters of *Gastromyzon*, *Sinogastromyzon* and their related genera. *Contributions from the Biological Laboratory of the Science Society of China*, 6 (4):25-43

Fang P. W. 1931a. New and rare species of homalopterid fishes of China. *Sinensia*, 2 (3):41-64

Fang P. W. 1931b. Notes on new species of homalopterin loaches referring to *Sinohomaloptera* from Szechuan, China. *Sinensia*, 1 (9):137-145

Fang P. W. 1933a. Notes on a new cyprinoid genus *Pseudogyrinocheilus* et *P. prochilus* (Sauvage et Dabry) from Western China. *Sinensia*, 3 (10):255-264

Fang P. W. 1933b. Notes on *Gobiobotia tungi* sp. nov. *Sinensia*, 3 (10):265-268

Fang P. W. 1933c. Notes on some Chinese homaloptrid loaches. *Sinensia*, 4 (3):39-50

Fang P. W. 1934a. Study on the fishes referring to Salangidae of China. *Sinensia*, 4 (9):231-268

Fang P. W. 1934b. Supplementary notes on the fishes referring to Salangidae of China. *Sinensia*, 5 (5-6):505-511

Fang P. W. 1935a. Study on the crossostomoid fishes of China. *Sinensia*, 6 (1):44-97

Fang P. W. 1935b. On *Mesomisgurnus*, gen. nov. & *Paramisgurnus*, Sauvage, with descriptions of three rarely known species & synopsis of Chinese cobitoid genera. *Sinensia*, 6 (2):128-146

Fang P. W. 1935c. On some *Nemacheilus* fishes of northwestern China and adjacent territory in the Berlin Zoological Museum's collections, with descriptions of two new species. *Sinensia*, 6 (6):749-767

Fang P. W. 1936a. Chinese freshwater fishes referring to Cyprinidae. *Sinensia*, 7 (6):686-712

Fang P. W. 1936b. On some schizothoracid fishes from western China preserced in the National Research Institute of Biology, Academy Sinica. *Sinensia*, 7 (4):421-458

Fang P. W. 1936c. *Sinocyclocheilus tingi*, a new genus and species of Chinese barbid fishes from Yunnan. *Sinensia*, 7 (5):588-593

Fang P. W. 1936d. Study on the botoid fishes of China. *Sinensia*, 7 (1):1-49

Fang P. W. 1938a. On *Huigobio chenhsiensis*, gen. & sp. nov. *Bulletin of the Fan Memorial Institute of Biology, Peiping* (*Zoology Ser.*), 8 (3):237-243

Fang P. W. 1938b. Description d'un cyprinidé nouveau de Chine appartenant au genre Barilius. *Bulletin du Muséum National d'Histoire Naturelle* (*Sér. 2*), 10 (6):587-589

Fang P. W. 1940. Deux nouvelles especes de cyprinidaes de Chine appartenant au Sous-gene Onychostoma Gunther. *Bulletin de la Société Zoologique de France*, 65:138-140

Fang P. W. 1941. Deux nouveaux *Nemacheilus* (Cobitidés) de Chine. *Bulletin du Muséum National d'Histoire Naturelle* (*Sér. 2*), 13 (4):253-258

Fang P. W. 1942. Poissons de Chine de M. Ho:description de cinq especesetdeux sous-especes nouvelles. *Bulletin de la Société Zoologique de France*, 67:79-167

Fang P. W. 1942. Un cyprinide nouveau, *Hemiculter tchangi* de Chine. *Bull. Mus. Hist. Nat. Paris* (2)14:110-111

Fang P. W. 1943. Sur certains types peuconnus de cyprinides des collections du museum de Paris (II). *Bull. Mus. Hist. Nat. Paris*, (2) 15 (6):393-504

Fang P. W., Chong L. T. 1932. Study on the fishes referring to *Siniperca* of China. *Sinensia*, 2 (12):137-200

Fang P. W., Wang K. F. 1931. A review of the fishes of the genus *Gobiobotia*. *Contributions from the Biological Laboratory of the Science Society of China*, 7 (9):289-304

Ferraris C. 2007. Checklist of catfishes, recent and fossil（Osteichthyes:Siluriformes）, and catalogue of siluriform primary types. *Zootaxa*, （1418）: 1-548

Fowler H. W. 1910. Description of four new cyprinoids (Rhodeinae). *Proceedings of the Academy of Natural Sciences of Philadelphia*, 62:476-486

Fowler H. W. 1924a. Some fishes collected by the third Asiatic Expedition in China. *Bull. Am. Mus. Nat. Hist.*, 50

Fowler H. W. 1924b. Zoological results of a tour in the Far East:Fishes of the Tai-hu, Kiangsu province, China. *Mem. Asiat. Soc. Bengal*, 6:505-519

Fowler H. W. 1934a. Zoological results of the third De Schauensee Siamese Expedition, Part I. —Fishes. *Proceedings of the Academy of Natural Sciences of Philadelphia*, 86:67-163, Pl. 112

Fowler H. W. 1934b. Descriptions of new fishes obtained 1907 to 1910, chiefly in the Philippine Islands and adjacent seas. *Proceedings of the Academy of Natural Sciences of Philadelphia*, 85:233-367

Fowler H. W. 1935. Zoological results of the third De Schauensee Siamese Expedition, Part VI. —Fishes obtained in 1934. *Proceedings of the Academy of Natural Sciences of Philadelphia*, 87:89-163

Fowler H. W. 1936. Zoological results of the third De Schauensee Siamese Expedition, Part VII. —Fishes obtained in 1935. *Proceedings of the Academy of Natural Sciences of Philadelphia*, 87:509-513

Fowler H. W. 1937. Zoological results of the third De Schauensee Siamese Expedition. Part VIII, —Fishes obtained in 1936. *Proceedings of the Academy of Natural Sciences of Philadelphia*, 89:125-264

Fowler H. W. 1941. The fishes of the Groups Elasmobranchii, Holocephali, Isospondyli, and Ostarophysi obtained by the U. S. Breau of Fisheries Steamer "Albatross" in 1907 to 1910, Chiefly in the Philippine Islands and adjacent seas. *Bulletin of the United States National Museum*, 13 (100):1-879

Fowler H. W., Bean B. A. 1920. A small collection of fishes from Soochow, China, with descriptions of two new species. *Proceedings of the United States National Museum*, 58(2338):307-321

Fowler H. W., BeanB. A. 1922. Fishes from Formosa and the Philippine Islands. *Proceedings of the United States National Museum*,62(Art2. 2448):73

Freyhof J., Herder F. 2002. Review of the paradise fishes of the genus *Macropodus* in Vietnam, with description of two new species from Vietnam and southern China (Perciformes:Osphronemidae). *Ichthyological Exploration of Freshwaters*, 13 (2):147-167

Freyhof J., Serov D. V. 2001. Nemacheiline loaches from Central Vietnam with descriptions of a new genus and 14 new species (Cypriniformes:Balitoridae). *Ichthyological Exploration of Freshwaters*, 12 (2):133-191

Froese R., Pauly D. 2014. Fishbase. http://www. fishbase. org/[2015-05-28]

Fu C. H., Li G., Xia R., Lei G. C. 2012. A multilocus phylogeny of Asian noodlefishes Salangidae (Teleostei:Osmeriformes) with a revised classification of the family. *Molecular Phylogenetics and Evolution*, 62 (3):845-855

Fu T. S. 1934. Study of the fishes of Pai-Chuan. *Bulletin of Honan Museum, Kaifeng*, 1 (2):47-102

Fu T. S., Tchang T. L. 1933. The study of the fishes of Kaifeng, part 1. *Bulletin of Honan Museum, Kaifeng*, 1:1-45

Gan X., Lan J. H., Zhang E. 2009. *Metzia longinasus*, a new cyprinid species (Teleostei:Cypriniformes) from the Pearl River drainage in Guangxi Province, South China. *Ichthyological Research*, 56 (1):55-61

Garman S. 1912. Some Chinese vertebrates. *Memoirs of the Museum of Comparative Zoology*, 40 (4):111-123

Georgi J. G. 1775. Bemerkungeneiner Reise im russischen Reich in 1772

Gill T. N. 1859. Notes on a collection of Japanese fishes, made by Dr. J. Morrow. *Proceedings of the Academy of Natural Sciences of Philadelphia*, 11:144-150

Gill T. N. 1860. Conspectus piscium in expeditione ad oceanum Pacificum septentrionalem, C. Ringoldet J. Rodgers ducibus, a Gulielmo Stimpsoncollectorum. Sicydianae. *Proceedings of the Academy of Natural Sciences of Philadelphia*, 12:100-102

Gill T. N. 1862a. Appendix to the synopsis of the subfamily Percinae. *Proceedings of the Academy of Natural Sciences of Philadelphia*, 14:15-16

Gill T. N. 1862b. On the subfamily Argentininae. *Proceedings of the Academy of Natural Sciences of Philadelphia*, 14:14-15

Gill T. N. 1863a. Descriptions of the gobioid genera of the western coast of temperate North America. *Proceedings of the Academy of Natural Sciences of Philadelphia*, 15:262-267

Gill T. N. 1863b. On the gobioids of the eastern coast of the United States. *Proceedings of the Academy of Natural Sciences of Philadelphia*, 15:267-271

Gill T. N. 1878. Account on Catastomidae, with footnote on Myxocyprinus. *In:*Guyot A H. Johnson's New Universal Cyclopaedia, Vol.4. New York:Nabu Press:1574

Gratzianov V. J. 1907. Übersicht der Süßwassercottiden des russischen Reiches. *Zoologischer Anzeiger*, 31 (21/22):654-660

Gray E. M. 1851. List of the specimens of fish in the collection of the British Museum. Part 1. Chondropterygii. London:British Museum (Natural History):160

Gray J. E. 1830-1835. Chiefly selected from the collection of Major-General Hardwicke, F. R. S., 20 parts in 2 Vol. *Illustrations of Indian zoology*:1-202

Gray J. E. 1831a. Description of three new species of fish, including two undescribed genera, discovered by John Reeves, Esq., in China. *Zoological Miscellany*, (1):4-5

Gray J. E. 1831b. Description of twelve new genera of fish, discovered by Gen. Hardwicke, in India, the greater part in the British Museum. *Zoological Miscellany*, (1):7-9

Gray J. E. 1834. Illustrations of Indian zoology; chiefly selected from the collection of Major-General Hardwicke. *F. R. S., 20 parts*, 2:1-202

Gray J. E. 1835. Characters of two new species of sturgeon (*Acipenser*, Linn.). *Proceedings of the Zoological Society of London*, (2):122-123

Gu J. H., Zhang E. 2012. *Homatula laxiclathra* (Teleostei:Balitoridae), a new species of nemacheiline loach from the Yellow River drainage in Shaanxi Province, northern China. *Environmental Biology of Fishes*, 94 (4):591-599

Guégan J. F.,*et al.* 1998. Energy availability and habitat heterogeneity predict global riverine fish diversity. *Nature*, 391:382-384

Guichenot A. 1869. Notice sur quelques poissons inédits de Madagascar et de la Chine. *Nouvelles Archives du Muséum d'Histoire Naturelle, Paris*, 5 (3):193-206

Güldenstädt J. A. 1772. *Salmo leucichthys* et *Cyprinus chalcoi* desdescripti. *Novi Commentarii Academiae Scientiarum Imperialis Petropolitanae*, 16:531-547

Günther A. 1859-1870. Catalogue of the fishes in the Brithish Mus.

Günther A. 1861. Catalogue of the fishes in the British Museum. Catalogue of the acanthopterygian fishes in the collection of the British Museum. Gobiidae, Discoboli, Pediculati, Blenniidae, Labyrinthici, Mugilidae, Notacanthi. British Museum, London, 3:1-586

Günther A. 1864. Catalogue of the fishes in the British Museum. Catalogue of the Physostomi, containing the families Siluridae, Characinidae, Haplochitonidae, Sternoptychidae, Scopelidae, Stomiatidae in the collection of the British Museum. British Museum, London, 5:1-455

Günther A. 1866. Catalogue of fishes in the British Museum. Catalogue of the Physostomi, containing the families Salmonidae, Percopsidae, Galaxidae, Mormyridae, Gymnarchidae, Esocidae, Umbridae, Scombresocidae, Cyprinodontidae, in the collection of the British Museum. British Museum, London, 6:1-368

Günther A. 1868. Catalogue of the fishes in the British Museum. Catalogue of the Physostomi, containing the families Heteropygii, Cyprinidae, Gonorhynchidae, Hyodontidae, Osteoglossidae, Clupeidae, [thru]. Halosauridae, in the collection of the British Museum. British Museum, London, 7:1-512

Günther A. 1873. Report on a collection of fishes from China. *Annals and Magazine of Natural History* (*Ser. 4*), 12 (69):239-250

Günther A. 1876. Remarks on fishes, with descriptions of new species in the British Museum, chiefly from southern seas. *Annals and Magazine of Natural History (Ser. 4)*, 17 (101):389-402

Günther A. 1877. Preliminary notes on new fishes collected in Japan during the expedition of H. M. S. 'Challenger'. *Annals and Magazine of Natural History (Ser. 4)*, 20 (119):433-446

Günther A. 1888. Contribution to our knowledge of the fishes of the Yangtsze-Kiang. *Annals and Magazine of Natural History (Ser. 6)*, 1 (6):429-435

Günther A. 1889. Third contibution to our knowledge of reptiles and fishes from the upper Yangtze-Kiang. *Annals and Magazine of Natural History*, 6 (4):218-229

Günther A. 1892. List of the species of reptiles and fishes collected by Mr. A. E. Pratt on the upper Yang-tze-kiang and in the province Sze-Chuen, with description of the new species. *Appendix II to Pratt's "To the Snows of Tibet through China"*: 238-250

Günther A. 1896. Report on the collections of reptiles, batrachians and fishes made by Messrs. Potanin and Berezowski in the Chinese provinces Kansu and Sze-chuen. *Ezhegodnik. Zoologicheskogo Muzeya Imperatorskoj Akademii Nauk*, 1 (3):199-219

Günther A. 1898. Report on a collection of fishes from Newchwang, north China. *Annals and Magazine of Natural History (Ser. 7)*, 1: 213, 257-263

Guo X. G., He S. P., Zhang Y. G. 2005. Phylogeny and biogeography of Chinese sisorid cafishes re-examined using mitocontrial cytochrome *b* and *16S* rRNA gene sequences. *Molecular Phylogenetics and Evolution*, 35:344-362

Guo X. G., He S. P., Zhang Y. G. 2007. Phylogenetic relationships of the Chinese sisorid catfishes:a nuclear intron versus mitochondrial gene approach. *Hydrobiologia*, 579:55-68

Gwo J. C., Hsu T. H., Lin K. H., Chou Y. C. 2008. Genetic relationship among four subspecies of cherry salmon (*Oncorhynchus masou*) inferred using AFLP. *Molecular Phylogenetics and Evolution*, 48:776-781

Hamilton F. 1822. An account of the fishes found in the river Ganges and its branches. Edinburgh & London

He C. L., Song Z. B., Zhang E. 2008. *Triplophysa lixianensis*, a new nemacheiline loach species (Pisces:Balitoridae) from the upper Yangtze River drainage in Sichuan Province, South China. *Zootaxa*, 1739:41-52

He C. L., Zhang E., Song Z. B. 2012. *Triplophysa pseudostenura*, a new nemacheiline loach (Cypriniformes:Balitoridae) from Yalong River of China. *Zootaxa*, 3586:272-280

He D. K., Chen Y. F. 2007. Molecular phylogeny and biogeography of the highly specialized grade schizothoracine fishes (Teleostei:Cyprinidae) inferred from cytochrome *b* sequences. *Chinese Science Bulletin*, 52 (6):777-788

He D. K., Chen Y. F., Chen Y. Y., Chen Z. M. 2004. Molecular phylogeny of the specialized schizothoracine fishes (Teleostei:Cyprinidae), with their implications for the uplift of the Qinghai-Tibetan Plateau. *Chinese Science Bulletin*, 49 (1):39-48

He S. P. 1996. The phylogeny of the glyptosternoid fishes (Teleostei:Siluriformes, Sisoridae). *Cybium*, 20 (2):115-159

He S. P., Mayden R. L., Wang X., Wang W., Tang K. L., Chen W., Chen Y. 2008. Molecular phylogenetics of the family Cyprinidae (Actinopterygii:Cypriniformes) as evidenced by sequence variation in the first intron of S7 ribosomal protein-coding gene:Further evidence from a nuclear gene of the systematic chaos in the family. *Molecular Phylogenetics and Evolution*, 46:818-829

Heckel J. J. 1838. Fische aus Caschmirgesammelt und herausgegeben von Carl Freiherrn von Hügel, beschrieben von J. J. Heckel. *Wien. Zool. Theil.*, 1-86, Pls. 81-12

Heckel J. J. 1839. Ichthyologische Beiträge zu den Familien der Cottoiden, Scorpaenoiden, Gobioiden und Cyprinoiden. *Annalen des Wiener Museums der Naturgeschichte*, 2 (1):143-164

Heckel J. J. 1843. Ichthyologie. *In:*Russegger J. von. Reisen in Europa, Asien und Africa, mit besonderer Rücksicht auf die naturwissenschaftlichen Verhältnisse der betreffenden Länderunternommen in den Jahren 1835 bis 1841. E. Schweizerbart'sche Verlagshandlung, Stuttgart, v. 1,2(Pt. 1):990-1099

Heckel J. J. 1847. Naturhistorischer Anhang. *In:*Russegger J. V. Reisen in Europa, Asien und Afrika, unternommen in den Jahren 1835 bis 1841. E. Schweizerbart'sche Verlagshandlung, Stuttgart, 2 (Pt. 3):207-357

Heincke F. 1892. Variabilitat und Bastardbuilding bei Cyprinoided, in festschrift zumsiebenzigsten Geburtstage. Berlin:R. Leuckarts:64-73

Herre A. W. C. T. 1927. Gobies of the Philippines and the China Sea. *Monographs, Bureau of Science Manila Monogr*, 23:1-352

Herre A. W. C. T. 1928. List of types of fishes in the collection of the Carnegie Museum on September 1, 1928. Annals of the Carnegie Museum,19(4):51-99

Herre A. W. C. T. 1932. Fishes from Kwangtung Province and Hainan Island, China. *Lingnan Science Journal, Canton*, 11 (3):423-443

Herre A. W. C. T. 1933. *Herklotsella anomala*–a new fresh water cat-fish from Hong Kong. *Hong Kong Naturalist*, 4 (2):179-180

Herre A. W. C. T. 1934. Notes on new or little known fishes from southeastern China. *Lingnan Science Journal, Canton*, 13 (2):285-296

Herre A. W. C. T. 1935a. Notes on fishes in the Zoological Museum of Stanford University, VI. New and rare Hong Kong fishes obtained in 1934. *Hong Kong Naturalist*, 6 (3-4):285-293

Herre A. W. C. T. 1935b. Two new species of *Ctenogobius* from South China (Gobiidae). *Lingnan Science Journal, Canton*, 14 (3):395-397

Herre A. W. C. T. 1936. Notes on fishes in the Zoölogical Museum of Stanford University, V. New or rare Philippine fishes from the Herre 1933 Philippine expedition. *Philippine Journal of Science*, 59 (3):357-373

Herre A. W. C. T. 1939. *Tanichthys albonubes* and *Aphyocypris pooni*. *The Aquarium, Philadelphia*, 7 (10):176

Herre A. W. C. T. 1940. Notes on fishes in the Zoölogical Museum of Stanford University, VIII. A new genus and two new species of Chinese gobies with remarks on some other species. *Philippine Journal of Science*, 73 (3):293-299

Herre A. W. C. T. 1953. Check list of Philippine fishes. Washington:United States Department of the Interior

Herre A. W. C. T., Lin S. Y. 1936. Fishes of the Tsien Tang River system. *Bul. Chekiang Prov Fish Exp Sta*, 2 (7):13-37

Herre A. W., Myers G. S. 1931. Fishes from south-eastern China and Hainan. *Lingnan Science Journal, Canton*, 10(2-3):233-254

Herzenstein S. M. 1888. Fische. *In*:Przewalski N. M. Wissenschaftliche Resultate der von nach Central-Asienunternommenen Reisen. *Zoologischer Theil, Wien*, 3 (2):1-91

Herzenstein S. M. 1891. Wissenschaftiliche Resultate der von N. M. *Przewalskinach Central Asien, Zool. Theil. III*, 2(3):181-262

Herzenstein S. M. 1892. Ichthyologische Bemerkungen aus dem Zoologischen Museum der Kaiserlichen Akademie Wissenschaften III. *Mélanges Biologiques, tirés du Bulletin physico-mathématique de l'Académie Impériale des Sciences de St Pétersbourg*, (13):219-235

Herzenstein S. M. 1896. Über einigeneue und seltene Fische des Zoologischen Museums der Kaiserlichen Akademie der Wissenschaften. Ezhegodnik. *Zoologicheskogo Muzeya Imperatorskoj Akademii Nauk*, 1 (1):1-14

Herzenstein S. M. 1938. Status of the Asiatic fish genus *Culter*. *Journal of the Washington Academy of Sciences*, 28 (9):407-411

Hilgendorf F. M. 1878. Einigeneuejapanische Fischgattungen. *Sitzungsberichte der Gesellschaft Naturforschender Freunde zu Berlin*:155-157

Hilgendorf F. M. 1879. Diagnosenneuer Fischarten von Japan. *Sitzungsberichte der Gesellschaft Naturforschender Freunde zu Berlin*:105-111

Ho H. C., Gwo J. C. 2010. *Salmo formosanus* Jordan & Oshima, 1919 (currently *Oncorhynchus formosanus*) (Pisces, Salmonidae, Salmoninae):proposed conservation of the specific name. *Bulletin of Zoological Nomenclature*, 67 (4):300-302

Ho H. C., Shao K. T. 2011. Annotated checklist and type catalog of fish genera and species described from Taiwan. *Zootaxa*, 2957:1-74

Holcík J. 1972. *Acanthorhodeus robustus* sp. n. from China and *Acanthorhodeus polyspinus* sp. n. from Vietnam, two new species of Acheilognathinae fishes (Teleostei:Cyprinidae). *Véstnik Československé společnostizoologické*, 36 (3):181-186

Hora S. L. 1921. Fish and fisheries of Manipur with some observations on those of the Naga Hills. *Records of the Indian Museum* (*Calcutta*), 22 (19):165-214

Hora S. L. 1922. Notes on fishes in the Indian Museum, III. On fishes belonging to the family Cobitidae from high altitudes in Central Asia. *Records of the Indian Museum* (*Calcutta*), 24:63-83

Hora S. L. 1923. Notes on fishes in the Indian Museum, V. On the composite genus *Glyptosternon* McClelland. *Records of the Indian Museum* (*Calcutta*), 25 (1):1-44

Hora S. L. 1928. Notes on fishes in the Indian Museum, XV. -Notes on Burmese fishes. *Records of the Indian Museum* (*Calcutta*), 30 (pt1):37-40

Hora S. L. 1929. Notes on fishes in the Indian Museum. XVII. Loaches of the genus Nemachilus from Burma. *Records of the Indian Museum*, 31:311-334

Hora S. L. 1932. Classification, bionomics and evolution of homalopterid fishes. *Memoirs of the Indian Museum*, 12 (2):263-330

Hora S. L. 1935. Notes on fishes in the Indian Museum XXIV-Loaches of the genus *Nemachilus* from eastern Himalayas, with the description of a new species from Burma and Siam. *Records of the Indian Museum* (*Calcutta*), 37 (1):49-67

Hora S. L. 1936. On a further collection of fish from the Naga Hills. *Records of the Indian Museum* (*Calcutta*), 38(3):317-331

Hora S. L. 1937. Geographical distribution of Indian freshwater fishes and its bearing on the probable land connections between India and the adjacent countries. *Current Science*, 5 (7):351-356

Hora S. L. 1938. Notes on fishes in the Indian Museum XXXVII-A new name for *Silurus sinensis* Hora. *Records of the Indian Museum* (*Calcutta*), 40 (3):243

Hora S. L., Mukerji D. D. 1935. Fishes of the Naga Hills, Assam. *Records of the Indian Museum* (*Calcutta*), 37 (3):381-404, Pl. 387

Hora S. L., Silas E. G. 1952. Notes on fishes in the Indian Museum XLVII-Revision of the glyptosternoid fishes of the family Sisoridae, with descriptions of new genera and species. *Records of the Indian Museum* (*Calcutta*), 49 (1):5-29

Hosoya K., Jeon S. R. 1984. A new cyprinid fish, *Squalidus multimaculatus* from small rivers on the eastern slope of the Taebik Mountain chain, Korea. *Korean Journal of Limnology*,17(1-2):41-49

Howes G. J. 1980. The anatomy, phylogeny and classification of the bariline cyprinid fishes. *Bull. Br. Musnat. Hist.* (*Zool.*), 37 (3):129-198

Hu Y. T., Zhang E. 2010. *Homatula pycnolepis*, a new species of nemacheiline loach from the upper Mekong drainage, South China (Teleostei:Balitoridae). *Ichthyological Exploration of Freshwaters*, 21 (1):51-62

Huang J. P., Han Y. S., Tzeng W. N. 2001. Species identification of anguilid eels by polymerase chain reaction/restriction fragment length polymorphism analysis of the gonadotropin II-β subunit gene. *Acta Zoologica Taiwanica*, 12 (2):41-49

Huang S. P., Chen I. S. 2007. Three new species of *Rhinogobius* Gill, 1859 (Teleeostei:Gobiidae) from the Hanjiang Basin, southern China. *Bulletin of the Raffles Museum Suppl.*, S14:101-110

Huang S. P., Zeehan J., Chen I. S. 2013. A new genus of *Hemigobius* generic group goby on morphological and molecular evidence, with description of a new species. *Journal of Marine Science and Technology*, *Suppl.*, 21:146-155

Huang Y. F., Chen X. Y., Yang J. X. 2007. A new labeonine fish species, *Parasinilabeo longiventralis* from eastern Guangxi, China (Teleostei:Cyprinidae). *Zoological Research*, 28(5):531-538

Huang Y. F., Yang J. X. 2007. A new labeonine fish species, *Parasinilabeo longiventralis*, from eastern Guangxi, China (Teleostei:Cyprinidae). *Zoological Research*, 28 (5):531-538

Huang Y. F., Yang J. X., Chen X. Y. 2014. *Stenorynchoacrum xijiangensis*, a new genus and a new species of Labeoninae fish from Guangxi, China (Teleostei:Cyprinidae). *Zootaxa*, 3793:379-386

Innes W. T. 1966. Exotic Aquarium Fishes. 19th ed. Metaframe Corporation, Division of Mattel, INC., Maywood, New Jersey. *Mountain view*, *California*, 288-377

Jang-Liaw N. H., Chen I. S. 2013. *Onychostoma minnanensis*, a new cyprinid species (Teleostei:Cyprinidae) from Fujian, southern mainland China, with comments on the mitogenetic differentiation among related species. *Ichthyological Research*, 60 (1):62-74

Jarocki F. P. 1822. Zoologiia czyli zwiérzetopismo ogólne podlug náynowszego systematu. *Drukarni Lakiewicza*, *Warszawie*(*Warsaw*), 4:i-iv + 1-464 + i-xxvii, pls. 464

Jayaram K. C. 1966. A new species of sisorid fish from the Kameng Frontier Division, Nefa. *Journal of the Zoological Society of India*, 15 (1):85-87

Jiang W. S., Chen X. Y., Yang J. X. 2010. A new species of sisorid catfish genus *Glyptothorax*(Teleostei:Sisoridae) from Salween drainage of Yunnan, China. *Environmental Biology of Fishes*, 87 (2):125-133

Jiang W. S., Ng H. H., Yang J. X., Chen X. Y. 2012. A taxonomic review of the catfish identified as *Glyptothorax zanaensis* (Teleostei:Siluriformes:Sisoridae), with the descriptions of two new species. *Zoological Journal of the Linnean Society*, 165 (2):363-389

Jiang Y. E., Chen X. Y.,Yang J. X. 2008. *Microrasbora* Annandale, a new genus record in China, with description of a new species (Teleostei:Cyprinidae). *Environmental Biology of Fishes*, 83(3):299-304

Johansson F. 2006. Body shape differentiation among mitochondrial-DNA lineages of *Zacco platypus* and *Opsariichthys bidens* (Cyprinidae) from the Chang Jiang and Xi Jiang river drainage areas in southern China. *Acta Zoologica Sinica*, 52:948-953

Jordan D. S. 1919. New genera of fishes. *Proceedings of the Academy of Natural Sciences of Philadelphia*, 70 (1918):341-344

Jordan D. S., Evermann B. W. 1902. Notes on a collection of fishes from the island of Formosa. *Proceedings of the United States National Museum*, 25(1289):315-368

Jordan D. S., Fowler H. W. 1903. A review of the cyprinoid fishes of Japan. *Proceedings of the United States National Museum*, 26:812-841

Jordan D. S., Hubbs C. L. 1925. Record of fishes obtained by David Starr Jordan in Japan, 1922. *Memoirs of the Carnegie Museum*, 10 (2):93-346

Jordan D. S., Oshima M. 1919. *Salmo formosanus*, a new trout from the mountain streams of Formosa. *Proceedings of the Academy of Natural Sciences of Philadelphia*, 71:122-124

Jordan D. S., RicherosonP. E. 1908. A Catalog of the fishes of the Island of Formosa, or Taiwan based on the Collection of Dr. Hans Sauter. *Mem. Carneg. Mus*,IV[No. 4(4)]:159-204

Jordan D. S., Seale A. 1905. List of fishes collected in 1882-83 by Pierre Louis Jouy at Shanghai and Hongkong, China. *Proceedings of the United States National Museum*, 29(1433):517-529

Jordan D. S., Seale A. 1906. Descriptions of six new species of fishes from Japan. *Proceedings of the United States National Museum*, 30(1445):143-148

Jordan D. S., Snyder J. O. 1906. A review of the Poeciliidae or killifishes of Japan. *Proceedings of the United States National Museum*, 31(1486):287-290

Jordan D. S., Starks E. C. 1904. A review of the Cottidae or sculpins found in the Waters of Japan. *Proceedings of the United States National Museum*, 27:231-335

Jordan D. S., Thompson W. F. 1914. Record of the fishes obtained in Japan in 1911. *Memoirs of the Carnegie Museum*, 6 (4):205-313, Pls. 224-242

Jordan G. S., Richardson R. E. 1909. A catalogue of the fishes of the island of formosa or Taiwan, based on the collection of Dr. Haus Sauter. *Memoirs of the Carnegie Museum*, 4:159-204

Kano T. 1934. *Oncorhynchus fromosanus* inhabiting mountains streams of Formosa, and its bearing upon the palaeogrophy of the islend. *Nippon-Gakujutzukyokwai-Hokoku*,10(4):1012-1016

Kaschenko N. 1899. Results of the Altai Zoological Expedition in 1899, Vertebrates, Pisces. Tomsk

Kerr J. T., Packer L. 1997. Habitat heterogeneity as a determinant of mammal species richness in high-energy regions. *Nature*, 385:252-254

Kessler K. T. 1872. Ichthyological Fauna of Turkestan. *Izvestiia Imperatorskago Obschchestva Liubitelei Estestvozaniia*, *Antropologii i Etnografii*, 10 (1):47-76,Pls. 46-12

Kessler K. T. 1874. Pisces. *In:*Fedtschensko's Expedition to Turkestan. Zoogeographical Researches Izvestiia Imperatorskago Obschchestva Liubitelei Estestvozaniia, Antropologii Etnografii, 11:i-iv+1-68

Kessler K. T. 1876. Ryby. *In:*Prejevalsky N. M. Mongolia Strana Tangutov. St. Petersburg, 2(4):1-36

Kessler K. T. 1879. Beiträge zur Ichthyologie von Central-Asien. *Bulletin de l'Académie Impériale des Sciences de St Pétersbourg*, 25:282-310

Kimura S. 1934. Description of the fishes collected from the Yangtze-kiang, China, by the late Dr. K. Kishinouye and his party in 1927-1929. *Journal of the Shanghai Scientific Institute*, 1:11-247, Pls. 241-246

Kimura S. 1935. The freshwater fishes of Tsung-Ming Island, China. *Journal of Shanghai Science Institute Society*, 3 (3):99-120

Kner R. 1866. Specielles Verzeichniss der während der Reise der kaiserlichen Fregatte "Novara" gesammelten Fische. III. und Schlussabtheilung. Sitzungsberichte der Kaiserlichen Akademie der Wissenschaften. *Mathematisch-Naturwissenschaftliche Classe*, 53:543-550

Kner R. 1867. Fische. Reise der österreichischen Fregatte "Novara" um die Erde in den Jahren 1857-1859, unter den Befehlen des Commodore B. von Wüllerstorf-Urbain. *Wien Zool Theil*, 1:275-433, Pls. 212-216

Knizhin I. B., Antonov A. L., Safronov S. N., Weiss S. J. 2007. New species of grayling *Thymallus tugarinae* sp. nova (Thymallidae) from the Amur River basin. *Journal of Ichthyology*, 47 (2):121-139

Koller O. 1926. Einigeneue Fischformen von der Insel Hainan. *Anzeiger der Akademie der Wissenschaften in Wien*, 63 (9):74-77

Koller O. 1927. Fische von der Insel Hai-nan. *Annalen des Naturhistorischen Museums in Wien*, 41:25-49, Pls. 21

Kong D. P., Chen X. Y., Yang J. X. 2007. Two new species of the sisorid genus *Oreoglanis* Smith from Yunnan, China (Teleostei:Sisoridae). *Environmental Biology of Fishes*, 78:223-230

Kottelat M. 1982. A new noemacheiline loach from Thailand and Burma. *Japanese Journal of Ichthyology*, 29 (2):169-172

Kottelat M. 1989. Zoogeography of the fishes from Indochinese inland waters with an annotated check-list. *Bulletin Zoölogisch Museum*, *Universiteit van Amsterdam*, 12 (1):1-55

Kottelat M. 1990. Indochinese Nemacheilines. A Revision of Nemacheiline Loaches (Pisces:Cypriniformes) of Thailand, Burma, Laos, Cambodia and Southern Viet Nam. München:Druckerei Braunstein

Kottelat M. 1997. European freshwater fishes. *Biologia*, *Bratislava*, *Section Zoology*, 52 (Suppl. 5):1-271

Kottelat M. 1999. Nomenclature of the genera *Barbodes*,*Cyclocheilichthys*, *Rasbora* and *Chonerhinos* (Teleostei:Cyprinidae and Tetraodontidae), with comments onthe definition of the first reviser. *Raffles Bulletin of Zoology*, 47 (2):591-600

Kottelat M. 2000. Diagnoses of a new genus and 64 new species of fishes from Laos (Teleostei:Cyprinidae, Balitoridae, Bagridae, Syngnathidae, Chaudhuriidae and Tetraodontidae). *Journal of South Asian Natural History*, 5 (1):37-82

Kottelat M. 2001. Fishes of Laos. Colombo, Sri Lanka:Wildlife Heritage Trust Publications

Kottelat M. 2004. On the *Bornean* and Chinese *Protomyzon* (Teleostei:Balitoridae), with descriptions of two new genera and two new species from Borneo, Vietnam and China. *Ichthyological Exploration of Freshwaters*, 15 (4):301-310

Kottelat M. 2006. Fishes of Mongolia. A check-list of the fishes known to occur in Mongolia with comments on systematics and nomenclature. The World Bank, Washington, DC.:i-xi+1-103

Kottelat M. 2012. Conspectus Cobitidum:an inventory of the loaches of the world (Teleostei:Cypriniformes:Cobitoidei). *The Raffles Bulletin of Zoology Suppl.*, (26):1-199

Kottelat M. 2013. The fishes of the inland waters of southeast Asia:a catalogue and core bibliography of the fishes known to occur in freshwaters, mangroves and estuaries. *The Raffles Bulletin of Zoology*, 27(Supl.):1-405

Kottelat M., Chu X. L. 1987a. The botiine loaches (Osteichthyes:Cobitidae) of the Lancangjiang (upper Mekong) with description of a new species. *Zoological Research*, 8 (4):393-400

Kottelat M., Chu X. L. 1987b. Two new species of *Rasbora* Bleeker, 1860 from southern Yunnan and northern Thailand. *Spixiana*, 10 (3):313-318

Kottelat M., Chu X. L. 1988a. The genus *Homaloptera* (Osteichthyes, Cypriniformes, Homalopteridae) in Yunnan, China. *Cybium*, 12 (2):103-106

Kottelat M., Chu X. L. 1988b. Revision of *Yunnanilus* with descriptions of a miniature species flock and six new species from China (Cypriniformes:Homalopteridae). *Environmental Biology of Fishes*, 23 (1-2):65-93

Kottelat M., Chu X. L. 1988c. A synopsis of Chinese balitorine loaches (Osteichthyes:Homalopteridae) with comments on their phylogeny and description of a new genus. *Revue Suisse de Zoologie*, 95 (1):181-201

Kottelat M., Freyhof J. 2007. Handbook of European freshwater fishes. Kottelat, Cornol, Switzerland and Freyhof, Publications Kottelat, Berlin, Germany:xiii+ 1-646

Kottelat M., Lim K. K. P. 1994. Diagnoses of two new genera and three new species of earthworm eels from the *Malay peninsula* and *Borneo* (Teleostei:Chaudhuriidae). *Ichthyological Exploration of Freshwaters*, 5 (2):181-190

Kreyenberg M. 1911. Eineneue Cobitinen-Gattung aus China. *Zoologischer Anzeiger*, 38 (18-19):417-419

Kreyenberg W., Pappenheim P. 1908. Ein Beitragzur Kenntnis der Fische der Jangtze und seiner Zuflüsse. *Sitzungsberichte der Gesellschaft Naturforschender Freunde zu Berlin*, (4):95-109

Lacépède B. G. E. 1800. Histoire naturelle des poisons, Vol.2

Lacépède B. G. E. 1801. Histoire naturelle des poisons, Vol.3

Lacépède B. G. E. 1802. Histoire naturelle des poisons, Vol.4

Lacépède B. G. E. 1803. Histoire naturelle des poisons, Vol.5

Lee S. C., Chang J. T. 1996. A new goby, *Rhinogobius rubromaculatus* (Teleostei:Gobiidae), from Taiwan. *Zoological Studies*, 35 (1):30-35

Leprieur F.,Beauchard O., Blanchet S., Oberdorff T., Brosse S. 2008. Fish invasions in the world's river systems:when natural processes are blurred by human activities. *PLoS Biology*, 6 (2):28

Li F., Arai R. 2014. *Rhodeus albomarginatus*, a new bitterling (Teleostei:Cyprinidae:Acheilognathinae) from China. *Zootaxa*, 3790 (1):165-176

Li F. L., Zhou W., Fu Q. 2008. *Garra findolabium*, a new species of Cyprinid fish (Teleostei:Cypriniformes) from the Red River drainage in Yunnan, China. *Zootaxa*, 1743:62-68

Li J., Li X. H. 2014. *Sinocyclocheilus gracilis*, a new species of hypogean fish from Guangxi, South China (Teleostei:Cypriniformes:Cyprinidae). *Ichthyological Exploration of Freshwaters*, 24 (3):249-256

Li J., Chen X. G., Chan B. P. L. 2005. A new species of *Pseudobagrus* (Teleostei:Siluriformes:Bagridae) from southern China. *Zootaxa*, 1067:49-57

Li J. L., Liu N. F., Yang J. X. 2007. A brief review of *Triplophysa* (Cypriniformes:Balitoridae) species from the Tarim Basin in Xinjiang, China, with description of a new species. *Zootaxa*, 1605:47-58

Li X., Li F. L., Liu K., Zhou W. 2008. Morphologic differentation and taxonomic status of *Pseudecheneis* (Siluriformes:Sisoridae) from Irrawaddy and Salween drainages, China. *Ichthyological Research*, 29 (1):83-88

Li X., Musikasinthorn P., Kumazawa Y. 2006. Molecular phylogenetic analyses of snakeheads (Perciformes:Channidae) using mitochondrial DNA sequences. *Ichthyological Research*, 53 (2):148-159

Li X., Zhou W., Thomson A. W., Zhang Q., Yang Y. 2007. A review of the genus *Pareuchiloglanis* (Sisoridae) from the Lancangjiang (upper Mekong River) with descriptions of two new species from Yunnan, China. *Zootaxa*, 1440:1-19

Liang X. F.,Cao L., Zhang C. G. 2011. Molecular phylogeny of the *Sinocyclocheilus* (Cypriniformes:Cyprinidae) fishes in northwest partof Guangxi, China. *Environ Biol Fish*, 92:371-379

Liang Y. S. 1942. Notes on some species of Homalopterid loaches referring to *Pseudogastromyzon* from Fukien, China. *Contributions from the Research Institute of Zoology and Botany, Fukien Provincial Academy*, (1):1-10

Liang Y. S. 1946. A report on the preliminary observation of fresh-water fishes from Tan-po. *J Arts Sci*, 1 (1):9-11

Liang Y. S. 1951. A check list of the fish specimens in the Taiwan Fisheries Research Institute. *Rep. Taiwan Fish Res. Inst.*, (3):1-35

Liang Y. S. 1960. Notes on the fish collection made by NAMRU No. 2. *Q. J. T. M.* XIII(3 & 4)

Liang Y. S. 1974. The adaptation and distribution of the small freshwater homalopterid fishes with description of a new species from Taiwan. *Symp. Biol. Environ. Sinica.* :141-156

Liang Y. S. 1984. Notes on *Rhyacichthysaspro* found in Taiwan. *Bull. Inst. Zool. Acad. Sinica*, 23 (2):211-218

Liao T. Y., Kullander S. O., Lin H. D. 2011. Synonymization of *Pararasbora*, *Yaoshanicus*, and *Nicholsicypris* with *Aphyocypris*, and description of a new species of *Aphyocypris* from Taiwan (Teleostei:Cyprinidae). *Zoological Studies*, 50(5):657-664

Lin S. Y. 1931. Carps and Carp-like fishes of Kwangtung and adjacent inlands. Fishery experimental station, Bureau of reconstruction, Kwangtung

Lin S. Y. 1932a. New cyprinid fishes from White Cloud Mountain, Canton. *Lingnan Science Journal, Canton*, 11 (3):379-383

Lin S. Y. 1932b. On fresh-water fishes of Heungchow. *Lingnan Science Journal, Canton*, 11 (1):63-68

Lin S. Y. 1932c. On new fishes from Kweichow Province, China. *Lingnan Science Journal, Canton*, 11 (4):515-519

Lin S. Y. 1933a. Contribution to a study of Cyprinidae of Kwangtung and adjacent provinces. *Lingnan Science Journal, Canton*, 12 (1):75-91, pls. 4

Lin S. Y. 1933b. Contribution to a study of Cyprinidae of Kwangtung and adjacent provinces. *Lingnan Science Journal, Canton*, 12 (2):197-215

Lin S. Y. 1934a. Three new fresh-water fishes of Kwangtung Province. *Lingnan Science Journal, Canton*, 13 (2):225-230

Lin S. Y. 1934b. Contribution to a study of Cyprinidae of Kwangtung and adjacent province. *Lingnan Science Journal, Canton*, 13 (3):437-455

Lin S. Y. 1934c. Contribution to a study of Cyprinidae of Kwangtung and adjacent provinces. *Lingnan Science Journal, Canton*, 13(4):615-632

Lin S. Y. 1935a. Contribution to a study of cyprinidae of Kwangtung and adjacent provinces. *Lingnan Science Journal, Canton*, 14 (2):310

Lin S. Y. 1935b. Notes on a new genus, three new and two little known species of fishes from Kwangtung and Kwangsi Provinces. *Lingnan Science Journal, Canton*, 14 (2):303-313

Lin S. Y. 1939. Description of two new carp from the new territories, Hongkang. *Repr Hongkang Nat*, 9 (3):129

Lin Y. S., Poh Y. P., Tzeng C. S. 1999. Phylogeny of the genus *Anguilla*. *Acta Zoologica Taiwanica*, 10 (1):76

Linck H. F. 1790. Versucheiner Eintheilung der Fischenach den Zähnen. *Magazin für das Neueste aus der Physik und Naturgeschichte, Gotha*, 6 (3):28-38

Linnaeus C. 1758. Systema Naturae (Ed. X.). 1:321-325

Liu C. H., Zeng Y. J. 1988. Notes on the Chinese paddlefish, *Psephurus gladius* (Martens). *Copeia*, (2):482-484

Liu C. K. 1940. On two new fresh-water gobies. *Sinensia*, 11 (3-4):213-219

Liu D., Zhang C. G., Tang W. Q. 2012. First record of long whisker catfish *Mystus gulio* from China with discussions on the taxonomic status of the genus *Mystus*. *Acta Zootaxonomica Sinica*, 37 (3):648-653

Liu H. Z., Chen Y. Y. 1994a. Phylogeny of the Sinipercine fishes with some taxonomic notes. *Zoological Research*, 15 (S1):1-12

Liu H. Z., Chen Y. Y. 1994b. Studies on phylogeny of the Sinipercine fishes. Proceedings of the Fourth Indo-Pac. Thailand:Fish Conference, Bangkok:200-211

Liu K., Zhou W. 2009. *Bangana brevirostris*, a new species of cyprinid fish (Teleostei:Cypriniformes) from the Lancang-Jiang (Upper Mekong River) drainage in Yunnan, Southwest China. *Zootaxa*, 1980:61-68

Liu S. W., Chen X. Y., Yang J. X. 2010. Two new species and a new record of the genus *Sinogastromyzon* (Teleostei:Balitoridae) from Yunnan, China. *Environmental Biology of Fishes*, 87(1):1-13

Liu S. W., Zhu Y., Wei R. F., Chen X. Y. 2012. A new species of the genus *Balitora* (Teleostei:Balitoridae) from Guangxi, China. *Environmental Biology of Fishes*, 93:369-375

Lloyd R. E. 1908. Report on the fish collected in Tibet by Capt. F. H. Stewart, I. M. S. *Records of the Indian Museum* (*Calcutta*), 2 (4):341-344, Pl. 325

Lovetsky A. 1828. On the fishes belonging to the sturgeon genus and inhabiting waters of the Russian Empire. *Novyi Magazin*, 1 (2):73-79

Maeda K., Tan H. H. 2013. Review of *Stiphodon* (Gobiidae:Sicydiinae) from western Sumara, with description of a new species. *The Raffles Bulletin of Zoology*, 61 (2):749-761

Mai D. Y. 1978. Identification of the fresh-water fishes of North Viet Nam, Vol.1. Ha Noi:Scientific & Technology, Publisher

Martens E. V. 1862. Über einenneuen Polyodon aus dem Yantsekiang und über die sogenannten Glaspolypen. *Monatsberichte der Königlichen Preuss Akademie der Wissenschaften zu Berlin*:476-479

McClelland J. 1838. Observations on six new species of Cyprinidae, with an outline of a new classification of the family. *Journal of the Asiatic Society of Bengal*, 7:941-948

McClelland J. 1839. Indian Cyprinidae. *Asiatic Researches*, 19 (2):217-471, Pls. 237-261

McClelland J. 1842. On the fresh-water fishes collected by William Griffith, Esq., F. L. S. Madras Medical Service, during his travels under the orders of the Supreme Government of India, from 1835 to 1842. *Calcutta Journal of Natural History*, 2 (8):560-589, Pls. 566, 515, 518, 521

McClelland J. 1844. Apodal fishes of Bengal. *Calcutta Journal of Natural History*, 5 (18):151-226

McGlone M. S. 1996. When history matters:scale, time, climate and tree diversity. *Global Ecology and Biogeography Letters*, 5 (6):309-314

Miao C. P. 1934. Notes on the fresh-water fishes of the Southern part of Kiangsu I. Chinkiang. *Contr. Biol. Lab. Sci. China Zool. Ser.*, 10 (3):111-224

Mims S. D., Georgi T. A., Liu C. H. 1993. The Chinese peddlefish, *Psephurus gladius*, biology. life history, and potential for cultivation. *World Aquaculture*, 24 (1):46-48

Min R., Chen X. Y., Yang J. X. 2010. *Paracobitis nanpanjiangensis*, a new loach (Balitoridae:Nemacheilinae) from Yunnan, China. *Environmental Biology of Fishes*, 87 (3):199-204

Min R., Chen X. Y., Yang J. X., Winterbottom R., Mayden R. L. 2012a. Phylogenetic relationships of the genus *Homatula* (Cypriniformes:Nemacheilidae), with special reference to the biogeographic history around the Yunnan-Guizhou Plateau. *Zootaxa*, 3586:78-94

Min R., Yang J. X., Chen X. Y. 2012b. *Homatula wuliangensis* (Teleostei:Nemacheilidae), a new loach from Yunnan, China. *Zootaxa*, 3586:313-318

Min R., Yang J. X., Chen X. Y. 2013. *Homatula disparizona*, a new species of loach from the Red River drainage in China (Teleostei:Nemacheilidae). *Ichthyological Exploration of Freshwaters*, 23 (4):351-355

Mitrofanov V. P. 1959. On the taxonomy of *Brachymystax lenok* of the lake Marka-Kul. *Sbornik. Rabot. po. Ikhtiologii Gidrobiologii*, (2):267-275

Mori T. 1927a. On four new freshwater fishes from the River Liao, South Manchurio. *Journal of the Chosen Natural History Society*, (5):1-4

Mori T. 1927b. On the freshwater fishes from the Liaohe and the Amur River, with a zoogeographical note. *Journal of the Chosen Natural History Society*, (5):5-28

Mori T. 1927c. On the freshwater fishes from the Yalu River with description of new species. *Journal of the Chosen Natural History Society*, (6):8-24

Mori T. 1927d. On the genus *Sarcocheilichthys*, with the description of four new species. *Annotnes zool. Jap.*,11(2):97-106

Mori T. 1928a. Fresh water fishes from Tsi-nan, China, with description of five new species. *Jap. J. Zool.*, 2 (1):61-72

Mori T. 1928b. On the fresh water fishes from the Yalu River, Korea, with descriptions of new species. *Journal of the Chosen Natural History Society*, (6):54-70

Mori T. 1929. Addition to the fish fauna of Tsi-nan, China, with descriptions of two new species. *Jap. J. Zool.*, 2 (4):383-385

Mori T. 1930. On the fresh water fishes from the Tumen River, Korea, with description of new species. *Journal of the Chosen Natural History Society*, 11:1-49, Pls. 33

Mori T. 1933a. Second addition to the fish fauna of Tsinan, China, with description of three new species. *Jap. J. Zool.*, 5 (2):165-169

Mori T. 1933b. On the classifications of cyprinoid fishes, *Microphysogobio*, n. gen. and *Saurogobio*. *Zoological Magazine*, 45:114-115

Mori T. 1934. The fresh water fishes of Jehol. *Report of the first scientific expedition to Manchoukuo, Tokyo. Zoology, Sec. 5*, 1:1-61

Mori T. 1936a. Descriptions of one new genus and three new species of Siluroidea from Chosen. *Dobutsugaku Zasshi*, 48 (8-10):671-675

Mori T. 1936b. Studies on the geographical distribution of freshwater fishs in eastern Asia. Tokyo:Toppan Printing

Mori T. 1941. A new species and a new subspecies of Cyprinidae from North China. *Zoological Magazine Tokyo*, 53 (3):182-184

Mori T. 1952. Check list of the fishes of Korea. *Mem. Hyogo. Univ. Agri.*, 1(3):227

Müller J., Henle F. G. J. 1838-1841. Systematische Beschreibung der Plagiostomen. Berlin:Veit und Comp

Myers G. S. 1929. A note on the Formosa Homalopterid fishes, *Crossostoma lacustre* Steindachner. *Copeia*, 170:1-2

Myers G. S. 1930. *Ptychidio jordani*, an unusual new cyprinoid fish from Formosa. *Copeia*, 4:110-113

Myers G. S. 1931. On the fishes described by Koller from Hainan in 1926 and 1927. *Lingnan Science Journal, Canton*, 10 (2-3):255-262

Myers G. S. 1934. Corrections of the type localities of *Metzia mesembrina*, a Formosan cyprinid, and of *Othonocheirodus eigenmanni*, a Peruvian characin. *Copeia*, (1):43

Myers G. S. 1941. Suppression of *Lissochilus* in favour of *Acrossocheilus* for a genus of Asiatic cyprinid fishes, with notes on its classification. *Copeia*, (1):42-44

Nalbant T. T. 1965. *Leptobotias* from the Yangtze River, China, with the description of *Leptobotia banarescui* n. sp. (Pisces, Cobitidae). *Annotationes Zoologicaeet Botanicae*, (11):1-5

Neely D. A., Conway K. W., Mayden L. 2007. *Erromyzon yangi*, a new hillstream loach (Teleostei:Balitoridae) from the Pearl River drainage of Guangxi Province, China. *Ichthyological Exploration of Freshwaters*, 18 (2):97-102

Nelson J. S. 2006. Fishes of the World. New York:Wiley

Ng H. H. 2004. Two new glyptosternine catfishes (Teleostei:Sisoridae) from Vietnam and China. *Zootaxa*, 428:1-12

Ng H. H. 2006. The identity of *Pseudecheneis sulcata* (M'Clelland, 1842), with descriptions of two new species of rheophilic catfish (Teleostei:Sisoridae) from Nepal and China. *Zootaxa*, 1254:45-68

Ng H. H. 2009. *Tachysurus spilotus*, a new species of catfish from central Vietnam (Teleostei:Bagridae). *Zootaxa*, 2283:16-28

Ng H. H., Freyhof J. 2007. *Pseudobagrus nubilosus*, a new species of catfish from central Vietnam (Teleostei:Bagridae), with notes on the validity of *Pelteobagrus* and *Pseudobagrus*. *Ichthyol Explor Freshwat*, 18(1):9-16

Ng H. H., Rainboth W. J. 2001. A review of the sisorid catfish genus *Oreoglanis* (Siluriformes:Sisoridae) with descriptions of four new species. *Occasional Papers of the Museum of Zoology University of Michigan*, 732:1-34

Ng H. H., Tan H. H. 1999. The fishes of the Endau drainage, Peninsular Malaysia with descriptions of two new species of catfishes (Teleostei:Akysidae, Bagridae). *Zoological Studies*, 38 (3):350-366

Ng H. H., Jiang W. S., Chen X. Y. 2012. *Glyptothorax lanceatus*, a new species of sisorid catfish (Teleostei:Siluriformes) from southwestern China. *Zootaxa*, 3250:54-62

Nguyen V. H. 2005a. Ca Nuoc Ngot Viet Nam. Tap II. *Freshwater fishes of Vietnam*, 2:1-760

Nguyen V. H. 2005b. Ca Nuoc Ngot Viet Nam. Tap II [Freshwater Fishes of Vietnam. Volume II]. Hanoi:Nha Xuat Ban Nong Nghiep

Nguyen V. H., Ngo S. V. 2001. Ca nuocngot Viet Nam. Tap I. Ho ca chep (Cyprinidae). *Ca Nuoc Ngot Viet Nam*, 1:1-622

Nichols J. T. 1925a. An analysis of Chinese loaches of the genus *Misgurnus*. *American Museum Novitates*, 169:3-6

Nichols J. T. 1925b. *Homaloptera caldwelli*, a new Chinese loach. *American Museum Novitates*, 172:1

Nichols J. T. 1925c. *Nemacheilus* and related loaches in China. *American Museum Novitates*, 171:1-7

Nichols J. T. 1925d. A new homalopterin loach from Fukien. *American Museum Novitates*, 167:1-2

Nichols J. T. 1925e. Some Chinese fresh-water fishes. 4. Gudgeons of the genus *Coriparieus*. 5. Gudgeons of related to the Eurpean *Gobiogobio*. 6. New gudgeons of the genera *Gnathopogon* and *Leucogobio*. *American Museum Novitates*, 181:1-8

Nichols J. T. 1925f. Some Chinese fresh-water fishes. 7. new carps of the genera *Varicohinus* and *Xenocypris*. 8. Carps referred to the genus *Pseudorasbora*. *American Museum Novitates*, 182:1-8

Nichols J. T. 1925g. Some Chinese fresh-water fishes. 10. Subgenera of bagrin catfishes. 11. Certain apparently undescribed carps from Fukien. 12. A small goby from the central Yangtze. 13. A new minnow referred to *Leucogobio*. 14. Two apparently undescribed fishes from Yunnan. *American Museum Novitates*, 185:1-7

Nichols J. T. 1926a. Some Chinese fresh-water fishes. 15. Two apparently undescribed catfishes from Fukien. 16. Concerning gudgeons related to *Pseudogobio* and two new species of it. 17. Two new rhodeins. *American Museum Novitates*, 214:1-7

Nichols J. T. 1926b. Some Chinese fresh-water fishes. 18. New species in recent and earlier Fukien collections. *American Museum Novitates*, 224:1-7

Nichols J. T. 1928. Chinese fresh-water fishes in the American Museum of Natural History's collections. A provinsional check-list of the fresh-water fishes of china. *Bulletin of the American Museum of Natural History*, 58 (1):1-62

Nichols J. T. 1929. Some Chinese fresh-water fishes. (19) New leucogobioid gudgeons from Shantung. (21) An analysis of minnows of the genus *Pseudorasbora* from Shantung. *Amer. Mus. Novitates*, (377):1-11

Nichols J. T. 1930a. Some Chinese freshwater fishes. 24. Two new Mandarin fishes. 25. New *Sarcocheilichthys* in northeastern Kiangsi. *American Museum Novitates*, 431:1-6

Nichols J. T. 1930b. Some Chinese freshwater fishes. 26. Two new species of *Pseudogobio*. 27. A new catfish from northeastern Kiangsi. *American Museum Novitates*, 440:1-5

Nichols J. T. 1931a. *Crossostoma fangi*, a new loach from near Canton, China. *Lingnan Science Journal, Canton*, 10 (2/3):263-264

Nichols J. T. 1931b. A new *Barbus* (*Lissochilichthys*) and a new loach from Kwangtung Province. *Lingnan Science Journal, Canton*, 10 (4):455-459

Nichols J. T. 1931c. Some Chinese fresh-water fishes. 28. A collection from Chungan Hsien, northwestern Fukien. *American Museum Novitates*, 449:1-3

Nichols J. T. 1941. Four new fishes from western China. *American Museum Novitates*, 1107:1-3

Nichols J. T. 1943. The Fresh-Water fishes of China. *Nat. Hist. Cent. Asia*, 9:1-322

Nichols J. T., Pope C. H. 1927. The fishes of Hainan. *Bulletin of the American Museum of Natural History*, 54 (2):321-394, Pl. 326

Nikolskii A. M. 1903. On three new species of fishes from Central Asia (*Schizothorax kozlovi* sp. n., *Ptychobarbus kaznakovi* sp. n., *Nemachilus fedtschenkoae* sp. n.). *Ezhegodnik. Zoologicheskogo Muzeya Akademii Nauk SSSR*, 8:90-94

Nikolskii G. V., Soin S. G. 1948. On catfishes (family Siluridae) in the Amur basin. *C. R. Acad. Sci. Moscow*, 59:1357-1360

Norman J. R. 1923. Three new fishes from Yunnan, collected by Prof. J. W. Gregory, F. R. S. *Annals and Magazine of Natural History* (*Ser. 9*), 11 (64):561-563

Norman J. R. 1925. Two new fishes from Tonkin, with notes on the siluroid genera *Glyptosternum*, *Exostoma*, etc. *Annals and Magazine of Natural History* (*Ser. 9*), 15 (89):570-575

Okada Y. 1961. Studies on the freshwater fishes of Japan. *Prefectural University of Mie, Tsu, Mie Prefecture, Japan.* (*for 1959-1960*), i-xi:1-860, Pls. 1-61

Oken L. 1817. For discussion of pagination and Cuvier's French "generic" names Latinized by Oken. *V Kl Fische Isis*(*Oken*), 8 (148):1779-1782

Oken L. 1817. Isis. Pp. 1181-1183 (See:Cuvier G. 1817. Le Regene animal animdistribusdapres son organistion. Paris, 2)

Osbeck P. 1765. Reisenach Ostindien und China. Nebst O. Toreens Reisenach Suratte und C. G. Ekebergs Nachricht von den Landwirthschaft der Chineser

Oshima M. 1919. Contributions to the study of the fresh water fishes of the island of Formosa. *Annals of the Carnegie Museum*, 12 (2-4):169-328

Oshima M. 1920a. Notes on freshwater fishes of Formosa, with descriptions of new genera and species. *Proceedings of the Academy of Natural Sciences of Philadelphia*, 72:120-135, Pls. 123-125

Oshima M. 1920b. Two new cyprinoid fishes from Formosa. *Proceedings of the Academy of Natural Sciences of Philadelphia*,72:189-191

Oshima M. 1926a. Notes on a collection of fishes from Hainan, obtained by Prof. S. F. Light. *Annotationes Zoologicae Japonenses*, 11 (1):1-25

Oshima M. 1926b. Notes on a small collection of freshwater fishes from east Mongolia. *Zool. Mag. Tokyo*, 38:102

Owen J. G. 1989. Patterns of herpetofaunal species richness:relation to temperature, precipitation, and variance in elevation. *Journal of Biogeography*, 16 (2):141-150

Pallas P. S. 1770. Spicilegia Zoologica quibus novae imprimis et obscurae animalium species iconibus, descriptionibus atque commentariis illustrantur. *Berolini, Gottl. August Lange*, 1 (8):1-56

Pallas P. S. 1771-1778. Reise durch verschiedene Provinzen des russischen Reiches. *St. Petersburg*, 1:1771

Pallas P. S. 1814. Zoographia Rosso-Asiatica, sistens omnium animalium in extenso Imperio Rossico et adjacentibus maribus observatorum recensionem, domicilia, mores et descriptions anatomenatque icones plurimorum, Vol.3

Patterson C., Rosen D. E. 1989. The paracanthopterygii revisited:Order and Disorder. *In:*Cohen. Papers on the systematica of Gadiform fishes. *Sci. Ser. Nat. Hist. Mus., Los Angeles*, 32:5-36

Pearson D. L., Carroll S. S. 1998. Global patterns of species richness:spatial models for conservation planning using bioindicator and precipitation data. *Conservation Biology*, 12 (4):809-821

Pellegrin J. 1907. Mission permanente Française en Indo-Chine. Poissons du Tonkin. *Bulletin du Muséum National d'Histoire Naturelle* (*Série 1*), 13(7):499-503

Pellegrin J. 1908. Poissons d'eau douce de Formose. Description d'une espèce nouvelle de la famille des Cyprinidés. *Bulletin du Muséum National d'Histoire Naturelle* (*Série 1*), 14 (6):262-265

Pellegrin J. 1931. Description de deux Cyprinidés nouveaux de Chine appartenant au genre *Schizothorax* Heckel. *Bulletin de la Société Zoologique de France*, 56:145-149

Pellegrin J. 1932. Poissons du Tonkin recueillis par M. Le Commandant Vétérinaire Houdemer. Description d'une espèce nouvelle. *Bulletin de la Société Zoologique de France*, 57:154-158

Pellegrin J. 1936. Poissons nouveaux du haut-Laos et de l'Annam. *Bulletin de la Société Zoologique de France*, 61:243-248

Pellegrin J., Chevey P. 1934. Poissons de Nghia-Lo (Tonkin). Description de quatre espèces nouvelles. *Bulletin de la Société Zoologique de France*, 59:337-343

Pellegrin J., Chevey P. 1935. Poisson nouveau do Tonkin appartenant au genre *Sinogastromyzon*. *Bulletin de la Société Zoologique de France*, 60:232-234

Pellegrin J., Chevey P. 1936. Poissons nouveaux ou rares du Tonkin et de l'Annam. *Bulletin de la Société Zoologique de France*, 61:219-231

Pellegrin J., Fang P. W. 1935. A new homalopteroid, *Paraprotomyzon multifasciatus* nov. gen. nov. sp., from eastern Szechuan, China. *Sinensia*, 6 (2):99-107

Pellegrin J., Fang P. W. 1940. Poissons du Laosrecueillis par Mm. Delacour, Greenway, Ed. Blanc. Description d'un genre, de cinq espèceset d'unevariété. *Bulletin de la Société Zoologique de France*, 65:111-123

Peng Z. G., He S. P., Zhang Y. 2004. Phylogenetic relationships of glyptosternoid fishes (Siluriformes:Sisoridae) inferred from mitochondrial cytochrome *b* gene sequences. *Molecular Phylogenetics and Evolution*, 31 (3):979-987

Peng Z. G., Ho S. Y. W., Zhang Y. G., He S. P. 2006. Uplift of the Tibetan plateau:evidence from divergence times of glyptosternoid catfishes. *Molecular Phylogenetics and Evolution*, 39:568-572

Peters W. 1880. Über die von der chinesischen Regierung zu der internationalen Fischerei-Austellunggesandte Fischsammlung aus Ningpo. *Monatsberichte der Königlichen Preuss Akademie der Wissenschaften zu Berlin*, 45:921-927

Peters W. 1881. Über eine Sammlung von Fischen, welche Hr. Dr. Gerlach in Hongkong gesandt hat. Monatsberichte der Königlichen Preuss. Akademie der Wissenschaften zu Berlin, Berlin

Peters, W. 1861. Über zwei neue Gattungen von Fischen aus dem Ganges. Berlin:Monatsber. K. Akad. Wiss.:712-713

Petit G., Tchang T. L. 1933. Un cyprinidé nouveau d'Indochine. *Bulletin du Muséum National d'Histoire Naturelle* (*Série 2*), 5 (3):189-192

Pinchuk V. I. 1978. Observations on and additions to the family Gobiidae in "Fishes of the Sea of Japan and adjacent waters of the Okhotsk and Yellow Seas" Part 4, 1975 by G. U. Lindbergand Z. V. Krasyukova, with a description of *Chaenogobiustaranetze* sp. nov. *Voprosy Ikhtiologii*, 18(1):3-18

Poey F. 1854. Memoriassobre la historia natural de la Isla de Cuba, acompañadas de sumarios Latinos y extractos en Francés. *La Habana*, 1:463

Prokofiev A. M. 2004. A new species of the genus *Micronoemacheilus* Rendahl, 1944 (Balitoridae:Nemacheilinae) from Hainan (China) with notes on its status. *Voprosy Ikhtiologii*, 44 (3):154-161

Prokofiev A. M. 2006. Two new species of the loach genus *Triplophysa* Rendahl 1933 from Western Mongolia and Northwestern China, with a key the species from the interior drainages of Tien-Shan, Karakurum and Altai Mountains. *Senckenbergianabiologica*, 86(2):235-259

Qi D., *et al.* 2006. Mitochondrial cytochrome *b* Sequence Variation and Phylogenetics of the Highly Specialized Schizothoracine Fishes (Teleostei:Cyprinidae) in the Qinghai-Tibet Plateau. *Biochemical Genetics*, 44 (5-6):270-285

Quoy J. R. C., Gaimard J. P. 1824-1825. Freycinet, L. de, Voyage autour du Monde. exécuté sur les corvettes de L. M. "L'Uranie" et "La Physicienne, " pendant les années 1817, 1818, 1819 et 1820. Paris:Description des Poissons:192-401

Rafinesque C. S. 1810. Caratteri di alcuninuovigeneri e nuove specie di animali e piantedella Sicilia, con varie osservazioni sopra i medisimi. Sanfilippo, Palermo

Rafinesque C. S. 1820. Ichthyologia Ochiensis:50

Rainboth W. J. 1985. *Neolissochilus*, a new genus of South Asian cyprinid fishes. *Beaufortia*, 35 (3):25-35

Rainboth W. J. 1989. *Discherodontus*, a new genus of cyprinid fishes from southeastern Asia. *Occasional Papers of the Museum of Zoology*, *University of Michigan*, 718:1-31

Rainboth W. J. 1996. Fishes of the Cambodian Mekong. *FAO*, *Rome*, 265:27

Reeves C. D. 1933. Manual of the Vertebrate Animals of Northeastern and Central China, exclusive of birds. Shanghai:Chung Hwa Book Co. Ltd

Regan C. T. 1904a. Descriptions of two new cyprinid fishes from Yunnan Fu. *Annals and Magazine of Natural History* (*Ser. 7*), 14 (7):416-417

Regan C. T. 1904b. On a collection of fishes made by Mr. John Graham at Yunnan Fu. *Annals and Magazine of Natural History* (*Ser. 7*), 13 (75):190-194

Regan C. T. 1905a. Description de six poissons nouveaux faisantpartie de la collection du Musée d'Histoire Naturelle de Genève. *Revue Suisse de Zoologie*, 13:389-393

Regan C. T. 1905b. Descriptions of five new cyprinid fishes from Lhasa, Tibet, collected by Captain H. J. & Waller I. M. S. *Annals and Magazine of Natural History* (*Ser. 7*), 15 (66):185-188

Regan C. T. 1905c. Descriptions of two new cyprinid fishes from Tibet. *Annals and Magazine of Natural History* (*Ser. 7*), 15 (7):300-301

Regan C. T. 1905d. A synopsis of the species of the silurid genera *Parexostoma*, *Chimarrhichthys*, and *Exostoma*. *Annals and Magazine of Natural History* (*Ser. 7*), 15 (86):182-185

Regan C. T. 1906. Descriptions of two new cyprinid fishes from Yunnan Fu, collected by Mr. John Graham. *Annals and Magazine of Natural History* (*Ser. 7*), 17 (99):332-333

Regan C. T. 1907a. Descriptions of three new fishes from Yunnan, collected by Mr. John. Graham. *Annals and Magazine of Natural History* (*Ser. 7*), 19 (109):63-64

Regan C. T. 1907b. Fishes:Reports on a collection of Batrachia, reptiles and fish from Nepal and the western Himalayas. *Records of the Indian Museum* (*Calcutta*), 1:149-158

Regan C. T. 1908a. Description of new fishes from Lake Candidius, Formosa, collected by Dr. A. Moltrecht. *Annals and Magazine of Natural History* (*Ser. 8*), 2 (10):356-360

Regan C. T. 1908b. Description of three new freshwater fishes from China. *Annals and Magazine of Natural History* (*Ser. 8*), 1 (1):109-111

Regan C. T. 1908c. Descriptions of new freshwater fishes from China and Japan. *Annals and Magazine of Natural History*, 1 (2):149-153

Regan C. T. 1908d. A synopsis of the fishes of the subfamily Salanginae. *Annals and Magazine of Natural History*, 2 (11):444-446

Regan C. T. 1908e. Descriptions of three new cyprinid fishes from Yunnan, collected by Mr. John Graham. *Ann. Mag. Nat. Hist.*, (8)2:356-357

Regan C. T. 1908f. The Duke of Bedford's zoological exploration in eastern Asia. 8. A collection of freshwater fishes from Corea. *Proc. Soc. Lond.* :59-63

Regan C. T. 1911. The classification of the teleostean fishes of the order Ostariophysi-I. Cyprinoidea. *Annals and Magazine of Natural History* (*Ser. 8*), 8 (43):13-32

Regan C. T. 1913. A synopsis of the siluroid fishes of the genus Liocassis, with descriptions of new species. *Annals and Magazine of Natural History* (*Ser. 8*), 11 (66):547-554

Regan C. T. 1914. Fishes from Yunnan, collected by Mr. John Graham, with description of a new species of Barilius. *Annals and Magazine of Natural History* (*Ser. 8*), 13 (74):260-261

Ren Q., Yang J. X., Chen X. Y. 2012. A new species of the genus *Triplophysa* (Cypriniformes:Nemacheilidae), *Triplophysa longliensis* sp. nov, from Guizhou, China. *Zootaxa*, 3586:187-194

Rendahl H. 1925. Eineneue Art der Gattung Glyptosternum aus China. *Zoologischer Anzeiger*, 64 (11-12):307-308

Rendahl H. 1928. Beiträge zur Kenntnis der chinesischen Süsswasserfische I. *Systematischer Teil. Arkiv. för Zoologi.*, 20 (1):1-194

Rendahl H. 1932. Die fischfauna der chinesischenprovinz Szetschwan. *Ark. Zool.*, 24A (16):1-134

Rendahl H. 1933. Studien über innerasiatische Fische. *Arkiv. för Zoologi.*, 25 (11):1-51

Rendahl H. 1935. Einpaarneueunter-arten von *Cobitis taenia*. *Memoranda Societatis pro Fauna et Flora Fennica*, 10:329-336

Rendahl H. 1944. Einige Cobitiden von Annam und Tonkin. *Göteborgs Kungliga Vetenskaps-och Vitterhets-Samhälles Handlingar*(*Ser 6 B*), 3 (3):1-54

Rendahl H. 1945. Dieauf Formosa Vorkommende from der *Cobitistaenia*. Ark. Zool. Bd. 35(A):15:19

Rensburg B. J. V.,*et al.* 2002. Species richness, environmental correlates, and spatial scale:a test using South African birds. *The American Naturalist*, 159 (5):566-577

Richardson J. 1836. Fishes. *In:*Back G. Narrative of the Arctic land expedition to the mouth of the Great Fish River, and along the shores of the Arctic Ocean in the years 1833, 1834, and 1835. London

Richardson J. 1845. Ichthyology-Part 3. *In:*Hinds R. B. The zoology of the voyage of H. M. S. Sulphur, under the command of Captain Sir Edward Belcher, R. N., C. B., F. R. G. S., etc., during the years 1836-42. London:Smith, Elder & Co

Richardson J. 1846. Report on the ichthyology of the seas of China and Japan. Report of the British Association for the Advancement of Science 15th meeting:187-320

Richardson J., Whitehead P. J. P. 1972. Report on the ichthyology of the seas of China and Japan. With a new index to names in Richardson's Report on the ichthyology of the seas of China and Japan. Junk:Lochem

Roberts T. R. 1998. Review of the tropical Asian cyprinid fish genus *Poropuntius*, with descriptions of new species and trophic morphs. Natural History Bulletin of the Siam Society, 46(1):105-135

Roberts T. R., FerrarisC. J. 1998. Review of South Asian sisorid catfish genera *Gagata* and *Nangra*, with descriptions of a new genus and five new species. *Proc. Calif. Acad. Sci.*, 50(14):315-345

Roberts T. R., Karnasuta J. 1987.*Dasyatis laosensis*, a new whiptailed stingray (family Dasyatidae), from the Mekong River of Laos and Thailand. *Environmental Biology of Fishes*, 20(3):161-167

Roberts, T. R. 1993a. Systematic revision of the Southeast Asian cyprinid fish genus *Labiobarbus* (Teleostei:Cyprinidae). *Raffles Bulletin of Zoology*, 41:315-329

Roberts, T. R. 1993b. The freshwater fishes of Java, as observed by Kuhl and van Hasselt in 1820-23. *Zoologische Verhandelingen*, 285:1-94

Rohde K. 1992. Latitudinal gradients in species diversity:the search for the primary cause. *Oikos*, 65 (3):514-527

Romero A. 2012. An etymological dictionary of taxonomy. Madrid, unpublished

Romero A., Zhao Y. H., Chen X. Y. 2009. The hypogean fishes of China. *Environ. Biol. Fish*, 86:211-289

Rosen D. E., Bailey R. M. 1963. The poeciliid fishes (Cyprinodontiformes), their structure, zoogeography, and systematics. *Bulletin of the American Museum of Natural History*, 126 (1):1-176

Rosenzweig M. L. 1992. Species diversity gradients:we know more and less than we thought. *Journal of Mammalogy*, 4:715-730

Rüppell W. P. E. S. 1835. Neuer Nachtrag von Beschreibungen und Abbildungen neuer Fische, im Nil entdeckt. *Museum Senckenbergianum:Abhandlungen aus dem Gebiete der beschreibenden Naturgeschichte*, *von Mitgliedern der Senckenbergischen Naturforschenden Gesellschaft in Frankfurt am Main*, 2 (1):1-28

Rutter C. M. 1897. A collection of fishes obtained in Swatow, China, by Miss Adele M. Fielde. *Proceedings of the Academy of Natural Sciences of Philadelphia*, 49:56-90

S. B. L. 1949. Freshwater Fishes of the U. S. S. R. and Adjacent countrise (Rybypresnykh vod SSSR i Sopredelnykhstran). Vol.II Akademiya Nauk SSSR. ZOOLOGICHESKII INSTITUT 496. *Akademiya Nauk SSSR*, 2:496

Sauvage H. E. 1874. Notices ichthyologiques. *Revue et Magasin de Zoologie* (*Ser 3*), 2:332-340

Sauvage H. E. 1878a. Note sur quelques Cyprinidae et Cobitidae d'espèes inédites, provenant des eaux douces de la Chine. *Bulletin de la Société philomathique de Paris* (*7th Série*), 2:86-90

Sauvage H. E. 1878b. Note sur quelques poisons d'espèes nouvellesprovenant des eauxdouces de l'Indo-Chine. *Bulletin de la Société Philomathique de Paris* (*7th Série*), 2:233-242

Sauvage H. E. 1880a. Description de quelques poissons de la collection du Muséum d'histoire naturelle. *Bulletin de la Société philomathique de Paris* (*7th Série*), 4:220-228

Sauvage H. E. 1880b. Notice sur quelquespoissons de l'île Campbell et de l'Indo-Chine. *Bulletin de la Société Philomathique de Paris,*(*7th Série*) 4:228-233

Sauvage H. E. 1883. Sur une collection de poissons recuelliedans le lac Biwako (Japon) par M. F. Steenackers. *Bulletin de la Société philomathique de Paris* (*7th Série*), 7:144-150

Sauvage H. E. 1884. Contribution a la faune ichthyologique du Tonkin. *Bulletin de la Société Zoologique de France*, 9:209-215, Pls. 207-208

Sauvage H. E., Dabry de Thiersant P. 1874. Notes sur les poissons des eaux douces de Chine. *Annales des Sciences Naturelles*, *Paris* (*Zoologie et Paléontologie*)(*Sér. 6*), 1 (art. 5):1-18

Schrank F. P. 1798. Fauna Boica. Durchgedachte Geschichte der in Baieren einheimischen und zahmen Thiere. Nürnberg

Scopoli J. A. 1777. Introductio ad historiam naturalem, sistens genera lapidum, plantarum et animalium hactenus detecta, caracteribus essentialibus donata, in tribus divisa, subinde ad leges naturae. Prague

Shan X. J., Wu Y. F., Kang B. 2005. Morphological comparison between Chinese ayu and Japanese ayu and establishment of *Plecoglossus altivelis chinensis* Wu & Shan subsp. nov. *Journal of Ocean University of China*, 4 (1):61-66

Shaw T. H. 1930a. Fishes of Soochow. *Bull. Fan. Mem. Inst. Boil.*, 1 (10):165-205

Shaw T. H. 1930b. Notes on some fishes from Ka-Shing and Shing-Tsong, Chekiang Province. *Bulletin of the Fan Memorial Institute of Biology, Peiping (Zooogical Series)*, 1 (7):109-124

Shaw T. H. 1934. Notes on a Sturgeon, *Huso dauricus* (Georgi) from Chefoo. *China J.*, 20:108

Shaw T. H., Tchang T. L. 1931. A review of the cobitoid fishes of Hopei province and adjacent territories. *Bulletin of the Fan Memorial Institute of Biology, Peiping (Zooogical Series)*, 2 (5):65-84

Shih H. J. 1935. List of the fishes of Szechuan. *Sci. Q. natn. Univ. Peking.*, 5 (4):425-436

Shih H. J., Tchang T. L. 1934. Notes of the fishes of Kiatintg and Omei, Szechuan. *Contr. Boil. Dep. Sci. Inst. W. China.*, 2:1-11

Shmida A., Wilson M. V. 1985. Biological determinants of species diversity. *Journal of Biogeography*, 12 (1):1-20

Singh, A., Sen N., Bănărescu P., Nalbant T. T. 1982. New noemacheiline loaches from India (Pisces, Cobitidae). *Travaux du Muséum d'Histoire Naturelle "Grigore Antipa"*, 23 [1981 (1982)]: 201-212

Smith H. M. 1929. Notes on some Siamese fishes. *Journal of the Siam Society, Natural History Supplement*, 8 (1):11-14

Smith H. M. 1931a. Descriptions of new genera and species of Siamese fishes. *Proceedings of the United States National Museum*, 79 (2873):1-48, Pl. 41

Smith H. M. 1931b. *Sikukia stejnegeri*, a new genus and species of freshwater cyprinoid fishes from Siam. *Copeia*, 3:138-139

Smith H. M. 1933. Contributions to the ichthyology of Siam II-VI, Vol.9, Vol.1

Smith H. M. 1938. Status of the Asiatic fish genus *Culter*. *Journal of the Washington Academy of Sciences*, 28 (9):407-411

Smith H. M. 1945. The fresh-water fishes of Siam or Thailand. *Bulletin of the United States National Museum*, 188:i-xi+1-622, Pls. 621-629

Smitt F. A. 1900. Preliminary notes on the arrangement of the genus *Gobius*, with an enumeration of its European species. *Öfversigtaf Kongliga Vetenskaps-Akademiens förhandlingar, Kungliga Svenska Vetenskapsakademien*, 56 (6):543-555

Snyder J. O. 1911. Description of new genera and species of fishes from Japan, and the Riu-kiu islands. *Proc. U. S. Natn., Mus.*, 40 (1836):525-539

Son Y. M., He S. P. 2001. Transfer of *Cobitis laterimaculata* to the genus *Niwaella* (Cobitidae). *Korean Journal of Ichthyology*, 13 (1):1-5

Son Y. M., He S. P. 2005. *Cobitis zhejiangensis*, a new species from the Ling River, China (Teleostei:Cobitidae). *Korean Journal of Ichthyology*, 17 (4):236-240

Sowerby de A. C. 1930. The naturalist in Manchuria, by Arthur de Carle Sowerby, 4:42-167

Steindachner F. 1866. Ichthyologische Mittheilungen (IX). *Verhandlungen der K-K zoologisch-botanischen Gesellschaft in Wien*, 16:761-796

Steindachner F. 1892. Über einigeneue und seltene Fischarten aus der ichthyologischensammlung des k. k. naturhistorischen Hofmuseums. *Denkschriften der Kaiserlichen Akademie der Wissenschaften in Wien, Mathematisch-Naturwissenschaftliche Classe*, 59 (1):357-384

Steindachner F. 1908a. Ueber eine noch unbekannte Art der Gattung Bergiella Eig. aus dem La Plata. *Anzeiger der Akademie der Wissenschaften in Wien*, 45 (8):110-113

Steindachner F. 1908b. Über dreineue Arten von Süsswasserfischen aus dem Amazonasgebiet und aus dem See Candidius auf der Insel Formosa, ferner über die vorgerückte Altersform von Loricariaacuta C. V.Anz.*Verlag der Ostereichischen Akademie der Wissenschaften*,45(7):82-87

Steindachner F., Doderlein L. 1881-1887. Beit Kent fische Japan. *Denkschr. K. Akad. Wiss.*, 4

Stevens G. C. 1989. The latitudinal gradient in geographical range:how so many species coexist in the tropics. *The American Naturalist*, 133 (2):240-256

Stevens G. C. 1992. The elevational gradient in altitudinal range:an extension of Rapoport's latitudinal rule to altitude. *The American Naturalist*, 140:893-911

Su RF, Yang JX, Chen YR. 2000. A review of the Chinese species of *Crossocheilus*, with description of a new species (Ostariophysi:Cyprinidae). *The Raffles Bulletin of Zoology*, 48(2):215-221

Su R. F., Yang J. X., Chen Y. R. 2001. A review of the Chinese species of *Crossocheilus*, with description of a new species (Ostariophysi:Cyprinidae). *The Raffles Bulletin of Zoology*, 48:215-221

Su R. F., Yang J. X., Cui G. H. 2003. Taxonomic review of the Genus *Sinocrossocheilus* Wu (Teleostei:Cyprinidae), with a Description of Four New Species. *Zoological Studies*, 42 (3):420-430

Suckley G. 1861. Notices of certain new species of North American Salmonidae. *Annals of the Lyceum of Natural History of New York*, 7 (30):306-313

Sun Z. W., Ren S. J., Zhang E. 2013. *Liobagrus chenghaiensis*, a new species of catfish (Siluriformes:Amblycipitidae) from Yunnan, South China. *Ichthyological Exploration of Freshwaters*, 23 (4):375-384

Svetovidov A. N. 1948. Gadiformes. *Fauna USSR, Fishes*, 9 (4):1-221

Swainson W. 1838. On the natural history and classification of fishes, amphibians & reptiles, or monocardian animals. A. Spottiswoode, London, Vol.1

Swainson W. 1839. The natural history of fishes, amphibians & reptiles, or monocardian animals. Vol.2. London:Longman, Orme, Brown, Green, Longmans:452

Sykes W. H. 1839. On the fishes of the Deccan. *Proceedings of the Zoological Society of London*, 1838 (6):157-165

Talwar P. K, Jhingran A. G. 1991. Inland Fishes of India and Adjacent Countries. 2 Vols. Oxford:Oxford & IBH Publishing Co.

Tan H. H., Lim K. K. P. 2004. Inland fishes from the Anambas and Natuna Islands, South China Sea, with description of a new species of Betta (Teleostei:Osphronemidae). *The Raffles Bulletin of Zoology Suppl.*, (11):107-115

Tan H. H., Ng P. K. L. 2005. The labyrinth fishes (Teleostei:Anabanatoidei, Channoidei) of Sumatra, Indonesia. *The Raffles Bulletin of Zoology Suppl.*, (13):115-138

Tanaka S. 1909. Descriptions of one new genus and ten new species of Japanese fishes. *Journal of the College of Science Imperial University, Tokyo*, 27 (8):1-27

Tang D. S. 1942. Fishes of Kweiyang, with descriptions of two new genera and five new species. *Lingnan Science Journal, Canton*, 20 (2-4):147-166

Tang L., Zhao Y. H., Zhang C. G. 2012. A new blind loach, *Oreonectes elongatus* sp. nov. (Cypriniformes:Balitoridae) from Guangxi, China. *Environmental Biology of Fishes*, 93 (4):483-490

Taranetz A. 1937. A note on a new genus of gudgeons from the Amur Basin. *Bulletins of the Pacific Science Institute*, 23 (1937):113-115

Tchang S. 1948. Recherches Limnologiqueset Zoologiques sur le lac de Kunming, Yunnan. *Contr. Inst. Zool. Nat. Acad.*, 4 (1):18

Tchang T. L. 1923. A new fishes from Kaifeng. *Bulletin of the Fan Memorial Institute of Biology, Peiping* (*Zoology Ser.*), 3 (14):211-216

Tchang T. L. 1928. A review of the fishes of Nanking. *Contributions from the Biological Laboratory of the Science Society of China*, 4 (4):1-42

Tchang T. L. 1929a. Description de Cyprinidés nouveaux de Chine. *Bulletin du Muséum National d'Histoire Naturelle* (*Sér. 2*), 1 (4):239-243

Tchang T. L. 1929b. Un nouveau Cobitidé de Se-Tchuan (Chine). *Bulletin du Muséum National d'Histoire Naturelle* (*Sér. 2*), 1 (5):307-308

Tchang T. L. 1930a. Contribution a l'etude morphologique, biologique et toxinomique des cyprinides du bassin du Yangtze. *Theses Univ Paris(A)*, 209:1-171

Tchang T. L. 1930b. Description de Cyprinidés nouveaux de Se-Tchuan. *Bulletin du Muséum National d'Histoire Naturelle* (*Sér. 2*), 2 (1):84-85

Tchang T. L. 1930c. Notes de cyprinides du bassin Tangtze. *Sinensia*, 1 (7):87-93

Tchang T. L. 1930d. Nouveau genre et nouvelles espèces de cyprinidés de Chine. *Bulletin de la Société Zoologique de France*, 55 (1):46-52

Tchang T. L. 1931. Notes on some cyprinoid fishes from Szechwan. *Bull. Fan. Mem. Inst. Biol.* (*Zool.*) 2(11)

Tchang T. L. 1932a. Notes on some fishes of Ching-po lake. *Bulletin of the Fan Memorial Institute of Biology, Peiping* (*Zoology Ser.*), 3 (8):109-119

Tchang T. L. 1932b. Notes on three new Chinese fishes. *Bulletin of the Fan Memorial Institute of Biology, Peiping* (*Zoology Ser.*), 3 (9):121-124

Tchang T. L. 1933a. Description of two cyprinoid fishes from Sinkiang province, china. *Lingnan Sci. J.*, 12 (3):431

Tchang T. L. 1933b. The study of Chinese cyprinoid fishes, part 1. *Zool. Sinica* (*B*), 2 (1):1-247

Tchang T. L. 1934. Notes on a new catfish from Kaifeng. *Bulletin of the Fan Memorial Institute of Biology, Peiping* (*Zoology Ser.*), 5 (1):41-43

Tchang T. L. 1935a. A new genus of loach from Yunnan. *Bulletin of the Fan Memorial Institute of Biology, Peiping* (*Zoology Ser.*), 6 (1):17-19

Tchang T. L. 1935b. Two new species of *Barbus* from Yunnan. *Bulletin of the Fan Memorial Institute of Zoology(Zoology Ser.)*, 6 (2):60-64

Tchang T. L. 1935c. A new catfish from Yunnan. *Bulletin of the Fan Memorial Institute of Biology, Peiping* (*Zoology Ser.*), 6 (3):95-97

Tchang T. L. 1935d. Two new catfishes from south China. *Bulletin of the Fan Memorial Institute of Biology, Peiping* (*Zoology Ser.*), 6 (4):174-177

Tchang T. L. 1935e. Two new species of *Barbus* from Yunnan. *Bulletin of the Fan Memorial Institute of Biology, Peiping* (*Zoology Ser.*), 6:61

Tchang T. L. 1936a. Notes on a new *Barbus* from Yunnan. *Bulletin of the Fan Memorial Institute of Biology, Peiping* (*Zoology Ser.*), 7:17-19

Tchang T. L. 1936b. Study on some Chinese catfishes. *Bulletin of the Fan Memorial Institute of Biology, Peiping* (*Zoology Ser.*), 7:33-56

Tchang T. L. 1937. The fishes of Hainan. *Bulletin of the Fan Memorial Institute of Biology, Peiping* (*Zoology Ser.*), 7 (3):99-101

Tchang T. L. 1938. Some Chinese Clupeoid fishes. *Bulletin of the Fan Memorial Institute of Biology, Peiping* (*Zoology Ser.*), 8 (4):311-337

Tchang T. L. 1939a. The Gobies of China. *Bulletin of the Fan Memorial Institute of Biology, Peiping* (*Zoology Ser.*), 9:263-288

Tchang T. L. 1939b. Studies on Chinese *Glossogobius*. *Bulletin of the Fan Memorial Institute of Biology, Peiping* (*Zoology Ser.*), 9:67-70

Tchang T. L. 1941. List of fishes from Ho-nan. *Peking Nat. Hist. Bull.*, 16 (1):79-84

Tchang T. L., Shaw T. H. 1931a. Preliminary notes on the cyprinoid fishes of Hopei province. *Bulletin of the Fan Memorial Institute of Biology, Peiping* (*Zoology Ser.*), 2 (15):283-294

Tchang T. L., Shaw T. H. 1931b. A review of the Cobitioid fishes of Hopei province and adjacent territories. *Bulletin of the Fan Memorial Institute of Biology, Peiping* (*Zoology Ser.*), 2 (5):65-84

Tchang T. L., Shih H. J. 1934. Notes on the fishes of the valley of lower Kialingkiang. *Lingnan Science Journal, Canton*, 13 (3):431-435

Temminck C. J., Schlegel H. 1842-1846. Pisces in siebold, Fauna Japonica. *Lugduni Batavorum*, 196-216

Temminck C. J., Schlegel H. 1846. Pisces. *In:*Siebold P. F., Fauna Japonica, sive descriptio animalium quae in itinere per Japoniam suscepto annis 1823-1830 collegit, notis observationibus et adumbrationibus illustravit, 10-14:173-269

Teng H. T., Chen T. R. 1960. Contributions to the studies of Fishes from I-Lan and Lo-Tong Districts (Mainly from I-Lan River, I-Lan Tsuo-Sue River and adjacent freshwaters), Fish Biology. 11:1-28

Teng H. Y., Lin Y. S., Tzeng C. S. 2009. A new *Anguilla* species and a reanalysis of the phylogeny of freshwater eels. *Zoological Studies*, 48 (6):808-822

Terborgh J. 1973. On the notion of favorableness in plant ecology. *The American Naturalist*, 107:481-501

Tirant G. 1884. Note sur quelques espèces de poissons des montagnes de Samrong-Tong (Cambodge). *Bulletin de la Société des Études Indo-chinoises Saigon*, 1883:167-173

Turner J. R. G.,*et al.* 1988. British bird species distributions and the energy theory. *Nature*, 335:539-541

Tzeng C. S. 1986. Distribution of the freshwater fishes of Taiwan. *Taiwan Mus.*,39(2):127-146

Tzeng C. S., Shen S. C. 1982. Studies on the homalopterid fishes of Taiwan, with description of a new species. *Bulletin of the Institute of Zoology Academia Sinica* (*Taipei*), 21 (2):161-169

Tzeng C. S.,Hsu C. F.,Shen S. C., Huang P. C. 1990. Mitochondrial DNA identity of *Crossostoma* (Homalopteridae, Pisces) from the same geographical origin. Bulletin of the Institute of Zoology Academia Sinica (Taipei), 29:11-19

Tzeng W. N. 1984. An estimate of the exploitation rate of *Anguilla japonica* elvers immigrating into the coastal waters off Shuang-Chi River, Taiwan. *Bull. Inst. Zool. Acad. Sinica*:173-180

Vaillant L. L. 1892. Sur quelques poissons rapportés du haut-Tonkin, par M. Pavie. *Bulletin de la Société philomathique de Paris* (*8th Série*), 4 (3):125-127

Vaillant L. L. 1902. Résultats zoologiques de l'expédition scientifique Néerlandaise au Bornéo central. Poissons. *Notes from the Leyden Museum*, 24 (1):1-166, Pls. 161-162

Vaillant L. L. 1904. Quelques reptiles, batraciens et poissons du Haut-Tonkin. *Bulletin du Muséum National d'Histoire Naturelle* (*Série 1*), 10 (6):297-301

van Hasselt J. C. 1823. Uittreksel uit een' brief van Dr. J. C. van Hasselt, aan den Heer C. J. Temminck. *Algemeene Konst-en Letter-bode II Deel*, 35:130-133 [English translation, see Alfred,1961b]

Vinciguerra D. 1890. Viaggio di Leonardo Fea in Birmania e regioni vicine. XXIV. Pesci. *Annalidel Museo Civico di Storia Naturale di Genova* (*Serie 2*), 9:129-362

Wakiya Y., Takahashi N. 1937. Study on fishes of the family Salangidae. *Journal of the College of Agriculture, Imperial University Tokyo*, 14 (4):265-296

Walbaum J. J. 1792. Petri Artedisueci genera piscium. In quibus systema totum ichthyologiae proponitur cum classibus, ordinibus, generum characteribus, specierum differentiis, observationibus plurimis. Redactis speciebus 242 ad genera 52. Ichthyologiae pars III. Ant. Ferdin. Rose, Grypeswaldiae

Wang K. F. 1933a. Preliminary notes on some Chinese gobioid fishes. *Sci. Quart. Nstl. Univ. Peking*, 3 (4):1-17

Wang K. F. 1933b. Study of the teleost fishes of coastal region of Shantung Ⅰ. *Contributions from the Biological Laboratory of the Science Society of China*, 9 (1):1-76

Wang K. F. 1935. Preliminary notes on the fishes of Chekiang. *Contributions from the Biological Laboratory of the Science Society of China* (*Zoology Series*), 11 (1):1-65

Wang K. F., Wang S. C. 1935. Study of the teleost fishes of coastal region of Shangtung III. *Contributions from the Biological Laboratory of the Science Society of China* (*Zoology Series*), 11 (6):165-237

Wang X. Z., Li J. B., He S. P. 2006. Molecular evidence for the monophyly of East Asian groups of Cyprinidae (Teleostei:Cypriniformes) derived from the nuclear recombination activating gene 2 sequences. *Molecular Phylogenetics and Evolution*, 42 (1):157-170

Warpachowsky N. 1887. Uner die gattung Hemiculter Bleeker und uber einegattung Hemiculterella. *Bull. Acad. Imp. Sci. Peterb.*, 32:13-24

Watanabe J., Aoyama J., Tsukamoto K. 2009. A new species of freshwater eel *Anguilla luzonensis* (Teleostei:Anguillidae) from Luzon Island of the Phillippines. *Fish. Sci.*, 75:387-392

Watanabe K., Zhang C. G., Zhao Y. H. 2002. Redescription of the East Asian bagrid catfish, *Pseudobagrus kyphus* Mai, 1978, and a new record from China. *Ichthyological Research*, 49:384-388

Watanabe M. 1960. Fauna Japonica, Cottidae (Pisces). *Proc. Biogeogr. Sco., Japan*

Watanabe M. 1972. First record of the Gobioid fish *Rhyacichthys aspro*, from Formosa. *Japan J. Ichth*,19(2):120-124

Watanabe M. 1983. A review of homalopterid fishes of Taiwan, with description of a new species. *Bulletin of the Biogeographical Society of Japan*, 38(11):105-123

Watanabe M., Lin Y. 1985. Revision of the Salmonid fish in Taiwan. *Bull Biogeog Soc Japan*, 40(10):75-84

Watson R. E., Chen I. S. 1998. Freshwater gobies of the genus *Stiphodon* from Japan and Taiwan (Teleostei:Gobiidae:Sicydiini). *Journal of Ichthyology and Aquatic Biology*, 3 (2):55-68

Weber M. 1895. Fische von Ambon, Java, Thursday Island, dem Burnett-Fluss und von der Süd-Küste von Neu-Guinea. *In*:Zoologische Forschungsreisen in Australien und dem malayischen Archipel; mit Unterstützung des Herrn Dr Paul von Ritter ausgeführt Jahren 1891-1893 von Dr Richard Semon, 5:259-276

Weber M., de Beaufort L. F. 1916a. The fishes of Indo-Australian Archipelago, Vol. II

Weber M., de Beaufort L. F. 1916b. The fishes of the Indo-Australian Archipelago, III. Ostariophysi:II Cyprinoidea, Apodes, Synbranchi. E. J. Brill, Leiden, Vol.3

Weber M., de Beaufort L. F. 1922. The fishes of the Indo-Australian Archipelago, IV:121-193 (Beloniformes), 266-311 (Atherinidae); 1929, V:1-86 (Anacanthini)

Weitzman S. H., Chan L. L. 1966. Identification and relationships of *Tanichthys albonubes* and *Aphyocypris pooni*, two cyprinid fishes from South China and Hong Kong. *Copeia*, 2:285-296

Wiens J. J., Donoghue M. J. 2004. Historical biogeography, ecology and species richness. *Trends in Ecology & Evolution*, 19 (12):639-644

Wright D. H. 1983. Species-energy theory:an extension of species-area theory. *Oikos*, 41 (3):496-506

Wright J. J., Ng H. H. 2008. A new species of *Liobagrus* (Siluriformes:Amblycipitidae) from southern China. *Proceedings of the Academy of Natural Sciences of Philadelphia*, 157:37-43

Wu H. L., Zhou Z. 1990. On a new species of *Chaenogobius* Gill (Perciformes:Gobiidae) from China. *Journal of Fisheries of China*, 14 (2):144-148

Wu H. L., Zhong J. S., Chen I. S. 2009. Taxonomic research of the Gobioid Fishes (Perciformes:Gobioidei) in China. *Joural of Ichthyology*, 21:63-72

Wu H. W. 1929. A study of the fishes of Amoy, part I. *Contributions from the Biological Laboratory of the Science Society of China* (*Zoology Series*), 5 (4):1-90

Wu H. W. 1930a. Description de poissons nouveaux de Chine. *Bulletin du Muséum National d'Histoire Naturelle* (*Série 2*), 2 (3):255-259

Wu H. W. 1930b. Notes on some fishes collected by the Biological Laboratory, Science Society of China. *Contributions from the Biological Laboratory of the Science Society of China* (*Zoology Series*), 6 (5):45-57

Wu H. W. 1930c. On some fishes collected from the upper Yangtze valley. *Sinensia*, 1 (6):65-85

Wu H. W. 1931a. Description de deuxpoissons nouveaux provenant de la Chine. *Bulletin du Muséum National d'Histoire Naturelle*, 3 (2):219-221

Wu H. W. 1931b. Notes on the fishes from the coast of Foochow region and Ming River. *Contributions from the Biological Laboratory of the Science Society of China* (*Zoology Series*), 7 (1):6-29

Wu H. W. 1934. Notes on the fresh-water fishes of Fukien in the museum of Amoy University. *Annual Report of Marine Biology Assemble of China*, 3:91-100

Wu H. W. 1939. On the fishes of Li-Kiang. *Sinensia*, 10 (1-6):92-142

Wu H. W., Wang K. F. 1931. On a collection of fishes from the upper Yangtze Valley. *Contributions from the Biological Laboratory of the Science Society of China* (*Zoology Series*), 7 (6):221-237

Wu T. J., Yang J., Lan J. H. 2012. A new blind loach *Triplophysa lihuensis* sp. nov. (Teleostei:Balitoridae) from Guangxi, China. *Zoological Studies*, 51 (6):874-880

Wu Y. F. 1987. A survey of the fish fauna of the Mount Namjagbarwa region in Xizang (Tibet), China. *In:*Kullander S. O., Fernholm B. Proceedings Fifth Congress European Ichthyologists (1985):109-112

Xie Z. G., Xie C. X., Zhang E. 2003. *Sinibrama longianalis*, a new cyprinid species (Pisces:Teleostei) from the upper Yangtze River basin in Guizhou, China. *Raffles Bulletin of Zoology*, 51:403-411

Xin Q., Zhang E., Cao W. X. 2009. *Onychostoma virgulatum*, a new species of cyprinid fish (Pisces:Teleostei) from southern Anhui province, south China. *Ichthyological Exploration of Freshwaters*, 20 (3):255-266

Xing Y. C.,Zhao Y. H.,Tang W. Q., Zhang C. G. 2011. A new species, *Microphysogobio wulonghensis* (Teleostei:Cypriniformes:Cyprinidae), from Shandong Province, China. *Zootaxa*, 2901:59-68

Yang J. Q., Wu H. L., Chen I. S. 2008. A new species of *Rhinogobius* (Teleostei:Gobiidae) from the Feiyunjiang Basin in Zhejiang Province, China. *Ichthyological Research*, 55 (4):379-385

Yang J. X. 1991. The fishes of Fuxian Lake, Yunnan, China, with description of two new species. *Ichthyological Exploration of Freshwaters*, 2 (3):193-202

Yang J. X., Chen Y. R. 1992. Revision of the subgenus *Botia* (Sinibotia) with description of a new species (Cypriniformes:Cobitidae). *Ichthyological Exploration of Freshwaters*, 2 (4):341-349

Yang J. X., Chen Y. R. 1993. The Cavefishes from Duan, Guangxi, China with Comments on their Adaptations to Cave Habits. Beijing:Proceedings of the XI International Congress Speleology:124-126

Yang J., Chen X. Y., Yang J. X. 2007. A new species of *Metahomaloptera* (Teleostei:Balitoridae) from China. *Zootaxa*, 1526:63-68

Yang J., Chen X. Y., Yang J. X. 2008. A new species of the genus *Mekongina* Fowler, 1937 (Cypriniformes:Cyprinidae) from South China. *Journal of Fish Biology*, 73:2005-2011

Yang J., Chen X. Y., Yang J. X. 2009. The identity of *Schizothorax griseus* Pellegrin, 1931, with descriptions of three new species of schizothoracine fishes (Teleostei:Cyprinidae) from China. *Zootaxa*, 2006:23-40

Yang J., Wu T. J., Lan J. H. 2011. A new blind loach, *Triplophysa huanjiangensis* (Teleostei:Balitoridae), from Guangxi, China. *Zoological Research*, 32 (5):566-571

Yang L. P., Zhou W. 2011. A review of the genus *Mastacembelus* (Perciformes, Mastacembelidae) in China with description of two new species and one new record. *Acta Zootaxonomica Sinica*, 36 (2):325-331

Yang Q., Xiong B. X., Tang Q. Y. 2010. *Acheilognathus striatus*, a new bitterling species from the lower Yangtze River, China. *Environ. Biol. Fish*, 88:333-341

Yang Q., Zhu Y. R., Xiong B. X., Liu H. Z. 2011. *Acheilognathus changtingensis* sp. nov., a new species of the Cyprinid genus *Acheilognathus* (Teleostei:Cyprinidae) from southeastern China based on morphogical and molecular evidence. *Zoological Science*, 28 (2):158-167

Yang Y., Wu T. J., Yang J. X. 2012. A new cave-dwelling loach, *Triplophysa macrocephala* (Teleostei:Cypriniformes:Balitoridae), from Guangxi, China. *Environmental Biology of Fishes*, 93 (2):169-175

Yu M. Z. 1996. Checklist of vertebrates of Taiwan. *Biolog. Bull. Tunghai Univ. Taiwan*, 72:73-79

Yuan C. M., Lin J. B., Liu J. H., Qin A. L. 1977. On a new subspecies of *Coilia* from China-*Coilia ectenes taihuensis* ssp. nov. *Chanjiang* (*Yangtse River*) *Fisheries Inst.*:1-179

Yuan L. Y., Wu Z. Q., Zhang E. 2006. *Acrossocheilus spinifer*, a new species of barred cyprinid fish from south China (Pisces:Teleostei). *Journal of Fish Biology*, 68 (Supplement B):163-173

Yuan L. Y., Zhang E., Huang Y. F. 2008. Revision of the Labeonine genus *Sinocrossocheilus* (Teleostei:Cyprinidae) from South China. *Zootaxa*, 1809:36-48

Zakaria-Ismail M. 1994. Zoogeography and biodiversity of the freshwater fishes of Southeast Asia. *Hydrobiologia*, 285:1-3

Zhang C. G., Musikasinthorn P., Watanabe K. 2002. *Channa nox*, a new channid fish lacking a pelvic fin from Guangxi, China. *Ichthyological Research*, 49 (2):140-146

Zhang E. 2000. Revision of the cyprinid genus *Parasinilabeo*, with descriptions of two new species from Southern China (Teleostei:Cyprinidae). *Ichthyological Exploration of Freshwaters*, 11 (3):102-107

Zhang E. 2005a. *Acrossocheilus malacopterus*, a new non-barred species of cyprinid from South China. *Cybium*, 29 (3):253-260

Zhang E. 2005b. *Garra bispinosa*, a new species of cyprinid fish (Teleostei:Cypriniformes) from Yunnan, Southwest China. *The Raffles Bulletin of Zoology Supplement*, 13:9-15

Zhang E. 2005c. Phylogenetic relationships of labeonine cyprinids of the disc-bearing group (Pisces:Teleostei). *Zoological Studies*, 44 (1):130-143

Zhang E. 2006. *Garra rotundinasus*, a new species of Cyprinid fish (Pisces:Teleostei) from the upper Irrawaddy river basin, China. *The Raffles Bulletin of Zoology*, 54 (2):447-453

Zhang E., Chen Y. Y. 2002. *Garra tengchongensis*, a new cyprinid species from the Upper Irrawaddy River Basin in Yunnan, China (Pisces:Teleostei). *Raffles Bulletin of Zoology*, 50:459-464

Zhang E., Chen Y. Y. 2004. *Qianlabeo striatus*, a new genus and species of Labeoninae from Guizhou Province, China (Teleostei:Cyprinidae). *Hydrobiologia*, 527 (1):25-33

Zhang E., Chen Y. Y. 2006. Revised diagnosis of the genus *Bangana* Hamilton, 1822 (Pisces:Cyprinidae), with taxonomic and nomenclatural notes on the Chinese species. *Zootaxa*, 1281:41-54

Zhang E., Fang F. 2005. *Linichthys*:a new genus of Chinese cyprinid fishes (Teleostei:Cypriniformes). *Copeia*, 2005 (1):61-67

Zhang E., Kottelat M. 2006. *Akrokolioplax*, a new genus of Southeast Asian labeonine fishes (Teleostei:Cyprinidae). *Zootaxa*, 1225:21-30

Zhang E., He S. P., Chen Y. Y. 2002. Revision of the cyprinid genus *Placocheilus* Wu, 1977 in China, with description of a new species from Yunnan. *Hydrobiologia*, 487:207-217

Zhang E., Kullander S. O., Chen Y. Y. 2006. Fixation of the type species of the genus *Sinilabeo* and description of a new species from the Upper Yangtze River basin, China (Pisces:Cyprinidae). *Copeia*, 1:96-102

Zhang E., Qiang X., Lan J. H. 2008. Description of a new genus and two new species of labeonine fishes from South China (Teleosei:Cyprinidae). *Zootaxa*, 1682:33-44

Zhang J., Li M., Xu M. Q., Takita T., Wei F. W. 2007. Molecular phylogeny of icefish Salangidae based on complete mtDNA cytochrome *b* sequences, with comments on estuarine fish evolution. *Biological Journal of the Linnean Society*, 91 (2):325-340

Zhang J., Yamaguchi A., Zhou Q., Zhang C. 2010. Rare occurrences of *Dasyatis bennettii* (Chondrichthyes:Dasyatidae) in freshwaters of Southern China. *Journal of Applied Ichthyology*, 26 (6):939-941

Zhang Y. L., Qiao X. G. 1994. Study on phylogeny and zoogeography of fishes of the family Salangidae. *Acta Zoologica Taiwanica*, 5 (2):95-113

Zhang Z. L., Zhao Y. H., Zhang C. G. 2006. A new blind loach, *Oreonectes translucens* (Teleostei:Cypriniformes:Nemacheilinae), from Guangxi, China. *Zoological Studies*, 45 (4):611-615

Zhao Y. H., Lan J. H., Zhang C. G. 2004. A new species of amblycipitid catfish, *Xiurenbagrus gigas* (Teleostei:Siluriformes), from Guangxi, China. *Ichthyological Research*, 51 (3):228-232

Zhao Y. H., Kullander F., Kullander S. O., Zhang C. G. 2009a. A review of the genus *Distoechodon* (Teleostei:Cyprinidae), and description of a new species. *Environmental Biology of Fishes*, 86:31-44

Zhao Y. H., Zhang C. G., Zhou J. 2009b. *Sinocyclocheilus guilinensis*, a new species from an endemic cavefish group (Cypriniformes:Cyprinidea) in China. *Environmental Biology of Fishes*, 86:203-209

Zhao Y. H., Gozlan R. E., Zhang C. G. 2011. Out of sight out of mind:current knowledge of Chinese cave fishes. *Journal of Fish Biology*, 79 (6):1545-1562

Zheng L., Zhou W. 2005. Revision of the cyprinid genus *Discogobio* Lin, 1931 (Pisces:Teleostei) from the upper Red River basin in Wenshan Prefecture, Yunnan, China, with descriptions of three new species. *Environmental Biology of Fishes*, 81:255-266

Zheng L.P., Zhou W. 2008. Revision of the cyprinid genus *Discogobio* Lin, 1931 (Pisces:Teleostei) from the upper Red River basin in Wenshan Prefecture, Yunnan, China, with descriptions of three new species. *Environmental Biology of Fishes*, 81(3):255-266

Zheng L. P., Du L. N., Chen X. Y., Yang J. X. 2009. A new species of genus *Triplophysa* (Nemacheilinae:Balitoridae), *Triplophysa longipectoralis* sp. nov. from Guangxi, China. *Environmental Biology of Fishes*, 85 (3):221-227

Zheng L. P., Yang J. X., Chen X. Y., Wang W. Y. 2010a. Phylogenetic relationships of the Chinese Labeoninae (Teleostei, Cypriniformes) derived from two nuclear and three mitochondrial genes. *Zoologica Scripta*, 39 (6):559-571

Zheng L. P., Chen X. Y., Yang J. X. 2010b. A new species of genus *Pseudogyrinocheilus* (Teleostei:Cyprinidae) from Guangxi, China. *Environmental Biology of Fishes*, 87:93-97

Zheng L. P., Du L. N., Chen X. Y., Yang J. X. 2010c. A new species of the genus *Triplophysa* (Nemacheilinae:Balitoridae), *Triplophysa jianchuanensis* sp. nov, from Yunnan, China. *Environmental Biology of Fishes*, 89 (1):21-29

Zheng L. P., Yang J. X., Chen X. Y. 2012a. A new species of *Triplophysa* (Nemacheilidae:Cypriniformes), from Guangxi, southern China. *Journal of Fish Biology*, 80 (4):831-841

Zheng L. P., Yang J. X., Chen X. Y. 2012b. *Schistura prolixifasciata*, a new species of loach (Teleostei:Nemacheilidae) from the Salween basin in Yunnan, China. *Ichthyological Exploration of Freshwaters*, 23 (1):63-68

Zhong J. S., Chen I. S. 1997. A new species of the genus *Pseudogobiopsis* (Pisces, Gobiidae) from China. *Journal of Taiwan Museun*, 50(2):77-84

Zhou C. W., Cai D. L., Qing Y. 1986. On the classification and distribution of the Sinipercine fishes (family Serranidae) of east Asia. *Ichthyological Society of Japan*, 965-966

Zhou W., Cui G. H. 1992. *Anabarilius brevianalis*, a new species from the Jinshajiang River basin, China (Teleostei:Cyprinidae). *Ichthyol Explor Freshwaters*, 3 (1):49-54

Zhou W., Cui G. H. 1993. Status of the scaleless species of *Schistura* in China, with description of a new species (Teleostei:Balitoridae). *Ichthyological Exploration of Freshwaters*, 4 (1):81-92

Zhou W., Cui G. H. 1996. A review of Tor species from the Lancangjiang River (Upper Mekong River), China (Teleostei:Cyprinidae). *Ichthyological Exploration of Freshwaters*, 7 (2):131-142

Zhou W., Cui G. H. 1997. Fishes of the genus *Triplophysa* (Cypriniformes:Balitoridae) in the Yuanjiang (upper Red River) basin of Yunnan, China, with description of a new species. *Ichthyological Exploration of Freshwaters*, 8 (2):177-183

Zhou W., Kottelat M. 2005. *Schistura disparizona*, a new species of loach from Salween drainage in Yunnan (Teleostei:Balitoridae). *The Raffles Bulletin of Zoology Supplement*, (13):17-20

Zhou W., Zhou Y. W. 2005. Phylogeny of the genus *Pseudecheneis* (Sisoridae) with an explanation of its distribution pattern. *Zoological Studies*, 44 (3):417-433

Zhou W., Pan F., Kottelat M. 2005. Species of *Garra* and *Discogobio* (Teleostei:Cyprinidae) in Yuanjiang (Upper Red River) drainage of Yunnan Province, China with description of a new species. *Zoological Research*, 44 (4):445-453

Zhou W., Yang Y., Li X., Li M. H. 2007. A review of the catfish genus *Pseudexostoma* (Siluriformes:Sisoridae) with description of a new species from the upper Salween (Nujiang) Basin of China. *The Raffles Bulletin of Zoology*, 55 (1):147-155

Zhou W., Li X., Yang Y. 2008. A review of the catfish genus *Pseudecheneis* (Siluriformes:Sisoridae) from China, with the description of four new species. *The Raffles Bulletin of Zoology*, 56 (1):107-124

Zhou W., Li X., Thomson A. W. 2011a. A new genus of glyptosternine catfish (Siluriformes:Sisoridae) with descriptions of two new species from Yunnan, China. *Copeia*, (2):226-241

Zhou W., Li X., Thomson A. W. 2011b. Two new species of the Glyptosternine catfish genus *Euchiloglanis* (Teleostei:Sisoridae) from southwest China with redescriptions of *E. davidi* and *E. kishinouyei*. *Zootaxa*, 2871:1-18

Zhu D., Zhang E.,Lan J. H. 2012. *Rectoris longibarbus*, a new styglophiclabeonine species (Teleostei:Cyprinidae) from South China, with a note on the taxonomy of *R. mutabilis*. *Zootaxa*,2012(3586):55-68

Zhu Y., Lü Y. J., Yang J. X., Zhang S. 2008. A new blind underground species of the genus *Protocobitis* (Cobitidae) from Guangxi, China. *Zoological Research*, 29 (4):452-454

Zhu Y., Zhang E., Zhang M., Han Y. Q. 2011. *Cophecheilus bamen*, a new genus and species of labeonine fishes (Teleostei:Cyprinidae) from South China. *Zootaxa*, 2881:39-50

Zhu Y., Zhao Y. H., Huang K. 2013. *Aphyocypris pulchrilineata*, a new miniature cyprinid species from Guangxi, China. *Ichthyological Research*, 60:232-236

Zugmayer E. 1912. On a new genus of cyprinoid fishes from high Asia. *Annals and Magazine of Natural History* (*Ser. 8*), 9 (54):682

Zuiew B. 1793. *Biga mvraenarvm*, novae species descriptae. *Nova Acta Academiae Scientiarum Imperialis Petropolitanae*, 7:296-301

Берг Л. С. 1916. Рыбы пресных вод Роуссийской империя. Москва

Закора Л. П. 1978. Пимание стерляди *Acipenser ruthenus* L. в волгоградском водохранилище и использование ею кормовых ресуреов водоема. *Вопросы ихТиологии*, 18 (6):1065-1071

Сайфулии Р. Р. 1980. Особенности полевого созревания стерляди *Acipenser ruthenus* L. В условиях куйбысщевского водохранилища. *Вопросы ихТиологии*, 20 (5):842-848

Усыним В. Ф. 1978. Билогия стерляди Acipenser ruthenus L. Р. Чулым. Вопросы ихТиологии, 18 (4):624-635

附录I 中国内陆土著鱼类亚科级以上分类系统名录及种数

Appendix I Name list above subfamily of inland fishes in China

目	科	亚科	种数
土著种			
Petromyzontiformes 七鳃鳗目	Petromyzontidae 七鳃鳗科		3
Myliobatiformes 鲼形目	Dasyatidae 魟科		2
Acipenseriformes 鲟形目	Acipenseridae 鲟科		7
	Polyodontidae 长(匙)吻鲟科		1
Anguilliformes 鳗鲡目	Anguillidae 鳗鲡科		5
Clupeiformes 鲱形目	Clupeidae 鲱科		1
	Engraulidae 鳀科		1
Cypriniformes 鲤形目	Cyprinidae 鲤科	Danioninae 鿕亚科	39
		Leuciscinae 雅罗鱼亚科	31
		Cultrinae 鲌亚科	71
		Xenocyprinae 鲴亚科	12
		Hypophthalmichthyinae 鲢亚科	3
		Acheilognathinae 鱊亚科	27
		Gobioninae 鮈亚科	101
		Gobiobotinae 鳅鮀亚科	15
		Cyprininae 鲤亚科	23
		Barbinae 鲃亚科	158
		Labeoninae 野鲮亚科	96
		Schizothoracinae 裂腹鱼亚科	87
	Psilorhynchidae 裸吻鱼科		1
	Gyrinocheilidae 双孔鱼科		1
	Catostomidae 胭脂鱼科		1
	Nemacheilidae 条鳅科		220
	Cobitidae 花鳅科		
		Cobininae 花鳅亚科	25
		Botiinae 沙鳅亚科	31
	Balitoridae 爬鳅科	Gastromyzonninae 腹吸鳅亚科	53
		Balitorinae 爬鳅亚科	38
Siluriformes 鲇形目	Amblycipitidae 钝头鮠科		13
	Akysidae 粒鲇科		2
	Sisoridae 鮡科		70
	Cranoglanididae 长臀鮠科		3
	Siluridae 鲇科		15
	Clariidae 胡子鲇科		1
	Heteropneustidae 囊鳃鲇科		1
	Schilbeidae 锡伯鲇科		3
	Pangasiidae 𩷶科		3
	Bagridae 鲿科		35

续表

目	科	亚科	种数
Osmeriformes 胡瓜鱼目	Osmeridae 胡瓜鱼科	Hypomesinae 公鱼亚科	2
		Osmerinae 胡瓜鱼亚科	1
		Plecoglossinae 香鱼亚科	2
	Salangidae 银鱼科		5
Salmoniformes 鲑形目	Salmonidae 鲑科		18
Esociformes 狗鱼目	Esocidae 狗鱼科		2
Gadiformes 鳕形目	Lotidae 江鳕科		1
Beloniformes 颌针鱼目	Adrianichthyidae 大颌鳉科		4
	Hemiramphidae鱵科		1
	Belonidae 颌针鱼科		1
Gasterosteiformes 刺鱼目	Gasterosteidae 刺鱼科		2
Synbranchiformes 合鳃鱼目	Synbranchidae 合鳃鱼科		2
	Mastacembelidae 刺鳅科		5
Scorpaeniformes 鲉形目	Cottidae 杜父鱼科		7
Perciformes 鲈形目	Percichthyidae 鮨鲈科		12
	Percidae 鲈科		3
	Badidae 变色鲈科		1
	Rhyacichthyidae 溪鳢科		1
	Odontobutidae 沙塘鳢科		8
	Eleotridae 塘鳢科		8
	Gobiidae 虾虎鱼科		64
	Anabantidae 攀鲈科		1
	Osphronemidae 斗鱼科		4
	Channidae 鳢科		7
Tetraodontiformes 鲀形目	Tetraodontidae 鲀科		1
合计：**17**	**47**		**1362**
引入种			
Acipenseriformes 鲟形目	Polyodontidae 长吻鲟科		1
Cypriniformes 鲤形目	Cyprinidae 鲤科	Cultrinae 鲌亚科	1
		Labeoninae 野鲮亚科	2
		Cyprininae 鲤亚科	1
Characiformes 脂鲤目	Characidae 脂鲤科		1
	Prochilodontidae 鲮脂鲤科		1
Siluriformes 鲇形目	Clariidae 胡子鲇科		1
	Ictaluridae鮰科		2
	Loricariidae 甲鲇科		3
Salmoniformes 鲑形目	Salmonidae 鲑科		2
Cyprinodontiformes 鳉形目	Poeciliidae 胎鳉科		1
Perciformes 鲈形目	Percidae 鲈科		1
	Centrarchidae 棘臀鱼科（太阳鱼科）		1
	Cichlidae 丽鱼科		3
	Osphronemidae 斗鱼科		1
合计：**7**	**13**		**20**

附录 II 国家重点保护水生野生动物名录

Appendix II State Key Protected Aquatic Wildlifes

目	科	种	等级
1. Acipenseriformes 鲟形目	Acipenseridae 鲟科	*Acipenser sinensis* 中华鲟	I
		Acipenser dabryanus 达氏鲟	I
	Polyodontidae 匙吻鲟科	*Psephurus gladius* 白鲟	I
2. Anguilliformes 鳗鲡目	Anguillidae 鳗鲡科	*Anguilla marmorata* 花鳗鲡	II
3. Cypriniformes 鲤形目	Catostomidae 胭脂鱼科	*Myxocyprinus asiaticus* 胭脂鱼	II
	Cyprinidae 鲤科	*Tanichthys albonubes* 唐鱼	II
		Sinocyclocheilus grahami 滇池金线鲃	II
		Aspiorhynchus laticeps 扁吻鱼	I
		Schizothorax taliensis 大理裂腹鱼	II
4. Salmoniformes 鲑形目	Salmonidae 鲑科	*Brachymystax lenok tsinlingensis* 秦岭细鳞鲑	II
		Hucho bleekeri 川陕哲罗鲑	II
5. Scorpaeniformes 鲉形目	Cottidae 杜父鱼科	*Trachidermus fasciatus* 淞江鲈	II
合计:5	7	12	

附录 III 地方水生野生动物保护名录

Appendix III Key List of Aquatic Wildlife at Provincial and Municipalitical Level

1. 北京市（《北京市农业局关于公布地方二级保护水生野生动物名录的通告》京农发〔2012〕53 号）

目	科	种	等级
Cypriniformes 鲤形目	Cobitidae 花鳅科	*Leptobotia orientalis* 东方薄鳅	II
		Leptobotia flavolineata 黄线薄鳅	II
	Nemacheilidae 条鳅科	*Triplophysa cuneicephala* 尖头高原鳅	II
	Cyprinidae 鲤科	*Onychostoma macrolepis* 多鳞白甲鱼	II
		Parabramis pekinensis 鳊	II
		Sarcocheilichthys sinensis sinensis 华鳈	II
		Sarcocheilichthys nigripinnis 黑鳍鳈	II
		Gobiobotia (*Gobiobotia*) *pappenheimi* 潘氏鳅鮀	II
		Squaliobarbus curriculus 赤眼鳟	II
		Leuciscus waleckii waleckii 瓦氏雅罗鱼	II
		Rhynchocypris spp. 鲹	II
		Opsariichthys bidens 马口鱼	II
		Zacco platypus 宽鳍鱲	II
		Aphyocypris chinensis 中华细鲫	II
Salmoniformes 鲑形目	Salmonidae 鲑科	*Brachymystax lenok* 细鳞鲑	II
Gasterosteiformes 刺鱼目	Gasterosteidae 刺鱼科	*Pungitius sinensis* 中华多刺鱼	II
Perciformes 鲈形目	Percichthyidae 鮨鲈科	*Siniperca chuatsi* 鳜	II

2. 天津市

目	科	种
Anguilliformes 鳗鲡目	Anguillidae 鳗鲡科	*Anguilla japonica* 鳗鲡
Osmeriformes 胡瓜鱼目	Osmeridae 胡瓜鱼科	*Plecoglossus altivelis altivelis* 香鱼
Clupeiformes 鲱形目	Clupeidae 鲱科	*Hisha elongata* 鲥鱼（=*Tenualosa reevesii* 鲥）
	Engraulidae 鳀科	*Coilia ectenes* 刀鲚
Cypriniformes 鲤形目	Cyprinidae 鲤科	*Erythroculter ilishaeformis* 翘嘴红鲌（=*Culter alburnus* 翘嘴鲌）
		Erythroculter mongolicus 蒙古红鲌（=*Chanodichthys mongolicus mongolicus* 蒙古鲌）
		Acheilognathus binidentatus 二刺鳑

3. 黑龙江省（《黑龙江省人民政府关于发布黑龙江省地方重点保护野生动物名录的通知》）

目	科	种
Petromyzontiformes 七鳃鳗目	Petromyzontidae 七鳃鳗科	*Lampetra reissneri* 雷氏七鳃鳗
		Lampetra japonica 日本七鳃鳗
Acipenseriformes 鲟形目	Acipenseridae 鲟科	*Acipenser schrenckii* 史氏鲟
		Huso dauricus 鳇
Salmoniformes 鲑形目	Salmonidae 鲑科	*Oncorhynchus keta* 大麻哈鱼
		Hucho taimen 哲罗鲑
		Brachymystax lenok 细鳞鲑
		Coregonus ussuriensis 乌苏里白鲑
		Coregonus chadary 卡达白鲑

续表

目	科	种
		Thymallus arcticus 黑龙江茴鱼
Osmeriformes 胡瓜鱼目	Osmeridae 胡瓜鱼科	*Hypomesus transpacificus nipponensis* 日本公鱼
		Hypomesus olidus 池沼公鱼
Esociformes 狗鱼目	Esocidae 狗鱼科	*Esox reicherti* 黑斑狗鱼
Cypriniformes 鲤形目	Cyprinidae 鲤科	*Opsariichthys bidens* 马口鱼
		Mylopharyngodon piceus 青鱼
		Ctenopharyngodon idellus 草鱼
		Phoxinus phoxinus phoxinus 真鲅
		Rhynchocypris percnurus 湖大吻鲅
		Rhynchocypris czekanowskii 花江大吻鲅
		Rhynchocypris lagowskii 拉氏大吻鲅
		Leuciscus waleckii waleckii 瓦氏雅罗鱼
		Pseudaspius leptocephalus 拟赤梢鱼
		Squaliobarbus curriculus 赤眼鳟
		Elopichthys bambusa 鳡
		Hemiculter leucisculus 䱗
		Hemiculter bleekeribleekeri 油䱗(=*Hemiculter bleekeri* 贝氏䱗)
		Culter erythropterus 红鳍鲌
		Erythroculter ilishaeformis 翘嘴红鲌
		Erythroculter mongolicus 蒙古红鲌
		Parabramis pekinensis 鳊
		Megalobrama skolkovii 鲂
		Xenocypris argentea 银鲴
		Xenocypris microlepis 细鳞斜颌鲴(=细鳞鲴)
		Rhodeus sericeus 黑龙江鳑鲏
		Acheilognathus macropterus 大鳍鱊
		Acheilognathus chankaensis 兴凯鱊
		Hemibarbus labeo 唇䱻
		Hemibarbus maculatus 花䱻
		Paraleucogobio strigatus 条纹似白鮈
		Pseudorasbora parva 麦穗鱼
		Ladislavia taczanowskii 平口鮈
		Sarcocheilichthys lacustris 东北鳈
		Sarcocheilichthys nigripinnis 东北黑鳍鳈(=黑鳍鳈)
		Gobio soldatovi 高体鮈
		Gobio lingyuanensis 凌源鮈
		Gobio cynocephalus 犬首鮈
		Gobio tenuicorpus 细体鮈
		Gnathopogon mantschuricus 东北颌须鮈
		Squalidus chankaensis 兴凯银鮈
		Squalidus argentatus 银鮈
		Abbottina rivularis 棒花鱼
		Rostrogobio amurensis 突吻鮈
		Saurogobio dabryi dabryi 蛇鮈
		Cyprinus carpio 鲤
		Carassius auratus gibelio 银鲫

续表

目	科	科
		Gobiobotia (*Gobiobotia*) *pappenheimi* 潘氏鳅鮀
		Aristichthys nobilis 鳙
		Hypophthalmichthys molitrix 鲢
	Nemacheilidae 条鳅科	*Noemacheilus nudus* 北方条鳅(=*Barbatula nuda* 北方须鳅)
	Cobitidae 花鳅科	*Cobitis lutheri* 黑龙江花鳅
		Cobitis granoei 北方花鳅
		Misgurnus mohoity 黑龙江泥鳅
Siluriformes 鲇形目	Siluridae 鲇科	*Silurus soldatovi* 怀头鲇
		Silurus asotus 鲇
	Bagridae 鲿科	*Pelteobagrus fulvidraco* 黄颡鱼
		Pelteobagrus nitidus 光泽黄颡鱼
		Leiocassis argentivittatus 纵带鮠
		Pseudobagrus ussuriensis 乌苏拟鲿
Gadiformes 鳕形目	Lotidae 江鳕科	*Lota lota* 江鳕
Gasterosteiformes 刺鱼目	Gasterosteidae 刺鱼科	*Pungitius sinensis* 中华多刺鱼
Perciformes 鲈形目	Percichthyidae 鮨鲈科	*Siniperca chuatsi* 鳜
	Percidae 鲈科	*Perca fluviatilis* 河鲈
		Lucioperca lucioperca 梭鲈
Scorpaeniformes 鲉形目	dontobutidae 沙塘鳢科	*Perccottus glenii* 葛氏鲈塘鳢
	Channidae 鳢科	*Channa argus* 乌鳢
	Cottidae 杜父鱼科	*Mesocottus haitej* 黑龙江中杜父鱼(=中杜父鱼)

4. 江苏省(关于公布《江苏省重点保护水生野生动物名录(第一批)》的通知)

目	科	种
Siluriformes 鲇形目	Bagridae 鲿科	*Leiocassis longirostris* 长吻鮠
Clupeiformes 鲱形目	Clupeidae 鲱科	*Tenualosa reevesii* 鲥
Anguilliformes 鳗鲡目	Anguillidae 鳗鲡科	*Anguilla japonica* 日本鳗鲡
Cypriniformes 鲤形目	Cyprinidae 鲤科	*Coreius heterodon* 铜鱼
		Parabramis pekinensis 鳊

5. 安徽省(安徽省政府公布《安徽地方重点保护水生野生动物名录》)

目	科	种	等级
Clupeiformes 鲱形目	Clupeidae 鲱科	*Tenualosa reevesii* 鲥	I
Synbranchiformes 合鳃鱼目	Synbranchidae 合鳃鱼科	*Macrognathus aculeatus* 刺鳅(=长吻棘鳅)	II
Siluriformes 鲇形目	Bagridae 鲿科	*Leiocassis longirostris* 长吻鮠	II
Perciformes 鲈形目	Gobiidae 虾虎鱼科	*Rhinogobius giurinus* 吻虾虎(琴鱼)(=子陵吻虾虎鱼)	II

6. 福建省(福建省人民政府关于印发《福建省重点保护野生动物名录》的通知闽政〔1993〕31号)

目	科	种
Osmeriformes 胡瓜鱼目	Osmeridae 胡瓜鱼科	*Plecoglossus altivelis altivelis* 香鱼
Perciformes 鲈形目	Mastacembelidae 刺鳅科	*Mastacembelus armatus* 大刺鳅
Siluriformes 鲇形目	Clariidae 胡子鲇科	*Clarias ater* 鳗尾胡子鲇

7. 江西省(关于公布《江西省级重点保护野生动物名录》的通知-赣林资发〔1995〕30 号)

目	科	种
Clupeiformes 鲱形目	Clupeidae 鲱科	*Tenualosa reevesii* 鲥
Siluriformes 鲇形目	Bagridae 鲿科	*Leiocassis longirostris* 长吻鮠
Perciformes 鲈形目	Channidae 鳢科	*Channa asiatica* 月鳢
		Channa maculata 斑鳢
	Gobiidae 虾虎鱼科	*Ctenogobius giurinus* 栉鰕虎(=*Rhinogobius giurinus* 子陵吻虾虎鱼)
Anguilliformes 鳗鲡目	Anguillidae 鳗鲡科	*Anguilla japonica* 鳗鲡(幼苗)

8. 山东省(关于公布《山东省重点保护野生动物名录》的通知-鲁林保字〔1992〕2 号)

目	科	种
Cypriniformes 鲤形目	Cyprinidae 鲤科	*Varicorhinus macolepois* 多鳞铲颌鱼(=*Onychostoma macrolepis* 多鳞白甲鱼)

9. 湖南省(《湖南省地方重点保护野生动物名录》)

目	科	种
Clupeiformes 鲱形目	Clupeidae 鲱科	*Tenualosa reevesii* 鲥
	Engraulidae 鳀科	*Coilia ectenes* 刀鲚
Osmeriformes 胡瓜鱼目	Salangidae 银鱼科	*Neosalanx tangkahkeii* 陈氏新银鱼
Cypriniformes 鲤形目	Catostomidae 胭脂鱼科	*Myxocyprinus asiaticus* 胭脂鱼
	Cyprinidae 鲤科	*Luciobrama macrocephalus* 鯮
		Ochetobius elongatus 鳤
		Spinibarbus sinensis 中华倒刺鲃
		Onychostoma sima 白甲鱼
		Onychostoma rara 稀有白甲鱼
		Acrossocheilus jishouensis 吉首光唇鱼
		Foliter brevifilis brevifilis 瓣结鱼
		Bangana tungting 洞庭孟加拉鲮
		Rectoris luxiensis 泸溪直口鲮
		Rhinogobio hunanensis 湖南吻鮈
		Saurogobio xiangjiangensis 湘江蛇鮈
		Microphysogobio tungtingensis 洞庭小鳔鮈
		Procypris rabaudi 岩原鲤
	Cobitidae 花鳅科	*Leptobotia elongata* 长薄鳅
	Balitoridae 爬鳅科	*Protomyzon pachychilus* 厚唇原吸鳅
Siluriformes 鲇形目	Clariidae 胡子鲇科	*Clarias fuscus* 胡子鲇
Perciformes 鲈形目	Percichthyidae 鮨鲈科	*Siniperca undulata* 波纹鳜
		Siniperca obscura 暗鳜
		Siniperca roulei 长身鳜
	Osphronemidae 斗鱼科	*Macropodus opercularis* 叉尾斗鱼
	Channidae 鳢科	*Channa asiatica* 月鳢

10. 广东省(《广东省重点保护水生野生动物名录》(第一批))

目	科	种
Clupeiformes 鲱形目	Clupeidae 鲱科	*Tenualosa reevesii* 鲥
Siluriformes 鲇形目	Pangasiidae 巨鲶科	*Sinopangasius semicultratus* 半棱华𩽾

11. 重庆市(《重庆市重点保护水生野生动物名录》渝府发〔1999〕65 号文件)

目	科	种
Cypriniformes 鲤形目	Cyprinidae 鲤科	*Percocypris pingi* 金沙鲈鲤
		Procypris rabaudi 岩原鲤
		Schizothorax chongi 细鳞裂腹鱼
		Megalobrama elongata 长体鲂
		Luciobrama macrocephalus 鯮
		Ochetobius elongatus 鳤
	Balitoridae 爬鳅科	*Hemimyzon yaotanensis* 窑滩间吸鳅
		Jinshaia sinensis 中华金沙鳅
		Sinogastromyzon szechuanensis 四川华吸鳅
		Metahomaloptera omeiensis omeiensis 峨眉后平鳅
	Cobitidae 花鳅科	*Leptobotia hansuiensis* 汉水扁尾薄鳅
		Leptobotia elongata 长薄鳅
		Leptobotia rubrilabris 红唇薄鳅
		Leptobotia microphthalma 小眼薄鳅
Perciformes 鲈形目	Gobiidae 虾虎鱼科	*Ctenogobius szechuanensis* 四川栉虾虎鱼(=*Rhinogobius szechuanensis* 四川吻虾虎鱼)

12. 陕西省(《陕西省人民政府关于公布陕西省重点水生野生动物保护名录的通告》陕政发〔2004〕9 号)

目	科	种
Cypriniformes 鲤形目	Nemacheilidae 条鳅科	*Triplophysa shaanxiensis* 陕西高原鳅
		Triplophysa heyangensis 郃阳高原鳅
	Cobitidae 花鳅科	*Leptobotia hansuiensis* 汉水扁尾薄鳅
	Cyprinidae 鲤科	*Luciobrama macrocephalus* 鯮
		Ochetobius elongatus 鳤
		Elopichthys bambusa 鳡
		Atrilinea macrolepis 大鳞黑线鳘
		Chanodichthys oxycephalus 尖头鲌
		Culter alburnus 翘嘴鲌
		Coreius septentrionalis 北方铜鱼
		Rhinogobio nasutus 大鼻吻鮈
		Spinibarbus sinensis 中华倒刺鲃
		Onychostoma macrolepis 多鳞白甲鱼
		Bangana rendahli 长江孟加拉鲮
		Schizothorax prenanti 齐口裂腹鱼
		Gymnodiptychus pachycheilus 厚唇裸重唇鱼
Siluriformes 鲇形目	Bagridae 鲿科	*Pseudobagrus pratti* 细体拟鲿

13. 甘肃省(《甘肃省人民政府关于公布甘肃省重点保护野生动物名录(第二批)的通知》-甘政发〔2007〕65 号)

目	科	种
Cypriniformes 鲤形目	Cyprinidae 鲤科	*Coreius septentrionalis* 北方铜鱼
		Gymnodiptychus pachycheilus 渭河裸重唇鱼(=厚唇裸重唇鱼)
		Schizothorax prenanti 齐口裂腹鱼
		Schizothorax davidi 重口裂腹鱼
		Schizopygopsis pylzovi 黄河裸裂尻鱼
		Schizopygopsis kialingensis 嘉陵裸裂尻鱼
		Platypharodon extremus 极边扁咽齿鱼
		Gymnocypris eckloni eckloni 花斑裸鲤
		Gymnocypris eckloni chilienensis 祁连山裸鲤
		Leuciscus chuanchicus 黄河雅罗鱼
		Squaliobarbus curriculus 赤眼鳟
		Onychostoma macrolepis 多鳞铲颌鱼(=多鳞白甲鱼)
		Rhinogobio nasutus 大鼻吻鮈
		Rhinogobio cylindricus 圆筒吻鮈
		Gobiobotia (G.) homalopteroidea 平鳍鳅鮀
	Nemacheilidae 条鳅科	*Triplophysa siluroides* 似鲇高原鳅
		Triplophysa pappenheimi 黄河高原鳅
Siluriformes 鲇形目	Siluridae 鲇科	*Silurus lanzhouensis* 兰州鲇
	Sisoridae 鮡科	*Pareuchiloglanis anteanalis* 前臀鮡

14. 青海省(《青海省人民政府关于公布青海省重点保护水生野生动物名录(第一批)的通告》青政〔2003〕47 号)

目	科	种
Cypriniformes 鲤形目	Cyprinidae 鲤科	*Leuciscus chuanchicus* 黄河雅罗鱼
		Schizothorax dolichonema 长丝裂腹鱼
		Schizothorax prenanti 齐口裂腹鱼
		Schizothorax lantsangensis 澜沧裂腹鱼
		Gymnocypris przewalskii przewalskii 青海湖裸鲤
		Gymnocypris przewalskii ganzihonensis 甘子河裸鲤
		Gymnocypris eckloni scolistomus 斜口裸鲤
		Chuanchia labiosa 骨唇黄河鱼
		Platypharodon extremus 极边扁咽齿鱼
	Nemacheilidae 条鳅科	*Triplophysa siluroides* 似鲇高原鳅
		Triplophysa cakaensis 茶卡高原鳅
Siluriformes 鲇形目	Siluridae 鲇科	*Silurus lanzhouensis* 兰州鲇
	Sisoridae 鮡科	*Euchiloglanis kishinouyei* 黄石爬鮡

15.云南省人民政府云政函〔1989〕89 号“关于《云南省珍稀保护动物名录》的批复”

学名	国家保护等级	省级保护	云南特有	分布
鱼纲 PISCES				
鲟形目 Acipenseriformes				
鲟科 Acipenseridae				
中华鲟 *Acipenser sinensis*	I			金沙江
达氏鲟 *Acipenser dabryanus*	I			金沙江
白鲟科 Polyodontidae				
白鲟 *Psephurus gladius*	I			金沙江

续表

学名	国家保护等级	省级保护	云南特有	分布
鲤形目 Cypriniformes				
鲤科 Cyprinidae				
卷口鱼 *Ptychidio jordani*		+	+	富源剥隘
暗色岩鲮(=暗色唇鲮) *Semilabeo obscurus*		+	+	南盘江
大鳍鱼 *Macrochirichthys macrochirus*		+	+	景洪县流沙河
滇池金线鲃 *Sinocyclocheilus grahami*	II		+	滇池流域
无眼金线鲃 *Sinocyclocheilus anophthalmus*		+	+	宜良九乡
似鳡 *Luciocyprinus langsoni*		+	+	南盘江
裸腹盲鲃 *Typhlobarbus nudiventris*		+	+	建水
银白鱼 *Anabarilius alburnops*		+	+	滇池
大头鲤 *Cyprinus pellegrini*	II		+	杞麓湖、星云湖
云南鲤 *Cyprinus yunnanensis*		+	+	杞麓湖
翘嘴鲤 *Cyprinus ilishanestomus*		+	+	杞麓湖
大理鲤 *Cyprinus daliensis*		+	+	洱海
洱海鲤 *Cyprinus barbatus*		+	+	洱海
春鲤 *Cyprinus longipectoralis*		+	+	洱海
抚仙小鲤 *Cyprinus fuxianensis*		+	+	抚仙湖
大理裂腹鱼 *Schizothorax taliensis*	II		+	洱海
鳅科 Cobitidae				
个旧盲条鳅 *Nemacheilus gejiuensis* (=个旧盲高原鳅 *Triplophysa gejiuensis*)		+	+	个旧卡房
双孔鱼科 Gyrinocheilidae				
双孔鱼 *Gyrinocheilus aymonieri*		+	+	勐海流沙河
亚口鱼科(=胭脂鱼科) Catistinudae				
胭脂鱼 *Myxocyprinus asiaticus*	II	+		金沙江
Siluriformes 鲇形目				
鲀科 Pangasiidae				
长丝鲀 *Pangasius sanitwongsei*		+	+	版纳
Anguilliformes 鳗鲡目				
Anguillidae 鳗鲡科				
花鳗鲡 *Anguilla marmorata* (=云纹鳗鲡 *Anguilla nebulosa*)				南汀河

注：花鳗鲡为国家 II 级重点保护野生动物，但云南没有花鳗鲡分布，《云南鱼类志》出版时最终确定在南汀河(怒江主干及龙川江也发现有)等河流分布的为云纹鳗鲡(*Anguilla nebulosa*)，据其情况应列为云南省级保护

16. 新疆维吾尔自治区(《关于发布新疆维吾尔自治区重点保护水生野生动物名录的通知》新政发〔2004〕67 号)

目	科	种	等级
Acipenseriformes 鲟形目	Acipenseridae 鲟科	*Acipenser nudiventris* 裸腹鲟	I
		Acipenser baeri 西伯利亚鲟	I
		Acipenser ruthenus 小体鲟	II
Salmoniformes 鲑形目	Salmonidae 鲑科	*Thymallus arcticus arcticus* 北极茴鱼	I
		Stenoduw leucichthys nelma 长颌白鲑	I
Cypriniformes 鲤形目	Cyprinidae 鲤科	*Leuciscus merzbacheri* 新疆雅罗鱼	II
		Gymnodiptychus dybowskii 新疆裸重唇鱼	I
		Diptychus maculatus 斑重唇鱼	II
		Leuciscus idus 高体雅罗鱼	II

续表

目	科	种	等级
		Schizothoraxargentatus 银色裂腹鱼	I
		Schizothoraxbiddulphi 塔里木裂腹鱼	II
		Phoxinus grumi 吐鲁番鲅	II
Scorpaeniformes 鲉形目	Cottidae 杜父鱼科	*Cottus sibiricus altaieus* 阿尔泰杜父鱼	II

17. 台湾(台湾保育类淡水鱼类名录，2009 年 4 月 1 日生效)

目	科	种	等级
Salmoniformes 鲑形目	Salmonidae 鲑科	*Oncorhynchus masou formosanus* 台湾马苏大麻哈鱼	I
Cypriniformes 鲤形目	Balitoridae 爬鳅科	*Hemimyzon taitungensis* 台东间吸鳅	II
		Sinogastromyzon puliensis 埔里华吸鳅	III
	Cyprinidae 鲤科	*Squalidus bănărescui* 巴氏银鮈	I
		Squalidus iijimae 台银鮈	I
		Pararasbora moltrechti 台湾副细鲫	II
		Metzia formosae 台湾梅氏鳊	III
		Metzia mesembrinum 大鳞梅氏鳊	III
	Cobitidae 花鳅科	*Sinogastromyzon nantaiensis* 南台华吸鳅	III
Siluriformes 鲇形目	Amblycipitidae 钝头鮠科	*Liobagrus formosanus* 台湾鉠	III

附录Ⅳ　中文名索引

M

N

S

T

Y

附录V 学名索引

D

T